普通高等教育农业农村部"十三五"规划教材

乡村景观规划

第2版

U0259672

刘黎明◎主编

Rural Landscape Planning

中国农业大学出版社

China Agricultural University Press

·北 京·

内 容 简 介

"乡村景观规划"是应用景观生态学、风景园林学等相关原理,对乡村地域内的各种景观类型单元和土地利用方式进行全要素的整体规划和设计,是合理安排乡村土地及土地上的物质和空间,为人们创造高效、安全、健康、舒适、优美的人居环境的科学和艺术,从而为社会营造一个可持续发展的整体乡村生态系统。本教材共分11章,系统地阐述乡村景观规划的理论体系和方法原理,贯彻了"理论基础-基本原理-研究手段-规划方法-分类规划-综合案例"的逻辑脉络和体系结构。本书可作为土地资源管理、国土空间规划、风景园林、土地整治工程、农业资源与环境等专业方向的教材和参考用书。

图书在版编目(CIP)数据

乡村景观规划/刘黎明主编. — 2版. --北京:中国农业大学出版社,2022.7
ISBN 978-7-5655-2797-5

Ⅰ.①乡…　Ⅱ.①刘…　Ⅲ.①乡村规划—景观规划—景观设计—研究　Ⅳ.①TU983

中国版本图书馆 CIP 数据核字(2022)第 099341 号

书　名	乡村景观规划　第2版		
作　者	刘黎明　主编		

策划编辑	梁爱荣	**责任编辑**	梁爱荣
封面设计	李尘工作室		
出版发行	中国农业大学出版社		
社　址	北京市海淀区圆明园西路2号	**邮政编码**	100193
电　话	发行部 010-62733489,1190	**读者服务部**	010-62732336
	编辑部 010-62732617,2618	**出　版　部**	010-62733440
网　址	http://www.caupress.cn	**E-mail**	cbsszs@cau.edu.cn
经　销	新华书店		
印　刷	北京鑫丰华彩印有限公司		
版　次	2022年8月第2版　2022年8月第1次印刷		
规　格	185 mm×260 mm　16开本　24.5印张　610千字		
定　价	76.00元		

图书如有质量问题本社发行部负责调换

第 2 版编委会

第1版编委会

主　　编　刘黎明

编写人员　（以姓氏拼音为序）

李宪文　中国国土勘测规划院

李振鹏　住房和城乡建设部城乡规划管理中心

刘黎明　中国农业大学

谢花林　江西财经大学

严力蛟　浙江大学

曾　磊　河北农业大学

第 2 版前言

乡村景观规划是乡村人居环境建设、国土空间规划、农业资源与环境管理以及风景园林领域中的一个新方向,其理论和方法体系在近年来得到了快速发展。2003 年中国农业大学资源与环境学院在全国率先开设了本科生课程"乡村景观规划",并编写了与之相配套的国内第一本教材《乡村景观规划》,由刘黎明教授主编,2003 年 8 月正式出版。该教材已经历了近 20 年的广泛使用,其间得到了同行们的许多宝贵意见,亟待进一步修订完善。2019 年,《乡村景观规划》(第 2 版)被列为普通高等教育农业农村部"十三五"规划教材。

当前,我国全面开启乡村振兴行动,广大农村地区也必将面临前所未有的变化。在这一重要的历史进程中,如何保护乡村景观的完整性和特色性,挖掘乡村景观的自然和人文价值,完善乡村景观的风貌和格局,使其呈现产业兴旺、生态宜居、文化传承及人地和谐的新时期中国乡村地域,必须要有创新的发展理念和规划模式。乡村景观规划是合理安排乡村土地及土地上的物质和空间,为人们创造高效、安全、健康、舒适、优美的环境的科学和艺术,其目的是为社会营造一个可持续发展的整体乡村生态系统。因此,有关高校已大量增加该专业方向的教学内容,以适应新时代社会发展的需求。

正如上所述,乡村景观规划是一种新的综合规划方法,尤其是针对乡村这个特殊的区域,自然和人文因素复杂地交织在一起,因此很难用传统的规划理念和手段来获得满意的规划方案,非常容易出现"完全城镇化"的倾向,或者"完全生态化"倾向,前者将使乡村失去传统的村落文化内涵,后者则会牺牲一些现代生活内容,不易被当地村民所接受。《乡村景观规划》(第 2 版)正是应对新时代美丽乡村建设的现实需求和教学要求而编写的,此次修订将集中体现如下特色:一是融合"景观规划""生态设计"和"乡村规划"的三种思维脉络,以传统的景观规划理念为基调,系统地阐述乡村景观规划的理论体系和方法原理,在编写结构上突出了"理论基础—基本原理—研究手段—规划方法—分类规划—综合案例"的逻辑体系,重在体现"系统性"和"原理和方法"的教材功能;并对一些基础理论和方法体系进行重新审核和梳理,如乡村景观分类体系及其划分方法、乡村景观评价方法、乡村景观格局及其演变规律分析,等等。二是紧密结合当前乡村规划和新农村建设实践的现实要求和存在问题,有针对性地编排了不同乡村景观类型区的规划方法与相应案例,如农田景观、乡村聚落景观、现代农业园区景观;更新充实了不同区域特色的乡村景观规划案例研究,如大都市边缘区、湖南洞庭湖区、黄土高原小流域农林复合景观等案例,充分体现"理论与实践相结合"的教学特色,这也是规划管理类专业课程的教学要求。此外,在修订过程中还充分吸纳了国外相关教材的精髓,如 *The Living Landscape: An Ecological Approach to Landscape Planning* (by Frederick Steiner, 2000),*Land Use and Landscape Planning* (by Derek Lovejoy, 1998),这两本著作主要是从生态和自然的设计理念阐述乡村土地利用和景观规划的理论方法,而且"景观设计"的特色非常明显。

总之,《乡村景观规划》(第 2 版)在坚持不断完善基本理论体系和研究内容的原则下,尽可能地反映出乡村景观规划和我国新农村建设规划方面的最新研究动态、最新学科前沿和最新实践要求。全书共11章,第一章绪论,系统阐述了乡村景观规划的内涵和特点、乡村景观规划的国内外发展渊源和未来展望,刘黎明执笔;第二章乡村景观的基本特征,主要阐述了乡村景观的形成要素、基本结构、类型划分及演变规律,刘黎明、梁发超、任国平执笔;第三章乡村景观的功能与评价,具体包括生态服务功能评价、空间格局评价、人文价值评价以及综合评价,谢花林、夏哲一执笔;第四章乡村景观规划的基本理论,包括相关理论基础、目标和内容、基本过程等,谢花林、刘黎明执笔;第五章乡村景观规划的一般方法,如情景分析方法、参与式规划方法等,李洪庆执笔;第六章乡村聚落景观的空间规划,介绍了我国不同区域乡村聚落景观的空间形态特征,阐述了乡村聚落体系的空间布局方法,重点介绍了乡村聚落的总体布局、功能分区、风貌重塑及规划要点,刘黎明、朱战强、黄仕伟和秦柯执笔;第七章乡村人居环境的景观规划设计,主要针对民居建筑、公共空间、道路、水系、绿地等的景观规划设计,秦柯、刘黎明、黄仕伟执笔;第八章农业景观规划,详细介绍了农田、园地、农林复合系统、农业园区等各类农业景观的规划设计方法,黄仕伟、严力蛟执笔;第九章生物多样性保护和景观生态网络规划,介绍了景观生态网络对生物多样性保护的意义、自然保护区的景观规划以及景观生态网络和生境走廊的规划设计,王莉、严力蛟执笔;第十章传统村落景观保护规划,系统阐述了传统村落景观的范畴、特征和问题,以及保护规划的理论框架和模式,余慧容、刘黎明执笔;第十一章乡村景观规划案例,介绍了三个不同特色区域的规划案例,梁发超、任国平、孙锦共同完成。全书由刘黎明、黄仕伟统一修改、定稿;朱战强审核了部分章节。考虑到教材编写的一些特殊性,对原版参编人员做了部分调整,增加了一些年轻学者。在此,谨对各位参编人员及所有支持和使用该教材的同行致以崇高的敬意和真诚的感谢!

编　者

2021 年 12 月

第 1 版前言

自从 19 世纪初,现代植物学和自然地理学的伟大先驱洪堡(Alexander von Humboldt)把景观一词从传统的泛指风景或自然景色的概念延伸扩展为地理科学中的一个专门术语,形成了作为"自然地域综合体"代名词的景观定义以来,景观的科学含义不断地被拓展和更新,并被引入多个学科领域。近几十年以来,乡村城市化的进程越来越快,对乡村景观产生了前所未有的冲击,人口的压力和环境污染的加重,严重威胁着乡村的生命力,也使乡村固有的乡土风貌和文化景观受到了破坏。许多乡村发展缺乏合理有效的规划管理,导致大量优质耕地被侵占;已被农转非的土地利用效率低下;乡村居民点布局分散、无序;农村环境污染、水土资源破坏严重,不仅直接影响城乡居民的生活质量,还有损于当地景观风貌和区域生态质量。与此同时,农业景观中生物栖息地多样性降低和自然景观高度破碎化,土地利用和土地覆盖方式的变化使得乡村景观的生态效益遭受严重损害。可持续发展战略的提出,标志着人类对自身与环境的关系得到了意识上的进步,对所生存的景观也建立了新的认识:它既是生态系统的能量流、物质流的载体,又是社会精神文化系统的信息源,体现了人对环境的影响以及环境对人的约束。因此,合理规划乡村土地利用和景观格局,已成为当前资源与环境研究领域的重点课题。有鉴于此,中国农业大学资源与环境学院在全国率先开设了相应的本科生课程和研究生课程"乡村景观规划"。

面对我国市场经济体制的深化和加入世界贸易组织后更加开放的发展环境,广大乡村地区也面临着前所未有的变化。保护乡村景观的完整性和特色性,挖掘乡村景观的旅游价值,完善乡村景观和风貌塑造,使其形成完整、高效和多功能的新时期乡村地域,是 21 世纪我国农村可持续发展的重要任务之一。乡村景观规划与设计是合理安排乡村土地及土地上的物质和空间,为人们创造高效、安全、健康、舒适、优美的环境的科学和艺术,其目的是为社会创造一个可持续发展的乡村整体生态系统。

本教材根据乡村景观规划的上述基本思路和主要内容,共分 10 章,系统地介绍了乡村景观规划的基础理论和不同规划内容及方法。其中,第一章乡村景观规划的基础理论,主要论述了景观、乡村景观和乡村景观规划的基本内涵,及其与土地、土地利用、土地利用规划之间的相互关系,乡村景观规划的理论基础和研究内容,以及乡村景观规划的国内外发展历史及其在我国的发展前景。第二章乡村景观类型,系统分析了乡村景观的形成因素及其对景观整体的影响作用;剖析了景观形成的空间结构和基本类型;重点地介绍了国内外乡村景观类型的分类方法和研究进展,并结合实例研究,系统地阐述了我国乡村景观类型的划分方法、分类体系和乡村景观类型制图方法。第三章乡村景观动态变化及其演变模式,主要讨论了乡村景观动态变化的形式和影响因素,重点介绍了乡村景观的演变模式及其建模方法,为进行乡村景观评价和规划提供理论依据。第四章乡村景观评价,首先阐述了乡村景观评价的国内外研究进展及其在乡村景观规划中的作用;简要介绍了乡村景观评价的类型、原则和一般方法;并结合实例研究,从景观功能分析的角度分别介绍了乡村景观的空间格局评价、乡村景观的美学质量评价和乡村景观的综合功能评价方法。第五章乡村景观规划的基本原理与方法,首先系统地介绍了乡村景观规划的一般原理；比较完整地阐述了乡村景观规划的目标与原则、乡村景观规划的一般程序；探讨了乡村景观规划与设计的方法论。第六章乡村群落的景观规划，从乡村群落的概念入手，阐述了乡村群落在乡村景观中的作用和地位，重点介绍了乡村群落布局的原则和方法，以及乡村群落功能规划和景观设计方法。第七章乡村居住区的景观规划与设计，依次介绍了乡村居住区的景观构成要素、乡村居住区的景观规划与设计的基本原则与构思、乡村居住区的建筑景观风貌设计、乡村居住区的道路景观设计、乡村水系景观的规划设计，以及乡村绿化的规划设计等方法。第八章农业景观规划与设计，分别介绍了乡村景观中的农田景观规划与生态设计、林果园地景观规划与设计、农村庭院生态农业景观规划与设计、乡村旅游农业的景观规划与设计，以及小流域农林复合系统生态规划与景观设计等。第九章生物多样性保护和景观生态网络规划，主要阐述了景观生态网络对生物多样性保护的意义，介绍了自然保护区规划的原则、方法和主要程序，生态网络和生境走廊的景观规划方法，以及乡村生态绿地的景观规划与设计方法。第十章大城市近郊区的乡村景观规划，首先分析了城市边缘区乡村景观的主要特点，系统地介绍了大城市近郊区的乡村景观功能布局与设计的原则、方法和主要过程，并对北京市近郊区的乡村景观规划进行了实例分析。

本书各章的编写分工如下：第一、二章，刘黎明；第三、四章，刘黎明、谢花林、李振鹏；第五、六章，李宪文；第七、十章，曾磊；第八、九章，严力蛟。全书由刘黎明统一修改和定稿。中国农业大学林培教授对部分章节进行了审稿；张凤荣教授及土地资源管理系的其他各位教师多次对大纲进行了审核和修改，在此谨表谢意。

当然，如前所述，乡村景观规划是资源与环境管理领域中的一个新的技术手段和研究方向，其学科的研究内容、方法过程甚至概念体系都还不成熟或不完整。为配合土地资源管理专业的教学要求，同时也为了及时地将该领域国内外的最新研究动态介绍给同行，我们本着创新发展和逐步完善相结合的指导思想编著了此书，恳请广大资源与环境管理领域的同行及前辈批评指正，以便在再版时更加完善提高。

编　者
2003 年 6 月

目　　录

第一章　绪　论

第一节　景观与乡村景观

一、景观的含义

现代英语中的"Landscape"（景观），也常被拼写为"Landskip"或"Landskep"，在 17 世纪已成为一个常用单词。它来源于荷兰语"Landschop"，最初是一个绘画上的术语，表示"从海面望向陆地视角下的风光画作"（John R Stilgoe，2015）。但不久其含义又有所扩展，被用来表示"肖像画中作为背景的风景"以及"内陆风景"和"鸟瞰图"。这时，景观的含义同汉语中的"风景""景致""景象"等一致。故而，早期人们对景观的一般理解是没有明确的空间界限的，主要表达一种综合直观的视觉感受。今天"景观"一词的主要含义已演变为"一片被认为具有视觉特色的广阔地域"（据《美国传统英语词典》）。而根据《欧洲景观公约》（*European Landscape Convention*）的定义，"景观"是指被人们感知的一块地域，其特征的形成源于自然因素和人为因素的单独作用或相互作用。简而言之，景观其实就是指被人们观察或感知到的土地（Robert Holden and Jamie Liversedge，2013）。

国内对景观的理解也是多样的。《辞海》（第七版）对于景观就有四种解释：①整体概念：即风光景色，如自然景观、人文景观；②一般概念：泛指地表自然景色；③特定区域概念：专指自然地理区划中起始的或基本的区域单位，是发生在相对一致和形态结构同一的区域，即自然地理区；④类型的概念：类型单位的通称，指相互隔离的地段，按其外部特征的相似性，归为同一类型单位，如草原景观、森林景观等。

（一）地理学中的景观含义

19 世纪初，近代地理学的创始人亚历山大·冯·洪堡（Alexander von Humboldt）将景观概念作为一个科学术语引入地理学，认为景观应作为地理学的中心问题，探讨由原始的自然景观变成文化景观的过程。他认为景观的地理学含义是"一个地理区域的总体特征"。正如约翰·罗伯特·斯蒂尔戈（John R Stilgoe，1982）在其著作 *Common Landscape of America*（*1580—1845*）中指出的，景观是指"有形的、为人类长久所占有而调整的土地"，显示了"一种自然力和人力之间的脆弱平衡，在这种脆弱的平衡中，地形和植被是被塑造的，而不是被支配的"。因此，地理学中的景观概念，在强调景观地域整体性的同时，更注重景观的综合性，认为景观是由气候、地形、地质、土壤、植被等自然要素以及人类文化现象所组成的地理综合体，并关注景观在人类活动影响下的形成和演变过程及其空间分布规律。

（二）景观生态学中的景观含义

景观生态学的创始人卡尔·特洛尔（Carl Troll）认为景观代表生态系统之上的一种尺度单元，并表示一个区域整体。同时他也认为景观作为地球表面的实体存在，是人类生活环境中视觉所触及的空间总体，并将地圈、生物圈和智慧圈看作这个整体的有机组成部分。此后，随着景观生态学研究的不断深入,对"景观"概念的理解也不尽相同。如美国学者理查德·福尔曼(Richard T T Forman)和米歇尔·戈登(M. Godron)在 *Landscape Ecology*(1986)一书中将景观定义为相互作用的镶嵌体(生态系统),并以类似形式重复出现,具有高度空间异质性的区域。后来,Richard T T Forman 在 *Land Mosaics: The Ecology of Landscape and Regions*(1995)一书中进一步将景观定义为空间上镶嵌出现和紧密联系的生态系统的组合,在更大尺度的区域中,景观是互不重复出现且对比性强的结构单元。另外,美国景观生态学家约翰·奥古斯·韦恩(John A Wiens)认为,景观是由不同数量和质量特征的要素在特定空间上的镶嵌体。丹麦的安托罗普(Antrop)认为,景观是人类可感知的环境和共有的文化用品。由此可见,景观生态学又将景观概念进一步拓展,视景观为地域(local)尺度上,具有空间可量测性的异质空间单元,同时也接受地理学中景观的类型含义(如城镇景观、农业景观)。

值得注意的是,无论地理学还是景观生态学,在深化景观概念的同时,都逐渐忽视了景观原义中的景观视觉特性。不过近年来,鉴于景观生态学在景观规划和城市绿地规划与设计领域发展的需要,这一点又重新得到重视。如莫斯(Moss)把现代景观生态学中的景观含义概括为六个方面:①景观是地貌、植被、土地利用和人类居住格局的特殊结构;②景观是相互作用的生态系统的异质性镶嵌;③景观是综合人类活动与土地的区域整体系统;④景观是生态系统向上延伸的组织层次;⑤景观是遥感图像中的像元排列;⑥景观是一种风景,其美学价值由文化所决定。此外,我国景观生态学者肖笃宁在综合诸家所长的基础上,认为景观是由不同土地单元镶嵌组成,具有明显视觉特征的地理实体,它是处于生态系统之上、大地理区域之下的中间尺度,兼具经济、生态和美学价值。

(三)景观设计学中的景观含义

弗雷德里克·斯坦纳(Frederick Steiner)是当代景观领域最为活跃的前沿景观规划师之一,他是宾夕法尼亚大学设计学院著名教授,在景观规划教育方面做出了杰出的成绩。斯坦纳认为景观与土地利用相关,使某一区域的地表区别于其他区域的构成特征即是景观。因此,它是多元素的组合,包括田野、建筑、山体、森林、荒漠、水体以及居住区。景观包括了多种土地利用的方式——居住、运输、农业、娱乐以及自然地带,并由这些土地利用类型组合而成。景观并不只是像画一般的风景,它是人眼所见各部分的总和,是形成场所的时间与文化的叠加与融合。总之,景观是自然与文化不断雕琢的作品(斯坦纳,2004)。

自从麦克哈格(Ian McHarg)于 1969 年出版《设计遵从自然》以后,结合自然的生态规划设计思想深入人心。但是,以麦克哈格为代表的景观适宜性方法除了技术有效性与信息管理能力需要显著提高以外,还被批评不够关注人文方面的问题,过于着重生物物理系统。例如,人类如何感知、评价、使用及适应变化中的景观;人文生态系统和自然生态系统如何运行;景观如何变化以影响生物物理及社会文化的互动;如何将审美因素整合到景观评价之中。要解决这些充满情感色彩的环境和社会问题需要有新的思维方式或理论,因为一般认为大多数规划方法通常只能解决一种问题,要么解决环境问题,要么解决社会问题,真正能同时处理这两个问题的方法通常被认为很难实现。因此,作为麦克哈格的学生,斯坦纳提出了应用人文生态学方法,将人文社会组织直接与环境联系起来。人文生态理论为在景观规划过程中整合自然科学和社会科学提供了一个框架。

(四)《欧洲景观公约》中的景观含义

欧洲景观公约理事会(Council of Europe Landscape Convention)为了促进对欧洲景观的

保护、管理和规划,于 2000 年 10 月 20 日在意大利佛罗伦萨获得通过了《欧洲景观公约》(又称《佛罗伦萨公约》),该公约中将景观定义为由当地人民或访问者所定义的一片区域,它的视觉要素和感知特征是自然和(或)文化(即人为的)作用的结果。这个定义反映了景观通过时间演进,是人类和自然之力合作的成果。它同时强调了景观自身是一个完整的体系,包括自然、乡村、城市和城郊;包括陆地、内陆水域和海洋区域,涉及可能被视为显著的景观以及日常或衰退的景观。该公约中的景观概念有别于那些出现在某些文件里的概念,那些概念往往视景观为"资产"(即景观的遗产概念),并将其视为物理空间的一部分来评估(如"文化的""自然的"等景观)。新定义表达了以综合的方式来面对人们生活环境质量的愿望,景观被认为个人和社会福利(从物理、生理、心理和理智的感知来理解)和可持续发展的前提条件,以及有利于经济活动的资源。

《欧洲景观公约》对景观的定义确定了三个基本特性,以此作为对景观理解的基础:①景观的动态性和复调特性(多要素复合),引入了"景观作为空间/时间划分"的概念;②景观作为关系结构和文化参照;③景观作为一种共享的社会现象,是由其对大众的感知所发挥作用的结果,是对景观本身的认识合法化的唯一手段。基于这个框架,我们认识到景观在文化、生态、环境和社会层面上的共同利益的重要作用。《欧洲景观公约》允许从法律上承认这一组成部分在不同居民生活中的基本性质,作为共享文化和自然遗产多样性的表达。正因为如此,在开展景观规划设计时,应当重视其共享性、复杂性,以多样化和灵活的方式工作,而不能回归到过去简单化的、单一目标的操作。

总之,景观是人类基本的遗产,是人们建造家园、工作、生活的地方,是一个在历史进程中不断变化的诗意或文化实体。景观是关于人类遗产信息的丰富来源,通过古代和现代聚落以及其他物体的分布和布局而变得清晰可辨。景观遗产可以用以往视觉艺术和建筑的表现,连同它们的美和象征形式来代表。

(五)自然景观与文化景观

依据人类对景观的参与程度和景观自然性的依次减弱,景观可以大致分为自然景观、乡村景观和人工建造景观三大类。其中乡村景观和人工建造景观是人与自然共同作用的结果,属于文化景观的范畴。

文化景观是人类把自己的某些思想形态或观念意识同自然景观相结合产生的一种复合景观,其实质就是人类活动对自然景观改造的结果。它是人类改造自然的物质证明,从外在和内在中体现了在自然资源所赋予的机遇下,人类社会和定居点在经济、社会和文化力量不断冲击下的进化。

当然,要清晰地理解"文化景观"的范畴是一个相当复杂的任务。而且长久以来就有一种认识,认为景观的价值离不开物质的实体,景观一词包括自然和文化两方面的特点和价值,并且特别强调二者之间的关系。甚至有人认为过度地讨论文化景观的概念没有意义,特别是像英国这种所有景观都受到人类影响的国家,因为景观的概念已经包含文化的内涵(麦琪·罗,2005)。2001 年克里斯·史密斯(Chris Smith)在英国国会发表陈述,指出文化景观是"居住在那里的人们的邻里,农场、林地、河流和泉水都与地方人们休戚相关,具有深远的意义。这些地方性特点的多样性和细节,以及与之相关的传统和记忆正是欧洲景观丰富性和独特性的根本所在"。虽然文化景观有多种不同的定义,但普遍认为它是与人类社会共同演进的、具有很高自然质量和价值的区域。文化景观的尺度很广泛,涵盖几百公顷的乡村土地和/或私家院落,类型也多种多样,包括庭院、农田、公园或花园、校园、公墓、景观高速路和某些工业用地等。乡村景观是文化景观的一类,是文化景观中占地面积最大的组成部分。在英国和欧洲,人们已经逐渐认识到由农业生产活动所塑造的农业景观就是"美丽的风景",应完好地保存。事实上,许多《世界遗产公约》命名的景观就是过去年代里平常的农业景观。总之,文化景观是人类和环境的交汇点,以及为了土地利用和空间结构更好地适应社会需求变化而持续改造的结果。

(六)关于景观的共识

综上可见,景观概念在不同的历史时期有不同内涵,不同学科对景观的研究角度也各不相同。但总体而言,景观是由复杂的自然过程和人类活动在大地上留下的烙印,是多种功能或过程的载体,因而可被理解和表述为:①风景:视觉审美过程的对象;②栖居地:人类生活其中的空间和环境;③生态系统:一个具有结构和功能、具有内在和外在联系的有机系统;④符号:一种记载人类过去、表达希望与理想、赖以认同和寄托的语言和精神空间。

由于对景观认识和理解的程度不同,景观的价值判断就不同,景观的应用范围和方式也就不同,这就决定了景观的复杂性,从而决定了景观研究的多元化以及广泛的应用基础。

二、乡村景观的范畴

(一)乡村景观的定义

乡村是指区别于城市和城镇(指城市、城镇的实际建设区域,不是指直辖市、建制市和建制镇等行政区划概念的市域范围)的地方,即城市(镇)建成区以外的人类聚居地区,但不包括没有人类活动或人类活动较少的荒野和无人区。城市和乡村的地域范围是动态变化的,随着城市化水平的不断提高,城市占地范围不断扩大,而乡村范围则呈现缩小的趋势。在人口、社会和经济属性上,乡村是人口密度低、以农业生产为主、与工业化的城市进行物质交换的地区。在环境特性和功能上,乡村是在当地自然条件、生产生活方式和历史文化背景等因素的交互作用下,所形成的具有自然风光与农业活动的生产、生活和生态空间。在聚落形态上,乡村聚居相对分散,大部分土地用于农耕、畜牧水产养殖或放牧等用途,土地利用多样,具有明显的田园特征。因此,乡村景观所涉及的对象是在乡村地域范围内与人类聚居活动有关的景观空间,包含了乡村的生活、生产、生态和文化各个层面,即乡村聚落景观、生产性景观、自然生态景观及与乡村的社会、经济、文化、习俗、精神和审美密不可分的文化景观。

综上所述,乡村景观的定义可以表述为:乡村景观是指乡村地域范围内乡村聚落、农田、林草、水域、畜牧、交通廊道等各种景观要素镶嵌在地理环境背景之上的一种自然-文化复合景观,以农业为主体,是人类在自然景观的基础上经过长期的土地利用和改造而形成的自然-经济-社会-文化综合体,它既受自然环境条件的刚性制约,又受人类经营活动和经营策略的持久影响。具体可以从以下几方面来理解乡村景观的内涵:①从地域范围来看,乡村景观是泛指城市景观以外的,以乡村聚落及其相关行为特征(农、林、牧、渔等等)为主题的景观空间;②从其形成渊源来看,乡村景观是在人类社会发展进程中不同文化时期人类对自然环境的干扰结果和历史印迹;③从其构成类型来看,乡村景观是由自然景观、聚落景观、农业景观和文化景观所构成的景观综合体;④从其景观特征来看,乡村景观是自然景观与人文景观的复合体,聚落规模小,人类干扰强度较低,自然属性较强,自然环境占据景观系统的主体地位,土地利用相对粗放,具有显著的自然生态属性。总之,乡村景观与其他景观的核心差异在于以农业为主题的生产景观和土地利用景观,以及乡村特有的田园文化和田园生活;乡村景观不仅有生产、经济和生态价值,也具有娱乐、休闲和文化等多重价值。

(二)乡村景观的功能特征

乡村景观功能是指乡村景观提供景观服务的能力,一般以人类从乡村景观所获得的惠益(即景观服务)来描述与衡量。乡村景观应具有以农业为主的第一性生产、保护和维持生态环境福祉以及作为一种特殊的文化观光资源等三方面的功能特征,即农业生产、生态维系和文化传承三大功能。图 1-1 表达了乡村景观的功能、服务与可持续发展的三维度关系。

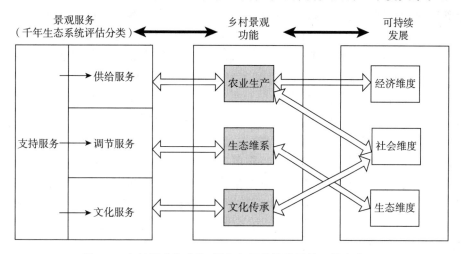

图 1-1 乡村景观的功能、服务与可持续发展的三维度关系

由于不同国家和地区经济发展水平、人口生存状况的差异,乡村景观的服务功能也有所侧重。欧美一些发达国家的城市化程度高,农业和农村经济条件优越,促使人们更加关注乡村景观的生态保护及美学价值,如农业景观多样性与土地覆被空间异质性、农田树篱结构与生物多样性,以及动物迁徙廊道、小型林地斑块与本土物种栖息地等。为了满足人们"重返乡村和走近自然"的欲望,乡村景观中增加了一些富有特色的新型农业模式,如生态农业、观光农业、自然农业、精细农业等。但在一些发展中国家,尤其是那些人多地少的东南亚国家,由于城市化率低,大量人口生活在农村地区,因而乡村景观中的自然斑块所剩无几。这些欠发达地区所面临的首要任务是如何保证粮食安全和经济发展,在此基础上才能进一步考虑乡村景观的生态保护和美学价值。生态保护必须结合区域一定历史阶段的经济社会发展需要,不宜过度草率地提倡"设计结合自然"的唯自然主义理念。

乡村景观随着人类群居而出现,是形成最早、分布最广的一种文化景观形态。但是,随着农耕文明的远去,工业文明和后工业文明的发展,这一历史悠久、具有文化遗产价值的乡村景观日益受到城市化的冲击,其文化价值正在逐渐消失。因此,在进入生态文明时代的大背景下,重新认识和系统研究乡村景观的价值,进而提出科学保护、利用、规划和管理的新对策,是当前世界的一种潮流和责任。

三、中国乡村景观的特点和问题

(一)中国乡村景观的特点

中国是一个地域辽阔、地貌类型多样、气候类型差异较大的农业文明大国,各地人们为了使农业生产、生活适应当地自然环境条件,经过几百年乃至上千年农业文化的积淀,形成了具有地域风情和乡土特色的农作物种植类型和建筑风貌,例如南方的丘陵水田景观、华北平原旱作农业景观、黄土高原梯田农业景观等。同一区域农业景观也具有季节差异,主要表现为农作物的季节性变化,例如果树的春华秋实、水稻的春播秋收等。因此,景观多样性是中国乡村景观演化的最重要特征,具体表现在以下三个方面。

1. 农业景观的多样性

农业景观的多样性主要因地域而异,体现在农业资源禀赋和资源结构两方面。通常情况下,农业资源禀赋程度较高、人少地多地区,在农产品生产供给和输出能力方面具有得天独厚的优势。我国幅员辽阔,水土资源的组合和分布差异很大,农作物适宜生存的生态环境又各不相同,因而形成了南稻北麦的农业生产景观基本格局。根据农业生产景观的粮食作物组合和熟制差异,可将农业景观格局分为四个地域类型(周立三,1993):

(1)秦岭—淮河一线以北的华北、西北大部、东北北部以及黄土高原,以小麦为主的农业景观区。该区域的南部为冬麦区,小麦普遍与玉米和大豆等间、套复种,一年两熟或两年三熟;北部为春麦区,主要同玉米、谷子、马铃薯等轮作,多为一年一熟。

(2)秦岭—淮河一线以南、青藏高原以东的广大南方地区,是以水稻为主的农业景观区,所谓的"江南鱼米之乡"的乡村景观类型为其典型代表。该地区水热气候条件优越,适宜水稻生长,普遍实行稻麦两熟、双季稻以及双季稻复种冬作的多熟制。

(3)东北地区以种植高粱、玉米、大豆为主的农业景观区,水源充足的区域也有大面积的规模化水稻生产,一年一熟。

(4)青藏高原地区以种植青稞为主,一年一熟。

2. 乡村聚落景观的多样性

乡村聚落景观是相对于城市聚落景观而言,是以农业人口为主的居民点,以当地居民为主体,满足其生活居住、休息游乐、社会交往等基本活动与行为的社会—生态系统,具有以第一性产业(农、林、牧、渔)为主要经济活动形式、以血缘和地缘交织组成的社会形态,以及以乡土观念为基础的文化形态等主要特征。

由于地理环境的复杂性、民族习俗的多样性、社会文化的多元化,中国乡村聚落景观呈现出多样化特征,在村落布局、民居风格、空间形态、聚居文化等方面均存在着显著地域差异性。系统地分析乡村聚落景观的地域差异特征,对因地制宜地制订乡村景观保护规划、美丽乡村建设规划、乡村旅游发展规划等具有重要的科学意义。中国典型区域的乡村聚落景观有以下几种。

(1)江南传统水乡型聚落景观。这类景观是我国东南沿海发达地区最典型的乡村聚落景观。由于江南地区河网、水系星罗棋布,当地居民为生产劳动和生活交通的方便,沿着河流的两岸逐水而居,其聚落景观的建筑风格保持着清秀、雅致、简朴的条带状或团块状布局。

(2)中部丘陵、山地乡村聚落景观。我国中部地区遍布丘陵、山地,如湘东和湘北的丘陵地区、广西石灰岩丘陵区等,由于地形条件所限,该区域的乡村聚落景观分布呈现出明显的分散性,布局上大多是沿山麓、公路、河流的展开呈分散的干枝状,或以离散的点状为主,内部结构单一,内部联系不紧密,居住、交通、公共活动等功能分区和聚落边界均模糊。在聚落文化方面,民居、风俗、民情等方面都有明显的地域特色,聚落建筑等景观差异明显。

(3)黄土高原乡村聚落景观。黄土高原气候比较干旱,降水少,冬季寒冷,秋季凉爽,夏季温暖,春季多风沙;地貌沟壑纵横,地表分割破碎,造就了以窑洞式建筑为特色的乡村聚落景观,其聚落建筑布局具有向阳、向路和向沟性。为了减轻窑洞内的潮湿并弥补其内光线的不足,需要充分的阳光照射,故乡村聚落建筑选址时多建在向阳之处;为了方便与外界联系,聚落分布多靠近乡镇公路或乡村道路;由于干旱缺水,为了方便取水,聚落多建在沟边等离水源较近的地方。

3. 乡村文化景观的多样性

乡村文化景观具有典型的地域分异特征,与不同民族的习俗息息相关,也随着时代在发展变化。既有农业文化物质遗产保护景观,如珠江三角洲桑基鱼塘景观、滇桂梯田水稻景观、古灌溉渠系等;又有传统乡村民俗文化景观,如与农耕文化、游牧文化等密切相关的部分少数民族文化;还有遍布于城市群区域和大城市郊区的现代农业景观,如观光农业园、采摘园、农家乐等。

乡村文化景观具有传承农耕文化、保护文化多样性以及为城乡居民提供旅游休闲、体验教育等服务功能。优质的乡村景观不仅能提供农业物质产品,还能提供精神文化产品。例如,不同的耕作制度、种植方式、作物布局及其地貌单元配置等是一个地区农耕文化、传统习俗等的具体体现,都具有很高的观赏价值,对于其他地区的游客来说颇具吸引力。在体验教育方面,旅游者在旅游过程中,不仅能欣赏田园风光,还可以直接参与农耕活动,亲身体验农业生产过程,体味生机盎然的农村生活景象。久居在城市的居民,渴望回归自然,通过观光或直接参与农业体验活动,不仅可以休闲,还可以获取珍惜粮食、爱护环境的教育效果。

随着城乡融合发展和美丽乡村建设的全面加速,乡村文化景观的功能还将进一步得到重视和发展,使乡村旅游迎来新一轮发展高潮。城市居民出现强烈的休闲旅游需求,且呈现出多样化的趋势。当前,乡村旅游农业景观主要呈现三个特点:一是注重科技知识性和文化内涵,将农耕文化和农业科技知识融入旅游项目中;二是更注重亲身体验和参与性,许多"体验旅游""生态旅游"项目逐步融入乡村文化景观之中,使乡村文化的内涵更加具体,满足人们寄托乡思乡愁的真实感受;三是农业旅游景观由单一的观赏功能发展到集观光娱乐、体验学习、休闲度假和购物消费等为一体的综合性全域乡村旅游区。

总之,乡村文化景观的旅游功能开发具有非常重大的现实意义,一方面能增加农村居民的就业和收入途径,另一方面又能大大促进美丽乡村建设的步伐。

(二)中国乡村景观现存的主要问题

在改革开放初期,随着经济建设和城镇化的快速发展,社会结构、经济结构和空间结构发生了重大变化,不可避免地对乡村景观带来了巨大的冲击。许多乡村发展缺乏合理有效的规划管理,无论政府还是生产者或居住者,都比较偏重于乡村地域的生产和经济发展功能,导致毁林毁草开荒和填湖造田的不理性行为时常发生,而对其所具有的生态、文化及美学内涵考虑极少,或者根本未予以考虑,对乡村景观的整体协调性造成了极大的破坏,并对整体自然环境和人文环境产生较大的负面影响,如水土流失、生物和景观多样性减少、文化多样性和独特性减少乃至丧失等诸多问题,乡村景观普遍存在散、乱、差等诸多弊端。面对这种态势,全面启动乡村景观的改善或重塑,实现乡村景观的生产、生态、社会、文化和美学功能和谐统一的目标,已经成为一种共识。

当前,中国已处于社会经济发展转型期,在这样一个大的时代背景下,城乡统筹发展造成了乡村功能与空间关系的快速重构,促进了农业现代化(即规模化、集中化、园区化)、乡村城市化和乡村休闲化的蓬勃发展。在这个过程中,乡村景观规划必须要全面解决同质化、地域特色丧失、生态环境恶化等问题:

(1)景观的同质化倾向。现代社会的发展已经使得乡村逐渐脱离传统的建筑及土地利用形态。乡村居民对其生产生活环境进行了自发的改造,新乡村建设也越来越多地将规划设计引入乡村。大量的行为以"高效""方便"为原则,使乡村缺乏景观的营造与管理。例如,大批量地种植单一的速生树种、几无特色的道路桥梁设计、大规模的农业种植等,使得景观同质化严重,缺乏多样性色彩。

(2)景观的地域特色丧失。通常来说,人们将城市影响力视为积极的、先进的,而将乡村影响力视为落后的代表。基于这种"城市偏好",乡村建设只要一有机遇,就以城市推进、乡村后退的方式进行。例如乡村建筑中所谓的欧陆风格、大而空的广场、城市健身器材设备的流行等。在民居建筑上,体现为大量拆除富有地方特色的旧屋,建造千篇一律、没有任何地域特色的新式住宅。农民建房、农业发展、绿地维护也很少顾及当地的气候、地理等地域特色,趋同演变的结果,造成了乡村环境既有脉络的破碎化,乡村的区域特色受到很大的冲击。

(3)乡村生态环境恶化。多年来,我国乡村的建设发展基本以改善生产生活条件、增加农产品收益为目的,而忽略了环境建设和生态保护,从而导致了乡村生态环境的恶化趋势。主要表现在:一是化肥、农药和农膜等农业投入品不合理使用,造成了面源污染突出;二是农村生活垃圾随意堆积或丢弃,农村生活污水未经任何处理便随意排放;三是规模化畜禽养殖所带来的农村环境污染加剧;四是由于树篱、池塘、水沟等生物栖息地大幅度地减少,以及农业单一生产模式,导致生物栖息地和生物多样性减少;五是乡村聚落用地占建设用地比重较高,空心村普遍存在,布局零散。上述问题不但给农业生产和人民群众生活造成很大损害,而且已成为发展农村经济、构建农村和谐社会的重要障碍。

第二节 乡村景观规划的内涵和特点

一、乡村景观规划的内涵

"规划"是运用科学、技术以及其他系统性的知识,为决策者提供待选方案,同时它也是一个对众多选择进行考虑并达成一致意见的过程。正如约翰·费雷德曼简洁明了地指出,规划是连接知识与实践的纽带(斯坦纳,2004)。

乡村景观规划是应用景观生态学的原理,对乡村土地利用过程中的各种景观要素和利用方式进行整体规划和设计,使乡村景观格局与自然环境中的各种生态过程和谐统一、协调发展的一种综合规划方法。乡村景观规划的核心任务就是要解决如何合理地安排乡村土地及土地上的物质和空间来为人们创造高效、安全、健康、舒适、优美的人居环境的科学和艺术,从而为社会营造一个可持续发展的整体乡村社会—生态系统。乡村景观规划是围绕着人与自然共生发展的理念展开的,人类对自然的各种改造活动不能违背生态规律。因此,优化和整合乡村地域的自然生态环境、农业生产活动和生活聚居建筑三大系统,协调各系统之间的关系是景观规划设计的核心目标。通过乡村景观规划,使景观结构、景观格局与各种生态过程以及人类生活、生产活动和谐共生、协调发展。

乡村景观规划更加注重对环境与生态的研究和探索。针对环境,重点考虑土壤、地形、气候、建筑风貌、氛围等问题;而生态则融入了有生命的主体,如动植物、生物多样性、生态网络等。当然,在乡村景观规划过程中,既要遵循自然景观的适宜性、功能性和生态特性,又要考虑经济景观的合理性和可行性,更要考虑社会景观的文化性和继承性,以景观资源的合理利用为出发点,以景观保护为前提,科学规划和设计乡村区域内的各种行为体系,在景观利用与保护之间构建可持续的发展模式。因此,通过乡村景观规划,应为当地居民创造一个宜人的、可持续的乡村人居环境,而乡村人居环境的重要特征是以农业景观为主题背景,以乡村聚落为景观核心,是一种半自然的人文生态景观综合体。

总之,乡村景观规划是在城乡一体化发展过程中,通过对乡村资源的合理利用和乡村建设的合理规划,协调城乡发展的二元体系,实现乡村景观美化、相容、互补、稳定、可达和宜居的人居环境特征,并将乡村聚落建设成为包括城市居民在内的所有人所向往的、能够充分体验人与自然和谐共生的景观空间。

二、乡村景观规划的特点

通常来说,规划可分为项目规划与综合规划两大类。项目规划(project planning)是对某个特定的物质对象进行设计,例如水坝、公路、海港,或者是单个建筑或建筑群。综合规划(comprehensive planning)则包括与某个地区所有功能相关的多种选择方案,常常需要彼此的妥协才能解决冲突,而这正是综合规划的内在目标。此外,我们还会经常谈到环境规划或生态规划。环境规划则是“在维持人类活动的能力前提下,以物质、生态及社会进程的最小分配,倡导并实现对资源获取、运输、分配以及处理过程的管理”(斯坦纳,2004),而生态规划实际上是指对生态系统的“管理”。管理是为实现某一预期结果而明智地采取措施。所以,许多人认为管理与规划之间的区别更多只是字面上的,例如土地利用管理,正是规划过程的目标和手段的总称。那么,生态规划或生态系统管理(ecosystem management)就是理解与组织整个地区的生态要素、生态过程和生态格局的方法,其目标是保持该地区的可持续性和整体性。

乡村景观规划作为一种空间规划,既具有一般综合规划的基本特征,又有别于土地利用规划、环境规划或生态系统管理。它具有以下几个主要特点。

(一)乡村景观规划是一种综合规划

由于景观的属性涉及自然、生态、经济、社会、文化、美学等多个层面,景观规划必然是一种高度综合的管理和规划方式。特纳(Turner,2006)认为,景观规划包含了自然发展规划(对宏观环境的过程与系统的考虑)、景观视觉规划以及社会发展规划(人类生活与游憩)的内涵。它不仅关注景观的核心问题——“土地利用”、景观的“生产力”及其人类的短期需求,还强调景观作为整体生态系统的生态价值、景观可供观赏的美学价值及其带给人类社会的长期效益和文化遗产。因此,乡村景观规划需要综合应用多学科的专业知识,包括土地利用、景观生态学、景观建筑学、地理学、社会学、农学、土壤学等,全面分析乡村景观的内在结构、生态过程、社会经济条件、价值需求以及人类活动与环境之间的相互关系,充分发挥当地景观资源与社会经济的潜力与优势,构建一个人与自然和谐共生的总体人类生态系统。

(二)乡村景观规划的关键是如何处理好自然景观与文化景观两者的和谐共存

景观并不只是像画一般的风景,它是人眼所见各部分的总和,是形成场所的时间与文化的叠加与融合,是自然(景观的实质环境)与文化(景观受到人类改造后的结果)不断雕琢的产物。正如弗雷德里克·斯坦纳在其《生命的景观——景观规划的生态学途径》一书中阐述的那样:景观规划(landscape planning)这一术语的使用是为了强调这种规划应该包括对自然及社会的考虑;景观规划不仅仅是土地利用规划,因为它强调对土地利用的各种要素(自然、社会、文化、政策等)的叠加与综合,乡村景观属于一种半自然的文化景观。因此,在其规划目标和规划方法方面都要特别关注在当地生产条件、生活方式和历史文化背景等因素作用下的人与自然互动的结果，应遵循以乡村文化景观保护作为出发点的规划理念，避免以改善或创造新的乡村景观为目标，确保所提出的规划方案符合经济可行、生态安全、文化相宜、美学独特的基本原则，体现人与自然的和谐共生关系。

贺勇（2008）认为应十分强调"景观作为系统"这一理念，并为规划实践中如何认识和理解乡村景观的文化特征提出 7 条基本定理，具有重要的指导价值。具体包括：①景观作为理解文化的线索：各地区的差异并不仅仅是自然的，也是文化的。物质层面的趋同，往往也意味着文化的趋同。景观中的普通事物可以帮助我们认识自己是怎样的人。普通的乡村景观相比那些伟大的"景点"告诉我们更多普通人的生活状态和真实的文化。文化演变的差异也是源于对各自喜好的执着或偏见。②文化统一与景观平等：人类景观中的所有事物都传达着信息，都具有意义，而且其中绝大部分都有着等量的信息。所以民居和宫殿同样重要，前者传达了普通人的思想，后者则反映了设计者和极少数使用者的意愿。③景观与普通事物：关于景观的专门研究很多，但是绝不能忽视关于景观中对普通事物的描绘和关注，而这些对于景观规划设计往往具有特别重要的意义，因为它们往往确定了我们思考的框架与标准。④历史的视角：任何景观都应置于历史的视野之下，景观从来都不是抽象孤立地存在的，而是各种条件或影响作用下的结果。⑤场所与环境的视角：为了理解文化景观中元素的意义，我们需要把它放到其所依托的地理、场所环境与文脉之中。如果仍然像以往一样，以一种强有力的方式规划介入环境与场所，以一种不妥协的姿态试图给乡村景观以新的诠释与意义，其结果可能会导致景观与周围环境的关系跟当初设想的完全不同，包括人们的欣赏与理解也不大一样。⑥地理与生态的视角：文化景观总是与其实体环境紧密相关，所以研究自然系统对于准确理解文化景观具有重要意义。提倡以一种当地的视角，系统而综合地分析景观形成的各种内在动力，因地制宜地选择规划和设计的地方特色。⑦乡村景观的多义与模糊：不同的人对同一种景观会产生不同的理解，规划人员必须对这种模糊多义的特性相当敏感，而且应该注意到人们更喜欢开放式结局的乡村景观，以便让人们自己去补充完成，从而形成特有的理解。合理的规划方式就是以一种开方式的结局与设计，让生活者介入其中，从而产生多义、模糊、多元的意义。

（三）乡村景观规划的核心是协调土地利用竞争

规划的两个基本理由就是使人们得以平等共享和确保未来的发展能力。但人类社会的空间组织是一个很抽象的概念，它通过土地利用得以清晰地表达各种利益相关方的位置。可以说，人类的所有活动都以某种方式与土地联系在一起，这种联系就是土地利用。因此，景观包括了各种土地利用的方式——农业、居住、交通、娱乐以及自然地带（如森林、荒漠、水域等），并由这些土地利用类型组合而成。但是，随着人口的不断增长、城市化的快速发展，城市与乡村、自然与人文之间的边界正日渐混同，导致土地利用、环境及社会的退化等方面充斥着各种矛盾和冲突。例如，人们希望享受到更多的开放空间和游憩设施，促使城市生活空间逐渐向郊区或乡村地区拓展，势必会破坏野生动物栖息地和环境敏感地区；有时新的土地利用布局位于对自然灾害十分敏感的区域，面临着地震、森林火灾、洪水等的安全风险。那么，如何协调因各种利益驱动下的土地利用冲突需要有宏观的视野，从空间、功能以及动态观点来理解景观就成了关键。

正如前所述，土地利用方式是乡村景观中的主体，因此，土地利用规划是乡村景观规划的基础框架。在此基础上，乡村景观规划还要考虑各种生物的生存环境，即生物多样性的问题。例如，在乡村景观规划中需要考虑一些动物的迁徙走廊，在农田格网中设置一些树篱或林带；

或者建立一些小型斑块的动物避难所,甚至生态保护区等。也就是说,要充分考虑土地利用活动对乡村景观中的各种生态过程(物流、能流、信息流)的影响,不能因为土地利用而损害了生态系统平衡或其他生物种类的生存环境。除了上述两方面外,乡村景观规划还要考虑景观的文化和美学价值,将土地利用作为一种自然和人文相统一的文化景观,为人们提供安全、舒适和优美的人居环境。因此,通过土地利用规划,它既协调了自然、文化和社会经济之间的各种矛盾冲突,又强调生物环境的多样性,以丰富多彩的空间格局为各种生命形式提供可持续的多样性的生息条件,充分实现乡村景观所应具有的生产服务功能、生态环境功能和社会文化功能。

(四)乡村景观规划的灵魂是生态伦理

"生态"(ecology)一词源于希腊语中的"oikos",是"家"的意思。"生态"的本质含义是所有有机体相互之间以及它们与其生物及物理环境之间关系。显然,人类也是生态体系中的一部分。所以,著名的景观规划师伊恩·麦克哈格(Ian McHarg)将人类生态学的理念引入景观规划中,大力倡导生态原则在景观规划中的引领地位,他认为生态学研究包括人类自身在内的所有生物体与其生物、物理环境之间的关系。因而,生态规划则可以定义为运用生物学及社会文化信息,就景观利用的决策提出可能的机遇及约束。

麦克哈格(1981年)对生态规划的逻辑框架做了如下概括:"所有的系统都渴望生存与成功。这一论断可以被描述为'优化—适应—健康';其对立面是'恶化—不适应—病态'。要实现上述目标,系统需要找到最适宜的环境,并改造环境及自身。环境对系统的适宜性可以定义为只需要付出最小的努力和适应。适宜与相符是健康的标志,而适宜的过程即是健康的馈赠。寻求适宜归根结底是调整适应。要成功地调整适应,维护并提高人类的健康与幸福,在人类能运用的所有手段中,文化调整尤其是规划可能是最为直接而有效的。"阿瑟·约翰逊(Arthur Johnson)进一步阐述了这一理论的核心原则:"对于任何生物,人工、自然与社会系统,最适宜的环境即是能够提供维持其健康与福祉的必要的环境。这一原则不受尺度的限制,它既适用于在花园中确定植物栽种的位置,也可以指导一个国家的发展。"因此,生态规划方法首先是研究某一场所生物物理及社会文化系统的方法,以揭示特定土地利用类型的生态适宜性。对于某种潜在的土地利用方式,找出拥有全部或众多有利因素而没有或仅有较少不利因素的最佳地点,满足这一标准的地点即被视为适于此种土地利用类型。

第三节　国外乡村景观规划的发展历史与进展

一、乡村景观规划的发展渊源

前文详细地讨论了景观、乡村景观以及乡村景观规划的概念演化、内涵范畴等,可以发现随着"景观"一词的内涵由最早的风景画作、地表景象,逐渐演变成为地理学中"自然景观""文化景观"的科学名词,再扩展到具有生态意义的"生态景观",直至"总体人类生态系统",景观规划的目标和任务也随之发生了由简单到综合的演变过程,即由注重表象到重视自然环境要素的综合;由自然景观扩展到文化景观;由人居环境上升到人类生态系统;由创造景观到保护景观;由景观的空间形态美学到景观的自然生态美学等。因此,正是对"景观"这个客体的认识的不断拓展和深化,促成了乡村景观规划的产生和发展。总体而言,乡村景观规划的发展大致经历了三个阶段:

第一阶段主要以风景美为主题的景观规划与设计。景观最初被认为是风景的代名词,景观规划也就是对自然景色的修正和改造,人们对景观的规划设计单纯地以唯美主义为准则。设计的目的就是使所处的环境适合形式、线条、立体、对比、变化、色彩、和谐等美学标准。这在中国古典园林艺术中是显而易见的。

第二阶段为人与自然对立的工业化景观规划与设计。随着社会生产力的发展,人类开始了大规模开发自然资源、破坏自然环境的工业化过程,出现了石油农业和工业城市景观。工业化景观强调的是人对自然的改造、征服,而不是人与自然的互利共生。其结果是导致了工业化城镇、高速交通系统等人文景观迅速蚕食、分隔和取代了自然景观,极大地改变了自然景观的结构和功能。上述两个阶段发展的直接标志是西方"景观建筑学"的兴起。

第三阶段即整体优化的景观规划与设计。把景观视为一个由不同生态系统共生整合而成的人类生态系统,着眼于景观的总体结构、格局、过程(包括区域内的所有景观类型,无论是自然的还是人文的)以及人与自然环境的相互作用,实现总体人类生态系统(total human eco-system)的最优规划与设计。同时强调景观的资源价值、生态环境价值和社会文化价值,其目的是协调景观内部结构和生态过程,以及人与自然的关系,将景观建设成既美观又能保持生态健康,同时满足社会经济发展需求等多个目标。

综上所述,乡村景观规划是在追求"秩序"的经典规划和追求生态适应性的生态规划之上的又一次思维突破,已经发展成为一种意在构建人与自然和谐共生的总体人类生态系统的多目标综合规划方法。

二、国外乡村景观规划的发展历史

从"景观"一词的产生渊源来看,欧洲是最早开展景观和景观规划研究的地方。在英国、德国、荷兰、捷克、法国等国都有相应的乡村景观与景观生态研究中心,特别是在英国,很早就开展了针对传统乡村环境保护与乡村景观规划的大量研究,使之成为现今乡村景观保护最为成功的国家之一。而在美国,由于环境保护主义的兴起,融合土地利用规划、环境规划、生态规划和社区规划的综合性规划——景观规划也越来越受到重视。在此背景下,哈佛大学的理查德·福尔曼(Richard T T Forman)教授创立了景观生态学,将地理学的空间格局思维和生态学的系统分析方法有机地结合在一起,形成了独具一格的"格局—过程—尺度"及"斑块—廊道—基质"的理论方法体系,更是为景观规划提供了适时、适用的理论基础。

(一)英国

英国的乡村景观基本可以分为两个组成部分:西部地区的高地以畜牧业为主的牧场景观;东南部地区的低地拥有更多的农业种植区域,主要为农耕景观。英国乡村景观格局的形成可以追溯至18世纪的圈地运动。20世纪50—80年代,英国发生农业革命,圈地运动使得原有的自耕农耕种形式转变成大块土地的农场形式。随后,现代农业的发展对英国农业景观造成了第二次大的冲击。从20世纪40年代开始至20世纪中期,英国乡村奉行以提高农业产量为目标的农本主义。农场结构的变化、新科技的使用、现代农业的实施,对农业景观造成了可以与圈地运动所相比的景观变化。在圈地运动和现代农业发展的两次冲击下,英国形成了具有高效产能的农业景观。20世纪80年代以来,以产量为目的的农本主义日渐遭到英国规划界的质疑。乡村是英国的一个重要的国家和文化身份象征,乡村文化景观保护历来是英国关注的问题。因此,从早期仅对单独的"最好地段"的个案保护已经扩展到从整个国家层面的对整个栖息地以及包括经济体系在内的整个乡村环境体系的保护,乡村景观保护政策开始深度地、大范围地关注乡村景观风貌和整体生态系统。

从历史上来看,英国是十分重视乡村景观保护的国家。早在 1926 年,就成立了英国乡村保护协会(The Campaign to Protect Rural England,CPRE);第二次世界大战后,英国开始实施《城乡规划法》(*Town and Country Planning Act*,1947);在 20 世纪 90 年代,负责英国乡村规划的管理部门是国家乡村委员会(National Countryside Commission);1999 年,国家乡村委员会与农村发展委员会(Rural Development Commission)合并为英格兰乡村署(The Countryside Agency);2006 年,英格兰乡村署与英国环境、食品和农村事务部(DEFRA)下辖的自然保护组织"英国自然署"(English Nature)及乡村发展服务部门(The Rural Development Service)合并,组合成为新的英格兰自然署(Natural England),该部门致力于保护和提升英格兰的乡村环境,促进乡村地区社会和经济发展,其主要事务包括资源保护、景观保护、保护区管理、乡村旅游休闲等,并通过许多研究和出版物,开展与学界和民众的广泛交流。此外,英国不断出台新的乡村环境保护法案,法案涵盖生态、景观、历史文化和生活质量各个方面。例如,1938 年《绿带法》、1949 年《国家农村场地和道路法》及《国家公园和享用乡村法》、1981 年《野生动植物和农村法》等。其中,1949 年通过的《国家公园和享用乡村法》(*The National Parks and Access to the Countryside Act*),界定了位于乡村地区的国家公园,大面积地保护了具有突出美学、自然和文化价值的乡村;《绿化带建设法》(*Green Belt Circular*)要求围绕城市进行绿化带种植建设,遏制城市无限制蔓延,从而完整地保护了广大乡村地区的村镇风貌形态。

英国对乡村景观保护的核心工作首先是全面开展景观评估。在 20 世纪 70 年代,景观评价(landscape evaluation)在英国风行一时,侧重判断什么因素使某个地域的景观优于其他地区,并提炼出相对客观的定量化评价指标,虽然这种看起来科学的、客观的、数量化的评价方法比较适宜于分析农业、林业、自然保护等土地利用布局,但很难处理公众对景观的视觉效应及受众中引发的心理反应。直至 20 世纪 80 年代中期,定量化的景观评价方法逐渐被定量分析和定性描述相结合的景观评估(landscape assessment)方法所取代,并在国家乡村委员会推动下,在越来越多的地区得到实践应用。20 世纪 90 年代以后,景观特征成为景观评估的中心概念,景观评估也被景观特征评估(landscape character assessment)所取代。景观特征评估的重点是进行景观特征的客观描述,找出某个地区的最鲜明突出的景观特征,辨别出某处景观有别于另一处景观的区别。在景观特征评估中,不涉及价值的定量评比,而更多地关注区域的历史文化、田野调查和专家及相关利益人的感官评价(表 1-1)。

表 1-1 英国的景观评估方法演变脉络(陈英瑾,2012)

景观评价	景观评估	景观特征评估
注重景观价值	兼具客观与主观流程	注重景观特征
要求客观流程	看重景观调查、分类及评价	区分特征描述与决策制定
与其他地区比较景观价值	采纳不同团体的识别感知	依照不同尺度制定潜力
测量景观元素的量化特性		结合过去的景观描述
		关注权益关系人的参与
20 世纪 70 年代早期 ⟶	20 世纪 80 年代中期 ⟶	20 世纪 90 年代中期 ⟶

英国的景观特征评估方法主要分成两个明显的阶段：景观特征描述阶段和判定决策阶段。

1. 景观特征描述阶段

在特征描述阶段中，首先需要确定研究范围、尺度、目标、精细度、人力及资源等。之后，以不同的地图做叠合研究，综合区域气候和地势、温湿指标与地带性植被类型、地貌类型、生态系统类型等自然要素，土地利用方式（如农业生产）、聚落结构、景观历史等社会文化要素，草拟出景观特征类型（即具有相同自然、人文环境的类型）及景观特征分区（即在特定的景观特征类型中独立的地理分区）。再根据案头研究的结果进行野外调查，通过文字记录、摄影、图表等方式，记录景观的特性，以确定案头研究中划分的景观单元的一致性。最后，综合案头研究和野外调查的工作，确定最终的景观特征类型和景观特征分区的分类和命名，对其关键特征（即最能表现当地特色的特征）加以客观描述。其重点在于分清一个区域与另一个区域的不同之处。这一阶段的成果体现为对一个区域的历史、景观形成背景、改变趋势、所受压力等分析，最终形成一个区域的景观特征分区地图，以及相对不涉及价值的对特征的描述。

2. 判定决策阶段

在决策阶段中，需要在上一阶段的研究成果基础上，加入研究者对景观的主观判断、在景观应用方向上的考虑及相关权益人的意见之后，提出对景观的保护或改善建议，为后续规划提供建议与指导。一般来说，可做出 4 种景观规划和保护政策，即景观保护、景观加强、景观修复、景观新生，分别适用于优异的景观、普通的景观、被忽略的景观和有创新需要的景观。

景观特征评估方法的使用，使得人们将注意力更加集中到景观本土性的保护问题，并成为景观规划的重要工具之一。《欧洲景观公约》也认为进行景观特征评估是保护景观地域特性的基础，应该对每个地域的景观特征、该特征的生成过程以及它对人类的价值有深入的了解。1996 年，英国公布了由英格兰遗产机构（English Heritage）支持的、英格兰乡村署和英国自然署完成的英格兰景观特征图；同时，由英格兰乡村署出版了《英格兰与苏格兰景观特征评估导则》（*Landscape Character Assessment：Guidance for England and Scotland*），详尽地介绍了景观特征评估的意义、目标和过程，并将整个英格兰划分为不同的景观特征分区，为更小尺度的景观特征评估提供了基础。通过景观特征评估的架构，英国对全国实施了景观特征的辨别、描述和分析，并从中判定对景观的保护或强化措施。1997 年的调查表明，83%的英国郡已经开展了景观特征评估，这表明英国不但需要着重保护那些被认定的国家公园和保护区，而且还要对其他各种具有地方人文特色的乡村景观和村镇实施保护。

在具体的乡村景观规划实践中，需要进一步探讨区域的规划目标、空间配置及相应的规划策略，最后还要详细说明景观修复等景观政策，以及将保护、优化、创新结合进行的景观政策等等。例如，针对特定地段的景观保护、普通乡村地区的景观加强以及城市边缘区的景观新生的规划策略和相关政策，都有比较明确的指导。

(1)景观保护。英国对传统乡村景观的保护规则参照了联合国教科文组织世界遗产委员会发布（UNESCO，2012）的《实施世界遗产公约的操作指南》中对文化景观的定义分类，将文化景观分为 3 种类型："由人类有意设计和建筑的景观""有机进化的景观"和"关联性文化景观"。而与乡村景观最相关的是第二类"有机进化的景观"。有机进化的景观是一种从社会、经济等动机出发，对自然环境进行改造后出现的文化景观，从其形式和组成要素上反映了景观进化的过程。这一类文化景观又可分为两个小类：①遗迹（或化石）景观，景观进化过程已经终止，但其景观特色仍然留存可见；②持续进化的景观，在现代社会中仍然保持积极作用，同时与传统生活方式紧密相连,景观进化过程仍在持续,展示出在长时间进化过程中的客观物质证据。那么,传统乡村景观实质上就属于"持续进化的有机进化景观"。由此可见,传统乡村景观是一种需要有特定的保护体制加以保护的"乡村类文化景观",它是由人类与自然共同合作而创造出来的、具有突出的美学、生态和文化价值的乡村地区,应当被划为传统乡村文化景观保护的特殊地段或区域,并按照"优质的景观区域"的相关政策实行严格保护。

(2)景观加强。除了特殊保护区域外,针对普通乡村地区的景观规划问题。虽然每个地域都有其值得保护的历史文化特色,但并不是所有的乡村景观都具有出众的自然、文化和历史价值;并且,这些地域仍然承担着生产农副产品和纤维产品的重任,不可能以景观特色的保护为主要功能。因此,需要根据当地城市化的发展现状以及公众对乡村景观的要求,在尊重现状的基础上,对景观进行改善和加强。这一类景观政策地域被称之为"乡村功能性景观的加强区域"。

(3)景观新生。除了景观保护区域和景观加强区域之外,还有一片重要的区域,在对其景观规划策略上,通常采用景观新生的策略,城市边缘区就属于这一类区域。城市边缘区的乡村土地为城镇居民提供了与之紧邻的乡村景观布景,展现出复杂而充满活力的土地利用类型和生境状况,使之具有连接城镇与乡村的关键地位,以至于被称为"规划最后的前沿领地"(Planning's last frontier)(Griffiths,1994)。这既表达了城市边缘区规划的重要性,又体现了一直以来城市边缘区为人们所忽视、缺乏必要的规划和管理的困境。

在 Kevin Bishop 和 Adrian Phillips(2004)编著的 *Countryside Planning：New Approaches to Management and Conservation* 一书中,比较系统地总结了英国乡村景观规划的研究进展和新趋势:从限制当地居民的规划转变为为了当地居民、通过当地居民、与当地居民一起合作的规划;从"放置一边"(Set-aside)转变为连接性的规划;从美学保护的起因转变为科学、经济、文化因素的起因;从关注旅游者转变为关注当地居民;从地块到系统;从孤岛到网络;从保护到恢复加强;从国家到国际。而且,乡村类文化景观保护出现了一种新的保护模式:与当地社会经济发展紧密联系,选择适合当地景观特征的乡村发展方式,实现乡村景观和乡村经济社会发展的互相促进。

(二)美国

在美国,以伊恩·麦克哈格(Ian McHarg)、理查德·福尔曼(Richard T T Forman)、弗雷德里克·斯坦纳(Frederick Steiner)等为代表的景观规划和景观生态学者都十分注重景观规划与土地利用、生态和环境问题的相互关系。他们普遍认为人类社会面临着许多社会、经济、政治及环境的问题与机遇,而景观是社会与环境过程的界面,因此景观规划要解决涉及人类与自然相互关系的问题。我们的地球为人类提供了许多机遇,而环境问题同样也很多,这些问题与机遇决定了特定的规划议题。例如,郊区的发展常常占用最优质的农田,牵涉到郊区新居民与农民在土地利用方面的冲突,许多问题也随之而生。又例如,海滩或山区城镇等地区因优美的风景及娱乐设施而面临新的发展机遇,关键的挑战是在适应新发展的同时,如何保护那些吸引人们来此的自然资源和生态环境。工业、能源、交通等产业的迅速发展,使得乡村景观遭受严重的破坏;乡村环境的视觉污染也与乡村环境的其他污染一样,越来越严重地威胁着人们的身心健康。因此,从 20 世纪 60 年代中期到 70 年代初期,一系列明确提出或强调保护乡村景观的法令相继产生,如美国国会通过的《野地法》(1964)和《国家环境政策法》(*NEPA*,1970);特别是《国家环境政策法》于 1970 年 1 月 1 日由理查德·尼克松总统签署立法,成为美国规划领域最重要的法律依据。*NEPA* 中明确要求联邦政府所有机构"在资源导向型项目的规划和开发中,倡导并使用生态信息"。

尽管有了 NEPA 以及其他法律,但是在具体的规划实践中要真正实现那些环保主义者(往往是指专家型学者或"对抗型"规划师)所倡导的生态途径或环保理念,仍存在一定的阻力。在美国,土地利用规划的功能曾一度成为争论的对象。对规划的目标存在许多种意见,即规划是为了完成某一具体的实体项目,还是为了全面的社会、经济或环境目标。美国规划的传统角色是为其中许多部门服务;而在英国,规划则是强大立法的结果。法定规划给予英国规划师在决策过程中以相当大的权威性。相比之下,美国规划师的法定权力一般都比英国及其他欧洲国家的同行们要小得多。

美国与欧洲的规划之间存在的差异有许多方面的原因。首先,在欧洲以及世界上的其他许多地区,土地都被视作稀缺性商品。在 19 世纪土地饥渴的欧洲,公共部门的官员们在管理过程中被赋予越来越大的对土地利用(以及其他资源)的规划权力。在欧洲,无论是欧盟中历史较老的所谓民主国家还是新兴的中欧与东欧国家,人们对环境质量的关注都在与日俱增。这种关注造就了复杂的规划系统,涉及居住、娱乐、美学、开放空间以及交通等诸多方面。另一原因来自美国之起源。托马斯·杰斐逊(Thomas Jefferson)及其他开国元勋都深受约翰·洛克(John Locke)的影响,后者认为政府的首要目标是保护财产。洛克在其《政府论》(*Two Treatises of Government*)中将财产定义为"生命、自由与私有财产"。美国宪法第五修正案中也包括这样的条款:"若未经适当的法律程序,无人可以⋯⋯被剥夺生命、自由或财产;若无公正的补偿,私人财产不应被用作公共用途。"

由于美国的宪法特别强调对私有财产的保护,例如在"征用条款"(taking clause)中规定"若无事先予以适当的补偿,不应因公共或私人用途,剥夺或损坏任何私有财产",因此各州法院也一贯支持"不太出格"的土地利用管理;同时法院也支持对环境敏感地区如湿地、洪泛区以及濒危物种栖息地的土地利用予以限制。总体而言,乡村景观规划在美国仍然只是零零碎碎的努力,主要依靠强大的既得商业利益来实施,有时也通过协议的方式。协议规划主要依靠个人的游说能力,许多美国规划师已经适应了这种状况。这些适应形成两大阵营:管理型(administrative)与对抗型(adversary)。"管理型"一派的规划师是现实主义者,直接对政府的项目负责,作为城市或区域规划的行政官员或充任顾问。他们负责管理那些非官方的社区组织以及健康、教育与社会福利组织,用来支持联邦-州的政治经济结构;他们可能还负责管理被视为必需的交通与公共设施。这样的结果往往使该地区的弱势群体遭受损失。而"对抗型"规划师是理想主义者,关注一些社会或环境问题,一般为特定的群体充当鼓吹者。他们通常在权力结构之外工作,特别是一些有争议的项目或提议(如公路、高密度居住区、工厂或垃圾填埋场)的激进组织。随着《联邦环境保护法案》(NEPA)的通过,美国国会确定了政府在环境领域的行动总体目标,成立环境质量委员会(Council on Environmental Quality,CEQ),并要求对于那些明显影响人类环境的项目,所有联邦机构提交的前景报告或建议中必须包括影响评估报告。与之相对应,各州环境政策法案、土地利用立法以及《海岸带管理法》也要向这一目标跟进。

随着可持续发展思想的全球性传播,社会公平及生态平衡相关问题已成为美国社会中的一种共识,由此推动了"生态伦理"在很多规划实践中广泛应用,并逐渐被认为是景观规划领域中的一种共同语言和普遍性方法。这一方法综合了社会与环境两方面的问题,因而也被称作应用人类生态学(applied human ecology)方法,或者简单地称作生态规划(ecology planning)。

宾夕法尼亚大学的伊恩·麦克哈格(Ian McHarg)教授和哈佛大学的理查德·福尔曼

(Richard T T Forman)教授是美国最著名的两位景观生态规划的学者,前者创立了景观生态规划的方法论体系和"千层饼"模型;后者常常被称为现代"景观生态学之父",他将人与自然的空间组织关系概括为格局—过程—尺度的科学范式,用以指导土地利用规划,并在世界范围内引发了一场景观生态学的热潮。下面简要介绍上述两位科学家的理论方法体系。

1. 伊恩·麦克哈格的景观生态规划方法

伊恩·麦克哈格是一位环境主义者,一直倡导规划实践中的"生态伦理"。他在 1969 年与索尔·阿林斯基(Saul Alinsky)就生态规划发表了一篇宣言,呼吁美国民众支持对水、大气及土地资源的保护,推动政府针对环境问题进行立法。1992 年乔治·布什总统授予他国家艺术奖章。为此麦克哈格宣称"我希望 21 世纪的艺术应该担负起重建地球的伟业"(McHarg,1997),并发表了有关"生态规划"的宣言。麦克哈格对生态规划的框架做了如下阐述:所有的系统都渴望生存与成功。这一论断可以被描述为优化-适应-健康;其对立面是恶化-不适应-病态。要实现上述目标,系统需要找到最适宜的环境,并改造环境及自身。环境对系统的适宜性可以定义为只需要付出最小的努力和适应。适宜与相符是健康的标志,而适宜的过程也即是健康的馈赠。寻求适宜归根结底是调整适应,要成功地调整适应,维护并提高人类的健康与幸福,在人类能运用的所有手段中,一般来说文化调整尤其是规划可能是最为直接而有效的。

生态学研究包括人类自身在内的所有生物体与其生物、物理环境之间的关系。因此,生态规划则可以定义为运用生物学及社会文化信息,就景观利用的决策提出可能的机遇及约束。具体地说,生态规划方法首先是研究某一场所生物物理及社会文化系统的方法,以揭示特定的土地利用类型在何处最适宜,即对某种潜在的土地利用,这种方法需要找出拥有全部或众多有利因素而没有或仅有较少不利因素的最佳地点,满足这一标准的地点即被视为是适于此土地利用类型的。

经过不断的演化、调整和综合,麦克哈格所创立的生态规划方法可以概括为 11 个相互影响的步骤所构成,如图 1-2 所示。图中的粗实线箭头表示这一流程是从第 1 步一直到第 11 步;细实线箭头代表一种反馈关系,即每一步可以对前一步骤进行调整,相应地,也可以在下一步对其进行修改;而细虚线箭头则表示整个过程中其他可能的调整。例如,对规划区域的详细研

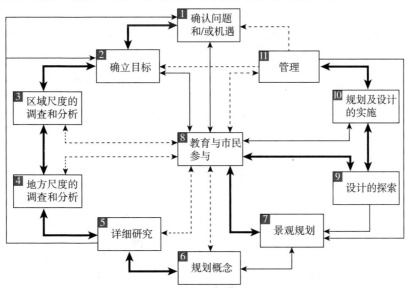

图 1-2 景观生态规划模式(引自弗雷德里克·斯坦纳,2004)

究(第 5 步)可能发现新的问题或机遇或者修改目标(第 1 步和第 2 步);设计(第 9 步)可能导致景观规划方案的修改等。一旦规划及设计过程完成,进入规划管理与监控阶段(第 11 步),该区域面临的问题与机遇及其所确立的目标等也可能有所变化(如图中虚线所示)。

(1)明确规划问题与机遇。人类社会面临着许多社会、经济、政治及环境的问题与机遇,而景观是社会与环境过程的界面,因此景观规划要解决涉及人类与自然相互关系的问题。那么首要任务就是要确认某一个区域(或社区)一个或一组相关的问题,同时这些问题是带有疑问性或者为这个地区的人或环境提供了某种机遇。这样才能通过规划来解决这些问题并获得新的机遇。

(2)确立规划目标。在确认了所有的问题后,针对这些问题确立规划目标,而这些目标应该为规划过程提供基础。当然,对问题和机遇的认识可以是不同层次的,如社区的或区域的,甚至全国性的,目标的设定也应在多层次结合的基础上进行。长期以来,规划师都大力倡导以目标为导向的规划,因为以目标为导向的规划背后的基本理念很简单,即规划师必须从社区及其居民的目标出发,然后开发那些构成实现社区目标最佳途径的项目,并确保不要让这些项目的结果导致不良的行为或成本后果。

(3)景观分析——区域尺度。景观规划一般有 3 个尺度,即区域、地方及特定场地。因此,对规划范围内的生物物理与社会文化过程进行调查与分析,首先是针对大尺度,例如河流流域和相应的区域单元,其次在特定的尺度上进行,例如小的汇水区和地方行政单元。

(4)景观分析——地方尺度。该尺度将对更为具体的规划区域上发生的过程进行研究,主要是为了获得对自然过程和人类活动的详细认识。这些过程可以被看作是系统的组成元素,而景观则是系统的视觉表现。伊恩·麦克哈格提出一种千层饼模型(图 1-3),为景观分析提供了一组核心的生物物理要素,包括地表、地形、地下水、地表水、土壤、气候、植被、野生动物以

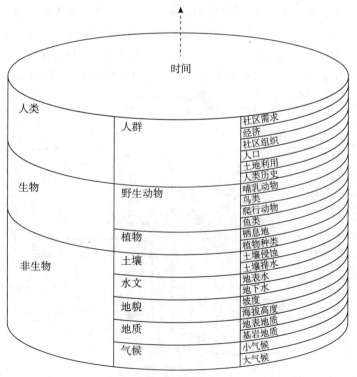

图 1-3 景观分析的千层饼模型(引自弗雷德里克·斯坦纳,2004)

及人类活动。在此基础上,根据数据调查和分析结果,建立适用的土地分类系统,也可直接参考美国地质调查局(1976)提出的土地利用和地表覆盖物分类系统。

(5)详细研究。这一步是将调查与分析的结果同问题和目标联系起来,基于生态调查及土地使用者的价值观念,可以确定某一特定地区对多种土地利用类型的适宜性。详细研究的基本目的是为了理解人类价值观、环境的机遇与约束以及正在研究的问题之间的复杂关系。

(6)规划区的概念及多解方案。包括各种概念与各种方案的提出。这些概念可以视作在适宜性基础上提出的具有普遍性的概念模型或情景分析,确定未来对区域进行管理的可能方向。

(7)景观规划。景观规划将最优的概念和待选方案综合在一起,在地方尺度上提出发展的战略。它为政策制定者、土地管理者及土地使用者提供了具有灵活性的导则,指导如何对某一地区进行保护、恢复或开发。在这种规划中,必须留下足够的自由度,便于地方官员及土地使用者针对新的经济需要或社会变化而调整其行动。

(8)持续的市民参与及社区教育。通过教育及信息发布,向受影响的民众阐述规划方案。实际上,公众参与在景观规划方案的发展过程中尤其重要,因为它对保证社区所确立的目标能够通过规划并得以实现非常重要。

(9)设计探索。设计是赋予形态并在空间上布置要素。规划师在景观规划方案的基础上进行详细设计,通过物质环境的布局来实施其政策,设想出某一场所空间结构的变化结果。

(10)规划与设计的实施。实施是采用各种战略、战术及程序,实现景观生态规划中确定的目标及政策。这些措施包括自愿达成契约、地役权、土地购买、开发权转移、分区制、使用推广政策以及执行标准等。

(11)管理。管理包括对规划实施的全程监控及评价。同时,对规划的修正或调整无疑是必要的,因为随着时间的推移,新的情况和信息会不断涌现出来。为了实现规划的目标,规划师需要特别注意设计制度化的检查程序及对决策过程的管理。通常来说,管理可以由市民委员会来完成,例如,土地保护及开发委员会由行政长官委任的几名成员组成,并各自拥有专业人员的支持,负责监督土地利用规划方面法规的实施。

2. 理查德·福尔曼的土地镶嵌体(land mosaics)原理

虽然景观生态学研究起初只注重于理论和数量方法,但福尔曼也十分重视将景观生态学应用于土地利用规划和生态系统管理等领域。他提出了一种基于生态空间理论的景观规划原则和景观空间设计模式,特别强调了乡村景观中的生态价值和文化背景的融合。1995年,在其 *Land Mosaics:The Ecology of Landscapes and Regions* 一书中,主要针对景观格局的整体优化,系统地总结和归纳了景观格局的优化方法。其方法的核心是将生态学的原则和原理与不同的土地利用规划任务相结合,以发现景观利用中所存在的生态问题和寻求解决这些问题的生态学途径。该方法主要包括以下内容。

(1)背景分析。在此过程中,景观的生态规划主要关注景观在区域中的生态作用(如"源"或"汇"的作用),以及区域中的景观空间配置。区域中自然过程和人文过程的特点及其对景观可能影响的分析,也是区域背景分析应关注的主要方面。另外,历史时期自然和人为扰动的特点,如频率、强度及地点等,也是重要的内容。

(2)总体布局。以集中与分散相结合的原则为基础,福尔曼提出了一个具有高度不可替代性的景观总体布局模式(图1-4)。在该模式中,景观规划中作为第一优先考虑保护和建设的

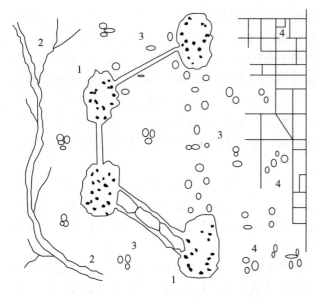

图 1-4　集中与分散相结合的景观总体布局模式
(Forman，1995)

格局应该是几个大型的自然植被斑块（图 1-4 中 1），作为物种生存和水源涵养所必需的自然栖息环境；需要有足够宽和一定数目的廊道（图 1-4 中 2），用以保护水系和满足物种空间运动的需要；而在开发区或建成区里有一些小的自然斑块（图 1-4 中 3）和廊道（图 1-4 中 4），用以保证景观的异质性。这一优先格局在生态功能上具有不可替代性，是所有景观规划的一个基础格局（Forman，1995）。

（3）关键地段识别。在总体布局的基础上，应对那些具有关键生态作用或生态价值的景观地段给予特别重视，如具有较高物种多样性的生境类型或单元、生态网络中的关键节点和裂点、对人为干扰很敏感而对景观稳定性又影响较大的单元，以及那些对于景观健康发展具有战略意义的地段，等等。

（4）生态属性规划。依据现时景观利用的特点和存在的问题，以规划的总体目标和总体布局为基础，进一步明确景观生态优化和社会发展的具体要求，如维持那些重要物种数量的动态平衡、为需要多生境的大空间的物种提供栖息条件、防止外来物种的扩散、保护肥沃土地以免被过度利用或被建筑和交通所占用等，这是格局优化法的一个重要步骤。根据这些目标或要求，调整现有景观利用的方式和格局，并决定景观未来的格局和功能。

（5）空间属性规划。将前述的生态和社会需求落实到景观规划设计的方案之中，即通过景观格局空间配置的调整实现上述目标，是景观规划设计的核心内容和最终目的。为此，需根据景观和区域生态学的基本原理和研究成果，以及基于此所形成的景观规划的生态学原则，针对前述生态和社会目标，调整景观单元的空间属性。这些空间属性主要包括这样几个方面：①斑块及其边缘属性，如斑块的大小、形态，斑块边缘的宽度、长度及复杂度等；②廊道及其网络属性，如裂点（gap）的位置、大小和数量，"暂息地"的集聚程度，廊道的连通性，控制水文过程的多级网络结构，河流廊道的最小缓冲带，道路廊道的位置和缓冲带等。通过对这些空间属性的确定，形成景观生态规划在特定时期的最后方案。之后，随着对景观利用的生态和社会需求的进一步改变，仍会对该方案进行不断的调整和补充。

福尔曼的格局优化方法为把景观生态学理论落实到规划所要求的空间布局中提供了较为明确的理论依据和方法指导。但由于目前的研究仍主要停留在对景观元素属性和相互关系的定性描述上，许多实际问题的解决尚缺乏可操作途径。例如，如何选择和确定保护区及其空间范围，在哪里及如何建立缓冲区和廊道，如何识别景观中具有战略意义的地段，等等。

福尔曼所倡导的"集中与分散相结合"格局是基于生态空间理论提出的景观生态规划格局，被认为是生态学上最优的景观格局。它包括以下 7 种景观生态属性：①大型自然植被斑块用以涵养水源，维持关键物种的生存；②粒度大小中既有大斑块又有小斑块，满足景观整体的多样性和局部点的多样性；③注重干扰时的风险扩散；④基因多样性的维持；⑤交错带减少边界抗性;⑥小型自然植被斑块作为临时栖息地或避难所;⑦廊道用于物种的扩散及物质和能量的流动。这一模式强调集中使用土地,保持大型植被斑块的完整性,在建成区保留一些小的自然植被和廊道,同时在人类活动区沿自然植被和廊道周围地带设计一些小的人为斑块,如居住区和农业小斑块等。

诚然,美国的专家学派或所谓的"对抗型"规划师在景观评价及规划实践中最终占据了主导地位,并已被许多官方机构所采用,如:美国林务局的 VMS(Visual Management System)、美国土地管理局的 VRM(Visual Resources Management)、美国土壤保护局的 LRM(Landscape Resources Management)、联邦公路局的 VIA(Visual Impact Assessment)(1986)等。美国林务局的 VMS 和土地管理局的 VRM 系统主要适用于自然景观类型,其目的是通过自然资源(包括森林、山川、水面等)的景观评价,制定出合理利用这些资源的规划对策;美国土壤保护局的 LRM 系统则主要以乡村、郊区景观为对象;而联邦公路局的 VIA 系统则适合于更大范围的景观类型,主要目的是保护景观资源。

不同于英国对景观质量的评价从景观的资源型、美学质量、未被破坏性、空间统一性、保护价值、社会认同等方面来考虑,美国及其他一些凯恩斯集团的成员方,却持续推行以提供农业生产力为主要目标的农业政策,对乡村的生态保护和景观保护着力甚少,甚至认为农业对环境的影响是负面的,如农药污染和废物污染。基于试图推进农业全球贸易化的目的,他们反对欧盟国家以附属功能的理由对农业进行补贴,他们认为多功能农业不过是欧盟国家农业保护主义的一个借口。从欧洲和美国的乡村景观对比,可以看出,欧洲提出多功能农业模式,固然有力图保护其自身农业产业的一面,但在景观的生态保护和文化保护方面,却比美国乡村景观更具有优势。

首先,就生态环境而言,美国的石油农业模式的大规模种植田地(尤其是玉米田),一直被认为是缺乏生物多样性的景观。而欧洲的乡村景观,更注重树篱保护和传统农业的土地利用模式,提供了更利于野生动物栖息的场所。

其次,在景观风貌和旅游资源方面,有学者也对美国的巨大规模的玉米田和大豆田景观提出了质疑,认为这种机械化、高产能的农业景观是乏味的,因为被纵横的沟渠分隔成片的如画景致已经转变为集约经营的单一农场(Nassauer,1997)。在乡村旅游方面,美国以采摘和农场为主流。而英、法的乡村,则提供了更多景点和设施,如国家公园、历史城镇与聚落、乡村车道、跨越乡村区域的长途步道等,因此具有更多的"乡村趣味点"。

(三)荷兰

荷兰是较早开展乡村景观规划的欧洲国家之一。荷兰约有四分之一的国土低于海平面,从公元 13 世纪起就开始围海造田的伟大历程。几百年来,荷兰建造了拦海大坝等大型工程,继续着人工造地的传统。20 世纪初,大型农业机械促进了大规模农业生产,促使荷兰政府在乡村地区实施较大规模的土地整理。1924 年,荷兰颁布了第一个《土地重划法案》(*Land Reallotment Act*),其主要目的是改善农业土地利用,促进农业发展,使不同土地所有者的土地相对集中,规整划一。该法案对荷兰农业和农村的发展至关重要,极大地改变了乡村地区的景观特征。1938 年,荷兰颁布第 2 个《土地重划法案》以取代 1924 年的法案,使其实施手续更简单化。随后,"土地重划"又逐渐发展为"土地整理"(Land Consolidation)。1947 年,荷兰颁布了《瓦尔赫伦土地整理法案》(*Walcheren Land Consolidation Act*),开始从简单的土地重新分配转向更为复杂的土地发展计划,其目的是为了进一步保障农业、户外休闲、景观管理、公共住屋以及自然保育的整体利益。1954 年,出台了第 3 个《土地整理法案》,该法案目的不再是一味地发展农业,而是服务于农业和农村的公共利益,允许土地用于其他社会目的。到 20 世纪 70 年代初,社会发展对乡村地区产生了很大影响,整体乡村规划(Integrated Rural Planning)的思想应运而生,由此产生了《乡村土地开发法案》(*Rural-Land Development Act*)。乡村土地开发关注的不只是农业,更多的是关注乡村地区的多功能特征,如交通、运输、户外休闲、自然保育、景观保护等。

荷兰针对农业用地再分配计划,设计了一种独特的方法,需要为规划提出 4 个土地利用的待选方案,每个方案都在一定的角度占有优势。这些待选方案的视角分别是自然与景观、农业、休闲及城市化,通常由社会群体、科学家及规划师共同完成。具体来说,荷兰林业局的景观设计师与生态学家及环境行动群体进行合作,对自然及景观方案进行了图示;对于农业方案,由当地的农业推广商、土壤科学家、农产品组织及农业合作社进行合作;在休闲及城市化角度也是相类似的合作。这些群体汇集到一起,相互学习,通过争辩与讨论获得一致意见。实施的各种可能性也需要进行探索,它必须与规划的目标相联系。例如,如果规划由以保护农田为目的的权力机构实施,则不仅需要确定哪些土地需要保护,而且还需要确定如何实施才能确保农田保护目标的实现。通过上述农地再分配计划和土地整理行动既极大地促进了荷兰农业的发展,同时也对荷兰乡村景观的重新塑造产生了广泛影响,主要体现在以下几方面。

(1)土地合并出现了适合现代农业机械化操作的大尺度的景观格局。大块规整的方形农田,散落其中的农房、堤坝、水渠、道路、河流直通向地平线;竖向的要素,如建筑、植被、林地很少,因而给人一种开阔无垠、甚至是空旷的感觉。而事实上,荷兰乡村景观也曾拥有小尺度的、拥有无数树篱和林地的传统农业景观,但现在已经很难看到。持续不断的农地开垦和再规划使得景观向现代农业的要求快速地转变,取而代之的是一种由农业的功能要求所决定的景观,这种景观可以称之为理性的景观。这是一种区域化的农业发展和景观重造的传统。

(2)针对乡村地区进行分区规划,提出了由生态结构网络(包括互相联系的自然核心区域、缓冲区、连接区和森林区)、若干农业发展区(设施集中、区位利于市场发展的高效农业区)以及旅游和户外休闲区域相互结合的土地利用结构。其中,整体生态网络中包含自然核心保护区域,也包含户外休闲、森林、淡水水库等其他形式的土地利用方式。例如,勒拉邦特省区域规划中将土地类型分为两类,一类是由经济目标控制的高效农地,另一类是由生态原则占主导的自然保护区或大片的森林区。不同区域之间通过大型的植被种植和生态廊道建设,构建起一个区域性景观生态框架和网络系统。

(3)在景观重造的传统下,荷兰的乡村景观展现的是一种成熟的现代产业化农业景观,拥有健康良好的生态系统、良好的产出、舒适宜人的社会生活环境以及合理的“建筑化”平面。人们高度参与规划与设计,体现高度结构化,由人类理性主导的美蕴含在它自身的意义之中。这是一种功能性的、象征存在主义的利益性和技术与自然统一的景观,而非如英国一样,是来自于乡村历史文化传统保护理念的景观。

此外,在理论研究上,以荷兰人 H. N. Van Lier 为主席的“国际土地多种利用国际研究组”(The International Study Group on Multiple Use of Land,ISGMUL),则是一个由来自世界各国从事乡村土地利用和景观规划的著名学者组成的研究组织,在推进乡村景观规划的理论与方法,保护和恢复乡村的自然和生态价值,协调城镇边缘绿地和乡村土地利用之间的特殊关系等方面的研究起到了核心指导作用。他们提出了以“空间概念”(spatial concepts)和“生态网络系统"(ecological networks)等描述多目标乡村土地利用规划与景观生态设计的新思想和方法论。

(四)德国

德国的农地重划、景观规划以及农村更新规划对乡村景观产生了巨大影响。20世纪50年代中期制订并实施了《土地整治法》,不但使土地得以规整,扩大了农场规模,提高了农业劳动生产率,而且明确了相关村镇规划和自然保护区规划,对于乡村景观及生态维护具有积极的意义。1973年,《自然与环境保护法》在联邦德国多数州获得通过,自然保护法案要求编制包含所有城市和村镇区域的景观规划。近30年来,景观规划工作已经从强调保护单一的自然地段逐步变成了一个全面保护自然环境、提高环境质量的运动。

德国的乡村景观规划设计要求生态性、文化性和美学性,在制度上偏向官方主导。由于德国城乡发展不平衡,曾经出现了乡村人口外流以及乡村景观逐渐丧失等一系列问题。为挽救日益颓废的乡村,从1961年开始,德国每两年举办一次"我的农村会更美"景观与建设竞赛,至今已有50多年的历史,极大地刺激了地方竞争与发展,从而积极带动乡村居民参与营造自我家园。从1970年起,德国在各邦制定法令推行了"农村更新"规划,将范围再次扩大到整个农村空间。自1998年起,德国依据所谓的"建造暨空间秩序法"将已有的建筑法、空间秩序法、自然保育、环境保护等重要法令做大幅修正,保障乡村空间和都市机能得以在永续环境发展前提下完整互补。

在景观规划理论研究方面,W. Haber等建立了一个颇有影响的差异化土地利用布局(Differentiated Land Use,DLU)决策系统。该系统以GIS与景观生态学的应用研究为基础,用于集约化农业与自然保护规划,为乡村景观的重塑与城市土地利用的协调起了重要作用。DLU系统包括5个重要环节:

(1)土地利用分类。辨析区域土地利用的主要类型。根据由生境集合而成的区域自然单元(RUN)来划分。每一个RUN有自己的生境特征组,并形成可反映土地用途的模型。

(2)空间格局的确定和评价。对由RUN构成的景观空间格局进行评价和制图,确定每个RUN的土地利用面积百分率。

(3)敏感度分析。识别那些近似自然和半自然的生境族,这些生境被认为是对环境影响最敏感的地区和最具保护价值的地区。

(4)空间联系。对每一个RUN中所有生境类型之间的空间关系进行分析,特别侧重于连接的敏感性以及不定向或相互依存关系等方面。

(5)影响分析。利用以上步骤得到的信息,评价每个RUN的影响结构,特别关注影响的敏感性和影响的范围。

该方法主要是针对著名生态学家奥德姆(E. P. Odum)的生态系统分析方法中对景观单元之间的相互影响研究不足而提出的,强调利用环境诊断指标(而不是模型模拟)和格局分析对景观整体进行研究和规划。在利用该规划方法进行工作的过程中,Haber等总结出了如下土地利用差异化布局策略:①在一个给定的RUN中,占优势的土地利用类型不能成为唯一的土地利用类型,应至少有10%～15%土地为其他土地利用方式;②对集约利用的农业或城市与工业用地,应至少10%的土地表面必须被保留为诸如草地和树林的自然单元类型;③这10%的自然单元应或多或少地均匀分布在区域中,而不是集中在一个角落,这个"10%规则"是一个允许足够(虽然不是最优)数量野生动植物与人类共存的一般原则;④应避免大片均一的土地利用,在人口密集地区,单一的土地利用类型不能超过8～10 hm²。

(五)日本和韩国

亚洲的日本和韩国在 20 世纪 60～70 年代都经历了快速的城市化过程,其乡村景观规划研究和实践在城市化高速发展的过程中,对乡村振兴和传统乡村景观保护起了决定性作用。

韩国在 1971 年开始发起了"新村运动",目标就是将乡村和乡村社会改造和建设成为崭新的现代化农村。其主要内容包括:改造农村环境,美化乡村景观;进行土地整理和土地利用规划;开发区域特产品,开展"一村一品"运动;进行农业基础设施建设,改善农业生产条件;提高农民素质,推广应用新技术新品种;建立农村协作组织和农村金融信贷体系;建设农村公共设施等。在具体实施中分成 5 个阶段:基础建设阶段(1971—1973 年)、扩散阶段(1974—1976年)、充实与提高阶段(1977—1980 年)、转变为国民运动阶段(1981—1988 年)、自我发展阶段(1988 年以后)。其前 3 个阶段是以农村综合开发、缩小城乡差别为主题的时期,而后 2 个阶段已演变为全民发展时期,因此通常所说的"新村运动"主要指前 3 个阶段(即 1971—1980年)。值得注意的是韩国的新村运动的起步是在政府直接投资和干预下进行的乡村土地规划和整理、农村环境改造以及农业基础设施建设,这一点应该说是其新村运动取得辉煌成就的关键经验。因为,当我们面临的是一个贫困落后的乡村社会时,最能激发农民兴趣和发动农民的,首先是改善他们的聚居环境、改造他们的家园以及调整土地关系,而不是一般的知识或道德教育。现如今,广泛分布在韩国各地的丘陵沟谷和河川平地之间的传统而安静的乡村聚落和规划有序的梯田、稻田、人工草地和果园给人留下深刻印象,大大推动了乡村旅游业和生态旅游业的发展。

日本在 20 世纪 60 年代经历了快速的城市化和经济增长,由此造成了许多环境与社会问题,在乡村地区表现为人口严重外流,村庄衰落,且自然环境与传统民俗文物因大肆开发而遭到破坏。由此,民间开始自行组织发动主张保存历史民居的运动,即"造町运动"。造町运动主要表现在 3 个方面:其一,对传统建筑、聚落的保存;其二,对农业产业的振兴;其三,对地区生活环境的改善。造町运动使得日本的各项建设从"行政主导"转变为"民众主导",这对保护日本传统乡村景观起了决定性作用。日本学者 Masao Tsaji 博士曾论述过:乡村土地利用与景观规划的实质就是要科学地协调好土地资源利用过程中的"Common Goods"(公共利益)一面和"Private Goods"(私人利益)的一面,并且"Common Goods"的实现就是通过严格限制和优化各种"Private Goods"来达到的,同时他还指出在市场经济条件下这种"Common Goods"经常受到忽视,而必须通过科学的乡村景观规划或土地利用规划来保证。

1979 年,平松守彦在日本大分县倡导了"一村一品"运动。该运动是为了提高一个地区的活力,挖掘或者创造可以成为本地区标志性的、可以使当地居民引以为豪的产品或者项目,并尽快将它培育成为全日本乃至全世界一流的产品和项目。项目不仅是农特产品,也可以是特色旅游项目,甚至是文化项目,但是能够代表地区特色的核心还是农特产品开发。"一村一品"的实质是搞活地区经济的一种手段,是一个地方的象征。"一村一品"运动极大地激发了当地村民建设家乡的热情,彻底改变了乡村的物质和精神面貌。

20 世纪 80～90 年代,日本对乡村景观的系统研究也相继展开,涉及乡村景观资源的特性、分析、分类、评价和规划等各个方面。1992 年起,日本农林水产省和其他有关的 4 个社会团体"全国农业协会同组合中央会"等,联合举办了一项叫作"美丽的日本乡村景观竞赛"活动,以促进社会各界对本国的农村、山川、渔村、自然景观及人文景观美丽真谛的理解,表彰被认为是美丽景观的农村乡町(表 1-2)。同时,日本开展了评比"舒适农村"的活动。"舒适农村"是指农村特有的绿荫浓密的大自然和历史风土人情为基础的充满宽裕、风趣、安乐的居住舒适性（表1-3）。通过该评比活动，推广依靠当地居民自身努力建设舒适农村的先进典型，以促进农村的治理整顿。

表1-2 "美丽的日本乡村景观竞赛"评审条件

类别	评审条件
历史文化组	1. 地方历史文化遗产与周围环境相协调，形成美丽的景观 2. 继承并发扬历史文化传统，具有地方特色，具有乡村情调，形成有魅力的景观 3. 继承并发扬农、山、渔村的特色，形成有魅力的美丽景观
乡村组	住宅立面景观、周围环境与地方居民生活协调，可形成有魅力的景观
生产组	田园、耕地、森林等与农林水产有关系的生产基地与其相应的生产活动相结合、相协调，形成美丽的景观

资料来源：都延群. 日本"美丽的乡村景观竞赛"及"舒适农村建设活动"介绍与思考[J]. 村镇建设，1996(8)：40-41.

表1-3 "舒适农村"评比条件和标准

评比条件	评比标准
居民条件	主动积极参与舒适农村的整治工作的当地居民
居住地条件	居住地必须具备本身的机能性、便利性，发挥并保持原有的美丽景观。居住区必须有住宅、屋墙、庭院绿化、公共设施、道路、水渠、公园、广场、体育设施等，其重点在于是否构成了整体的美感，即除功能完备便利外，还要考虑舒适感、安全性以及历史和传统的统一
自然环境条件	在保存美丽景观的同时，使绿荫茂盛的自然环境给生活注入生机和活力，至关重要的一点是森林、山区、寺院、林木、河流、湖泊、水池等自然环境是否在良好状况下维持管理以及和水有机结合在一起
整体条件	自然环境、农业用地、居住区三者必须形成整体协调的景观
传统文化条件	尽量完整保存或继承传统节日、技能、活动、手工业等传统文化，努力维护并保存史迹、遗址和传统建筑物，积极创造新的文化并形成新的传统
地域建设条件	保证与外面的交流，舒适农村应建成不仅供本地区居民享用，而且使其他地区和城市居民共同享用，即适应国民价值观念向舒适化变化的倾向，建设成开发性的地区

来源：都延群. 日本"美丽的乡村景观竞赛"及"舒适农村建设活动"介绍与思考[J]. 村镇建设，1996(8)：40-41.

（六）小结

经过近百年的发展，欧美一些发达国家在乡村景观规划领域已经形成以乡村统筹发展为目的、综合性、全区域、注重民众互动、保护与发展并重的理论体系，创立了诸如英国的景观特征评估工具、荷兰的针对农地再分配计划的整体乡村规划（Integrated Rural Planning）方法、德国的差异化土地利用布局（DLU）决策系统、美国（伊恩·麦克哈格）的景观生态规划方法等这样的景观规划服务工具，拥有许多值得我国在美丽乡村建设中学习的理论体系和实践案例。需要注意的是，由于各国乡村地域的景观功能和发展目标不同，再加上社会体制、土地制度、经济发展水平等的差异，乡村景观规划的理念和途径也必然不同，我们应当更多地从学科层面、生态伦理、文化保护及可持续发展的共同目标中找到相互借鉴的契合点。

第四节　国内乡村景观规划的相关研究与发展前景

一、国内乡村景观规划的研究进展

总体来说,我国乡村景观规划的研究起步较晚,自 20 世纪 80 年代末期以后才开始从不同的学科层面开展相关的理论和方法探索,例如人文地理学、土地利用规划、景观生态学以及乡村聚落和乡村文化景观保护等方面,而且一直处于边缘状态。直至 20 世纪 90 年代后期,针对乡村景观的规划研究日益受到重视,这主要得益于两个方面的原因:一是景观生态学传入国内,并在地理学和生态学界中迅速成为一个研究和应用热点;二是由于快速城镇化过程对脆弱的农村社会和生态环境带来一系列的现实挑战,例如空心村问题、传统村落文化保护问题、农业环境污染和生态退化问题、乡村面貌同质化问题等。迫切需要一种不同于以往只重视农业生产或环境保护某一方面目标的具有全局性、综合性的理论思维和研究方法。由于上述两个方面的适时结合,推动了以景观生态学为核心的相关理论和方法的创新发展,以满足国家对乡村建设的迫切需求。进入 21 世纪以后,随着乡村振兴战略、生态文明和美丽乡村建设的全面推进,乡村景观规划研究迎来了百花齐放、快速发展的新时代。

下面将根据不同学科的侧重点以及乡村景观规划的主要研究领域的重点,分别从乡村文化景观保护和规划、农业景观规划和管护、乡村景观格局演变和优化布局模式、新农村建设与"美丽乡村"景观规划等几方面进行简要介绍。

(一)乡村文化景观保护和规划

乡村景观历来被视作我国传统文化遗产的重要形态之一,因此从乡村文化景观的视角,开展乡村景观保护和规划的研究历史最为悠久。单霁翔(2010)认为那些具有突出价值的传统乡村景观可称为"乡村类文化景观"。乡村类文化景观是由人类与自然共同合作而创造出来的具有突出的美学、生态和文化价值的乡村地区,应当制定一种特定的保护体制加以保护。其实,乡村景观是传统地域文化景观的重要组成部分,主要体现在聚落景观、建筑风貌和土地利用景观,包括民居、建筑、邻里、农场、林地、河流等要素,应当建立区域景观的整体性与地方性保护示范基地等措施,并建立传统地域文化景观传承与创新的理论与政策体系。王云才等(2006)在《江南水乡区域景观整体性保护机制》一文中,提出对江南水乡区域进行景观整体性的保护,立足于区域景观的悠久性、完整性、建筑的乡土性、环境协调性和文化传承的典型性,提出了过滤与分离、适度协调、保护与维护、培育与参与 4 个方面的内在的保护机制。从内在的社会经济机理入手,保护未来的乡村景观,为乡村类文化景观保护提出了发展战略与途径。

农业文化遗产与乡土景观是一种共生的关系,蕴含了农业文明演化的历史脉络。近年来,有些学者开始关注农业美学的研究。例如,陈清硕(2002)提出农业的美学特性可概括为:农业的形式美、农业的结构功能美、农业的高产美、农业的优质美、农业的高效美、农业的田园景观美和农业的高科技美,以及农产品的美、农业劳作的美、乡村生活情调的美。李树华(2004)指出日本具有"景观十年,风景百年,风土千年"的说法,经过时间的过滤,好的景观成为风景,经过千百年的积淀,风景成为人心灵深处地域文化的载体,成为"风土",具有了超越时间的文化意义。因此,农业景观具有强烈的地域文化特征,它所代表的地域特征对我国乡村景观规划非常重要。

总的来说,我国对乡土文化遗产和乡土景观保护的研究已经受到普遍重视,但缺乏统一的、明确的、可操作性的保护原则与方法。许多研究者认为现代农业的生产方式是破坏了当地的传统乡土景观的主要因素,应当深入探讨农业景观的未来发展趋势、生态保护、农场管理等对策,所针对的具体问题包括乡村林草用地及池塘水沟的减少和消失;野生动植物生境退化;农药化肥过度使用造成的污染等。由此,俞孔坚(2006)形象地提出警示:当前某些地方所流行的"西式别墅＋宽广马路"的新农村建设包含了两层危机,即对乡村生态系统的威胁和对农业文化遗产的威胁。

我国许多村庄都有非常悠久的历史,经过好几代人甚至是十几代人的共同建设,在当地形成了特有的文化特色和风俗习性。文化是需要继承的,乡村景观的可持续发展包括了对传统乡村文化景观的保留与继承。在研究乡村环境、探索可持续发展道路的今天,对过去人们聚居的地方——传统聚落进行回顾与分析无疑是必要而有益的。尽管历史在不断地发展,世事变迁,人们的居住方式有了很大的变化,然而借鉴传统聚落形态的优势特点依然可以给予我们解决现代居住环境中所出现的问题以启示。

近年来,世界文化和自然遗产保护运动从对单体文物的保护,发展到保护成片的城镇和村落景观整体(包含其赖以形成和存在的环境),以及包含独特历史文化资源的线形景观,"文化线路"或"遗产廊道"的概念出现在人们面前。遗产廊道是文化遗产保护领域的区域化趋势和绿道思想结合的产物,不仅强调了遗产保护的文化意义,而且强调了其生态价值和经济性。但在文化遗产保护体系中还缺少遗产廊道这个层次上的架构,这一现状已经严重影响了类似于重要遗产如大运河的保护。针对此现象,提出了在我国建设遗产廊道既是保护众多的线形文化景观遗产的需要,也是在快速城市化背景下建设高效和前瞻性的乡村景观生态基础设施的需要,同时更是进一步开展乡村景观文化旅游的需要。

(二)农业景观规划和管护

农业景观是最重要的一种乡村景观类型,其可持续利用程度直接关系到粮食安全保障、农耕文明传承、乡村风貌维系、生态安全格局构建乃至社会经济稳定发展。改革开放以来,由于城镇化及社会经济快速发展对农业景观造成了前所未有的冲击,因此如何保障农业景观可持续性发展一直是学术界关注的热点,相关研究主要集中在农业景观格局演变与优化、生物多样性维护、农田景观规划与生态设计、农业生态系统服务等方面。陈威(2007)从社会发展史和农业发展史的视角将中国农业景观的发展演变大致划分为原始农业景观、传统农业景观和现代农业景观三个阶段。由于地理区位的差异,实际上三个阶段之间是相互交错重叠的发展关系。虽然现代农业时代已经到来,但是总体来说,中国正处于传统农业景观向现代农业景观过渡阶段的末期。从传统农业到现代农业的转变过程中,农业景观因受人类社会经济活动干扰而发生了巨大的改变。迫于人口增长对粮食增产的需求,为提高作物产量,过分依赖于化肥、农药等的使用,导致土壤、水体、农产品受到污染,生物多样性下降,农田生态功能退化。因此,应用景观生态学原理,在研究农业景观演变规律及其驱动力的基础上,探索农田斑块中各种能流、物流以及生物迁移规律,对农田生态系统的科学规划具有重要的理论意义和实践价值。而且,由于人口和土地资源条件的约束,中国不可能完全走美国式的规模化农业道路,而是适宜选择一条将两种农业经营模式合二为一的"双轨并行"的发展模式:一方面,稳定发展以家庭经营承包制为基础、以特色农业为主要特征的家庭农业经济,这是广大农村地区(特别是丘陵山区)普遍存在的农业景观模式;另一方面,积极促进农地流转,建立规模化的专业农业经营组织,构建以市场为导向的大农业经济,形成不同规模、不同特色相结合的乡村农业景观格局。

总之,从过去的发展历程来看,我国对农业景观规划和保护的侧重点长期以提升农业生产功能、解决农副产品供给为主,而对生态和文化功能往往只作为一种点缀,或在少数地区试验示范。在新的发展时期,应当着力探索多功能农业景观的服务供给和可持续发展模式(余慧容,2021)。

首先,要全方位提升农业景观服务功能。为此,应开展大尺度的景观结构布局优化研究,识别景观格局中的关键节点与区域,并将其与小尺度种植结构布局结合起来,构建集成多尺度的农业景观空间格局。当然,农业景观的多功能发展涉及不同的利益主体,需要综合权衡生产功能、生态功能和美学功能的消费需求差异和供给能力,实现各个功能综合效益和区域整体利益的最大化,保障区域之间或区域内部、不同消费主体之间的供需均衡。大城市郊区的农业景观多功能需求和冲突具有显著的代表性。孙锦(2019)在上海市青浦区开展了系统性的研究探索。以生态文明为目标导向,从农业景观功能供需失衡和利益相关者需求冲突的角度进行冲突识别,基于不同的发展需求构建基准情景、监管发展情景、快速发展情景和综合发展情景,根据情景分析结果进行农业景观冲突权衡,提出景观功能优化布局模式及相应的景观规划与管理对策,对大都市郊区乡村景观管理和城乡协调发展具有重要意义。

其次,要增强对农业景观管护的多方位主体意识。农业景观规划和管护不只是限于农田管理,更是受到农产品供需关系的影响,涉及农户、政府、消费者等多方面相关主体。应当构建城乡一体化的互动机制,激发多主体参与农业景观保护和建设的自主性与积极性,进而提升政策实施效率。

(三)乡村景观格局演变和优化布局模式

景观格局演变研究是开展乡村景观规划的重要理论前提之一。景观格局是指大小、形状、属性不一的景观空间单元(斑块)在空间上的分布与组合规律,既是景观异质性的具体表现,又是各种生态过程在不同尺度上作用的结果。乡村景观格局的演变是景观内部矛盾和外部影响相互作用的表现与结果,是景观从一种相对稳定的状态转变为另一种相对稳定状态的过程,这种内部矛盾和外部影响驱使着景观的稳定性及其空间格局发生改变。通过对乡村景观格局的动态分析,可以回答景观格局发生怎样的变化、哪里发生了变化以及变化的速度等问题,找寻人类活动对景观格局的影响,进而预测景观格局的未来变化趋势,为乡村景观格局的优化、布局和规划管理等方面提供理论基础。

国内有关景观格局动态分析的常用方法主要有景观格局指数法、空间自相关法、分形几何学法及马尔科夫模型(CA-Markov)等。季翔(2014)认为景观及土地利用的变化存在某种周期性,而一般的预测模型(如马尔科夫模型)对乡村景观格局演变的模拟忽略这个规律,由此提出了以生命周期理论为基础对乡村景观格局演变周期特征分析的方法。该方法假设景观格局的变化是绝对的,稳定是相对的;景观格局演变是指一种相对稳定的景观格局在外部环境发生变化后,逐渐变化至另一种相对稳定的景观格局;如果外部环境不变,景观格局将继续保持这种相对稳定的状态,而一旦外部环境发生改变并对景观格局产生相应干扰后,这种相对稳定的状态将被打破,景观格局也将继续演变直到适应新的干扰环境。因此,景观格局演变就是在不同干扰下不断地由一种稳定到另一种稳定的过程,这种现象称为景观格局的演变周期,如图1-5所示。

乡村景观格局演变的驱动力有自然和人类两个方面。在现代社会中,自然因素只是景观格局改变的基础条件,而人类才是最终的决策者。刘纪远等(2003)通过对我国20世纪90年代土地利用变化特征的分析,认为政策调控和经济驱动是导致我国土地利用变化的主要原因。在人类历史中,土地利用与人类需求之间的矛盾一直是在数量上最为突出,这导致人类对景观格局的改造往往由对景观类型的数量改造开始,随着数量需求的缓和,对景观类型布局的需求开始凸显,当景观类型的数量和布局满足人类需求后,景观格局逐渐进入稳定状态,这就是一个乡村景观格局演变周期。

景观格局优化的目标是优化调整景观中不同组分、不同斑块的数量和空间分布格局,使各组分达到和谐、有序、完整,改善和修复受威胁或受损的生态功能,提高景观总

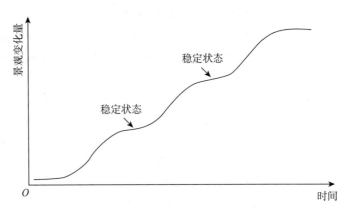

图 1-5 乡村景观格局动态演变示意

体生产力和稳定性,实现区域可持续发展。要达到生态、经济和社会综合效益最大的景观格局经常需要人类的干预和管理。简单来说,景观格局优化是在对景观格局、功能和过程综合理解的基础上,通过建立优化目标和标准,对各种景观类型在空间和数量上进行优化设计,使其产生最大的生态效益、经济和社会效益。季翔(2014)在洞庭湖区以景观生态学和生命周期理论为基础,对典型乡村景观格局的演变和布局模式进行了探索,建立了以景观格局优化配置和调整为核心的乡村景观优化布局模式(图 1-6)。

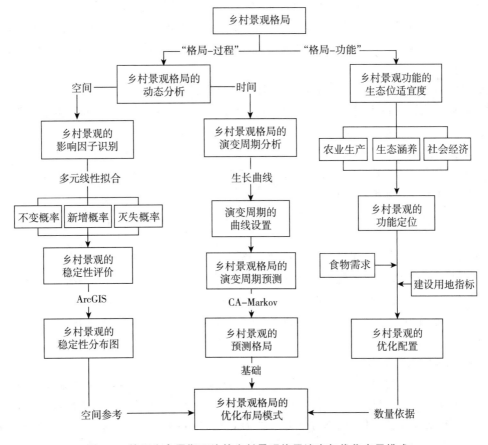

图 1-6 基于生命周期理论的乡村景观格局演变与优化布局模式

（四）新农村建设与乡村景观规划

新农村建设是我国在"十一五"规划中提出的一项重要任务。通过新农村建设，国家大力投入农村基础设施建设，推进农业产业化发展，加快城乡一体化步伐，让广大农村地区能够充分享受国家经济发展的成果。新农村运动在各国的推进方式都不一样，但目的都是相同的，就是改善农村生活条件，提高农民收入水平，实现农村与城市相协调，达到城乡一体化，进一步促进全国的城市化水平和经济发展。由于各国国情各不相同，在新农村建设中采用的形式、方法、政策各不相同，这就赋予了新农村更深远的内涵。从世界上一些新农村运动开展比较成功的国家来看，其内涵可以分为两大类：一是乡村景观型，这种发展模式主要被应用于一些乡村地区人口密度较小的国家，如英国、德国、荷兰以及一些东欧国家，这些国家都具备较为优越的自然环境，城市化率高，农村人口稀少，农村的建设以家庭农场为基础，分散而集中，即村落规模小，农业景观和自然景观集中连片；二是经济发展型，许多人口密度较大，自然资源相对不足的国家和地区大多采用这种模式，例如日本和韩国就是很好的例子。这类国家的新农村建设大多都是从 20 世纪 60～70 年代开始的，在新农村建设以前，农村与城镇相比较都较为落后，因此通常都是以政府为主导，从改善基础设施提高农民生活质量为切入点，提高农民积极性，以集约化、特色化的农业生产为手段增加农民的收入，缩小城乡收入差距。

我国新农村建设也是由政府主导，基本上与韩国的模式相类似，以经济发展为目标，以农村基础设施和生产条件改善为抓手，同步推进人居环境建设和农业农村经济发展。当然，由于中国农村地域广阔，各地所面临的"三农"问题差异很大，因而创造出了不同的发展模式。例如，保留古老文化底蕴的规划模式、需要合并或拆迁的规划模式、在原有基础上重构的规划模式、以特色农业产业带动乡村发展的规划模式等。以下将举几种典型的具有地区特色的乡村景观规划模式。

1. 以"美丽乡村"建设为抓手的浙江乡村景观规划模式

2008 年，"中国美丽乡村"计划由浙江省安吉县提出，出台《建设"中国美丽乡村"行动纲要》，把安吉县营造成为中国最美乡村。2010 年 6 月，浙江省内全面推广安吉经验，把美丽乡村建设升级为省部级战略决策。浙江省农业和农村工作办公室为此专门制订了《浙江省美丽乡村建设行动计划(2011—2015 年)》，到 2015 年全省 70％县(市、区)达到美丽乡村建设要求，60％以上乡镇整体实施美丽乡村建设。

2012 年，党的十八大正式提出要"建设美丽中国"。浙江省积累了先行先试的美丽乡村建设经验，具体包括：

(1)规划组织上奠定好建设"美丽乡村"的格局。进行以村一级为主要编制构成的试点规划尝试，以村民和村级组织为规划主体因素；注重规划的可操作性，把规划内容细分落到实处，具体细分为各个年度的计划实施项目。

(2)乡村旅游为"美丽乡村"建设提供经验。为使乡村旅游与乡村地域风土文化得到更好的结合，为使人们在旅行中展现更好的风土人情与更好的文化活动体验，文化建设是乡村旅游产业升级中的重中之重。

(3)聚集发展为"美丽乡村"建设凝练重点。对明确作为中心村的，完善基础设施和公共服务等配套建设，改善乡村生态环境。将地域相近、人缘相亲、经济相融的村庄成片组团，引导村民向中心村和新社区适度集中，建立新型乡村社区管理机制。2013 年以来，富阳市场口镇东梓关村大力推进"浙江省重点历史文化古村落"保护工程，坚持规划先行，努力升级美丽乡村。

规划分期层层推进,将整个村庄建成一个集传统和现代于一体的江南新村。

(4)多元投入为"美丽乡村"建设创新机制。有效利用政府资金的同时,积极整合相关建设性资金共同用于美丽乡村建设试点;充分运用市场机制,鼓励工商资本、银行信贷、社会各界投入美丽乡村建设。

2. 以传统文化村落保护为核心的皖南乡村景观规划模式

传承乡村景观文化特色,汲取乡村传统元素并融入当代景观系统之中,是城镇化过程中乡村景观建设的必经道路。只有遵循乡村文化特色规划建设而成的乡村景观能够使人们获得身份归属与情感认同。皖南地区历史悠久,文化积淀深厚,保存了大量形态相近、特色鲜明的传统村落。皖南古村落不仅与地形、地貌、山水巧妙结合,而且加上明清时期徽商的雄厚经济实力对家乡的支持,文化教育日益兴旺发达,还乡后以雅、文、清高、超脱的心态构思和营建住宅,使得古村落的文化环境更为丰富,造就了一大批特色鲜明的徽派村落景观。

绩溪县仁里村位于绩溪城东的登源河畔,是一个有着悠久文化历史沉淀的千年古村落,是古徽州名副其实的程朱阙里,程氏家族历来崇文重建、文风昌盛、亦贾亦儒。全村面积 11.28 km²,人口 1 588 人,曾被评为中国传统村落、中国特色村、安徽省新农村"千村百镇"示范村。针对这样一类的具有完整保护价值的古村落,乡村景观规划的核心就是要更好地保护与利用古村落的文化资源,展现皖南传统特色古村的人文美学价值。具体的规划要点有两个方面。

(1)恢复徽州古村落风貌,整治村落聚落景观。仁里村按龟形设计,保存着大量明清时期建筑,现存古民居 80 余幢。古城门、古祠堂、古民居、村落布局完整,呈现三街四门十八巷格局。但是仁里村村落景观的生命力日益衰退,徽派民居、祠堂和牌坊的风貌日渐破败,徽商文化不复存在,不能满足现代生产生活方式的需求。因此,以保护、恢复徽派建筑风貌为规划原则,应用现代技术、材料和规划理论对故居、百步钦街实行加固、修缮、改造,完善排水系统,满足现代功能的需要,协调统一建筑群风貌景观,恢复重塑古村落景观整体风貌。以徽杭古商道为道路交通主线,由南向北穿过仁里村,串联南入口、上下祠堂、西井、轿行、桃花坝、书院、东井等众多建筑物景观节点,形成古村落景观轴线,构成徽韵特色景观群。

(2)构筑徽文化承载体,整治历史人文景观。仁里位于徽文化的核心地带,保护和继承历史人文意义重大。发展农家乐、民宿,以农家菜为承载体展现徽菜文化;规划徽杭古商道景观轴线,以街道、故居为承载体展现徽商文化;建造"水口广场"和"百顺广场"、修缮祠堂,以村民表演的花朝会、舞龙舞狮、扮地戏和婚嫁活动为承载体来展现徽风民俗;恢复修缮武状元石牌坊和思诚学堂等展现徽学文化;利用空置古民居和老作坊,展示徽墨、木雕、砖雕制作过程,以手工艺人为承载体延续民俗技艺等。同时,秉承仁爱思想、仁义之风,宣扬先人事例,制定相应的族规家训,成为警示后代为人处世的道德规范。

综上,仁里村通过恢复古村落风貌和构筑徽文化承载体建设"宜文"景观,诠释"里仁为美"、继承乡村文化,在浓郁的文化氛围中体现"乡风文明",创建勃勃生机、文明健康、和谐宜居的"仁和之地"。

3. 以乡村聚落整理重构为主题的苏南大型集镇景观规划模式

20 世纪 90 年代以来,苏南的集镇规划达到高潮。大型集镇作为苏南一种较为普遍的聚落类型,其规划的功能布局与土地利用模式相对复杂。江苏省工农业的协调发展为乡村景观建设奠定了扎实的基础:①转型升级中的资源统筹与风貌保护;②在从业分类与户籍管理中坐地入城;③民生为本的城镇社区特色风貌;④村镇聚落的多核聚集空间保护;⑤新型乡镇绿野分隔的规模控制;⑥乡村民俗文化风貌的保护与传承。

经过乡村聚落景观规划和土地整治,苏南地区呈现出"小桥、流水、人家"的空间格局和景观意境,水乡景色与风俗人物的统一,形成独特的乡村景观意象。乡村生活空间的真实性,水乡历史环境的整体性,构成了一幅生动真实的苏南地方世俗生活画卷。乡村新社区以村民的全面发展和生活质量提高为中心,有效地解决了乡村缺乏规划、建设无序、基础设施建设滞后、社区服务功能薄弱等问题,加快了乡村面貌的改变。新社区景观环境建设,为动迁村民提供一个温馨舒适的居住生活环境。

4.以"生态博物馆"为经营理念的云南哈尼梯田景观保护规划模式

2013年云南哈尼梯田被世界教科文组织列入世界遗产名录,成为文化景观遗产。哈尼梯田的产生是自然环境和人文思想的综合。由于元阳特殊地形和气候,适合耕种的土地较少,为了满足自己生产、生活的需要,哈尼族随着地势开垦梯田,缓坡开垦面积大的田地,陡坡开垦面积小的田地,随着世世代代的耕作就形成了今天规模宏大、气势磅礴、绵延整个红河南岸的梯田景观。

在景观规划实践中,采用了生态博物馆模式,使旅游开发与文化保护和谐统一。生态博物馆以社区为基础,以民众参与为核心,以原地保护方式进行原生态状况下的"活态文化遗产"的保护和展示,既能提高旅游产品的文化含量,又便于文化的传承和保护。元阳多彩的哈尼族梯田文化和特有的大地艺术景观,具有浓厚的原生态文化味道。所以,采用生态博物馆的保护模式,实行保护性开发有利于哈尼族梯田文化与旅游业的和谐发展。通过政府主导,协调各方资源;学者、专家指导,制定合理的规划;企业参与,给予资金支持;社区参与,自觉主动地保护梯田景观。在各方的共同努力下,发展生态文化旅游,实行效益回报。

综上所述,哈尼梯田的保护开发模式是一种可持续发展的规划保护模式,不仅能保护传统乡村的生产、生活模式,用"言传身教"的方式传递哈尼文化。保护文化景观不被破坏的同时,挖掘其文化价值和景观资源,发展旅游,带动当地经济的发展,这种动态、活态的保护模式值得我们学习。

5.以观光农业景观带为框架的北京城市边缘区乡村景观规划模式

城市边缘区是城市与农村的交融地带,也是城市景观向乡村景观过渡的中间地带,因此在确定规划模式时要充分考虑生态经济区位、资源环境优势和社会经济发展趋势,让城市边缘的乡村地域成为城市与农村的生产、生活和生态纽带。一般模式有:农产品开发与生态保育型规划模式;景观恢复与生态产业型规划模式;城乡交融与生态文化构建型规划模式。

在城市总体规划的框架下,大城市周边的乡村景观规划在处理城镇边缘绿化与乡村土地之间矛盾以及保护并改善乡村文化与生态环境具有重要作用。

1993年,北京市编制了《北京市农业区域开发总体规划》,第一次提出了"观光农业"的概念。1998年,市政府召开了第一次"北京市观光农业工作会议",成立了北京市观光农业领导小组及其办公室,还制定了相应的政策措施。结合《北京市"十一五"时期农村发展规划》,打造北京市"五条"农业精品旅游专线,分别是东北部专线,辐射朝阳、顺义和平谷3个区;北部专线,辐射了朝阳、顺义、怀柔和密云4个区县;以及西北部专线、西南部专线和南部专线。北京市目前拥有农业观光园区1 332个,其中市级以上的65个,经营形式多种多样,现有观光果园类、观光农园类、观光养殖类与综合性观光休闲度假村等形式。例如北京市海淀区依托香山风景区和"绿谷氧吧"的生态园区景观初见成效,在旱河两畔打造了长度约6.6 km、占地2 899亩的"一河十园"农业观光产业带,涵盖休闲娱乐、观赏采摘等多功能的都市型现代农业观光带。

6.以休闲乡村生活为特色的台湾乡村景观规划模式

台湾乡村发展的特点是综合利用当地的特色资源,有效利用农业资源,以观光休闲、体验农业和了解农村为建设主题,大力发展农田观光、农业生产、农业产品、农家生活与农业文化等产业。台湾面临农业生产规模小、农业生态环境破坏严重和农民收入偏低等困境,加快农业的转型升级,以观光、体验、休闲等为主要特征的美丽乡村建设在台湾地区逐步兴起。1995年后,台湾美丽乡村发展飞速,形式多样且效益良好,以休闲农业为主题的丰富多元的乡村景观进入良性循环而蓬勃发展。

(1)合理规划与执行。由政府推动农业主管部门结合农业委员会,负责对美丽乡村项目的计划审查与核定。同时,农业委员会等部门制定一系列较为完整的建设指导计划,通过规划引导实施。在项目实施阶段,政府部门很好的实现信息共享,做到农业各部门、农业与非农业部门之间的默契配合。

(2)美丽乡村多元化发展。台湾的美丽乡村具有生产、生活和生态三位一体的特色,在建设中结合了农业产业化,具有生产功能、生活功能与生态功能。台湾借助自身农业的有利优势,开展教学体验、乡村旅游、生态农场体验、农业产品展示、民俗技艺体验、农村酒庄与市民农园等经营项目。台湾的休闲乡村模式主要有观光农园、休闲农场、市民农园和教育农园等。

二、我国乡村景观规划的未来展望

中国是个农业大国,乡村地域广阔,与城市相对规范的规划管理、较完善的基础设施相比,乡村景观规划明显落后。虽然近年来各级政府大力推动新农村建设、美丽乡村建设、乡村振兴等一系列举措,但因各地经济社会发展水平及自然环境条件差异巨大,只能各自探索一些典型乡村景观建设的样板或模式,而且往往以政府为主导,社会参与度较低。因此,创新和完善乡村景观规划的理论和方法体系迫在眉睫。

欧盟各国及美日韩等国在乡村景观保护和规划方面历史悠久,基本上已形成了完整的理论和方法体系,对保护和恢复乡村景观的生态功能和美学价值,协调城镇边缘绿地和乡村土地利用之间的冲突等方面起到特别重要的作用。总的来看,国外乡村景观规划理论具有3个特点:即重视对基础生态环境的分析、从社会和文化的角度对景观进行阐述、关注景观系统中人的行为。尤其是近些年来,提倡将经济、社会和文化的诠释融入乡村景观系统的研究之中,突出乡村景观的人文内涵,这与21世纪以来地理学研究中的社会和文化转型倾向有着紧密联系。

国内对景观生态学和乡村景观规划研究的广泛重视是在20世纪90年代以后,随着"三农"问题的提出,从地理学、生态学、城乡规划学、土地利用规划等不同领域,积极探索乡村社会系统的可持续发展对策和途径,但蜂拥而至的研究议题仍是分散的、边缘的。因此,今后应在充分借鉴国外相关理论研究和规划经验的基础上,重点从理论体系和规划实践两方面推进乡村景观规划的研究和应用。

(一)理论方面

通过对国内外研究现状的系统梳理来看,乡村景观规划的研究主题可以概括为4个方面:①乡村景观发展的历史经验与教训,为乡村景观保护、管理和发展提供战略依据;②乡村景观特征与认知,探讨乡村景观规划与维护过程中的景观认知、理解与参与;③乡村景观结构与功能,探讨乡村景观形成、演变以及在政策、社会因素作用下解决乡村景观问题的规划方法和管理途径;④乡村景观的未来,探讨在当今城乡一体化、交通网络化和全域乡村旅游的冲击下乡村景观面临的威胁以及相应的保护与管理对策。

上述4个方面的研究主题基本上涵盖了乡村景观规划的所有领域,无论是理论研究,还是规划方法,直至社会需求和现实问题,都可以纳入相关的研究内容中。因此,未来应当继续围绕这四大领域,重点在理论体系构建、方法体系完善、规划模式创新等方面开展系统性的研究。

1. 理论创新与规划管理体系建立

乡村景观及其规划管理的现状是既缺乏系统的基础理论和规划管理标准,又缺乏明确的政策与技术要求,应重点针对乡村景观类型划分、区域分异规律、演变过程与机理、景观特征评价、景观价值权衡、规划管理与政策系统等方面加强基础研究;探索数据采集、动态分析、规划实施与政策效果评估等各环节的方法论体系;注重典型案例研究与规划管理实践紧密结合,既要打破理论与实践脱钩的局面,又要重视规划落实与政策保障的实际成效,扎实推动乡村景观空间整合和乡村社会发展。

2. 建立以乡村文化景观保护作为出发点的规划理念

我国具有历史悠久的乡村文化景观遗产,丰富多彩且遍布全国,但尚未形成系统的、专业的保护理念与规划举措。因此,我国的乡村景观规划需要特别注重以文化景观保护为基础,在乡村建设中引入传统乡村文化景观保护的理念与方法,结合乡村社会的实际需求,探讨如何实现乡村景观保护与乡村发展的平衡。

3. 探索以乡村景观特征评价为核心的规划方法

景观特征评估是景观规划的基础,是将景观现实、功能需求和规划理念联络在一起的桥梁。为了乡村景观的完整保护和改善,应该对每个地域的景观特征、形成背景、形成过程以及它对人类的价值有深入的了解。通过景观特征评价能够更好地把握乡村景观的人文、生态和资源价值,为景观保护决策提供直接依据。当前仍然存在着重规划技术,轻理论分析;重视觉效应,轻文化内涵的规划观念和惯性,对景观特征识别和评估尚未被充分融入乡村景观规划体系,存在着理念与现实、供给与需求脱节的现象。因此,建立具有客观、易于操作的景观特征评估系统是迫切需要探索的重要领域。

4. 倡导结合各方发展利益的"参与式"规划模式

由于乡村景观的社会性和经济性,乡村景观规划的实施很大程度上取决于乡村各类政策与措施。我国乡村地区实行土地集体所有制,农民享有农地承包经营权、集体建设用地使用权和房屋产权,因此,乡村的土地利用与管护必须依赖农村集体与数以亿计的农村家庭和个体农民。乡村景观规划的有效性取决于规划与当地民意和经济产业发展的联系程度,必须顾及当地各方利益相关者,达到各方发展权益的均衡。现有的乡村景观规划研究虽然已经意识到乡村景观的建设必须与乡村经济社会发展结合进行,但对影响乡村景观的各种行为体系的规划和设计研究不够深入,在具体政策举措等微观方面较为缺乏。未来的乡村景观规划必须考虑农业生产经营(如土地产权、土地整理、农场规模、农业技术等)、乡村自然保护、新农村建设、旅游休闲和美丽乡村建设等相关领域的发展,并给出适合当地乡村景观发展目标的政策建议,实现乡村地域的人口、经济、环境、文化的协调共生发展。

(二)实践应用

1. 新农村建设与乡村景观规划

新农村建设是一项综合的系统工程。首先,新农村建设要保证农村的性质不改变,不能简单地建成城镇化的乡村,失去农村应有的风貌。其次,要体现在一个"新"字上,我国是一个多元化民族的农业大国,不同区域存在着丰富多彩的传统文化和民族特色,新农村建设既要强调保护我国特有的传统乡村文化和民族特色,更要通过建设发展经济、实现农业产业化,使农村的面貌有较大的改变。其次,新农村建设要体现"区域特色",各个地方的乡村建设应体现各自的特色,不能雷同化,要充分发掘当地的资源优势和文化特色,努力实现乡村景观的多样性。针对这一状况,我国政府提出了新农村建设的二十字方针:生产发展、生活宽裕、乡风文明、村容整洁、管理民主。具体地说就是建设社会主义新农村应做到"七个新",即发展新产业、建设新社区、培育新农民、创造新生活、倡导新风尚、提供新服务、构建新体制。

乡村景观规划是新农村建设规划的核心内容之一,是实现上述新农村建设目标的科学基础。由于缺乏科学的理论体系指导,不少地区的新农村建设出现了一些偏差。如新建农村建设的形式淡化了与自然环境的关系,既破坏了原有的自然景色,又丧失了乡土特色;农村景观和城市景观雷同,农村居民把城市的一切当成模板等。我国大多数的农村都具有非常悠久的历史文化特色,如何保持、延续和发展这些特色,使农村在建设改造的过程中保持生机活力和地方文化特色是很多人关注和呼吁的,而这正是乡村景观规划所倡导的乡村文化景观保护的主要任务。当然,中国正处于社会经济的转型期,新农村建设是与农村居民日益增长的物质需求相协调的。客观地说,有些传统农村的生活方式已被现代生活所取代,乡村景观形态也已经落伍于人们的审美观念和生活需求,在这样的契机下,急需要探索出一条适合现代新农村景观的发展之路。充分借鉴欧盟各国及美韩日等国在乡村发展和新农村建设中的实践经验。例如,在欧盟 2007—2013 年的乡村发展政策报告中,乡村发展沿着三条主题轴展开,即:促进农业和林业部门竞争力;促进乡村环境和土地管理;促进乡村生活质量和乡村经济多元化。为了保证三条主题轴的平衡发展,欧盟成员国的乡村发展资金必须保证三个主题轴的分配,这被称为欧盟的多功能乡村发展模式。

另外,具有乡土特色的乡村景观是中国几千年历史传承下来的文化遗迹,是人类社会演化过程中与自然协调共生的结果,不可能也不该将其弃之如敝履。如何在新时代的不同经济水平、文化背景和自然条件下,建设好既有新时代气息又有乡村特色、民族特色、地方特色和历史文脉的新农村、新景观,是乡村景观规划所面对的现实挑战。

2. 乡村振兴与乡村景观规划

乡村振兴作为一项国家层面的重大战略部署,对指导我国农业农村尽快实现现代化,解决农业、农村、农民相关问题有着重大作用,也是促进我国广大农村地区的生产、生态和生活空间提升的必然途径。乡村振兴二十字方针即"产业兴旺、生态宜居、乡风文明、治理有效、生活富裕",对乡村的产业发展、生态文明、文化建设、机制体制改革都提出了相应的要求(图 1-7)。其中生态宜居是一项具有更高境界的发展目标,国家将通过不断加大生态保护力度,加强农村基础设施建设,让农村成为安居乐业的美丽家园。同时,要加快促进乡村一、二、三产业融合发展,健全乡村治理体系,力争到 2050 年实现乡村全面振兴,形成农业强、农村美、农民富的繁荣景象。

乡村景观实质上是在乡村这个特定的空间范围内人地关系的综合体现,反映了生态环境、

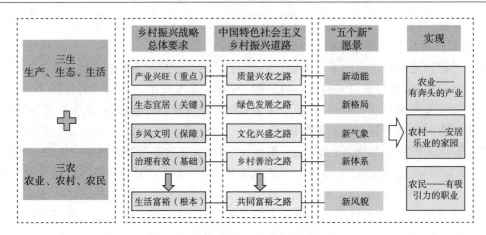

图 1-7 乡村振兴的内涵和目标

土地利用、社会经济等多维度相互作用的总体人类生态系统;而乡村景观规划是针对某一地区在一定时期内制定相应的发展计划,以当地政府为主体,进行乡村景观风貌建设,改善乡村生态环境,改变原有发展模式,对乡村景观进行提升改造来促进农村经济发展,最终实现乡村的社会、经济、生态的协调发展。乡村振兴战略的提出为乡村景观的规划设计指明了方向;乡村景观的提升又必然促进乡村振兴的实现,二者相互促进。因此,乡村景观规划为乡村振兴战略提供了适宜的方法支撑和政策工具,二者之间的联系如表 1-4。

表 1-4 乡村振兴内涵与乡村景观规划任务

五大层面	目标	具体内涵	规划任务
产业层面	产业兴旺	提升产业发展模式,促进一二三产融合发展	优化农业布局,调整产业结构,促进乡村旅游
生态层面	生态宜居	保护生态格局,建设美丽乡村,提升基础设施建设	构建生态安全格局,建设优美人居环境
文化层面	乡风文明	传承优秀传统文化,树立优良家风,提高道德素养	保护文化景观,传承历史文脉,寄托乡愁乡情
政治层面	治理有效	村民自治、德治、法治相结合,走上乡村善治之路	权衡各方利益相关者利益,倡导参与式规划模式
社会层面	生活富裕	扩大就业机会,加强创新创业意识,提供相关培训	建设良好乡村人文环境,保障安居乐业

随着乡村振兴战略的全面推进,中国的传统乡村景观正在逐步向现代乡村景观转型,可以预见各地乡村地域的"绿色生态基础设施"也必将会有全面的改观。因此,在乡村景观规划和建设过程中,还应遵循以下原则。

(1)建设高效的人工景观生态系统。大力开展农田整治工程,重点保护的高标准、规模化的大型农田斑块,推进土地集约化经营。

(2)倡导农业景观的多功能服务供给。农业景观除了生产食物和纤维制品的基本功能以外,还应该具备以下一种或几种功能的自由选择(规划目标):通过规模化、区域化、差异化的农业产业布局,塑造具有地方特色的农业生产景观;通过土地保护措施,对自然资源进行可持续管理;通过生物多样性保护措施,提升生态环境福祉;通过特色农业景观经营,增进乡村地区的社会经济活力。

(3)控制城乡建筑斑块盲目扩展。科学开展乡村空间重构,保护传统文化聚落,建设优美、宜人、和谐的乡村人居环境。

(4)恢复和重建植被斑块。因地制宜地增加生态廊道和自然斑块,构筑全域性的生态网络空间格局,补偿和提升乡村景观的生态功能。

(5)在工矿、交通、水利等工程建设区域,必须节约工程用地,推行景观化设计原则,塑造环境优美与自然系统相协调的工程景观。

第二章　乡村景观的基本特征

第一节　乡村景观的形成要素

一、概述

景观是由各种自然因素及人类活动相互作用的产物。自然因素主要包括气候、地形地貌、地质、水环境、土壤和植被等几个方面;而人类活动不断地改变着景观的自然属性和空间形态。因此,乡村景观也可以看作是自然干扰和人为干扰的结果。不同的自然干扰(如气候变迁、土壤侵蚀、水流作用、物种迁移、养分循环等,也称为自然过程或生态过程),通常塑造了具有不同地域特色的景规格局;人为干扰对自然景观改变甚大,由于人类的各种活动,已使不少地区的原始面貌发生了根本性的变化。

弗雷德里克·斯坦纳(Frederick Steiner,1999)在他的《生命的景观》(*The Living Landscape: An Ecological Approach to Landscape Planning*)一书中,将景观的形成要素分为两大类,即生物物理环境要素和人文社会要素。生物物理环境要素相当于景观的"本底",而且每一个要素与其他的任何一个要素相关联。他认为:景观中一些长期的大尺度的因子对那些短期的因子具有很强的影响。例如,区域的气候和地质特征可以帮助我们理解一个地区的土壤和水系分布,而土壤和水系又决定了在该地区可能出现的植物和动物。景观生态规划师所面临的挑战是要以地质学的思考方式同时在时间和空间上思考问题。这种思考必须是宏观的,因为在一个特定的规划区或辖区内,地质过程的发生很可能是由数千公里外板块的相互作用造成的,而气候事件则是由全球尺度的过程造成的。因此,要求景观规划人员必须对规划区内的有关生物物理过程进行广泛的研究,并对景观的生物物理环境的组成要素进行调查、分析和归纳,在遥感和地理信息系统的支持下,制作各类底图,用于区域尺度、地方尺度,甚至某一特定场地尺度的景观规划之需。斯坦纳对人文社会要素的界定比较广泛,从人口、土地利用、产业形态、经济结构,到历史、文化、习俗、服务机构等,在具体调查时形成一套人文社会要素清单,描述其对景观的影响以及所要收集分析的数据类型。

二、生物物理环境要素

自然地理环境包括大气、水、岩石、生物、土壤、地形等要素。这些要素通过水循环、生物循环、岩石圈物质循环等过程,进行着物质迁移和能量交换,推动自然地理环境的发展变化,形成了一个互相渗透、互相制约和互相联系的景观整体。

(一)气候

气候是一个地区在一段时期内各种气象要素特征的总和,包括太阳辐射、温度、降水、风等。气候受山脉、洋流、季风以及纬度等自然地理条件的影响;而气候又可以通过对岩层的风化和降水量的大小来影响本地区自然地理环境的形成和变化。因此,气候对景观的时空变化做出响应,土地利用\覆被变化可以导致区域气候和地方气候的重大变化;而景观格局又随气候的变化而发生变化。可以说,在不同的气候条件下形成了显著不同的区域景观类型,表 2-1 反映了两种不同的气候分类系统下的景观类型的分布规律。

表 2-1　斯查勒的气候分类和柯本系统的对比

斯查勒分类	柯本系统
Ⅰ类　低纬度气候	
1. 潮湿赤道气候	Af 热带雨林气候
2. 海滨季风和信风气候	Am 热带季风雨林气候(有些地区是 Af)
3. 热带湿－干气候	Aw 热带稀树草原气候
	Cw 冬干温和气候
4. 热带干旱气候	BWh 炎热荒漠气候
	BSh 炎热干草原气候
Ⅱ类　中纬度气候	
5. 亚热带干旱气候	BWh 炎热荒漠气候
	BSh 炎热干草原气候
6. 亚热带湿润气候	Cfa 夏热的温带多雨气候
7. 地中海气候	Csa 夏干热的温带多雨气候
	Csb 夏干暖的温带多雨气候
8. 西岸海洋性气候	Cfb 夏暖的温带多雨气候(有些地方是 Csb)
9. 中纬度干旱气候	BWk 寒冷荒漠气候
	BSk 寒冷干草原气候
10. 湿润大陆性气候	Dfa 夏热的寒冷雪林气候
	Dfb 夏暖的寒冷雪地气候
Ⅲ类　高纬度气候	
11. 寒温带针叶林气候	Dfc 夏凉的寒冷雪林气候
	Dw 冬干的寒冷雪林气候
	Cfc 夏短凉的温带多雨气候
12. 苔原气候	ET 极地苔原气候
13. 冰原气候	EF 极地永冻气候

　　同样,在一个较小的尺度内,气候也是景观分异的最重要因素。各种气候要素可以在垂直方向和水平方向上发生显著的变化。这种小尺度上的变化由以下因素的变化引起:地表的坡度和坡向;土壤类型和土壤湿度;岩石性质;植被类型和高度;以及人为因素。小气候就是用来描述小范围内的气候变化。当地形的变化对小气候产生显著影响时,我们可以用地形气候学来分析。一般来说,地形气候是以地形起伏为基础的小气候向大气圈较高气层和地表景观的扩展和延伸。地形气候和小气候的微小变化与建筑和开放空间的设计有更直接的联系。一些需要重点考虑的小气候要素包括空气流通、雾、霜、太阳辐射和地面辐射,以及植被变化与小气候的相互作用关系。

　　辨析乡村景观中的气候要素特征,可以通过分析以下问题来阐明:①规划区内的主要气候因子是怎样的? ②气候如何影响着规划区中人类生活方式? ③气候如何影响规划区内的农业土地利用布局? ④气候怎样影响了建筑类型、布局结构和建造方法? ⑤气候与地方感知存在怎样的关系? ⑥坡向如何影响小气候以及植被分布? ⑦地形气候如何决定公共设施的位置? ⑧规划区内的空气质量如何受到土壤、植被、土地利用和交通的影响?

(二)地质

对地质作用和过程的研究,对于了解当地的自然景观和经济社会发展十分重要。地质因素包括地质构造和岩石矿物两个方面。一般而言,地质构造主要造就了区域景观的宏观面貌,如山地、平原、洼地等,如美国亚利桑那州著名的自然景观——大峡谷(Grand Canyon)就是由地质作用所形成;岩石矿物则是形成景观的物质基础,特别是形成土壤的物质基础,不同的岩石矿物赋予景观的不同特性。

岩石是各种矿物的混合物或集合体,根据其成因可以划分为火成岩、沉积岩和变质岩 3 大基本类型:①火成岩,由岩浆冷却固结形成,常见的有花岗岩类与玄武岩类两大类。花岗岩类比较容易风化,风化产物为酸性,富含钾等元素,在中国北方地区适于果树等生长;但在南方由于降水量大、温度高,导致岩石风化物的淋溶与贫瘠,如南方花岗岩母质的红壤丘陵区,经常发生崩岗等严重土壤侵蚀。而玄武岩类,由于其矿物组成以辉石、斜长石、角闪石等深色矿物为主,物理风化速度慢,因此在北方山地和丘陵区风化层薄,不易利用。相反,在南方高温多雨地区,化学风化强烈,土层深厚,土壤性状肥沃,多为较肥沃的农业用地。②沉积岩,由地表的地质过程如风化、搬运、沉积等作用(包括化学作用和生物作用)于原先岩层和碎屑物而形成,常见的有砂岩、石灰岩、紫色砂页岩等几种。砂岩所含砂粒多为石英、长石和白云母等,其中石英砂岩和硅胶砂岩坚硬难风化;而钙质和泥质砂岩则较易风化,如中国华南各地分布着一类发育于白垩纪至第三纪的红色砂岩或红色沙砾岩,由于其结构较为松散,沿着节理经水流侵蚀,形成洞穴、天然桥等奇特的类岩溶地形,称为"丹霞"地形,而成为风景秀丽的旅游区。石灰岩的矿物成分以碳酸钙为主,常因溶蚀作用形成岩洞、石芽、石柱、石峰和天然桥等奇异的地形,称为"喀斯特"地形,而成为风景迷人的旅游区,如我国著名的桂林石林风景旅游区。紫色砂页岩一般形成于侏罗纪、白垩纪等地质时期,由于以泥质为主,易于风化,风化物质地较细,富含磷、钾、钙等矿质养分,所以在南方高温多雨地区发育的土壤多为优质的农业用地,如被称为天府之国的四川盆地广泛分布着发育于紫色砂页岩的肥沃土壤。③变质岩,在地壳中已经存在的岩石,由于在岩浆活动中不断受到变化的温度和压力作用而形成,其分布较广的主要有石英岩和片麻岩。石英岩是由砂岩经热变质而成,结构致密而坚硬,化学稳定性和抗风化能力很强,故该类岩石分布地区一般情况下是基岩裸露,常形成陡峭的山脊。而片麻岩由花岗岩变质而成,其矿物组成复杂,主要矿物为石英、长石和云母等,较易风化,其风化物特性类似于花岗岩类。

当然,岩石、矿物风化后的产物很少留在原地,往往在重力、风、水和冰川的作用下,搬运到其他地方形成各种沉积物;根据其产生的特点,可以分为残积物、坡积物、洪积物、冲积物、湖积物、风积物和海积物等几类。在不同类型的沉积物上发育的土壤景观类型差异很大,这主要与沉积物所分布的地貌部位、沉积物的组成等密切相关。如洪积物被搬运到山前坡麓、山口和平原边缘处堆积后,往往形成洪积扇地形。冲积物在河流下游沉积通常形成广阔的冲积平原或三角洲,位于下游的冲积平原和三角洲则地势平坦、沉积层深厚、养分丰富、水分充足,常是重要的农业区。而风积物的成分主要为粗细均一的粉砂粒,养分极为贫乏,如黄土高原的风成黄土,因其土质疏松,在高原和丘陵区易于水蚀。

(三)地形地貌

地球表面崎岖不平、变化无穷。既有高耸的山峰、低陷的凹地,也有连绵的山脊、幽深的峡谷;既有宽广的平原、起伏的丘陵,也有微小的岩突和滑塌,从而构成了千姿百态的大地景观轮廓。在景观中,地貌的作用大致有下述几方面:①地貌影响着一种立地所接收的太阳辐射、水、营养、污染物和其他物质的数量,从而影响到整个生态环境,例如随着海拔、坡向的不同,日照、气温、土温、水分、土壤性质,甚至动植物的种类都有所不同;②地貌条件影响到物质(如水分和土壤颗粒等)的流动和生物的移动;③地貌条件可以影响到各种干扰(如火灾和风等)发生的频率、强度和空间格局,由于地貌过程发生的干扰(如滑坡、泥石流、水土流失、物质的堆积)更是受地貌本身的影响。

按照地面的高度和形态可将地貌类型划分为平原、丘陵、山地、高原和盆地 5 大类型。据统计,我国的山地约占陆地面积的 33%,高原约占 26%,盆地约占 19%,平原约占 12%,丘陵约占 10%。习惯上所说的山区常把山地、丘陵和比较起伏不平的高原均包括在内,约占陆地面积的 2/3。在任何一种地貌类型中,对于地貌形态的分析很重要。不同地貌形态反映了其下垫物质和土壤的差异,从而造成植被的区别,因而是景观分析和景观类型划分的重要依据。例如在不同的山坡部位,由于随着分水岭向下,水分和营养物质均逐渐增加,植物生长的条件依次改善,因而在不同地貌部位出现明显的景观异质性。另外,山地的坡度、坡向和坡形均有重要的生态意义。尤其是坡度与生态环境关系甚大,它影响地表水的分配和径流形成,进而影响到土壤侵蚀的可能性和强度,因此坡度决定着土地利用的类型或方式。坡向影响着局部小气候的差异,不同的坡向造成光、热、水的分布差异,直接决定了植被类型及其生长状况的不同。总之,在景观类型的划分时,地貌形态的空间变化特征是一个很重要也很直接的依据。

值得注意的是,地形地貌对于村镇聚落景观的影响也十分明显,尤其是在山区。中国传统村落的选址和民居的建设都与自然的地形地貌有机地融合在一起,互相因借、互相衬托,从而创造出地理特征突出、景观风貌多样的自然村镇景观。即使一个地域的单体建筑形式大同小异,但一经与特定的地形地貌相结合,便形成千姿百态的建筑群,从而极大地丰富了村镇聚落整体的景观变化。

(四)水文

水是一切生命赖以生存和发展的必要条件,而且也是乡村景观构成中最具生动和活力的要素之一。这不仅在于水是自然景观中生物体的源泉,而且在于它能使景观变得更加生动而丰富。地球上水圈中的水主要是咸水,占总水量的 97.20%,而极地冰盖和寒冻区的固态水约占 2.15%。这意味着世界上的水资源中仅有 0.65% 是液态的淡水,而且在质量和分布上是很不均匀的(斯坦纳,1999 年),因而在景观规划中必须考虑水的重要作用。

在不同的水体中有着各自的水文条件和水文特征,也决定着各自的生态特征,如湖泊、河流、冰川、湿地及沼泽等,它们对乡村景观格局的形成起了重要作用。①湖泊,是较封闭的天然水域景观,按水质可分为淡水湖、咸水湖和盐湖。淡水湖是某一巨大水系的重要组成部分,具有防洪调蓄、发展农业、渔业等重要作用,按分布地带可分为高原湖泊和平原湖泊。②河流,是带状水域景观,从水文方面可分为常年性河流与间歇性河流;前者多在湿润区,后者主要在干旱、半干旱地区。河流补给分为雨水补给和地下水补给,而雨水补给是河流最普遍的补给水源。③冰川,中国的冰川广泛分布于西南、西北的高山地带。冰川水是中国西北内陆干旱区河流的主要水源,如塔里木河、叶尔羌河等,也是绿洲农业景观的主要水源。④湿地,是一种与水相关的重要景观类型。

湿地通常被理解为沼泽、河口湾和类似的地方,有些低洼处的林地也可以被认为是湿地,有时还包括那些邻近河流系统的滨水区。滨水区的功能、价值和效益与湿地是相近的,主要有补给和排泄地下水、固化沉积物、削减洪峰、保持水质、提供鱼类和野生动物的栖息地、调节气候、保护海岸线、生产食物,以及休憩和娱乐等。湿地所具有的积极生态功能及其对人类的价值,使得近年来公众对湿地重要性的认识在不断加强,成为乡村景观规划的重要内容之一。而沼泽是一种典型的湿地景观,是生物多样性和物种资源的聚集繁衍地,具有巨大的环境功能和效益。

(五)土壤

在岩石圈和大气圈之间,土壤占据着一个独特的位置,它是联系生物环境和非生物环境的一个过渡带,具有维持植物生长的功能。土壤的各种性质是由气候条件和生命物质共同作用而形成的,并受到地形条件的影响。在土壤形成过程中有许多自然过程都产生了作用,如风化、淋溶、淀积、侵蚀、养分循环等,因此,相对于其他的自然要素,土壤往往能揭示一个地区更多的信息。正如著名土壤学家道库恰耶夫所说的,土壤剖面是景观的一面镜子。任何形式的景观变化动态都或多或少地反映在土壤的形成过程及其性质上;或者说,什么样的气候和植被条件形成什么样的土壤。因此,对于自然景观和农业景观而言,土壤是决定乡村景观异质性的一个重要因素。

中国的地域辽阔,气候、地质、地形地貌、植被条件复杂,加以农业开发历史悠久,因而土壤类型繁多。从土壤的地理分布来看,通常存在 3 个土壤景观带。首先,是土壤纬向地带性分布,即地带性土壤类型大致按纬度(南北)方向逐渐递变的规律。不同纬度热量分布差异是引起土壤纬度地带性分异的主要原因。如在我国东部沿海地区,自南向北,随着纬度变化,热量逐渐减少,依次分布着砖红壤→砖红壤性红壤→红壤和黄壤→黄棕壤→棕壤→暗棕壤→漂灰土的土壤景观系列。其次,是土壤经向地带性分布,即地带性土壤类型大致按经度(东西)方向逐渐递变的规律。距海洋远近导致水热分布的差异是引起土壤经向地带性分异的主要原因。如在我国温带地区,自东向西,随着远离海洋,气候渐趋干旱,依次分布着暗棕壤→黑土→白浆土→黑钙土→栗钙土→棕钙土→灰漠土→灰棕漠土的大陆性土壤系列;而在暖温带地区,自东向西,则依次分布着棕壤、褐土、黑垆土、灰钙土和棕漠土等土壤类型。最后,是土壤垂直地带性分布,即土壤类型分布随海拔变化的规律。土壤垂直地带性分布一般出现在海拔较高的山地上,在一定海拔高度及范围内,由于海拔每上升 100 m,气温则下降 0.6℃,而湿度则逐渐上升,植被和其他生物种类也发生相应变化,导致土壤类型随海拔高度的变化依次呈有规律的演变。土壤垂直地带性分布随基带生物气候条件的不同而呈现出不同类型的垂直带谱,土壤的这种垂直地带性分布形成了山地不同高度的景观带和立体农业的优势。

总之,不同类型的土壤适合不同植被的生长,对农业生产尤为重要。因此,乡村的农业生产性景观是由土地的适宜性所决定的。

(六)动植物

1.植被

植被是指各种植物——乔木、灌木、仙人掌、草本植物、禾本科植物等的总称。由于植物无处不在,因此植被是景观中最重要的要素之一,在各种景观规划过程中受到特别的重视。对植物各种功能的研究和利用是做好景观规划的前提。植被为野生动物提供栖息地;影响一些自然事件如火灾和洪水,并能够减轻这些灾害对人类造成的损失;还可以提高景观的观赏视觉质量;植物还产生人类赖以生存的氧气,改善空气质量等。

中国的高等植物近 3 万种,在中国几乎可以看到北半球的各种类型的植被,其中农田植被占全国总面积的 11%。植被与气候、地形和土壤互相起着作用,一方面,有什么样的气候、地形和土壤条件,就有什么样的植被;另一方面,植被对气候和土壤甚至地形也都有影响,它们共同形成了不同的植物景观特征。

根据植物群落的性质和结构,植被可以划分为森林、热带稀树草原、草原、荒漠和冻原 5 大基本类型,各自有其独特的结构特征和生态环境。按照植被类型的区域特征,中国植被分为 8 个区域,分别为寒温带针叶林区域、温带针阔叶混交林区域、暖温带落叶阔叶林区域、亚热带常绿阔叶林区域、热带季雨林和雨林区域、温带草原区域、温带荒漠区域、青藏高原高寒植被区域,各自有其景观特征和分布范围,如表 2-2。

表 2-2　中国的植被区域划分和地带性土壤类型分布规律

植被区域	地带性植被型	主要植物区系成分	基本地貌特征	地带性土类
Ⅰ. 寒温带针叶林区域	寒温性针叶林	温带亚洲成分,北极高山成分	大兴安岭为南北向低矮和缓低山,海拔 400～1 100 m,山峰 1 500 m,谷地开阔	灰化针叶林土
Ⅱ. 温带针阔叶混交林区域	温性针阔叶混交林	温带亚洲成分,东亚(中国—日本)成分	北部为丘陵状的小兴安岭,海拔高 300～800 m,南部长白山地较高,一般 1 500 m,东部河网密布,有沼泽化的三江低平原	暗棕色及棕色森林土
Ⅲ. 暖温带落叶阔叶林区域	落叶阔叶林	东亚(中国—日本)成分,温带亚洲成分	北部、西部为海拔 1 500 m 以上的燕山、太行山与黄土高原,中部为辽阔的华北与辽河冲积平原,(海拔 50 m 以下),东部沿海高为 100～500 m 的丘陵	褐色森林土与棕色森林土
Ⅳ. 亚热带常绿阔叶林区域	常绿阔叶林,常绿落叶阔叶混交林,季风常绿阔叶林	东亚(中国—日本)成分,中国—喜马拉雅成分	东部为秦岭与南岭之间的丘陵,山地海拔一般 1 000 m 左右,中有四川盆地和长江中下游平原,西部为云贵高原 1 000～2 000 m,西缘横断山脉在 3 000 m 以上,为高山狭谷地貌	黄棕壤红壤与砖红壤性红壤
Ⅴ. 热带季雨林、雨林区域	季雨林(季节性)雨林	热带东南亚成分	东部为海拔 500 m 以下的低山丘陵,间有冲积平原,中部多石灰岩山峰与山地,500～1 000 m 西部为间山盆地与高 1 500～2 500 m 的山地,南海诸岛多为珊瑚礁岛	砖红壤性土
Ⅵ. 温带草原区域	温性草原	亚洲中部成分,干旱亚洲成分,旧世界温带成分	东起松辽平原(120～400 m),中部为内蒙古高原(1 000～1 500 m),西南为黄土高原,(1 500～2 000 m),其间有大兴安岭—阴山与燕山—吕梁山,两列山脉分隔,西部有阿尔泰山	黑钙土、栗钙土、棕钙土与黑垆土
Ⅶ. 温带荒漠区域	温性荒漠	亚洲中部成分,中亚成分,干旱亚洲成分	包括阿拉善、准噶尔、塔里木等内陆盆地(500～1 500 m)与柴达高盆地(2 600～2 900 m),间以天山、祁连山、昆仑山等高逾 5 000 m 的巨大山系,以及一些较低矮的山地	灰棕漠土与棕漠土

续表 2-2

植被区域	地带性植被型	主要植物区系成分	基本地貌特征	地带性土类
Ⅷ. 青藏高原高寒植被区域	寒温性针叶林,高寒灌丛与草甸高寒高原高寒荒漠	东亚(中国—喜马拉雅)成分,亚洲中部成分,青藏高原	为海拔 4 500 m 以上的整体山原,边缘与内部有 6 000～7 000 m 及以下的高山山系,东南部为横断山系与三江峡谷,切割剧烈	山地灰棕色森林土、高原草甸土、高寒草原土与高寒荒漠土

来源:吴征镒,1980。

2. 动物

野生动物是自然生态系统的重要组成部分,在维持生态平衡方面具有重要的意义。中国自然条件优越,为野生动物的繁衍生息提供了良好的环境条件。野生动物与乡村生态环境有着密切的关系。例如,朱鹮是世界上濒危鸟类之一。历史上,朱鹮不仅常见于中国东部和北部的广大地区,而且在苏联的远东地区、朝鲜和日本等地也都有一定数量。但到 20 世纪中期,只有中国还有朱鹮幸存。从 20 世纪 50 年代以后,中国乡村生态环境发生了很大的变化,朱鹮用于筑巢的大树被大量砍伐,采食的水域被农药污染,耕作制度的改变使冬水田变成了冬干田,加上人口激增造成的生存压力以及过度的猎捕,迫使朱鹮无法在丘陵、低山的水田、河滩、沼泽和山溪等适宜的地方生活,而逐步迁到海拔较高的地带,数量急剧减少,分布区也越来越小。1981 年,在海拔 1 356 m 的陕西洋县姚家沟,发现了消失 17 年之久的野生朱鹮,并建立了朱鹮保护站。当地老百姓和朱鹮也产生了深厚的感情,朱鹮成了当地村民家中的特殊"贵客",被称为"吉祥之鸟"。为了让这个新成员平静安全地生活,村民们宁愿田里庄稼减产,也不会在朱鹮的生活区域内使用任何农药,以此保证朱鹮的食物不受污染,形成人与鸟和谐共处的局面,朱鹮也成为当地的一个特殊景观。

因此,对动物栖息地的评价是一项重要的工作。这项工作如同规划问题本身一样复杂,通常需要在开展乡村景观规划之前做大量的调查,同时通过与当地政府、保护组织、土地所有者以及动物生态学家的反复交流和咨询而完成。

三、人文社会要素

景观并非完全是自然演替过程的产物,每一种景观都有人类活动的特定烙印。根据人类活动对自然景观的影响程度和深度可以分为干扰(disturbance)、改造(reform)和构建(build)3 个方面。干扰通常是指某种人类活动过程对其相邻景观产生影响,这种影响的程度一般是有限的。它可以是有利的或是不利的,但均在一定程度上改变了景观的某些特征,如道路建设对其相邻生物栖息地的影响,水库建设对其周边地区景观结构的影响。改造是指人类为了一定的生存目的,针对某一景观客体,通过增加或减少一些景观要素,对景观格局进行适当的改造,与干扰相比,它对景观的影响程度较大,如土地改良、防护林建设、自然保护区建设等。构建可以说是一种颠覆性的干扰行为,一般是为了人类某种特殊的目的,彻底改变原来的景观结构,在原地重新进行建造,如居民点建设、工矿建设等。因此,景观不单纯是一种自然综合体,在与人类相互作用的过程中,被注入了不同的文化色彩,因而在欧洲很早就有自然景观与文化景观之分。按照人类活动对景观的影响程度可分出自然景观、管理景观和人工景观。当今地球上不受人类影响的纯粹自然景观日渐减少,而以各种不同的人工自然景观或人工经营景观占据陆地表面的主体。

随着人类活动和人类文明的发展,一方面对自然景观产生巨大的破坏作用,另一方面人类活动对自然景观进行有目的地改造和修饰(如土地利用),将自然景观改造为有利于人类生存的格局,以满足人类社会对景观的各类服务供给需求。而这种改造直接受制于不同的人文背景,呈现出强烈的社会、经济、文化特征。所以,景观的范畴包含了历史的、地理的、文化的多重含义。

总体而言,景观的人文社会要素通常指人文地理环境要素,包括人口、民族、聚落、政治、社团、经济(农业、手工业、商业等)、交通、军事、社会行为等许多要素,是人类的社会、文化、生活和生产活动的具体体现。根据存在的形式,景观的人文社会要素可以划分为人文实体景观要素和非物质文化景观要素。当然,非物质文化景观要素与物质的人文实体景观要素没有绝对的界限。如具体的聚落景观中,也存在抽象的风水观念;而在精神性的宗教文化中,也有实体的寺庙、塔、石窟建筑等景观。

(一)人文实体景观要素

人文实体景观要素也就是物质的人文景观要素,主要是指人类在改造自然过程中,为满足自身的需要,对自然景观要素的改造所产生的半自然半人工景观或在自然景观基础上建造的人工景观要素,其类型、结构和功能直接反映了人类对自然景观的改造程度和方式。具体可划分为:乡村聚落、乡村建筑、交通道路及工具、农业景观、水利设施、工业设施、旅游设施和居民生活产品等(表2-3)。这些景观要素的多样性体现了景观的文化性。人类对景观的感知、认识和判别直接作用于景观,文化习俗强烈地影响着人工景观和管理景观的空间格局,景观外貌可反映出不同民族、不同地区的文化价值观。

表2-3　人文实体景观要素

景观要素类型	景观要素描述
乡村聚落	小城镇、中心村、自然村等
乡村建筑	古建筑、古遗址类、居民、民宅类、宗教、祭祀建筑类、民俗类、纪念类、公共建筑类、功能复合类
交通道路及工具	陆地交通类:国道、省道、村道等
	水运交通类:运河、干渠等
	空运交通类:机场
	村内道路类:沥青路、石板路等
	古遗迹道路类:古道、石桥等
	交通工具类:如汽车、自行车等
农业景观	土地形态类如梯田,灌溉类如水渠,机械化类如拖拉机,设施类如蔬菜大棚,养殖类如家禽圈舍,农作物类如水稻
水利设施	水车、堤坝、灌渠网、水库等
工业设施	厂房、烟囱、污水及废气处理设施等
旅游设施	接待设施如旅馆、餐馆,观光设施
居民生活产品	服饰类,饮食类,日用消费品类

来源:付军,2013。

1.乡村聚落

乡村聚落与人们生活、生产息息相关,有着浓厚的生活基础和浓郁的乡土色彩;乡村聚落也体现了地域特色,主要包括村落布局、房屋建筑物、街道、广场等人们活动和休息的场地。聚落景观是最直观的物质景观,向人们诉说着其背景和历史,承载着当地人们生活的民俗历史和生活方式的变迁。乡村聚落的建筑形式、空间格局和物质形态对地理环境具有显著的依赖性,是利用当地地方材料,因时、因需、因地制宜建造形成,与乡村环境和谐地融为一体。不同地域具有不同的风俗习惯、建筑风格,这些都构成了不同地域的特色人文景观。

乡村的民居建筑是乡村文化历史发展的印记。从建筑的选址、布局、样式、风格到结构、材料,再到建筑内部的家居摆设,无不体现出建筑者和居住者的思想观念和文化心理。由于居住环境和条件的限制,我国许多地区的居民都发展了各自独特的建筑样式。例如,云南中部的"一颗印"式民居,江南地区"四水归堂"式住宅,还有湘西的"吊脚楼"等,这些建筑不但反映了乡土技术、材料和艺术的特点,同时也体现了一定地域范围内人们的栖居文化理念。乡村民居建筑包含了人们对待自然的态度和方式,也包含着中国人根深蒂固的等级观念、家族观念、宗教观念。

2. 土地利用

乡村景观的人文特征与土地利用密切相关。景观包含了多样性的土地利用方式——农耕、放牧、居住、运输、娱乐以及自然地带等,并由这些土地利用类型组合而成。景观并不只是像画一般的风景,它是形成场所的时间与文化的叠加与融合,是自然与文化(尤其是土地利用)不断雕琢的作品。

土地利用现状是指人类对其所利用的土地空间的现实安排。事实上,地球上几乎所有的土地都由人类以某种方式加以利用。因此,人类对环境的影响是巨大的,认识一个地区的人们如何利用土地,以及不同的土地使用者如何利用土地就非常重要。一块特定土地可以用于农业生产,也可能用于其他用途。不同的土地使用者往往从不同的角度来看待这块土地。例如,农用地可以被用来种植各种农作物或者作为牧场;也可以被用来进行狩猎或其他形式的旅游休闲活动。土地所有者将土地利用看作是一种投资,以满足当时的个人、家庭或社会所需。而人们的需求是多种多样,随着社会经济的不断发展,通过土地利用所塑造的景观格局变得日益复杂。所以说,景观是土地利用的历史产物。人类社会从原始农业文明,到现代农业文明,再到工业和城市文明,以及最近提出的生态文明,无一不蕴含着人类对景观的改造足迹,蕴含着景观的人文价值。

3. 道路网络

乡村道路网络是指连接城镇与乡村之间、乡村与乡村之间以及乡村内部的道路。通过连接城镇、村庄、田野、山林等空间,成为承载乡村"三生空间"的重要基础设施和生态环境设施。此外,在乡村地域范围内的高等级公路对乡村环境和景观格局也产生较大的影响。因此,乡村景观规划中的道路应包括乡村地域范围内高速公路、国道、省道、乡间道路、村间道路以及田埂等不同等级的道路,它们承担各不相同的功能角色。

人们对乡村道路景观的体验感受在对乡村景观整体感性认知过程中占有关键一环。当人们来到一个陌生的乡村,不论是乘坐交通工具还是步行,都是体验乡村风貌特色最快速、最直接的方式。同样地,乡村道路对于乡村整体风貌亦有着极其重要的意义,秀丽的道路景观能体现出蓬勃发展的乡村风貌,美丽乡村建设水平也会从乡村道路中直接体现出来。然而,现实中道路网络建设也会对乡村生态环境产生显著的影响,例如生境碎化、廊道效应、环境侵扰、交通伤亡、行动障碍、景观割裂等。道路作为乡村景观的"骨架"和"血管",产生这些问题和现象的原因以及相应的解决办法,应当在乡村景观规划和研究中得到重视。

近年来,在城乡规划中特别关注绿道的规划布局。"绿道"是指生态绿色空间中供人类活动的通道或者小径。绿道作为连接农田、林地、自然保护地、风景名胜区、公园及聚居区等区域之间的纽带,从微观层次上讲,就是条状或线型的绿色开敞空间。除了纽带的功能以外,绿道的另一个重要功能是给人们提供可以休憩娱乐的开放空间,促使人们认识自然、保护自然。"乡村绿道"的规划能够重构或优化城与乡、村与村以及乡村内部体系之间的道路景观,改善乡村道路建设带来的日趋严重的景观破碎化现象。虽然乡村道路是人工建造而成,不能完全与"绿道"画等号,但乡村道路景观可以经过精心设计和改造,成为美化乡村景观的绿色生态廊道。

4. 水利设施

水利是农业的命脉,对农业文明至关重要。中国早在周代就设有管理水利的"司空"一职,可以看出当时已对水利事业十分重视。从古至今,无论朝代如何变更,水利事业始终为各代所关注。不同区域各种类型的水利设施,在防洪、灌溉、人畜饮水等方面发挥了巨大的作用,同时也成为乡村景观的一个重要组成部分。例如,具有两千多年历史、被列为世界文化遗产的中国古代水利工程——都江堰,是目前世界上年代最久、唯一留存、以无坝引水为特征的伟大水利工程,它科学地解决了江水自动分流、自动排沙、控制进水流量等问题;汹涌的岷江水经过都江堰后化险为夷、变害为利、造福农桑,使川西平原成为"水旱从人,不知饥馑,时无荒年,谓之天府"。都江堰以独特的工程技术和建筑艺术体现了人类顺应自然、改造自然,并创造与自然和谐共存的水利工程奇迹,成为著名的历史文化景观,至今尚在发挥着经济、社会、文化等重要作用。

(二)非物质文化景观要素

非物质文化景观要素主要是指人类与自然长期共存、共荣的过程中,逐渐形成的民俗文化、社会道德观、价值观和审美观等非物质的精神文化符号,包括风俗礼仪、宗教信仰、语言文字以及审美观、环境观、道德观、生活观和生产观等,这些要素是乡村景观的历史脉络和文明印记,其作用不容忽视。

1. 民俗

民俗是人们在一定的社会形态中,根据自己的生产、生活内容和方式,结合当地的自然条件创造出来,并世代相传而形成的一种对人们的心理、语言和行为都具有持久、稳定约束力的规范体系。"相沿成风,相习成俗"是中国传统文化的一个重要内容。风俗对人类行为产生的作用和功能,对乡村景观的形成和发展产生长久的影响。

中国是多民族国家,在长期历史发展进程中,形成了独特的生活方式和风俗习惯。中国乡村民俗景观的一个显著特点就是与中国的农业文明紧密相连。例如,岁时节庆就与农业文明有关,如存在于汉族和白族的立春(打春牛)、哈尼族的栽秧号、江南农村的稻花会、苗族的吃新节、杭嘉湖地区的望蚕讯等无一不是农业文明的产物。中国的农业文明与人口的繁衍具有密切的联系,与人类繁衍相关的婚丧嫁娶习俗构成了中国民俗中最有特色的乡村人文景观之一。祭祀信仰也反映了农业文明的特征,如景颇族在刀耕火种时有祭风神的习俗;傣族、哈尼族、布朗族等在秋收季节则有祭谷神的习俗,以求来年丰收。这些民俗仅是乡村文化的一种表象,而它的深层内涵则是这些风俗习惯所潜藏的民族心理性格、思维方式和价值观念。

2. 宗教

宗教对乡村聚落景观产生一定的影响,特别是对某些地区聚落的结构以及一些宗教聚落的形成发展等。例如,云南的傣族居民均信奉小乘佛教,群众性的布施活动极为频繁,每逢斋戒日都要举行盛大的赕佛活动;由于佛教与村民的关系密切,致使佛寺遍及于各村寨。这些佛寺作为构成傣族村寨的景观要素之一,往往位于村寨中较高的坡地或村寨的主要入口处,有的甚至作为主要道路的底景;此外,按当地习俗约定,佛寺的对面和两侧均不能建造房子,村中住宅的楼面高度不得超过佛像坐台的高度,加之佛寺的体量十分高大,因此在一片低矮的竹楼民居中,佛寺建筑的景观格外突出,它不仅自然地成为人们精神崇拜和公共活动中心,同时也极大地丰富了村寨的立体轮廓和景观变化,从而成为构成村寨群落最重要的组成部分。在伊斯兰地区,清真寺成为聚落的重要组成部分。而在有些地方,清真寺、教堂、喇嘛庙等常占据各种不同宗教聚落的中央位置,也常是最显著的建筑物,成为聚落的标志性景观。

3. 语言文字

语言文字是文化景观的重要成分,尤其是文字广泛留题于各种景观之间,成为文化景观的一种特殊标志,往往起到点睛、释意、抒怀的作用。

语言文字的演化是建立在方言演进的基础上,并受许多因素的影响,其中包括生活环境、异族交流、人口迁移和城市化等。中国是一个多民族国家,划分为五大语系,即汉藏语系、阿尔泰语系、南亚语系、南岛语系和印欧语系,其中,汉藏语系涉及的人口占全国总人口的98%以上,持汉语的占全国总人口的94%以上。现代汉语又有诸多方言,大致可以分为10大方言区,在一些地区,甚至相邻两村之间的方言都不一样。语言上的差异,造成了不同地区对同一事物的不同表达方式。由于人口迁移和城市化的影响,方言在乡村较城市得以更好地保留,是一种非常特殊的文化景观资源。当人们每到异地,都喜欢学几句当地的方言,这就是语言文化景观的魅力所在。

4. 风水

在古代中国,风水是一门研究人类赖以生存的微观环境(水、土、气、光、温)和天地运行规律,对人们生活环境、心理体验甚至身体健康影响的一系列学说。其宗旨是审慎周密地考察、了解自然环境和人文环境,有节制、有规律地利用和改造自然环境,创造良好的居住和生存环境,赢得最佳的天时地利人和的境界。

"天人合一"的传统观念是古代村落选址、人居环境设计的基本思想。在科技不发达的时代,人们凭直觉认识和经验积累,曾总结出了以天、地、人相协调为准则的认识观念以及相应的选址评价标准体系、择地方法和构建居住环境的准则理论,即风水理论。虽然,风水理论对其本身的科学性、合理性及其对人的心理作用的阐述方面缺少缜密的逻辑分析和准确的科学论证,但它汲取了中国传统哲学的智慧,所以风水理论这一特殊而古老的人居环境学是人们建村择地的主要依据。作为一种思想观念,风水学中的一些理论既包含了人们如何看待世界的哲学观,也有反映了人们的审美观,应该对乡村景观规划建设有所指导,特别是风水学中关于择地选址、植物种植等方面的思想,对乡村景观建设过程中的山水改造、植物种植等方面能起到一定的指导作用。

第二节 乡村景观的基本结构:斑块、廊道、基质和网络

景观是由不同生态系统组成的镶嵌体,而其组成单元(各生态系统)则称之为景观的基本结构单元。我们可以从两个角度来分析景观结构的基本组成单元,即按自然环境或立地条件划分的单元,以及按人类活动的影响(如土地利用方式)划分的单元。景观和景观单元的关系也是相对的。我们可以将包括村庄、农田、牧场、森林、道路的异质性地域称之为一个景观,而

将其中的每一类称之为景观单元。也可以将一大片农田视为一个景观,而按种植作物的种类(如玉米、高粱、小麦、水稻)或土地利用方式(如水田、旱田)等划分景观单元。

总之,景观和景观单元的概念,既是有本质区别的,也是相对的。景观强调的是异质镶嵌体,而景观单元强调的是均质同一的单元。景观和景观单元这个地位转换反映了景观问题与时间空间尺度的密切相关,即景观的尺度效应。正确认识和理解景观整体和景观单元之间的相互关系及其有关的尺度转换问题,是研究乡村景观类型和建立区域性景观分类体系的关键问题。

如前所述,景观的基本单元就是构成景观整体的具有相对均质性的空间单位。福尔曼和戈登(1986)在观察和比较各种不同景观的基础上,按照各种景观单元在景观系统中的地位和形状,将组成景观的结构单元分成 3 种类型:斑块(patch)、廊道(corridor)和基质(matrix)。①斑块泛指与周围环境在外貌或性质上不同,并具有一定内部均质性的空间单元。当然,这种所谓的内部均质性是相对于其周围环境而言的。具体来说,斑块可以是植物群落、湖泊、草原、农田或居民区等。因此,不同类型斑块的大小、形状、边界以及内部均质程度都会表现出很大的不同。②廊道是指景观中与相邻两边环境不同的线性或带状结构。常见的廊道包括农田间的防风林带、河流、道路、峡谷等。③基质是指景观中分布最广、连续性最大的背景结构。常见的有森林基质、草原基质、农田基质和城市用地基质等。

一般来说,斑块、廊道和基质都代表一种动植物群落。但是有些斑块或廊道可能是无生命的或者生命甚少,例如裸岩、公路、建筑物等。而在实际研究中,有时要确切地区分斑块、廊道和基质是很困难的,也是不必要的。因为景观结构单元的划分总是与观察尺度相联系,所以斑块、廊道和基质的区分往往是相对的。

一、斑块的形态特征

根据不同的起源和成因,可把常见的景观斑块类型分为以下 4 种:①干扰斑块(disturbance patch)。由局部性干扰(如树木死亡、小范围火灾等)造成的小面积斑块。②残留斑块(remnant patch)。由大面积干扰(如森林或草原大火、大范围的森林砍伐、农业活动和城市化等)所造成的、局部范围内幸存的自然或半自然生态系统或其片段。③环境资源斑块(environmental resource patch)。由于环境资源条件(土壤类型、水分、养分以及与地形有关的各种因素)在空间分布的不均匀性造成的斑块。④人为引入斑块(introduced patch)。由于人们有意或无意地将动植物引入某些地区而形成的局部性生态系统(如种植园、作物地、高尔夫球场、居民区等)。

(一)干扰斑块

在一个基质内发生局部干扰,就可能形成一个干扰斑块。例如,在一片森林里,发生森林火灾,形成一个或多个火烧迹地,这种火烧迹地就是干扰斑块。常见的干扰因素还有风倒(风折)、洪水、侵蚀、沉积、地滑、山崩、雪崩、冰川、火山活动、动物危害、病虫害等。除天然干扰外,人为活动也是重要的干扰因素。例如,在林地景观中,因采伐造成的干扰斑块十分普遍。

干扰发生以后,干扰斑块的生物种群发生了很大变化。有的物种消失了,有的物种侵入了,有的物种个体数量发生了很大变化,这一切决定于不同物种对干扰的抵抗能力以及干扰后的恢复和定居能力。发生干扰后一般会发生群落演替过程。在干扰之前,地表被比较稳定的顶极群落占据,发生强烈干扰后,则首先被先锋群落占据,然后要经过一段相当长的时期,随着群落的发育和环境的改变,顶极群落才会再度进入。在这两类群落共存一段时间后,最后顶极群落完全代替先锋群落。

干扰斑块和本底之间的关系是动态的。干扰斑块是消失最快的斑块类型,也就是说,它们的斑块周转率最高,或者说平均年龄(或称平均存留时间)最低。不过,这还要看是单一干扰还是慢性干扰(或称重复干扰)。如大气污染就属于慢性干扰,慢性干扰形成的斑块存留时间长。在这种情况下,演替过程连续或重复地受阻,从而造成某种稳定性。

(二)残留斑块

残留斑块是由于周围的土地受到干扰而形成,它的成因与干扰斑块相同,由不同的天然或人为干扰引起,但地位和后果不同。例如,在森林中发生火灾时,当火灾较小时,出现一小片火烧迹地,则为干扰斑块,而将周围未烧的林地称之为本底;如果火灾蔓延很广,火烧迹地面积很大,只有少数团块状林地未被烧到,这些残余的林分就是残留斑块,而大片的火烧迹地则为本底。除了成因相同以外,残留斑块和干扰斑块还有一个共同点,即它们的周转率也都较快。干扰发生以后,最大的变化当然是发生在遭受干扰的本底中,物种变化和植被演替就会在本底中不断发生。当本底中物种群落演替到一定过程,残留斑块和本底在形态上的差别就会消失。

此外,长期干扰也会造成残留斑块,例如被农田或被城郊所包围的小片林地就属于这种斑块。在这种情况下,由于人为干扰造成长期隔离,物种灭绝速率更高。造成这种现象最重要的原因之一是有的种群太小,从而造成遗传漂变(genetic drift)并进而造成灭绝。因此,有人提出有生活力种群的最低数量(或面积)的概念。

(三)环境资源斑块

上述两类斑块都起源于干扰,而环境资源斑块则不同,它起源于环境的异质性。例如,在大兴安岭林区,大片的森林是本底,但在本底的背景下,有不少沼泽地分布于其中。这些沼泽多分布于地势低洼的区域,由于水分过多,温度过低,不适于森林植被而形成了以草灌为主的沼泽斑块。在河北坝上草原地区,在丘陵起伏的地形条件下,低洼背风处多分布着白桦片林,与地形平坦和高起处的草原植被,形成鲜明对照,这里的白桦林是环境资源斑块,而草原则是本底。

由于环境资源斑块与本底之间是受环境资源因素所制约,因此它们之间的边界比较固定。在环境资源斑块中,虽然种群变动、迁入、灭绝等过程仍存在,但处在极低的水平中,周转率极低。

(四)人为引入斑块

由于人们将生物引入某一地区而形成的局部性生态系统,如果园、农田、高尔夫球场、居民点等,即是引入斑块。如果引入的是植物,如水稻、花卉、果树等,则称之为种植斑块。种植斑块的重要特点是其中的物种变化和斑块周转率主要取决于人类活动的强度。如果一旦停止这类活动(如抛荒),则其他的物种将会由本底逐渐向种植斑块蔓延,种植种则被天然种代替,最后结果是种植斑块消失。反之,若要使种植斑块长期维持下去,就需要持续的投入和管理。在东南亚的一些热带农业地区,存在着一种流动耕作方式,即在一个地方烧荒开垦,利用自然肥力种植农作物,待地力消耗以后随即撂荒,再转移到其他地方。这种种植斑块寿命短,周转率快。在我国南方种植杉木的林区,也有一种类似造林方式,即将常绿阔叶林砍伐,经过火烧炼山,再种植杉木,待杉木长大砍伐后,由于地力消耗过大,即不再种杉木,而是任其恢复自然植被,再另找一块地方种植杉木。

引入斑块的另一种类型是聚居地。人类已经成为大多数景观的主要成分,在种植斑块、干扰斑块和残留斑块中,都可见到人的作用。而人类的聚居地在景观中所起的作用最大,遍布乡间的大大小小村落是乡村景观中最独特的人为引入斑块。通常来说,聚落斑块泛指与周围环境在外貌或性质上不同并具有一定内部均质性的空间单元,主要包括乡村民居建筑景观和公共活动空间景观。聚落景观是乡村居民日常生活的主要活动区域,承载着大量的人文内容,直接反映乡村的发展水平、居民的精神风貌和人文景观成分,直接体现了乡村景观的整体效果。乡村聚落景观相对于城市景观而言,更具有地方性、民族性、传统性、可识别性等特点。公共活动空间是指乡村聚落内部供乡村居民休憩、交往以及从事部分生产活动的场所,如村庄中的晒谷场、广场等。公共活动空间景观具有生产、交流、休闲等功能,随着乡村中的农事活动而经常发生变化。

一般来说,景观斑块的空间特征(如形状、大小以及数量或其他景观指数)对单位面积生物量、养分循环以及物种组成、生物多样性和各种生态过程都有影响。例如:生物多样性=f(生境多样性,干扰,斑块面积,斑块隔离程度,基质,演替阶段)。因此,物种多样性随着斑块面积的增加而增加。

斑块的边缘效应是指斑块边缘由于受外围影响而表现出与斑块中心区不同的生态学特征的现象。有些物种需要较稳定的环境条件,往往分布在斑块中心部分,故称为内部种;而另一些物种适应多变的环境条件,分布在斑块边缘部分,称为边缘种。因此,如果要保护某一景观中的那些内部种,必须使斑块面积达到一定大小;当斑块面积过小时,则整个斑块会被边缘种所占据。此外,斑块的结构特征对景观生态系统的生产力、水分养分循环和水土流失等过程都有重要影响,如景观中不同类型和大小的斑块组合可导致生物量在数量和空间上分布不同。

二、廊道的形态特征

景观中的廊道是两边均与本底有显著区别的线性或带状景观单元。它既可能是一条孤立的带,也可能与属于某种植被类型的斑块相连。例如一条树篱廊道,成行或带状的树木丛集,也包括防护林带,既可能是天然的,也可能是人为营造的,其空间形态可能四周均是空旷地,也可能在某一处与林地相连。

与斑块的分类相似,根据形成原因,廊道可分为干扰型、残留型、环境资源型、再生型和引入型等。干扰型廊道是由于带状干扰造成的,如在森林中成带状采伐林木,形成干扰型走廊。同样地,如将一片森林均伐光,只剩下一条带状树木,即是残留型廊道。环境资源型廊道是由于异质性的环境资源在空间上的线状分布而产生的,例如河流两岸的植被带,多由杨柳组成,显著地与相邻的高地植被不同;山脊动物小道也常具有特殊的生境和植被。再生型和引入型廊道更加普遍,如行道树、农田防护林、水渠、道路等。而根据其组成内容或生态系统类型,廊道可分为森林廊道、河流廊道、道路廊道、树篱廊道等。廊道类型的多样性反映了其结构和功能的多样性。

廊道的重要结构特征包括:宽度、形状、组成内容、内部环境、连续性及其与周围环境(斑块、基质)的相互关系。廊道的主要生态功能可以归纳为 4 类:①生境,如河岸带生态系统、植被条带;②传输通道,如植物传播体、动物以及其他物质随植被或河流廊道在景观中运动;③过滤和阻抑作用,如道路、防风林道及其他植被廊道对能量、物质和生物(个体)流在穿越时的阻截作用;④作为能量、物质和生物的源(source)或汇(sink),如农田中的森林廊道,一方面具有较高的生物量和若干野生动植物种群,为景观中其他组分起到源的作用,而另一方面也可阻截和吸收来自周围农田水土流失的养分与其他物质,从而起到汇的作用。

三、基质的形态特征

基质是景观系统中面积最大、连通性最好的景观单元,在景观功能上起着重要作用,许多景观的总体动态常常受基质支配。基质的空间特征主要表现在三点：即面积上的优势、空间上的高度连续性和对景观总体动态的支配作用。在实际研究中，可以根据这三点特征来区别景观基质与斑块、廊道。

基质的空间特征也可用孔隙度和边界形状来描述。孔隙度（porosity）指单位面积的斑块数目，是景观斑块密度的度量，与斑块大小无关。鉴于小斑块与大斑块之间差别明显，研究中通常要对斑块面积先进行分类，然后再计算各类斑块的孔隙度。基质的孔隙度具有生态意义。例如，针叶林基质内，田鼠经常出没在湿草地斑块上，在某些季节，田鼠会进入森林基质，啃食更新幼苗。当草地斑块的孔隙度较低时，田鼠对森林的影响很小，当孔隙度高时，田鼠危害则很大。孔隙度与边缘效应密切相关，对能流、物流和物种流有重要影响，对野生动物管理具有指导意义。由于景观单元之间的边界可起过滤作用，所以边界形状对基质与斑块间的相互作用至关重要；两个物体间相互作用的效应与其公共界面成比例。如果周长与面积之比很小，那么圆形就是系统的特征，这对保护资源（如能量、物质或物种）十分重要；相反，如果周长与面积之比较大，那么回旋边界比较大，该系统的能量、物质和物种可以与外界环境进行大量交换。这些基本原理将边界形状和景观单元之间通过各种流的输入、输出与其功能联系起来。

乡村景观中的基质主要是指乡村中范围广、连接度高且在景观功能上起着优势作用的景观要素。景观基质对乡村景观的外貌具有决定性的作用，往往主导着景观的基本性质。根据我国乡村的具体情况，可以将乡村基质景观分为 5 种不同的类型：①山地森林基质，这种景观在我国分布非常广泛，森林基质中包含有丰富的动植物资源，乡村居民主要依靠森林资源进行捕猎、林业采伐、经济林种植、森林生态旅游等生产活动。②丘陵农林混合基质，主要位于我国地势的第二、三级阶梯，由于地形影响，形成了坡上是林地、坡脚处是乡村聚落、坡面上是农田的农林混合特色丘陵景观，通常包含森林、果园、旱地、水田等各种景观要素，人们主要从事林业、果园、水田和旱地耕作等农业活动。③农田基质，主要分布于秦岭—淮河一线以北的黄淮海平原区以及长江中下游平原地区，农田林网、农田水网景观是农田基质景观的主要特色。④草原基质，主要分布在我国内蒙古、新疆、西藏、青海等省区，是重要的农牧业生态经济区。草原上植物资源非常丰富，为草原畜牧业提供了丰富的牧草，当地居民主要从事畜牧业生产活动；同时，草原生态环境的好坏不仅影响当地国民经济和社会发展，还影响区域乃至全国的环境质量和生态安全。⑤湿地基质，以湿地作为景观基质的乡村景观是在人类大范围开发自然湿地后产生的一种乡村景观形式，如江南的湖区稻作景观。湿地农业生态系统具有自然环境优越、生态系统脆弱、物种多样性丰富等特点，种植业和水产养殖业都较为发达。

四、网络的形态特征

在景观系统中，廊道常常相互交叉形成网络（network），使廊道、斑块和基质的相互作用复杂化。网络把不同的生态系统相互连接起来，是景观系统中十分常见而且重要的一种结构。许多景观要素如道路、沟渠、林带、树篱等均可形成网络，但讨论最多的是树篱（包括人工营造的林带）的结构和功能。

网络具有一些独特的结构特点，如网络密度（network density，即单位面积的廊道数量）、网络连接度（network connectivity，即廊道相互之间的连接程度）以及网络闭合性（network circuitry，即网络中廊道形成闭合回路的程度）。网络的功能与廊道相似，但与基质的作用更加广泛和密切。在农业景观中，既有由各种道路组成的网络，又有由许多纵横交错的防风林带组成的网络,这些网络在结构上可能有相似之处,并都与农业用地这一基质密切联系,但功能却迥然不同。因此,网络的功能要根据其组成和结构特征以及与所在景观的基质和斑块的相互关系来确定。此外,网络的隔离效应也比单一廊道要高效得多,在病虫害防治、阻断风沙侵入等方面应用十分有效。在研究清楚了病虫害、风沙的发生和传播的规律后,可以通过乡村景观规划与设计对其加以控制。

网络功能的重要性不仅在于物种沿着它移动,还在于它对周围景观基质和斑块群落的影响。例如我国的"三北"防护林带把西北、东北、华北的农业生态系统、草原生态系统和城市生态系统连接起来,构成一个多功能的生态网络。

总之,乡村地域是一个较为完整的生态系统,人们在山地森林、丘陵混农区、平原农区、湿地等自然基质中,进行耕作、采伐、养殖、捕猎、加工等生产活动,将乡村的自然环境改造形成了一系列不同形态的景观单元,如山区梯田、平原防护林网、丘陵区复合农林业、湿地系统的桑基鱼塘、沿海的虾塘盐田等,都是乡村景观的典型类型。如何区分如此丰富多彩的乡村景观中的基质、斑块、廊道和网络呢?一般而言,基质是景观中出现最广泛的部分,如平原农业景观中的大片农田是基质,而各种廊道和斑块(如居民区、残留自然植被片段等)镶嵌于其中。因此,基质通常具有比另外两种景观单元更高的连续性,故许多景观系统的总体动态常常受基质支配。面积上的优势、空间上的高度连续性以及对景观总体动态的支配作用,这些结构和功能特征是识别基质的 3 个基本标准。当然,在实际观察和研究中,有时要确切地区分斑块、廊道和基质是困难的,也是非必要的。例如,许多景观中并没有在面积上占绝对优势的植被类型或土地利用类型。再者,因为景观结构单元的划分总是与观察尺度相联系,所以斑块、廊道和基质的区分往往是相对的。此外,广义地讲,基质可视作是景观中占主导地位的斑块,而许多廊道亦可看作是狭长形斑块。

第三节　乡村景观类型及分类方法

一、土地类型、土地利用类型与乡村景观类型的相互关系

(一)土地类型与乡村景观类型的关系

由于景观与土地是两个容易发生混淆的概念,因此经常出现景观分类与土地分类,或者景观类型与土地利用类型等相互混用的现象。景观(landscape)与土地(land)虽然都具有相互重叠的自然要素(如植被、地形地貌等),但仍存在着明显的区别。土地的属性主要聚焦于所组成的自然要素的性质及其由此决定的生产力,以及所属的产权关系和经济价值等社会经济特征。景观则更强调其所具有的视觉上的审美价值,以及景观作为复杂生态系统整体的生态特征。正是由于两者的关注点和内涵不同,导致研究视角各有所重,因而在分类方法上也有所差异。

(1)土地类型划分一般以土地的自然属性为主要依据,集中分析土地构成要素的性质变异性及其综合体现,然后将土地划分成性质相对一致的空间单元,通常采用发生学分类方法。因此,土地类型是对土地系统的自然属性和特征进行综合抽象的结果,以至于划分土地类型的边界相对比较困难。

(2)对景观的研究必须要考虑其所体现的空间形态特征(结构和布局)及其所表达的风景美学特征,因此在划分景观类型时重点考虑的是不同景观单元在空间形态上的相似性,即景观

特征的一致性或差异性。当然,空间形态特征毕竟只是景观的表象,景观的自然或生态属性也是景观分类的重要依据,即景观分类的依据包括景观空间形态差异性和景观自然生态属性分异性两个方面。

(二)乡村景观类型与土地利用类型的关系

土地利用类型主要是根据土地的利用功能和利用方式划分的,实际上是针对人类利用土地的方式和程度的分类。由于土地利用具有计划性和组织性,因此土地利用类型的空间形态特征和边界是比较明显的。由于这个原因,有些人将土地利用的分类结果引用到景观类型的划分上,甚至直接等同起来。

尽管两者在分类结果上有相近之处,但土地利用类型与景观类型显然是两种不同的分类体系。由于景观具有生产、生态及社会文化的功能特征,因此在景观类型的划分上应该尽可能地同时反映这三种功能的景观特征,即将景观的自然生态属性与生产、生态功能联系起来,将景观的空间形态特征与文化、风景联系起来。

二、国内外景观分类方法

景观分类是根据研究区域内景观的组成要素、功能属性、空间形态特征等,按照一定原则和方法,建立科学的指标体系来反映这些差异,从而对景观单元进行划分和归类,并形成一套自上而下的分类系统。景观分类是开展景观评价、规划、保护、管理和开发利用的基础。由于景观分类结果的应用目标不同,其分类方法体系差别较大。例如,根据景观受人类干扰程度大小,将景观划分为自然景观、经营景观、耕作景观、城郊景观和城市景观。按照景观提供的功能划分,将景观划分为生产性、保护性、消费型和调和性4种景观类型。也可根据人类开发利用方向,将景观划分为自然景观、建筑景观、旅游景观、经济景观、园林景观和文化景观等。

由于各国研究的目的和侧重点不同,所以在景观分类方面差异很大,下面主要介绍不同流派的景观分类系统特征和分类方法。

(一)国外主要景观分类系统

1. 欧洲景观分类系统

2000年,为了全欧洲景观规划、保护、评价和管理的需要,《欧洲景观公约》号召制作全欧洲统一的景观定量分类图。2010年,由 Caspar A M 等完成了"LANMAP"面向用户、灵活、分层级的新欧洲景观分类制图。该分类体系首先认为景观是由自然因素、生物因素和人类活动等长期综合作用的结果,并提出景观实体类似于土壤形成因素,认为景观是由气候、地质地貌、水文、土壤、植被、土地利用布局结构和时间等作用的结果。考虑到数据的获得性和精度,该分类系统利用高分辨率的气候、海拔、母质和土地覆盖数据作为景观分类因素,采用 GIS 空间叠加和分层级景观分类方法,把全欧洲景观分为4个层级:第一层8类(依据气候数据)、第二层31类(气候和地形叠加)、第三层76类(第二层上叠加母质)、第四层350个景观类型(4因素叠加)。LANMAP 为代表的欧洲景观分类体系适用于大尺度的、定量的景观分类与制图,易于操作和更新,其主要缺点是没有应用一些重要的定性指标,较少考虑地方性的景观构成要素特征,因而与地方大比例尺景观分类结果衔接方面略显不足。

2. 加拿大景观生态分类系统

加拿大景观生态分类系统是对土地分类的深化,即将土地视为特殊的生态系统,综合反映景观的形成与发生。因此,在分类时主要依据景观的形成与发生特征及其生态功能。

Naveh 提出总人类生态系统的概念,涵盖了从生物圈到技术圈;将最小景观单元定名为生态小区,集中了生物和技术生态系统;最大的全球景观叫生态圈,从视觉上和空间上贯穿地理圈、生物圈和技术圈。他所建立的景观分类系统分为开放景观(包括自然景观、半自然景观、半农业景观和农业景观)、建筑景观(包括乡村景观、城郊景观和城市工业景观)和文化景观(图 2-1)。上述各景观有着不同的能源、物质和信息输入,构成了不同性质和强度的景观驱动力。此外,Westhoff 按照自然度将主要景观类型划分为自然景观、亚自然景观、半自然景观和农业景观。

目前,应用较为广泛的是加拿大景观生态分类法(以景观的形成特征和自然生态特征为主要分类依据),这种方法在各国的景观分类研究中较为通用,也适用于不同尺度的景观体系分类。

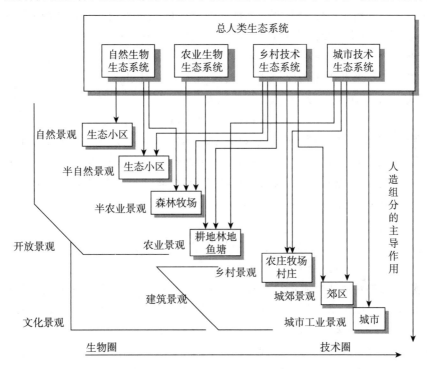

图 2-1 Naveh 提出的景观分类系统

3. 城市景观分类系统

Estelle Dumas 在 2008 年提出了 MUFIC(Mediterranean urban-forest interface classification)的城市景观分类方法,具有比较广泛的影响。MUFIC 分类主要依据遥感影像和景观格局指数对城市景观进行定量分类。该方法探讨城市景观对边缘自然景观区域的影响,利用景观指数定量分析土地利用覆盖形态、比例以及森林和房屋之间的关系,通过采用 3 个景观指数(PLAND、LSI、SHDI)来计算,进行区域景观类型的划分,把区域划分为 5 个景观类型。2004 年 Alicia Acosta 等为定量分析伊塞俄比亚市区城市景观 1954—1992 年的变化,用类似分类方法对城市景观进行了分类。

MUFIC 的本质是基于景观功能和空间结构进行分类,是一个定量模块化相结合的分类系统,突破了以前分类只把景观要素作为划分景观类型的决定因素;该方法能较好地反映景观要素之间的空间关系特征,也能有效鉴别景观的动态变化状况,但总体上对景观属性特征的定性描述不够,有待进一步提高。

此外,美国景观生态学派在生态空间理论方面贡献突出,但对于景观类型的分类似乎较少重视。Richard T T Forman 在其著作《土地镶嵌:景观与区域生态学》一书中关于景观类型只作了简单的论述,他首先提出地形的影响,继而提出基于主导空间所划分的 6 种景观类型。关于景观的命名,传统上多以主导植被类型或土地利用类型冠之。

(二)国内景观分类的相关研究

我国的景观研究起步于 20 世纪 80 年代初期,由于地理学、生态学和资源科学等背景的学者对景观的定义和理解不同,目前尚未建立一套完整、统一的景观分类系统。地理学界(包括土地)和生态学界对景观分类的研究角度不同。地理学界一般将土地类型等同于景观类型,但由于只考虑土地的自然属性而未考虑人为活动所产生的土地利用变化以及由此引起的社会文化特征变化,因此不能全部反映实际存在的多种多样的景观类型。如中国的 1∶100 万的土地类型分类系统往往同时被用来替代大区域的景观生态分类,而将土地类型单元称作景观生态单元。该系统的第一级以水热条件、生物气候带为主要依据划分了 12 个土地纲;第二级称为土地类,主要依据地貌类型划分,大多数土地纲有 10 个左右的土地类,共计 125 个;第三级称为土地型,以植被类型、小地貌和土壤指标进行划分,每一个土地类有 3~21 个土地型。

当然,也有将土地利用类型等同于景观类型的,周再知在对广东雷州半岛进行景观分类研究中采用二级分类系统。首先从功能入手,依据土地利用性质将研究区分为生产性用地和非生产性用地;然后依据经营目的、外貌特征和经营种类,将生产性用地划分为橡胶林、甘蔗地、用材林、热作地、间作地、果园、庭园地、菜地 8 种景观类型;将非生产性用地划分为居民点、水域、荒地 3 种景观类型。

从生态学角度分类(即对生态系统分类)的基本思路均是先根据地形地貌将景观轮廓决然不同的单元分开,然后再对生态系统的类型或功能进行续分,一般以植被、土壤、土地利用等作为生态系统类型的主要特征标志进行景观生态分类。如阎传海在对山东省南部地区进行景观生态分类与评价中采用了景观生态分类法,以地貌为基本线索,以植被为标志,采用二级分类体系进行景观分类;第一级为景观型,根据植被划分;第二级为景观亚类,根据地貌、植被(群系组或栽培植被组合)划分;但没有考虑到居民点、工矿用地、道路等人文景观。布仁仓对黄河三角洲进行景观分类采用了二级分类体系,以地貌作为景观一级分类指标,共分出 8 个一级景观类型;在此基础上,根据土壤、植被要素划分出 30 个二级景观类型。

周华荣在对新疆北疆地区进行景观生态系统分类研究中采用了景观类型、景观亚类、景观组和景观型四级分类体系。景观类型的划分以地质基础和大的地貌单元及气候带为分异指标,是地域分异规律的体现,将景观分为山地景观和平原景观等;景观亚类根据景观功能、土地利用方向以及人为干扰程度不同,划分为山地林地景观、山地草地景观、平原草地景观等;景观组是以生态条件、人为利用方式或起源为分异指标,划分为山地针叶林水分涵养林林地景观、山地高寒草甸放牧场草地景观、平原绿洲旱田农田景观、平原绿洲村落景观等;景观型是指景观要素相同,特别是生物量(草场产草量、森林蓄积量)相同,或土地承载量相同的景观,是景观分类的基本单位,自然景观、半自然景观可直接用植物群系名称命名。

以上分类研究大多是从乡村自然景观角度进行景观类型划分。乡村文化景观是一种以自然因素为基质,又打上了人文作用烙印的文化景观,景观类型多样,地域差异也十分显著,刘之浩提出了乡村文化景观划分的原则以及乡村文化景观划分的定量、定性指标。

景观总是或多或少与人类干扰有关联。因此,肖笃宁提出按照人类影响程度对景观进行分类,按照景观塑造过程中的人类影响程度,可以区分为自然景观、经营景观和人工景观。自然景观可以分为原始景观和轻度干扰的自然景观两类;前者包括高山、极地、荒漠、沼泽、热带雨林等;后者包括范围较广,许多森林、草原、湿地可归入此类。经营景观又可分为人工自然景观与人工经营景观;前者表现为景观的非稳定成分——植被的被改造,物种的当地种被管理和收获,如采伐林地、刈草场、放牧场、有收割的芦苇塘等;后者则体现为景观中较稳定的成分——土壤的被改造,如各类农田、果园和人工林地组成的农耕景观。在耕作地块占优势的农耕景观中,镶嵌分布着村庄和自然或人工生态系统斑块,景观构图的几何化与物种的单纯化是其显著特征。随着传统农业向现代农业的演进,原有分散和形状不规则的耕作斑块向着线形和规则多边形的方向演变,斑块的大小、密度和均匀性都会发生变化。郊区景观是一类特殊的人工经营景观,位于城市和乡村的过渡地带,具有很大的异质性;这里有大小不一的居民住宅和农田混杂分布,既有商业中心、工厂,又有农田、果园和自然风光。人工景观是一种自然界原先不存在的景观,完全是人类活动所创造,如城市景观、工程景观(工厂矿山、水利工程、交通系统、军事工程)、旅游地风景园林景观等。

景观分类的最终目的是为景观评价、规划和管理等实践服务,应用目的不同,景观分类方法差异也很大。如李振鹏等在借鉴国内外景观分类理论和方法的基础上,针对乡村景观规划的需要和我国乡村景观的特征,提出了一种乡村尺度的乡村景观分类方法体系;即依据景观所处地理区域的综合功能特征、人类活动对景观的干扰程度、空间形态特征等,采用景观区、景观类、景观亚类和景观单元 4 级分类体系,并对北京市海淀区白家疃村进行乡村景观分类与制图。该分类方法充分考虑了影响乡村景观类型的自然因素和人为因素,体现了乡村景观的特点,是一种比较综合实用的方法,具有一定的参考价值,但与土地利用分类又有很多类似之处。

三、景观生态分类方法

景观生态分类是根据景观的自然属性(景观要素)、空间形态和生态特征(类型或功能)进行划分的一种分类方法。结构是功能的基础,功能是结构的反映。景观生态系统是由多种要素相互关联、相互制约构成的,具有有序内部结构的综合体。不同的系统类型,具有相异的内部结构,功能自然就不同。当然,景观的空间结构也是景观生态系统结构的组成部分,分类时也要考虑。而景观的功能是景观结构的综合体现,在高层分类上也应适当考虑。

因此,景观生态分类实际上就是从景观生态系统的结构和功能的区域差异性,对景观生态系统类型的划分。通过分类系统的建立,全面反映一定区域景观的空间分异和布局关系,揭示其空间结构与生态功能特征,以此作为景观生态评价和规划管理的基础。

景观生态分类方法从功能和结构着手,在划分景观类型单元时,强调结构完整性和功能统一性;功能性分类是根据景观生态系统的生态功能属性(生物生产、文化支持和环境服务)来划分归并类群,同时考虑体现人类需要的使用价值。景观生态分类的一般步骤包括:首先,确定目标和尺度选择,根据地形图和其他图件资料,结合野外实地调查,对遥感影像进行解译,选取并确定区域景观生态分类的主导要素和依据,构建初步的分类方法体系;其次,根据分类要求和数据获取情况,确定主导要素的分类标准;最后,对分类指标进行分类,并按一定的逻辑进行图形叠加、分类和制图。景观生态分类的思想实质是根据景观生态系统内部水热状况的分异、物质能量交换形式的差异,综合考虑景观的功能和空间形态特征以及人类对景观的影响程度,按照一定的原则、依据和指标把功能与形态基本一致的景观类型单元进行划分和归类。

（一）结构性分类

景观的结构性分类是景观生态分类的主体部分，是以景观生态系统的固有结构特征为主要依据的。这里的结构意义不只是空间形态，也包括其系统的组成特征。具体可分为3个方面来考察：空间形态分异特征、系统要素空间分异特征和生态过程（景观单元之间的生态关系）。

主要的分类指标包括地貌形态及其界线和地表覆被状况（含植被和土地利用等）两类。地貌形态是景观生态系统空间结构的基础，是个体单元独立分异的主要标志；地表覆被状况间接代表景观生态系统的内在整体功能。两者均能依据其直观特点，间接或直接地体现出景观生态系统的内在特征，因而具有综合指标意义。当然，所处区域不同，景观生态系统的单元分异要素就不同，类型特征指标中选择的内容也应有所不同。一般来说，包括地形、海拔、坡向、坡度、地表物质、构造基础、剥蚀侵蚀强度、植被类型及其覆盖率、土地利用、区位指数以及管理集约程度等。

（二）功能性分类

景观的功能性分类是根据景观生态系统的整体功能特征（生态功能属性和景观利用功能）来划分归并单元类群。这里的功能特征至少包括两方面的内容：一是由景观类型单元间的空间关联与耦合机制而组合成更高层次地域综合体的整体性生态贡献；二是景观单元针对人类社会的利用和服务能力。

从理论上讲，景观生态系统的功能一般都不是单一的，但往往具有一个能够体现其自身整体结构特征的主导功能，这是功能分类的基本立足点。在普通生态系统理论中，根据所起作用的不同，能够区分出其生产者、消费者及分解者3个主要组成分。生产、消费及分解就是几个形象的功能概念。这些功能类型的相互耦合、相互关联，组成了具有整体性特征的景观生态系统。由此，王仰麟曾提出将区域内景观的功能类型划分为生产型、保护型、消费型及调和型4种景观生态系统类型。人类社会对景观生态系统的基本要求是尽可能多的产品输出，而生物生产功能则被认为是最重要的功能类型。一定生产性功能的维持是景观生态系统自组织调节及其与所处环境平衡调节的结果，这种调节作用即为景观生态系统的保护性功能。生产性功能与保护性功能相互制约又相互作用，往往表现出"此长彼消"的特点。城镇居民点是人类的聚集之所，是各种生物产品的集中消费地。另外还需要其他景观生态系统提供良好的生态环境，表现出对生物生产和保护性功能的消费过程，是消费性功能。几种功能并重的景观生态系统即称为调和型类型。生产性、保护性及消费性功能在区域生态系统特征中所起作用是不同的，但在系统整体平衡中却是同等重要和不可替代的。就农业而言，生产性功能是主导，保护性功能是基础，消费性功能则具有对其他两种功能的调节强化作用。农田生态系统以及人工管理的具有经济开发意义的林地与草地生态系统，是具有生产性功能的景观生态系统。自然林地、草地及其他原始自然景观，是典型的保护型景观生态系统。城镇、居民点及工矿用地等人工建成物，属于消费型景观生态系统。

当然，若以人类社会的功能需求为立足点，乡村景观生态系统可划分为乡村聚落景观、农业景观及自然保护景观3大类。各自的功能特征可以概括为文化支持功能、生物生产功能及环境服务功能。乡村聚落景观主要体现了文化支持功能，是人类文明的产生地，它既要依靠来自农业方面的食物、纤维、木材等的供应，也离不开自然生态系统的纯洁空气、水及矿物质的供应，因此不具备自维持能力，是人类建成并维持的系统。生物生产功能主要体现在各种农业景观中，如农田、经济林地、牧草地、养殖水面等，是人类生物产品的源地，主要依靠自然生态系统的气候、水、矿物质等的供应，也要使用来自乡村聚落景观中的技术、农药、化肥、除草剂、市场服务等,具有一定的自维持能力,是受人类调节的半自然半人文生态系统。自然保护景观体现着环境服务功能,包括环境调节和环境资源供应两个方面,是地球表层生态圈和区域生态系统整体协调稳定不可缺少的组成部分,表现为不直接受人类控制调节的自维持系统。显然,如果只从农业生产角度出发,环境服务功能、生物生产功能及文化支持功能与前面提到的保护性、生产性及消费性功能有一一对应关系。三大功能的异质性与相互关联性既是景观生态系统整体性的基础,也能够体现不同类型景观生态系统的空间镶嵌关联特征,从而构成协调稳定的地球表层生态圈和总体人类生态系统。

四、我国乡村景观分类体系的思路和建议方案

(一)分类目标

我国乡村振兴战略中提出了"产业兴旺、生态宜居、乡风文明、治理有效、生活富裕"的总要求,其中"生态宜居"目标应当通过乡村景观规划的手段加以体现。乡村景观分类是为了更好地认识乡村景观的异质性,有助于研究和分析乡村景观格局及其与生态过程的相互关系,为乡村景观制图、格局分析、评价、规划与管理服务。

(二)分类尺度

目前,国内外还没有一套统一的乡村景观分类系统,主要原因在于研究者所关注的尺度和视角不同,无法用统一的分类标准来衡量。所以,乡村景观分类首先必须明确分类方法所适用的空间尺度,根据已定的分类空间尺度要求,选取乡村景观分类指标。

(三)分类原则

1. 等级性

由于乡村景观系统的复杂性和等级性,使得采用一级乡村景观分类体系无法包括研究区域内所有的乡村景观类型,需要在分类时采用分级原则,其反映到乡村景观分类系统中,就是确定乡村景观分类的等级体系。高层级的乡村景观分类标准具有广泛和概括特性,以宏观稳定因子为主;低层级的乡村景观分类标准体现小尺度上景观单元的差异,多考虑微观易变因子。

2. 空间分异和稳定性

从乡村景观的构成看,在宏观尺度上我国乡村景观具有明显的地带性分异,即经度地带性、纬度地带性和垂直地带性的差异。在小尺度空间内,由于局部地势起伏、地表水和土质差别等所引起的非地带性乡村景观类型差异,是小尺度的地域分异,也是微观表现形式。地域分异规律是决定乡村景观空间异质性的基础,对乡村景观结构形态及功能过程的变化和发展起到重要作用,应作为乡村景观类型划分的重要指标。

3. 综合分析和主导性

乡村景观的形成是多种因子综合作用的结果。乡村景观类型的划分应强调综合性,综合考虑气候、地貌、土地利用、植被、土壤和人类活动等因素的影响,而不是仅针对个别组分进行分类。在综合性的基础上要突出重点,各个乡村景观因子在不同层级和不同类型的景观形成中所起的作用是不同,某些组分对乡村景观的主导功能、空间结构和动态变化起控制作用。在乡村景观分类方法体系中,不同层级的分类标准要反映出控制乡村景观形成的主要因子,如地貌与土地利用等,作为景观类型划分的主要依据。该原则中的主导性因子是针对研究目的而言的,即根据研究内容选取主要因子来划分不同层级上的乡村景观类型。

4. 衔接性和可操作性

当前的土地利用现状分类系统应用较为广泛,如果打破当前的土地利用分类体系,就会使乡村景观分类体系和当前使用的土地利用分类体系完全脱节,难以在社会上得到广泛接受,乡村景观分类结果实际应用价值很难推广。考虑到现行乡村振兴规划、国土空间规划等国家战略对乡村景观建设的要求,乡村景观分类体系应在土地利用分类系统的基础上,并与之相衔接,使乡村景观规划和国土空间规划相协调,使其符合乡村振兴规划建设的需要。此外,乡村景观分类指标必须具有较强的代表性和操作性,选取的指标数据应该具有可获得性,尽量采用国际国内政府部门公布的权威性数据资料和相应的分类标准,使选取的指标在数量化处理过程中具有较强的操作性。

(四)分类依据

乡村景观分类的基本依据是:①同一类型的乡村景观类型应具有相似的主导功能和空间形态,不同的类型之间存在着明显的差异;②乡村景观主导功能分类以乡村景观为人类提供的核心价值为主要依据,其他功能是主导功能产生的边际效应;乡村景观的文化和美学功能在任何景观中都存在,难以单独划分,在分类体系中没有单独体现;③乡村景观空间形态划分的依据是乡村景观构成要素,包括区域大地貌、土地利用方式、微地貌、土壤类型和土地覆盖等。

(五)分类方法

乡村景观分类是从宏观到局部、由粗略到详细的多级划分过程,包括等级划分和同一等级中的类型划分两个方面。等级划分是对乡村景观分类的详细程度和层次的确定;同一等级中乡村景观类型划分是对景观主导功能特征或空间形态特征共性的归纳。

乡村景观分类系统可采用一种树枝状的多级分类结构(图 2-2)。在较高的分类水平上,景观类型较少,相似程度低,差异性大;在较低的分类水平上,景观类型数目多,相似程度高,差异性小。

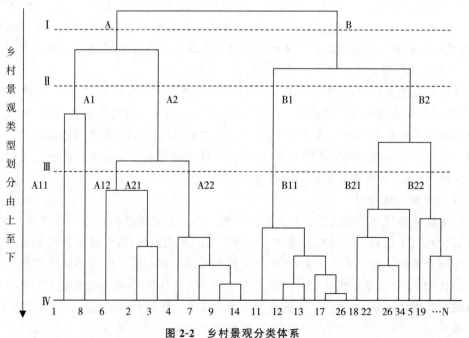

图 2-2 乡村景观分类体系

(Ⅰ、Ⅱ、Ⅲ、Ⅳ为乡村景观类型划分层次;A,A1,A11…,B,B1,B11…,1,2,3,…,N为乡村景观类型)

(六)分类思路与方案

1. 分类思路

综合考虑景观形态、功能状态和为景观规划服务等因素,提出如下分类思路:

(1)主要考虑景观功能、景观属性、景观空间形态等三方面的空间差异性;

(2)景观属性主要划分依据是景观组成要素,如地形地貌、植被或土壤类型和土地利用类型(生态系统类型);

(3)景观空间形态则以描述景观空间格局的斑块—廊道(网络)—基质为依据;

(4)功能分类是以景观的生产与环境功能为重点,考虑到文化和风景功能特征在任何景观中存在,难以单独划分,只能在二、三级中体现;

(5)要求景观类型单元具有明显的空间形态特征和相对单一的利用方式,以便于景观空间布局规划,直接为乡村景观规划服务。

2. 分类方案

根据前面所阐述的目标、原则、依据、方法和思路,提出以下2种分类方案。

(1)景观类—景观亚类—景观型—景观单元。遵循景观生态学基本原理,采用主导功能形态分类方法,相同的乡村景观类型须具有相同的主导景观功能和空间形态特征。选取乡村景观的主导功能、区域大地貌类型、土地利用类型及经营方式、微地貌形态以及土壤条件等作为乡村景观分类的指标,采取4级乡村景观分类系统,即乡村景观类、乡村景观亚类、乡村景观型和乡村景观单元。

①乡村景观类。根据乡村景观为农户生产、生活所提供的主导功能特征差异及所处的特殊地域位置,结合实地调查,在乡村景观类层次上,划分出不同的乡村景观类型。主导功能分类是以乡村景观的生产功能、服务功能和环境生态功能为重点,分为乡村生产景观、乡村服务设施景观、乡村聚落景观和乡村生态景观4大类,依次用罗马字母Ⅰ、Ⅱ、Ⅲ、Ⅳ表示(表2-4)。

表2-4 乡村景观类的界定

景观类	定义和特征	主要范畴
乡村生产景观(Ⅰ)	农户直接作用并给予一定的人工投入,以直接获取农业经济产出为核心目的;向人们直接提供农产品和工业原材料等(包括粮食、水果、油料、棉花和木材等)	耕地、园地、人工经济林地、水产养殖地等
乡村服务设施景观(Ⅱ)	为乡村生产提供服务设施和为城乡居民提供休闲和旅游服务功能	水利设施、乡村道路、农业设施,以及观光园、采摘园、农家乐等旅游休闲地等
乡村聚落景观(Ⅲ)	为乡村居民提供居住、活动等区域及相应的服务设施	乡村民居、公共建筑及空间、牲畜棚圈、宅旁绿地,以及特定环境和专业化生产条件下的附属设施
乡村生态景观(Ⅳ)	保护生态环境,具有涵养水源、土壤保持和生物多样性维护等生态调节作用	生态林地、河流水面、湖泊、未利用荒地等

②乡村景观亚类。区域大地貌形态的空间差异特征是乡村景观类型划分一个极为重要的依据。在全国尺度上,首先在乡村景观类内依据我国区域的大地貌形态类型作为乡村景观亚类划分的主要依据,可采用5大基本地貌形态类型:平原、高原、丘陵、盆地和山地类;其次为体

现地方区域特征,5大基本地貌类型又细分为19种地貌类型:东北平原、华北平原、长江中下游平原、青藏高原、内蒙古高原、黄土高原、云贵高原、江南丘陵、两广丘陵、浙闽丘陵、山东丘陵、辽东丘陵、塔里木盆地、准格尔盆地、柴达木盆地、四川盆地、低山、中山和高山等,依此用两位阿拉伯数字表示,如"东北平原"表示为"01","华北平原"表示为"02","长江中下游平原"表示为"03"……依此类推等。细分的19种大的地貌形态类型作为景观亚类划分的主要依据。

③乡村景观型。为了使划分出的乡村景观类型与乡镇土地利用规划相衔接,参考第三次全国土地调查技术规程(TD/T 1055—2019)中的《土地利用现状分类》(GB/T 2010—2017)。在乡村景观亚类内,主要依据土地利用方式和覆盖特征的差异划分出不同的乡村景观型,如水田景观、水浇地景观、旱地景观、果园景观、茶园景观、水利设施景观、乡村道路景观、人工经济林景观、生态林景观、天然草地景观、未利用荒地景观等。

④乡村景观单元。坡度是微地貌形态划分的主要依据,对乡村生产耕作有重要的限制性;土壤是农业景观的重要组成因素之一,它对农作物生长具有重要的影响。因此,坡度和土壤因素是决定乡村景观异质性的重要因素。按照坡度对农业耕作的限制程度,划分为平地、缓坡地、中坡地、微陡坡地和陡坡地5种微地貌形态(表2-5)。按照我国土壤发生学分类,土壤类划分为红壤、黄壤、水稻土等类型。由此,在乡村景观型内,将坡度、土壤因素和土地覆盖状况组合作为乡村景观单元划分的主要依据,划分出不同的乡村景观单元。

表2-5　坡度类型分类

坡度	地貌类型	农业利用及其对应措施
<3°	平地	条件良好,十分适宜农业
3°～8°	缓坡地	适宜农业,一般可机械化耕作
8°～15°	中坡地	适宜农业,但必须采用工程水保措施
15°～25°	微陡坡地	可以用于农业或林业,但必须具有工程与林业水保措施
>25°	陡坡地	只能用于林业,易产生滑坡等重力侵蚀

资料来源:刘黎明,土地资源学

按照上述分类思路,分别构建了每一种"乡村景观类"的续分示例(图2-3至图2-6)。

(2)景观区-景观类-景观单元-景观要素的4级分类。该方法首先从全国的视角,根据不同地域的乡村景观特色差异进行分区,然后再依据景观功能和形态特征逐级细分,分为景观区、景观类、景观单元和景观要素4级体系。

①景观区。根据景观所处特殊地理区域的综合功能特征的差异,可分为农区景观、林区景观、草原牧区景观、农牧交错区景观、农林复合区景观、城市近郊区景观、荒漠景观、滨海区景观、自然保护区景观,等等。

②景观类。根据景观区内景观属性与功能(生态系统类型和人文特征)的空间差异性,主要是土地利用类型和方式的差异性划分,如农区景观中的农田景观、园地景观、林地景观等。

③景观单元。根据景观类内景观的组成要素的自然属性(主要是地形地貌、植被或土壤的空间差异性)划分,如农田景观中的水田景观、梯田景观、缓坡旱地景观等。

④景观要素。根据景观单元的空间组合形态特征,即斑块、廊道和基质的形态分类。如水田景观中基质是水田,廊道有乡村道路、林带、水渠、溪流等,斑块有水塘、休闲地、荒草地、灌木丛等(图2-7)。

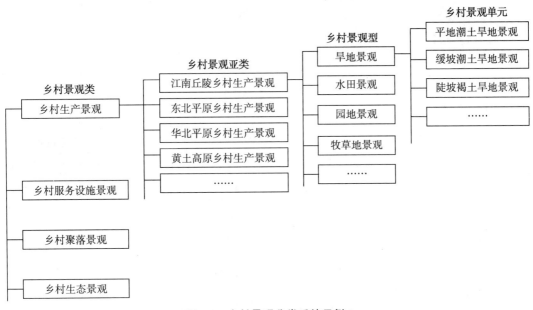

图 2-3　乡村景观分类系统示例 1

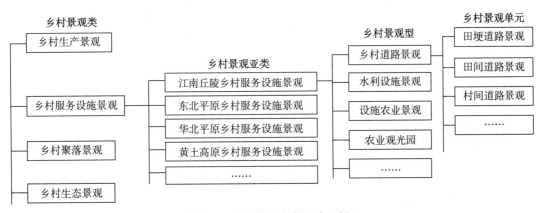

图 2-4　乡村景观分类系统示例 2

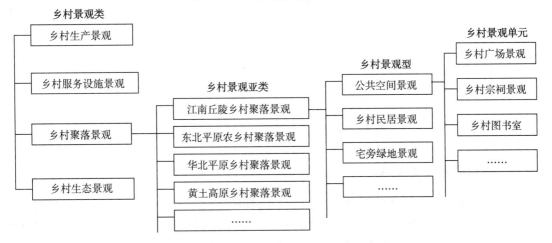

图 2-5　乡村景观分类系统示例 3

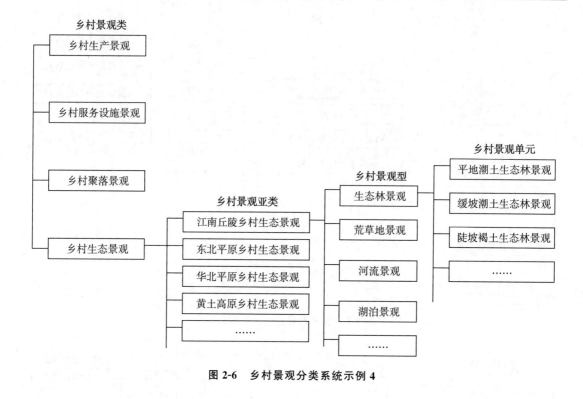

图 2-6 乡村景观分类系统示例 4

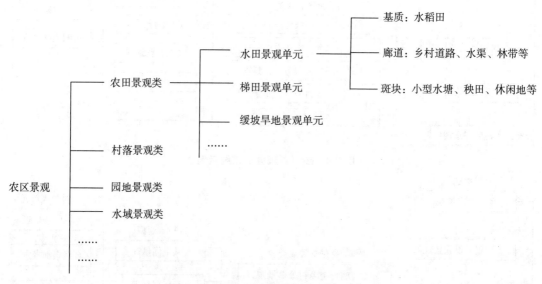

图 2-7 农区景观的功能形态分类体系示例

五、乡村景观类型制图

景观类型制图是反映景观类型单元在区域空间内的组合关系和分布格局的一种最有效手段,也为进一步开展乡村景观分析、规划和管理提供了基础图件。一般包括 3 个步骤:①根据遥感影像解译,结合地形图和其他图形文字资料和野外调查成果,选取并确定景观生态分类的主导要素和指标,初步确定个体单元的范围及类型。②详细分析各类单元的定性和定量指标,表列各种特征,通过聚类或其他统计方法确定分类结果。③依据类型单元指标,经判别分析,确定不同单元的功能归属,作为功能性分类结果。

　　根据景观分类的结果和图例,在地理底图上客观而概括地反映规划区乡村景观类型的空间分布模式和面积比例关系,就是乡村景观类型图。由于地理信息系统在景观类型制图中优势明显,能节约许多时间和精力,它可以将有关景观生态系统空间现象的景观图、遥感影像解译图和地表属性特征等转换成一系列便于计算机管理的数据,并通过计算机的存贮、管理和综合处理,根据研究和应用需要输出景观类型图(图 2-8)。景观类型图的意义在于它能划分出一些具体的空间单位,每一单位具有独特的非生物与生物要素以及人类活动的影响,独特的能流物流规律,独特的结构和功能,针对每一个这样的空间单位,可以拟定自己的一套措施系统,在保证其生态环境效益的前提下,获取经济效益和社会效益的统一。

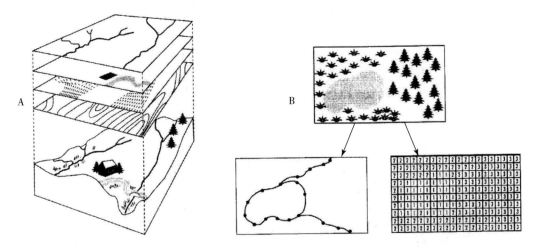

图 2-8　利用 GIS 进行景观类型制图(仿邬建国,2000)

(A. 在 GIS 中的不同景观要素数据层;B. GIS 表达景观类型的两种基本格式:矢量型和栅格型)

第四节　乡村景观的演变

　　景观无时无地不在发生着变化。景观变化的结果不仅改变了人类生存的自然环境,而且印记着人类的社会制度、经济体制甚至文化思想。当今几乎所有景观都留下了人类活动影响的烙印,人类在某种程度上控制着景观变化的方向。正是人类的干预和影响,远古单调、荒凉、寂静的景观才演变成今天色彩缤纷的世界。但是,人类社会的发展史同整个景观的发展史相比还是微不足道的。对人类而言,最重要的是透过短暂的生命过程来发现、认识并运用景观变化的一般规律,更有效地保护自然环境,使人类社会走上一条积极、健康的可持续发展之路。

一、景观稳定性

　　景观稳定性是相对的,即相对于一定时间和空间的稳定性。景观是由不同组分构成,这些组分的稳定性直接影响着景观的稳定性。而人类活动对景观的稳定性和变化有着直接的影响,人类本身就是景观的一个有机组成部分,而且是景观系统中最复杂、最具活力的部分;同时,景观稳定性的最大威胁也是来自人类活动的干扰。因而,人类同自然和谐共处是维护景观稳定性的关键因素。

自20世纪50年代生态系统稳定性理论提出以来(Elton,1958;MacArthur,1955),稳定性一直是生态学中十分复杂而又非常重要的问题。一般认为生态系统稳定性是指生态系统对外界干扰的抵抗力(resistance)及干扰去除后生态系统恢复到初始状态的能力(resilience),稳定性应该包括恒定性、持久性和恢复力(弹性)3个方面。本文所讨论的景观稳定性就是源于生态系统的稳定性概念,是指维持景观生态系统结构、空间格局和功能状态相对稳定的能力,是景观生态学中一个重要研究内容。认识与识别景观稳定性可以从景观变化趋势、景观对干扰的反应两个方面考虑。

(一)景观变化与景观稳定性

福尔曼和戈登(1986)在《景观生态学》一书中将景观随时间的变化总结为12条曲线(图2-9)。

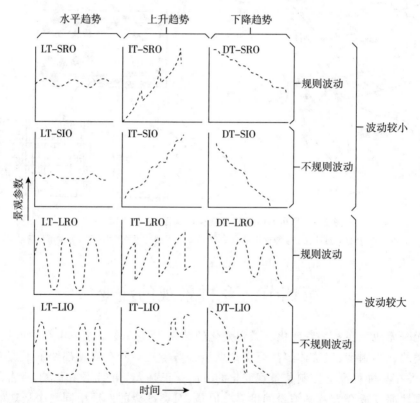

图2-9 景观变化的12条曲线

注:这些曲线包括三个基本特征:总趋势、波动幅度和韵律。图中英文代表这几种基本类型的缩写,如LT-SRO表示水平趋势,较小有规律波动;DT-SIO表示下降趋势,较小的不规则波动等。

如果不考虑时间尺度,景观随时间变化的趋势可以由3个独立参数来描述:①变化的总趋势(上升趋势、下降趋势和水平趋势);②围绕总趋势的相对波动幅度(大范围和小范围);③波动的韵律(规则和不规则)。

图2-9中景观参数是指景观生产力、总生物量、斑块的形状/面积、廊道的宽度、基质孔隙

度、生物多样性、网络发育、营养元素含量、演替速率、景观要素间的流等景观的重要特征值。

可以采用视觉观测和简单的统计方法(如时间序列分析)确定某种景观变化属于上述 12 条曲线的哪一种。首先,应找出景观参数的观测值是否能用一条回归直线来表示,也就是确定景观变化的大致趋势;然后,确定波动幅度的大小以及直线上下观测值的变化是否规则等。

由于所有景观都受气候波动的影响,在不同的季节,许多景观参数会上下波动。另外,多数景观具有长期的变化趋势,如在演替过程中生物量的不断增加,或随人类影响增强景观要素间的差别增大等。因此,从全球来讲,如果景观参数的长期变化呈水平状态,并且其水平线上下波动幅度和周期性具有统计特征,那我们就可以说景观是稳定的。可见,只有呈水平趋势、小范围(或较大范围),但有规则波动的变化曲线是稳定的(如图 2-9 中的 LT-SRO 和 LT-LRO 曲线)。

(二)干扰与景观稳定性

景观稳定性可以看作是干扰作用下景观的不同反应。在这种情况下,稳定性就是系统的两种特征——恢复性和抗性的产物。抗性是指系统在环境变化或潜在干扰作用下抵抗变化的能力;恢复性或弹性是指系统发生变化后恢复原来状态的能力。抗性可用系统偏离其初始轨迹的偏差量的倒数来度量,偏离较大就意味着抗性较低;恢复性可用系统回到原状态所需的时间来度量。一般来说,景观的抗性越强,也就是说景观受到外界干扰时的变化越小,景观越稳定;景观的恢复性(弹性)越强,也就是说景观受到外界干扰后,恢复到原来状态的时间越短,景观越稳定。

景观可以看作是干扰的产物。景观之所以是稳定的,是因为建立了与干扰相适应的机制。不同的干扰频度和规律下形成的景观稳定性不同。如果干扰的强度很低,而且干扰是规则的,则景观能够建立起与干扰相适应的机制,从而保持景观的稳定性。如果干扰比较严重,但干扰经常发生并且可以预测,景观也可以建立起适应干扰的机制来维持稳定性。但如果干扰是不规则的,而且发生的频率很低,景观的稳定性最差,因为这样景观偶尔才遇到干扰,不能形成与干扰相适应的机制;换句话说,这种景观一遇到干扰就可能发生重大变化。理论上讲,在干扰经常发生,而且没有一定干扰规律下形成的景观稳定性最高,这种景观在形成适应正常干扰机制的同时也可以适应间接的非预测性干扰。

(三)景观稳定性的尺度特征

1. 景观稳定性的时间尺度

景观稳定性是一个相对的概念,任何景观都是在连续变化中的瞬时状态,这些状态可以看作是时间的函数。评价景观是否稳定,首先是根据假定的一个时间尺度,或者说是一个变化速率;当所观察的景观的运动速率大于假定的运动速率时,我们认为景观是变化的;当所观察景观的运动速率小于假定的运动速率时,我们认为景观是稳定的;因此景观的稳定性取决于观察景观时所选择的时间尺度。因为景观与人类的生活密切相关,景观概念也来自人对世界的观察,人们观察景观的变化只是在其有限的生命周期中。因此,对一般的景观研究,景观动态尺度以人一生的生命周期为宜。实际上,我们所谈到的景观稳定与否,通常也是假设了这样一个生命周期。在 100 年左右的间隔内,如果观察到的景观有本质的变化,我们说景观失去了稳定性。

2. 景观稳定性的空间尺度

在景观尺度上,稳定性实际上是许多复杂结构在立地水平上不断变化和大尺度上相对静止的统一(Farina,1998)。我们把这种稳定性称为景观的异质稳定性。总的来说,大尺度上景观结构和要素组成的变化需要很长的时间才发生,而小尺度上景观的变化在短期内就可以发生。例如,沿河两岸的植被在雨季来临时,很容易整体被洪水冲走,或者冲走其根部的沉积物;但是在森林中,一场火只能破坏一些植物,并且这种干扰也很容易恢复。

二、景观变化的驱动因素

景观变化的驱动因素包括自然因素和人为因素,而且人为因素与自然因素交织在一起共同作用于景观,促使景观发生变化。一般来说,自然因素常常是在较大的时空尺度上作用于景观,它可以引起大面积的景观发生变化;人为因素通常在相对较小的时空尺度上引起景观的变化。

(一)自然因素

1. 气候

气候是景观形成的重要因素,它是景观演变的一个最基本和影响最长久的因素。如岩溶地貌在不同气候带的差异较为明显,热带岩溶地貌以峰林或峰林—洼地为特征,温带则以喀斯特漏斗与丘陵或喀斯特山地和旱地为特征。

当前气候对景观生态影响最突出的问题是全球性的干旱和半干旱地区土地沙漠化。土地沙漠化与气候的关系表现为:当地球上季风微弱的时候,干旱程度较高,土地沙漠化面积扩大;反之,当季风较强,雨量较多时,土地沙漠化面积缩小或者沙漠消失。此外,气候对生态环境的影响还表现在气候变迁所引起的动植物分布带的漂移。

气候变化对人类经济和社会活动的影响也十分明显,人们必须根据气候变化状况调整对景观生态的适应性,从而导致农业和乡村景观的变化。

2. 地质地貌

地壳构造运动、风和流水的作用、重力和冰川作用3个主要过程可直接导致地表景观的改变。例如,风和水的侵蚀使山地变得平缓;风积物与冲积物在低洼地沉积也使得景观变得平坦。由地形引起的景观变化可用开阔度和深度效应来表示。开阔度是指人们水平视野受阻碍的程度,深度效应是指目光在垂直方向上的可达距离。在辽阔的草原上,开阔度比较大,但深度效应很小;而在崎岖的山谷间,开阔度较小,但深度效应很明显。

3. 生命过程

植物群落的演替不断改变着景观的外貌。植物的种子借助水流、风及动物迁移等传播,撒落在裸地上,一些种子在适宜的温度、湿度条件下萌发、扎根而生长起来,成为先锋植物。先锋植物定居后,改变了群落环境,原来干燥、贫瘠的土壤变得湿润起来,肥力增加;改变了的环境有利于其他一些物种的侵入,这些入侵物种与原有物种展开竞争,竞争的结果是先锋植物又被后来的植物所代替,直到形成与当地气候相一致的顶级群落。

在植被演替过程中,尤其是形成顶级群落后,景观为动物的定居提供了稳定的环境条件,动物定居的结果是在景观中形成一个重要的反馈环。我们知道,植被与气候特征密切相关,同时在土壤发育和保护中起到重要作用。在反馈环中,动物可以通过食草、授粉和传播种子来改变植被和土壤。

4. 土壤的形成和发育

土壤是地球陆地表面具有一定肥力且能生长植物的疏松土层,是水圈、生物圈与岩石圈相互作用的结果,同时也受到人类的干扰。土壤的发育也是景观变化的一个重要动力。最初,地衣和苔藓用自身的酸液来腐蚀岩石,同时在气候、水和空气的共同作用下,破坏了岩石的结构;当生物死亡后,植物腐烂成腐殖质,经过一定的时间,它逐渐把粉碎了的岩石颗粒粘合起来,从而产生了原始的土壤。此后,经过复杂的物理化学过程,使现代的土壤逐渐形成。土壤的形成为高等植物的生长和进化奠定了基础。植被可以改变土壤,土壤对植被也有反作用力。在许多生态系统中,反循环开始就呈现出正向的过程,即土壤的变化有利于植被的发育,植被变化的结果加快土壤发育;当植被的高度和盖度达到最大时,植被和土壤的变化速率减小,并且负反馈逐渐占优势,此时生态系统趋于平衡。这样的趋同作用十分普遍,可称为地带性规律,即每一个气候带条件下,从不同类型岩石发育形成的土壤和生长在土壤上的动植物趋向于发展成越来越相同的生态系统。

但是,由于上述趋于一致的演变过程常常受到不同程度的自然和人为干扰,以及岩床自身特性的差异和地貌差异,从而使有些生态系统变化速率较快,有些变化较慢,因此许多长期趋同作用过程中,不同阶段的生态系统在同一气候带下、同一时间内共存同一景观中。

5. 水文过程

水文过程是改变景观的一种重要外力,主要通过流水作用实现。流水对景观的改变具有侵蚀、搬运与沉积 3 种作用,这 3 种作用主要受流速、流量和含沙量的控制。一定的流速、流量只能夹运一定数量和一定粒径的泥沙;当流速、流量增大或含沙量减少时,流水就会发生侵蚀,从而夹带更多的泥沙;反之,当流速、流量减小或含沙量增加时,就会发生沉积。通过侵蚀、搬运、沉积,流水作用于地表岩石或沉积物形成各种各样的地貌(景观)形态:一般而言,流水的不断作用常常使陡峭的山脉变得平缓,形成更加圆滑的地形和平坦的地势;地表径流沿坡面运动,逐渐汇聚成较大的流束,形成分割斜坡的侵蚀切沟;随着沟道水流的汇集,水流的侵蚀力明显增大,沟底切入含水层中,获得长年不断的径流,其所占领的通道即为河流景观;河流不断发育、壮大,产生新支流,形成复杂的水系网络,将地表划分成大小不等的流域景观。水文在改变景观的同时,也受景观的影响,景观的不同类型和不同分布方式对水文有重要影响。

6. 自然干扰

火烧可能是一种纯自然的干扰,自从有了植被,就有了植被火;火灾的影响面积大,发生的频率高,一直也被认为是最重要的自然干扰。火烧最直接的结果是改变了景观斑块的分布格局;火烧也常常被看作管理自然生态系统的一种方式。例如,火烧有助于提高土壤的肥力,清除枯枝落叶层,甚至增加物种多样性。洪水、飓风、龙卷风、地震等自然灾害常常导致大面积景观发生变化。例如,洪水泛滥造成大面积土地被淹;飓风、龙卷风可连根清除大树和席卷农庄、城镇。不过,定期的洪水可看作是生态系统内正常变化的组成部分,一些特殊生态系统(如泛滥平原)的动植物甚至需要这种环境才能生存。蝗虫的爆发也是一种严重的自然干扰,它把农田变成一片片裸地,明显改变了景观镶嵌结构。

(二)人为因素

1. 人口增长

把人口作为独立的变量,它同景观作用的方式有以下几种。

(1)人口直接导致地区景观类型发生变化。例如,人口的增加将直接导致农业(耕地)景观和城市景观的增加,同时草地、林地、湿地等景观减少。另外,人口增长意味着对粮食的需求增大。人们根据自己的意愿引种、培育新的物种,一旦新物种培育成功,就大面积种植;同时通过各种土地利用方式限制和消灭了许多本地物种。总的结果是导致景观异质性下降。

（2）人口对景观生态环境具有重要影响。人口的增长导致了生产的集约化，包括人类投入的加大以及新的生产技术方式的出现。从历史上看，生产集约化是进步的、乐观的，它提高了劳动生产率，促进了产出；但也引起一些环境问题，如导致地下水污染、土壤肥力下降等。

（3）人口增长可以对区域甚至全球产生影响。一个地区在资源无法满足其人口增长时，要么从其他地区调入资源，要么将人口输送到外地，这样不可避免地影响其他地区的景观资源。

（4）人口同景观变化形成相互作用的反馈环，人口增长导致景观周围环境变化，改变的环境可以影响人口的出生率、死亡率、迁移率。尽管人口是景观变化的主要驱动因子，但同人口紧密相连的还有科学技术水平和人们消费水平的高低。它们相互作用，构成了对环境的压力。Harrison（1992）认为：环境压力＝人口×人均消费×人均消费影响量，利用此公式来研究发展中国家耕地增加的原因，发现人口和人均消费增长导致耕地的增加，其中人口的增长大约占耕地增长因素的72％，人均消费的增长大约占28％，而科学技术的发展抑制了耕地的增加。

2. 科学技术

由于科学技术的突飞猛进，大大促进了人类社会对土地的利用强度和广度，导致了农业景观的巨大变化。同时，科学技术的发展提高了土地生产力，使更多的农民摆脱了土地的束缚，可以从事其他经济活动，促进了城市化发展。

从欧洲的农业发展过程中可以看到科技对农业用地的影响大致经历了3个阶段。①农业革新时期，大致从工业革命开始到19世纪中期。这个时期出现了大量的工厂，特别是纺织厂；蒸汽机得到广泛的应用，用于交通运输的运河也开始迅速发展；同时农业引进了新的作物品种和新的耕作措施，这些新品种和新的耕作方法解放了许多农民，为新出现的工厂提供了劳动力；尽管新的体系整体上并没有提高太多的土地生产力，但它使得休闲地和草地向农田转化，事实上19世纪之前欧洲是唯一发生这样转化的区域；同时森林退化的速率也有所降低。②农业商品化时期，大致从19世纪中期到20世纪30年代。伴随着工业化进程的加快，这个时期的交通、制造业和科学技术有了迅速发展，使得新的农业方法和农产品贸易在大尺度范围成为可能；这时欧洲的土地生产力大大提高，同时伴随着粮食的进口，进一步减少了森林和草地向农地的转化；但是欧洲以外地区的土地生产力并没有显著提高（日本除外），特别是在北美洲，劳动生产力的提高并没有带来土地生产力的提高，农田的扩张仍然十分严重，1850—1920年，大约1亿hm²的草地转化为耕地；而在这期间，北美洲、苏联和大洋洲大约有20％的土地发生了变化，北美洲有2 500万hm²的土地变为农田，主要种植棉花和谷物，以供出口；亚洲（不包括中国）大约有30％的土地发生改变；而拉丁美洲的土地变化高达50％。③农业工业化时期，从20世纪30年代到现在。农业工业化的显著特征是生物技术的引入、农药化肥的大量施用、机械化程度的提高；这些大大提高了世界范围土地的生产力，在一定程度上缓解了由于人口增长造成的土地压力；在一些工业化程度较高的国家，农田已转向草地和森林，但同时也产生了土地质量下降、河流污染等不利影响。

总之，科学技术的进步不仅改变了土地覆被类型，也改变了人类利用土地的方式，人类从粗放型的土地利用方式逐渐走向可持续的土地利用方式。从人类活动的历史演变过程可以看到，人类对景观的影响越来越大，这种影响力的增大主要是由于科学技术的不断进步。

3. 经济活动

经济活动对景观变化的驱动具有间接性，它对景观的驱动往往通过人口、技术、政策、文化乃至经济运行模式、发展方式等来体现。在产业发展的不同阶段,经济活动对景观变化的趋向影响不同。一般来说,在以农业生产为主的发展阶段,经济越发达,即农业生产发展越好,农用地景观将得到增加;在以工业生产为主的发展阶段,经济越发达,景观向建设用地方向发展的趋势越明显;在以服务业或后工业化为主的时期,经济越发达,建设用地甚至有减少的趋势。

4. 政策环境

政策制定会影响一定区域、国家和国际的人口状况和技术发展,从而影响土地利用和景观的变化。国际贸易、国家之间的关系、国际财政体系以及非官方的世界性组织等可能决定着土地利用/土地覆被变化的总体方向;国家的政治、经济体制和决策因素可以直接影响土地的变化,还可以通过市场、人口、技术等因素影响土地现状;地方政策的实施会直接导致当地土地利用/土地覆被的调整、破碎和完全变化。图 2-10 是与景观变化相联系的政治、经济体制因素(Williamn and Turner,1994)。

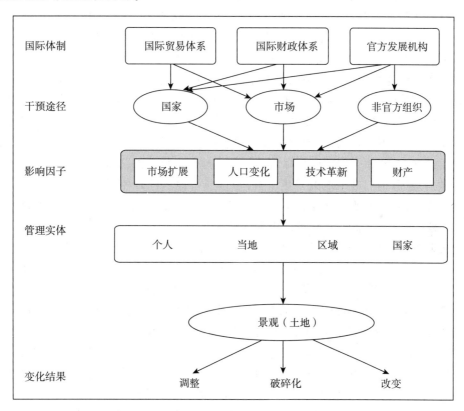

图 2-10 同景观变化相联系的政治与经济体制

政策对土地利用有重要的影响。如美国为了鼓励城市发展,在一段时期实行城市附近的休闲地和森林必须交税的政策,这自然破坏了城郊景观;20 世纪 70 年代美国取消了这种政策,同时规定发展化石能源可以得到补贴,这在某种程度上促进了科学技术的进步,却没有考虑这些过程对自然资源和环境的污染。在许多情况下,具体的政策,如开发亚马逊河流域热带雨林部分地区来兴建横贯亚马逊河流域的公路,通过铺设大量的地下管道将农村景观变为城郊景观,或考虑大规模利用核能等都会使景观面貌发生剧烈变化。人类的决策对景观变化起着"催化剂"的作用,在当今先进的技术装备和现代化的通信设施下,这种催化作用更为明显。

5. 社会文化

尽管对文化是否影响土地利用还有不同的认识,但大多数学者认为二者之间的关系十分紧密。人类学和保护哲学(conservation philosophy)的研究告诉我们,文化决定或者强烈影响人们怎样使用土地。如果人类完全克服了生物和自然条件的限制,对土地及各种资源的使用只是不同文化的问题。一些文化因素,如价值观、思想意识体系以及人们的知识水平直接影响着土地利用的变化,同时文化通过影响人口增长、居住模式、消费水平、政经体制等因素来影响土地的利用变化。此外,法律可能是最有力的直接影响土地利用变化的因素。各种法规保护着土地资源,也限制着获取资源的手段和方法。

人类文化对土地利用的影响是多层次的,这种影响不仅体现在人类个体,也表现在群体同自然的关系上。公众态度在一定程度上反映了他们的行为,通过足够数量的民意测验所表达的公众意见可以解释环境的变化。联合国环境规划署在 14 个国家所做的民意测验表明:所有的国家都高度关注环境问题;除沙特阿拉伯外,各国都认为环境在恶化。1990 年,涉及六大洲、4 个国家的民意测验表明:人们价值观趋向于"后物质主义",即在政治和经济安全条件下,强调个人的自由和生活质量。在韩国,绝大多数人支持牺牲财政福利来保护环境,而尼日利亚只有 1/3 的人同意这样做。澳大利亚北部热带森林国家公园居住着一些土著居民,世世代代保护着森林,这是他们的精神家园。他们认为,只有保持公园最自然的原始特性,才能保证他们祖先永远的平安。受这种价值体系,或者说一种朴素的文化感情的制约,他们始终保护着这片神圣的土地,但也不可否认,这同时带来了同采矿业、林业和放牧业等的利益冲突。而在印度尼西亚生活着一种"掠夺型"部落,尽管他们的土地可以供养部落所有成员,他们仍扩展到其他部落占领的地区,他们对土地的开垦十分严重,一个地点经常使用不到 3 年;Geertz(1969)认为他们可能"对农业的效率存在超乎寻常的漠然"以及认为"自然资源是取之不竭的",他们"历史上形成了总是有其他的森林可以占据的概念"。

(三)景观变化对生物多样性的影响

景观变化是生物多样性变化最重要的驱动力,它与其他许多环境因素相互作用,共同影响着生物多样性。景观变化对生物多样性的影响是通过影响生物的生境变化实现的,生境破碎化是生物多样性减少的重要原因。主要表现是:生境破碎化将大片的生境分离成独立小片,破碎的生境由于片段面积太小而不能长期维持物种生存繁衍;生境破碎化增加了边缘效应的影响,使外来物种更易入侵,并形成单一优势种群,最终导致该地区物种多样性和遗传多样性丧失;生境破碎化破坏了生物节律,干扰了生物正常行为;生境破碎化改变了生态系统的微气候状况,造成自然灾害频发;生境破碎化造成生态系统稳定性降低甚至崩溃。

景观变化对生物多样性影响包括对基因多样性、物种多样性和生态系统多样性的影响。对基因多样性的影响主要集中在栖息地、森林破碎化对植物繁殖及花粉、果实和种子形成相关参数、基因结构和遗传过程的影响等;对物种多样性的影响包括影响物种分布、优势度和丰富度及种间关系等;对生态系统多样性的影响集中在影响生态系统分布、结构和组成。

三、乡村景观演变的动态模拟

乡村景观演变的动态模拟是在对乡村景观的过去和现状分析的基础上,运用模型来模拟未来变化趋势的过程。通过景观动态模拟,可以了解景观未来的变化趋势和结果;在模拟基础上,可以根据某种目标,对景观动态进行科学的规划和适度的干预,使之向着符合人类需求的方向发展。

(一)演变方式

乡村景观演变包括乡村景观空间格局演变和乡村景观过程演变两个方面(图 2-11)。乡村景观空间格局演变是指乡村景观中一些直观的指标,包括斑块数量、大小、密度、形状和廊道的数量、密度以及景观要素布局等的变化情况。乡村景观过程演变是指在外界干扰下,景观中物种的扩散、能量的流动和物质运移等变化情况,一般涉及系统的输入流、流的传输率和系统的吸收率、系统的输出率和能量的分配等。景观空间格局影响能量、物质以及生物在景观中的运动。例如,景观空间格局可影响地表径流和氮素循环,并可影响到水资源的质量;许多湖泊富营养化和河流水质污染都是景观空间格局、生态系统过程和干扰相互作用的结果。

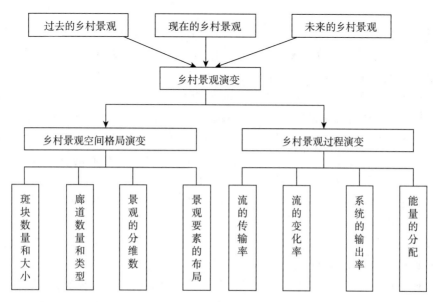

图 2-11　乡村景观演变的方式

(二)模拟方法

乡村景观的动态模拟是通过建立模型来实现的,这就需要首先了解乡村景观演变的机制和过程,一般应考虑以下几点。

1. 景观的初始状态

任何景观变化的动态模拟,都需要建立一个初始状态,用来同以后的景观相比较。但是,事实上任何景观都是变化的景观,都保留着过去管理的痕迹,并体现当今的实践活动,所以人类对景观的影响只是一种程度。

2. 景观变化的方向

景观变化的方向揭示了景观变化的大量信息。这个方法已经用于植物演替的排序研究。尽管单纯的方向并不能提供景观变化更详细的信息,但可总结历史的变化趋势。这种时间的变化可以在各种空间尺度上反映出来。

3. 景观的变化率

景观的变化率具有十分重要的意义,非常快的变化率可能使当地和区域的物种灭亡,改变区域的生物多样性。变化率可以从变化的方向进行估计(如演替中斑块之间的距离大意味着变化率大,斑块距离小意味着变化率小),或根据一段时间的损失量来计算。

4. 景观变化的可预测性

是景观整体发生了变化,还是景观中关键的物种发生了变化?农业的发展不可避免地用农作物代替了原始的植被,形成农业景观的基础结构;人类活动和自然之间的相互作用(如地形、土壤肥力等因素)形成了特定的景观构型和特征。

5. 景观变化的可能性及程度

在某种外界条件变化下,景观是否会发生改变?从一种类型的景观到另一种类型的景观改变的程度有多大?在某些特定区域范围内只能是自然植被向城市发展的景观变化,而城市景观不可能向相反的方向进行,但是农作物、草地以及自然植被之间的相互转化随时都在进行。

景观动态模拟的主要步骤包括数据收集、景观分类系统建立、空间数据建立以及展开数据分析。开展景观动态模拟的数据来源包括遥感影像及其他各种统计资料,特别是卫星遥感资料是景观变化中使用最广的数据来源,可以直接得到土地利用类型和景观变化率。

景观变化的研究要求清楚地描述景观空间位置的变化。如上所述,景观变化的数据来源多种多样,这些数据的叠加可能会产生很多问题,一个主要问题是数据的精度和分辨率,另一个主要问题是叠加的现象是否一致(如土地利用类型、植被等)。另外,各种不同的过程有各种不同的尺度,图件的比例尺也是不同的。所有这些都要求转化成相同的空间数据系统。运用地理信息系统,建立和使用各种模拟模型是主要的数据分析和处理手段。近年来,遥感和地理信息系统得到了长足的发展,需要进一步发展各种模型的交融和数据共享。

(三)景观动态模型

景观模型可以帮助我们建立景观结构、功能和过程之间的相互关系,是预测景观未来变化的有效工具。模型(modeling)和模拟(simulation)方法在景观生态学研究中十分重要。景观生态学不仅要考虑大空间尺度和空间异质性,还要考虑景观格局和过程的相互作用,加上时间和经费的限制,在景观这个水平上做野外控制实验困难极大,在许多情况下甚至是不可能的。因此,应用计算机建立动态模拟模型,在给定参数下模拟系统的结构、功能或过程,通过检查不同参数对系统行为的影响来确定和比较系统在不同条件下的反应。显然,景观模型和模拟方法可以为景观决策和管理提供急需的信息和证据(Wu,1991;Li,1989)。

景观动态模型从机制上可以分为诊断模型、机制模型和综合模型3类。诊断模型是用概率统计方法寻求景观变化规律及其驱动因素之间的相关关系,能在一定程度上发现具体的驱动因素,但不能揭示景观变化过程及其驱动力内部作用机制,具有一定的局限性。机制模型从分析复杂系统作用机制出发,能全面而深入地理解事物的发展过程及动因,有助于深入理解土地生态变化过程与驱动力作用机制,但其在研究尺度上存在一定局限性。综合模型是一种利用多学科知识与技术,将不同的模型技术结合起来,对不同的问题,综合不同的模型方法,从而寻求最合适的解决手段。随着研究对象及研究尺度等的不同,单一的模型很难说明问题所在,而综合模型大大拓宽了单一模型的应用范围和模拟功能,近年来越来越受到广泛的关注,并得到广泛的应用。

1. 景观空间动态模型

景观是动态的,景观的动态特征表现为其空间结构在不同时空尺度上的变化。景观空间动态模型研究景观的格局和过程在时间和空间上的整体动态(Bartell and Brenkert,1991;

Merriam and Wegner,1991；Gardner and O'Neill,1991)。随着景观生态学的发展,人们越来越重视对景观空间动态的研究,许多景观空间动态模型也因此得以发展。

大多数景观空间模型都把所研究的景观网格化,即把景观划分为许多格子,每一格子表示一个具有一定空间体积的景观基本空间单元,每个单元所代表的空间面积大小与所用尺度和精度有关。不同数量单元组成大小不同的景观斑块,每一单元的变化影响斑块的性质,甚至影响景观空间格局。景观空间动态通过这些空间基本单元的变化体现出来。

为了理解和模拟空间动态的机制,Hall 等(1988)用受景观斑块影响的空间总体因素来模拟斑块的动态。在他们的模型里,景观斑块的变化是一个复杂的相互作用的过程。斑块的变化要受其上气候因素的影响、其下土壤的作用、其中地球生物化学循环和人类活动等诸因素的控制。这种复杂模型的优点是从机制原理出发,反映了景观空间格局变化的不同等级。然而,即使是复杂的模型也不能包含所有的控制因素,模型应该只包括必需的和起主导作用的因素。例如,在 Hall 等(1988)的模型里,干扰这一对于景观格局影响重大的因素,就没有体现出来。但这个模型的目的不是研究干扰及其对景观格局的影响,它的目的是建立不同高度上不同传感器所获得的遥感信息之间的关系,以及它们与景观功能与过程的关系。显然,景观空间动态的复杂性,决定了景观空间动态模型的复杂性和多样性,每一个模型只能按其模拟的目的来构造,任何模型都不能包罗万象。

2. 景观个体行为模型

景观个体行为模型以生物个体为基本单位,模拟每一个个体的行为及个体间和个体与景观之间的相互作用。在这种模型里,景观的功能和结构动态通过个体的行为和作用来体现。景观个体行为模型的倡导者(Houston et al.,1988)认为,以往的数学模型用简单的群体动态公式来预测系统或群落的性质,违反了两条基本生物学原理:第一条,每个生物个体都与别的个体不同。如果忽略个体的行为和作用,或者仅以群体的平均数来模拟系统的性质,显然违背上面的基本原则。第二条,个体的行为和作用会因时因地而异。许多模型建立时假设个体的行为和作用是稳定不变的,这些模型忽略了个体间的相互作用因个体而异,个体对景观的作用因时因地而异,个体的行为更是因时而异(Houston et al.,1988)。

景观个体行为模型的特点是:它具有对多层次的功能、过程和现象的解释能力。在个体水平上,它模拟个体的生长、繁殖、习性和活动规律等;在群体水平上,它着重于种内竞争、种群大小和年龄结构以及种群在空间的分布;在群落或生态系统水平上,它则模拟种间竞争、种类组成、演替、总生产力、能量流动和物质循环以及系统的稳定性;在景观水平上,它则主要研究资源的空间分布格局、种群对不同空间格局的反应及个体迁移的规律等。应该注意,这种在不同水平上模拟的模型,要求模型各组分在时间和空间尺度上的协调和一致。

植物个体的生物位置和组成直接影响景观格局,同时景观异质性也控制植物个体的生长和分布。动植物个体间的相互关系是通过摄食和移动来实现的。此外,景观异质性对动物个体的作用可通过不同空间尺度来表现。在小尺度范围内,个体对单元内的资源数量和质量具有强烈的反应和作用;但在大一点尺度上,个体只有资源类型的信息,而没有量的信息,这些信息可能是过去的经验,或者是在一定的视野范围内,动物个体之间差异的表现。总之,景观个体行为模型同时提供个体、种群、生态系统和景观等不同水平上的信息,具有高度的时间和空间尺度协调性要求。此外,模拟个体间的差异是这类模型的特点,也是它的难度所在(Hyman et al.,1991)。

3. 景观过程模型

景观过程模型研究某种生态过程（如干扰或物质扩散）在景观空间里的发生、发展和传播。这一类模型主要模拟干扰现象或物质在景观上的扩散速率，景观空间异质性和其他因素对扩散的影响，以及不同干扰现象或物质扩散所产生的景观格局的异同性。与其他空间模型一样，景观过程模型把景观视为一个网格，而干扰现象或物质在景观上的扩散是在空间单元里逐个进行的。所模拟的扩散可以是单向性的（如火，只能向外扩散，而不能回到原来的空间单元），也可以是双向性的（如养分，对一个空间单元来说同时存在向外扩散的"输出"和向内扩散的"输入"）。

景观过程模型假定其基本空间单元内部是同质的，而单元之间则可以是异质的。单元所含面积的大小，直接影响模型的精度，单元面积大，则单元内同质性假设就可能不成立；反之，单元面积小，则景观所包含的单元数多，模拟所需的计算时间也就长。

影响干扰现象或物质在景观上扩散的因素很多。一般认为，在模拟过程中至少要考虑下列 4 种因素：①干扰或物质在每一空间单元内的扩散势（propagation potential），即其向外扩散能力的大小；②相邻空间单元的性质（不同空间单元具有不同的扩散阻力，其大小直接影响扩散的速率和方向）；③影响扩散的环境因素（如地理位置、坡度和坡向、地形、风速和风向等）；④时间因素，显然，影响扩散的因素常常随时间变化，不同时间上某种因素的作用大小也不一样，因此，模拟过程本身就是一种动态过程。

建立景观过程模型应注意下面几个问题：①景观过程模型强调空间异质性对扩散的影响，因此要尽量保证每一空间单元资料的精度，因为它直接影响模拟结果的可靠性；②扩散速率通常是一种确定性方程，这要求我们合理地确定扩散速率与各种因素之间的关系，以及这种关系随时空变化的规律；③由于景观空间异质性的存在，扩散速率在景观上也是异质的，即每一空间单元内的扩散速率不同，而从某一单元向另外一单元的扩散速率也可能不同。因此，空间单元扩散的发生时间（timing）在景观过程模型中是很重要的。景观空间结构从扩散过程一开始就产生变化。例如，各空间单元上物质密度的变化、信息的变化、种群的消长、资源的改变甚至环境条件的变化等。这种动态的时空统一，是景观过程模型的主要特征之一（Turner，1987）。

上述几种景观变化空间模型都属于理论模型，实际上在具体构建景观动态模拟模型时，还需要相应的数学模型作为计算工具，常用的有统计回归分析模型、系统动力学模型、元胞自动机模型、马尔科夫模型以及智能体模型（agent-based model，ABM）等。需要根据数据的完整性、问题的复杂性、目标的多少来选择合适的模型工具。

第三章 乡村景观的功能与评价

第一节 乡村景观的生态系统服务功能

　　乡村景观是人类社会与自然环境相互作用的结果,具有多重功能属性。乡村景观的生态服务功能在人类生活中扮演非常重要的角色。生态系统不仅供给人类生存不可或缺的食物、淡水以及木材、纤维、能源等生产原料,还提供生活居住、休闲娱乐、美学享受、自然教育等文化功能,同时具有调节生态环境、维持生态平衡的生态功能,这些功能称之为生态系统服务。2005年,千年生态系统评估(Millennium Ecosystem Assessment,MA)将生态系统服务划分为4类:供给服务、调节服务、文化服务、支持服务。一般认为支持服务作为其他3类服务的形成条件而存在,与其他3类服务的一些功能具有重复性。因此,基于生态服务与人类福祉的关系,乡村景观的生态系统服务功能可分为供给服务、调节服务和文化服务(图3-1)。当然,要精确地区分不同景观功能是极为困难的,乡村景观的功能在多数情况下是多元复合的,供给服务、调节服务、文化服务代表的只是其所在空间的主导功能。

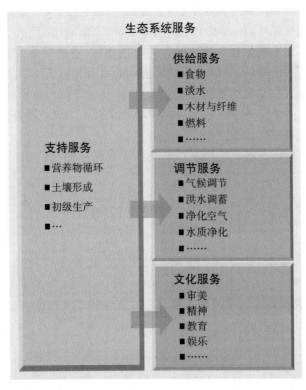

图3-1　生态系统服务功能的主要内容(资料来源:千年生态系统评估综合报告)

1. 支持服务功能

支持服务指生态系统的结构、过程和特征提供维持地球生命生存环境的养分循环及支持生命的自然环境条件。生态系统不仅为各类生物提供繁衍生息地,更重要的是为生物进化及生物多样性的产生、形成提供了必要条件。同时,生态系统通过各生物群落共同创造了适宜于生物生存的环境。

2. 供给服务功能

供给服务功能是指生态系统为人类提供大量的食物、生产原料和能源。在不损坏生态系统稳定性和完整性的前提下,人类通过直接利用或转化利用的方式从生态系统获得食物、药材、木材、水电等各种生态产品。基于是否对生态产品二次加工,生态产品可分为直接利用物质产品和转化利用物质产品。直接利用物质产品指从生态系统中获取的野生产品或人工种养的产品(粮食、蔬菜、水果、肉、蛋、奶、水产品等),以及药材、木材、纤维、淡水、遗传物质等原材料。转化利用物质产品是指从直接利用物质产品中转化而来的生态产品,包括可再生能源,如水电、秸秆发电等(光伏、风电、地热能和垃圾发电除外)。

3. 调节服务功能

调节服务是指生态系统提供改善人类生存与生活条件和环境的惠益,包括水源涵养、土壤保持、洪水调蓄、水质净化、固碳释氧、空气净化和气候调节等。

(1)水源涵养指生态系统通过林冠层、枯落物层、根系和土壤层拦截、滞蓄降水,增强土壤下渗、蓄积,从而有效涵养土壤水分、调节地表径流和补充地下水的功能。

(2)土壤保持指生态系统通过林冠层、林下植被、枯落物层、根系等各个层次消减雨水对土壤的侵蚀力,增加土壤抗蚀性,从而减少土壤流失、保持土壤的功能。

(3)洪水调蓄指生态系统依托其特殊的水文物理性质,通过吸纳大量的降水和过境水,蓄积洪峰水量,削减并滞后洪峰,以缓解汛期洪峰造成的威胁和损失的功能。

(4)水质净化指生态系统吸纳和转化水体污染物,从而降低污染物浓度,净化水体的功能。

(5)固碳释氧指生态系统通过植物光合作用吸收大气中二氧化碳合成有机物,将碳固定在植物或土壤中,并释放氧气的功能。

(6)空气净化指生态系统吸收、过滤、分解降低大气污染物,从而有效净化空气、改善大气环境的功能。

(7)气候调节指生态系统通过植被蒸腾作用、水面蒸发过程吸收太阳能,从而调节气温、改善人居环境舒适程度的功能。

4. 文化服务功能

文化服务功能是指生态系统以及与其共生的历史文化遗存对人类知识获取、休闲娱乐等方面带来的非物质惠益。以生态旅游为代表,森林、湖泊、河流、海洋等生态系统以及与其共生的民族文化遗存为人类提供了开展户外活动、旅游、美学体验等功能,以及以生态环境为背景,通过科学完整的方案,实现人们对自然信息的有效采集、整理、综合、转化的学习、教育和研究等过程。

第二节　乡村景观的生态系统服务评价

一、目标与原则

(一)评价目标

乡村景观生态服务价值评价是对乡村地域内生态系统所能维持人类生存的自然条件和功能(包含供给、调节、文化和支持功能在内),以及为人类提供直接或间接利益而进行价值评定的一种手段。众所周知,相对于城市景观而已,乡村景观更带有"健康""绿色""生态"的特征,拥有更广阔的绿色开敞空间,具备重要的空气净化、气候调节、水源涵养等方面的生态服务功能;乡村景观生态也是保障社会经济高质量可持续发展不可或缺的组成部分。而且,从生态文明的视角来看,乡村地域的各类自然或半自然景观的功能价值已远远超出传统生产经济的范畴,呈现出多样性的生态服务功能和价值,特别是其生态保护功能和文化传承价值的重要性已更加凸显。近年来,在新农村建设活动中往往存在盲目求新、求大甚至以城市风貌为标准的现象,导致乡村景观生物多样性减少、特色乡村景观资源的丧失等生态安全问题,损害生态服务的整体价值。因此,迫切需要对乡村景观生态系统服务价值进行评估,以便从宏观上预防乡村建设可能带来的上述问题,指导乡村景观规划和生态文明建设。

(二)评价原则

(1)科学性。乡村景观生态重要性是人为因素和自然因素共同影响的结果。乡村景观面临的主要生态环境问题是水资源保护、生物多样性保护和灾害规避与防护等。因此,核算指标应从乡村景观的实际生态问题和实际情况出发,保证其具有科学代表性。运用生态敏感性评价方法,借助 RS 和 GIS 技术手段,根据数据的可获取性,构建乡村景观的生态系统服务评价指标体系。

(2)可操作性。所选取的指标应在数据收集上具有可操作性,即具有可取性,具有一定的现实统计基础、可比性、可测性,同时数据能够被准确搜集,并要尽可能量化,但对于一些在目前认识水平下难以量化且意义重大的指标,可以用定性指标来描述。

(3)系统性。生态景观的各核算指标之间要形成一个统一的整体,具有一定的逻辑关系,它们要能从不同侧面反映出生态景观的直接经济价值、生态系统服务价值、社会价值的主要特征和状态,而且还要反映出乡村景观的经济价值、社会价值、生态价值、美学价值之间的联系。使得每一个核算指标彼此之间相互独立又相互联系,形成生态系统服务价值核算的一个有机统一体。

(4)典型性。乡村景观生态系统服务评价指标选取上应具有一定的典型性,并尽可能反映出乡村景观的资源、经济、社会的综合特征,且要方便数据计算处理工作,提高结果的可靠性。

二、乡村景观生态系统服务功能评估方法

(一)供给服务功能评估

1. 直接利用物质产品

用直接利用物质产品产量作为核算指标。统计各类直接利用产品产量,按照统计部门分类体系,对同类型产品按式(3.1)进行求和。

$$Y_f = \sum_{i=1}^{n} Y_{fi} \tag{3.1}$$

式中：Y_f 为物质产品总产量，单位视具体产品而定；Y_{fi} 为 i 类物质产品产量，单位视具体产品而定；n 为核算乡村同一类型直接利用物质产品的类别数。

2. 转化利用物质产品

用可再生能源产量或使用量作为核算指标。统计各类可再生能源产量或使用量，按式 (3.2) 求和。

$$Y_{ee} = \sum_{i=1}^{n} Y_{eei} \tag{3.2}$$

式中：Y_{ee} 为可再生能源总共产量或使用量，$kW \cdot h/$年；Y_{eei} 为 i 类可再生能源的产量或使用量，$kW \cdot h/$年；n 为核算乡村可再生能源类型的数量。

(二)调节服务功能评估

1. 水源涵养

用水源涵养量作为核算指标，采用水量平衡方程，核算按式 (3.3) 计算。

$$Q_{wr} = \sum_{i=1}^{n} A_i \times (P_i - R_i - ET_i + C_i) \times 10^{-3} \tag{3.3}$$

式中：Q_{wr} 为水源涵养总量，$m^3/$年；A_i 为第 i 类生态系统的面积，m^2；P_i 为年降雨量，mm；R_i 为年地表径流量，mm；ET_i 为年蒸发量，mm；C_i 为年侧向渗漏量，mm，默认忽略不计；n 为核算乡村生态系统类型的数量。

注：水源涵养量是指降水输入与地表径流和生态系统自身水分消耗量的差值。

2. 土壤保持

用土壤保持量作为核算指标，核算按式 (3.4)。

$$Q_{sr} = \sum_{i=1}^{n} R \times K \times L \times S \times (1-C) \times A_i \tag{3.4}$$

式中：Q_{sr} 为土壤保持总量，$t/$年；R 为降水侵蚀力因子，$MJ \cdot mm/(hm^2 \cdot h \cdot 年)$；$K$ 为土壤可蚀性因子，$t \cdot hm^2 \cdot h/(hm^2 \cdot MJ \cdot mm)$；$L$ 为坡长因子；S 为坡度因子；C 为植被覆盖因子；A_i 为第 i 类生态系统的面积，hm^2；n 为核算乡村生态系统类型的数量。

注：土壤保持量是指没有地表植被覆盖情形下可能发生的土壤侵蚀量与当前地表植被覆盖情形下的土壤侵蚀量的差值。

3. 洪水调蓄

用洪水调蓄量作为核算指标，核算按式 (3.5)。

$$C_{fm} = C_{fc} + C_{lc} + C_{mc} + C_{rc} \tag{3.5}$$

式中：C_{fm} 为洪水调蓄总量，$m^3/$年；C_{fc} 为森林、灌木、草地洪水调蓄总量，$m^3/$年；C_{lc} 为湖泊洪水调蓄量，$m^3/$年；C_{mc} 为沼泽、湿地洪水调蓄量，$m^3/$年；C_{rc} 为水库洪水调蓄量，$m^3/$年。

4. 水质净化

用水体污染净化量作为核算指标，按照 GB 3838—2002 中对水环境质量应控制项目的规定,选取 COD、氨氮、总磷等污染物指标,核算方法有两种情况。

(1)如果地表水环境质量劣于Ⅲ类,水体污染物净化量为生态系统自净化能力,核算按式(3.6)。

$$Q_{wp} = \sum_{i=1}^{n} Q_i \times A \tag{3.6}$$

式中:Q_{wp} 为水体污染物净化总量,t/年;Q_i 为湿地生态系统对第 i 类水体污染物的单位面积年净化量,t/(km²•年);A 为湿地生态系统面积,km²;n 为核算乡村水体污染物类型的数量。

(2)如果地表水环境质量等于或优于Ⅲ类,水体污染物净化量为排放量与随水输送出境的污染物量之差,核算按式(3.7)。

$$Q_{wp} = \sum_{i=1}^{n} \left[(Q_{ei} + Q_{ai}) - (Q_{di} + Q_{si}) \right] \tag{3.7}$$

式中:Q_{wp} 为水体污染物净化总量,t/年;Q_{ei} 为第 i 类污染物入境量,t/年;Q_{ai} 为第 i 类污染物排放总量,主要包括城市生活污染、农村生活污染、农业面源污染、养殖污染、工业生产污染排放的水体污染物,t/年;Q_{di} 为第 i 类污染物出境量,t/年;Q_{si} 为污水处理厂处理第 i 类污染物的量,t/年;n 为核算乡村水体污染物类型的数量。

5. 空气净化

用大气污染物净化量作为核算指标,按照 GB 3095—2012 中对环境空气质量应控制项目的规定,选取二氧化硫、氮氧化物等污染物指标,核算方法有两种情况。

(1)如果环境空气质量劣于国家二级,大气污染物净化量为生态系统自净能力,核算按式(3.8)。

$$Q_{ap} = \sum_{i=1}^{n} \sum_{j=1}^{m} Q_{ij} \times A_i \tag{3.8}$$

式中:Q_{ap} 为大气污染物净化总量,t/年;Q_{ij} 为第 i 类生态系统对第 j 类大气污染物的单位面积净化量,t/(km²•年);A_i 为第 i 类生态系统面积,km²;n 为核算乡村生态系统类型的数量;m 为核算乡村大气污染物类型的数量。

(2)如果环境空气质量等于或优于国家二级,大气污染物净化量为污染物排放量,核算按式(3.9)。

$$Q_{ap} = \sum_{i=1}^{n} Q_i \tag{3.9}$$

式中:Q_{ap} 为大气污染物净化总量,t/年;Q_i 为第 i 类大气污染物排放量,t/年;n 为核算乡村大气污染物类型的数量。

6. 固碳释氧

用二氧化碳固定量作为核算指标,采用净生态系统生产力估算方法,核算按式(3.10)。

$$Q_{CO_2} = M_{CO_2} / M_C \times NEP \tag{3.10}$$

式中:Q_{CO_2} 为陆地生态系统 CO_2 固定总量,t/年;M_{CO_2} / M_C 为 CO_2 与 C 的分子质量之比,即

44/12；NEP 为净生态系统生产力，t/年。

7. 气候调节

用生态系统蒸腾蒸发消耗的能量作为核算指标，核算按式(3.11)。

$$E_{tt} = E_{pt} + E_{we} \tag{3.11}$$

式中：E_{tt} 为生态系统蒸腾蒸发消耗的总能量，kW·h/年；E_{pt} 为植被蒸腾消耗的能量，kW·h/年；E_{we} 为湖泊、水库、河流、沼泽湿地等各类水体水面蒸发消耗的能量，kW·h/年。

(三)文化服务功能评估

1. 景观游憩

以生态旅游、景观游憩、文化体验等服务产品为代表，用游客人次作为核算指标，包括旅游景区和农家乐的游客人次，核算按式(3.12)。

$$N_t = \sum_{i=1}^{n} N_{ti} \tag{3.12}$$

式中：N_t 为游客总人次，万人次；N_{ti} 为第 i 个旅游景区或农家乐的游客人次，万人次；n 为核算乡村旅游景区和农家乐的数量。

2. 自然教育

用参加户外自然教育的人次作为核算指标，核算按式(3.13)。

$$N_e = \sum_{i=1}^{n} N_{ei} \tag{3.13}$$

式中：N_e 为参加自然教育的总人次，万人次；N_{ei} 为第 i 个户外场所参加自然教育的人次，万人次；n 为核算乡村户外自然教育场所的数量。

三、乡村景观生态系统服务价值评估的主要过程

1. 确定核算的乡村景观范围

按下列方式确定：①行政的乡村单元；②功能相对完整的生态系统乡村景观单元(如一片森林、一个湖泊、一片沼泽或不同尺度的流域)；③由不同生态系统类型组合而成的特定乡村单元。

2. 明确生态系统分布

根据调查分析，明确乡村景观内生态系统类型、面积与分布，绘制生态系统分布图。

3. 编制生态产品清单

调查分析乡村景观范围内的生态产品种类，明确供给服务产品、调节服务产品、文化服务产品三大类里的具体指标科目，编制生态产品清单。其中，应结合核算的乡村区域实际情况，细化直接利用物质产品和转化利用物质清单，如水稻、蜂蜜、药材、水电等。

4. 核算生态系统服务功能量

采用适宜的方法核算乡村景观范围内此类生态产品的功能量，优先选取更能反映生态产品潜在功能量的方法。

5. 确定生态系统服务价格

运用市场价值法、替代成本法等价值核算方法(表 3-1)，采用当年价确定每一类生态产品

的参考价格,涉及多年比较时,可以采用基准年不变价。

6. 核算生态系统服务价值

分别采用适宜的方法核算物质产品、调节服务产品、文化服务产品各类生态产品的货币价值。

7. 核算生态系统服务总值

生态系统生态产品总值核算采用式(3.14):

$$GEP = EPSV + ERSV + ECSV \tag{3.14}$$

式中:GEP 为生态系统服务价值总量,元/年;EPSV 为供给服务价值总量,元/年;ERSV 为调节服务价值总量,元/年;ECSV 为文化服务价值总量,元/年。

表 3-1　生态产品定价方法

类别	核算科目	核算指标	方法
供给服务	直接利用物质产品	农林牧渔产品等的产值	市场价值法
	转化利用物质产品	水电、沼气等可再生能源产值	市场价值法
调节服务	水源涵养	水源涵养价值	影子工程法
	土壤保持	土壤保持价值	替代成本法
	洪水调蓄	洪水调蓄价值	替代成本法
	水质净化	净化 COD、氨氮、总磷等污染物价值	影子工程法
	空气净化	净化二氧化硫、氮氧化物等空气污染物价值	替代成本法
	固碳释氧	固定二氧化碳,释放氧气价值	替代成本法
	气候调节	植被蒸腾和水面蒸发消耗能量的价值	替代成本法
文化服务	景观游憩	景观游憩价值	旅行费用法
	自然价值	生态文化体验、研学教育价值	旅行费用法

第三节　乡村景观空间格局评价

一、概述

乡村景观空间格局是指乡村景观的空间结构特征。景观空间格局包括景观组成单元(如斑块、廊道、基质)的多样性和空间配置。由于空间格局影响生态学过程(如种群动态、动物行为、生物多样性、生态生理和生态系统过程等),且格局与过程往往是相互联系,可以通过研究空间格局来更好地理解生态学过程,同时也是研究乡村景观演变、功能定位和规划布局的基础。

乡村景观空间格局分析方法是指用来研究乡村景观结构组成特征和空间配置关系的分析方法,包括一些传统统计学方法,也包括一些新的、专门解决空间问题的格局分析方法,例如多源、多类型、多时序的海量遥感数据(建筑物、绿地、景区等数据集)的开放为景观格局分析提供了数据支撑。机器学习与人工智能方法的发展也为乡村景观格局分析提供了更加强大的技术支持。

分析乡村景观空间格局一般由以下几个基本步骤组成:①收集和处理乡村景观数据(如野

外考察、测量、遥感、图像处理等）；②将景观数字化，并适当选用格局研究方法进行分析；③对分析结果加以解释和综合（图 3-2）。景观数字化有两种形式：一种是栅格化数据（raster data）；另一种是矢量化数据（vector data）。前者以网格来表示景观表面特征，每一网格对应于景观表面的某一面积，而一个斑块可由一个或多个网格组成；后者以点、线和面表示景观的单元和特征。

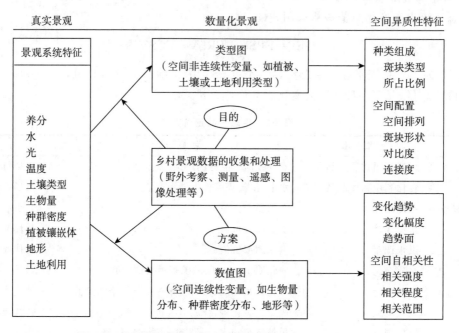

图 3-2 乡村景观格局分析图示（根据邬建国，2000 年改绘）

二、乡村景观空间格局指数

乡村景观空间格局指数是指能够高度浓缩乡村景观格局信息，反映其结构组成和空间配置某些方面特征的简单定量指标。对乡村景观空间格局与一致性的定量描述是分析乡村景观结构、功能及过程的基础。通过格局与异质性分析可以把乡村景观的空间特征与实践过程联系起来。一般来说，景观特征可以在 3 个层次上分析：单个斑块（individual patch）、由若干单个斑块组成的斑块类型（patch type 或 class）、包括若干斑块类型的整个景观镶嵌体（landscape mosaic）。因此，景观格局指数亦可相应地分为斑块水平指数（patch-level index）以及景观水平指数（landscape-level index）。乡村景观格局分析一般在第 3 个层次上。下面介绍一些较常用的景观格局指数及其数学表达式。

1. 斑块形状指数

一般而言，形状指数通常是经过某种数学转化的斑块边长与面积。结构最紧凑而又简单的几何形状（如圆或正方形）常用来标准化边长与面积比，具体地讲，斑块形状指数是通常计算某一斑块形状与形同面积的圆或正方形之间的偏离程度来测量其形状复杂程度的。常见的斑块形状指数 S 有两种形式：

$$S_1 = \frac{P}{2\sqrt{\pi A}} \text{（以圆为参照几何形状）} \qquad (3.15)$$

$$S_2 = \frac{0.25P}{\sqrt{A}} \text{(以正方形为参照几何形状)} \tag{3.16}$$

式中：P 为斑块周长，A 为斑块面积。当斑块形状为圆形时，S_1 的取值最小，等于 1。当斑块形状为正方形时，S_2 的取值最小，等于 1。

2. 景观丰富度指数

景观丰富度 R 是指景观中斑块类型的总数，即：

$$R = m \tag{3.17}$$

式中：m 为景观中斑块类型数目。

在比较不同景观时，相对丰富度（relative richness）和丰富度密度（richness density）更为适宜，即：

$$R_r = \frac{m}{m_{max}} \tag{3.18}$$

$$R_d = \frac{m}{A} \tag{3.19}$$

式中：R_r 和 R_d 分别为相对丰富度和丰富度密度，m_{max} 为景观中斑块类型数的最大值，A 是景观面积。

3. 景观多样性指数

多样性指数 H 的大小反映景观要素的多少和各景观要素所占比例的变化。但景观是由单一要素构成，景观是均质的，其多样性指数是 0；由两个以上的要素构成的景观，当各景观类型所占比例相等时，其景观的多样性为最高；各景观类型所占比例差异增大，则景观的多样性下降（赵羿和李月辉，2001）。常用的景观多样性指数表达式包括两种：

（1）Shannon-Weaver 多样性指数（有时亦称 Shannon-Wiener 指数，或简称 Shannon 多样性指数）。

$$H = -\sum_{k=1}^{n} (P_k) \log_2 (P_k) \tag{3.20}$$

式中，P_k 为第 k 种景观类型占总面积的比例，n 为研究区中的景观类型的总数。

（2）Simpson 多样性指数。

$$H' = 1 - \sum_{k=1}^{n} P_k^2 \tag{3.21}$$

式中，P_k 为第 k 种中景观类型占总面积的比例，n 为研究区中的景观类型的总数。

4. 景观优势度指数

景观优势度 D 是多样性指数的最大值与实际计算值之差。优势度指数表示景观多样性对最大多样性的偏离程度，或描述景观由少数几个主要的景观类型控制的程度。优势度指数越大，则表明偏离程度越大，即组成景观各类型所占比例差异大，或者说某一种或少数景观类型所占优势；优势度小则表明偏离程度小，即组成景观的各种景观类型所占比例大致相当；优势度为 0，表示组成景观各种景观类型所占比例相等；景观完全均质，既由一种景观类型组成。

景观优势度指数计算公式为：

$$D = H_{max} + \sum_{k=1}^{n} (P_k) \log_2 P_k \tag{3.22}$$

式中，$H_{max} = \log_2^n$，P_k 为第 k 种景观占总面积的比，n 为景观类型总数。H_{max} 为研究区各类型所占比例相等时，景观拥有的最大的多样性指数。

5. 景观均匀度指数

均匀度指数 E 反映景观中各景观类型在面积上的不均匀程度，通常以多样性指数和其最大值的比来表示。景观均匀度指数计算公式为：

$$E = (H / H_{max}) \times 100\% \tag{3.23}$$

式中，E 为均匀度指数（百分数），H 为修改了的 Simpson 指数，H_{max} 是在给定丰富度条件下景观最大可能均匀度。H 和 H_{max} 计算公式为：

$$H = -\log_2 \left[\sum_{k=1}^{n} (P_k)^2 \right] \tag{3.24}$$

$$H_{max} = \log_2^n \tag{3.25}$$

P_k 和 n 的定义同上。

6. 景观破碎化指数

在较大尺度研究中，景观的破碎化状况是其重要的属性特征。景观的破碎化与人类活动紧密相关，与景观格局、功能与工程密切联系，同时它与自然资源保护互为依存。破碎化指数即为描述景观里某一景观类型在给定时间里和给定性质上的破碎化程度。常用的景观破碎化指数表达式包括两种：

（1）景观斑块数破碎化指数。该指数的计算公式为：

$$FN_1 = (N_p - 1) / N_c \tag{3.26}$$

$$FN_2 = MPS(N_f - 1) / N_c \tag{3.27}$$

式中，FN_1 和 FN_2 为两种某一景观类型斑块数破碎化指数；N_c 为景观数据矩阵的方格网中格子总数；N_p 为景观里各类斑块的总数；MPS 为景观里各类斑块的平均斑块面积（以方格网的格子数为单位）；N_f 为景观中某一景观类型的总数。

（2）廊道密度指数。廊道景观在研究区单位面积内的长度也是一种衡量景观破碎化程度的指数。廊道除了作为流的通道外，它还是分割景观，造成景观破碎化程度加深的动因；单位面积中廊道越长，景观破碎化程度越高。通过廊道密度计算，可以弥补斑块破碎化计算中同一景观类型破碎化程度被忽视的一面。

7. 景观聚集度指数

景观聚集度描述的是景观里不同生态系统的团聚程度。这一指数包含空间信息，因而广泛地被应用于景观生态学领域，也是描述景观格局的最重要的指数之一。聚集度的计算公式为：

$$RC = 1 - C / C_{max} \tag{3.28}$$

式中，RC 为相对聚集度指数（0~1 取值）；C 为复杂性指数；C_{max} 为 C 的最大可能取值。

C 和 C_{max} 的计算公式：

$$C = -\sum_{i=1}^{m}\sum_{j=1}^{m}P(i,j)\log[P(i,j)] \tag{3.29}$$

$$C_{\max} = m\log(m) \tag{3.30}$$

式中，$P(i,j)$ 为景观类型 i 与景观类型 j 相邻概率；m 为景观里景观类型总数。在实际计算中，$P(i,j)$ 可由下式估计：

$$P(i,j) = E(i,j)/Nb \tag{3.31}$$

式中，$E(i,j)$ 为相邻景观类型 i 与景观类型 j 之间的共同边界长度；Nb 为景观里不同景观类型间边界的总长度。

RC 的取值大，则代表景观由少数团聚的大斑块组成，RC 取值小，则代表景观由许多小斑块组成。

8. 分维

分维或分维数（fractal dimension）可以直观地理解为不规则几何形状的非整数维数。而这些不规则的非欧几里得几何形状可通称为分形（fractal）。不难想象，自然界的许多物体，包括各种斑块及景观，都具有明显得分形特征。

对于单个斑块而言，其形状的复杂程度可以用它的分维数来量度。斑块分维数可以下式来求得：

$$P = kA^{F_d/2} \tag{3.32}$$

即：

$$F_d = 2\ln(\frac{P}{k})/\ln(A) \tag{3.33}$$

式中，P 为斑块的周长，A 为斑块的面积，F_d 为分维数，k 为常数。对于栅格景观而言，$k=4$。一般来说，欧几里德几何形状的分维数为 1；具有复杂斑块的分维数则大于 1，但小于 2。

在用分维数来描述景观斑块镶嵌体的几何形状复杂性时，通常采用线性回归方法，即：

$$F_d = 2s \tag{3.34}$$

式中，s 为对景观中所有斑块的周长和面积的对数回归而产生的斜率。因而这种回归方法考虑不同大小的斑块，由此求得的分维数反映了所研究景观不同尺度的特征。

9. 景观要素的面缘比

景观要素的面缘比，即景观要素面积与周长的比值。面积及周长可以从地理信息系统数据库中直接得到。景观要素的面缘比是景观要素的形状指标，决定了景观要素的边界效应和形状特征。面缘比比较大说明该景观要素单元形状简单，边界效应不明显。

10. 景观要素的面积优势度及功能优势度

每一要素都有其特定的功能，因此可以通过分析比较景观要素在区域中所占的空间大小、功能贡献率来了解整个生态系统的功能特点。

$$Y_A = \frac{A_i}{\sum\limits_{i=1}^{n}A_i} \tag{3.35}$$

式中，Y_A 为面积优势度，A_i 为第 i 类景观要素的面积，n 为景观要素的个数。

$$Y_F = \frac{P_i}{\sum\limits_{i=1}^{n} P_i} \tag{3.36}$$

式中，Y_F 为功能优势度，P_i 为第 i 类景观要素的产值。

11. 廊道密度

景观具有双重性质，一方面被分割成许多部分（或组分），另一方面又被廊道连接在一起，所以廊道在很大程度上影响景观的连通性，也影响斑块间物种和能量的交流。廊道的增加是导致景观破碎化的动因，廊道的类型与所分布的景观类型密切相关。城郊景观廊道一般可分为自然廊道与人工廊道两大类（宗跃光，1999）。人工廊道以交通干线为主，自然廊道以河流、植被带为主。廊道的开通为人类活动提供了便利条件，廊道的密度越大，表明人类活动越频繁。廊道密度用廊道长度与所在区域面积的比值表示。

12. 人为干扰指数

人类对景观的干扰主要集中在对土地的利用和改造上，所以可以通过研究人类对土地利用程度的大小，来衡量其对景观的干扰程度。表 3-2 所表达的是土地利用程度或人为干扰的分级依据，并将土地利用程度分为 4 级，以此来代替人为干扰指数（庄大方和刘纪远，1997）。

表 3-2　人为干扰（土地利用程度）分级表

类型	未利用土地类	林、草、水用地类	农业用地类	城镇聚落用地类
土地利用类型	未利用或难利用地	林地、草地、水域	耕地、园地、人工草地	城镇、居民点、工矿用地、交通用地
利用程度分级指数	1	2	3	4
人为干扰分级指数	1	2	3	4

三、乡村聚落景观的关键生态空间分析

乡村聚落景观关键生态空间分析的目的就是识别出维护乡村地域的生态安全和健康的生态基础设施。生态基础设施本质上讲是区域的可持续发展所依赖的自然系统，是区域及其居民能持续地获得自然服务（包括提供新鲜空气、食物、体育、游憩、安全庇护以及审美和教育等）的基础。因此，它是乡村聚落及其居民获得持续的生态系统服务的基本保障，也是村镇扩张和土地开发利用不可触犯的"生态红线"。

(一)评价原则

1. 要为后续的生态景观格局优化服务

关键生态空间评价主要目的是为生态景观格局优化提供依据。因此，评价指标应能够具有空间性，能结合 GIS 把评价结果落实到每一个土地利用斑块中，尽量地实现生态景观评价的定量与定位化，能够为后续的规划设计提供理论依据。

2. 体现乡村聚落主要的生态环境问题

乡村聚落生态重要性是人为因子和自然因子共同影响的结果。乡村聚落面临的主要生态环境问题是水资源保护、生物多样性保护和灾害规避与防护等。因此，从乡村聚落的实际生态问题出发，运用生态敏感性评价方法，借助 RS 和 GIS 技术手段，根据数据的可获取性，构建乡

村聚落的关键生态空间评价指标体系。

（二）评价指标体系框架

根据上述乡村聚落关键生态空间评价的内涵以及上述指标选取的原则，考虑到目前国内外有关生态敏感性评价的各种方法，构建 3 个层次的关键生态空间评价指标体系：第 1 层次是目标层（object），即生态重要性综合指数（ERSI）；第 2 层次是项目层（item），即乡村聚落主要生态重要性的影响因素：水资源安全因子、生物保护因子、灾害防护因子和人类干扰因子等 4 个方面；第 3 层次是指标层（index），即每一个影响因素主要由哪些具体指标来表达。具体结果见表 3-3。

表 3-3 乡村聚落关键生态空间评价指标

目标层	项目层	指标层
关键生态空间综合指数	水资源安全系数	距河湖水系的距离
		水体分布状况
		水源保护区类型
	生物保护系数	植被覆盖指数
		植被类型
		生境敏感性指数
	灾害防护系数	距地质灾害危险区距离
		坡度
		土地利用类型
	人类干扰系数	主要交通干线影响强度指数
		村镇建设用地影响强度指数
		人口聚集度

1. 水资源安全指标

水资源是乡村聚落地域生态系统中的重要组成部分。乡村聚落大小水体星罗棋布，是构成特色景观的重要因素。综合水安全就是从整个流域出发，流出可供调、滞、蓄洪的湿地和河道缓冲区，满足洪水自然宣泄的空间，同时包括保障区域水安全的水源保护用地。水资源的空间评价方面主要是要识别出保障区域洪水安全的生态基础设施（ecological infrastructure，EI）以及水资源保护的 EI。区域洪水安全的 EI 主要采用距河湖湿地的距离指标进行评价；水资源保护的 EI 主要采用水体分布状况以及水源保护区类型两项指标进行评价。水体分布对景区的景观和生态质量均有较大的影响，按照集中大水体（面积＞1 hm²）、较集中小水体（面积 0.5～1 hm²）、分散的小水体（面积＜0.5 hm²）以及无水体的 4 个等级进行划分。采用水源保护区类型这一指标主要基于两方面考虑：一是水源保护区类型划分，国家已经有相关的标准，且能体现水源保护的空间范围，便于 GIS 操作；二是用水安全最重要的水质量数据难以获取，且难以体现空间分布特征。

2. 生物保护指标

生物保护系数主要是维护乡村聚落的生物多样性安全指标，可以采用植被类型、植被覆盖指数和生境敏感性指数 3 项指标进行评价。一般而言，生态系统生物多样性服务功能高的地方都能为濒危物种提供良好生境。根据乡村聚落的土地利用类型和谢高地等（2003）制定的生物多样性服务当量，计算出林地、园地、耕地、湿地等生物多样性服务价值（其中园地的生物多样性当量因子取森林和草地的平均值），然后根据保护级别予以修正。计算式如下：

$$HSI = l \times n \times m \tag{3.37}$$

式中，HSI 为生境敏感性指数，l 为土地利用类型，n 为生物多样性服务当量，m 为保护级别修正值，其中自然保护区赋值为 1.75，公园为 1.5，风景旅游区 1.25，其他地方为 1。

3. 灾害防护指标

灾害防护系数主要识别出规避灾害风险和防护灾害发生的生态资源，可采用距地质灾害危险区的距离、坡度和土地利用类型 3 项指标进行评价。乡村聚落内坡度变化相对较大，坡度越大，水土越容易流失，植被受到破坏越不容易恢复，生态与视觉上都带来较大的冲击，而坡度平缓的地方，土地肥沃，植被茂密，能够容忍强度较大的开垦和建筑修路等活动，抗干扰能力较强，同时坡度的变化也影响到生态防护措施的采取。乡村聚落内的林地等土地利用类型对土壤侵蚀灾害防护非常重要，因此区域内将不同的土地利用类型进行等级划分与赋分。

4. 人类干扰指标

人类干扰系数主要反映人类活动对生态资源的干扰程度，其与生态资源的重要性成反比，可采用交通干线影响强度指数、建设用地影响强度指数和人口聚集度 3 项指标进行评价。其中交通干线影响强度指数和建设用地两种影响强度指数，都通过缓冲区技术来实现，表征交通干线和建设用地对生态环境的影响强度以及随距离的衰减特点。人口聚集度反映人为对生态资源的干扰程度。人口聚集度越大，对生态资源的干扰程度就越大，则生态资源的重要性就越低。人口聚集度的计算公式如下：

$$PGI_j = \frac{P_j}{n} \cdot \lambda \tag{3.38}$$

式中，PGI_j 为第 i 个居民点要素的人口估计值（通过土地利用现状图提取居民聚落要素）；P_j 为第 j 个人口统计地域的人口总量；n 为第 j 个统计地域的人口聚落总个数；λ 为加权数（根据离乡镇中心与道路距离的大小反距离加权）。以上述模型为基础，通过克里格（Kriging）模型插值生成人口聚集度表面模型（Surface）。

不同指标对各重要性因素的影响、贡献程度不同。根据各单因子重要性等级按极重要、重要、较重要和一般分别赋值为 7、5、3 和 1（表 3-4）。

表 3-4　乡村聚落生态重要性评价指标的分级标准

评价因子	指标	基本生态元素对构成 EI 的贡献分级			
		极重要	重要	较重要	一般
水资源安全	距河湖水系的距离	<50m	50～100m	100～150m	>150m
	水体分布状况	集中大水体	较集中水体	分散小水体	无水体
	水源保护区类型	一级水源保护区	二级水源保护区	准级水源保护区	无
生物保护	植被覆盖指数	0.6～1	0.4～0.6	0.2～0.4	0～0.2
	植被类型	阔叶林、针叶林	灌丛	农田、草地	无植被
	生境敏感性指数	>3	2.5～3	1.5～2.5	<1.5
灾害防护	距地质灾害危险区距离	<100m	100～200m	200～500m	>500m
	坡度	>25°	15～25°	5～15°	<5°
	土地利用类型	林地	园地、草地、水域	耕地	未利用地、建设用地

续表 3-4

评价因子	指标	基本生态元素对构成 EI 的贡献分级			
		极重要	重要	较重要	一般
人类干扰	主要交通干线影响强度指数	＞500m	200～500m	100～200m	＜100m
	村镇建设用地影响强度指数	＞1 000m	500～1 000m	200～500m	＜200m
	人口聚集度	＜300	300～400	400～500	＞500

(三)乡村聚落景观关键生态空间评价方法

单因子分析得出的重要性状况,只是反映了某一因子的作用程度,没有综合地反映区域生态资源。因此,必须对上述各项因子分别赋值,再通过下面的方法来计算生态安全指数。

$$\text{EII}_j = \sqrt[n]{\prod_{j=1}^{n} C_{ij}} \tag{3.39}$$

式中,EII_j 为维护第 j 个生态安全问题的重要性指数;C_{ij} 为维护第 j 个生态安全问题中的第 i 个因子的重要性等级值,n 为因子数。然后根据分级标准来确定重要性等级。根据上式,利用 ArcGIS 10.2 的空间叠加分析功能,得到维护各生态问题的重要性评价值图。表 3-5 是重要性评价值的标准划分等级。

表 3-5　生态重要性评价综合指数的分级标准(谢花林和李秀彬,2011)

重要性等级	极重要	重要	较重要	一般
EII_j	＞6	6～4	4～2	＜2

由于不同生态空间维护生态环境问题之间是相互独立的,为了突出生态系统维护生态问题的重要性状况,在对生态空间维护多个生态环境问题进行综合评价时,采用取最大值的方法,通过 ArcGIS 10.2 的空间分析模块来实现,得到空间上每个栅格上的关键生态空间综合指数(EISI)。

$$\text{EISI} = \text{Max}[\text{ERI}_j] \tag{3.40}$$

四、乡村景观的"源""汇"格局分析

景观生态过程改变也会使景观格局产生一系列的响应。与景观格局不同,景观过程强调事件或现象的发生、发展的动态特征。乡村景观过程分析常采用的方法是景观过程模型方法,景观过程模型(landscape process model)是一种基于生态过程的、复杂的和动态的空间显性模拟模型,通常是利用空间和过程技术,模拟不同生态驱动因素下异质、动态景观格局及其变化。景观过程模型涉及一系列生态驱动变量,能够展示特定区域景观系统结构和功能变化。其中,环境科学中"源""汇"理论可以将景观格局与景观过程有机融合在一起,生态过程演变中景观要素可能起正向推动作用或负向滞缓作用,形成"源""汇"景观。"源"特指某一过程的起点和源头,"汇"则指某个过程消失的地方。"源""汇"景观是格局—过程互馈理论从格局与过程互馈出发,在明确生态过程的基础上,"源—汇"景观理论能够应用于缓解非点源污染、土壤侵蚀,识别亟须修复的乡村景观,为乡村景观提供调控生态过程的途径。

以"源""汇"理论角度,扩张"源"与阻力"汇"之间的博弈被看作物质对空间的竞争性控制

和覆盖过程,此类过程的判别和模拟是分析景观演变的关键途径。在乡村地区,自然斑块之间、人工斑块之间、人工与自然斑块之间长期以来持续不断地出现这类空间博弈。例如在某些传统乡村地区,工业、商业、旅游用地等强势"源"正在不断吞并其他空间,造成传统乡村和生态斑块的持续消亡。借由"源""汇"格局模拟自然生态、传统乡村和现代产业用地之间的空间博弈过程,发掘其潜在的扩张以及相互"挤压"的规律,有利于探索乡村地区不同用地的适宜性区属和可持续发展路径。

1. 乡村景观的"源"

从物质、能量平衡的角度,"源"景观单元上的物质能量输出要大于输入,即有物质能量从该景观单元补充到其周边景观单元。传统乡村文化景观呈现的面貌往往是生态斑块和传统人工斑块在长期的相互消长和制约关系中达到的某种动态平衡状态。随着现代化、工业化的发展,工矿厂房、交通旅游设施等更为强势的用地类型出现,这类平衡被骤然打破。因此,在传统乡村景观保护中确定"源"的类别,尤其是确定"保护源"和"风险源"的类别以及其扩张规律,是将"源""汇"理论楔入传统乡村景观保护中的重要环节(表 3-6)。"保护源"一般应具备较高的原真性和完整性,并应具有一定的扩张力和影响力,能够在阻力相对弱的区域生长和相互串联,形成传统乡村景观的能量传输网络。"保护源"是一个附着文化观念和社会价值的自然文化有机体,可以是传统地域的生活、生产、生态的空间类型。另外,在乡村地区,城镇、工业、旅游等用地类型的扩张和侵蚀均是造成传统乡村景观破碎化的主导因素。因此,附着此类属性的空间类型被认为是传统乡村景观的主要"风险源"。

表 3-6　传统乡村景观"源"的主要类别

"源"属性	类别	子类别	具体"源"地
保护源	生态"保护源"	生物多样性源	林地、山体、湿地等
		水土保持源	山体、丘陵、水系等
		水系保护源	河道、湿地等
	生产"保护源"	农业源	耕地、林地、园地
		渔业源	水域
		牧业源	草地
	生活"保护源"	居住源	居住空间及周边
		交通源	街巷空间
		交往源	活动空间、商业空间
		宗教信仰源	寺庙、道观等
		民俗文化源	乡村活动聚集地
		美学价值源	观光地
风险源	环境恶化"风险源"	土壤污染	被污染的各类用地
		水污染	被污染的各类水系
		水土流失	陡坡地、裸地等
	旅游、商业侵扰"风险源"	旅游侵蚀	旅游目的地、大型观光园
		商业侵扰	商业中心、仿古商业街等
	城镇扩张"风险源"	城镇干扰	工业园区、大型村镇
		交通干扰	高架路、城乡快速路等

2. 乡村景观的"汇"

"汇"是"源"景观扩张的阻力因素或消减区域,也指可以阻止或延缓某个景观过程发展与正向演变的景观类型。在某个景观过程中,该景观单元上的物质能量输入要大于输出量。基于不同的"源"类型,"汇"的类型也有所不同,甚至相互转化(表3-7)。如历史上乡村地区居民往往以聚落为中心,通过采集或农业耕作方式改造自然、扩张用地空间,由于生产力水平低下,往往和自然环境之间形成共生又相互"挤压"的空间关系。从景观"源""汇"过程来看,自然环境和人类生产生活景观单元在乡村地域内协同共生,也互为阻力"汇"。随着人类改造自然能力的逐步增强,居民点、生产地等人工斑块的扩张能力得到巨大提升,自然生态斑块的"汇"阻力作用则逐步减弱;相反,自然生态、传统乡村景观"源"的扩张受到商业建筑、工业厂房和城市快速路等人工景观类型"汇"的巨大阻力,逐渐萎缩。

表 3-7　乡村景观"汇"的主要类别

"汇"类别的划分方法	主要类别
按照"源"属性划分	"保护源"的"汇","风险源"的汇
按地貌类别划分	山地、丘陵、平原等
按土地利用方式划分	林地、耕地、草地、建设用地、水域、未利用地等
按植被覆盖度划分	高、中、低等
按坡度划分	平坡、缓坡、中坡、陡坡等
其他因素	人口容量、旅游容量、经济状况、距道路或资源点的距离等

3. 乡村景观"源""汇"效应及过程的模拟方法

"源""汇"效应及过程的模拟需呈现"源"经过不同阻力的景观所耗费的费用或者克服阻力所做的功,使用最小累计阻力模型(minimum cumulative resistance,MCR)来实现。最小累计阻力模型可应用于土地资源空间格局生态优化、城镇土地空间重构等方面,具有广泛的适用性。可呈现乡村生态、人文景观的潜在过程及趋势。该模型主要考虑源、距离及基面阻力特征3个因素,基本公式如下:

$$\mathrm{MCR} = f_{\min} \sum_{j=n}^{i=m} (D_{ij} \times R_i) \tag{3.41}$$

式中,$f_{\min}$为一个未知的正函数,反映空间中任一点的最小阻力与其到所有源地的距离和阻力基面特征的相对关系;D_{ij}为某一质点从源j到空间某一点所穿越的某景观基面i的空间距离;R_i为景观i对该质点运动的阻力系数。$D_{ij} \times R_i$的累加值可以视为景观源地到空间某一点的某一路径的相对易达性衡量指标。该模型可以用来反映乡村景观的生态、人文的"源""汇"的潜在过程和趋势。

第四节　乡村景观人文价值评价

乡村景观是乡村振兴和生态文明建设的重要载体,具有重要的人文价值。中华民族的数千年历史长河中,形成了众多极具特色的乡村景观,是风景审美、社会关系、文化身份与"恋地情结"的空间承载。本节在总结乡村景观的人文价值评价的相关理论与方法的基础上,简要介绍了乡村景观人文价值的综合评估体系。

一、乡村景观的人文价值范畴与分类

(一)人文价值的范畴

在地理学与生态学研究中,价值是与人类感知相关的一个心理学与文化概念(Nijkamp et al.,2008)。景观价值是景观的一个感知属性,体现了人与景观之间互动的结果;人类通过思考、感受和行动,赋予景观特定的意义与价值(Brown,2004;Brown and Brabyn,2012)。根据(de Groot et al.,2002)等学者的研究以及千年生态系统评估的框架,景观功能及其服务受景观格局与生态过程的影响,而景观提供的人文价值则以人对景观服务的需求为出发点,其与人类福祉紧密相连,可认为是景观实体与人类之间的桥梁(图3-3)。以生态学视角开展的乡村景观研究中,目前已越来越重视人类对于乡村景观多元价值的感知与认知,以及价值导向下的生态景观规划与管理。

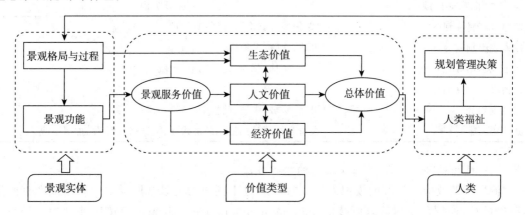

图3-3　景观格局、功能、价值与人类福祉框架

注:基于de Groot et al.,2002;Millennium Ecosystem Assessment,2005等文献绘制

因此,乡村景观具有可被人类感知的、与人类需求紧密相连的经济价值、生态价值和人文价值。结合人与景观关系及其社会-文化价值的相关研究,乡村景观的人文价值可被认为是人类从乡村景观中获得的,或对乡村景观赋予的一种无形的、非使用的价值。与景观的经济价值、生态价值相比,乡村景观的人文价值体现了乡村提供的休闲游憩资源、知识教育场所以及历史文化传承的作用,其与农户、乡村居民以及参与乡村游憩活动的城市居民均有重要联系。

(二)人文价值的类型划分

千年生态系统评估是生态学界对生态系统/景观价值研究成果的突出代表,其提出了"生态系统服务"的研究框架,其中包含了"文化服务"的概念,并将文化服务划分为美学价值、教育价值、文化多样性等10大类价值(Millennium Ecosystem Assessment,2005)。此外,以Brown为代表的人文地理学与景观研究背景的学者也提出了景观价值(landscape value)框架,其基本思想来源于罗尔斯顿(Rolston)提出的自然价值论(张德昭和徐小钦,2004),该框架将景观价值作为"地方感"(sense of place)的操作性定义,致力于使用参与式制图/GIS技术为载体的地点标绘方式,将社会群体的赋值进行空间显式表达,其构建出的14种价值组成的体系中的大部分类型与人文价值相关(Brown,2004)。近年,上述两种与景观的人文价值相关的理论体系逐渐走向融合,景观价值研究与生态系统服务的框架相结合,又被称为生态系统服务的社会价值(Brown,2013)。国内学者的研究多与国外的价值类型划分相类似,在乡村景观的相关研究中,国内学者结合国外文献基础和研究案例区的实际情况对价值类型进行了增减。

由表 3-8 可以看出,景观的美学价值、游憩价值、精神价值、文化价值等均被纳入各研究的分类体系中,许多研究也选择了知识价值、教育价值等。结合我国乡村景观的特征,本书将乡村景观的人文价值分为美学价值、游憩价值、精神价值、社会价值、科学教育价值、历史文化价值 6 大类。

表 3-8   国内外景观人文价值相关分类体系

名称	价值分类	说明	代表案例
生态系统文化服务、景观文化服务	文化多样性、精神与宗教价值、知识系统、教育价值、灵感、美学价值、社会关系、地方感、文化遗产价值、游憩与生态旅游	"生态系统服务"框架中的"文化服务"部分	(Millennium Ecosystem Assessment,2005)
景观价值、社会价值、社会文化价值	美学价值、经济价值、游憩价值、生命可持续价值、学习价值(知识)、精神价值、内在价值、历史价值、未来价值、生存价值、治疗价值、文化价值等	人类对景观的赋值,用于价值标绘与制图	(Brown, 2004;Fagerholm et al.,2012)

1. 美学价值

美学价值是乡村景观最基本的人文价值。早在 16 世纪末,景观即作为一个美学概念,是地区风景和视觉现象的描述。乡村景观的美学价值是自然美和形式美的统一:一方面,相对于存在大量人工建筑物的城市景观而言,乡村景观具有自然的美感,含有植被和水域等自然特征的乡村景观普遍受到人们的喜爱;另一方面,乡村景观具有奇特性、有序性、视觉多样性等形式上的美学特性,景观斑块与廊道在乡村空间的分布错落而有致,其线条、形状和颜色能呈现出丰富多样的视觉质感。人们通过不同方式观看与接触乡村景观,形成个人的审美体验,从而感知到美学价值。

2. 游憩价值

"游憩"指人们在日常生活中闲暇时为振作精神而进行的休闲娱乐活动。乡村景观以其宁静和开阔的特性,成为人们身心放松与恢复的场所。乡村居民在景观中进行散步、运动等户外活动,城市居民到乡村开展短途旅行,与大自然亲近从而释放压力,这些活动都体现了乡村景观的游憩价值。随着我国快速城镇化的推进,乡村景观逐渐由生产性主导向多元价值协同发展转型,提升乡村景观的游憩价值有利于乡村产业结构调整与生态文明建设。

3. 精神价值

精神价值是人们赋予乡村景观的神圣性、宗教性或特殊的精神性。自然要素难以被人类完全约束,许多乡村自然景观都被视为神圣之地和神明的居所,尤其表现在山地景观中,东西方最早赋予山地景观的都是以恐惧、逃避为核心的宗教意义,后来才逐渐赋予其积极的情感与依恋情结。除了乡村自然景观,精神价值也集中于乡村聚落景观,如庙宇、墓园等作为祭祀先祖的场所,被人们赋予较高的精神价值。

4. 社会价值

乡村居民在劳作和日常事务后的闲暇时间里,常在特定地方进行社交活动,乡村景观为不同的社会人群提供了交流与交往的机会。快速城镇化背景下劳动力的转移,一定程度上导致了乡村人口的流失,具有较高社会价值的乡村景观能够促进居民的交流,减轻居民的孤寂感,提升乡村社会的凝聚力。同时,乡村景观也为本地居民与外地居民之间相互沟通、增进了解提供了场所,从而促进了不同社会群体的融合。在文化生态系统服务中,社会价值获得的关注较少(Cheng et al.,2019),其在乡村景观中不可或缺的意义应在研究中得到相应的重视。

5. 科学教育价值

乡村景观具有科学教育价值,其对于不同社会群体表现为生计性与体验性等不同层次。对于长时间从事农业生产的居民而言,乡村景观提供了种植、放牧与养殖等技能,以及采用当地传统材料建造居所的能力,这些劳动知识与经验通过言传身教不断延续;对于不直接从事农业生产的城市居民,尤其是儿童与青少年,也可通过亲自参与种植、采摘等方式获取乡村景观教育价值的认知,充分认识大自然的规律,通过环境教育加强对所处地域环境的理解。

6. 历史文化价值

乡村是中华文明的发源地,是我们祖先繁衍生息的地域,附带了集体的文化记忆,寄托了文明归属和历史定位(申明锐等,2015)。因此,乡村景观具有重要的历史文化价值。国际古迹遗产理事会在《关于乡村景观遗产的准则》文件中认为一切乡村地区皆为景观,乡村景观包含丰富的物质文化及非物质文化遗产(ICOMOS,2017)。我国辽阔的疆域与丰富的资源,使乡村景观的文化价值具有地域性和多样性,各地既有极具特色的名胜古迹、传统民居、种植工具等物质文化,也有深受人们喜爱的民间故事、风俗节日、诗词歌赋等非物质文化,如今的乡村景观是文化传承与活动开展的重要场所。

二、乡村景观的人文价值评价体系

(一)评价思路与框架

乡村景观的人文价值评价涉及社会群体的感知与认知等社会文化研究内容,故基于专家经验的多指标加权求和整体评估的"自上而下"方法已不再适用。基于乡村景观的人文价值范畴和特征分析,构建了"自下而上"的价值评价的思路与框架,如图 3-4 所示。其中,环境心理学的量化方法可衡量价值感知强度,景观生态学的空间分析技术可研判其价值分布格局,人文地理学的数理统计与文本分析方法可探索价值的影响因素,可持续发展与可持续性科学的研究手段可为价值保护与发展提供科学建议。

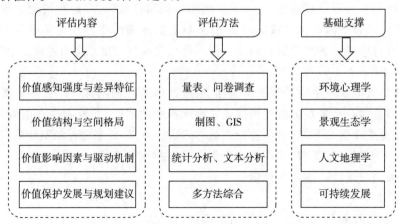

图 3-4　评价思路与框架

(二)评价数据与方法

1. 访谈资料及文本分析

访谈法属于质性研究范畴,因其对复杂的社会人文现象能进行理解、思辨与推论,而广泛应用于乡村景观尤其是具有特殊意义的聚落景观的风险、演变与社会文化意义等研究中。自人文地理学的社会转向和文化转向以来,以访谈、文本分析为核心的定性研究方法因能对复杂的社会人文现象进行思辨与推论,已成为人文地理研究的主流方法。将访谈资料转录为文字后,基于 NVivo 等质性分析软件对获取的资料进行文本分析,整理与推断受访者对乡村景观的真实看法。在乡村景观的人文价值评估中,通过对不同的社会群体进行面对面访谈,获取受访者对乡村景观的形象感知、价值现状认知与保护态度,并进行深入剖析。此外,访谈及文本分析也可以为问卷设计与表述提供参考依据和修正依据,且可深入分析与解释问卷调查与制图结果背后的驱动机制。

2. 问卷调查及统计分析

乡村景观的人文价值具有非物质性,难以用经济学的货币化方法进行衡量。与经济学不同,环境心理学中的价值是通过独立的量表来衡量的,这些量表允许不同群体或不同时间尺度的内在价值比较,这种价值也被称为分配价值(assigned values)(Ives and Kendal,2014)。与人类对景观的价值感知相关的量表既包括自然区域价值量表(natural area value scale)这类较为成熟的量表,也包括根据不同学者的测量项改编而成的量表等(Ives and Kendal,2013;Gobattoni et al.,2015),在人文价值评估中应根据前文划分的价值类型,选择相应维度的题项进行表征。而在实际的问卷调查中,往往通过多指标的建构,使用标准化的回答来提高测量层次,常见的测量方法为 5 点制的李克特量表(Likert scale),即设定"非常不同意"至"非常同意"5 个选项,分别赋 1~5 分,以此反映人文价值的感知强度。

3. 参与式制图及空间分析

乡村景观具有空间异质性,传统的统计分析方法不完全适用于复杂的景观评估研究,而需以空间显式(spatially explicit)的方式从多尺度进行分析(邬建国,2004)。参与式制图(participatory mapping)是获取社会群体对于景观价值感知空间分布的一种重要的空间显示方式,也是实现社会公众参与景观评估与环境决策的一种"自下而上"的方法(Sherrouse et al.,2011;Fagerholm et al.,2012)。常用的参与式制图形式包括通过用铅笔或马克笔在地图上勾绘地点、用彩色编码不干胶在地图上定位、预设与编号若干地点并在问卷中询问等(Plieninger et al.,2013),在实际研究中往往根据案例区特征与居民响应进行灵活调整。参与式制图常与 GIS 技术相结合,也称为参与式 GIS 或 PGIS,基于数字化的填图进行空间分析,采用密度分析、热点分析等分析方法,综合反映乡村景观人文价值特征的空间分布,展现价值点与景观格局、地理空间要素之间的关联,对于景观保护与空间规划决策的实施具有重要参考意义。

(三)评价内容与技术路线

基于不同社会群体对景观人文价值的主观感知,本节构建了由价值感知群体与评估要素识别、价值总体特征评估、价值空间格局制图、价值影响因素判别、价值保护与规划建议 5 部分构成的评价体系,以期更好地适应乡村景观管护和可持续发展的要求(图 3-5)。

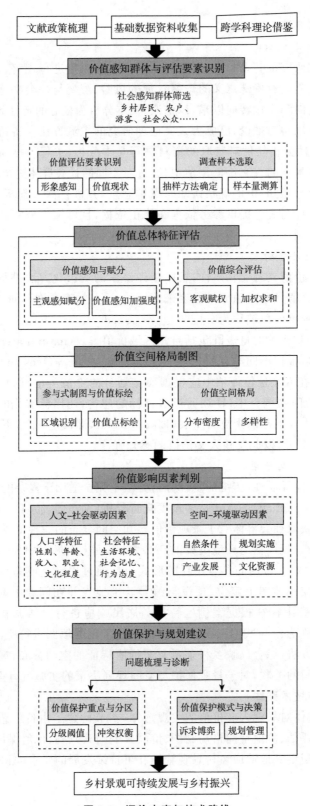

图 3-5 评价内容与技术路线

1. 价值感知群体与评估要素识别

首先在人文价值分类体系已确定的基础上,对价值感知的不同群体进行识别。乡村景观的人文价值感知社会群体是乡村景观的利益相关者,包括政府、当地居民、社会公众和消费者等不同类别(高凌霄和刘黎明,2017),因此针对各群体进行半结构访谈,获取受访者与乡村的关系、对乡村景观的保护态度与利用行为等,从这些群体中进行价值感知群体的进一步筛选。同时,对访谈文本进行基于扎根理论的编码分析,研究不同社会群体对乡村景观形象感知与价值现状感知特征,识别乡村景观人文价值评估的具体要素。

其次,确定价值感知群体调查的抽样方法与样本量。因价值感知群体的总体数量能确定或大致推断,从而获取合理的抽样框,故选择简单随机抽样或分层抽样作为概率抽样方法,以保证样本的代表性。采用 Scheaffer 公式确定抽样的样本量大小:

$$n = \frac{N}{(N-1)\delta^2 + 1} \tag{3.42}$$

式中,n 为抽样样本量,N 为价值感知群体的总体数量,δ 为抽样误差,一般设定为 0.05 或 0.06。确定样本量后,收集与准备基础数据资料,包括正射影像图、土地利用现状图、正式调研问卷以及研究区自然资源与社会经济数据等,确保在正式调研前获得所有的基础信息资料。

2. 价值总体特征评估

通过问卷调查与半结构访谈相结合的方式收集价值感知数据,将不同群体的赋值进行量化。问卷主要包括 3 部分内容:价值主观感知赋分、受访者社会人口学特征信息、其他开放性问题。问卷表述根据不同群体的心理与文化水平差异,对上文给出的 6 大类人文价值用通俗易懂的陈述语句进行说明与描述,使受访者易于理解并回答。价值感知赋分采用李克特量表按 1~5 分赋分,用于衡量各类人文价值感知的强度;受访者的社会人口学信息包括性别、年龄、收入、教育水平等特征变量,以及居住时间与地点、对景观的熟悉程度等其他变量。将收集的所有问卷汇总后录入,并采用均值、标准差描述价值总体特征及其差异性。

在对样本的价值总体感知特征分析基础上,对乡村景观的 6 类人文价值指标进行加权求和综合评估,比较不同村落的价值高低。在确定各类价值指标权重时,为体现评估体系的“自下而上”特征并排除主观因素的干扰,采用由样本数据信息决定权重的客观赋权法,如熵权法等,从而更好地反映价值总体特征。

3. 价值空间格局制图

用参与式制图与 GIS 手段对价值的分布格局进行空间化。首先,准备适宜大小的调研地区正射遥感影像图以及土地利用现状图并进行简要介绍,要求受访者在地图上确定方位,并找出其所在乡村的位置,如果有困难,则由调查者帮助确认主要地物标志,从而让受访者建立空间概念(陈幺等,2015)。然后,让参与者在图上标绘出多个主观感知的人文价值点,每个价值点可以具有相同的重要性,也可以由受访者赋予不同的权重,同时允许受访者不识别或标绘某些价值。相应价值点绘制完毕后,询问并记录受访对象选择这些点的原因,为进一步分析提供支持。

在 ArcGIS 中将获得的填图进行数字化,统计不同价值点的个数与求和分值。采用核密度分析,反映人文价值点的空间分布密度;采用热点分析,反映人文价值的空间聚集状况;采用对应分析,将土地利用现状图与核密度栅格图层叠加,探究景观人文价值与景观客观要素在空间分布上的相互关系。此外,借鉴景观生态学中的景观多样性、景观优势度等指数,基于图层中的价值点分布构建人文价值多样性指数、人文价值优势度指数,进行人文价值空间格局的分析。

4. 价值影响因素判别

乡村景观的人文价值作为一种人文要素,与纵向上的地理环境和横向上的区域差异均紧密相连。故价值影响因素既包含不同个体或社会群体感知的差异化特征,也包括村庄空间与区位上的种种要素,即归纳为人文-社会因素以及空间-环境因素两大类。

人文-社会因素包含受访者的社会人口学特征,即性别、年龄、职业、文化程度等变量,此外还包括不同社会群体的生活环境、与景观的关系等,这些因素从不同群体问卷调查中获取,基于 t 检验、方差分析等统计方法剖析不同群体价值感知的差异,基于回归分析判断价值强度的主要影响因素。空间-环境因素则主要包括村庄的类型、发展模式、规划实施、文化特色等,这些因素之间的关系与结构往往具有空间异质性与非平稳性,通过对价值分布格局与空间-环境因素的表征指标进行空间统计分析,合理判别主要的空间-环境影响因素。

5. 价值保护与规划建议

基于乡村景观的人文价值总体特征、空间分布和影响因素判别的基础上,对案例区人文价值的现状、问题进行梳理与系统性诊断,通过总结价值保护历史路径与经验,对人文价值进行综合提升,从而为景观规划、保护与治理提供依据。人文价值提升与规划包括判定价值提升重点与分区,以及规划决策机制与模式两大部分内容。

对于价值提升重点与分区,将价值制图中各景观指数值划定分级阈值,作为划分保护优先与重点提升区域的标准,并将划定的价值区范围与现有的乡村景观规划进行叠加,识别出潜在的价值空间冲突地点,从而为现有规划的调整与修编提供建议。对于规划决策机制与模式,充分挖掘价值评估中半结构访谈的文本内容,分析不同社会群体对价值提升的诉求以及规划中可能存在的问题,以组织焦点小组讨论的形式征求不同群体的意见,并通过不同群体价值诉求的权衡与博弈,进一步完善价值保护与规划管理的机制。

(四)评价实施途径与保障

发挥多学科优势并促进跨学科合作是评估开展的前提。乡村景观的人文价值评估涉及景观生态学、人文地理学、环境心理学等多学科研究内容,因此应统合不同领域研究者对人文价值的理解,构建共同参与的跨学科评估团队,明确不同学科体系下的评估分工与职责,同时依靠跨学科团队工作的力量,提升人文价值在乡村景观规划中的重要性,使评估程序得以落实。

建立健全人文价值数据库与信息平台是评估工作的依托。大数据时代背景下的景观调查与评估,不应局限于某一特定时点的人文价值,而需建立感知数据库平台,将不同的时间节点多次调研得到的访谈信息、数据编辑与绘图内容进行综合比较与分析,从而为乡村景观的动态保护提供决策依据。此外,可开发专用的制图应用程序与网站,并对农户与乡村居民进行培训,以方便价值感知空间制图的操作过程。

探索社会群体积极参与的模式是评估持续推进的方向。不同社会群体均能从乡村景观的人文价值中获得益处,在乡村景观的保护与建设中均扮演着重要的角色。为保证人文价值评估工作的持续性,应深入探索更加人本化的评估模式,推动社会群体的积极参与。与此同时,过于强调"自下而上"的社会群体参与也存在随机性较大的问题,可能导致乡村景观管理的低效与负担,因此应与"自上而下"的政府决策相结合,构建乡村景观共同建设与治理的模式。

第五节　乡村景观的综合评价

一、乡村景观综合评价的理论依据

1. 景观美学理论

美学的核心可用真、善、美来表达,它包括3个层次:第1层次是形象美和形态美,即通常所谓视觉景观的美感,使人感觉欢快愉悦、赏心悦目、流连忘返。第2层次的美乃是生命系统的精巧和神妙,包括高等动植物和人类自身,生命即美,当前世界对于维护生物多样性的重视正是体现这一思潮。美学的第3层次可归纳为对自然真谛的简洁明快的表达,如爱因斯坦为代表的物理学家为建立统一场论,追求对复杂自然现象本原的统一解释所做的努力。建立在上述第1和第2层次美学观念上的生态美可谓是当代美学的新潮,其主要内容是具有美丽外貌和良好功能的生态系统,以及按照生态学原理和美学规律设计的人工-自然景观。生态美学原则主要包括最大绿色原则和健康原则,体现在景观独特性、整洁性和可观赏性等方面。

乡村景观必须具有一定的美学观赏价值,其价值大小是通过景观系统与人类审美意识系统相互联系、相互作用时的功能来表达的。景观系统内各要素之间既相互独立,又相互影响、相互作用,在不同程度上影响着景观的美学质量及观赏价值。如景观的异质性及景观斑块的大小、廊道的宽度及其合理配置等,都直接影响到乡村景观对游客的吸引力及乡村景观的价值,并影响着景观内物质流的交换和能量流的转移。

2. 生态安全格局理论

随着生态文明建设不断推进,我国生态环境保护越来越重视整体生态安全格局的建立与维护。在乡村景观中,存在着一些关键性的物种、种群及其空间组合关系,它们在控制乡村景观水平的生态过程中起着关键性的作用。这些起着关键性作用的物种、种群及其空间组合关系被称为景观生态安全格局。而这些起着关键性作用的物种、种群及其空间称为安全格局组分。安全格局组分的关键作用具体表现在3个方面:①主动优势,即在景观被某一生态过程占领后,它们便有先入为主的优势,并有利于对全局或局部进行控制;②空间联系优势,即当景观被某一生态过程占领时,空间格局组分便有利于在孤立的景观元素之间建立空间联系;③高效优势,即在景观受到干扰后,它能为生态过程控制全局或局部景观在物质、能量上达到高效和经济。因此,在评价乡村景观生态质量时,必须根据其具体乡村景观特点及其空间关系,判断其是否处于生态安全格局状态。

3. 绿色发展理论

绿色发展与可持续发展是一脉相承的,两者的实质都在于选择一种对传统发展模式进行根本变革的创新型发展模式。两者之间也存在区别,具体表现在:

(1)对生态环境的认识有所不同。可持续发展是一种着眼于长远利益和代际公平、以生态环境保护为基础的发展模式;绿色发展则在强调生态环境保护的同时,将生态环境因素作为发展的内在因素引入发展的模式体系。

(2)对生态环境的实践取向有所不同。可持续发展要求当代人的生产实践对生态环境资源的消耗不对后代人满足需要的能力造成危害,留给后代人足够的生态环境资源;绿色发展则要求当代人在生产实践中通过更多的绿色投入,谋求生态盈余,给后代人创造更多的绿色资产。因此,绿色发展又是可持续发展在理论和实践上的深化。

上述 3 种理论虽然侧重点不同,但归结起来就是要求乡村景观系统必须具有自我发展能力、抗干扰能力、生态功能的安全保障能力及景观美学观赏价值。因此,在评价乡村景观质量时必须结合上述理论进行综合评价。

二、乡村景观综合评价过程和内容

乡村景观综合评价的总体思路是在充分获得研究区域的自然与社会经济基础数据、图件资料的基础上,进行景观分类与制图,并建立相应的属性数据库;然后在此基础上构建乡村景观综合评价指标体系,运用一定的评价模型,对乡村景观进行综合评价,揭示研究区乡村景观存在的问题,为乡村景观规划提供依据。具体过程可以概括为 3 部分:一是准备工作;二是评价过程;三是评价成果总结(图 3-6)。

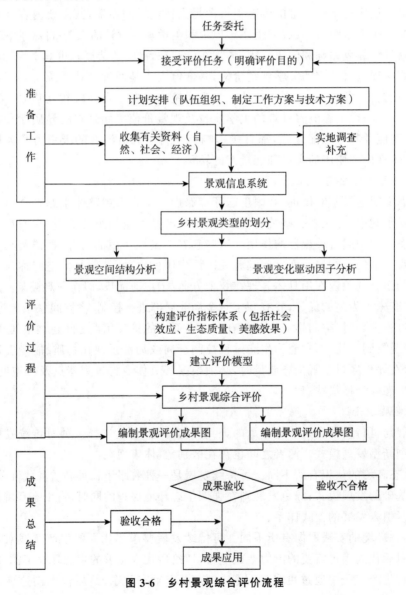

图 3-6 乡村景观综合评价流程

1. 准备工作

(1)数据的采集。包括地形图、土地利用现状图、最近时期的航片等资料及作物种植面积、植被覆盖情况、土壤理化性质、社会经济状况等统计资料。采集手段以收集现有资料为主并配以现场实地调查,资料是评价的基础,所以资料的收集要尽量齐全、准确。

(2)数字化处理,建立实验区景观信息系统。将图件资料数字化处理,输入计算机,建立图形数据库,统计资料直接由键盘输入,建立属性数据库。

2. 评价过程

(1)乡村景观单元的划分。运用景观生态学斑块-廊道-基质模式,根据乡村景观的特征,划分乡村景观单元,并对划分结果进行检查和修正,包括检查景观单元间的相似性和单元内部的一致性。

(2)景观空间结构分析和景观变化的驱动因子分析。通过外部交换文件,在 Visual Fox-pro 6.0 中实现景观空间结构指数的定量分析,包括景观空间结构的基本参数:斑块的大小、形状、内缘比、斑块间的隔离度、可接近度。根据历史资料和景观的现状,分析乡村景观变化驱动的自然和人为因子。在景观空间结构和景观变化的驱动因子分析基础上,揭示乡村景观特色及障碍因素。

(3)评价指标体系的建立。根据乡村景观的特征和驱动因素,以及乡村景观评价的原则和景观多种价值的取向,初步建立景观综合评价指标体系。

(4)模型的建立。运用数量化理论、模糊综合评判法、层次分析法等构建乡村景观美学评价、景观生态评价、景观社会效应评价、景观综合评价模型。

(5)模型的检验和修正。运行模型对研究区进行评价,根据评价结果和研究区的实际情况对指标体系和模型进行修正。

3. 评价成果总结

(1)编制乡村景观综合评价成果图件。

(2)撰写乡村景观综合评价文字报告。

三、乡村景观综合评价的指标体系

针对乡村景观的多功能特征,结合国内外有关乡村景观评价的方法,构建 4 个层次的乡村景观综合评价指标体系(图 3-7)。

(1)第 1 个层次是目标层,即乡村景观评价指标。

(2)第 2 个层次是项目层,即包含乡村景观 3 层次功能:社会效应、生态质量、美感效果。

(3)第 3 个层次是评价因素层,即每一个评价准则具体由哪些因素决定的。社会效应主要包括经济活力性、社会认同性;生态质量主要包括生态潜力性、生态稳定性、异质性;美感效果主要包括有序性、自然性、奇特性、环境状况、视觉多样性、运动性。

(4)第 4 个层次是指标层,即每一个评价因素由哪些具体指标来表达。

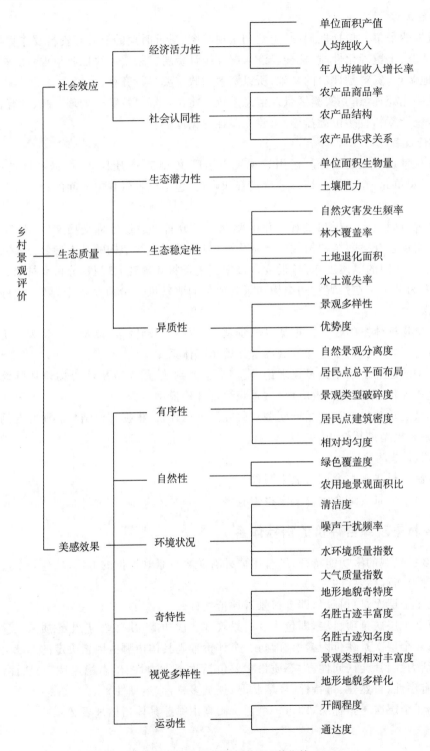

图 3-7　乡村景观综合评价指标体系（谢花林，2004）

四、乡村景观综合评价的指标含义和取值

(一)社会效应指标

社会效应反映乡村景观为社会提供农产品的第一性生产,给区域内人们带来收入,创造财富。

1. 经济活力性

(1)单位面积产值。单位面积产值＝总产值/区域总面积,它反映区内经济发达的程度。

(2)人均纯收入。反映人民的富裕程度和生活水平的高低。该指标由统计资料获取。

(3)年人均纯收入增长率。指目标年人均纯收入与其上一年人均纯收入相比较增长的幅度。它表现的是人均纯收入的增长潜力,计算公式为:

$$年收益增长率＝目标年人均纯收入/上年人均纯收入×100\%$$

2. 社会可接受性

(1)农产品商品率。指区域内在一个年度除去自食及其他消费部分,真正能够作为商品出售的农产品数占年生产的农产品总数百分比。它反映景观生产水平的高低及其对国家和社会贡献的大小。农产品商品率＝(年度内出售农产品总数/年生产的农产品总数)×100\%。

(2)农产品结构。构成农产品总体数的不同农产品种类及其比例组成。农产品结构的合理与否直接影响到景观的社会效应,它是社会可接受性的重要指标之一。该指标从调查资料获得。

(3)农产品供求关系。指农产品的供给与社会需求之间的关系。它反映生产满足社会的程度。该指标通过市场调查获取。

(二)生态质量指标

生态质量指标反映乡村景观维持生态平衡状况、景观生态破坏程度等的一些因素。景观生态破坏包括景观结构破坏、景观生态失调(林地锐减、土壤退化、生物多样性损失等)、景观功能退化等严重影响人类生存和发展的各方面。

1. 生态潜力性

(1)单位面积生物量。该指标用景观中各类型生物量的平均值来表示。其计算公式如下:

$$B = \frac{\sum_{i=1}^{n} b_i A_i}{A} \tag{3.43}$$

式中:B 为区域内平均单位面积的生物量;b_i 为景观类型 i 单位面积的生物量;A_i 为景观类型 i 的面积;A 为区域内总面积。

(2)土壤肥力。由于乡村景观是比较小的区域,影响其生态潜力性主要是土壤的肥力状况,而不是气候条件。土壤肥力是乡村景观生态破坏影响的基质因素。土壤肥力是土壤供给植物正常生长发育所需营养的能力,是植物主要生长因子水、肥、气、热条件的综合体现。土壤有机质常被认为是反映土壤肥力状况的一个综合指标,氮、磷、钾等营养元素的含量对土壤肥力也起举足轻重的作用。本章主要指土壤中有机质含量。

2. 生态稳定性

景观具有稳定和变化两种特性。景观稳定性是指景观对于外界干扰具有抵抗能力;景观

变化指随着干扰的介入及生态系统本身的发育,景观生态随时间而发生有规律的变化或突变。景观变化需在稳定性的限度之内,才能使景观逐步走向更高层次的稳定。无论自然干扰还是人为干扰,一旦超出景观的自我恢复能力,景观生态系统必然趋向恶化,直接影响人类的生存与发展。

(1)自然灾害发生频率。平均年度自然灾害如旱涝、洪水、冰雹、大风等发生次数。该指标由统计资料获取。

(2)林木覆盖率。林地面积占区域内总面积的比例。它反映区内林木多少以及对涵养水源、保持水土、防风固沙、净化空气等起的作用。

(3)土地退化面积(比例)。区域内土地沙化、盐渍化、潜育化的总面积占区域耕地总面积的比例。

(4)水土流失率。水土流失面积与区域总面积的比值。

3. 异质性

异质性是指所研究的景观的系统特征(具有生态学意义的任何变量,如生物量等)在时间上和空间上的复杂性和变异性。景观异质性越高,景观功能越强;反之,景观生态系统破坏的程度越大或破坏的概率越大。因此,评价景观异质性能够体现景观生态的破坏程度,有助于理解和衡量景观生态功能,帮助恢复和重建景观生态系统。

(1)多样性。在景观生态学中,景观的多样性常用景观的多样性指数来度量,其值的大小反映景观中斑块类型的多少及其所占比例的变化。当景观是由单一要素构成时,景观是均质的,不存在景观的多样性,其多样性指数为0。当景观是由两个以上的要素构成时,且各斑块类型所占的比例相等时,其景观的多样性指数最高。当景观中各斑块类型所占的景观比例差异增大,景观的多样性指数下降。景观多样性指数的计算公式如下:

$$H = -\sum_{j=1}^{n} h_j \times \log_2^{h_j} \tag{3.44}$$

式中:H 为景观多样性指数;h_j 为景观类型 j 所占有区域总面积的比率;n 为景观类型的总数。

(2)景观优势度。景观生态学中,景观优势度由景观优势度指数来度量。它表示景观多样性对最大多样性的偏离程度。优势度指数计算公式如下:

$$D = H_{\max} \Big[\sum_{i=1}^{n} P_i \times \log_2^{P_i} \Big] \tag{3.45}$$

式中:D 为景观优势度指数;P_i 为 i 斑块类型在景观中所占比例;n 为景观中出现斑块类型数;$H_{\max} = \log_2^n$ 为景观最大的多样性指数。

(3)自然景观分离度。景观分离度是指某一景观类型中不同景观斑块个体分布的分离程度。自然景观指除交通用地景观、居民点用地与工矿用地景观、特殊用地景观以外的所有景观类型。本章采用下列方法计算自然景观的分离度:

$$E = \sum_{i=1}^{n} \frac{1}{2} \times \frac{\sqrt{n/A}}{S_i} \times P_i \tag{3.46}$$

式中:E 为自然景观分离度;n 为自然景观类型 i 中的斑块总个数;A 为自然景观类型 i 的总

面积；S_i 为自然景观类型 i 的面积指数；P_i 为景观类型 i 的面积占区域内总面积的比例。

(三)美感效果指标

美感效果是指乡村景观对人们心理和生理作用所产生的美学效应。这种美学效应有助于增进人体健康,提高工作效率,对社会和经济产生良好的影响。一般地说,人们判定景观美感的标准应是基本相同的。当然,这种判断还与国家、民族、宗教、信仰、风俗等有关系。

1. 有序性

指对景观要素组合关系和人类认知的一种表达。适度的有序化而不要太规整,可使得景观生动,即具有少量的无序反而是有益的。

(1)景观类型破碎度。指景观要素被分割的破碎化程度,反映景观空间结构的破碎性,是景观有序性的重要反映。本章用单位面积上的斑块数目表示景观类型破碎度。

$$C = \sum_{i=1}^{m} n_i / A \tag{3.47}$$

式中：C 为景观破碎度；$\sum_{i=1}^{m} n_i$ 为景观中所有景观类型斑块的总个数；A 为景观的总面积。

(2)居民点总平面布局。指乡村建筑、道路等总的分布状况。居民点总平面布局规整还是杂乱无章是有序性的重要反映。该指标可从实际调查和土地利用现状图获得。

(3)均匀度。指描述景观中不同类型的景观要素分布的均匀程度。均匀度体现出景观的连续性和有序化。相对均匀度计算公式为：

$$E = H / H_{\max} \times 100\% \tag{3.48}$$

式中：E 为相对均匀度指数(百分数)；H 为修正了的 Simpson 指数；$H_{\max}$ 为在 T 条件下景观最大可能均匀度。H 和 $H_{\max}$ 的计算公式为：

$$H = -\log_2 \left[\sum_{i=1}^{T} P(i)^2 \right] \tag{3.49}$$

$$H_{\max} = \log_2^{T} \tag{3.50}$$

式中：$P(i)$ 为景观类型 i 在景观的面积比例；T 为景观的类型总数。

2. 自然性

反映出人们偏爱含有植被覆盖和水域的特征。

(1)绿色覆盖度。指区域内植被和水域的面积比。该指标由统计资料获得。

(2)农地景观的面积比。农地景观指稻田景观、菜地景观、果园景观、草地景观。计算公式为:农地景观/区域总面积。该指标由统计资料获得。

3. 环境状况

主要是反映景观系统的清新、洁净与健康等状况。

(1)大气质量。指大气中降尘量、飘尘量、能见度、氧气含量、有害有毒成分等的综合性反映。可用大气环境质量指数表示。北京郊区大气环境质量指数：

$$P = \sum_{i=1}^{n} P_i \tag{3.51}$$

式中：P 为大气环境质量指数；P_i 为 i 污染物的污染分指数；n 为污染物种类数。

（2）清洁度。反映地面垃圾污染物的处理程度。该指标由实际调查获得。

（3）安静状况。反映噪声干扰的程度。该指标由统计资料获取。

（4）水体质量。指水质等级、清澈、透明度、色度等的综合性反映。该指标由实际调查获得。

（5）环境的季节性。指天气的季节变化。该指标由统计资料获取。

4. 运动性

包括景观的可达性和生物在其中的移动自由。

（1）通达度。通达度＝（河流面积＋道路面积）/区域总面积×100％

（2）开阔程度。主要指田园风光视域开阔程度。该指标由实际调查获取。

5. 独特性

（1）地形地貌奇特度。反映地形地貌的奇特性程度，主要是指地形、地貌现象（喀斯特、地面陡降、峡谷、峭壁）的奇特性。该指标由实际调查获得。

（2）名胜古迹丰富度。主要是指历史古迹、胜地的丰富性程度。名胜古迹是指历史上流传下来的具有很高艺术价值、纪念意义、观赏效果的各类建设遗迹、建筑物、古典名园等。其中古迹是指碑石、摩崖雕刻、壁画、塑像、古墓、古战场、古城遗址、考古挖掘等。胜地指故居、文物、古物珍宝、风土人情。该指标由实际调查获得。

（3）古迹胜地的知名度。指古迹胜地被人们的知晓程度。该指标由统计资料和实际调查获得。

6. 视觉多样性

指景观视觉上的多样化，而不是单调无味。

（1）景观类型相对丰富度（R）。表示景观类型的丰富程度。景观类型包括林地景观、果园景观、草地景观、耕地景观、居民点用地与工矿用地景观、特殊用地景观、交通用地景观、水域景观、荒地景观。

$$R = M/M_{max} \tag{3.52}$$

式中：M 为景观中现有的景观类型数；M_{max} 为最大可能的景观类型总数。R 值越大，相对丰富度越高。

（2）地貌类型多样性。地貌主要是指地表的形态。不同地貌类型及它们的组合，在一定范围内会对景观美感产生很大影响。单调的平原比丘陵的美感效果要差。

五、乡村景观综合评价模型

（一）确定指标的标志值

按照构建的乡村景观评价指标体系框架，在确定各单项指标的标志值时，应借鉴美国斯坦福大学社会学家英克尔斯教授提出的现代化 10 项标准，联合国社会发展研究所 1990 年提出的按贫富区分的社会指标体系 21 项国际标准，以及其他专项国际标准，同时参考我国统计局提出的小康社会指标和国家一级环境质量标准，综合分析确定评价指标体系中各单项指标的标志值（表 3-9）。

表 3-9 指标权重与指标志值

一级指标	权重	二级指标	权重	三级指标	权重	标志值
社会效应	0.493	经济活力性	0.54	X_1	0.27	100 元
				X_2	0.45	8 000 元
				X_3	0.28	8%
		社会认同性	0.46	X_4	0.44	80%
				X_5	0.29	100
				X_6	0.27	100
生态质量	0.310	生态潜力性	0.40	X_7	0.52	2 000 t/hm^2
				X_8	0.48	1.5%
		生态稳定性	0.32	X_9	0.24	<7%
				X_{10}	0.27	50%
				X_{11}	0.25	<0.1%
				X_{12}	0.24	0.1
		异质性	0.28	X_{13}	0.35	0.4
				X_{14}	0.34	0.5
				X_{15}	0.31	<0.03
美学效果	0.197	有序性	0.15	X_{16}	0.38	100
				X_{17}	0.38	<0.3
				X_{18}	0.13	<0.2
				X_{19}	0.11	0.7
		自然性	0.21	X_{20}	0.57	70%
				X_{21}	0.43	60%
		环境状况	0.18	X_{22}	0.44	100
				X_{23}	0.28	<35 db
				X_{24}	0.10	0.7
				X_{25}	0.18	<0.01
		奇特性	0.24	X_{26}	0.31	100
				X_{27}	0.33	100
				X_{28}	0.36	100
		视觉多样性	0.14	X_{29}	0.75	0.9
				X_{30}	0.25	100
		运动性	0.08	X_{31}	0.62	100
				X_{32}	0.38	0.1

(二)指标权重的确定

指标权重的确定采用层次分析法(AHP)。它将要识别的复杂问题分解成若干层次,由专家和决策者将所列指标通过两两比较重要程度逐层进行判断评分,利用计算判断矩阵的特征向量确定下层指标对上层指标的贡献程度,从而得到基层指标对总体指标或综合指标重要性的排列结果。

假定评价目标为 A ,设 $F_1,F_2,\cdots,F_n$ 为 n 个数据样本,其中 $F_i=(f_{i1},f_{i2},\cdots,f_{ij})$, $i=1$, $2,\cdots,n$,而 j 为数据样本 F_i 的特征项个数也就是维度数,构造判断矩阵 $P(A-F)$ 为 $\boldsymbol{A}=(F_1,F_2,\cdots,F_n)^T$,即:

$$\boldsymbol{A}=\begin{bmatrix} f_{11} & f_{12} & \cdots & f_{1n} \\ f_{21} & f_{22} & \cdots & f_{2n} \\ \vdots & \vdots & & \vdots \\ f_{m1} & f_{m2} & \cdots & f_{mn} \end{bmatrix} \qquad (3.53)$$

F_{ij} 是表示因素的相对重要性数值($i=1,2,\cdots,n$; $j=1,2,\cdots,m$),取值见表 3-10。

表 3-10　A－F 判断矩阵及其含义

fa 的取值	含义
1	f_i 与 f_j 同等重要
3	f_i 与 f_j 稍微重要
5	f_i 与 f_j 明显重要
7	f_i 与 f_j 相当重要
9	f_i 与 f_j 极其重要
2,4,6,8	分别介于 1～3,3～5,5～7 及 7～9
$f_{ji}=1/f_{ij}$	表示 j 比 i 不重要程度

以乡村景观评价为总体目标(A),相对于总体目标而言,项目层(B)之间的相对重要性通过专家评判构造评判矩阵如下:

A	B_1	B_2	B_3
B_1	1	2	2
B_2	1/2	1	2
B_3	1/2	1/2	1

其中, B_1 为社会效应; B_2 为生态质量; B_3 为美感效果。通过计算,上述矩阵的特征向量 W (即项目层排序权值) $=[0.493,0.310,0.197]^T$,即评价项目 B_1,B_2,B_3 的权重值分别为 $0.493,0.310,0.197$ 。

上述矩阵最大特征根 $\lambda_{max}=3.054$, $CI=(\lambda_{max}-n)/n-1=0.027$, $RI=0.58$, $CR=CI/RI=0.0466<0.10$,说明上述判断矩阵具有满意的一致性。按照同样方法,可得到因素层、指标层的权重值。

(三)构建综合评价模型

1. 构造指标特征值矩阵

乡村景观评价体系中的每一个单项指标,都是从不同侧面来反映乡村景观的情况,要想反映全貌还需要进行综合评价。我们运用综合评价方法构建模型,设系统由 m 个待优选的对象组成备选对象集,有 n 个评价因素组成系统的评价指标集,每个指标对每一备选对象的评判用特征值表示,则系统由 $n\times m$ 阶指标特征值矩阵:

$$X = (x_{ij})n \times m \tag{3.54}$$

式中：x_{ij}（$i=1,2,\cdots,n$；$j=1,2,\cdots,m$）为第 j 个备选对象在 i 个评价因素下的指标特征值。若评价因素为定性指标，则 x_{ij} 为专家评分值。

2. 规格化矩阵

首先，对指标进行规范化处理。一般情况下，景观评价的所有指标可划分为逆向指标和正向指标等，其规范化处理如下。

（1）正向指标：

$$r_{ij} \begin{cases} x_{ij}/z_i & x_{ij} < z_i \\ 1 & x_{ij} = z_i \quad j=1,2,\cdots,m \\ 1 & x_{ij} > z_i \end{cases} \tag{3.55}$$

（2）逆向指标：

$$r_{ij} \begin{cases} 1 & x_{ij} < z_i \\ 1 & x_{ij} = z_i \quad j=1,2,\cdots,m \\ z_i/x_{ij} & x_{ij} > z_i \end{cases} \tag{3.56}$$

式中：x_{ij} 为第 j 个备选对象在第 i 个评价因素下的指标特征值某单项指标的实际值；z_i 为第 i 个指标的标志值。于是得出规范化矩阵：

$$R = (r_{ij})n \times m \tag{3.57}$$

显然，$0 < r_{ij} < 1$，r_{ij} 越大，表明第 j 个备选对象的第 i 个因素评价越优；r_{ij} 越小，表明第 j 个备选对象的第 i 个因素评价越差。

3. 综合评价

由上可知，评价因素层在指标层上的规格化矩阵为 R_{ij}，指标层的权重分配为 a_{ij}（$i=1,2,\cdots,n$；$j=1,2,\cdots,m$），则一级综合评价 R_i 为：

$$R_i = R_{ij} \times a_{ij} \tag{3.58}$$

二级综合评判 R 为：

$$R = R_i \times A_i \tag{3.59}$$

式中：A_i 为因素层权重；R 为二级综合评判结果；R_i 为一级评判结果。

三级综合评判为：

$$\Gamma = \sum_{i=1}^{m} R \times W_i \tag{3.60}$$

式中：Γ 为综合评判值；W_i 为项目层的权重；m 为项目的数量。

同时，根据不同层次、不同评价内容，确定目标层、项目层、因素层评判集标准（表 3-11）。

表 3-11　乡村景观评判标准

综合评估值/%	>90	75~90	60~75	45~60	<45
评判标准	优异	良好	一般	较差	很差

第四章 乡村景观规划的基础理论

　　中国是一个历史悠久的农业大国,乡村地域一直是中华民族主要聚居地,乡村景观也是最具民族特色、分布最广的一种景观类型。通过新农村建设、美丽乡村建设、土地整治等乡村建设工作的持续开展和乡村振兴战略的引领,"十三五"期间,我国乡村人居环境质量得到明显提升,农村生态环境得到有效改善,土地整治促进了农业现代化、专业化和规模化。然而,在规划和建设中,有些地方照搬城市景观的规划设计方式,片面追求形式上的城市化,造成乡村景观不适宜乡村生产生活需要;有些地方违背乡村景观特征和规划的基本原理,破坏了千百年来保留下来的乡土风貌和传统地域文化景观,导致原有乡村景观特色消失,造成千村一面的现象。2021年中共中央一号文件提出编制村庄规划要立足现有基础条件,保留乡村特色风貌,加强村庄风貌引导,保护传统村落、传统民居和历史文化名村名镇。因此,借鉴各相关学科的基础理论,遵循乡村景观规划的基本原理,保护乡村景观的完整性和特色性,挖掘乡村景观的资源价值,完善乡村景观的风貌塑造,使其在新时期形成完整、高效和多功能的乡村地域,是当前乡村规划建设的首要任务。

第一节 乡村景观规划的理论基础

　　乡村景观是自然-经济-社会的复合生态系统,由自然生态景观、农业生产景观、村庄聚落景观共同构成,三个层次的整体性结构反映了人与自然的关系,是乡村社会、经济、文化、习俗、精神、审美的综合呈现。因此,乡村景观规划充分吸纳了景观生态学、风景园林学、城乡规划学、景观美学等学科的理论精华和方法原理,以多学科的视角从自然生态、经济生产、日常生活、文化风貌等各个层面去创造一个社会经济可持续发展的整体优化和美化的乡村景观系统。例如,景观生态学视角主要从景观生态的理论和方法入手,从景观格局优化以及生态景观设计的层面规划乡村景观;风景园林学更多地从人居环境的视角去探索乡村景观中的各个要素与人的关系;城乡规划学则从区域尺度对乡村景观的总体规划展开探索。

一、景观生态学原理

(一)概述

　　景观生态学(landscape ecology)是地理学与生态学之间的一门交叉学科,最早起源于欧洲,后期在北美得到迅速发展。在20世纪50年代前的景观生态学酝酿阶段,地理学的景观思想和生物学的生态学思想是各自独立发展的。从方法论来看,地理学通常采用"水平"(horizontal)方法来研究异质性景观单元之间的空间联系;而生态学采用"垂直"(vertical)的研究方法,即从垂直方向上来研究景观生态系统的内在结构和功能。地理学和生物学从各自不同的角度和独立发展的道路,都得到一个共同的认识,即自然现象是综合的。1938年,德国的植物学家C. 特罗尔(C. Troll)首次提出了"景观生态学"一词,并在其1939年发表的研究论文上指出:"景观生态学的概念是由两种科学观点的结合产生的,一种是地理学的(景观),另一种是生物学的(生态学)……表示支配一个区域不同地域单位的自然—生物综合体的相互关系的分析。"1970 年以后,哈佛大学的森林生态学教授理查德•福尔曼(Richard T T Forman)陆续提出了"斑块""空间格局"等核心概念,并建立了相应的数量化分析方法,并于 1986 年正式出版了 *Landscape Ecology* 著作。

　　景观生态学概念的提出,其意义不仅仅在于它将地理学在研究景观现象空间作用的"水平"方法,同生态学在研究景观功能上的"垂直"方法结合起来,使其在继承了地理学和生态学长处的同时,又克服了它们各自所无法克服的不足,并使研究的综合性方面更深入了。同时,对景观生态系统内部各规律的认识和利用也更加全面了,因而被广泛应用于土地利用规划、生态规划、城市和交通规划等领域。

　　1. 基本定义

　　理查德•福尔曼认为景观生态学探讨诸如森林、草原、沼泽、廊道和村庄等生态系统的异质性组合、相互作用和变化。从荒野到城市景观,研究重点在于:①景观要素或生态系统的分布格局;②这些景观要素中的动物、植物、能量、矿质养分和水分的流动;③景观镶嵌体随时间的动态变化。总之,景观生态学就是研究由相互作用生态系统组成的异质地表的结构、功能和动态。结构指明显区别的景观要素(地形、水文、气候、土壤、植被、动物栖居者)和组分(森林、草地、农田、果园、水体、聚落、道路等)的种类、大小、形状、轮廓、数目和它们的空间配置;功能指要素或组分之间的相互作用,即能量、物质和有机体在组分(主要是生态系统)之间的流动;动态指结构和功能随时间的改变。

　　从学科性质来说,景观生态学是地理学和生态学的交叉科学,是研究景观空间格局和生态过程的相互关系的一门学科。景观生态学把地理学的研究自然地理空间关系的"横向"方法,同生态学的研究生态系统内部结构与功能关系的"纵向"方法相结合,来研究景观的结构、格局、功能及其变化。

　　2. 研究内容

　　景观生态学的研究内容主要包括 3 个基本方面。

　　(1)景观结构。即景观组成单元的类型、多样性及其空间关系。例如,探讨诸如森林、农田、草原、沼泽、廊道、乡村等生态系统(或土地利用类型)的面积、形状和丰富度,它们的空间格局以及物质、能量和生物体的空间分布等,均属于景观结构特征。

　　(2)景观功能。即景观结构与生态学过程的相互作用,或景观结构单元之间的相互作用。这些作用主要体现在物质、能量和生物有机体在景观整体中的运动过程中。

　　(3)景观动态。景观在结构和功能方面随时间的动态变化。具体地说,包括景观结构单元的组成、多样性、形状和空间格局的变化,以及由此导致的各种生态过程的变化,即物质、能量和生物分布与运动方面的改变。

　　当然,景观的结构、功能和动态是相互依赖和相互作用的,结构在一定程度上决定功能,而功能也影响着结构的形成和发展。因此,研究景观的结构、功能及其动态的目的就是要为景观的规划、设计与管理提供科学依据。例如,通过对乡村景观空间格局的规划与设计,来完善乡村景观所应有的功能;同时也可以通过对景观整体功能的研究,来发现景观布局中存在的问题与缺陷。此外,通过对景观动态演变规律的研究,来分析人为活动对景观(整体人类生态系统)的影响结果,从而约束和指导人类的各种改造自然的活动。

3. 景观生态学的两个主要学派

景观生态学在 20 世纪 30 年代起源于欧洲,基于地理学和植被科学研究的传统(生物地理学)。因此,景观生态学在欧洲普遍被认为是地理学研究的一个方面,只不过是引入了生态学的一些思想,如生态系统的结构与功能的关系、生态过程中的能流、物流以及群落生态学的生物有机体的分布与运动等。此外,景观生态学在欧洲一直与土地利用和景观的规划、管理、保护和恢复密切联系。例如:德国汉诺威工业大学的景观管理和自然保护研究所一直是将景观生态学作为景观规划与管理的理论工具,特别是在协调工业化和城市化发展与自然和传统乡村景观保护之间的相互冲突的紧张关系上起到了关键作用。荷兰的 Zoneveld 和 Vink 则将景观生态学应用于农业土地利用规划中(Zoneveld and Forman,1990;Vink,1983)。

在北美,景观生态学的研究直到 20 世纪 80 年代初才开始兴起,以著名森林生态学家理查德·福尔曼为代表,并把群落生态学的"格局—过程"的研究方法引入景观生态学中,并强调景观生态学与其他生态学的不同之处是:景观生态学是研究较大尺度上不同生态系统的空间格局和相互关系的学科,提出了"斑块—廊道—基质"模式。并且又将生态学中的数学分析方法引入景观格局的分析中,通过计算景观格局的各种"景观指数"来建立景观格局与生态过程的"定量关系"。由此,景观生态学往往被人误认为是用各种数学公式计算一系列格局指数,或把这些数据通过计算机转化为几何图形来反映景观格局的形态和轮廓,进而忽视了其真正服务于景观生态规划的使命。

(二)景观生态学中的一些核心概念

1. 斑块—廊道—基质模式

无论在景观生态学还是在乡村景观规划中,斑块—廊道—基质模式都是用来描述景观空间格局的一个基本模式。北美景观生态学派代表人物福尔曼和戈登(1981,1986)在观察和比较各种不同景观的基础上,认为景观的结构单元包括 3 种,即斑块(patch)、廊道(corridor)和基质(matrix),即著名的斑块—廊道—基质模式。从理论上来讲,该种模式是基于岛屿生物地理学和群落斑块动态研究之上形成和发展起来的,为具体而形象地描述景观结构、功能和动态提供了一种"空间语言"(邬建国,2000),同时也有利于研究景观结构与功能之间的相互关系,比较它们在时间上的变化(Forman,1995)。

有关斑块、廊道和基质的具体含义及其特征已在第二章的第二节中做了系统阐述,在此不再展开讨论。需要特别指出的是,针对 3 种景观单元(特别是斑块和基质)的划分与景观尺度和地域特征密切相关。对于农田,在大尺度下,只是作为一种斑块的形式出现;但在小尺度下,可能就是一种基质。从这层意义上说,斑块—廊道—基质模式只是相对于景观尺度上的一种模式。在一种尺度下,识别斑块、廊道和基质的标准有 3 个方面,即面积优势度、空间连续性和对景观总体动态的支配作用。

总之,用斑块—廊道—基质模式来描述景观结构、功能与动态更为具体和方便,是进行乡村景观规划与设计的要点。

2. 景观结构与格局

景观作为一个整体系统,它的结构是指景观单元的组成及其空间分布形式。它包括景观的空间特征(景观单元的大小、形状及空间组合等)和非空间特征(如景观单元的类型、数量比例等)。而景观格局一般指景观单元的空间分布和组合特征。

通过景观结构分析来研究景观系统的生态过程和功能是景观生态学研究的基本思路。景观结构中的格局、异质性和尺度效应问题是景观结构研究领域中的几个重点。

3. 景观异质性和多样性

景观异质性是指一个景观区域中各种景观单元的类型、组合及其属性在空间或时间上的变异程度。它包括 3 个方面内容：①空间异质性，景观结构在空间的复杂性；②时间异质性，即景观结构在不同时段的动态变异性；③景观结构的功能指标，如物流、能流和物种流的空间分布差异性。

景观异质性作为景观结构的最重要特征，对景观的功能过程具有十分重要的影响，景观异质性可以影响资源、物种或干扰在景观整体系统中的流动和传播。同时景观异质性同抗干扰能力、恢复能力、系统稳定性和生物多样性有密切关系。因此，景观异质性决定了景观格局研究的重要性，也是乡村景观规划的核心内容。

景观多样性主要描述斑块性质（即类型）的多样化，是景观异质性的重要内容。

4. 生态过程

生态过程是指景观整体系统中的各种生态学过程，包括存在于生态系统之间和生态系统内的各种物流、能流与信息流（如水分、养分、有机和无机物固体颗粒等）；生物迁移；扩散与传播（种子、花粉等）；各种干扰的扩散（火、风、放牧等）。这些生态过程直接决定了景观的具体功能。

生态过程的具体形式可用"生态流"的扩散与聚集来描述。所谓生态流也就是生物物种与营养物质和其他物质、能量在各个景观单元之间的流动。由于受景观格局的影响，这些流分别表现为扩散与聚集，属于跨生态系统间的流动。如小流域内的水土流失，与土地利用结构有密切关系；农田林带可以控制病虫害的扩散等。

乡村景观规划的主要目标之一就是要通过规划和设计一定的景观格局来保障各种生态过程按照有利整体优化的方向顺利进行。

5. 干扰

生态学干扰是指发生在一定地理位置上，对生态系统结构造成直接损伤的、非连续性的物理作用或事件。干扰直接改变景观的结构。干扰可分为自然干扰和人为干扰两大类，自然干扰是指无人为活动介入的在自然环境条件下发生的干扰，如风暴、火、病虫害、洪水等。人为干扰是指人类对自然的各种改造或生态建设活动，如土地利用、森林砍伐、放牧等。干扰的生态影响主要反映在景观中各种自然因素的改变，例如森林砍伐、火灾等干扰，导致景观中局部地区光、水、能量、土壤养分（生物循环、水循环、养分循环）的改变，这样在一定时期内会改变土地覆被状况，从而进一步促进景观格局的改变。因此，干扰与景观异质性的形成有密切关系。从一定意义上，景观异质性是不同时空尺度上频繁发生干扰的结果，每一次干扰都会使原来的景观单元发生某种程度的变化。

6. 尺度

尺度是指研究对象在时间上和空间上的详细程度。任何景观现象和生态过程均具有明显的时空尺度特征，景观特征通常会随着研究尺度的变化而出现显著差异。以景观异质性为例，在小尺度上观察到的异质性结构，在较大尺度上可能会作为一种细节被忽略。因此，在分析景观格局时，往往需要研究如何将某一尺度的所得出的研究结论推绎到另一尺度上，这种方法就是尺度推绎或尺度转换。它是景观生态学的一种十分重要的研究方法。

7. 网络

在景观中,廊道常常相互交叉形成网络,使廊道与斑块和基质的相互作用复杂化。网络把不同生态系统(或景观单元)连接起来,是景观中最常见的一种结构。网络的功能与廊道相似,但与基质的作用更加广泛和密切。例如,在农田景观中,主要道路两侧的林带的主要功能可能仅是隔离作用,但是如果纵横交错的林带形成农田林网,则其功能将要复杂得多。因此,网络或廊道的功能要根据其组成和结构特征以及与所在景观的基质和斑块的相互关系来确定。

(三)景观格局与生态过程

1. 景观格局的形成

影响景观空间格局的因素有三类:非生物的(环境的)、生物的和人为的。大尺度上的非生物因素(如气候、地形、地貌、土壤)为景观格局形成提供了物理模板,而生物的和人为的过程通常仅在此基础上相互作用而产生空间格局(图 4-1)。

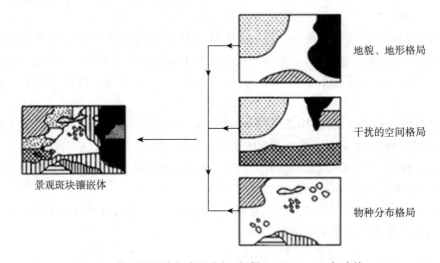

景观斑块镶嵌体

地貌、地形格局

干扰的空间格局

物种分布格局

图 4-1 景观格局的多来源特征(根据 Hobbs,1992 年改绘)

由于地质、地貌等自然要素的空间异质性变化是很缓慢的,相对于一般生态过程来说可以看作是相对静止的。因此,生物的和人为的因素在一定时期内是决定景观动态的主要因子,可以说,自然和人为的干扰是一系列尺度上空间格局的主要成因。当然,这两种干扰的生态学意义是不同的,人为干扰(如森林砍伐、城市化、农垦等)常常造成景观(或生境)破碎化;而自然环境因素和自然干扰所形成的景观异质性则有利于生境多样性或生物多样性。综合来看,人为因素从 5 个方面影响和改变了景观结构:①改变了景观中植被的优势度和多样性,特别是森林优势树种;②扩大或缩小了生物物种的分布区域;③引入了其他外来物种,形成了新的景观斑块;④人类定居和土地利用改变了景观空间格局;⑤改变了土壤的养分状况。

当然,现代景观结构是上述各种因素(非生物的、生物的和人为的)共同作用的结果。但是随着人类活动影响愈来愈广泛,自然景观越来越缩小,如何优化人为因素控制下的各种景观区域的结构及其功能应当是景观生态学的应用研究的主要目标,也是乡村景观规划的基本任务。

景观格局的形式是多种多样的,不同的结构决定了景观的不同功能,因此如何来描述景观结构是研究景观格局的一个重要问题。目前主要有 3 种方式:①用斑块、廊道、基质和网络的形态特征及其空间的结合形式来描述景观的空间构型;②用各种"景观指数"来描述景观单元的空间形态特征和组合状况,如斑块性状指数、景观丰富度指数、多样性指数、优势度指数等;③用景观空间模型来模拟景观整体结构及其动态过程。

2. 景观格局与生态学过程

景观空间格局与生态学过程的关系是景观生态学的核心和基石。景观演变是一个十分复杂的过程,有自然与人为两方面的因素共同作用,景观格局的形成反映了不同的景观生态过程。同时,景观格局又在一定程度上影响着景观的演变过程,如景观中物质和能量流动、信息交换、文化特征等。综合前面的分析,概括起来讲,景观整体格局对生态学过程的影响主要表现在 4 个方面:

(1)景观格局的空间分布形态,如坡向、坡度、土壤类型等,将影响到景观中的光、热、气、水的流动和养分的丰缺或其他物质(如污染物)在景观中分布状况。

(2)景观结构将影响景观中生物的迁移、扩散(种子、有机体等)、物质和能量(水、有机和无机固体颗粒等)的流动过程。

(3)景观格局同样影响由非地貌因素引起的干扰在空间上的分布、扩散与发生频率,如火、风、放牧等。

(4)景观结构将改变各种生态过程的演变及其在空间上的分布规律。例如,荒漠化过程等。

总之,从某种意义上说,景观格局是各种景观生态演变过程的瞬间表现。由于生态过程的复杂性和动态性,很难定量地、直接地研究生态过程的演变和特征。因此,景观生态学就通过研究景观格局的变化来反映景观生态过程,同时通过揭示这两者的关系来指导景观规划与设计。

(四)景观生态学与乡村景观规划

1. 景观生态学在生物多样性保护和恢复生态学领域的应用

一般认为,景观生态学在生物多样性保护和恢复生态学领域的应用是景观生态学产生和发展的主要推动力。由于人们对自然环境资源的不合理利用和开发,导致了许多所谓的生态环境问题:如草地退化、水土流失、荒漠化、生物物种不断灭绝、原生生态系统面积的不断退缩或退化等。因此,景观生态学试图从景观格局与生态过程相互关系的研究上来回答这些生态环境问题的成因及其解决的途径,例如以下几个问题具有代表性。

(1)什么样的景观格局可以使某一区域的各种错综复杂的生态系统及其生态过程维持正常的发展途径?例如通过黄土高原小流域的景观生态规划与设计,既达到控制水土流失的问题,又可提高系统的生产力。

(2)什么样的景观格局或生境能够使某一种濒临灭绝的生物物种保存和发展下去?例如自然保护区的规划与管理。

(3)如何通过优化组合或引入新的景观类型单元,来调整或构建新的景观格局,从而增加景观区域的异质性和稳定性,使已经或即将退化的生态区域逐渐恢复?例如农牧交错带的生态恢复问题或生态退耕问题等。

2. 景观生态规划与设计

景观生态规划与设计实际上是将景观生态学的理论应用到生态系统管理与规划实践的过程,其方法过程包括 3 个主要方面。

(1)总体功能布局。根据景观在区域中的生态、生产和文化作用,采用"集中与分散相结合的原则",首先考虑保护或建设几个大型的景观类型单元(斑块)或基质,作为物种生存的自然栖息地、水源涵养或生产基地,并有足够的主要廊道加以连接满足生物体的空间运动;而在开发区或建成区需要有一些小的自然斑块和廊道,用以保证景观的异质性。总体功能布局是对景观生态功能的定位,是所有景观单元规划的一个基础格局。

(2)生态属性规划。是以规划的总体目标和总体布局为基础,综合社会发展、生态建设等各种具体要求,对各种景观类型单元的物种类型、利用方式、生态网络的连接形式等具体的生态属性进行详细的说明与安排;是对总体布局的补充和细化。

(3)空间属性规划。是对总体布局和属性规划的空间设计。这些空间属性包括:①斑块及其边缘属性,如斑块的大小、形状、斑块边缘的宽度、长度及复杂度等;②廊道及其网络属性,如接点的位置、大小、数量、网络的密度、廊道的连通性、缓冲带等。

3. 景观连接度与乡村景观设计

景观连接度和景观连通性是乡村景观规划与设计中的重要概念。作为规划与设计的主要手段,通常是增加或减少一些景观单元,提高景观之间的连通性,增强景观单元相互间的连接度,由此导致景观结构的改变,进而影响景观生态功能。一般而言,对景观结构影响最重要的3种方式为:土地利用调整、道路建设和城市规划。

随着农业土地利用的扩展,一些具有生态功能的景观单元消失。为了避免生物多样性和景观多样性的降低,必须研究景观各单元之间的连接度,在影响生物群体的重要地段和关键点,必须保留生物的生境或建立合理的廊道。

道路建设往往切断生物迁移的路径,破坏生物的生境地,降低景观单元之间的连接度。因此,为了消除这种影响,可以通过建立桥梁、隧道、自然保护区、增加廊道等方式,达到保护生物生境的目的。

城市扩展经常使人文景观增加,自然景观减少,使得在城市边缘区的生物生境遭到严重割裂,成为孤岛。因此,在城市边缘区的景观规划时,应保留或设计一些生物生境斑块,以廊道相连;建成相对开放式的城市,减少城市与乡村的隔离程度;大城市的卫星城或卫星镇的规划是一种很好的解决方式。

二、景观美学理论

(一)概述

乡村景观是由人类社会与自然系统相互作用的产物,具有自然和人文的双重属性。乡村景观规划的目标除了优化景观空间格局、合理利用景观资源外,还要承担保护、传承和弘扬乡村景观文化,以及创造优美人居环境的任务。因此,开展乡村景观规划必须要遵循景观美学的原则。

景观美学是一个现代科学的名词,有关一般美学的探索早已存在。"什么是美"的答案不胜枚举,可谓仁者见仁,智者见智。例如,西方的美是"秩序、匀称和明确"(亚里士多德);而中国山水画的美在于"自然、和谐、意境"。可以说,中国山水诗歌和绘画的出现,为中国园林的发展奠定了一定的基础。作为一种文化和文明的载体,中国园林的发展从兴起始,便不仅仅是物质感官层次的休憩场所,更包含了精神世界深层次的文体审美信息。园林文化与中国诗画文化一样,重写意、表现和创造意境,是一种立体的、可视的、需加以体味的空间意境,是三维的中国画,具体化的山水诗。由此可见,中国早期的景观美学主要体现在山水诗歌、绘画以及园林造园艺术上；古代文人墨客所理解的景现，主要是视觉美学意义上的景观，即风景。

16世纪末，"景观"一词作为西方绘画艺术的一个专门术语而出现，也泛指陆地上的自然景色。17世纪以后到18世纪，景观一词开始被景观建筑师们所采用。他们基于对美学艺术效果的追求，对人为建筑与自然环境所构成的整体景象进行设计、建造和评价。1899年美国风景园林师学会（American Society of Landscape Architects）成立，1901年哈佛大学开设世界上第一个风景园林专业，景观一直是与视觉美感意义相关的概念。由此，在景观规划、设计与建造中离不开对景观的审美评价。从20世纪60年代中期开始，在美国出现了不同形式的"景观评价"（Landscape assessment or landscape evaluation）研究，主要就是针对景观的视觉审美而言。例如，美国林务局的视觉管理系统（Visual Management System，VMS）；美国土地管理局的视觉资源管理（Visual Resources Management，VRM）；美国土壤保护局的景观资源管理（Landscape Resources Management，LRM）；联邦公路局的视觉影响评价（Visual Impact Assessment，VIA）等。

因此，风景美学、园林美学等相关的景观美学研究早已应用于中外景观规划设计和管理实践之中。显然，景观美学研究的核心是景观评价，使之成为景观规划设计的理论与实践之间的纽带。那么，从景观的视角，要回答什么是美的景观，就需要构建一套较为完整的景观评价体系和美学原则。刘滨谊（1999）为此提出了如下几个方面：①视觉及多种感觉，包括双目视差成像原理，其他感觉与环境体验；②景观感受基本空间结构，生理空间、心理空间和灵魂空间；③视觉空间，视线所及而形成的空间景观感受结构；④景观感受基本元素，观赏主体、观赏客体、观赏距离、观赏环境、观赏速度、观赏方式、观赏密度、观赏角度和观赏生理－心理修正系数及对景观感受基本元素作定量化描述等。

（二）景观美学的研究内容和途径

景观美学涉及景观的观赏主体、观赏客体以及审美意境3个方面及其相互关系。景观美学研究要求审美主体从各个不同形象、不同侧面、不同层次之间的内在联系系统中，从不同层面相互作用的折射中，去探索和挖掘景观的美学意蕴。因此，景观美学主要研究景观的审美构成和审美特征；景观审美的心理结构和特征；景观审美关系形成和发展的基础及其在审美意境中的积淀；景观开发、保护、利用和管理的美学原则。

吴家骅在《景观形态学—景观美学比较研究》（1999）中认为景观美学的研究途径有二：①研究人对景观的"客观"反应，从而理解人与景观之间的关系，这一途径来源于心理学或者环境心理学；②重新审视人类景观观念的变迁以期发现人们欣赏和处理景观的原因及方法，这一途径通常以哲学和历史文化为基础。

对于景观规划设计而言，无论是形而上的美学理论研究，还是形而下的美学理论应用，都是在探讨人是如何感受和设计景观的。因此，景观美学是以哲学和历史文化为基础，从人类对景观的观念变迁中去发现欣赏和处理景观的原因及方法，也是对人类欣赏和处理景观的哲学思考。

（三）乡村景观的美学原则

乡村景观的保护与开发、利用与观赏、管理与发展，涉及自然科学、社会科学、应用技术等各方面。而景观美学所要研究的不是这些方面本身的具体问题，而是贯穿于这些方面的美学问题和美学原则。乡村景观规划设计除了要遵循统一、均衡、韵律、比例、尺度等一般的美学基本原则外，还有其特有的一些美学原则（陈威，2007）：

（1）整体性原则。就是从整体性上去构建乡村景观。由于地理环境、文化背景、风俗习惯、宗教信仰等方面的差异，决定了乡村景观具有景观美的多样性、社会性、时空性、综合性等特征。乡村系统中的任一景观都不是孤立存在的，而是与乡村整体环境相协调的。构建乡村景观必须遵循整体性原则，保护某一地域乡村景观的完整性。

（2）一致性原则。就是从景观的主体性与客体性的一致性上去构造乡村景观。这对于乡村景观的建设尤为重要。

（3）时代性原则。就是在时代性上去建构乡村景观。美是有时代性的，每一个时代的审美标准都有所差异，任何时代出现的新景观，都是特定时代的产物。因此，设计、建造出符合时代审美需要的景观是景观美学研究的首要目标。传统的乡村景观正在向现代乡村景观转变，这种变化必然通过乡村景观更新表现出来。

（4）共同性原则。就是在美的共同性上去构造乡村景观。虽然美具有时代性，随着时代的发展而发展的，不存在固定的、永恒不变的美，但是美同时又具有极大的共同性。一个民族有一个民族的共同美，一个时代又有一个时代的共同美。民族的共同美，是一个民族在长期共同的社会生活中形成的民族心理、习惯和爱好决定的；时代的共同美，是由该时代人们共同的人性决定的。因此，乡村景观在兼顾时代性原则的同时，也要遵循共同性原则。

（5）功利性原则。就是从美的功利性上去构建乡村景观。在审美天性和审美能力的基础上，人类美感的发生也是在进化的功利活动中逐渐形成的。美的认识和发现，从一开始即和功利联系在一起。乡村景观规划不是仅仅为了保护乡村景观的田园风貌，而是实现乡村景观资源的社会、经济和生态效益的最大化。

三、风景园林学理论

（一）概述

自采集狩猎文明以来，风景园林实践已经存在和发展了几千年（杨锐，2017）。大到调理自然气候、地理、地貌、生态、环境控制；小到堆山理水、置石掇山、种树植草，风景园林为满足主观精神感受，解决客观的物质问题，源于自然，基于自然，高于自然，利用人类生存的生态环境和资源，通过科学的分析推理、工程的营造经营，创造诗情画意的人居环境。

风景园林学是以守护山水自然、地域文化和公众福祉为目标，综合应用科学、工程和艺术手段，通过保护、规划、设计、建设、管理等方式营造健康、愉悦、适用和可持续地境的学科（杨锐，2017；刘滨谊，2016）。风景园林学具备大尺度时空与多学科交叉的特点，具有多重特征属性，包括经济、社会、景观、生态、文化等，不仅能够提高乡村及其周边的生态景观质量，还助力乡村振兴，发挥区域范围内的经济社会价值，促进可持续发展，最大限度地发挥乡村亲近自然、借鉴淳朴的特点，展现相应的文化精神（刘滨谊，2016）。

因此，风景园林学的研究内容既包含了对自然万物的客观发展规律，又包含了源自人类需求的社会主观发展规律（刘滨谊，2013）。

（二）风景园林学的相关理论

1. 三元论

风景园林三元论是指在风景园林的发展过程中，主要受到生态环境、空间形态和人类行为的三方面影响，并形成一个和谐共生的综合体。具体地说，风景园林的形成和发展主要包括对"背景元"（环境生态）、形态元（"空间形态"）、"活动元"（行为活动）的三者结合，即在社会发展与环境保护层面的"人、人类社会"和"自然、自然环境"两元中间，引入"空间形态"元；在风景园林"感受行为活动"和"空间形态"两元中间,引入"环境生态"元;在风景园林规划设计营造层面的"环境生态"和"空间形态"两元中间,引入"行为活动"元(图4-2)。

依据风景园林三元论,"背景元"是风景园林学科的客体和对象,各类风景园林科学、理论由此展开;"活动元"是风景园林学科的主体和目标,决定着风景园林的价值取向,各类风景园林感受、文化、艺术、行为、道德、伦理由此展开;"形态元"是风景园林学科的主-客结合体和手段,各类风景园林规划设计工程由此展开。同时,结合经验主义、实证主义、人本主义和结构主义的各种方法论,构成了风景园林三元方法论体系,系统探索关于风景园林科学、艺术、工程的原理、方式和途径,创造出新的风景园林背景、形态和活动。

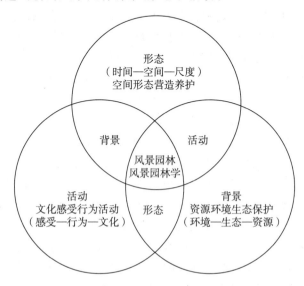

图 4-2　风景园林的三元论示意图(引自刘滨谊,2013)

2. 耦合论

"耦合"指的是两个或两个以上的系统或运动方式之间通过各种相互作用而彼此影响以至联合起来的现象,是在各子系统间的良性互动下相互依赖、相互协调、相互促进的动态关联关系。将"耦合"的基本理念引申到风景园林设计中来,就是强调对场所的尊重及自然力的运用,将多设计目标与场所固有的秩序和要素之间相关联,而这样的一种关联目的就在于利用环境资源的同时提升环境整体的品质。"耦合"作为一个最基本的策略,也是设计策略中最具有共性特征的方法,其基本原理就是将原有场所组成元素进行重组和二次加工以形成满足多设计目标的、新的场所秩序,最大限度地融合"异源性"元素与"本源性"的场所,创造和谐的整体。

耦合法是一个全尺度的规划设计方法,不仅具有理论的指导意义,而且有着方便易用的可操作性。基于"互适性"作为耦合法的核心价值,贯彻于从项目策划、规划、设计直至建造的风景园林营造过程。"耦合法"强调对场所的最小干预以及景观资源的最大化利用前提下实现最优化的景观效果,同时也是一条实现减量化风景园林设计的有效途径。

3. 设计介质论

风景园林学设计介质论是"通过设计之研究(Research through Design,RtD)"的方法体系在风景园林学领域的拓展(朱育帆,2014)。将设计作为系统化获取设计知识的"介质"主要是出于以下3个方面的原因:①设计知识的集合构成了一种独立的智力类型,应用其他智力类型的方法无法获取设计知识;②设计行为自身是一种特殊的求知过程,脱离这一过程无法形成完善的设计知识;③设计知识的组成形式具有特殊的综合性特点,它的认知、创造、积累和传播必须依托设计行为。

风景园林学作为一种设计门类科学,具有设计文化、设计行为、设计结果方面的普遍性特点,尽管风景园林设计的对象、方法、规律具有自身特殊性,但将基于涉及学科普遍规律的设计研究理论与特殊的风景园林学特点相结合,是风景园林学发展的必经之路。

4. AVC 理论

AVC 理论是指针对某一个旅游地的吸引力(attraction)、生命力(validity)和承载力(capacity)评价的研究方法。刘滨谊在景观与旅游规划"三元论"体系的基础上进一步提出以AVC"三力"提升为目标的景观与旅游规划理论、依据和评判体系(刘滨谊,2003)。AVC 理论认为旅游区规划应重点针对吸引力、生命力和承载力的"三力"特性进行研究、认知、策划与规划,以"三力"构建、强化和规划成为旅游区规划的核心任务。

(1)乡村景观的吸引力。埃比尼泽·霍华德(Ebenezer Howard,1902)在《明日的田园城市》(*Garden Cities of Tomorrow*)中把城市和乡村比作磁铁,把人比作磁针来解释社会发展过程中城市和乡村出现的一系列问题。霍华德认为:不论过去和现在使人口向城市集中的原因是什么,一切原因都可以归纳为"引力"。目前,中国城市与乡村之间呈现出单极吸引现象,即乡村→小城镇→中等城市→大城市→特大城市这一单极吸引。造成单极吸引现象的根本问题是乡村地区缺乏强劲的吸引力,其根本原因是乡村经济落后、基础设施薄弱和居住环境差。乡村景观的吸引力是针对乡村景观资源的分析与评价而言的,这种吸引力既存在乡村对城市的吸引,也存在乡村之间的吸引。主要表现在 3 个方面:①自然田园环境。这是乡村景观有别于城市景观之处,维护乡村自然田园环境是提升乡村景观吸引力的基本前提。②人类聚居。对乡村而言的聚居性,不仅在于乡村聚居环境的硬件设施,而且在于乡村聚居环境的精神内涵,它应该是充满生机、活力、魅力的生活与活动的场所。③乡土文化。这是乡村景观的灵魂,历史古迹、风土民情等是乡土文化的突出表现。

(2)乡村景观的生命力。生命力是针对乡村景观资源的开发与利用而言,对于乡村景观来说,其最大价值就在于促进乡村经济的发展。乡村经济的发展途径就是充分利用乡村自身的资源优势,如景观资源和生态环境,调整乡村的产业结构,发展具有乡村特色的多种经济形式。因此,乡村景观生命力主要表现在 3 个方面:①生产能力。农业景观作为乡村景观的主体,必须保证粮食和农副产品供给,满足人民的生活需求是衡量生命力的基本标准。②产业结构。在保证食物供给的基础上,合理调整农业产业结构,走农、林、牧、副、渔的多种经济发展之路。③经济收入。农民收入低是当前突出的社会问题,合理开发和利用乡村景观资源,发展乡村经济,寻求新的经济增长点,提高乡村经济总收入和当地居民的经济收入,是乡村景观生命力的突出体现。

(3)乡村景观承载力。承载力针对乡村景观资源的保护与管理而言。自古以来,乡村环境的形成与乡村生产、生活和生态紧密地结合在一起,并得以维持下来,这在生态学上属于一种良性的干扰过程。然而,由于乡村长期的贫穷落后,造成了以破坏生态环境为代价来发展经济,使乡村环境污染和生态破坏问题日益突出。表现为耕地面积减少、土壤侵蚀加剧、环境污染严重、生物物种减少和景观多样性下降。乡村景观规划就是在开发利用乡村景观资源的同时,对其进行有效的保护和管理,营造一个空间结构和谐、生态系统稳定和社会经济效益理想的总体人类生态系统。乡村景观的承载力主要表现在 3 个方面:①环境容量。在不破坏乡村生态环境的前提下,乡村环境所能承受的人口数量或人类活动的水平,包括人口规模、建设规模以及资源开发强度等。②生态容量。乡村生态系统所能承受的人类干扰的最大限度。对于乡村景观,在保护集中农田斑块的前提下,重建乡村自然植被斑块,因地制宜地增加绿色廊道和分散的自然斑块,补偿和恢复乡村景观的生态功能。③文化、心理容量。当地乡土文化和居民心理所能承受外来干扰的能力。乡土文化以及当地居民对乡村的认同感是乡村生活形式的基石,是乡村景观维系的保证,而目前受城市化的影响很大,这需要当地居民重新寻求共同的价值观和认同感。

综上所述,吸引力、生命力与承载力是乡村景观规划 AVC 三力理论的有机组成部分,三者相辅相成、密不可分,贯穿于乡村景观规划的分析与评价、开发与利用以及保护和管理的各个阶段(图 4-3)。乡村景观吸引力不仅与现状的资源及环境优劣有关,而且与资源的开发潜力、利用方式以及保护管理措施密切相关。即使乡村景观资源再优越,如果利用方式不当,开发强度过大或保护管理措施跟不上,对乡村景观资源和生态环境造成了破坏,不仅会降低乡村景观的吸引力,还会严重影响到乡村经济发展的潜力。但乡村生态环境的保护必须结合经济发展来进行,这

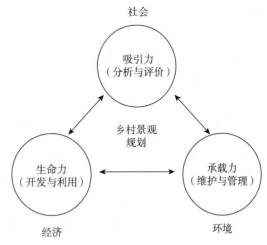

图 4-3　乡村景观规划 AVC 三力关系(陈威,2007)

样才能充分体现乡村景观资源的价值。乡村景观规划正是通过全面提升 AVC 三力来促进乡村的社会、经济、生态的全面发展,实现乡村景观规划"景观资源－乡村经济－生态保护"的三元体系化。

总之,乡村景观规划是一门多学科交叉的新兴学科,还处于基础理论探索阶段,景观与旅游规划的 AVC 理论对乡村景观规划具有理论指导意义。乡村景观的基本服务功能包含了生活、生产和生态 3 个层面。因此,基于 AVC 理论,乡村景观规划的研究重点应当体现在:①社会,即乡村与城市的相互关系问题,对应于乡村景观吸引力,其核心是乡村景观资源的分析与评价;②经济,即乡村经济可持续发展问题,对应于乡村景观生命力,其核心是乡村景观资源的开发与利用;③环境,即乡村地区整体生态环境保护问题,对应于乡村景观承载力,其核心是乡村景观资源的维护与管理。乡村景观规划就是在对乡村景观的分析与评价、开发与利用和维护与管理过程中注重和兼顾乡村的社会、经济和环境三者的效益,并进行综合提升。

四、城乡规划学基础

(一)概述

个体的人作为自然界生物,其生物规律性支撑并影响着一定规模的人群的活动规律,并且在更大的群体中体现社会性规律。如达尔文在《物种起源》中揭示生物进化的选择体现出自然的竞争性,而彼得·阿列克谢耶维奇·克鲁泡特金(Pyotr Alexeyevich Kropotkin)在《互助论》中阐述了人类活动的互助性特征。再者,古有原始穴居仅供居住,到"日中为市"开始提供商业功能、开展商业活动,再到"匠人营国,方九里,旁三门……左祖右社,前朝后市,市朝一夫"

考虑到了政治活动,以《周礼·考工记》等书籍为依据营造都城、郡县,人类聚居活动在土地使用和空间上也呈现出特定的规律性。随着社会生产力的发展,科学技术的不断提高,以及人类文明的高度演变,人类在物质环境中的各种活动规律也发生了改变。综上,城乡规划学是要研究、揭示、认识和解释人类聚居活动的集体行为在城乡土地使用和空间发展过程中的规律性,并通过规划途径使之更为合理地符合人类自身发展的需要,并实现可持续发展(杨贵庆,2013)。

总之,城乡规划学是一门研究城乡空间与经济社会、生态环境协调发展的一门复合型学科,主要研究城镇化与区域空间结构、城市与乡村空间布局、城乡社会服务与公共管理、城乡建设物质形态的规划设计等。通过对城乡空间资源的合理配置和控制引导,促进国家经济、社会、人口、资源、环境协调发展,保障社会安全、卫生、公平和效率。

(二)城乡规划学与乡村景观规划

1. 城市边缘区的乡村景观规划

在自然生态系统的有限性约束下,人类目标的多样性带来了景观多功能性的不断增强,城市化的快速发展促使大都市郊区面临更为迫切的多功能需求。在城市的边缘地带由于商业、工业和住宅区的扩张,导致绿色开放区和农用地逐渐丧失。经典的城乡梯度概念认为,假设土地使用强度从密集开发的城市核心向住宅郊区下降,最终会到达轻度开发的农村地区。土地利用的变化导致城郊区域景观的组成、功能、过程和模式受到影响,进而影响了农用地的流失和自然生境的破坏,景观类型和格局发生改变,生物多样性受到威胁,城市发展的可持续性降低。

在城乡边缘区域,通过建立"生态系统网络"将城市与乡村融为一体,系统地维护乡村区域的自然环境,一起实现可持续的区域发展。例如,①以山区和丘陵地区以及河流和海岸线的自然环境为某一地区的自然环境框架,有助于改善城市地区的景观和风景质量;②加强城乡之间上下游流域的联系,制定流域环境保护计划,同时注意农田和森林的环境保护功能,以此增强抵御自然灾害的能力;③强调城郊农村区域景观功能之间权衡的重要性,并根据其功能多样性进行规划管理,以确保城郊农村社区的可持续发展。

2. 乡村景观的空间规划

乡村区域既有生产性空间,也有非生产性空间。乡村地区的发展在很大程度上取决于空间的可用性和组织性。根据欧盟乡村发展规划的主要指导方针,农村发展应是多功能的,并应结合以可持续发展原则为基础的环境保护,满足当地社区日益增长的多样化服务需求。乡村景观规划的目的是将乡村中自然生态、经济生产、居住生活三部分的空间相互融合,将乡村拉回到真实的地方性生活之中,构建整体的、有机的总体人类生态系统(贺勇,2012)。

(1)总体空间布局。将生产、生活、生态纳入一个整体的结构与框架,对乡村的现状及资源条件进行分析,包括地理特征、自然资源、经济作物、聚落状态,根据分析结果确定乡村发展总体结构,策划空间序列。

(2)组团详细规划。结合乡村特点、村民生活方式,基于规划格局划分道路、街巷、住宅等多种类型空间组团,融合乡村景观特色,融入"乡土性",形成紧凑的空间格局。

(3)局部景观优化。将生产与经营转化为景观,融入村民的日常生活,充分理解乡村场景与资源,确定乡村景观的发展方向、定位与品质,对生产、生活的形态进行自然表达。

第二节　乡村景观规划的目标与内容

一、乡村景观规划的任务

乡村景观是指在乡村地域范围内多种土地单元组成的具有特定景观行为、形态和内涵的景观类型,是人类以农业特征为主、在自然景观的基础上建立起来的自然生态结构和人文特征的综合环境。乡村景观规划是在认识和理解乡村景观特征和价值的基础上,通过规划减少人类对环境影响的不确定性,并依据乡村自然景观特征,结合地方文化景观和经济景观的发展过程,将自然环境、经济和社会作为高度统一的复合景观系统,根据自然景观的适宜性、功能性和生态特性,经济景观的合理性及社会景观的文化性和继承性,以景观保护为前提,以资源的合理、高效利用为出发点,合理规划和设计乡村景观区内的各种景观要素和人文活动,在景观保护与发展之间建立可持续的发展模式,使景观结构、景观格局与各种生态过程以及人类生活、生产活动互利共生,协调发展。乡村景观规划的任务主要体现在 3 个方面。

(一)实现乡村社会的可持续发展

人们在乡村为生存而聚居,曾经的乡村生产、生活呈现出生机勃勃的景象,而当下乡村呈现出的景象更多的是产业的凋敝、劳动人口的外流、农业的低价值回报、大量学校的撤并、医疗服务的匮乏等,这些现实问题让乡村青壮年居民宁愿放弃乡村生活,走入城市寻求未来。如何通过乡村产业结构调整、主导产业构建、特色产业打造,形成乡村景观建设和产业培育发展之间的互促互动,通过产业的兴旺、收入的提高、基础设施提升和服务环境的改善,带动乡村经济社会的可持续发展,是乡村景观规划最主要的目标之一。

(二)改善人居环境和提高生活质量

目前,我国农村人居环境状况很不平衡,农村基础设计和公共服务与城市差距大,行路难、如厕难、环境脏、村容村貌差等问题较为突出。通过统筹乡村布局、地形地势、山河水系、历史文化、产业发展、乡村旅游等因素,因地制宜、精准施策,解决好垃圾处理、污水治理、卫生改厕、村庄绿化、村道硬化等突出问题,从而改善乡村人居环境,提高生活质量,是乡村景观规划的重要目标。

(三)保护自然过程和重要的文化和自然资源

乡村景观规划不仅关注景观中的核心问题——土地利用、景观的"土地生产力"以及人类的短期需求,更强调景观作为整体生态单元的生态价值、景观供人类观赏的美学价值及其带给人类的长期效益。因此,保护自然过程和重要的文化和自然资源也是乡村景观规划的目标之一。

乡村景观格局由乡村生态景观、乡村生产景观、乡村聚落景观综合构成,是现代乡村景观的发展方向。因此,优化整合乡村群落的自然生态环境、农业生产活动和生活聚居建筑 3 大系统,协调各系统之间的关系,实现乡村经济社会可持续发展和传统景观的保护是乡村景观规划设计的基本任务。

二、乡村景观规划的目标

(一)建立高效的农业生产景观

高效农业是指以农业市场需求为导向,以提高农业综合效益为目标,遵循社会经济规律和农业自然规律,运用现代农业科学技术,采取集约化的生产方式,科学利用各种自然资源和社会资源,优化各种生产要素之间的配置,不断提高资源利用率和劳动生产率,生产满足国内外需求的多品种、多系列、高质量的各种农产品,注重经济效益、社会效益和生态效益的协调发展,自身发展能力较强的现代化产业,是现代农业的重要组成部分。高效农业所追求的不只是利润高、经济效益好的农业,更是经济、社会与生态效益共同提高、共同发展、综合效益最佳的农业。虽然经济效益起着基础性的作用,但同样不能忽视社会效益和生态效益。就社会效益而言,只有生产数量充足的农产品,满足人们正常生活的需要,才有可能实现社会的安定有序;农产品数量和质量的不断提高,才能够满足人口的增长和人们对物质生活更高的要求;农业生产的增加、农业产业的壮大,还可以为社会提供更多的就业机会。高效农业涵盖的内容比较广泛,主要就高效农业空间协调、时间利用、物质能量循环和要素功能拓展等方面进行阐述。

1. 空间协调上的高效

空间协调上的高效主要是指在一定的空间范围内,依据各地自然条件和社会环境的不同,在平面空间或立体空间将农业、林业、牧业和渔业等进行科学搭配,使土地资源和水资源在平面空间和立体空间得到最大化利用,充分发挥光能、大气和生物种群等的作用,不断增加农业生产的载体,优化农业生产的环境。具体表现为空间种植、空间养殖和空间种养3种方式。空间种植是指利用农作物之间互利共生的特点,建立一个时间上多序列、空间上多层次的农业生产结构,如农作物的套种、间种和轮种等。空间养殖是指根据养殖动物的不同养殖要求,在立体空间内分层次养殖不同的动物,如鸡舍在上、猪舍在下的陆地立体养殖模式和水面养鸭、水中养鱼、水底养蚌的水域立体养殖模式等。空间种养是指在一定空间,将植物和动物按一定层次进行综合养殖,如稻鸭共生养殖、稻鱼共生养殖等。

2. 时间利用上的高效

时间利用上的高效主要是指充分利用农业生产季节性的特点和动植物生长的时间规律,采用先进的技术手段,合理使用时间搭配,追求农业生产时间上的高效组合,获得效益最大化。具体表现为时间结合模式、时间轮换模式和人工季节调控模式。时间结合模式是指根据农作物的不同品种或不同农作物的不同生长规律,在时间上进行科学合理的搭配,将农作物的种植时间紧密衔接,生产出更多的农产品,使土地得到充分利用。时间轮换模式是指在一定的时间里,按照恢复和提高土地的肥力、防除杂草病虫为害和提高农产品产量与质量的要求,对同一块土地按一定的次序,轮换种植不同的农作物,如经济作物、粮食作物和饲料作物之间的轮换种植。人工季节调控模式是指利用农产品季节生长的差异,通过人工对农产品生产环境的控制,营造适宜农产品生长的环境条件,增加农产品的产出,满足市场需求,获取较高的效益,如冬季农业大棚种植的反季节蔬菜。

3. 物质能量循环上的高效

物质能量循环上的高效是指高效农业的建设要依据生态学原理,遵循生物链和能量链的流动设计农业生产,在由生产者、消费者和分解者组成的生产体系中,根据生物与自然界之间、生物与生物之间存在的关系,科学有序地利用系统内外的能量资源,促进各种物质和能量的经济转化,实现农业的高效。具体表现为种植业内部链式循环、养殖业内部链式循环和种养业结合链式循环。种植业内部链式循环是指在农作物和食用菌等生产体系中的物质多向循环利用,如农作物的秸秆和棉籽壳等可以作为食用菌的原料,而食用菌产生的菌渣和废物又可以作为农作物的肥料。养殖业内部链式循环是指将家禽畜类养殖产生的粪便等废弃物,作为其他家禽畜类或渔业等养殖的饲料,从而实现废物的循环利用。种养业结合链式循环是指在种植业和养殖业之间建立良性的物质和能量循环,如家禽、畜类、渔业和农作物之间的循环等。

4. 要素功能拓展上的高效

要素功能拓展上的高效主要是指:一方面,高效农业要充分利用土地、资金、人力、技术等单个要素或多个要素之间在数量上和功能上的关系,促进各要素之间的协调发展和互利共生,不断提高农业的自我组织能力,努力形成持续稳定、高产优质高效的农业;另一方面,高效农业要具有生产、生活和生态的功能。当前农业发展在满足社会对粮食等大宗农产品需求的同时,还应起到进一步提高农民的收入,不断改善农民的生活条件,保持水土、净化空气、处理有机废物和美化环境等功能。目前农业功能拓展的主要方式就是,以高效生态农业基地等为依托,利用其优美的自然风景和环保的生态空间,建设一批休闲娱乐设施,开发农家乐等活动,提供科普教育、游乐度假和就餐住宿等服务,突出野趣、闲趣和乐趣,为人们提供感受农村生活气息、亲近大自然的休闲娱乐观光场所。

综上,通过进行乡村景观规划,可以对乡村生产要素进行优化和调节,从而实现农业资源空间协调上的高效、时间利用上的高效、物质能量循环上的高效和要素功能拓展上的高效,进而可以建立高效的农业生产系统。

(二)建立安全协调的乡村生态景观

安全是人类基本需要中最基本的一种需求。"生态安全"问题是一个诠释古老问题的新概念,由于它提出的时间还不长,虽然国内外的许多学者都对生态安全的内涵和外延做了探讨,但目前关于生态安全尚无统一的定义。就其本质来讲,生态安全是围绕人类社会可持续发展的目的,促进经济、社会和生态三者之间和谐统一,由生物安全、环境安全和生态系统安全这几方面组成的安全体系。生物安全和环境安全构成了生态安全的基石,生态系统安全构成了生态安全的核心。没有生态安全,人类社会就不可能实现可持续发展。乡村生态安全突出表现在乡村景观生态安全格局和农业安全两个方面。

乡村景观生态安全格局能够以生态基础设施的形式落实在乡村中:一方面,用来引导乡村空间扩展、定义乡村景观空间结构、指导周边土地利用;另一方面,生态基础设施可以延伸到乡村景观结构内部,与乡村植物系统、雨洪管理、休闲游憩、交通道路、遗产保护和环境教育等多种功能相结合。这个尺度上的生态安全格局边界更为清晰,其生态意义和生态功能也更加具体。微观对应的是乡村街道和地段尺度,生态基础设施作为乡村土地开发的限定条件和引导因素,落实到乡村的局部设施中,成为进行乡村建设的修建性详细规划的依据,将生态安全格局落实到乡村景观内部,让生态系统服务惠及每一个乡村居民。

乡村景观的生态安全问题也表现在农业生态安全方面。农业生态系统是直接为人类生存和生活服务的一类人工自然复合生态系统,农业生态安全是农业可持续发展的基础。农业生态安全具有较强的地域性和时间限制性,而且受外部自然环境、人类活动、社会经济、技术等的影响和调控十分明显。例如,农业生态系统安全受灾害性天气现象(洪涝、干旱、台风等)、光热水土资源、农业生产技术条件(如化肥、农药、转基因物种等的使用)、市场经济条件(如需求、价格)等的影响很大。具体来讲,农业生态安全是指农业生态系统自然资源稳定、均衡、充裕,农业生态环境处于健康、能够实现生产可持续性、经济可持续性和社会可持续性的状态。章家恩、骆世明指出农业生态安全大致包括以下几个方面的内容:①农业环境安全;②农业资源安全;③农业生物安全;④农业产品安全,包括数量安全和质量安全,即所谓的双重安全。其中,农业环境安全、资源安全和生物安全是农业生态安全和农业产品安全的基础和保障,农产品安全是保障人类健康安全的基本要求。

(1)农业环境安全问题。气候气象灾害(洪涝、干旱、持续低温、台风、沙尘暴、全球气候变化等)、地质灾害(崩塌、滑坡、泥石流等)、环境污染灾害(大气污染、土壤污染、水污染、核污染、放射性污染等)等。

(2)农业资源安全问题。光照不足、光照过量、热量不足、热量过量、水资源短缺、水土流失、土地退化、土地短缺等。

(3)农业生物安全问题。生物多样性减少、野生种质资源消失、农业物种退化、病虫草害爆发、外来物种入侵、转基因生物风险、生物污染等。

(4)农业产品安全问题。产量低而不稳、品质低劣、营养不足、重金属残留、农药残留,以及硝酸盐含量、生长调节剂、添加剂、着色剂超标等。

区域乡村景观规划离不开环境与生态,环境重点考虑土壤、大气、建筑物、氛围等问题;生态则加进了有生命的东西,如植物、动物等,它是一个动态发展的过程。通过乡村景观规划,可以建立安全的乡村生态环境。

(三)建立优美宜居的乡村聚落景观

所谓聚落,就是人类各种居住地的总称,由各种建筑物、构筑物、道路、绿地、水源地等要素组成。广义地说,聚落是一种在相关的生产和生活活动中所形成的相对独立的地域社会,不仅满足生产、生活活动,还反映某种生产关系和社会关系,从而体现聚落群体的共同信仰和行为规范。它既是一种空间系统,也是一种复杂的社会、经济、文化想象和发展过程,是在特定的地理环境和社会经济背景中,人类活动与自然相互作用的综合结果。乡村聚落是指位于乡村的各类居民点所构成的总区域,包括各类建筑物、水文、道路和绿地等。聚落景观是传统乡村景观研究的核心。

优美宜居的乡村聚落景观既要有优美的自然环境,又要有和谐的社会人文环境,要能够满足村民居住舒适性、生活便利性、出行方便性和环境优美性等多方面的要求。具体来说,乡村聚落景观规划要实现以下目标。

(1)营造具有良好视觉品质的乡村聚落环境。

(2)符合乡村居民的文化心理和生活方式,满足他们日常的行为和活动要求。

(3)通过环境物质形态表现蕴含其中的乡土文化。

(4)通过乡村聚落景观规划与设计,使乡村重新恢复吸引力,充满生机和活力。聚落布局和空间组织以及建筑形态要体现乡村田园特色,并延续传统乡土文化的意义。

三、乡村景观规划的原则

(一)生态先行原则

生态规律具有优先于经济社会规律的基础性、前提性地位,人类在进行经济、政治、科技、文化等社会活动时,都要首先考虑到生态规律的要求,遵循而不是违背生态规律。生态文明建设理论中的著名论断"山水林田湖草是生命共同体"强调山水林田湖是一个生命共同体,人的命脉在田,田的命脉在水,水的命脉在山,山的命脉在土,土的命脉在树。山川、林草、湖沼等组成的自然生态系统,存在着无数相互依存、紧密联系的有机链条,牵一发而动全身。乡村景观常常包含上述多类或全部要素,因此在进行乡村景观规划时,必须遵循自然规律,综合考虑各要素之间的相互联系,基于景观生态学原理和方法,统筹规划设计。党的十九大提出的"人与自然和谐共生"的生态方略突出强调了人与自然的关系,提出生态环境是人类生存和发展的根基,生态环境变化直接影响人类文明兴衰演替。因此乡村景观规划必须以保护生态环境为前提,对乡村生态系统的介入必须是处在规定的环境容量内,不能对生态系统中的关键生态要素进行破坏,要实现人与自然的和谐共生。

(二)可持续发展原则

我国乡村过去偏重于资源的粗放型开发利用,如陡坡地开荒、围湖造田、草地过度放牧、森林砍伐等,乡村资源与环境遭到极大的破坏,水土资源退化,生物和景观多样性丧失严重,所有这些都严重威胁了乡村社会的可持续发展。在乡村景观规划中,可持续发展原则包含两层含义,一是乡村景观本身是一种可以开发利用的资源,是乡村经济、社会发展和景观环境保护的宝贵资源。乡村景观资源的开发利用有利于发挥乡村的优势,摆脱传统的乡村观和乡村产业对乡村的制约,实现乡村社会发展的可持续。二是乡村景观规划所进行的一系列设计和改造活动要与生态环境相协调,要考虑自然资源和环境自身承载能力,避免突破自然资源和环境承载力的阈值,这样才能保障乡村生态环境与各类资源的可持续利用。因此,通过乡村景观规划,合理处理社会经济发展与自然资源保护的关系,重新塑造乡村功能,构建乡村产业发展模式,实现乡村资源和乡村景观资源的可持续利用,推动乡村可持续发展,是乡村景观规划的一项重要任务和原则。

(三)保存和发展乡土文化原则

乡村社区文化体系是具有相对独立和完整的地方文化,是乡村文化的遗产。乡村文化的继承性,是乡村文化得以保存的根本。它反映特定社会历史阶段的乡村风情风貌,是现代社会认识历史发展和形成价值判断的窗口。在乡村景观规划设计过程中,是否能够挖掘和提炼具有地方特色的风情、风俗,并恰到好处地表现在乡村景观意象中,是乡村景观规划设计成败的关键。在乡村景观规划中,切忌人为地割裂乡村文化发展脉络,而必须重视当地居民的文化认同感。

(四)尊重人本因素和公众参与原则

乡村居民的生活方式和城市居民的生活方式有着显著的不同,在乡村景观规划中,不能把适合城市居民生活方式和行为方式的环境景观移植到乡村,有些规划设计缺乏对农村居民的心理、行为进行充分的研究,造成建成的环境使农村居民使用不便,缺乏吸引力和实用性。无论什么样的规划,目的都是要为人解决问题的,最终来为人服务和使用的,只有符合当地人需要的规划才称得上是好的规划。乡村景观更新的主体是当地居民,而且乡村景观更新利益主体也是当地居民,任何乡村景观更新计划都必须在当地居民的认同下,方能顺利实施。因此乡村景观规划设计必须从当地居民生产、生活便利的角度出发,尊重当地居民的生活和风俗习惯,让当地居民充分地参与到乡村景观规划当中。好的乡村景观规划一定是在景观规划师、当地政府和居民相互沟通、协调下完成。

(五)整体与系统规划原则

乡村景观规划是在综合大地景观和乡村人居环境理论的基础上,解决乡村区域经济、生态和文化等多方面问题的实践研究。在景观规划设计中,从整体性和系统性出发,不仅要着眼于当前乡村规划内部的格局和形成过程的特征,还要着眼于景观周边地区甚至于多个景观群所形成的局域网络格局和形成过程的特征。把景观作为一个整体单位来考虑,从景观整体上协调人与环境、社会经济发展与资源环境、生物与生物、生物与非生物以及生态系统之间的关系。

整体与系统规划原则还指在进行乡村景观规划的过程中,要综合运用多学科的知识,借鉴和吸收园林学、建筑学、生态学、设计学、经济学、社会学等专家和学者们的建议和思想。还要根据当地的自然环境、产业结构、经济条件、传统文化、建筑特色、居民价值观等进行乡村景观规划研究。这就要求在全面了解、综合分析当地乡村自然环境和条件的基础之上,同时结合社会经济发展的条件、经济发展的战略和人口的发展情况,增强景观规划研究成果的科学性和实用性,才能为乡村景观规划提供综合的解决方案。

(六)保护景观多样性原则

乡村地域是生物和景观丰富的地区,依据独立景观形态分类,乡村景观类型包括乡村聚落景观、网络景观、农耕景观、休闲景观、遗产保护景观、野生地域景观、湿地景观、林地景观、旷野景观、工业景观和养殖景观 11 大类。乡村景观具有多样性特征,是生物和景观(含自然景观和人文景观)多样性保护的主要场所。在乡村景观改变和规划设计中,保存、维护文化和自然景观的完整性和多样性,保持、提高乡村景观的生态、文化和美学功能,是必须坚持的一条基本原则。

四、乡村景观规划的内容

乡村景观格局由乡村聚落景观、乡村生产性景观、乡村生态性景观综合构成,不同的乡村景观由不同的景观要素构成,它们的景观结构及其功能各有不同,表现在规划上就是其规划内容的差异。因此,乡村景观规划的内容也由这三部分组成。

(一)乡村聚落景观规划

乡村聚落,包括居民住宅、生活服务设施、街道、广场、第二产业、第三产业、交通与对外联系,以及聚落内部的空闲地、蔬菜地、果园、林地等构成部分,是村民居住、生活、休息和进行各种社会活动的场所。乡村聚落规模的大小以及聚落的密度,反映了该地区人口的密度及其分布特征;各地区不同的文化特色、经济发展水平、各民族的生产、生活习惯,该地区的土地利用状况及农业生产结构等无不在乡村聚落中体现。

因此,乡村聚落景观作为乡村区域内的人类聚居的复合系统,在乡村景观中占有重要的位置,其状况如何,对于乡村景观功能的维持、保护和加强具有举足轻重的作用;同时乡村聚落结构和功能的改善也是乡村社会经济持续发展中的亟待解决的问题。我国乡村面积大,地理环境多种多样,文化、风俗差异巨大,乡村聚落景观丰富多样而且特色明显,如我国徽州民居、江南水乡、北方四合院、西北窑洞、闽南土楼、西南吊脚楼等富有地方特色的乡村群落。但目前乡村群落面临不少发展困境:一是,近来的乡村规划只是复制了城市规划中以小区家庭为单位的居住生活格局,忽略了乡村自然风貌与乡村社区景观规划的有机结合,破坏了特色的乡村聚落景观,缺乏地域性。二是,如何协调乡村聚居条件与功能改善和生态环境保护的关系,成为乡村聚居区更新中的一个比较现实的问题;三是,随着城乡一体化的快速发展和现代文化巨大冲击,乡村群落的文化空洞对乡村聚居文化的破坏相当严重,传统村落消失速度加快,保护乡村群落历史风貌的任务更加艰巨。

因此,乡村聚落景观格局在塑造上应遵循以下条件:

(1)聚落的更新与发展充分考虑与地方条件及历史环境的结合。

(2)聚落内部更新区域与外部新建区域在景观格局上协调统一。

（3）赋予历史传统场所与空间以具有时代特征的新的形式与功能,满足现代乡村居民生活与休闲的需要。

（4）加强路、河、沟、渠两侧的景观整治,有条件地设置一定宽度的绿化休闲带。

（5）突出聚落人口、街巷交叉口和重点地段等节点的景观特征,强化聚落景观可识别性。

（6）采用景观生态设计的方法,恢复乡村聚落的生态环境。

在城市化和多元文化的冲击下,乡村聚落整体景观格局就显得格外的重要。乡村聚落的景观意义在于景观所蕴含的乡土文化所给予乡村居民的认同感、归属感以及安全感。只有在乡村居民的认同下,才能确保乡村聚落的更新与发展。

（二）乡村生产性景观

乡村的生产性景观构成是由生产为主导的生产过程的自然体现,它的生产性质、生产过程、生产环境决定了乡村生产性景观的特色。近年来,随着美丽乡村建设和乡村振兴战略的不断推进,不少乡村在发展第一产业的基础上,根据各自的资源环境、经济社会和优势特色条件,衍生发展第二、三产业,呈现出一、二、三产业融合发展的态势,例如,各类村镇工业园区、物流园区、农业产业园区、农业科技园区、集农-文-旅为一体的田园综合体等。因此,新时期乡村生产性景观不仅包括农业景观,还包括工业、休闲旅游、生态康养等二、三产业景观。但与城市生产性景观不同,乡村生产性景观的主要特征还是以体现农业生产的景象为主,如农田景观、园地景观、庭院生态农业景观、农林复合系统景观,以及以农业为基础发展的休闲农业与旅游景观、农业园区景观等。从景观生态学的角度看,农田、园地等农业景观可以看作一种斑块类型,它的规划设计内容有:大小、类型、数目、格局等,农田、园地的整体风貌和农作物的生长景观,让乡村生产性景观兼具美学价值和生态价值。

（三）乡村生态性景观规划

乡村生态性景观包括自然斑块景观和乡村廊道景观。自然水塘或湖泊、河滩湿地、山地等均为乡村自然斑块景观,是乡村的不可建设用地。乡村廊道是景观中具有通道或屏障作用、线状或带状镶嵌体。自然廊道多是景观生态系统中物质、能量和信息渗透、扩散的通道,是促进景观融合和景观多样性的重要类型,使景观镶嵌结构更加复杂。而人工廊道有的具有通道作用,有的则具有屏障作用。乡村生态性景观规划应以保护为主、规划为辅,在保护的前提下,将它们进行统一的布局和设计,创造出宜人合理的开放空间,与乡村生活环境相协调。

1. 自然斑块保护与规划

在乡村景观体系中,由于农耕社会对资源利用的广泛性和深入性,使自然斑块都多多少少出现了人工化的趋势,自然斑块已比较少见。即使存在斑块也多呈现出分散破碎的分布,且分布在农田斑块之中。

（1）乡村自然生态斑块的类型

①自然洼地积水形成的水生（湿生）植物斑块。洼地汇集来自降雨、农田灌溉、地下水外渗、溪流等多种补给水形成水层较浅和水面较阔的湿地区域。在丰富的营养物质和充足水分供给以及肥沃的土壤上发育形成的湿地生态系统成为农村广泛存在的自然斑块类型。在乡村景观生态格局中不仅呈现出景观多样化,物种多样性,生物避难所等功能。而且是农田生态系统重要的辅助生态系统,有助于农田生态系统的稳定性。但由于人口增长与有限土地之间的矛盾,农民为了获得更多的耕地,通过人为砍伐湿生植物,填平洼地,水面减少,不断将湿地转化为农耕地,彻底破坏湿地生态系统,减少乡村景观生态格局中自然斑块的数量,使乡村景观

生态呈现出单一性的格局,因此在乡村景观生态规划中要保护诸如泄洪区,洼地等湿地斑块。

②自然水塘或湖泊。乡村自然水塘、人工水塘、水库和湖泊是以水体、水生动植物、湿生植物等为核心的生态系统。乡村水体不仅能够有效调节小气候,而且能够维持农田和自然生态系统的有效性,同时,还通过蓄水调节实现农业生产对灌溉水需求的时间差异,从而保障农田生态系统生产的稳定性和乡村抵御自然灾害的能力。

③河滩湿地与林地斑块。河道是乡村广泛存在的景观廊道,由于河流具有季节性和年际变化的水过程,因此河滩湿地具有季节性变化的特点。在季节性水体影响较小的河滩地多受年际变化的影响,具有比较稳定的生态系统条件,从而能够形成河滩林地生态系统,成为乡村重要的景观生态斑块类型。河滩林地在河道中的作用具有两重性,一方面在平水年河滩林地对河道具有保护作用;另一方面在洪水年,在保护堤岸的同时,对河道行洪造成阻碍。

④乡村山地林地与风景区。乡村山地林地和风景区是依托大型自然斑块以及乡村文化历史而形成的具有自然生态功能与文化脉络的大型特殊斑块,揭示出不同历史时期人们对自然的理解与文化生态的内涵。

(2)乡村自然斑块的规划

①保护大型自然斑块空间的完整性。严格限制乡村土地拓展对自然斑块蚕食和沿沟谷形成的溯源侵蚀。

②保护自然斑块物种和生境的原生性。严格限制大型自然斑块的统农业化和自然植物的人工化,不断改变植物的生境特征,从而使自然斑块逐步发生演变。

③依照农田景观与自然景观相互作用规律,规划大型自然斑块与农田景观相互作用的过渡地带。

④大型自然斑块在乡村格局中具有隔离功能,因此,在乡村道路建设中往往对大型自然斑块进行大幅度的分割,不仅使大型自然斑块分化成相互隔离的几个斑块,同时使道路沿线形成严重的生态破坏,使景观破碎度增加。大型自然斑块的规划要严格限制道路建设形成的破坏,以自然斑块保护为导向,保护斑块的完整性格局。

⑤严格限制大型自然斑块内部的人类活动。对斑块内部历史形成的民居、农业生产、采石、开矿、工厂建设等进行有效的清退。

2. 乡村廊道保护与规划

乡村廊道是乡村景观生态格局中比例较小但与外界联系极为紧密的生态通道,往往是自然景观生态格局与城市景观生态格局相互连接的重要联系,乡村廊道体系是乡村景观生态规划的重要内容。

(1)乡村廊道的类型

①河流与溪流。河流是乡村最主要的自然廊道,包括季节性河流,常年径流量河流和改道废弃的河流等。河流主要承担泄洪通道、乡村水源、排放通道、乡村游憩休闲通道的功能。同时,由于乡村河流自然堤岸的局限性,河流往往是造成乡村洪水灾害的重要原因,从而深刻影响乡村的生产和生活。

②大型林带。大型林带有人工林带和自然林带两种,人工林带主要是乡村基于特定功能的人工建设,在空间上呈现出带状分布特征,如基于洪水防护或风沙防护的林带。自然林带主要是沿自然河流、溪流、断裂带或低地出现的林带。

③过境的各级公路网络。乡村往往是高速公路、国道、省道、铁路以及乡村道路的分布空

间。由于高速公路、铁路带有封闭的防护栏的特殊性,在景观生态上不仅具有较高的隔离程度;同时高速公路和铁路两旁的林地形成较完整的通道。其他道路的隔离性相对较弱。

④高压通道。高压通道是对乡村生产和生活影响较大的通道类型,高压通道两侧各50m的空间范围内的生产生活受到严格的限制,直接影响乡村景观生态的格局。

⑤农田防护林带。农田防护林带将农田分割成为大小相同,形态规则的农田斑块,林带对斑块内的作物起到防护作用的同时,林带相互连接形成一个网络特征明显的林带网络,如果林带具有一定的宽度,同时林带采用垂直结构进行设计,则农田防护林网具有良好的生态通道作用。

(2)乡村廊道体系规划

①保护廊道的完整性和连接性。

②对于自然廊道应尽可能保护廊道的自然性和原生性。

③在廊道规划中保持廊道的宽度。廊道狭窄,则廊道内的物种只可能是边缘种;而廊道越宽,在廊道中心就可以形成比较丰富的内部种,更有利于形成廊道的物种多样性,扩大廊道的生态效应。

④廊道的设计在于形成不同等级和不同作用的生态联系网络。单一而孤立的廊道往往仅仅成为一个通道,而廊道网络则将生态作用扩展到城市的每一个空间,对城市景观生态格局具有重要意义。

⑤乡村廊道必须担负起自然景观与城市相互连接的桥梁,保障了城市—区域景观格局中生物过程的完整。

⑥乡村廊道的规划设计还注重乡村防灾功能。以河流为主形成的洪涝灾害成为乡村廊道灾害的主要类型,河流廊道的生态功能与安全功能成为河流景观生态规划设计的重要导向。

⑦由于廊道呈线性延伸,廊道的生态作用可以沿线性空间深入到农田内部的同时;充分利用廊道的延伸性,将廊道沿线分散的斑块或小型廊道通过人工途径进行连接,形成一个更宽的廊道作用带,将生态作用在纵深扩散的同时横向扩散。

第三节　乡村景观规划的一般过程

一、乡村景观规划的主要环节

乡村景观规划设计是一项综合性的规划设计工作。首先,乡村景观规划基于对景观的形成、类型的差异、时空变化规律的理解,对它们的分析、评价不是某一学科能解决的,也不是某一专业人员能完全理解景观生态系统内的复杂关系并做出明智规划决策的,乡村景观规划需要多学科的专业知识的综合应用,包括土地利用、生态学、地理学、景观建筑学、农学、土壤学等。其次,乡村景观规划是对景观进行有目的的干预,其规划的依据是乡村景观的内在结构、生态过程、社会经济条件以及人类的价值需求,这就要求在全面分析和综合评价景观自然要素的基础上,同时考虑社会经济的发展战略、人口问题,还要进行规划实施后的环境影响评价等。

在乡村景观规划的过程中,强调充分分析规划区的自然环境特点、景观生态过程及其与人类活动的关系,注重发挥当地景观资源与社会经济的潜力与优势,以及与相邻区域景观资源开发与生态环境条件的协调,提高乡村景观的可持续发展能力。这决定了乡村景观规划是一个综合性的方法论体系,其内容包括景观调查、景观要素分析、景观分类、景观综合评价、景观规划模式确定、景观布局规划与生态设计、土地利用规划等的各个方面(图 4-4)。具体地说,乡村景观规划过程包括以下几个主要方面。

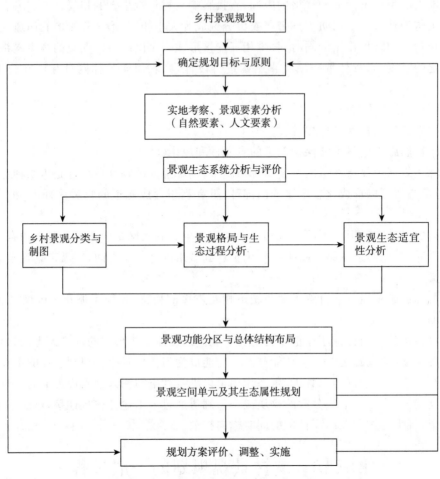

图 4-4　乡村景观规划的一般过程和内容

(一)乡村景观调查

从专业角度分析景观规划任务,明确规划的目标和原则,提出实地调研的内容和资料清单,确定主要研究课题。根据提出的调研内容和资料清单,通过实地考察、访问座谈、问卷调查等手段收集规划所需的社会、经济、环境、文化以及相关法规、政策和规划等各种基础资料,为下一阶段的分析、评价及规划设计做资料和数据准备。景观调查工作是乡村景观规划设计与编制的前提和基础,在进行乡村景观规划之前,应尽可能全面地、系统地收集基础资料,在分析的基础上,提出乡村景观的发展方向和规划原则。也可以说,对于一个地区乡村景观的规划思想,经常是在收集、整理和分析基础资料的过程中逐步形成的。

(二)乡村景观要素分析

对景观组成要素特征及其作用进行研究,包括气候、土壤、地质地貌、植被、水文及人类建(构)筑物等。乡村景观规划中,强调人是景观的组成部分并注重人类活动与景观的相互影响和相互作用。通过探讨人类活动与景观的历史关系,可给规划者提供一条线索——景观演替方向。通过社会调查,可以了解规划区各阶层对规划发展的需求,以及所关心的焦点问题,从而在规划中体现公众的愿望,使规划具有实效性和与公众之间的互动性。

(三)乡村景观分类

根据景观的功能特征(生产、生态环境、文化)及其空间形态的异质性进行景观单元分类,是研究景观结构和空间布局的基础。研究乡村景观分类的目的在于客观地揭示乡村景观的特征和结构,为乡村景观规划奠定基础。

(四)乡村景观结构与布局研究

乡村景观结构是乡村景观形态在一定条件下的表现形式。乡村景观的结构与布局研究主要是对个体景观单元的空间形态,以及群体景观单元的空间组合形式研究,是评价乡村景观结构与功能之间协调合理性的基础。根据景观生态学理论,乡村景观也是由斑块、廊道和基质这三种景观单元组成。

(五)乡村景观综合评价

合理的规划必须建立在正确的评价基础之上。由于乡村景观规划过程中涉及自然生态、人文地域、资源利用、经济发展等多层领域,因此,对乡村景观必须从多个指标、多个单位进行综合评价。乡村景观评价主要针对空间结构布局与各种生态过程的协调性程度,并反映景观的各种功能的实现程度。

(六)乡村景观规划模式确定

乡村景观规划模式是在明确乡村景观个性特质和主体功能的基础上确定的。利用景观综合评价的结果找寻乡村景观的个性特质,并明确乡村景观的主体功能。乡村景观个性特质是指乡村最具典型的景观特质。乡村景观的主体功能是自身资源环境条件所决定的,代表该地区的核心功能,各个乡村因为主体功能的不同,相互分工协作。乡村在居住生活、自然生境、格局形态、精神文化、经济生产的景观强弱不同,所以体现出乡村在居住生活、自然生境、格局形态、精神文化、经济生产方面的个性特质和主体功能的差异。因此,乡村景观发展模式的确定要以最为突出的个性特质和功能作为乡村景观发展模式的核心内容。

(七)乡村景观布局规划与生态设计

景观布局规划与生态设计包括乡村景观中的各种土地利用方式的规划(农、林、牧、水、交通、居民点、自然保护区等)、生态过程的设计,环境风貌的设计,以及各种乡村景观类型的规划设计,如农业景观、林地景观、草地景观、自然保护区景观、乡村群落景观等。

(八)乡村景观管理

乡村景观管理主要是对乡村景观进行动态监测和管理,对规划结果进行评价和调整等。但当前,我国在乡村景观管理方面还有所欠缺,建立"政府导控＋村民自治"相结合的乡村景观管理模式,是目前来看最为有效的管理模式。此外,从法律制度、技术研发和政策扶持等方面需要进一步加强,才能真正有效地实现乡村景观管理。

二、乡村景观规划的具体程序

(一)确定乡村景观规划范围,明确规划任务

从概念上来讲,乡村景观是具有特定景观行为、形态和内涵的景观类型,是聚落形态由分散的农舍到能够提供生产和生活服务功能的集镇所代表的区域,是土地利用相对粗放、人口密

度较小,具有明显田园特征的地区,它具有以下几个明显的特征:①从地域范围来看,乡村景观是泛指城市景观以外的,具有人类聚居及其相关行为的景观空间;②从景观构成来看,乡村景观是由聚落景观、经济景观、文化景观和自然景观构成的景观环境综合体;③从景观特性来看,乡村景观是人文景观和自然景观的复合体,人类的干扰程度较低,景观的自然属性较强,自然环境在景观中占主体;④乡村景观区别于其他景观的关键,在于乡村以农林牧业为主的生产景观,以及乡村特有的田园文化和生活。

根据乡村景观的基本特征,以及景观规划的完整性和一体性,凡是县级建制镇以下的广大农村区域所做的景观规划皆属于乡村景观规划的范畴,其具体范围一般为行政管辖区域,也可根据实际情况,以流域和特定区域作为乡村景观规划范围。

按照规划任务可以分成 7 类,具体包括:①乡村景观综合规划设计;②以自然资源保护为主的规划设计;③以自然资源开发利用为主的规划设计;④农地综合整治规划设计(农地整理规划设计);⑤乡村旅游资源的开发、利用和保护的规划设计;⑥乡村聚落规划设计;⑦乡村基础设施规划设计。

(二)乡村景观现状调查与分析

乡村景观现状调查分析,既是乡村景观合理规划的基础,同时也是乡村景观规划的依据。进行乡村景观规划及乡村景观现状调查分析,需要收集大量的基础资料。调查方式主要通过野外调查,调查步骤主要包括:根据采样点的分布设计采样路线,记录采样点的土地利用类型并进行 GPS(全球定位系统)定位,重点关注旅游景观的分布。调查主要内容包括以下 4 个方面。

1. 土地利用现状与历史资料

包括土地利用现状调查与变更数据、土地利用现状图、农村土地权属图、土地利用档案与各类土地利用专项研究资料和报告等。

2. 乡村景观构成要素资料

包括区域地理位置、土壤资料、植被资料、气象气候资料、地形地貌资料、水文及水文地质资料、自然灾害资料、地质环境灾害资料、矿产资源及分布资料等。

3. 人文及社会经济资料

人文资料包括文化、风俗和人文景点分布与相关背景材料;社会经济条件资料包括行政组织及沿革、人口资料、国民经济统计年鉴、上位、本体及下位国民经济及社会经济发展计划、经济地理区位与交通条件、村镇分布与历史演变、水土资源和能源开发利用资料等,同时还包括经济发展战略、经济发展水平、主要工农业产品产量与商品化程度、人均收入水平、教育水平以及在区域经济中的地位等。

4. 相关法规、政策和规划

包括国家和地方与乡村资源开发利用管理相关的法律政策规定、国土规划、土地利用规划、村镇规划、各类保护区规划及其专项规划等。

(三)乡村景观类型与特点分析

1. 乡村景观类型分析

在基础资料收集的基础上,辅助于区域路线调查和访谈,详细掌握规划区域乡村景观的类型,包括乡村自然资源、人工景观资源和文化资源的类型,并在分类型(自然景观和人文景观)的基础上分析其数量、质量和价值,以及在空间上的表现形态等。

2. 乡村景观特点分析

根据自然、社会经济、文化等层面的宏观分析,明确乡村景观资源的优势、分布与开发利用前景,同时分析乡村景观资源开发利用中的问题,以及对乡村景观可持续利用管理、乡村人居环境改善、自然保护等的限制作用,其中着重强调现有乡村景观利用行为对乡村景观资源保护与升值的破坏作用。

(四)乡村景观的空间结构与布局分析

1. 景观空间结构与布局分析

可以采用两种方式,一是按照景观斑块-廊道-基质模式分析;二是按照乡村景观资源,特别是土地利用的空间与布局进行分析。

按照景观斑块-廊道-基质模式,主要利用景观单元的划分标准,调查分析规划区域内的斑块、廊道的类型、性质与空间格局和分布状态,以及与基质相互作用关系,为诊断景观敏感区域、类型和景观过程提供依据。

2. 土地利用空间结构与布局分析

可按照土地利用现状分类,对规划区域内的土地利用类型、数量、比例和空间结构进行分析,主要包括对耕地、园地、林地、牧草地、居民点及工矿用地、交通用地、水域和未利用土地的分布特点和利用状况,以及进一步开发利用和保护的潜力进行分析,为规划区域土地利用问题诊断提供科学依据。

(五)景观过程分析

景观过程是在时空尺度范围内,在景观内存在运行,并对景观格局变异、景观主体功能产生强烈影响的各种生态过程。按照景观功能的人文干扰、生态和文化因素,可将景观过程分为景观破碎化过程、景观连通过程、景观迁移过程、景观文化过程和景观视觉过程。

1. 景观的破碎化过程

景观破碎化过程主要指人类活动对景观干扰所引起的景观破碎化的一种过程。人类活动,如公路、铁路、渠道、居民点建设,大规模的垦殖活动,森林采伐等都是引起景观破碎过程的诱因;同时自然干扰,如森林大火,也是引起自然景观破碎的因素之一。在现今,景观破碎过程主要是由人为因素所引起,它对区域的生物多样性、气候、水平衡等产生了巨大的影响,业已成为引发许多生态问题的主要原因之一。景观破碎化过程,包括地理破碎化和结构破碎化两种过程,可以在同一比例尺下,统一景观分类标准下,根据不同时段的景观图,采用多种景观指数进行综合分析。在此基础上,可以根据不同景观类型的性质,分析景观破碎化过程对规划区景观结构和功能的影响。

2. 景观的连通过程

从对景观均质性的影响而言,景观连通过程是与景观破碎过程相反的一种过程。景观连通过程,对景观的经济、生产和生态功能具有重大的作用,与景观破碎化有相同或相似的功能效应。景观的连通过程可以通过结构连接度和功能连通性的变化进行诊断。结构连接度是斑块之间自然连接程度,属于景观的结构特征,可以表示景观要素,如林地、树篱、河岸等斑块的连接特征;功能连通性是量测过程中的一个参数,是相同生境之间功能连通程度的一个度量方法,它与斑块之间的生境差异呈负相关。景观通过斑块的连通性变化,在某些情况下,能引起景观基底的变化,可以逆转区域生态过程,直至产生重大的环境影响。

3. 景观的迁移过程

迁移过程包括非生物的物流、能流和动物流 3 个过程。物质迁移过程包括土壤侵蚀和堆积、水流、气流为主的几种过程,诊断物质迁移的主要过程,并对引发迁移的影响因素和过程机制进行分析,可以有目的地防治物质迁移过程对景观功能和空间布局的负面影响,并提出相应的乡村景观规划对策;能量迁移过程是能量通过某种景观物质迁移过程而发生的流动过程。分析景观资源中潜在的能量,以及释放或迁移方式,对于化害为利具有重要的价值;动物的迁移过程包括动物的迁移和植物的迁移,是景观生态学的重要研究内容,在自然保护区的规划设计中必须对动物的迁徙和植物的传播过程、途径进行深入的研究,为保护生物栖息地和迁移廊道提供科学依据。

4. 景观的文化过程

正如"破坏性建设"对风景旅游区的价值破坏一样,在乡村景观更新过程中,对乡土文化人为割裂和破坏已经达到相当严重的地步。我国乡土文化源远流长,其中沉淀着中华文明的文脉,而且随地域的不同呈现出不同的文化和风俗,具体体现在区域的文物、历史遗迹、土地利用方式、民居风貌和风水景观之上。通过调查分析和访谈等正确诊断和发现属于当地地方特征的乡土文化和风俗的表现形式,有意识地在乡村景观规划中保护,并结合乡村景观更新进行科学的归纳和抽象(即乡村景观规划意象的初步阶段),按照与时俱进和保护发展乡土文化的基本原则,以适当的形式在景观规划中进行表达,对于体现乡村景观的地方文化标志特征,增加乡村居民的文化凝聚力和提高乡村景观的旅游价值具有重要的作用。

5. 景观的视觉知觉过程

人们在摆脱物质贫乏阶段后,对人居环境的要求越来越高。在以往的建设和生产中,由于不注重环境美学的研究,目前"视觉污染"相当严重。为了消除"视觉污染",同时避免在乡村景观更新中产生新的"视觉污染",从而对乡村景观美学功能形成损害,就必须对乡村景观的视觉知觉过程进行分析。在景观规划发展中,目前已经发展了一套用于景观视觉知觉过程的原理和方法体系,如景观阈值原理和景观敏感度等,为在乡村景观规划设计中充分体现景观的美学功能提供了科学方法支持。

(六)乡村景观资源利用状况评述

乡村景观资源利用状况一般可从乡村景观资源利用集约度和乡村景观资源利用效益两个方面衡量,主要针对乡村景观资源生产、生态、文化和美学的潜在功能的发展程度和效益,借助投入产出等经济学方法进行分析。

1. 乡村景观资源利用集约度分析

从经济学角度出发,资源利用的集约度是指单位面积的人力、资本的投入量,对于文化和美学资源还包括土地投入量。针对农地资源,特别是耕地资源,其集约利用度可以从机械化水平、水利化水平、肥料施用量、劳力投入量等几个方面进行衡量,对于文化和美学资源利用集约度可以根据区域文化和美学资源的开发投资强度来反映。

2. 乡村景观资源利用效益分析

包括经济效益、社会效益和生态效益。乡村景观资源利用的经济效益是指景观资源单位面积的收益或以较少的投入取得较大的收益;乡村景观资源利用的社会效益可以通过乡村景观资源利用为社会提供的产品和服务量进行定量或定性分析;乡村景观资源利用的生态效益,可分析乡村景观资源利用对生态平衡维持和自然保护所造成的正面或负面影响程度,可用水土流失、沼泽化、沙化、盐碱化、土地受灾面积的比例变化定量描述,同时也可利用一般性原理解释一种利用方式对生态影响的机制来定性描述。

通过乡村景观资源利用状况评述,要总结乡村景观资源利用的演变规律、利用特征、利用中的经验教训、存在的问题和产生的原因,并提出合理利用乡村景观资源的设想。其主要内容包括基本情况概述,如自然条件、经济条件、文化风俗、生态条件等;乡村景观资源利用的特点与经验教训;乡村景观资源利用中的问题;乡村景观资源利用结构调整的设想;维护、改善或提高乡村景观资源生产和服务功能的途径;提高乡村景观资源综合利用效益的建议等。

(七)乡村景观规划模式确定

常见的乡村景观规划模式有农业产业型乡村景观规划模式、观光游览型乡村景观规划模式、保护导向型乡村景观规划模式、生态康养型乡村景观规划模式等,各类景观规划模式的比较见表 4-1。

表 4-1　乡村景观规划模式比较

规划模式	规划目标	规划对象	主要规划内容
农业产业型	农业高效经营,形成产业优势,延伸产业链	农业生产条件好的乡村	农作物和养殖品种选择,确定生产用地位置和范围
观光游览型	发挥乡村景观资源潜力,发展乡村旅游	农业生产条件一般,自然景观资源价值较高的乡村	开发田园综合体,休闲农场和休闲度假区等游憩设施
保护导向型	保护珍贵的自然景观和文化景观资源	具有高价值的自然景观和文化景观资源的乡村	确定保护区域和目标,提出保护和开发利用方案
生态康养型	在保护自然的基础上形成与人有关的养生养老环境空间	具备良好养生资源的乡村	在保护自然基础上合理设计各种主题的养生养老空间,并以此为基点融合衣、食、住、行、游,实现乡村综合功能

1. 农业产业型乡村景观规划模式

以产业优势和鲜明特色,实现农业生产要素聚集、农业高效经营和农业产业链不断延伸。针对每一个乡村特色,以主导产业融合相关产业、延伸文化创意和乡村休闲,发挥产业带动效应。

2. 观光游览型乡村景观规划模式

发挥乡村景观资源潜力,发展乡村旅游。针对每一个乡村资源特色,规划建设田园综合体、休闲农场和休闲度假区等游憩设施。

3. 保护导向型乡村景观规划模式

在水资源和森林等自然资源丰富,风景优美,具有传统田园风光、古村落以及乡村文化资源的地区,应保护好生态环境和文化资源,把珍贵的自然与文化景观资源变为经济优势,发展乡村旅游。

4. 生态康养型乡村景观规划模式

生态康养型乡村通常具备良好的养生资源,包括空气资源、气候资源、山林资源、水资源、养生文化遗迹资源和养生民俗资源等,在景观规划上应以养生养老作为主体功能,在保护自然基础上合理设计各种主题的养生养老空间,并以此为基点融合衣、食、住、行、游,实现乡村综合功能。优化强化乡村的养生养老特色和乡村生态环境,以满足延年益寿、强身健体、修身养性、医疗、保健、生活方式体验、养生文化体验的养生需求。

当然,乡村景观规划有时采用一种模式,有时可能同时采用 2 个甚至多个模式规划,在规划实践中应根据不同乡村景观特征适当地应用这些规划模式,以创造更适宜的乡村景观。

第四节　乡村景观规划的表达

规划制图是乡村景观规划表达的主要方式,视觉传达是被用作一种"通用货币",以促进决策者和非专家之间的对话,增加理解,从而改善决策。景观可视化技术正逐渐在乡村景观制图中普及,并能够实现乡村景观规划的有效表达。

一、乡村景观综合制图

乡村景观规划制图是开展乡村建设、乡村振兴和乡村治理的重要工具与手段。通常,乡村景观规划包括总体规划、详细规划、专项规划等内容。相比以前分层次、分专项任务展开的村庄规划,现在的规划模式其实是将以往乡村规划中的总体规划、详细规划以及专项规划等诸多内容整合在一起,这对于乡村的发展具有重要的意义。

乡村景观综合制图是指将所有的分类制图集中在一张综合图上。使各个环节都可以了解到规划目的,最终实现了便捷、规范的乡村景观规划监管和科学的、准确的数据分析决策支持。乡村景观综合制图,不仅对保持乡村基础数据的现实性和真实性、维护国土调查成果的生命力、完善乡村景观监管系统建设具有重大意义,同时为政府直接、及时、准确掌握乡村景观自然资源现状和时空变化提供了帮助。

1. 乡村景观规划制图向着"一张图"发展

随着国土资源信息化工作的深入,"数字国土"工程的实施、国家"一张图"工作的推进,各地国土资源信息化建设面临着新的问题:一是各类管理行为未能完全在统一的平台上进行,基础数据库覆盖面不够全,管理类数据标准化、完整性还有待提高;二是信息建设分散,各个管理环节存在鸿沟壁垒,没有实现数据的互联互通;三是信息资源的应用还局限于一个部门的内部,对上下级相关国土管理部门的支撑以及广域社会化信息服务的支持不够理想。

国内大多数地区的省国土厅、市局、县分局在同一时期很可能同时使用了多种格式的 GIS 数据和电子档案数据,在数据上报、下发、使用过程中,经常出现数据丢失和精度差异的问题。如何真正实现多源异构数据的统一管理,消除多种 GIS 平台和数据格式差异带来的影响,成为国土资源"一张图"工程建设必须要解决的问题。

在国土空间规划体系建构的关键时刻,国家提出"多规合一的实用性村庄规划"。近年来各地编制了大量的乡村景观规划,类型多,参与主体多,行政上多头管理,政出多门,从上到下条块分割严重。"多规合一"需要顶层设计,从规划建设管理到部门协同和社会参与,把各项工作统筹起来,实现多规合一的规划和运行机制。在制图中,乡村景观规划制图要求分类编制,应编尽编、因地制宜,避免一刀切。空间规划的本质是对可持续发展问题的公共干预,作为政府实施空间治理的工具本身具有综合性。当前强调发挥空间规划的基础性作用,以及编制多规合一的实用性乡村景观规划。

2. 乡村景观综合制图的目标

乡村景观综合制图是最基本的规划,是给所有的规划限定一个帽子,起到统领作用,往后所有的规划,都不能突破这个基底的限制。在以往的规划中,如土地利用规划、经济发展规划、生态环境规划等存在"打架"现象,产生较多冲突矛盾,导致有些用地得不到合理利用和及时审批,将乡村景观综合图作为基底,有助于实现规划间的上下联通。总体而言,乡村景观综合制图可以达到以下目标。

(1)乡村景观综合制图旨在解决"打架"现象,将自然生态、经济生产、居住生活等多个规划融合到一个区域上,实现一个村庄一本规划、一张蓝图,解决现有各类规划自成体系、内容冲突、缺乏衔接等问题。

(2)乡村景观综合制图并不是采用"拼凑模式"将所有规划简单地进行合并,而是根据实际情况,在统一的空间信息平台上,将经济、社会、土地、环境、水资源、城乡建设、交通、社会事业等各类规划进行恰当衔接,确保乡村景观规划的任务目标、保护性空间、开发方案、项目设置、空间结构布局等重要空间参数标准的统一性,以实现优化空间布局、有效配置各类资源,使政府空间管控和治理能力不断完善提高。

二、乡村景观分类制图

乡村景观分类制图是根据景观分类的原则、依据,确定制图区的景观分类方法,建立乡村景观分类系统,并借助遥感(RS)和地理信息系统(GIS)等手段,以图形的方式客观的反映研究区域景观类型的分布和比例、景观类型单元的组合关系以及景观单元的分布格局与规律,从而为乡村景观规划与管理提供基本资料和基础图件。为了简单直观地表现景观分类结果,综合表现景观要素之间的相互关系,反映景观单元的空间分布特征,因此,乡村景观分类制图不是简单的专题图制作,而是一项综合性任务。

1. 乡村景观分类制图的原则和依据

各个景观类型的形成以及它所具有的特定结构、功能和动态特征,在很大程度上是由人类活动、生物因素和地貌因素三者综合影响所决定的,因此,在制图中,必须坚持综合性与主导性原则,空间形态、生态过程与景观功能一致性原则,空间分异与组合原则和发生统一原则等。

乡村景观制图首先要明确分类单元与制图单元之间的区别与联系。分类单元是分类学上纯粹概念化的、精确定义的东西,从而给景观制图、评价和规划提供一个通用的标准,自然界存在着与分类单元概念相吻合的景观实体;而制图单元则是制图者根据分类单元的概念和客观存在的景观实体所采取的一种主观性的组合。

乡村景观制图中的图斑及其组合的确定:制图单元以景观分类系统中相应级别的分类单元或分类单元之间的组合为基础;图斑和图斑之间的组合以景观类型分布规律为依据;区域性特征根据制图单元的内容、细度及组合形状来体现。

2. 乡村景观分类图的编制方法

乡村景观制图的常规方法有两种,即分析法和综合法。两种方法各有利弊,针对不同的情况,应该酌情考虑。

分析法实质是将各种不同的景观要素(如地貌、土壤、植被和土地利用单元等)分别叠加,把它们从单独的专题图转绘到同一幅图上。该方法能够客观地反映出景观单元各要素的空间关系,是一种比较理想的制图方法,但是工作量很大。我们通常认为既然每种景观要素在野外调查中都能辨识,那么它们叠加的结果一定可以被辨识,分析法所得景观图上的每一个独立图斑实际上就是地理综合体(景观单元)本身。而关键的是这些景观要素必须具有可比性,或者说它们应该在相应的尺度上,而且每一要素都应有可靠的质量。除此之外,由于景观要素叠加数目的增加,独立的景观(制图)单元数量将成倍地增加,使得常规的工作无法进行,同时大量独立的类型超过了地图的负载。但是随着地理信息系统的发展,它可以迅速地处理分析制图时产生的大量数据,使得该方法逐渐成为景观制图的常用方法。

目前,综合法在土地制图中经常被采用,其是把等级景观(单元)本身合并为符合景观分类系统的类型,再描绘到地图上。它表示的对象不是各个地理要素,而是用一种图例系统反映它们的综合体,每一个图例同时表现了许多的相关指标。

综合法首先要确定的是地理综合体(景观单元)。划分地理综合体及其界限的基本原则在于,根据景观要素的综合性,既要考虑到决定景观及其形态单位分异的主导因子,也要考虑到最能充分反映所有地理要素相互作用的指示要素,如地形地貌、土壤、植被等。此外,还必须有一个合乎逻辑的景观分类系统来帮助人们合理地制图。该方法的缺点是其包含了很多的人为因素,使所确定的景观类型有较多的主观性。

但是,随着计算机和信息技术的发展,在景观制图中逐渐采用分析综合法,即把分析法与综合法结合起来,取得很好的效果。

三、基于 GIS 乡村景观规划制图

ArcGIS 是美国环境系统研究所(ESRI)研制的基于窗口的集成地理信息系统和桌面制图系统软件。它支持多种类型的数据和多种数据库系统,具有强大的空间分析、统计分析功能,并且附带许多扩展模块。用它进行乡村景观的规划和制图,具有许多其他软件不可取代的优势。利用 ArcGIS 强大的空间数据管理和分析功能,以及三维建模与显示功能,可以提高乡村景观规划的科学性、合理性。

具体来说,基于 GIS 的乡村景观规划制图具有以下几个特点。

(1)GIS 中的栅格矢量化模块 ArcScan 大大提高了矢量化的工作量,而且提高了工作效率,从而可以准确地获得基础数据的面积、空间位置等信息。

(2)GIS 中的 3D 分析拓展模块有坡度坡向分析功能,将其与 DEM 结合,生成坡度坡向分析图,为规划人员对于场区的布置及植物选择提供直接参考。

(3)GIS 中的对矢量图层和栅格图层均有叠加分析的功能,可以实现对乡村景观规划用地评价。GIS 中可通过缓冲分析将建立起来的水体层、湿地层、坡度层由原来的线、面要素转化为多边形要素,再进行叠加分析,求出相交部分,得到乡村景观环境廊道,为建立景观保护区提供服务。

(4)GIS 中强大的空间分析模块,能利用其强大的空间分析功能比较真实地反映项目区的地形地貌,提高乡村景观规划设计的位置精度和数据处理效率,很好地完成规划图件的制作。对于地势地形的分析,可先根据采集的数据对规划地区建立平面地形图,在平面图的基础上,建立数字高程模型(DEM),可通过三维透视直观地观察地形,再针对不同的地形做相应的安排。

(5)在 GIS 中,通过在二维图层上对要素上叠加数字高程,实现从二维到三维的转换,初步实现三维虚拟场景的制作,通过配色,选择合适的符号等工作,可进一步使三维虚拟场景美

观、真实。在成果输出时，GIS 的 Workstation 模块以及 ArcToolbox 可以很方便地生成经纬网、公里网、地图投影及投影转换，提高了乡村景观规划图件制作的精度。

四、景观制图的发展方向

如何快速有效的编绘景观图是景观制图研究中的一个重要问题。"3S"技术的发展和广泛应用，使其成为可能，并逐渐成为景观制图中的重要方法和手段。传统的景观图编制，主要靠野外的实地调查，但是往往因为具有较大的工作量，很难在精度和速度上满足需要。遥感图像具有范围广、速度快、易获得、周期短等特点，它不仅能够提供同一时段的大面积的对比资料，而且还能反映同一区域不同时期的景观变化情况，从而提高制图的速度和质量。地理信息系统强大的数据管理和图形编辑功能使得它逐渐成为景观制图的首选，其把遥感影像解译图和地表属性特征转换成一系列便于计算机管理的数据，从而达到对图像数据的处理和存储，编制各种类型的景观图。

遥感影像上的色阶、色彩、图式及组合结构等，能够给研究者提供直观的景观单元及其镶嵌的完整空间概念，尤其适合于单元边界确定。以前，地理信息系统中的图件主要是在人工的野外调查和室内分析基础上编制的，遥感图像也要通过目视解译才能输入到计算机中，降低了景观制图的速度，因此，遥感图像的自动解译将成为以后景观制图中的一个研究重点和发展方向。

第五章 乡村景观规划的一般方法

　　乡村景观规划是一个集调查、评价和规划决策为一体的系统工程,需多部门、多学科和多时序共同合作,并采用严密、科学的技术流程和先进的分析、评价、决策方法才能快速有效地完成。景观规划是伴随着景观生态学研究的理论和方法诞生的,同时乡村景观规划属于国土空间规划的一部分。故景观生态学和国土空间规划的基本研究方法,同样也适用于乡村景观规划。本章将重点讲述常用的一些规划方法。

第一节 多目标规划方法

一、多目标规划法的发展

　　多目标规划法(Multi Objective Programming Approach)是运筹学的一个重要分支,主要研究在某种意义下多个目标的最优化问题,是在线性规划的基础上解决多目标决策的规划方法。乡村景观规划过程中需要考虑经济社会发展、产业结构优化、生态安全、环境改善等多方面的利益,多目标规划法则能够在一定的约束条件下,寻求最优的结果。

　　多目标优化问题可以追溯到 1772 年,学者 Franklin 提出了多目标矛盾如何协调解决的问题。1968 年,Johnsen 系统地提出了关于多目标决策模型的研究报告,并出版了第一本关于多目标决策模型的专著《多目标决策模型研究》,这是一个重要的发展转折点。1972 年,第一次多目标决策会议在美国南卡罗来纳州大学召开,会议出版的论文集成为多目标决策研究的重要文献参考。20 世纪 70 年代之后,多目标规划越来越受到人们的重视。目前,多目标优化不仅在理论上取得了重要的研究成果,而且广泛应用于经济、管理、社会和工程等领域,用以解决投资决策、项目选优、产业发展优先级及综合效益评价等问题。

　　我国对多目标规划问题的研究是从 20 世纪 70 年代后期开始的。1987 年,全国第三次多目标决策会议在哈尔滨召开,此次会议提交了百余篇研究论文与报告,内容十分丰富。经过几十年的发展,当前研究多目标规划问题的人越来越多,在学术研究与应用领域均受到广泛关注,规划模型不断完善,案例应用不断拓展,在理论和应用方面均取得了很多成果。

二、多目标规划法的原理

　　线性规划法是解决单目标最优化的常用方法,但随着经济社会发展的需要,决策者希望提出多个目标,然后按照目标的重要程度进行考虑和计算,得出最接近各目标希望值的最终方案。多目标规划法是以线性规划为基础,其适应性更加灵活,为决策方案的选择提供了更多参考。

　　多目标规划模型由两部分构成,即两个以上的目标函数和若干个约束条件。其数学模型一般描述为如下形式:

$$\max\,(\min)\,F(x)(x \in \Omega)$$
$$\Omega = \{x \mid G(x) \geqslant 0\}$$

其中 Ω 是约束集，x 是 n 维向量，$F(x)$ 和 $G(x)$ 分别是 x 的 k 维和 m 维向量函数，即：

$$x = (x_1, x_2, \cdots, x_n)^{\mathrm{T}}$$
$$F(x) = [(f_1(x), f_2(x), \cdots, f_k(x)]^{\mathrm{T}}$$
$$G(x) = [(g_1(x), g_2(x), \cdots, g_m(x)]^{\mathrm{T}}$$
$$[g_j(x) \geqslant 0, j = 1, 2, \cdots, m]$$

其中，n 个变量 $x_1, x_2, \cdots, x_n$ 称为所考虑模型的决策变量，$k(k \geqslant 2)$ 个被优化的数值函数 $f_i(x_1, x_2, \cdots, x_n), (i = 1, 2, \cdots, k)$ 称为模型的目标函数，$g_j(x_1, x_2, \cdots x_n), (j = 1, 2, \cdots, m)$ 为约束函数。

因为不可能使所有的目标都达到一个最优解，其最终决策是从非劣解集中选出最佳的均衡解，从而最大限度地满足各个目标的要求，所以多目标规划的解并非是最优解。在运用多目标规划的时候，需要考虑以下几个问题。

（1）多元目标规划涉及多个目标，在建立数学模型时，目标的选择、优先等级和加权系数的确定等与决策者的主观性有非常大的关系。在解决实际问题的时候，应采用科学的方法来决定目标的优先等级和加权系数，例如采用专家打分法、综合法分析研究对象的客观特性和决策者的主观偏好等。

（2）目标约束条件是软约束条件，是灵活可变的。一些条件是要求绝对满足的，而一些条件是可以满足的，因此最终的解是最满意的解，而不是最优解。此外，由于约束条件的限制，会导致某些目标值不能够完全实现，但结果仍能指出不能实现的具体程度和原因，以供决策者参考，或者适当地修改约束条件或者目标值。

（3）在实际问题中，以各个目标设置的要求来确定目标函数的原则是：如果要求目标函数恰好达到目标值，则需要各目标的正负偏差都要尽量的小；如果要求目标函数要超过目标值，则要求目标的正偏差值不限，但是负偏差值要尽量的小；如果要求目标函数不得大于目标值，则要求目标的负偏差值不限，但是正偏差值要尽量的小。

（4）多目标优化问题的非劣解集包含很多有效的信息。经过模型计算得到的是一个解集合，包含着很多信息，例如结果可以是对模型的一些解释，不同结果可以是多目标值变化的反映，通过解集也可以反映出不同目标之间的相关性等。对于结果的理解，可以通过研究的目标来合理地应用。

多目标规划法具有多个优化目标同时兼顾、约束条件设置灵活、目标计量单位多样化的特点，对于解决目标函数是线性的多目标最优化问题十分有效。但是在实际操作中，对那些目标函数为非线性的最优化问题进行求解时，效率则显得不是很高，在一些应用中仍有一定的局限性。

三、多目标规划的流程

在乡村景观规划过程中，除了对聚落、道路、绿地、农田等景观进行规划，实现一定的美观、生态和经济功能外，还需要考虑生态安全、环境改善、经济发展、产业结构优化、节约成本等多种目标，这些目标之间存在一定的关系，相互间也存在着矛盾点，如大力发展乡村产业，获取高收入的同时,也有可能对生态环境造成一定的破坏,因此,规划过程中往往难以用一种简单的指标来统一量化,以此来直接得到综合全局最优的结果。多目标规划通过构建数学模型,通过线性加权、设定约束、层次分析等方法,参考研究对象的客观特性和规划者的主观偏好,在有效解集中获得满意解,尽可能地解决上述的多目标求解问题,寻求各种目标之间最佳的权衡值。

一般情况下,在乡村景观规划中,多目标规划法是寻求解决多目标最优解最常用的方法,但是该方法是通过数学模型求最优解,其结果一般是为了实现某几种目标最佳权衡下各种土地利用类型的最优组合模式,也就是说,计算出来的结果多是通过土地利用类型结构来表达。乡村景观规划强调对各种景观格局进行空间上的优化布局,在实践应用中,首先运用多目标规划模型对不同景观类型(或土地利用结构)进行优化,再运用 GIS 技术对景观要素进行空间配置,多目标规划与 GIS 技术应用相结合,最终完成乡村景观规划。其基本步骤一般为:建立景观资源数据库,进行景观适宜性评价,多目标决策,多方案比较选优。具体流程如下:

(1)规划目标的确定。依据乡村景观和土地资源利用的要求来确定规划目标,一般包括:①经济目标,例如国民经济生产总值、农业产品产值等;②社会目标,例如粮食安全、农户满意度等;③生态环境目标,例如森林覆盖率、农药化肥使用效率、人均绿地面积等;④景观目标,例如绿地率、休闲娱乐景观占有率、生物多样性等。

(2)确定与景观类型或者土地利用相关的各个决策变量。一般情况下,多选择各景观类型或土地利用类型的面积作为变量。

(3)确定规划目标值。包括未来规划的预计值、通过预测模型估算的值等。

(4)确定与决策变量相关的约束条件。包括:自然要素约束,如总的土地面积约束;政策约束,如专项规划的约束;相关标准约束,如耕地动态平衡约束、气水土污染约束。非负约束,决策变量需为正值。

(5)建立总目标函数。关键是确定各个目标的优先级及其权重,可采用德尔菲打分法、经验法、层次分析法等,形成总目标函数。

(6)求非劣解。求解过程中可根据模型的需要多次调整目标函数、优先级和目标的个数,计算一系列的非劣解,这一系列的非劣解组成非劣解集。

(7)多方案比较与决策结果的输出。对于不同的决策者,通过调整目标的优先级或者目标的重要程度或者可期望的目标变化,可以了解各个目标之间转换的可能性及相应的非劣解,一个非劣解就形成了一个方案,非劣解集就形成多种方案。最终通过多方案的比较,形成最满意的规划方案。

(8)最满意结果的空间表达。多元目标模型解决的是寻求接近各个目标值的最优解问题。在乡村景观规划运用过程中,因变量多为各种土地利用类型的面积,通过模型表达出来的是数值数据,并不能够进行空间化的表达。因此,还需要将求解数据进行空间上的布局优化,最终完成乡村景观规划方案。

四、多目标规划法的应用

多目标规划法已经被广泛应用到金融投资、资源规划、工程设计、能源规划、交通运输、环境保护、军事科学等重要规划、决策领域。例如,有学者提出了基于流域环境规划的不确定性多目标模型,并应用于云南洱海流域规划之中;有学者通过建立地区经济-生态环境系统不确定性多目标规划模型,论证了模型对于干旱区经济生态环境系统的实用性。

乡村规划涉及资源、环境、社会、经济等多个方面目标和影响因素,因此,国内外很多学者将多目标规划法运用于乡村的土地利用结构优化、生态规划和景观规划等。如 Barber 等提出运用多目标规划法来解决居住可达性最大和能源消耗最小 2 个目标的土地利用规划问题;有学者以森林生态系统整体效益最优为总目标,建立多目标规划决策模型,分析并规划了黑龙江省带岭林业实验局森林生态系统的经营方案;有学者将其他理论与多目标规划法结合形成新的模型,提出基于系统动力学和多目标规划结合的土地利用结构优化模型,并将其应用于武汉市黄陂区土地利用规划;有学者运用多目标规划法和 GIS 相结合进行土地利用规划,并开发了一种遗传算法,对多目标和空间目标进行优化计算。这样将多目标规划法与不同的理论、方法结合,创新出更能够解决实际问题的新模型,在广度和深度上拓展了多目标规划法的研究与应用。下面以湖南省长沙县为案例,进一步解释多目标规划法在乡村景观规划中的应用。

长沙县属于长沙市管辖的区县之一,位于湖南省中部偏北,是洞庭湖区的粮食主产地。长沙县位于长-株-潭城乡一体化发展的核心地带,交通条件便利,区位优势明显,是未来长沙市次城市中心之一,也是全国中小城市综合百强县。长沙县农业十分发达,属于高集约化农业、城郊农业,曾被评为"全国粮食生产先进县",其农业三大主导产业为杂交水稻、生猪养殖和茶叶生产。但在农业经济效益提升的同时,也因化肥、农药等的长期高投入,生猪养殖废水、废物的排放等,产生了严重的土地污染、河流水质量下降等生态环境问题。需要采用多目标规划方法,通过优化土地利用结构,寻求农业土地利用经济效益、生态效益和社会效益综合最优方案,实现农业土地利用的可持续发展。

在对长沙县土地利用现状进行分析的基础上,找出其土地利用特点与存在的问题。从社会、经济和生态三方面共选取了 34 个评价指标,构建农用地利用效益评价指标体系;经济效益指标包括单位面积农业产值、农业产值增加率、农业机械化程度等;社会效益指标包括农村恩格尔系数、粮食安全系数、人力资本水平等;生态效益指标包括森林覆盖率、地均化肥使用量、地均农药使用量等。采用熵权-TOPSIS 法对长沙县近 20 年农用地利用效益变化趋势进行分析,即将各指标单位调整为无量纲,各个效益值统一在[0,1]范围之内,以便直观表达和比较。利用耦合协调度模型分析社会、经济和生态效益间的协调关系,分析社会、经济、生态子系统相互作用的程度。采用障碍度模型诊断影响农用地利用效益提高的主要障碍因素,为后续的多目标规划模型的约束条件构建提供依据。

运用多目标规划模型计算出未来长沙县农业土地利用综合效益最优时的土地利用结构。首先,选取多目标,依据农业效益分类将目标分为三个:一是经济效益目标,力求经济效益最大化;二是社会效益目标,各种农用地社会价值(社会保障、社会稳定、粮食安全、就业机会等)最大化;三是生态效益目标,水、土、气环境质量符合国家相关标准,生态服务价值最大化。其次,构建约束条件,以各种土地利用类型为决策变量,结合障碍因子诊断结果,最终确定了 8 个反映土地资源、社会需求和生态环境要求的因素作为约束条件,其相关预测值采用 GM(1,1)模型进行估算,具体约束条件包括:土地适宜性约束,即各类土地利用面积约束;生态环境约束,即森林覆盖率和绿当量约束;社会人口数量约束,即土地人口承载力约束;非负条件约束,即各决策变量非负值。再次,建立目标函数,包括经济效益目标函数、社会效益目标函数和生态效益目标函数,并假设三个目标同等重要,优先级一样,即系数相同。最后,运用多目标规划模型,求解出经济、社会和生态效益均衡最大化时的最优解,其结果如表 5-1 所示。

表 5-1　长沙县农业土地利用结构优化结果

土地利用类型	基准年(2016)	目标年(2025)	变化率/%
耕地/hm²	51866	53213	2.60
园地/hm²	2450	2533	3.39
林地/hm²	77809	89260	14.72
草地/hm²	528	528	0.00
综合效益/×10⁶ 元	9983	12934	29.56

采用多目标规划模型,最终求解出在当前约束条件下,长沙县农业土地利用经济效益、社会效益和生态效益综合最优时的土地利用结构,在此条件下,农业综合效益增长了 29.56%。该研究案例只构建了一套约束条件,当然也可依据不同决策者的要求,来构建更多的约束条件集,或者根据决策者主观因素对三大效益的优先级进行调整,从而展现出不同的非劣解集,从多角度为决策者提供参考。同时该研究结果只提供了土地利用优化结构,并未提供空间格局优化模式,在土地利用规划和乡村规划实践中,多目标规划应与 GIS 相结合,由多目标规划提供数据基础,再通过 GIS 手段完成景观空间格局优化,实现在多目标下最优的景观格局模式。

第二节　空间规划模型方法

乡村景观具有动态化、开放性等特点,进行乡村景观空间格局规划的过程就是揭示其内在变化的规律,并掌握控制和优化规律的方法以及预测的方法等。可运用 RS、GIS、FRAGSTAT、IDRISI 等技术,选取合适的模型方法进行乡村景观的空间规划研究。下面介绍几种常用的空间规划模型及其应用。

一、常用空间规划模型

(一)马尔科夫模型

马尔科夫模型(Markov model)是利用某一系统的现在状况及其发展动向,预测该系统未来状况的一种概率预测分析方法与技术,是苏联数学家 Markov 于 1906 年提出来的。该模型以前一个区间的概率矩阵为基础,参考概率转移矩阵,对下一个区间进行预测,模型假设转移概率不随时间改变而变化,并且此概率仅与前一时间点的状态有关,能较好解释和处理事物在时间序列上的演变过程。

马尔科夫模型是由随机过程理论发展而来,用于解决随机过程系统的预测与控制问题优化等。该预测方法仅需两期系统状态数据即可实现未来变化的预测,减少了复杂的建模过程与各类参数的输入,以及其他不可预料因素对系统状态预测的影响。由于具有数据获取较为容易、模型构建过程较为简单、涉及干扰因素较少、短期预测较为准确的特点,用途十分广泛。由于参数设置较为简单,马尔科夫模型也存在一定的缺陷,不太合适中长期的预测。

在实际应用中,精确分析每一时刻景观格局变化是没有意义的,但是可以选择某些年份为时间点,判断各种景观类型的变化和转移,形成了一个离散的随机转移问题,其中某一个时间点的景观类型变化与前一个时间点的类型状况有关,但是与之前的类型状况相关性不显著,这恰好满足了离散的随机数学模型,即马尔科夫模型。各种景观类型之间的转化符合马尔科夫模型过程的性质:一是在一定区域内,不同景观类型具有相互转化的可能;二是各类型之间的转化过程是难以用函数关系准确描述的事件。因此,可以采用马尔科夫模型来模拟或者预测各种土地利用类型或者景观类型的转换,这一过程的关键是计算面积转移概率矩阵,该矩阵是描述一段时间步长内各类景观类型转换为其他地类的概率,很多模型的改进都体现在转移矩阵概率的确定上。

马尔科夫模型作为一种经典的预测模型,其在数据、建模等方面具有无可比拟的优势,普遍应用于土地利用和景观格局变化研究,此类应用案例很多,不再一一举例。越来越多的研究将模拟结果与社会经济发展相结合,例如应用于城市生态与经济协调发展的土地利用模式研究、平原型城市开发边界的划定研究、城市生态分区构建研究、干旱区绿洲景观保护研究等。

传统的马尔科夫模型中缺少空间因子,不能够将预测的数量变化信息反映到地理空间上,且进行土地利用预测时,多把各地类之间的转移概率作为恒定值来处理,很少依据经济社会发展和土地利用决策来调整各项转移概率,缺乏合理的情景预测,所以在实践中存在一定的局限性。随着 GIS 技术应用的成熟,马尔科夫模型多与其他模型相结合,如 CA-Markov 模型、Logistic-Markov 模型、灰色方程-Markov 模型等,将数量信息与空间信息相融合,预测精确度提高,具有一定的空间表达性,应用效果更好。

(二)元胞自动机模型

元胞自动机(cellular automata,CA)模型是一种时间、空间、状态都离散,空间相互作用和时间因果关系为局部的网格动力学模型,具有模拟复杂系统时空演化过程的能力。模型于 20世纪 50 年代初由冯·诺依曼模拟生命系统所具有的自复制功能提出来的;20 世纪 70 年代,Tobler 在模拟当时美国底特律地区城市的迅速发展时最先正式采用了元胞自动机的概念,之后其理论研究与实际应用得到快速发展。

CA 模型建立在一个有诸多紧密相邻的元胞构成的空间上,基于一定的转换规则来实现整个系统的模拟。标准的元胞自动机是一个由元胞、元胞状态、邻域和状态更新规则构成的四元组,元胞是 CA 模型最基本的组成部分,原则上元胞的大小、形状和维数都是任意的。根据不同研究领域的需求,形状可分为正三角形、正方形以及不规则形状。元胞空间是离散且个数有限的元胞所分布的空间网点结集合,形态可分为正三角形空间、正四边形空间和正六边形空间;元胞空间的边界条件主要有三种类型:周期型、反射型和定值型。元胞状态的定义类型很多,通常某一个时刻一个元胞只有一种状态,最基本的元胞状态只有 1 和 0,多个状态组成一个有限集合;在社会科学领域中,元胞状态可以用来表示个体所持的态度、个体特征或者行为等。邻域:在空间位置上与元胞相邻的细胞称为它的邻元,由所有邻元组成的区域称为邻域;邻域形态众多,有原型邻域、扇形邻域、正方形邻域。转换规则是 CA 模型的核心组成部分,通过设定一定的转换规则,CA 模型根据各元胞及其邻域元胞的状态值,对未来元胞状态进行计算。标准元胞自动机具有离散型、同质性、并行性、局部性和维数高的特点。

CA 模型具有较好的时空动态性,非常适合模拟非线性复杂系统,在地理学、图形学、自然资源管理学等领域发挥了重要作用,是模拟生态、环境、自然灾害等多种复杂地理现象的有力工具。CA 模型在与土地利用研究相结合时,可以依据土地利用研究的不同要求,对 CA 模型的各个组成部分进行扩展。如在实际研究中,通常基于遥感影像数据分类处理得到的区域土地利用栅格影像,计算时间维上的元胞空间状态,在局部规则或局部映射的决定下,所发生的整体动态演化;此时,元胞代表一定面积的规则地块,元胞状态则通过像素值来扩展为实际地类,以每个栅格的邻域定义元胞邻域,区域内社会经济情况、自然地理特征对转换规则进行相应的扩展,完成土地利用空间布局预测。

我国利用 CA 模型的研究方向主要集中于元胞自动机的土地利用覆被/变化研究(LUCC)、城市土地增长预测研究、景观格局的情景预测研究等,众多研究表明 CA 模型在土地利用变化模拟和预测中具有较好的精确度。

元胞自动机主要着眼于元胞的局部相互作用,因此存在一定的局限性。于是有学者提出了 CA-Markov 模型,在 Markov 基础上加入了空间权重因子,既可以从数量上,又可以从时间上,有效地模拟土地利用格局的时空动态变化,该模型综合了 CA 模型模拟复杂系统空间变化的能力与 Markov 模型在数量方面预测的优点,能更加准确地从时间和空间上模拟景观类型的变化情况,是目前应用最为广泛的空间预测模型。

(三)多智能体模型

多智能体模型(Multi-Agent System Model,MAS)是由多个智能体组成的,智能体模型(Agent Based Model,ABM)是由多种高新科学技术的研究成果发展而来的,包括分布式人工智能、计算机科学等多个领域。智能体模型是一种自下而上的计算方法,是以智能体及其行为为个体对象进行研究,涉及内容十分广泛,主要包括基于智能体模拟、基于智能体建模、多智能体系统、多智能体系统模拟等。

CA 模型不能说明从微观智能个体之间不同的空间和时间变化所带来的土地利用变化结果的影响,无法描述土地利用演变人为因素的影响,难以解释导致土地扩张的过程,为了克服这一局限性,基于多智能体系统模型被引入土地利用动态模拟中。该模型通过确定各土地利用行为主体及主体行为准则来模拟土地利用决策行为,以及主体决策与社会、经济、自然因素之间的相互作用,较好地解释了土地利用变化及其驱动因素,具有强大的复杂计算能力和时空动态特征。

多智能体模型将大的系统分解成小的、能够彼此相互交流,且能作用于自身和环境的、彼此协调的子系统来模拟人类社会,对于复杂系统具有无可比拟的表达能力,是土地利用变化和环境效应模拟研究的重要趋势。多智能体模型在土地利用动态模拟方面,主要集中在模拟算法的研究、基于不同主体行为的土地利用动态演变研究、城市土地扩张研究、不同政策干预的土地利用行为研究等。MAS 也常与 CA 相结合使用,以遥感、统计等数据为基础,基于 MAS构建模型,反映主体行为决策对土地利用变化的影响,并模拟出土地利用变化动态过程,定量分析得出智能主体的个体特征、经济特征、家庭特征等影响了土地数量和空间格局变化的结论。

(四)CLUE 模型

CLUE 模型(the Conversion of Land Use and Its Effects,CLUE)由 Veldcamp 等于 1996年提出,用于实现土地利用空间格局与驱动力之间的定量模拟。2002 年 Peter H Verburg 团队改进了 CLUE 模型的理论与框架,结合了经验统计模型和空间模型的特点,在模型中加入了动态因子,得到了适用于小尺度土地利用变化模拟的 CLUE-S 模型。2009 年该研究团队集成"自下而上"和"自上而下"的模拟方法开发了 Dyna-CLUE 模型,此模型增加了处理邻域影响的功能,设计了模拟土地利用动态变化过程的机制,模型功能更加完善。现在研究土地利用变化的学者所使用的 CLUE-S 模型基本均为此版本。

CLUE-S 模型一般分为两个模块:第一个模块是非空间的土地需求模块,即求取不同类型用地数量作为空间配置的约束;第二个模块是空间配置模块。空间配置过程可描述为:从第一个栅格开始,查看该栅格对不同用地的总体适宜度,把栅格属性改变为适宜度最高的用地类型,并同步计算各用地的实时面积;当某一用地面积达到其约束时,则该用地类型配置完毕,继续第二种类型用地的配置,直到配置完毕为止。CLUE-S 模型的独特优势是可对全局土地利用类型进行空间配置。

CLUE-S 模型综合考虑了经济、地形、气候等驱动因子,反映了土地利用变化在空间上的过程和结果以及不同土地利用方式之间的相互关系,具有较高的可信度,在土地利用变化模拟研究中取得一些有意义的研究成果。如利用 CLUE-S 模型基于城市土地扩张、农业面源污染控制、农村居民点变化等目标的土地利用动态与预测分析。目前 CLUE-S 模型只支持土地利用变化的空间分配,而非空间的土地利用变化,需要运用别的方法进行计算,然后作为参数输入模型。它的数量预测模块独立于模型之外,需要在运行模型之前计算好,在应用中也存在一定的局限性。有的学者将其与多目标规划、Markov、InVEST、系统动力学等模型相结合,实现不同研究对象土地利用变化情景模拟的研究。

二、空间规划模型的应用

土地利用动态演变与预测的方法与模型是比较丰富的,尤其是 GIS 技术和计算机处理能力的迅速发展,空间数据的图形表达与属性数据的空间分析有了很大的提高,使土地空间布局研究更加直观和精确。下面以生命周期理论与 CA-Markov 模型结合为例,研究长沙县金井镇土地利用演变与预测分析。

首先,基于金井镇自然和经济因素的乡村景观格局分析,初步识别出关键自然要素和人文因素,作为景观格局演变驱动力影响因子,为乡村景观格局的优化布局提供空间上的参考。自然要素分别为海拔、坡度、河流缓冲距离、水库缓冲距离、土壤亚类;人文因素分别为道路缓冲区距离和集镇中心缓冲距离。

其次,分别计算了 1955 年、1990 年、2005 年和 2009 年的景观格局指数,分析乡村景观格局动态演变过程;结果表明乡村景观格局的动态演变是不均匀变化的,存在一定的周期性和阶段性。因此,以乡村景观格局演变规律为基础,以布局变化比重和变化速度为切入点,以生命周期理论为研究方法,预测了乡村景观格局演变周期,运用修正后的 Markov 模型与 CA 模型结合,完成了 2020 年金井镇乡村景观格局模拟图。

然后,在景观格局演变过程中,各个景观类型表现出不变、新增和灭失 3 种变化类型。利用多元线性回归方法,分析出景观类型在不同影响因素下发生 3 类变化的概率,通过变化概率的叠加,完成了对茶园、农田、林地、池塘和聚落 5 种景观类型的稳定性评价,并划分为稳定、较稳定、较不稳定和不稳定 4 个等级。基于生态位理论建立了乡村景观功能生态位适宜度评价方法,对乡村景观功能进行定位,其功能包括生态保护、生态旅游、生态农业、农业生产、农业经济和经济主导 6 种类型,完成了金井镇乡村景观功能定位研究。

最后,根据案例区粮食生产要求与人均建设用地要求两个约束条件,完成了案例区各个乡村景观格局的优化配置数量图,为乡村景观格局优化提供了数量依据。基于前面建立的乡村景观格局模拟图、5 种景观类型的稳定性评价图、各种景观类型可进行优化配置的数量图,将三者叠加分析,在空间上调整各种景观类型,满足乡村景观格局演变规律的同时,保证格局的稳定性与乡村景观功能的需求,最终完成金井镇乡村景观格局优化布局图。

第三节　情景分析法

乡村景观规划是对乡村土地利用过程中的各种景观要素和利用方式进行整体规划,以充分实现乡村景观所应具有的生产服务功能、生态环境功能和社会文化功能。在规划过程中,不同的规划者或者决策者的目标定位、规划理念、规划策略的不同,会导致单一的乡村景观规划难以满足实际需求。因此,在某些条件下,有必要设置几种差异性较大的情景,以供决策者通过对比分析,选出更加合宜的未来乡村景观规划。

一、情景分析法的发展

情景分析法(scenario analysis)又称脚本法或者前景描述法,最早出现在 1967 年 Herman Kahn 和 Wiener 合著的《2000 年》一书中,是一种研究未来发展的方法;在针对重大演变提出各种关键假设的基础之上,对未来进行合理科学的推理,设计和描述未来各种可能出现的结果。该方法最早应用于军事战略研究中,20 世纪 60 年代末,荷兰皇家壳牌集团首次用于商业领域的企业整体策略规划中,使其度过危机,并取得巨大成功。随着情景分析法的发展,其应用逐步由经济预测、管理分析等领域扩展到土地利用规划、生态环境保护和土地政策分析中,形成了景观情景分析。20 世纪 90 年代初,Steinitz 提出了景观情景规划设计的过程,在美国犹他州开展情景规划应用;随后,Seitzinger 采用此方法应用到全球尺度不同情景下河流营养元素输出研究。21 世纪初,IPCC 构建了气候变化情景,提出 SA90、RCPs 等温室气体排放情景,并提供应对措施。情景分析法表现出来的灵活性和开放性是处理未来不确定性的有效工具,取代了传统的降低不确定的做法,越来越得到城市管理者和景观规划者的认可。

国内的情景分析法研究起步较晚,开始多应用于经济预测、项目管理等方面,2003 年之后,情景规划研究日益扩展到资源利用、碳排放管理、气候变化等科学研究热点领域,总体来说,景观情景分析是政策分析、规划设计中有效的研究手段,但是将其应用在城镇化规划、乡村景观设计中还是处于起步阶段,未形成完整的方法体系。

二、情景分析法的流程

情景分析法是对预测对象的未来发展做出种种设想,是一种直观定性的预测方法,其重点是依据自然地理特征、社会经济、未来发展趋势等提出情景假设,并设计完成假设实现的路径。学者 Gilbert 将情景分析法分为 10 个步骤:提出规划的前提假设;定义时间轴和决策空间;回顾历史;确定普通和相矛盾的假设;为结构变量决定连接到多样性的指示;为填充决策空间而构建情景草案;为所有的竞争者草拟策略;将策略映射到情景;使替代的策略有效;选择或者适应最好的策略。斯坦福研究院提出情景分析法的 6 项步骤:明确决策焦点;识别关键因素;分析外在驱动力;选择不确定的轴向;发展前景逻辑(情景的数量不宜过多,一般为 2～3 个情景);分析情景的内容。

以上提出的情景分析方法具体步骤看起来有一些不同,但是实质上都有一个共同点,即对情景关键因素的分析,这一过程决定了后面情景设计的可行性和准确性。由于情景分析法是直观定性预测,需要通过定量的方法来论证。常用的理论与方法有:脚本方法、SPEET 方法、SWOT 法、利益相关者理论、专家打分法、敏感性分析理论、风险理论、模拟与仿真理论等。

针对乡村景观规划,有学者提出了标准景观情景分析法,即将景观生态学和情景分析法融合在政策分析中,为乡村景观规划提供新的思路和方法。与情景分析法相比,该方法综合了地理学、景观生态学等学科知识,规划过程中更强调利益相关者的参与作用,追求综合效益最优。其主要流程包括5个方面。

1. 景观情景目标的假设

在假设目标之前,需要了解"过去和现在的景观特点是什么,景观格局是如何变化的"等相关问题,分析出其变化的主要驱动因素。通过会议、研讨、电话、问卷调查、实地调研等方式与相关专家、政府人员、企业公司、农户代表等利益相关者沟通交流,获取其对乡村景观未来发展趋势的意见等,制定能够共同接受的未来目标假设,一般情况下以2~3个为宜。

2. 景观情景目标的实现路径

情景目标设定后,首先对情景规划进行定性化表述,使目标假设更加具体化,例如"增加农户收入""提升土地利用面积""提升景观美化效果"等;根据情景描述进行定量化转化,例如"农户年收入提高至1万元以上""耕地利用面积增加10%""绿地面积增加15%"等,通过定量转化为实现目标假设提供了可能性。

3. 未来景观情景规划结果输出

规划者应用不同的技术或者政策制度来实现未来景观情景设计,其结果表达包括可视化的图件和文本性的文件,如土地利用分布图、具体景观设计图、未来情景分析等。

4. 景观情景规划效果评价

利用相关评价模型对设计的不同景观情景从社会、经济、生态、环境等方面进行综合性的评价,并与基准年形成对比分析;评价结果向决策者或者利益相关者展示,若不符合要求或者实现路径不切实际,则重复进行前面的步骤,直至满足要求为止。

5. 景观情景的政策启示

通过上述的景观情景建立过程,完成了未来景观情景设计图、设计标准、政策规则等,向管理者展现了未来不同的景观情景和效果,且为管理者对于未来的预测提供了实现的路径与结果,综合这些要素与结果,分析和提出有针对性的政策、措施或者建议,并且制定出相应的政策,引导未来的发展。

三、情景分析法的特点

在传统的土地规划定量预测方法中,大多是在外部环境基本不变的前提下,根据过去和现在的发展趋势推断未来,这类方法存在一定的局限性,即客观环境并不是一成不变的,当未来环境发生了较大变化,这类方法的准确度将大大降低。情景分析法相对于传统的规划方法,其优势在于:第一是强化了决策的民主化与规范化,情景分析强调利益相关者的参与,不仅通过一定的预测模型、设计模型来完成景观规划,而且通过专业能力、未来发展的判断力、参与者的协调能力,将未来可能会发生的情况模拟出来,给予决策者不同角度的认识,规划结果的社会可接受性大大增加。第二是情景规划注重过程,情景目标的设置较为简单,但如何实现这些目标则是过程设计,过程本身决定了情景分析法的成功与否。第三是情景分析是对未来研究的思维方法,涉及很多其他学科,并融入了心理学、未来学、统计学、预测模型等多学科知识;因此,结果的精确度、认知性和接受性更具有优势。

上述提出的标准景观情景分析法适用于乡村景观规划、自然资源管理等领域,具有合理可行性、可认识性、可接受性、有弹性、创造性、可比较性、政策激发性等特点。由于其在建立过程中需要多次收集资料、实地调研、走访座谈等工作,相对于其他规划方法可能存在设计周期偏长的问题。该方法的灵活自由性导致了未来不同目标情景设计可能与现在景观格局产生较大的差异,因此不太适合短期的景观规划。在目标设定与描述时主观性较强,因此,需要在设计实现路径和制定规则时,尽可能通过水文模型、非点源污染模型、生态系统服务价值评估模型、农户决策行为模型等来弱化主观意识的影响,故对设计团队的综合知识应用要求较高。

四、情景分析法的应用

情景分析法与传统城市规划方法最大的区别是它更大程度地考虑了规划实施环境外部条件变化的因素。该方法已被应用于城市空间规划、主导产业选择、环境保护、交通运输规划、土地利用管理以及法律政策制定等多个层面,并且取得了良好的效果。相对于城市情景规划研究,情景分析法在乡村规划中应用还较少。随着国家与地方的经济社会快速发展,乡村规划建设与振兴发展越来越受到重视。下面以长沙县金井镇为案例,讨论情景分析法在乡村景观规划中的应用。

金井镇是国家住房和城乡建设部小城镇建设试点镇,是长沙县北部的工业强镇、农业重镇,拥有"四大产业体系"和农业"六金"品牌,经济较为发达。在未来发展中,地方政府一方面为促进本地区的经济发展,大力发展现代农业,积极引进企业等,对环境造成了一定的压力;同时又积极建设美丽乡镇、生态文明示范镇等,划定禁养区,减少工农业污染物排放等;两者具有一定的矛盾性。因此,需要采用情景分析法研究未来金井镇的景观格局,为决策者提供参考意见。

综合考虑金井镇的发展特点、政府政策导向、企业发展趋势、农户需求调研等,提出了3种情景假设。情景1:提高农产品产量,目标是最大化农业产品输出,农民年收入大幅度提升,地区 GDP 增长迅速,同时生态环境质量不低于基准年。情景2:提升生态环境质量,目标是流域内水环境质量达到国家地表水Ⅴ级标准之内,实现美丽乡镇的建设标准,同时保证农户的收入不低于基准年。情景3:新型城镇化建设,即按照趋势外推法,预测未来乡村景观格局。

未来景观情景的实现路径研究:情景1,主要通过土地利用类型转换、农田水利设施建设、农业结构调整、农业投入调整、土地综合整治、促进经济发展政策等措施,实现了情景1的目标,形成未来景观情景土地利用图。情景2,主要通过土地利用类型调整、生态工程、自然保护区建设、养殖业调控、农户投入行为调控等措施,完成情景2构建,形成了景观格局图。情景3,采用生命周期理论与 Markov 模型进行耦合,预测出未来乡村景观格局演变图。具体实现路径是基于实验模拟或实证分析,如土地利用类型转换是基于土地适宜性评价方法得到的;生态工程措施是通过生态沟渠、湿地实地试验来验证生态治理效果与经济投入;养殖业调控则是通过畜禽养殖环境承载力方法进行养殖数量的控制。

运用标准景观情景法理论,通过情景目标的假设、情景定性描述、定量转化以及反复验证的实现路径设计过程,完成了情景1与情景2的农业景观格局模式;利用生命周期理论与CA-Markov耦合,完成了情景3新型城镇化建设的情景模式。三者分别强调了未来不同发展方向下的景观格局变化,表现出各自的规划特点,但是并不说明哪一种情景模式更加具有优势或者是未来发展的主要趋势。为了更加直观地展示3种情景的特点,分别从水环境、经济效益、生态系统服务、生物多样性、农户意愿分析等方面进行综合效应评价,其评价结果如表 5-2。

表 5-2　金井镇不同情景设计的综合效应评价

指标	水环境评价		经济评价			生物多样性评价		农户意识评价	景观特点评价
	TN 年平均浓度/（mg/L）	TN 年输出量/t	农业经济价值/10^6 元	生态服务价值/10^6 元	农户农业收入/元	景观丰度密度/（n/100hm^2）	蔓延度指数/%		
基准年	4.08	431	406	1 825	3 595	0.052	57.21	—	—
情景 1	3.45	343	672	1 723	4 971	0.060	56.81	强烈支持态度	大田景观、茶园、蔬菜基地、加工产等
情景 2	1.69	175	439	2 034	4 766	0.074	67.39	期望的发展方向	循环农业、有机茶园、自然保护区等
情景 3	6.09	575	398	1 714	3 262	0.052	51.61	无	城镇扩张、人口增加、环境质量下降等

从评价结果分析中,可以看出情景 1 的农业经济效果最好,情景 2 的生态环境提升功能最优,而情景 3 则是正常情况下的发展情景。根据景观情景设计,结合设计过程中的实现路径和规则,分别从农业景观格局优化、农户行为与意识引导、农业与土地政策调控三方面提出了未来农业发展与土地利用政策。该研究结果向决策者直观展示了金井镇未来不同发展方向下的景观格局特点,并且提供了不同发展目的对应政策的制定方向。

第四节　参与式规划方法

乡村景观规划中社会主体是村民,乡村景观和每一位村民息息相关,现在无论是在城乡规划中,还是在乡村振兴、生态文明等建设中,都从法律层面强调了农户参与的重要性。在规划过程中一定要尊重当地村民的意愿,包括行为习惯、民风民俗等,得到村民的拥护,切实解决农民生产生活中的问题,确保农民应有的权益,才能保障乡村景观规划的顺利实施。

一、参与式规划的发展

参与式规划(participatory planning)指在"参与式发展"和"内源发展"的理念与方法的指导下,规划者与发展主体共同参与,以当地居民为主体,尊重居民意愿,分析区域中存在的问题,利用区域资源确立发展目标,并在实施过程中通过监测和评估鉴定新的问题,确立新的发展目标和新的发展活动等一系列持续不断的循环活动的过程。

参与式规划最早起源于英国,1947 年英国发布的《城乡规划法》规定允许市民发表其意见,要求规划管理部门要公布规划并征求相关利益人的意见。20 世纪 60 年代,公众参与成为西方国家城市规划中的重要内容。1962 年 Paul Davidoff 在"规划的选择理论"中提出倡导性规划概念,平衡和协调各种利益冲突,并制定社会共同遵守的契约,开启了规划实践中公众参与的先河。1977 年《马丘比丘宪章》将城市规划中的公众参与提到前所未有的高度,并提出规划应该以不同专业人员、公众与政府之间的协作配合为基础。进入 21 世纪,城市规划公众参与的议题进入了更广泛的研究与实践阶段,技术与方法逐渐成熟。参与式规划方法得到了联合国开发计划署、粮食计划署、世界银行、亚洲开发银行和其他国际组织的不断完善,成为众多国际农村发展、援助机构和慈善机构及其他国际组织在项目规划中广泛应用的有效方法。参与式规划法在林业、农村社区发展、自然资源管理、环境保护、扶贫等项目上得到了广泛的应用。

国外城市规划领域的公众参与研究起步早,并且发达国家的民主化程度高,市民的参与意识和法制观念较强,各国政府通过法律确立了公众参与的合法性,并逐渐通过完善的组织机构、制度程序保障公众参与规划的实现。我国在规划层面的公众参与研究起步较晚,20 世纪 80 年代末才引入参与式规划的理念,直到 20 世纪 90 年代中后期,公众参与研究才得到一定的重视,研究主要集中在公众参与制度研究与体系构建、公众参与实践和技术方法等方面。由于国民素质和经济发展水平的限制,我们不应该一味地照搬西方公众参与和社区优先理论,过分强调公众参与可能会造成更大的社会不公平,违背了最初的目标,应该循序渐进,逐渐扩大公民参与的范围和权利。2008 年颁布实施的《城乡规划法》首次将公众参与列入国家法律中,以法律的形式明确了公众参与城乡规划的法定地位,之后增强公众参与意识、加强社会实践中公众参与规划的内容、建立充分的公众意见表达机制等成为各级规划必须涉及的内容,公众参与成为常态。

经过几十年的不断探索和实践,我国参与式规划研究已经形成了较为完善的理论与实践基础,但是公众参与在规划中的地位仍然不够明确,还需要相关部门重视和改进,将公众参与规划的目标、性质、内容、职能、机构、组织、权限、程序、处罚等明确规范,纳入规划立法体系中。

二、参与式规划的流程

传统的规划主要体现政府或开发主体的意志,公众参与程度有限,规划意图是"从上而下"传递的。参与式规划强调通过向基层群众赋权,使其全方位参与项目的设计、实施、管理、监督、评估和制度建设的整个过程,充分尊重农户的知情权、选择权、决策权、监督权和管理权,突出基层组织和农户在社区发展当中的主体地位,是一种"自下而上"的互动发展方式。

公众参与乡村景观规划的本质是通过一定的方法和程序让更多的公众能够参与到与之息息相关的政策和规范制定及决策过程中去,实质上就是决策的民主化过程。通过公众参与,增强政府、规划部门、居民三者之间的沟通,真正了解居民的真实想法和意愿,通过规划成果,增加居民的认同感、自豪感和幸福感。主要流程如下:

(1)培养公众参与规划的意识。不仅需要公众自己通过学习来提高,而且也需要政府管理部门制造环境,通过各种舆论宣传增强公众参与规划的意识,完善公共参与的机制,提供相关利益者或者公众表达意见的途径,制定相关制度,保障公众参与的权利。

(2)确定乡村景观规划公众参与的对象,即利益相关者,包括地方政府、村民、游客、非政府组织和乡村产业公司等,针对不同的乡村规划特点可选取更有针对性的调研对象,例如大型企业等。

(3)确立参与方式。综合考虑参与者的综合素质能力、参与的可操作性、成本性和效率等因素,确定参与的人数与方式。参与的方式有:代表参与的会议式、民意参与的问卷式、舆论参与的媒体式和全民公决投票式,以上 4 种方式都是常见的参与方式,实施效果好,可以在规划的不同阶段采取不同的参与方式,例如在规划前期通过新闻、电视等媒体收集相关意见,实施初期采用座谈、访谈、调查问卷收集相关信息,实施过程中可设立咨询委员会、村民代表等监督。座谈式参与模式可以参考如图 5-1 的流程进行。

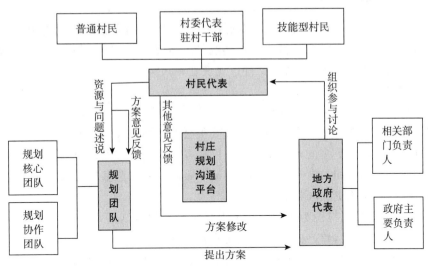

图 5-1 座谈式参与模式

（4）参与规划阶段。乡村景观规划从时间进度上分为基础调研、规划实施、评估反馈 3 个阶段，在每一个阶段均应重视和体现公共参与。在基础调研阶段，主要是通过调研、走访、问卷等方式，获取村民和利益相关者对未来发展的需求、拟需解决的问题和意见与建议等，并将其意愿反映到规划方案中，尽可能协调和满足各方利益，保障景观规划方案的落地实施，这一步是公众参与最主要的阶段。在规划实施阶段，主要是项目工程实施过程中应接受村民的监督，依据实际要求修改或补充完善规划。在规划评估反馈阶段，主要听取村民对景观规划结果的满意度和意见反馈，如有问题则进行适当的调整；乡村景观规划及实施的结果最终归村民享有，因此还有一个十分重要的内容是村民的后期管护参与，包括村民自主管理或引入市场机制等，主要目的是巩固规划成果，促使乡村景观可持续发展。主要参与规划流程如表 5-3 所示。

表 5-3 公共参与乡村景观规划的流程

作用体现		参与阶段			
		基础调研阶段	规划方案阶段	规划实施阶段	规划评估阶段
参与主体	地方政府	组织参与	协调形成定期参与平台	长效管理，专项经费	评估与反馈
	规划团队			规划方案引导	
	村民	村庄特色汇总村民需求反映	特色及需求补充规划意见反馈	景观风貌建设的参与主体	管理维护意见反馈
	普通游客	需求反映	需求反映	景观风貌建设的参与客体	意见反馈
	专业人员		摄影、艺术、产业等专业意见反馈		社会关注度提升
	非政府组织	提出环保建议与保护底线	规划方案的合理性建议	参与监督	监督实施
	乡村产业团队	需求反映	专业意见反馈意向项目反馈	经济与技术支撑	意见反馈

三、参与式规划的特点

参与式规划的特点是一种"自下而上"的规划,而在实际的乡村景观规划中,一般都是"自上而下"和"自下而上"两者结合的模式。这样既可以体现政府的主导作用,又可以保障村民享有的权利,体现公平性和民主性,确保乡村景观规划顺利实施。

(1)参与式规划的特征。

①参与形式自由多样,参与程度深、范围广。参与形式包括座谈、访谈、调研、问卷等方式,也可以设置"规划工作咨询站""乡村规划实践委员会"等方式,参与程度不仅可以在空间、环境设计的物质层面,有时候更多的是文化、管理、民俗等意识形态方面;参与范围既可以是村民代表,也可以是所有的利益相关者等。在充分调研和吸取村民意愿基础上制定的乡村景观规划,社会可接受性更强,实施更加顺畅。

②乡村景观规划是以村民为主导的。无论是制定乡村规划还是推动乡村振兴,必须始终坚持村民主体地位不动摇,始终把村民的切实利益摆在首位。参与式规划的目的就是在了解民风民俗、生活习惯、日常行为基础上,实实在在地解决村民实际问题;通过乡村景观规划提升乡村人居环境、谋划乡村产业发展、提高村民收入水平、保护传承文化、保障村民利益、改善民生和促进社会和谐。

③规划成果形式丰富。根据不同的规划路径,参与式规划形成不同的成果表达形式,其成果可能是传统的文本图纸,也可能建立一个管理监督机构,还有可能是一个实践项目等。

(2)参与式规划面临的问题。西方国家公众参与机制形成较早,并且受到法律保护。我国在各项规划过程中也强调了公众参与,但仍存在一定的不足。在我国乡村景观规划实践中,参与式规划面临一些现实困境。

①缺乏法律保障。虽然,某些法律规定了公众参与的必要性,但缺乏制度化,即程序化、组织化和法定化。如在何种阶段应通过什么样的形式参与规划;有意或无意地忽略公众参与这一环节,则属于违法,应受到何种处罚;当居民的权益受到损害时,如何得到保障或者补偿等。

②公众参与意识不足、效果不佳、深度不够。这种困境在乡村景观规划中是常见的问题,参与意识不足表现在政府宣传引导机制作用不强和村民意识淡薄,参与积极性差。更多的村民过于关注个人利益、眼前利益、缺乏集体意识;涉及自身利益时积极参与,否则便"事不关己高高挂起",或者盲目从众。此外,一些村民难以理解现代规划的理论与方法,接受性较差,导致一些村民意见被忽视。出现这些问题与政府干预思想、法制建设落后、村民文化水平限制、传统思想文化禁锢等有一定的关系。随着社会经济发展和村民参与意识的提高,这方面的困境也将逐渐减少。

③政府常常起主导作用,而忽视公众参与。现实中,政府仍是乡村景观规划的主导力量,部分管理者固守传统行政管理模式,对于村民参与规划的价值和发展必然性的认知存在偏差,导致回避或者放弃公众参与,或者使公众参与流于形式。按规定,在规划编制和审批时,需村民会议或者村民代表会议同意,但实际上可能形同虚设,只要村干部通过即可。虽然公众参与会花费较多时间与成本,但是从规划综合效益来看,能有效保障规划的落地实施,减少规划管理中不必要的纠纷。

④参与路径仍不足。忽略了对村民参与规划的意识培养或者根本就没有这一过程。在实施过程中,村民权益受损时缺乏正规的表达途径,导致村民向村委会反映被压制,或直接阻碍

规划实施,产生不必要的冲突。在规划后期,为保证规划顺利结项,个别农户的意见常常被忽略。在规划评审、结项过程中很少有村民代表参与。

伴随着社会经济、政治体制等方面的深化改革,规划由精英式规划向参与式规划转型是必然的。规划中的公众参与机制的建设是一个系统工程,应该从转变观念、转换角色、完善法律、建立参与组织、法定化程序、监督落实等方面着手,不断完善公共参与制度,促进乡村景观规划的公众参与。

第六章　乡村聚落景观的空间规划

　　乡村聚落是乡村地域内人类聚居的核心区域,对于乡村景观功能的维持和保护,以及乡村社会生态系统的可持续发展具有主导作用。我国乡村面积广阔,地理环境多种多样,民俗文化差异显著,因而造就了丰富多彩的乡村聚落景观,如江南水乡、皖南民居、西北窑洞等富有地方特色的乡村聚落。但目前乡村聚落面临着两难的发展境地:一是要改善乡村人口的居住条件,以及承接部分城市人口迁移和工业转移,对乡村社会生态系统不可避免地产生一些负面冲击,如何协调乡村聚居条件与功能改善和生态环境保护之间的关系,成为乡村聚落更新中一个比较现实的问题;二是乡村聚落的文化空洞化倾向对乡村聚居文化的保存带来了严峻挑战,保护乡村聚落历史风貌的任务十分艰巨。因此,乡村聚落景观规划是乡村景观规划设计、美丽乡村建设和乡村振兴战略实施的关键环节,并将起到点睛之功效。

第一节　乡村聚落的范畴及其景观特征

一、人类聚居及其演化过程

(一)人类聚居、人类住区与人居环境

1. 人类聚居

　　人类聚居(human settlement)是人类居住活动的现象、过程和形态,它作为人类生存和发展整体中的一个重要组成部分,是人类生存和发展的基本起点,也是人类活动的最终目的和人类文明成果的集中表现。随着人口增长、人为引起的自然生境的恶化,世界范围内,特别是发展中国家,与人类聚居区条件和环境密切相关的问题日益增多,如乡村贫困化、农村失业人口增加、农业资源的匮乏、生产生活环境污染、基本的基础设施和公共服务不足、缺乏适当的规划等。如何面对社会经济发展过程中人类聚居的挑战,建设健康、安全和持续发展的人类聚居模式,是人类社会可持续发展一项紧迫而艰巨的任务。

　　人类聚居是在人类进化过程中逐渐发生并不断发展的,从穴居野处到筑室成居,经历了百万年的漫长过程。人类聚居从无组织的原始聚居、有组织的原始聚居到静态的城市聚居和动态的城市聚居,经历了 4 个主要发展阶段。人类聚居学的创始人希腊著名的规划学家道萨迪亚斯(Doxiadis C A)认为:从狭义上讲,人类聚居是人类为了自身而使用或建造的任何类型的场所;从广义上讲,人类聚居是整个人类世界本身,是人类为自身所做出的地域安排,是人类活动的结果,其主要目的是满足人类生存的需求。人类聚居不仅是有形的聚落本身,也包括了聚落周围的自然环境,同时还包括人类及其活动,以及由人类及其活动所构成的社会。从其组成看,人类聚居由内容(人及社会)和容器(有形的聚落和周围环境)两部分组成,可以继续细分为5 种元素,即自然、人类、社会、建筑和支撑系统。

　　2. 人类住区

　　1976 年,联合国在加拿大温哥华召开了首届人类住区大会,成立了联合国人类聚居中心

(The United Nations Center for Human Settlement)，提出了人类住区（habitat）的概念。住区，即为住所或栖息地，原指一切生物或有机体所占有的，或得以生长发展的处所和环境。人类住区是人类拥有的一切由自然的和（或）人工的因素所组成的人类聚居实体。人类住区与人类聚居有密切的联系，但也有明显的区别：人类住区强调有形的聚落和周围环境等具有实体意义的外在表现形式，而人类聚居注重人及社会与有形的聚落及周围环境的本质联系和内容。从实体意义的"人类住区"出发，着手研究"人类聚居"所涵盖的所有问题，对研究和应对"人类聚居"面临的问题和危机具有十分重要的现实意义，为当前人类聚居的研究和行动提供了一个现实的切入点。面对现实世界人类住区的问题和危机，采用景观生态学的方法进行人类居住规划，建立可持续的人类住区模式，已成为当今世界人类住区发展的一个主要趋势。

3. 人居环境

人居环境的概念和学科体系是由我国著名的规划学家吴良镛先生提出的。该理论认为，人居环境是人类聚居生活的地方，是与人类生存活动密切相关的地表空间。人居环境的核心是人，而基础是自然环境。人居环境作为人类与自然环境之间发生联系和作用的中介，人居环境建设本身就是人与自然相联系和作用的一种形式，理想的人居环境是人与自然和谐统一。人在人居环境中结成社会，进行各种各样的社会活动，努力创造适宜的聚居地，并进一步形成更大规模、更为复杂的支撑系统。并认为，人居环境由自然系统、人类系统、社会系统、居住系统和支撑系统所组成。在人居环境建设中，需要坚持正确的生态观、经济观、科技观、社会观、文化观，其最终目标是建设可持续发展的、宜人的居住环境。

（二）人类聚居的发展演化过程

人类聚居的发展演变经历了几百万年，主要可分为 4 个阶段，即原始无组织聚居、原始有组织聚居、静态城市聚居和动态城市聚居。

1. 原始无组织聚居

在原始社会，人类依附自然，早期主要是穴居和巢居。当时，人们以游牧为主，原始聚居地往往是临时性的和游牧性的，是人们为了生存群集而居形成的，呈自然无组织状态，所以称这一阶段的聚居为原始无组织聚居。根据考古研究，在该阶段每个聚居大约有 70 人，这群人生活在属于他们的领地上，靠狩猎为生。原始无组织聚居形态，一般呈圆形，人们聚居在中心，大约在半径 8km 的范围内狩猎，而其构筑屋主要由蒿草、树枝、泥土、兽皮等材料建造，并且互不相连。

2. 原始有组织聚居

继原始无组织聚居形成之后，随着农业从狩猎、牧业中分离出来，逐渐形成以农耕为主的生产方式，人们开始建造比较固定的原始性的聚居地，人类聚居进入了第二个发展时期，即原始有组织聚居——村落的形成，村落人口规模也从原始无组织聚居的数十人扩展到数百人，乃至数千人。

受自然条件和人类防御能力的限制，村落的选址一般都遵循依山傍水、向阳避风（热地通风）的原则，随着人类抵御自然灾害能力的提高，逐步形成有组织的原始村落。我国是一个农业文明比较悠久的国家，在长期的历史发展过程中，逐渐形成了与村落选址和功能分区有关的朴素理论和方法体系。无论在温暖地区的山东龙山文化遗址、山西夏县西阴村遗址、西安半坡村遗址，还是在高寒地区的青藏高原以及辽宁、吉林和黑龙江，都发现了固定的原始村落，这些村落都是处于背山面水的高爽地段，靠近河流的聚落多选在二级阶地上，既便于取水，又能防备水患,而且原始村落的空间布局都有简单的功能分区,如居住区与作坊区分开、住宅与墓地分开。在建筑布局上都有一定的规律,如村落中心是公共活动的大房子和开阔场地,住宅则在北、西、南三面环绕中心布置。

随着社会发展和人口增长,村落的规模逐步扩大,一定区域范围内的村落开始分化,处于区域中心的一些村落,其经济、商业、文化、宗教和行政等功能逐步加强,成为区域内村落系统的中心,即集镇。集镇与村落不同,它的生存主要依赖于其周围的村落,而这一过程主要伴随着手工业和商业从农牧业分离而产生的,集镇人口主要以商业和手工业为生。通过对世界各地的集镇系统的研究表明,集镇——村落系统存在六边形理论模式。该理论模式认为一个集镇大约为周围 6 个村落服务,村落与集镇之间的距离一般是 5.22 km,即人们步行 1 h 的路程。整个集镇——村落系统的领域为 150 km²,人口规模平均约为 7 000 人,即 6 个 700 人规模的村落和一个 3 000 人规模的集镇。

3. 静态城市聚居

随着集镇——村落系统的演化,社会阶级不断分化,手工业和商业从农业中进一步分离,在集镇基础上逐渐演化出静态城市。由于剩余产品增多和私有财产的增加,需要更为频繁的货物交换,交易形式以当初不固定的"日中为市",逐步发展为固定的场所"市",由此人类聚居演化为两种截然不同且严格分离的类型:一是以贵族阶层住地和商业、手工业、工业为主的城市;二是以从事农事活动为主的乡村聚居地。在 18 世纪工业革命以前的城市(我国在 20 世纪初)往往由城墙所固定,城市有组织地向外扩展,而且城市与乡村处于严重对立状态,这一阶段的城市属于静态城市发展阶段。

4. 动态城市聚居

自从 18 世纪工业革命以后,由于生产力的迅速发展,农村的剩余劳动力不断增加,并不断向城市聚集,同时社会经济、技术与交通的发展为城市扩展提供了先决条件,城市迅速突破了以前的界限向乡村扩展。特别是 20 世纪以来,这种趋势更加明显,主要表现在人口、经济和城市规模的快速增长,同时城市的数量也大大增加,人类聚居从静态城市发展阶段进入了一个动态发展阶段,即动态城市发展阶段。与此同时,城市动态发展对乡村地域的聚居也产生了前所未有的影响,城乡相互渗透,出现了混合型的聚居类型。随着经济、交通和现代信息技术发展,人们的工作方式、生产模式以及生活理念的改变,特别是对回归自然和优良人居环境的追求,城乡融合发展趋势愈加明显。

20 世纪 80 年代以前,我国的聚居模式基本是处于城乡严重隔离的二元结构,主要缘于1949 年后的户籍管理制度和经济的相对滞后。随着改革开放,特别是 20 世纪 90 年代以来,我国城市发展进入了一个前所未有的时期。城市规模和数量快速增加,在沿海发达地区出现了城市带、城市群、都市圈等城乡一体化融合发展模式,如珠江三角洲、长江三角洲、京津冀、成渝、长江中下游、山东胶东半岛、辽东半岛、关中等地区,所有这些动态的城市聚居模式,除了影响其中的不同层级城市发展外,对其区域内的乡村聚居形态、规模和功能都产生了重大影响。

二、乡村聚落的范畴及演变

(一)乡村聚落的范畴

聚落(settlement)是人类经济社会活动的中心,既是人们居住、生活、休息和进行各种社会活动的场所,也是人们进行劳动生产的场所。不仅在聚落内部有各种企业、商店进行工业生产和商品流通,而且在聚落内部也进行着农副业生产以及文化娱乐活动。人类聚落的基本类型分为乡村聚落和城市聚落两大类。

汉语中的"聚落"原意指人类居住的地方。《史记·五帝本纪》载:"一年而所居成聚,二年成邑,三年成都。"其注释对聚落解释为"聚,谓村落也"。所谓成聚、成邑、成都,实际上揭示了聚落规模、结构和功能的变化。《汉书·沟恤志》:"或久无害,稍筑室宅,遂成聚落。"因此,在古代聚落多指村落。吴良镛先生认为,"聚"指最早的居住地。甲骨文和金文均发现"聚"字,较早的"聚"出现在战国时期的印文中。

广义的乡村聚落是指除城市以外,位于乡村地区的所有居民点,包括村庄和集镇。狭义的乡村聚落是指村庄,是以农业(包括耕作业或林牧副渔业)生产为主的居民点,是指乡村地区人类各种形式的居住场所(即村落),也包括其中的少量工业企业及商业服务设施。无论是广义的还是狭义的乡村聚落,传统的还是现代的乡村聚落,都是人们居住、生活、休息和进行各种社会活动的场所,也是人们进行劳动生产的场所,这些场所构成了乡村特有的聚落景观。

乡村聚落按其规模和居民从事产业的类型,可以划分为如下基本类型:游牧聚落、半游牧聚落、独户永久性聚落(如家庭农场)、复合永久性聚落(如村落)和半城半村式聚落等。不同国家和地区对乡村聚落的范围界定不同,如单纯按照人口规模来界定,我国一些规模较大的村庄,常住人口就有几千人甚至超过一万人,但大部分居民的生产、生活方式还是呈现出乡村聚落的主要特征;而在欧洲,一些国家的小城市人口仅有几千人,但其生活、生产方式更多体现的是城市聚落的特征。因此,根据经济结构、人口规模、社会关系和生活方式等因素综合考虑,我国的乡村型聚落一般包括乡村集镇(中心集镇、一般集镇)和村(行政村和自然村),考虑到乡村地域的完整性和人口类型组成,一般情况下可将县城城关镇以外的建制镇也视作乡村聚落。当然,因为我国的行政管理体制和层级的原因,还有一些特殊的情况,广东、浙江、江苏等一些沿海发达地区的镇,常住人口达到几十万人甚至上百万人,大部分居民的生产、生活方式都已经完全城市化,但其行政级别、名称还是镇,如东莞市的虎门镇、小榄镇等。因此,在实际的研究和实践中,要根据研究对象的具体特征进行合理界定。

(二)乡村聚落的演变

乡村聚落是人为的产物,它反映了不同时代的人地关系。史前阶段,人们的经济生活极为简单,甚至无固定的活动地点,没有固定的栖息地;采集和渔猎社会阶段,由于生产力水平极低,人们只能依靠天然的树果、草根或者鱼、鸟、兽等食物维持生活,单位面积的人口可容量极小,人类不得不分散居住,如穴居或逐水草而居或选择森林茂密的低山林区居住(以便于男子狩猎、女子采集)。同时,由于食物只能在一定季节和一定地域找到,所以,当时的居住地不仅分散,而且一般是流动性的、临时性的、可以移动的;新石器时代中期,随着原始畜牧业和农业先后起源,出现了人类社会的第一次大分工,人类才开始进入分散的乡村聚落阶段,以半固定的原始棚舍为居住特点;随着农业生产水平的进一步提高,从事农耕业生产的固定居民点——乡村聚落得以形成(表6-1),即乡村聚落是从"原始聚居—分散的乡村聚落—固定的乡村聚落"逐渐形成、发展和扩大。

不同的专业或职业对乡村聚落有不同的理解与侧重。从产业生产(职业)的角度看,乡村聚落指的是以农业生产为主体的乡村区域;从人口空间分布的角度来看,乡村聚落是指城市之外的乡村人口规模聚集的地域空间。一般说来,乡村聚落具有农舍、牲畜棚圈、仓库场院、道路、水渠、宅旁绿地,以及特定环境和专业化生产条件下的附属设施;小村落一般无服务职能,中心村落则有小商店、小医疗诊所、邮局、学校等生活服务和文化设施。随着现代城市化的发展,在城市郊区还出现了城市化型村庄这种类似城市的乡村聚落。

表 6-1　乡村聚落的形成过程

乡村发展阶段	条件	生产活动	居住特点
原始聚居	生产的需要	采集和渔猎	穴居、巢居
分散的乡村聚落	第一次社会大分工	原始农业、畜牧业	半固定的原始棚舍
固定的乡村聚落	农业生产水平提高	定居农业	固定的集团式聚居

三、乡村聚落景观的基本要素和特征

乡村聚落景观是乡村地区人类的居住场所,由自然环境、乡村建(构)筑物、交通道路、河流水系、农田果园等景观要素构成,是乡村居民生产、生活等综合功能的承载空间。乡村聚落景观要素可分为生态要素、生产要素和生活要素。生态要素是指乡村聚落所在的土壤条件、气候条件、自然河道、水道、植被、池塘和地形地貌等;生产要素是指乡村聚落中农田、菜地、果园、林地、生产用具等;生活要素是指建筑物、文化遗迹、传统习俗、道德观、政治风貌和生活场景等。乡村聚落景观通过气候条件、地形地貌等自然景观因素和建筑、绿化及道路等人文景观要素的个体表现、群体组合和要素之间的配置,直观地反映当地的民俗民风,体现当地居民的精神和道德修养。

(一)乡村聚落景观的"四维空间"

乡村聚落景观是乡村聚落的空间组织形态,它不仅包括聚落中的建筑、街巷等住区实体空间,还包含聚落的经济空间、社会空间和文化空间,它们共同组成了乡村聚落景观体系。乡村的经济空间是指以聚落为中心的经济活动、经济联系的地域范围及其组织形式;乡村的社会空间指的是乡村居民社会活动、社会交往的地域结构;乡村的文化空间是指凝结于聚落建筑、经济空间和社会空间的有形和无形文化形式,包括文学、艺术、语言、服饰、民俗、民情、思想、价值观等。可见,聚落景观体系中的各组成部分,形成了既相互联系、相互渗透,又相互区别的有机整体,表现出不同的旅游价值。

1. 住区空间

乡村住区空间是指乡村居民生活居住的地域空间形态及其结构关系。该空间及结构关系由聚落的规模、职能及空间分布等组成,是乡村聚落景观体系中的核心部分。我国乡村聚落的住区空间在结构、形式上存在着较大差异,从本质上说,这种差异是人地关系和地域文化影响的结果。我国国土面积大,南北、东西跨度大,自然地理环境复杂,地带性差异明显,人地关系复杂,地域文化丰富多样。仅就南北乡村来看,在规模、结构、形式上就有很大的差别。例如,华北乡村聚落大多以四合院、三合院为主,单个聚落的规模较大,聚落群体的密度较稀,这与华北地区地势开阔及农耕方式有关,华北的农耕生产主要是以旱作作物为主,作物需要的管理照料要比水稻田少得多,村庄位置可以远离耕地,并集中聚居。南方丘陵地区的乡村聚落则规模较小、分布较散,主要是因为丘陵地区地表破碎,耕地分散,交通不便,为了生产的便利,便沿路、沿河、沿沟形成许多分散的小聚落;但在一些河流冲积平原和盆地,地势平坦,交通便利,人口聚集,也有较大村落分布。可见,自然环境对聚落的住区空间分布产生了直接影响。然而,乡村聚落住区空间的差别也不仅仅是因为自然地理要素的差异所致,同时也是地域文化影响

的结果。如江苏乡村聚落中独特的"小桥流水人家"乡村景观,不仅得益于江苏水乡泽国的地理环境,也是吴越文化"儒雅、小巧、精致"的建筑理念的一种真实写照。也正是这些风格各异,结构、功能差异巨大的乡村聚落,造就了我国丰富多样的乡村景观资源,成为乡村文化旅游发展中的亮点和看点,使得乡村旅游市场得到蓬勃发展。

2. 经济空间

经济活动是乡村居民的主要活动形式,它以特殊的方式、方法和表现形态参与乡村聚落景观体系之中,乡村聚落中的各种经济活动及其在一定地域范围内的各种经济联系构成乡村特有的经济空间。例如,从乡村休闲旅游开发的角度分析,乡村经济空间的休闲旅游价值表现在两个方面:一是农事活动中的参与性,农事活动是一种比较松散、悠闲的自然型生产活动,很适合城市里人的放松需求,旅游者通过参与到诸如耕锄、种植、采撷、捕捞等农事活动中,获得一种轻松、愉悦的旅游经历;二是经营景观的观赏性,乡村经营景观是生产活动成果的形态表现,如不同气候条件、地理区位的水稻梯田、莲田、麦地、果园、花卉园、水产养殖地、牧草地等,是当地农民根据地域条件、长期劳动耕作并不断总结经验的成果,对乡村聚落起着非常重要的景观再塑造作用。它的特点是规模大、景观的季相变化明显、观赏性强,它既是乡村聚落景观体系中不可缺少的组成部分,又是乡村聚落的重要背景资源。以经营性景观为主要资源开发的乡村休闲旅游类型有观光农田、观光果园、观光花卉园和休闲渔业等。

3. 社会空间

社交活动是人与人之间相互联系、相互交往的一种重要手段,其形式有以群体为单位的社会活动和以个体为单位的社交活动,其目的有的表达友谊、亲情,也有与经济活动相联系的。这些社会交往活动以某种表现形态参与到乡村景观中来,如传统聚落中的宗祠就是宗族成员活动、交往的场所;还有乡村戏台也是居民逢年过节、迎神赛会时进行交往和看戏的地方,形式多为宗祠戏台和庙宇戏台,例如浙江乡村,自清代中后期,民间所修戏台数量极多,最为甚者在嵊州市一带,几乎村村有庙,庙庙有戏台,即使没有庙宇的小村,也利用祠堂里的万年台兼作戏台;又如乡村集市和街区,也是乡村居民以商品买卖活动为形式的一种社会交往场所。这些社交活动以各种形式渗透于聚落的每一个地方,成为乡村聚落景观体系中最具活力的要素,比如江苏周庄,尽管目前人们对它的过度商业活动颇有看法,但都不得不承认,这些繁荣的商业气氛对这座古镇历史风貌的烘托和再现起到了一定的作用,因为商业活动的繁盛原本就是江南六大水乡古镇周庄、同里、甪直、南浔、乌镇、西塘的最大特色。

4. 文化空间

文化是乡村聚落景观体系中的灵魂思想,是乡村旅游特色产品创造的源泉。它以有形或无形的方式融入乡村聚落的建筑、经济、社会等各个部分,形成特有的文化地域,其旅游学价值概括起来有3个方面:首先是建筑文化,是指凝结于聚落建筑中的文化,包括建筑理念、布局思想、艺术装饰、文学作品等,是聚落建筑旅游观赏的主要凭借。如北方蒙古包,它广泛流行于蒙古、哈萨克、柯尔克孜、塔吉克等民族中,从单体建筑的形态、结构、内部装饰到建筑群体的布局等都反映出游牧民族逐水草而居的游牧文化。其次是农耕文化,农业生产虽然是一种经济活动,但其中蕴含着丰富的文化内涵,如南方的水稻梯田,反映了南方农民精耕细作的耕作文化,以及对丘陵山地土地资源充分利用的经营思想。如桂林龙胜县成功开发了龙脊的"梯田文化"旅游,将壮、苗族山寨与农耕文化有机地结合起来,展示出良好的发展势头。最后是民俗文化,它是一种活动的文化形态,包括语言、服饰、节庆活动、民俗娱乐等,是乡村旅游中很具有吸引力的项目,如江西流坑古村,在旅游市场开拓方面,以民俗风情作为其开发的一个诉求点,其中,有一幅古村落"老妇打铜钱"的摄影作品在海外发表,就引来了大批日本游客,可见,民俗文化所具有的无限魅力。

总之,乡村聚落景观是一个空间组织体系,是由住区空间、经济空间、社会空间和文化空间共同组成的有机整体。因此,对乡村聚落景观的研究必须站在系统论的高度来通盘考虑。

(二)乡村聚落景观的基本特征

作为一个以人为主导的社会经济生态系统,乡村聚落占地面积占乡村区域总面积的比例较少。在人类聚落的演变和扩展中,景观中最适合人类聚居的地方,其自然生态系统局部或全部消失,而替代自然生态系统的生物种类首先是人,其次是用于装饰庭院、公共场所以及供人消费需要引进的动植物新种类,如月季、蔷薇、果树、家猫、犬等;同时,老鼠、杂草等一些对人无益的动植物也被引进。随着经济社会发展和人类活动的加强,乡村聚落已成为无处不在的人为干扰景观单元。作为乡村景观中一种重要的人造斑块,乡村聚落的存在取决于人的维护程度和持续时间,一旦没有人居住和停止对其维护,很快就会被自然同化。

乡村聚落的主要功能在于承载乡村人口的聚居生活和生产创造。在一定区域内,单个聚落作为节点,多个聚落通过交通廊道连接,在空间上呈现出一种聚落网络结构。在乡村聚落与交通廊道所组成的人造或半人工的网络结构中,每一个乡村聚落的人口规模、面积大小以及功能特征,都会受到周围其他聚落的影响,并在空间上具有一种等级秩序关系,而这种关系一般遵循中心地理论模式,只是因不同区域人文和自然条件的差异,呈现出一定的变异。

从系统角度而言,一定乡村地域范围内的所有单个乡村聚落,通过人口、经济、生产、行政和交通等各种联系,形成复合的乡村聚居系统,即乡村聚落群体,简称为乡村群落。按照人类聚居和人居环境理论,乡村群落的核心是从事农林牧渔为主的乡村人口,其基础是其周围的自然和半人工环境,它与乡村聚落的关系是局部和整体的关系,在空间上,通过能流、物流和行政依存关系,直接或间接地形成乡村聚落网络体系。认识和把握特定乡村群落的空间关系,对于乡村群落的合理布局具有一定的指导意义。

乡村聚落景观的发展是历史的、动态的,有一个定居、发展、改造和定型的过程。其规划过程由无序到有序、由自然状态慢慢过渡到有意识的规划状态,明显表现出以居住区为主体的功能分区结构形式,一般具有以下几个特点:

1. 类型多样性

乡村聚落虽然具有人口规模小,经济结构比较单一的特点,但因分布广、数量多,其类型比较复杂,使乡村聚落景观具有多样性的特点。如在与城市聚落的空间关系中,不同地理区位、不同要素的乡村聚落可形成相应的聚落景观;或同一聚落在城乡关系的不同发展阶段,聚落功能定位的不稳定性,也会导致其景观发生转变,形成城镇化型、半城镇化型等多样性的景观类型。

2. 功能单一性

相对城市聚落而言,乡村聚落的功能相对单一,大部分乡村聚落以居住功能和农业生产功能为主体,小部分乡村聚落兼具第二、三产业生产功能。

3. 文化延续性

相对于城市聚落而言,乡村聚落居民之间的邻里交往和关系状况保持良好,居民对本村的心理归属感和荣誉感较强,文化传统和生活方式能得到很好的延续和保护。

4. 地区差异性

一方面,由区域的自然条件差异造成,如平原、丘陵、山地和高原等不同地理环境,或热带、亚热带和温带等不同气候带,其乡村聚落景观存在着显著的差别;另一方面,由于各地的经济社会发展不均衡所致,如经济条件较好、生活水平较高的乡村聚落,其景观特征体现出的城镇特征较浓,反之,其景观则体现出的传统乡村聚落特征较为明显。

5. 管理自主性

受城乡二元结构和管理制度差异的影响,乡村聚落在组织方式、用地制度、规划手段、建设方式、维护方式等方面具有一定的自主性和粗放性。

(三)中国传统(特色)乡村聚落景观的主要特征

尽管由于所处的地理气候条件、形成和发展的历史环境和当地人文环境等多方面的差异,我国各地传统聚落的空间形态纷呈多样,但是如果除去各种民居建筑类型和具体空间环境呈现表象的个性因素,那么最为主要的共性即传统聚落空间环境所反映出的整体性特征有以下几点:

1. 与自然环境条件的协调性

传统聚落最为基本的整体性就是它们与自然环境条件的充分协调。这种与自然环境条件的协调共生,反映了先民对于选择居住生存环境的智慧,如充足、安全、不间断的饮用水水源,充分的日照条件,良好的自然风道,避免各种自然灾害的考虑等,这些要素构成了对居住环境整体性的认知。对于赖以生存的耕地需求,也在与自然环境协调的考虑之内。其屋舍选址的重要标准是:既要考虑到常年水位在洪水期水位提升时不会淹没房屋,也要使其能够避开山洪、滑坡等自然灾害的威胁,同时还要使得房屋与耕地之间保持较为便捷的交通联系,满足人的步行和耕牛劳作的合理距离,因此不会将屋舍建在过于远离耕地的高坡陡坡。此外还考虑聚落子孙后代的发展,如一些聚落选址发展的早期,往往预留出一定的发展空间,使得后代成长之后具有在邻近用地分户建造屋舍的可能。

在更多情况下,自然地形地貌、水文地质等环境条件并不能充分满足传统聚落选址的所有要求。传统聚落的选址建造针对自然环境一些不利的条件有所取舍甚至是进行改造,如在一些山地型传统聚落实例中,由于山地可耕地少,屋舍建筑尽可能紧密布置,在尽可能满足山地等高线要求的前提下,不得不牺牲一些较好的住宅日照朝向,此时朝向对于节约用地来说,属于相对次要的因素。又如在一些平原型传统聚落实例中,出于对引水饮用和防洪的多重考虑,须对原有自然河道加以治理改善,从而既解决了洪涝的威胁,又使得日常生活有充足的水源保障。

总体来看,由于生产力水平所限,传统聚落更多地需要考虑因地制宜的原则。虽然传统聚落与自然环境条件之间的协调,反映出一定的被动性,但它们充分展示了先民对自然环境条件协调性的整体判断和综合多要素而系统决策的睿智。

2. 居住与生产活动空间组合的有机性

传统聚落空间的另一个整体性特征就是居住生活与生产活动空间的有机组合,成为不可分割的整体单元。在传统农耕时期生产力条件下,由于生产工具、交通工具的限制和生活方式乃至文化的因素,传统聚落中的居住生活空间,如居室、厅堂、厨房、便坑等,以及居住生活延伸的重要公共空间,如公共祠堂、祖庙、坟地等,它们与耕作田地、河滩、石桥、集市等生产活动的空间在距离上非常邻近。从用地布局上看,传统聚落的居住生活空间与生产活动空间形成了相对分离但又是有机统一的整体。这种多元功能组合的整体性,成为传统聚落空间的典型特征。

3. 建筑群体空间形态的聚合性

传统聚落空间的整体性特征还反映在各种建筑所组成的群体空间,具有较为强烈的聚合感。从外部环境来看,聚落建筑鳞次栉比,一些建筑山墙相互搭接,建筑构件相互"咬合",错落有致,形成系列的空间组合,使得传统聚落在周边自然环境背景下脱颖而出,具有较为明显的个性风貌特征。这种空间组织的聚合性,在不同的地理、气候和社会文化条件下,有时显得非常"夸张",如由于多种原因,造就了客家土楼通过向心围屋的方式聚居,在空间类型上其聚合性的特征十分显著。传统聚落建筑群体空间组织的聚合性,不仅通过建筑空间组织方式得以实现,还采用当地的建筑材料、建筑形式和建造方式所形成的风貌特征来强调传统聚落的共识和认知,如在江西传统聚落中不同规模的住宅建筑,通过建筑墙体和屋顶的相同材质、多样但有协调的建筑形式(例如门洞、窗洞、封火墙)以及"粉墙黛瓦"的色彩控制,形成了连续、丰富、错落有致的建筑天际轮廓线。

4. 公共中心场所的标识性

从传统聚落空间内部来看,公共中心场所的标识性是其重要的整体性特征。几乎所有传承至今的传统聚落,在其内部均有村民公共聚会活动的地方。公共中心场所一般具有不同于住宅建筑外部空间肌理的特征,它们往往具有一定规模的场地,配置以较为特殊和重要的公共建筑,如鼓楼、戏台、宗庙等。在一般情况下,这些公共建筑布置在传统聚落用地的几何中心,由于它们位置显著且建筑功能类型特殊,再加上这些建筑的高度和样式的突出,使得它们具有明显的标识性。也有一些传统聚落,由于地形地貌等原因,其公共中心场地和公共构筑并不一定位于聚落用地的几何中心,但是因为它们所起到的地形地貌和构筑高度的控制作用,仍然成为聚落的活动中心,如桂北的岩寨,鼓楼及其广场偏离村寨一侧,靠着河岸并沿路布置,但是鼓楼的高度明显超过普通住宅,因此,它仍然成为视觉的中心。在少数情况下,传统聚落的外部环境条件极为苛刻,其公共中心场所并不一定具有较为开敞的用地,如福建永定客家土楼内部,在几何中心位置设置了祖堂。尽管祖堂占地和高度都十分有限,但是由于其特殊的功能和突出的位置,祖堂仍然成为聚落的重要场所标识。

第二节　乡村聚落景观的空间分析

乡村聚落景观体系中各组成要素之间的空间关联方式构成乡村聚落空间结构,而乡村聚落的用地规模和形状即为乡村聚落景观的空间形态特征。分析乡村聚落的空间结构及其景观的空间形态特征,是进行乡村聚落景观规划的基础之一。

一、乡村聚落景观形成的影响因素

乡村聚落景观受诸多因素的影响,与特定的自然地理条件及社会因素紧密联系在一起。在早期的聚落发展中,自然地理因素对聚落的区位起着决定性的作用,随着人类开发利用自然能力的增强,聚落选址就更为自由,社会文化环境的影响作用就更大了。当然,由于技术条件的局限性,自然因素对乡村聚落的影响仍然十分显著,处于相同自然环境下的聚落往往具有一些共同的特征,与当地的地形地貌有机结合后,又形成了多样的空间形式。乡村聚落形态都是在特定的自然地理条件以及人文历史发展的影响下逐渐形成的。乡村聚落的形态及其景观正是这种自然、地理和人文、历史特点的外在反映。

（一）自然因素

自然因素对乡村聚落的影响显著，处于相同自然条件下的民居和聚落形态有许多共同的特征，处于不同自然条件下的民居及聚落其形态则各异，如因地理位置不同，各地区的自然条件如气温、湿度、风向、地形、地质、地貌等差异巨大，反映在乡村聚落景观的形态上，也必然带有明显的地域特征。

1. 地理气候

以我国为例，地理气候对乡村聚落景观的布局、建筑、植物种类等有重要影响，如地处纬度较高的华北、东北地区，冬季气温极低，严寒对居民生活经常构成最主要的威胁，因而在乡村聚落景观总体布局上，为争取更长的日照时间，并避免建筑物相互遮挡，因而建筑物之间必须保持较大的距离，街道也较宽；在建筑单体上，取暖方式不可避免地要制约建筑物的平·面布局形式，就整体风格看，建筑物具有极其厚重、封闭的特征。相反，地处纬度较低的广东、广西、云南南部区域，其气候特点是气温高、雨水多、湿度大，其昼夜温差与四季间的温差变化均不显著，且经常处于静风状态，该地区乡村聚落建筑景观要改善的主要问题是遮阳、避雨、散热、通风和防潮。例如，云南西双版纳的傣族村落，从整体布局看，一般是呈散点的形式稀疏地分布于较为开阔的地带，建筑本体用未经油漆的木板当作墙面和维护结构，增加通风；而广东沿海一带村落则通过小院、天井与巷道组成完整的通风体系来解决散热和防潮问题。台风、暴雨等气候现象也对乡村聚落景观产生一定的影响，如粤中一带所采用的"梳式"村镇布局，村前为一半圆形的池塘，既可供排水、养鱼、灌溉、洗衣之用，又可净化、冷却空气，环绕池塘三面则种植树木、竹林，并以此形成屏障，以减弱台风的侵袭。虽然乡村聚落景观受到相同地理、气候特点的影响，往往在形式和风格上带有某种共同的特征，但这不意味着每一个大的建筑气候区域内乡村聚落景观必然相互雷同或千篇一律。

2. 地形地貌

地形和地貌的变化对乡村聚落景观形态的影响十分明显。与自然地形地貌互相因借，互相衬托，可以形成景观风貌丰富多样、地理特征十分突出的乡村聚落景观，如山区或丘陵地带，能耕作的土地稀缺，乡村聚落修建一般不在平地上，而是尽量选择在不适于作为农田的缓坡上，从整体景观看，便呈现出高低错落、层次分明的特征；在河网交织或湖滨江畔地区，乡村聚落景观既可利用水路以方便交通，也可以水为资源而获得生产经济效益，还可凭借水景增添灵巧的自然情趣；处于平原地区的乡村聚落，为了防洪需要，多建于地势相对较高的台地上，与一般农田相比，其地位则更突出。又如，濒临于海滨或岛上的渔村，多沿海湾布局，有的甚至还用河汊将海水引至村内，平面布局曲折蜿蜒，与礁石、沙滩、海水等景色交相辉映，以构成渔村所特有的景观气氛。

3. 资源禀赋

乡村资源条件主要指土壤资源、水资源、气候资源、矿产资源、生物资源、劳动力资源和经济资源等。资源的类型、性质、数量、质量与分布范围，对乡村聚落的形成、性质、规模和群体布局等都有重大的影响，如风景旅游资源的类型、丰度和价值，以及开发利用程度，也对乡村聚落的布局、规模和组织形式产生重要的影响。气候资源优越的沿海地区乡村聚落分布稠密，而以大陆性气候为主的西北和蒙古高原地区，乡村聚落分布比较稀疏。

4. 地方材料

乡村聚落景观的形态,直接或间接地受到地方建筑材料、结构形式和建造方法的影响。材料往往决定着结构形式和建造方法,而结构形式和建造方法则直接地表现为建筑的外在形式和造型特点。乡村聚落建筑因其就地、就近取材和加工制作方式,以及在长期实践中形成的与当地材料特性相适应的结构方法,在建筑的内部空间划分和外部体形变化、虚实关系、色彩、质感等都带有浓厚的乡土与地方特色。随着社会经济的发展,各地的建筑材料趋同性增强,随之而出现的则是乡村聚落景观材料、形式和风格出现了相互雷同、千篇一律的趋势。如何基于地方特色的建筑材料,从材料角度,为重塑具有地域特色和乡土文脉的多样化乡村聚落景观,探索一条适宜可行之路,是新时期乡村景观营造的重要课题。

(二)经济因素

经济因素为乡村聚落景观提供可靠的物质基础。乡村地域的经济发展速度越快,乡村聚落的规模和密集程度也相应提高。凡是经济发达的地区,对于商品交换的需求也更迫切,这就意味着将有较多的农民从农业生产转化到手工业生产或干脆弃农经商。随着手工业和商业经济的发展,则必然会促使一部分村落逐渐地集市化,特别是一些交通要道自然而然地成为商品集散的汇集处,于是出现了所谓的"集"或"镇"。

因此,交通条件是影响乡村聚落布局和规模的主要因素之一。首先,交通的通达程度以及交通的运输载量,对乡村经济繁荣有直接的影响。对于一个聚落而言,其交通条件标志着其对外联系的范围和与相邻地区联系的密切程度。其次,交通条件是衡量一个聚落是否具有潜在人口和经济聚集能力的重要标准。交通条件的改善,有利于物质、技术、信息的交流和提高区域农副产品的商品化率;同时,交通等基础设施的改善,也有利于投资环境的改善和土地升值,这些因素对于聚落的社会经济发展、增加人口的聚集能力、扩大规模和影响范围等具有重要的作用,从而可以改变乡村群落的空间分布格局。

(三)社会因素

人口数量及其分布对于乡村聚落形成和发展具有举足轻重的作用。通常来说,人口密度与乡村聚落的密度和规模具有显著的正相关关系,即人口密度大的区域其乡村聚落密集。从动态角度看,人口的动态集聚和分散,对乡村聚落的动态演变具有重要的影响,根据人口的迁移趋势可以判断乡村聚落的演变方向。在人口逐渐增加的趋势下,乡村聚落处于动态扩展过程;当人口变化不大的情况下,乡村聚落处于相对静止的状态;如果人口大量迁出,乡村群落将逐渐走向衰落。

家庭是组成社会最基本的单位,家庭的规模和结构受到思想观念、政治制度、宗教信仰、法律约束、伦理道德、血缘关系、生活习俗等多种非物质因素的影响。而乡村聚落则是由众多的家庭或家族等构成,是更为复杂的"群居"模式,本身就带有社会属性。因而,以上所列举的多种社会因素,必然更加明显地对其物质空间形态和人文空间关系产生重要的影响。

此外,不同发展阶段下的社会制度及国家政策干预也是塑造乡村聚落景观的重要因素,不同时代的政策或计划都不同程度地促进或抑制城乡发展及其空间形态的发展。乡村规划作为国家和地方政府干预乡村建设的主要手段,在调整乡村聚落体系空间发展模式、空间结构等方面产生重要作用。这些因素直接影响乡村聚落景观的规模、用地构成、产业结构等,对乡村聚落景观体系空间格局发展产生重要的影响。

二、乡村聚落景观的人为活动（干扰）效应

人作为景观中最为活跃的因素，其生产模式、生活方式、社会制度的类型，乃至宗教信仰、利用自然的技术水平，以及对自然的依附程度、态度（人的自然观）和期望，都会对自然生境产生重大影响，从而在一定程度上决定了景观格局和过程。聚落作为人类生活和生产的据点和主要场所，尽管从其性质和特性上来讲是引入斑块，但从其功能特性和对周边景观格局和过程的影响，是农田、水面、林地等其他斑块不可比拟的。

（一）人口增长与聚落规模和数量扩张的景观格局变化效应

人类择地而居，并利用周围资源和环境创造人类生存和发展条件。在乡村区域，人们主要通过农耕、放牧和养鱼等农事活动获取其生存和发展的基础物质条件，这一过程是人们对其聚居地周围的土地进行定向利用的过程，它使周围土地由自然状态转为半人工利用状态，如森林、草地等变为耕地、园地，自然景观相应地转变为农耕景观。随着人口的增长，人类聚居地的规模和数量也急速扩张，人类对其聚落周围的资源和环境的影响广度和深度也相应加强，这种影响是如下两种过程交互形成的。一是人口的增长需要大量的食物，在农业生产技术水平相对稳定的状态下，人们为了满足食物需求，需要开垦大量处女地；二是人类聚落规模和数量扩张首先是占用聚居地周围的耕地，耕地的减少，使人们去开垦离聚居地比较远的自然土地等。同时，随着人类生活质量的提高，以及对自然资源和环境的多样化需求，迫使人们对周围资源和环境干扰加强，较大程度上改变了景观生态格局。

（二）乡村聚落周围景观格局和质量的距离效应

乡村聚落周围的土地利用景观格局，受土地质量和适宜性、人们自身的消费需求和市场需求、每种利用类型产品的价值、投入和管理要求、乡村居民劳作半径和通达度等方面的综合影响，随有效距离的变化呈现出规律性的变化。劳动密集型和商品价值高的生产景观一般分布在聚居地周围，而土地密集型或商品价值低的景观往往分布在离乡村聚居地比较远的地区。即乡村聚落周围的土地利用景观格局具有明显的距离效应。

乡村聚落周围的土地质量也具有明显的距离效应。一般规律是，土地生产能力和质量与其离乡村聚落的距离成反比。造成这种现象的原因大致有两种：一是人们对土地的投入，包括管理和物质投入量与离乡村聚落的距离成反比；二是人们在择地而居的过程中，往往选择土地比较肥沃的地区，聚落周围的土地质量本身比较高。但对于一些生境比较脆弱的地区，由于维持较高的土地生产能力和土地质量，需要大量的外源能量投入，假如农牧民没有能力保持这种投入来维持生态平衡和恢复地力，土地利用比较粗放，聚落周围的土地可能首先退化，形成土地生态质量与聚落距离关系逆化的现象。这种情况在我国西部绿洲和草原地区比较普遍。

（三）乡村聚落对乡村景观功能的干扰

乡村聚落作为乡村景观中的人造斑块，对景观的生态过程和功能的干扰比较明显。第一，对当地物种保护和生物多样性的影响。人们在其居住和生产环境建设中，不可避免地引进大量的外来物种，在人们的维护下，外来物种的竞争力往往高于当地物种，同时人们在生产、生活中对当地物种的生境常常会产生较大的干扰，给当地物种的生存带来严重的干扰。第二，对周围水环境和水循环产生明显的干扰。一般而言，离聚落越近，单位土地面积水资源需求量越高，这种态势随聚落人口规模增大和产业结构的升级而愈加明显。上述特征对区域地表水和地下水循环产生了明显的影响，如聚落和其周围的地下水位下降而导致地下漏斗产生，便是比

较明显的一例;同时聚落的生产、生活废水和废渣的排放,对周围水环境(包括地表水和地下水)所形成的污染是目前比较严重的环境问题。第三,乡村聚落对于以自然景观为主的乡村景观来讲,是一个干扰斑块,可以引发自然景观的破碎化过程,到一定程度可能彻底改变乡村景观的功能和结构等。

三、我国不同区域乡村聚落景观的空间形态特征

乡村聚落不同于城市,它的形成往往要经历一段比较漫长的、自发演变的过程,发展过程带有明显的自发性。在自然因素、经济因素和社会因素的共同影响下,乡村聚落景观的布局形态主要受地理气候、地形地貌、建筑单体形制、建筑组合关系和聚落人口规模、占地规模等的影响。聚落交通系统的层级与空间形态、公共空间的布局和形态,以及聚落的边界与自然地形相互穿插、渗透、交融等,都对乡村聚落景观的布局、形态有较大的影响。从景观的空间形态而言,乡村聚落有平地、水乡、山地、背山临水、背山临田、散点布局、渔村、窑洞等不同类型及其相应的特征(彭一刚,1994)。

(一)平地乡村聚落景观

平地乡村聚落的形态和它的规模有直接的联系,规模越大其结构越复杂。一条街道贯穿于全村的组合形式仅适合于规模较小的乡村聚落。如果乡村聚落的规模较大,比较普遍的一种选择就是采用两条相互交叉的"十"字街形式作为全村聚落的基本构架,并使住宅建筑分别依附于其两侧,在两条街道的基础上连接更多的巷道及住宅建筑。这种组合形式可以使平面变得更加紧凑,从而节省土地的使用。"十"字的格局形式其结构虽然清晰明确,但其景观变化却比较单调。比"十"字街组合形式更为复杂的是网络式的格局形式,其特点是主要街道可以有几经几纬,道路本身可以随弯就势地曲折,其景观将富有更多的变化。

(二)水乡乡村聚落景观

在河网交织的江南水乡,许多乡村聚落临河而建,它的形态基本上取决于河道的走向、形状和宽窄变化,从而形成各具特色的情趣和景观效果。在现代交通工具尚未普及之前,水路运输不仅价格低廉,而且运输量也远比陆路大,因而凡是有条件利用水路运输的地区,往往便在河道汇集的地方形成聚落。沿河道的聚落一般多呈带状布局的形式,多随弯就曲地分布于河道的一侧或两侧。规模比较小的乡村聚落位于河道一侧,多呈前街后河的布局形式;规模较大的乡村聚落常在两岸夹河而建,形成以河道为主体的带状空间。位于河道交叉处的乡村聚落不仅与水的关系更加密切,而且其格局也更为复杂,在多数情况下均被交织的河道分割成为若干小块,这些小块有的以商业为主,有的以居住为主,或相互掺杂,为沟通各小块之间的联系还必须设置若干桥梁,于是就构成了陆上交通与水路交通两套网络。

(三)山地乡村聚落景观

山地乡村聚落景观的布局大体上可以分为两种情况:一种是主要走向与等高线相平行,另一种是与等高线保持相互垂直的关系。选择哪一种布局形式,往往与争取良好的朝向有密切的关系。无论从风水观念或是从争取良好的自然条件考虑,位于山地的乡村聚落应当坐落于山的阳坡,这样可以获得避风向阳的良好环境。从高程方面看多位于山麓,以利于对外的交通联系,但为避免洪水侵蚀,地势又不能太低。山地乡村聚落布局凡平行于等高线者,其走向则取决于山势的起伏变化,其主要街道多为弯曲的带状空间,巷道则与等高线相垂直。主要街道由于和等高线相平行,一般没有显著的高程变化;巷道则高程变化较显著,并经常和排水沟结

合在一起;这种类型的乡村依山而建,并随着山势变化而层层升高,因而从整体看便具有丰富的层次变化。与等高线相垂直布局的乡村聚落,其主要街道必然会有很大的高程变化,这就使得街道空间和街景立面具有明显的节奏感。

(四)背山临水的乡村聚落景观

凡是有山有水的地区,乡村聚落往往选择在背山临水的地段。这样既可以利用山作为屏障,以避寒风侵袭,又可方便地利用水资源。聚落选址多在山的阳坡之麓,但为求得临水,又逼近于水岸之滨。这样的乡村聚落一般也呈带形的布局,其形状一方面取决于山势,更多还是取决于水岸的走向,或平直、或转折、或屈曲,形式变化多样,没有一定的程式。这样的乡村聚落视其规模和性质,可以仅在临水的一侧营造,也可在临水和靠山的两侧营造,从而形成一条大体与水岸平行的街道。

(五)依山临田的乡村聚落景观

依山而临田畴的乡村聚落也是常见的一种类型。它的组合形式和背山临水的乡村聚落颇为接近,即都是沿山的阳坡之麓建村,所不同的是其另一侧为田畴,它可以一直延伸到村的边缘,其组合形式可以是沿着一条街道的两侧排列住房。此外,还可以沿着山麓的走向稀疏散落地布局住房,而并不形成任何形式的街或巷。两种布局形式相比,前一种似俨然,后一种则比较自然,更富有田园风味。

(六)散点布局的乡村聚落景观

地处亚热带气温高、潮湿多雨、常处于静风状态的地区,其乡村聚落景观常采用散点式的布局形式,其组合形式通常有棋盘式布局、线形布局、环形布局和网状布局等形式。公共建筑多位于风景优美和地势较高的显要地位。

(七)渔村乡村聚落景观

临于江河湖海之滨的渔村聚落,为了减弱风浪或潮汐涨落等因素的影响,多选择在江河的河汊或海湾处,其总体布局便常随海(河)岸线的变化而曲折蜿蜒,并且在多数情况下呈向内凹的带状布局形式。某些地区水位涨落无定,为避免涨潮时遭到淹没,渔村聚落与岸边保持一定的距离,即其临水的一面经常保留有一片滩地,可供晒网或补织渔网之用。

(八)窑洞乡村聚落景观

我国西北地区干旱少雨,土质又富有黏性,为窑洞建造提供了十分有利的自然条件,窑洞式的乡村聚落几乎完全融合于自然环境之中。窑洞乡村聚落大体上可以分为3种类型:第一种类型为靠着壁崖开凿窑洞。这种形式的聚落多选择在背山临水的河谷地带,窑洞多呈毗邻的形式,即在同一等高线的部位开凿出一行窑洞,这样的窑洞可以随着高程的变化而呈多层的形式;第二种类型为在平地上开凿成下沉式的院落,这种类型的窑洞多处于地形比较平坦的地区,或借略有起伏的丘陵地带,依地形变化而巧妙地形成下沉式或半下沉式的院落;第三种类型为窑洞与院落混合式,其特点是一部分为崖壁式的窑洞,而窑洞之前又建造一部分住房,并借围墙而形成院落屋。

第三节　乡村聚落体系的空间布局

一、乡村聚落体系的层次结构

按照各自所处的地位和职能进行层次划分,我国的乡村聚落依次可分为基层村(自然村)、中心村(行政村)、一般集镇、中心镇4个层次。

(一)基层村(或自然村)

基层村是乡村聚落体系中从事农业和家庭副业生产活动的最基本的聚居地,没有或者仅有简单的共同服务和基础设施,聚落结构布局比较散乱,随地形呈现分散或集中模式,其形成主要是自然过程,经济和交通因素对其演变有较小的影响;聚落规模小,在山地丘陵区,有的聚落住户少者仅有几户,而在平原区多者有百余户;在生产组织上,它是一个或几个村民小组。

(二)中心村(或行政村)

中心村是乡村聚落体系中从事农业、家庭副业和工业生产活动的较大聚居地,一般是一个行政村的管理机构所在地。在大多数情况下,中心村作为其辐射范围内的中心聚居地,拥有服务于本村庄和周围村庄的生活福利设施,具有一定的交通条件,聚居规模较大,住户多在200～600户。

(三)一般集镇

一般集镇绝大多数是乡村基层政府(多数为乡政府所在地,少数为乡镇管理区)所在地,是大多数乡镇企业的集中地,是所辐射区域内商品交易和集市贸易中心,具有文化教育、科技、卫生、邮电等服务和基础设施,一般地处交通运输的枢纽地带;聚居结构比较集中,且具有一定的功能分区;聚居规模较大,人口一般在2 000～5 000人,从事二、三产业的人口已经具有一定的规模。

(四)中心镇

中心镇一般可以是区域中心镇,也可以是乡域中心镇,在大多数情况下是县级以下的镇政府所在地。中心镇人口规模较大,在0.5万～2万人,商业服务设施比较完善,从事二、三产业的人口比例较高,一般大于30%。其他从事农业的人口,兼业行为比较多。

在一个县(市、区)范围内,上述4个层次的聚落一般是比较齐全,但在一个乡(镇)所辖地域范围内,多数只有一个集镇或一个中心镇,即一般集镇和中心镇在乡(镇)所辖区域内同时存在的情况很少。因此,在规划中,应根据区域内乡村聚落的功能和特征进行具体分析,为乡村聚落的功能进行科学定位,为乡村聚落体系的合理布局提供科学依据。

二、乡村聚落体系的布局原则

(一)综合协调,符合区域经济发展和人口布局要求

乡村聚落是乡村人口聚居和乡村各类企业生产的场所。因此,乡村聚落体系布局必须从区域经济社会发展远景和资源环境保护的整体格局出发,使乡村聚落系统成为一个不同层次、不同功能、相互协调的有机整体,将乡村聚落体系布局和区域生态环境保护与山、水、林、田、湖、草综合治理,以及农、工、商、文教、卫生、交通、通讯等部门规划合理结合,做到全面统筹安排,体现乡村聚落系统区域布局的完整性。

首先,乡村聚落体系布局应当按资源开发利用潜力和方向、区域经济产业规划的要求加以确定,如盲目布点,超越生产力的发展要求和乡村资源所能提供的客观物质条件的界限,只会事与愿违。其次,乡村聚落是乡村各类企业主要依存场所,在乡村聚落体系布局时必须考虑工业区位与周围资源、消费市场和交通条件,乃至人口素质和技术水平的关系,最大限度地发挥乡村聚落体系的整体生产效能;在一定程度上,人口规模决定了乡村聚落体系的整体布局,必须充分调查研究乡村人口在空间和时间上的分布与演变规律,科学预测乡村未来人口的变化特征和空间分布,为确定乡村聚落体系中各聚落的等级、规模和职能提供科学依据。

(二)因地制宜,满足地域自然环境条件和生产生活需求

首先,乡村聚落体系布局必须充分考虑交通、水源、电源、地形、地质、地震等基本建设条件要求。乡村聚落系统应与交通网络系统密切配合,提高乡村居民在生产、生活、贸易方面的内外联系的方便程度;充足的水源和便利稳定的电源是现代乡村经济社会持续发展的重要保障条件,乡村聚落体系的布局要充分利用基础水系和电网分布的便利,减少乡村发展的制约因素;同时,在布局中,尤其涉及新增乡村聚落选址时,要充分考虑工程地质和水文环境条件,避开活动断裂带、滑坡、洪涝等地质灾害易发区和地方病的发生区;另外,对位于各类自然景观保护区和生态恢复区内的乡村聚落,要维持现有规模不扩展、功能不升级,并结合生态移民政策适度移民,减少对保护区的人为影响。

其次,乡村聚落体系布局应充分考虑聚落的服务和生产半径对居民生产生活的影响,既要避免过于集中布局对农业生产的不利影响,同时也要避免布局过于分散对乡村居民获得高质量公共服务所带来的负面影响。不同等级的乡村聚落服务和生产半径,因各地的自然条件、人口密度、社会发展阶段、经济发展水平有所差异,在乡村聚落体系布局时,要因地制宜,因时而异,合理确定不同发展阶段下、不同规模、不同功能定位的乡村聚落服务和生产半径。

(三)节约集约用地,减少乡村聚落更新的社会和经济成本

在乡村聚落体系布局中,应在发挥乡村聚落的正常功能基础上,力求紧凑集中布局,减少道路和工程管线的长度,节省土地;同时,乡村聚落体系布局要立足于现状的改建、调整和完善,充分发挥原有聚落的用地潜力,特别是在人多地少的平原地区和城市边缘的乡村聚落,要调整乡村聚落的散乱布局,严格控制宅基地定额标准;充分利用乡村聚落内部的旧宅基地和空闲地,提高现有宅基地的利用率;对于部分新建、迁建、扩建的乡村聚落,要严格控制占用基本农田和有林地,在不影响乡村聚落正常功能条件下,尽量利用坡地、荒地、薄地、劣地和闲置地。

(四)改善环境质量,创造或维持乡村聚落的最佳生态景观

在乡村聚落体系布局中,需要根据聚落的性质、规模和自然条件,按照改善乡村人居环境质量的基本要求,创造或维持乡村聚落的最佳生态环境,改善乡村居民的居住和生产条件。首先,在条件和政策允许的情况下,乡村聚落力求布置在自然景观特征突出、风景优美、地势高爽、朝向和通风良好、不受洪涝威胁的地点;其次,乡村聚落体系布置应尽量与区域的绿地系统、河湖系统、郊区林地和农业生产区相衔接,为乡村聚落创造区位合理、生态优越、环境优美的生活、生产、休憩场所。

三、乡村聚落体系的布局模式

不同区域内的乡村聚落体系布局取决于自然、社会经济条件及其演变历史文脉。按照乡村聚落系统的性质、规模、空间分布状态,以及乡村聚落之间的联系强度和经济辐射范围,乡村聚落体系的布局模式主要有集团式、卫星式、条带式和自由式 4 种。

（一）集团式布局

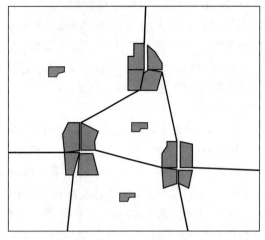

图 6-1　集团式布局模式

集团式（图 6-1）是平原地区乡村聚落体系布局中比较高级的布局形式，它是在经济和交通发展到一定水平后形成的。在经济发达的平原地区，交通网络纵横交错，交通线路的交汇点众多。在各交汇点，由于其交通区位和经济区位优越，人口聚集能力大，容易形成规模较大、等级较高的聚落，而且聚落之间的交通便利，与交通线形成比较规则的网络系统。集团式布局形式适合于平原地区的综合型乡村群落布局，它具有布局紧凑、用地经济、便于组织工业生产和改善物质文化生活条件等优点。但它也具有比较明显的缺点，即由于布局集中、规模大，造成农业生产半径大，出工距离比较远。在以人力进行农业生产和机械化水平不高的平原地区，乡村群落布局不适宜于采用集团式布局形式。

（二）卫星式布局

由于乡村聚落系统存在多层次结构性，各网络节点之间存在相关性和依存性，决定了必须要有与乡村聚落系统特点相适应的空间布局形式。卫星式布局（图 6-2）是体现上述乡村聚落系统特点比较标准的一种形式，其模式特点为低一级的聚落呈辐射状围绕着高一级聚落，相互之间在功能上相互补充。该模式便于低一级聚落承接高一级聚落人口和工业扩散，吸收下一级的农业剩余劳动力，对于促进城乡一体化发展、繁荣乡村经济、实现生产力的合理布局具有重要的作用。在乡村聚落等级层

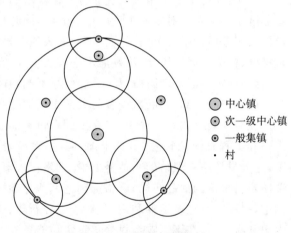

◉ 中心镇
◎ 次一级中心镇
⊙ 一般集镇
· 村

图 6-2　卫星式布局模式

次明显的区域，卫星式布局模式如图 6-2 所示。从实质上来讲，卫星式布局是一种分级式布局，是分散布局向集中布局发展的一种过渡形式。这种布局最大的优点在于现状与远景相结合，既能从现有的生产水平出发，又能兼顾经济发展对乡村群落布局的需求。

（三）条带式布局

条带式布局（图 6-3）主要是指乡村聚落沿现状地物或交通设施而呈条带状分布的一种布局模式。第一种情况是，在很多山地丘陵和一些河湖水网地区，由于受地形、地貌、河流、沟渠走向的限制，同时为了保护优质农地和自然环境，乡村聚落主要是沿着坡麓地带、河流、沟渠、公路等沿线布局，形成一种典型的因地制宜、随山就势、溯流而居的聚落布局模式。从历史发展角度看，这种布局在山地丘陵和一些河湖水网区由来已久，不是代表原始落后的聚落系统布局，而是适应环境、珍惜耕地、利于生产、便于生活而形成的一种传统特色农业生态景观，在一

定的历史发展时期,有其存在的社会和生态价值。另外一种情况是,在一些比较平坦的区域,由于乡村基础设施建设滞后,一些乡村居民为了借助高层次的交通干线发展农副业生产和商贸活动,乡村聚落也有沿交通干线布置的现象,形成沿交通干线条带状布局。

对于上述第一种情况,需要根据自然条件和交通设施布局,在条带状的聚落群体中,选择适当位置的中心聚落,布置医疗、卫生、教育、交通等乡村公共基础和服务设施,以便更好地服务于乡村居民。对于第二种情况,则要加以规划约束,沿交通干线的条带布局一是影响干线的交通效率,二是严重危及过往行人和居民的生命安全;要通过规划,解决这部分聚落的过境交通、内部道路、商贸场所、停车空间等基础设施建设,杜绝新的沿路随意建设行为;一部分已经成为现实的条带状聚落,也应通过交通线路改线、扩宽局部道路、设置安全设施等措施,来解决过境交通效率和保障居民生命财产安全问题。

 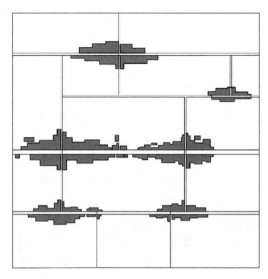

图 6-3　条带式布局模式

(四)自由式布局

自由式布局(图 6-4)是指在乡村聚落系统在空间形态上呈现出无规律的"满天星"式分布的一种格局。这是我国乡村聚落体系布局比较常见,分布也较广泛的布局形式,特别是我国江南一带乡村中,可称是"一去一二里,沿途四五家,店铺六七座,遍地住人家"。这种现象是自给型农业经济的产物,是乡村居民在农业社会中适应自然和环境的一种聚落模式,有其落后的一面,在新发展阶段下组织规模生产、改善乡村物质文化生活十分不利;当然,从区域经济社会发展的不同历史阶段上看,分散布局也有其合理的一面,它是乡村聚落融入自然、融入生产的一种聚居系统模式。对这种模式的

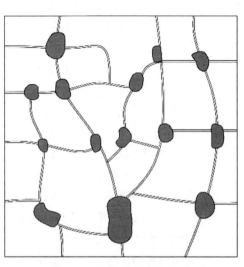

图 6-4　自由式布局模式

合理性必须进行深入分析,不能一概视为落后的聚落模式而加以否定。一方面,应根据社会经济发展需要和乡村居民对高质量公共基础设施和服务的需求,从区域层面进行村庄空间整治,适当集中,并加以更新改造和完善服务设施,增加农地面积;另一方面,也要注意保存一些具有重要价值的乡村聚落的历史文脉,避免过分地强调实用功能目的,而破坏特色的乡村聚落系统景观的历史风貌。

总之,乡村聚落景观体系的空间发展过程是在特定的人文、自然环境下的客观产物,在进行乡村聚落景观空间规划过程中,应十分强调对聚落景观体系空间发展过程中关键的自然、人文影响因素的分析和归纳,从而对未来的乡村聚落景观体系空间发展进行准确的评估。乡村聚落景观体系的格局也往往受地区的自然资源分布、地理条件、人口分布、交通条件、原有生产格局与基础、生产技术发展水平等因素的影响。从区域到乡村聚落景观不同的尺度对各种影响因素进行全面分析与综合评价,是做好乡村聚落景观体系规划重要的基础研究工作。

四、乡村聚落体系的布局方法

在乡村聚落体系布局中,不仅需要从宏观把握乡村聚落布局的合理走向,还必须借助于科学的规划理论和方法,以及借助于空间模型、数量统计模型等定量研究手段。常用的乡村聚落体系布局的方法主要有区域结构分析法和地理综合平衡法。

(一)区域结构分析法

区域经济学认为,区域经济空间的运动是人类社会经济活动区位选择的结果,是各种社会经济活动在地域空间上分化、组合、聚集的动态过程,是社会经济系统与环境之间、系统内部各子系统之间经常的相互联系和相互作用在地域空间的表现,也是它们之间劳动力流、物质流、资金流、能源流、信息流等传输的动态过程。区域经济布局和发展的基本任务是依据区域的资源、经济、技术等的优势条件,确定合理的地域经济开发模式和空间经济结构框架。而乡村聚落体系布局是依托现状地域经济、社会结构和自然环境条件的空间分布特征,确定乡村聚落系统的整体发展方向和空间组合,以实现区域社会经济持续发展的目标和要求,即实现区域开发的经济、社会和环境效益的统一。

根据以上考虑,乡村聚落体系布局必须从区域结构和乡村聚落系统互动关系出发,对影响乡村聚落体系布局的各种因素进行区域分析与评价,并针对乡村聚落系统中不同聚落类型之间的相互作用关系,以及更高一级的城乡聚落系统对乡村聚落布局的影响,分析乡村聚落系统内外物质联系及空间分布形态,揭示乡村聚落系统与区域环境条件、发展基础、未来走向,以及乡村聚落系统内部的相互依存、相互作用的关系。

为实现上述目标,首先,需要调查和分析区域内自然资源和环境条件,以及工业、农业、人口流动、非物质生产部门与乡村聚落体系布局的关系,明确乡村聚落系统的总体发展方向。其次,要研究乡村聚落体系布局与区域社会经济发展和资源环境保护的关系,明确乡村聚落系统中的不同层级、不同类别聚落的职能分工、地位作用、发展方向及地域吸引与影响范围。最后,分析区域内乡村聚落系统与区域外城乡聚落、低一级聚落系统与高一级聚落系统的相互作用关系,建立起区域内和区域间乡村聚落系统的有机联系和网络结构。

(二)地理综合平衡法

地理综合平衡法的核心是在分析区域各生产部门和资源环境利用状况与现存问题,及其对乡村聚落系统的发展条件、要素和各组成部门的影响基础上,科学分析乡村聚落系统的时序演变规律和空间秩序,并从乡村聚落系统的整体出发,准确把握乡村聚落体系的合理布局。主要步骤包括:①分析确定乡村聚落系统在更高一级区域内的地位和作用;②从区域组合的整体角度考察乡村聚落系统的优势条件、限制因素和发展前景;③综合分析区域资源环境状况、社会经济结构,以及它们的地域组合规律,揭示乡村聚落系统内部的社会、经济联系,以及在空间上的依存关系;④分析交通运输、邮电通讯、水利电力和生活服务设施系统等公用基础设施建设的网络布局,及其在空间上与乡村聚落系统空间布局的关系,使乡村聚落体系布局与基础设施布局及建设规划相互协调;⑤将乡村聚落系统作为一个整体,研究其形成、发展与空间分布特征,同时深入研究乡村聚落系统不同等级聚落的内在联系和相互作用机制。在此基础上,确立合理的聚落职能分工、等级和规模。

五、乡村聚落体系的布局内容

(一)乡村聚落体系的重构策略

乡村聚落的空间分布是社会历史发展的结果,受自然、社会、经济多种条件的综合作用,适应当时、当地的生产、生活方式。从 20 世纪 80 年代开始,随着我国改革开放的不断深入,经济体制由计划经济向市场经济逐渐转变,社会经济各领域均发生了深刻变化,村镇的分布、调整和发展等受到快速城镇化、农业现代化的剧烈影响。如农业现代化使农业生产效率提高而使农村劳动力剩余,快速的工业化和城镇化使工农之间、城乡之间的就业机会、质量、收入的差异巨大而不断吸纳农村劳动力向城镇转移,乡村人口总量、劳动人口数量、学龄人口数量等都持续减少。以家庭为单位的联产承包责任制逐渐向专业化、集约化、适度规模化的生产方式转变,要求扩大种养生产单元、细化产业分工和深化产业融合,乡村产业和空间的相互协同变得更为灵活、交错。生产方式的转变、生产规模的扩大和产业融合的深入使乡村聚落布点减少成为一种可能,这一趋势在人口较稠密、经济相对发达的东部地区比较明显。同时,在中西部一些自然条件恶劣、区位条件较差的欠发达乡村,一方水土已经不能养一方人,需要进行扶贫移民;因国家和区域生态环境保护的自然保护地建设和管理需要进行部分生态移民;水利、交通、能源等国家重大基础设施工程建设需要实施部分工程移民;而适度的集中居住可以提高乡村聚落的基础设施和公共服务水平,从而提升农民的医疗、教育、文化、生活条件和环境质量。因此,村庄迁建和适度合并也成为我国乡村聚落体系布局需要面对的一个问题,其常见的阻力来自搬迁成本、耕作距离、宗族关系、土地利益等方面。

扶贫移民、生态移民、工程移民等原因的聚落迁建、合并属于特殊的外部条件变化,需要根据具体项目的特殊情况加以解决;而在不考虑外部特殊条件情况下,渐进式的村庄适度合并,其实施难度会变小。所谓渐进式,是根据区域经济社会发展阶段特点和实际要求,按规划将村庄分为聚集型和撤并型,利用政策、资金、技术等各种鼓励措施来激励,使撤并型村庄中的农民逐渐迁移到聚集型村庄,但这项工作是一个渐进持续过程,不要求一步到位。常用的鼓励措施有:将道路、交通、给水、污水处理、电力、电讯等公共基础设施和教育、医疗、卫生、养老等公共服务设施的配置、运营向聚集型村庄集中,对旧房拆除、新房建设等提供财政补贴和低息贷款,对农户的承包土地进行扩大范围的流转和置换,旧村址复垦为耕地所带来的各种收益最大限度留在乡村,村庄合并后节约集约出来的部分建设用地指标留在村庄,发展二、三产业提供更多就业机会等。

(二)乡村聚落的选址要求

在乡村聚落体系空间重构中,涉及一些新建乡村聚落的选址问题。选址要本着方便乡村居民生活、有利于组织生产、满足安全卫生要求、符合建筑工程需要、节约集约用地、提高乡村人居环境质量等原则进行,具体参见图6-5。

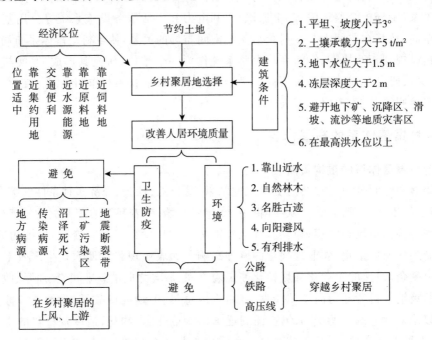

图 6-5　乡村聚落选择框图(金兆森等,2000)

(三)乡村聚落体系的层次结构确定

如前述,完整的乡村聚落系统具有明显的等级层次结构,合理的乡村聚落体系布局也要求聚落有合理的等级层次结构。因此,确定乡村聚落的性质,并在空间上合理安排不同等级的乡村聚落是整个乡村聚落体系布局的重要任务之一,其中最为关键的是确定区域内中心集镇的位置。确定中心集镇的方法一般以定性分析为主,定性分析和定量分析相结合。定性分析就是全面地分析乡村聚落系统在区域内的政治、经济、文化和生活中的地位和作用。一般来讲,中心聚落是区域内的经济、政治和文化中心,是经济实力最强、交通条件最好、经济联系面和辐射范围最广的乡村聚落;在确定中心聚落基础上,可视情况确定次一级中心聚落。在定性分析的基础上,定量分析是采用以数量表达的指标,进一步明确乡村聚落等级层次结构。

1. 交通区位度

交通区位对乡村聚落等级影响较大,比较高级的乡村聚落一般位于交通发达的点位上。从数量上,可以根据乡村聚落所处点位的交通路线的等级、交通密度来判断其性质。

2. 国民生产总值构成

指一、二、三产业的总量及在国民生产总值中所占的比例,它可以明确乡村聚落的经济性质,乡村聚落的等级越高,其二、三产业所占比值越高。

3. 人口规模和劳动力构成

乡村聚落的人口规模与其等级的高低成正比,劳动力构成也能反映乡村聚落的性质。在经济比较发达的乡村聚落,从事二、三产业的劳动力所占的比例较高。

4. 人口和经济聚集能力

可以用人口的机械增长率与动态变化情况表达人口的聚集状况,人口机械增长率高而且呈增长趋势时,其人口聚集能力强;利用 GDP 总量、GDP 增长率,特别是二、三产业产值的增长率,可以全面地反映乡村聚落的经济活力。在区域内,中心聚落一般是人口集聚和经济聚集能力都比较强的聚居类型。

5. 乡村聚落内部的用地结构

从事一、二、三产业的用地比例和乡村居住建筑用地的比例也可以相对表达乡村聚落的等级。一般来说,聚落内部的二、三产业用地比例越高,居住用地的比例越低,表明乡村聚落的产业结构是以非农产业为主,具有吸纳人口、集聚资源的能力越强。

6. 资源禀赋和开发利用前景

主要是指景观资源和其他各种自然资源。位于资源禀赋丰富和开发利用前景较好区域的乡村聚落,即使目前不是中心聚落,从发展的角度看,将来有可能变为高一级的聚居类型。

考虑上述 6 个方面所涉及的指标,采用聚类方法或专家评判方法,对乡村区域内的乡村聚落等级高低进行分类或排序,然后再综合其他方面的因素,可以确定乡村聚落系统的等级层次结构。

(四)重点或特色乡村聚落的评判与选择

重点中心村镇的评判和选择应根据县域自然环境条件和社会经济现状水平、发展需要和未来趋势综合地定性和定量分析而确定。顾朝林等(2018)从县域村镇体系出发,提出了重点镇的评价体系(表 6-2)和中心村的综合评价体系。在重点镇的评价体系中,各城镇的自然因素、经济因素、社会因素、基础设施因素 4 个方面被分解成 28 个指标。重点镇选择一般遵循如下标准:①区位条件好,交通便利;②镇区人口规模较大,从事非农产业的人口所占比例明显高于本地平均水平,或者镇区人口持续稳步增长;③经济实力较强,国内生产总值、财政收入、人均收入、二三产业比例等主要经济指标均高于本地平均水平,或在产业、资源、旅游和历史文化方面有一定优势和特色;④非农产业特色鲜明,产业规模稳步增长,吸纳农村劳动力能力强,对周围地区有辐射能力,能带动周边地区经济和社会发展;⑤基础设施和公共服务设施水平比较完善。

表 6-2 **重点镇综合评价体系**(顾朝林等,2018)

一级指标	二级指标		评价依据
自然因素	水资源		河流、人均水资源
	土地资源	耕地	面积、人均面积
		基本农田	面积、人均面积
		土地储备	可供开发建设用地
	矿产资源		矿产种类、开采储量
	旅游资源		自然保护区、文物古迹等级
	森林植被		覆盖率
	区位条件		与周边市镇关系及区位交通

续表 6-2

一级指标	二级指标		评价依据
经济因素	GDP		总量、人均 GDP、近年经济增长率
	农业生产		农牧副业发展、特色农业、名优产品
	乡镇企业		总量、数量、产值、名优产品
	人均收入		历年人均收入增长率、在县内排名
	劳动力资源		人数、文化程度
社会因素	非农人口		从事非农生产、外出务工人数
	教育水平		幼、小、中学数量、入学率
	社会保障体系		完善程度
	公共服务体系		完善程度
	医疗卫生		医疗设施、千人医务人员数量
基础设施因素	交通条件	对外交通	铁路、公路、港口可达性
		对内交通	道路系统、人均道路面积、公共设施
	供电设施		供电量、人均数
	供水设施		供水量、自来水普及率
	排水设施		污水处理量、污水处理率
	电讯设施		容量
	供暖设施		供暖量、方式、供暖普及率
	防洪抗灾设施		重现期、完善程度

中心村的选择一般遵循如下条件：①区位条件好，交通便捷，具备良好的用地、供水、环境等自然条件；②辐射范围广，在经济流向、交通联系、社会联系、历史沿承、服务范围上具有一定的联系，体现较强的辐射力；③经济支撑强，产业基础较好，现有经济实力较强或发展潜力较大，有利于特色农业产业经济发展；④人口规模大，选择现状行政村人口在全县现状行政村平均人口规模之上的行政村；⑤设施配套全，基础设施配套较完善，公共服务设施较齐全；⑥位于永久基本农田保护区、地域文化特色明显的村庄。

特色镇(村)的选择则是以自然资源和历史文化资源为基础，选择具有特色产业、历史文化遗存和传统风貌的集镇、村庄实施保育规划。永久保留村则是为了确保粮食安全、生态安全和乡村文化延续，从农业高产地区、特色农业地区划定选择，实施永久基本农田建设和美丽乡村建设。

(五)乡村聚落的规模确定

乡村聚落的规模与类型等级、布局形式有关，并受农业生产半径、管理水平的制约，同时也与乡村的自然条件、交通状况、人口密度和其他社会经济条件密切相关。在生产方式没有重大突破的情况下，如过度追求乡村聚居的规模，将会导致农业生产半径过大，反而不利于农业生产。因此，对于以农业生产为主的乡村聚落，确定其合理规模的关键在于合理地确定农业生产的半径。一般来说，机械化水平高的地区，农业生产的合理半径较大，不同的农业生产类型，特别是种植业类型，对农业生产的半径要求也不相同。林业生产的栽种、管理和伐育等周期较长，生产半径可以扩大；而对于耗工多、田间管理要求高的劳动密集型农业，农业生产半径要小。但如果聚落规模较小,不利于学校、医疗、商业等文化设施的建设,同时对于乡村工业的发展产生负面影响。所以,确定乡村聚落规模,要因地制宜,既要兼顾工农业的生产,又要考虑乡村居民的正常生活。

第四节　乡村聚落的总体布局与风貌重塑

一、乡村聚落的发展形式和面临问题

(一)乡村聚落的发展形式

乡村聚落的发展形式不仅受周围地形、资源、社会和经济等诸多因素的制约,同时也与乡村聚落的发展速度密切相关,大体上有如下几种形式。

1. 由分散到集中的发展形式

在乡村聚落发展过程中,不同的乡村聚落之间,随着劳动与生产联系的加强,或者是行政管理上的安排,通过撤点并村或自行发展连为一体而形成比较高级的聚落。对于呈现这种发展动态的乡村聚落,可以视实际情况进行统一规划,通过规划促进零星分散或低等级聚落相对集中,以寻求聚落用地的规模效应,也可以选择辐射条件好的中心聚落为基础进行规划建设,通过经济或行政手段,吸引周边的乡村人口前来居住,以此提高聚落的经济、生产、生活和文化功能,改善聚落人居环境质量。

2. 集中式的连片发展形式

集中连片发展布局是在自然条件允许、乡村企业生产符合环境保护的前提下,将聚落内的生产、居住、公共设施和绿地等各类主要用地集中连片布置,节约集约建设用地,集中设置公共服务设施,方便乡村居民生活,便于行政管理和服务,节省基础设施的投资。在有条件的地区,乡村聚落应该尽量采取该模式,实现聚落的规模效益。

3. 组团式的分片发展形式

一些乡村聚落受到外部自然环境条件限制,聚落难以连片向外扩展,为了满足日益增长的人口对聚落规模的需求,则可以适度"跳跃"式向外扩展,呈现出组团式分片发展形式。由于乡村聚落的规模与城镇相比要小得多,在聚落发展中应尽量避免组团式分片发展模式。必须采取此种模式时应解决好以下几个问题:①保持各组团的生产用地和生活用地成比例发展;②在各组团中尽量设置满足聚落居民生活的公共服务中心;③注重解决组团之间的交通联系,保证联系方便和交通安全;④注重各组团的建筑风格和规划的统一、协调性问题。

4. 分散与集中结合的综合发展形式

通常情况下,受各种因素的综合影响,乡村聚落发展并不是呈现单一的发展形式,多数是呈集中有分散、分散中有集中的混合性发展形式。因为,在乡村聚落快速发展初期,为了充分地利用聚落原有基础设施,在条件许可情况下,多数按照集中连片的规划进行发展。但随着聚落功能提升和规模扩展,一些原有功能需要从原乡村聚落中剥离出来,或者由于自然环境条件和社会经济等方面的因素限制,不能再集中连片式的向外拓展,可按照组团式分片发展方式进行规划,以满足聚落功能分化和规模增长的合理要求。

(二)乡村聚落发展面临的问题

1. 功能区划混杂,结构布局散乱

随着社会经济发展,人口规模的扩大,乡村聚落的功能也从简单的居住向生产、休息、娱乐和贸易等功能扩展。聚落的功能结构和用地结构随着时间的演替而发生重大的变化,其变化的过程、方向和速度一般取决于区域社会经济的总体发展水平,以及其在乡村聚落系统中的地位和功能的变化。假如对乡村聚落的发展方向和速度没有正确的认识,即使初期对乡村聚落进行了合理的布局,但随着形势的发展,布局的合理性也将逐渐丧失,这种状况是造成目前乡村聚落功能混杂、结构布局散乱、乡村聚落环境质量日趋恶化的重要原因。

2. 用地结构失衡,人居环境质量恶化

这种局面主要是由于乡村企业的快速兴起,造成了生产性用地和居住用地的不平衡发展。在聚落发展过程中,由于先期缺乏对乡村企业用地规划,企业用地选择存在较大的随意性,造成聚落用地结构失衡,人居环境受到生产污染等严重威胁。这种现象一般出现在乡村企业比较发达的东部地区。

3. 空间无序发展,土地集约利用水平低下

造成这种现象的主要原因在于乡村聚落无发展规划,或者有规划,但由于对聚落发展的预测失真,调整措施不及时、不到位,致使对居民建房、企业用地等发展管控不力,造成土地资源浪费严重。

4. 基础设施薄弱,公共服务设施不完善

目前,我国很多乡村聚落的道路交通、水电供应、环境卫生、公交系统等基础设施和医疗、文化娱乐、儿童教育等服务设施不完善,难以适应乡村社会经济发展和乡村居民对美好生活向往的新时代要求。

5. 风貌特色丧失,景观趋同化现象比较严重

造成这种现象的原因在于一些乡村聚落规划布局中对生产、生活功能的偏重,而对乡村聚落的文化和景观美学功能的漠视。

总之,在乡村聚落发展过程中,随着区域环境条件的变化,乡村聚落的地位会发生某些变化,经济社会的发展对乡村聚落发展的影响有时难以预测,存在着许多不确定性的因素,因此,在乡村聚落总体布局和功能设计中,一定要为一些不确定性发展方向留有余地,增强总体规划布局和功能设计的应变能力。

二、乡村聚落的用地布局原则

依据乡村聚落在聚落体系中的作用和地位,合理确定聚落用地的发展方向和范围,明确聚落功能组织和用地布局形态是乡村聚落总体布局中一项重要任务。上述过程的实质就是聚落用地规模、结构和功能的组织过程,应该遵循以下3个基本原则。

1. 集中性布局

与城市(镇)相比,乡村聚落的人口和用地规模较小,发展速度也相对缓慢,集中性布局不会产生如城市用地集中布局对空间环境所带来的负面影响;相反,乡村聚落用地的集中布局,有利于公共服务设施完善和降低其建设、更新和维护的成本,也符合量力而行、循序渐进的乡村建设基本原则。因此,在地形和其他环境条件许可前提下,应尽量以现有聚落为基础,由里向外,集中布局,连片发展。

2. 整体性发展

乡村聚落的发展与许多因素密切相关,其中包括聚落在聚落体系中的地位、区域社会经济发展条件和方向,以及聚落周围资源开发利用和保护的方向等。处于不同等级、不同规模的乡村聚落有其自身的发展和演变规律,既不要超越聚落发展阶段规律而过分地求大求洋,以免丧失聚落持续发展的社会和经济基础,也不要漠视聚落的发展方向和趋势,为追求一时的用地可行性和合理性,从而丧失聚落长期发展的合理性和完整性。因此,在乡村聚落用地结构组织时,一定要从聚落整体性发展出发,通过阶段性的相对完整性和合理性,不断实现规划期限的完整性和合理性。

3. "弹性"预留

因为乡村聚落的发展受很多因素的影响,预测聚落的规模和发展方向是一件非常困难的事情。在进行聚落用地结构组织时,要充分地考虑那些可变或未知因素的影响,在用地方向、规模、结构、具体用途等规定上留有一定的"弹性",即用地组织结构上具有开敞性,用地组织形式上不要封死,用地布局形态上留有出路,用地面积上留有发展余地。

三、乡村聚落的空间布局模式

对于一个具有一定规模而完整功能的乡村聚落,按照其结构层次和功能定位,其空间布局可以分为3层:第一层是商业服务中心,兼有文化活动中心或行政中心;第二层为生活居住中心,一些兼有生产功能;第三层为生产活动中心,有些兼有生活居住内容。对一些自然村落,基本上是以居住为主,层次结构和功能分化不甚明确。在形态上,上述层次结构所表现出的形态大致呈现有团状、带状、星指状和散漫点状4种类型。

(一)团状布局

这种模式是平原地区比较常见的一种乡村聚落布局形式,从平面的形状来看,团状一般都是椭圆形或者不规则的多边形状态。其基本特点是能够很好地处理生产用地和生活用地之间的关系,同时也便于将商业和文化服务中心安排在比较适中的位置,便于处理总体布局设计中的发展余地问题。

(二)带状布局

这种模式往往是乡村聚落布局受到自然地形的限制,或者是受到交通区位吸引而沿河或沿路进行布局形成,最大问题在于如何组织纵向交通和用地功能。如果加强纵向交通布局,至少需要两条贯穿聚落的纵向道路,并要把过境交通引向外围通过。在用地发展方向上,最好利用一些相对开阔地带和缓坡地,在横向上做适当发展,防止用地单一纵向发展。在用地组织方面,按照生产—生活结合的原则,将纵向用地分为若干段(片),并在适当节点建立一定规模的公共中心。

(三)星指状布局

该种模式一般是从一个中心节点由内向外向不同方向延伸发展,外观上呈现一种星指状的布局形态。该种形态的乡村聚落一般处于发展状态,在布局上要特别注意各类用地合理功能分区,防止形成相互包围的困境。该种布局模式最大的优点在于为聚落发展提供较好的弹性,同时也可以较好处理内外之间的关系。

(四)散漫点状布局

在我国的一些山区和牧区,由于地域广阔而人口稀疏,还存在一些以孤立的农牧舍或小规模的几户、十几户农牧户分散而居的散漫点状布局模式。随着经济社会发展和人口的不断减少,这种少量的聚落形态会逐步消失,但需要在不同的发展阶段,给予其一些应有的生产、生活服务,保障其居民的生计和基本生活权利。

四、乡村聚落的功能区规划

乡村聚落的功能分区过程是乡村聚居用地功能的组织过程;乡村聚落功能分区是乡村聚居规划的核心内容之一,同时也是目前乡村聚落总体布局中首要考虑的问题。

(一)乡村聚落功能分区的原则

1. 经济合理性

避免两种不良的倾向:一是过分强调农业生产的基础性地位,提出乡村聚落建设"一分农田也不能占"。在乡村聚落建设的实际中,不加分析地提出不占一分农田,往往迫使乡村聚落建设"见缝插针",以致造成乡村聚落内拥挤混杂、聚落外围分散凌乱的乡村聚落总体格局;二是在乡村聚落建设中不切实际地圈大院、建大马路、大广场和集贸市场,占用大量的农地。因此,在乡村聚落功能分区时,必须从经济合理性原则出发,以合理的功能分区组织为前提,进行科学的用地布局。

2. 方便生活,有利于生产

乡村聚落的基本功能在于提供乡村居民进行生产和生活的场所。在乡村聚落功能组织时,一定紧紧围绕方便生活和有利生产的基本原则,把功能接近的紧靠布置,将功能矛盾的相间布置,一方面有利于水、电、通讯和交通等基础设施的安排和建设;另一方面有益于乡村聚落集约用地水平的提高,以及乡村聚落环境的改善。

3. 完整性和可行性

在功能分区时,原则上力求乡村聚落的各项用地组成部分完整,尽量避免相互穿插。在实际布置时,可以合理利用各种有利的地形地貌、道路、河流和绿地等合理划分功能分区,力求各部分面积和位置适当,功能明确。同时,为了增加乡村聚落功能分区的可行性和社会可接受性,应充分考虑原乡村聚落的功能布局,循序渐进地将原乡村聚落的功能和布局逐步完善。

4. 改善乡村聚落人居环境

乡村聚落人居环境包括内部环境和外部环境。从内部环境而言,在功能分区和组织时,应在空间上进行科学分析,按照改善乡村人居环境的基本原则,力求居住和公共用地免受生产用地产生的废水、废气、烟尘、噪声的污染;从外部环境而言,乡村聚落功能分区一定要避免对周围水源、农地、文化遗产和各种保护地产生较大的冲击,避免形成不可挽回的生态和社会损害。

5. 因地制宜,体现地方特色

乡村聚落的功能和风貌随自然、文化和经济发展水平不同呈现出明显的区域性差异。在乡村聚落功能分区中,一定要充分考虑地方性因素在乡村聚落发展中的作用和地位,因地制宜地探求切合实际的用地布局和恰当的功能分区,避免生搬硬套,丧失乡村文化存在的本来基础。

(二)乡村聚落的功能分区与规划要点

乡村聚落功能区从大类上讲,主要包括生活区、生产区、生态绿化区3大类型。

1. 生活区规划

在目前和未来的一定发展时期,乡村聚落主要是以生活区用地为主,而其主要组成部分包括公共建筑区、住宅区和街道网。

（1）乡村聚落公共建筑区。乡村聚落公共建筑区也称公共中心区，是乡村聚落公共建筑的密集分布区。在规模较大、等级较高的乡村聚落中，公共建筑比较齐全，乡村聚落公共建筑区一般位于乡村聚落的地理中心位置，在布局中常常采用围绕广场和绿地组织公共建筑群的成片集中形式，当汇集在中心的道路功能有主次分工时，商业服务设施布置常采用沿主要街道，以片状为主、线状和片状混合布局的形式。对于一些规模较小的乡村聚落，其公共建筑区也常常位于乡村聚落的边缘部分。

乡村聚落公共建筑区布局，主要是确定公共建筑中心各主要功能部分的位置和组合。在布局中，一方面必须充分考虑公共建筑区与其他功能区，特别是居民住宅区的关系；另一方面，公共建筑区作为乡村聚落风貌的主要体现，在具体布局时，一定要因地制宜，充分体现当地的民风、民俗，并结合时代发展要求，以创造丰富多彩、个性鲜明的乡村聚落风貌。

（2）乡村聚落住宅区布局。住宅区是乡村聚落的主要组成部分，其用地面积通常占乡村聚居规模的 80% 以上，乡村聚落布局合理与否主要取决于住宅区布局状况。我国乡村聚落的混乱状况主要是乡村住宅的布局混乱所造成的。

由于乡村聚落住宅区是乡村居民的主要生活和生产场所，在乡村聚落住宅区布局时必须从当地的自然环境、生活生产方式和经济发展水平出发，使乡村住宅区能够满足乡村居民对改善居住条件的需要，为村民提供宁静、环境优美的生活和进行家庭商业生产的条件，同时要注意节约用地，还要符合卫生、安全的要求。

根据上述考虑，在乡村住宅区用地选址时要求在地势高爽、便于排除地表水、环境良好、空气清新，地基土地有足够的承载力，地下水位适于建筑，有足够的用地面积，并有发展余地的地段；在山区、丘陵地区，要选择避风阳坡，避免窝心地段，以便使住宅建筑有良好的日照和通风条件；在北方寒冷地区，要避开风口，以免寒风侵袭。

（3）街道网布局。街道是乡村聚落中重要的基础设施，街道网布局对乡村聚落的整体布局具有重要的影响。乡村聚落中的街道布局形式主要包括线条式、方格式、放射式、自由式和混合式 5 种类型。街道网的布局规划应坚持如下原则：第一，按照功能设道，保证人流、交通量最大的点之间有方便的联系，且距离为最短；第二，街道网布局应为建筑物布置创造良好的朝向；第三，合理利用地形和地质条件；第四，街道网要保持适当的密度；第五，街道布局应与建筑物、广场、绿化场所、水面和风景点等相结合。

2. 生产区规划

生产区用地是指居民点中集中布置各种生产建筑物的场地和设施的地段，分专业性生产用地和综合性生产用地。专业性生产用地是指整个生产区用地仅布置一种生产建筑群的生产用地类型，而综合性生产用地通常是指由农业机械、畜牧、仓储、场院、工厂等生产部门集中布置在生产区内所形成的综合性用地类型。在生产性用地选址时，必须在保护生态环境和景观资源、改善人居环境质量的前提下，合理安排生产性用地。具体布局时，应将生产性用地分门别类，对于排放大量烟尘、有害气体、有毒物质或产生较大噪声污染的企业，远离水源区和生活区，并要考虑水源的上下游和主导方向，最好在生活区和生产用地区之间建立绿化隔离带；对于一些小型无污染的轻工类乡镇企业可安排在生活区内或附近。在一些自然保护区、风景旅游区和水源保护区内，不能安排污染型工厂和某些乡镇企业等。

3. 生态绿化区规划

乡村聚落中的生态绿地对于改善乡村聚居气候质量、防治环境污染和维护生态平衡具有重要的作用。乡村聚落绿化是乡村聚落建设的重要组成部分,同时也是创造宜人乡村聚落环境和提高乡村聚落景观质量的重要手段。按照乡村聚落绿地功能和位置,可以分为公共绿地、生产绿地、专用绿地、防护绿地和风景游览绿地5种类型。

绿地的形态包括点状、块状和线状3种类型,视情况具有如下几种布局形式:块状均匀布局、散点状均匀布局、块状与散点状布局、网状布局和放射状布局。在具体布局规划中,应坚持如下几项原则:①绿地布局要结合其他布局的功能、布置统筹安排;②绿地布局要合理分布和分级,满足乡村居民休闲和游憩的需要;③结合地形,尽量少占优质土地和道路;④乡村聚落绿地布局应与聚居外围的绿地协调,以便形成完整的绿地系统;⑤绿地系统规模和布局应结合实际情况,因地制宜进行确定。

五、乡村聚落的风貌重塑与保护

(一)乡村聚落依自然设计

乡村聚落作为乡村景观中一个最具特色的组成部分,其景观质量对乡村景观总体质量有着重要的影响。我国是一个文明古国,乡村聚落发展历史源远流长,在聚落发展过程中逐步形成了中国人独特的"天、地、人合一"的择居聚集观念,追求的是聚落空间形态、自然环境和人居环境的和谐统一。但进入现代社会以后,特别是现代文化意识形态对传统文化观念的冲击,乡村聚落的发展经历了为超越自然而过度追求生产集聚、生活集中的一个历程,破坏了乡村聚落与周围自然环境的和谐,同时趋同现象已经变得非常严重。鉴于对上述现象的反思,乡村聚落依自然设计成为一种发展趋势。

乡村聚落依自然设计主要是根据当地的自然环境条件,在继承和发展传统乡村聚落设计的合理内核的基础上,充分应用景观生态学、环境心理学、景观美学和先进的建筑规划设计理论,合理安排并组织乡村聚居与其他相关因素之间的关系,使乡村聚落与自然环境成为一个有机整体的规划设计过程。依自然设计的乡村聚落必须具备以下特点。

(1)自然生态性。即乡村聚落取向于自然生态环境。乡村发展和更新必须依托于当地的自然地理和气候条件。在整体上,乡村聚落不能独立地存在环境之中,而应该成为自然环境有机组成部分,并对周围自然环境特别是乡村景观总体质量改善具有积极的促进作用。

(2)地域可识别性。乡村聚落是人类文明的一种表现形式,其发展和风貌深受自然环境条件、文化形态、民族风情和风俗的影响。我国自然环境和民情、民风差异悬殊,乡村聚落在其几千年的发展历史中,各个地域和各个民族的乡村聚落都有其独特的自然人文环境模式。在乡村聚落规划设计中,要充分重视区域乡村聚落的自然人文传统模式,按照传统性和时代性相结合的基本原则,以表现乡村聚落的地域性特点。

(3)发展可持续性。乡村聚落依自然设计是在自然环境中以生态系统为对象的乡村聚落规划设计方式,其目的是避免乡村聚落对自然环境生态产生负面影响,达到乡村聚落建设、社会可持续发展和自然环境可持续利用的有机结合。

(4)整体功能的协调性。乡村聚落作为一种重要的乡村景观类型,除其居住和生活功能外,还必须具有景观美学和文化功能。在现今追求乡村聚落的人居环境质量提高的大环境下,在乡村聚落依自然设计过程中,必须充分注重聚落功能的整体协调性,特别是要注重乡村聚落生态、文化和景观美学功能的发挥,以创造宜人的、并与社会经济发展阶段相适应的乡村聚落环境。

(二)乡村聚落景观的保护和重建

在现代乡村聚落建设中,必须避免对乡村聚落历史风貌和文化遗产的破坏,以及乡村景观建设的趋同现象。在乡村聚落规划设计中,应对乡村聚落独特的景观资源和价值予以充分的考虑,并加以保护。保护乡村聚落景观资源和价值具有深远的文化、社会和经济意义。

(1)保护乡村聚落的自然景观资源,可以维持乡村聚落生态平衡和人居环境质量的提高,保持乡村聚落的地方特色。

(2)保护和维持乡村聚落的人文景观资源,对于体现乡村聚落的历史连续性和文化特色具有重要意义,同时对于乡村居民的文化认同感具有重要的作用。

(3)保护乡村景观资源,对于乡村社会人文环境的建设具有重要的推动作用。

(4)保护乡村聚落景观资源,可以促进乡村聚落绿色产业和旅游业的发展。

保护和开发利用是辩证的统一关系,因而乡村聚落景观重建也具有重要的意义。在乡村聚落景观重建过程中,要依据乡村聚落的历史发展渊源、区域文化形态和自然背景,按照量力而行、经济实效、因地制宜的原则进行。依据乡村景观资源的特点、禀赋常有几种重建类型:第一种是采取保护性措施开发利用,我国五千年的文明史为乡村聚落留下了丰富的文化遗产,对于提高乡村聚落景观资源的价值具有重要的意义;第二种是开发具有区域特色的乡村聚落景观资源,以推进乡村特色旅游业的发展,或开发休憩、疗养基地,促进乡村社会经济的快速发展;第三种是发展体育、娱乐型乡村聚落;第四种是发展文化旅游型乡村聚落;第五种是发展商贸型乡村聚落;第六种是发展民风、民俗旅游的乡村聚落。

第七章　乡村人居环境的景观规划设计

乡村聚落中的聚居区(或居住区)是当地民众居住、生活、社会活动以及从事部分劳动生产的中心场所,其景观形态以建筑、街坊、路桥、公共场所及其承载的各种社会活动等人文景观为主,即主要由乡村聚落空间形态、建筑设施和人文环境所构成,可总称为乡村人居环境。聚居区的空间形态、建筑布局和文化风貌构成了乡村聚落景观的丰富内涵。一方面,乡村聚落中的人工建(构)筑物直接给人们留下视觉印象;另一方面,蕴含在实体景观之中的文化风俗、精神内涵更是造就了具有地域与民族特色的乡村文化景观。因此,具有历史生命力的乡村景观不只是具备景观表象,还具备功能文化区的特征。乡村人居环境的景观规划设计要呈现的不仅仅是追求纯粹意义上的视觉艺术效果,而是综合了自然生态、人居生活和文化内涵为一体的整体设计美学。具体可以分为乡村聚落民居建筑的景观规划设计、乡村聚落公共中心的景观规划设计、乡村道路交通的景观规划设计、乡村聚落水系的景观规划设计和乡村聚落绿地景观规划设计;其中,乡村聚落绿地系统是镶嵌体类型,是相对自然的组分,起到一定的生态网络功能。

第一节　乡村人居环境的景观规划概述

一、乡村人居环境的景观要素

(一)自然环境

自然环境是乡村聚落赖以生存和发展的物质基础,包括土地资源、水文与水资源、地形地貌、气候条件、大气环境和区域生态环境等。土地是乡村基本的生产要素,人均土地拥有量、土地产出能力、适宜种植的农作物种类等,对乡村聚落的集聚水平、发展规模、耕作半径及居住方式等人居环境都具有明显的影响。如地势平坦和水土肥沃地区就会吸引较多人口择地而居,从而导致乡村人均耕地资源较少、聚落密度较大、耕作半径较小;而人少地多的地区则相反,其乡村聚落间距很大,单个聚落规模较小;种植水稻的地区,需要精耕细作,用工量大,耕作半径小;旱作农业地区,生产管理相对粗放,耕作半径相对大。我国幅员广阔,气候条件多样,地形地貌复杂,有江南的青山绿水、西北的黄土高原、西南的崇山峻岭、内蒙古的辽阔草原、新疆的沙漠戈壁以及青藏高原的雪山等,充分利用当地的气候环境条件、地形地貌态势和江河湖泊水系的自然特征,是构建乡村聚落人居环境景观的重要基础,有助于塑造不同地域乡村聚落的整体风貌,增强地域特色空间的识别性、尺度感和层次性。

(二)建筑环境

指乡村聚落中的民居建筑、公共建筑、生产建筑、景观建(构)筑,以及道路交通、公共广场、给水排水、能源供应等基础设施和公共服务设施。建筑设施是为人类劳动、生产、生活等各方面提供活动空间和场所,因此,当人们看见建筑设施会想到曾经在这里发生的事件和相关的人,即建筑具有物质、艺术和记忆的功能。其一,民居建筑作为人类居住的场所,在各类建筑中出现得最早,数量也最多;而且,民居建筑是由当地工匠,利用地方材料,应用当地流行的技艺,创造出适应地域气候、地理条件和民俗生活的居住环境,是构成乡村聚落人居环境和建筑景观的主体要素。其二,公共建筑数量虽然很少,但一般在聚落中所处的空间位置、所具有的功能地位十分重要,不同的公共建筑有不同的建设内容和不同的服务功能;传统乡村聚落中的公共建筑包括祠堂、戏台、庙宇等,现代乡村聚落中则有文化教育、医疗卫生、管理服务等公共建筑,其空间、形体、色彩都富于变化,有利于组织丰富的乡村建筑群体风貌,是乡村聚落建筑景观中的关键要素。其三,在一般的乡村聚落中,生产建筑设施的数量不多,但其内部空间和外部形体能体现出鲜明的生产功能特征,如圆形粮仓、长条形的规模化畜禽舍、连片的塑料大棚或温室群体、连续多跨的水渠渡槽等;在乡村企业发达的地区,还有各种规模、类型的厂房,及各类生产建筑与其周围场院围合形成的生产、储藏、晾晒等组合空间环境。如规划设计良好、合理利用地方材料、体现功能特征、与周围环境协调的生产建筑设施,对丰富整个乡村聚落的景观风貌具有独特的作用;但若无规划随意建设,建筑体量和材料与周围环境不协调,生产废弃物任意排放的生产建筑设施给乡村景观风貌带来的是严重的负面影响。因此,随着经济快速发展,生产建筑设施也是乡村聚落景观规划设计中要给予足够重视的要素。

(三)社会环境

自然环境和建筑环境是物质基础,社会环境则决定乡村人居环境的功能能否实现、构成是否合理和质量水平高低,包括乡村的人口规模与发展变迁、社会组织与邻里关系、乡土文化与精神风尚、乡村治理与乡规民约、宗教信仰与生态观念,以及居民所受教育程度、思想道德水平、文化素质素养、社会保障程度等。特别是人口的规模与结构、数量的增减、迁移的流向等是乡村聚落兴衰的决定性因素,影响着乡村聚落的经济活力、社会组织、空间布局、发展前景和是否具有可持续性。随着我国城镇化的快速发展,人口不断向城镇转移,导致的乡村人口结构老化严重、经济活力降低、社会发展迟缓、村落空间空心、传统文化凋敝等,是当前乡村振兴面临的核心问题,是乡村人居环境规划设计必须要重视的关键景观要素。

二、乡村人居环境的景观规划目标、内容和原则

(一)规划目标

以乡村聚落的地理位置、功能定位、规模大小、历史文化、现状条件为基础,遵循顺应自然、以人为本、尊重历史、体现时代、突出特色等基本原则,采用生态、功用、美学一体的规划设计理念和技术方法,构建生产-生活-生态功能协同的经济-社会-生态系统,使景观的使用价值、生态价值和美学价值相统一,形成自然和人工相得益彰、经济与社会和谐发展、历史文化与时代特征共存共融的乡村人居环境。

(二)规划内容

乡村人居环境规划内容包含3个方面:一是基于土地合法、合理、高效利用的村镇用地规划(住宅用地、公建用地、道路用地、绿化用地和基础与服务设施用地等);二是支撑保障乡村聚落发展的设施规划(基础设施、公共服务设施);三是体现聚落环境特色的景观系统规划设计(建筑景观、公共中心景观、道路景观、水系景观、绿地景观和历史文化景观保护)。具体内容有以下5个方面。

1. 用地规划

包括建设用地位置与范围、标准选择和规模确定,住宅建筑、公共建筑、生产设施、基础设

施等用地规划布局,以及建设用地的节约途径与管控措施。

2. 基础设施规划

包括道路交通系统、给水系统和排水系统、电力系统、通信与信息化系统、能源系统、垃圾收集储运与处理等环境卫生系统和防灾减灾系统的规划。

3. 公共服务设施规划

包括行政管理设施、文化体育设施、教育科技设施和卫生医疗设施的规划。

4. 景观系统规划设计

包括民居建筑景观、公共中心景观、道路系统景观、水系景观和绿地系统景观规划。

5. 历史文化保护规划

一些村镇具有特色的物质与非物质历史文化遗产,需要评估遗产价值,明确保护范围,落实具体保护内容,并结合村镇的用地、基础设施、公共服务设施和绿化景观等项目进行综合规划。

(三)规划原则

1. 切合实际需求

通常来说,乡村人居环境的需求主体主要是出生于此、长期生活于此的原住乡村居民,但随着经济社会发展,有越来越多的返乡创业的新乡村居民和下乡创业或养老的外乡人,这些不同的主体有不同的生活、生产、休闲等需求;同时,各地乡村聚落的区位条件、地形地貌、发展水平、生活习俗、文化传统和建设模式也各不相同,乡村的建设和发展又是一个动态的过程;因此,人居环境景观规划设计遵循的第一原则是:要基于现实环境和历史条件、兼顾不同主体的多样需求、统筹经济社会协调发展和尊重居民意愿,适应乡村在不同发展阶段的需要和满足居民的实际需求。

2. 尊重村落历史

大多数的村落是在一定的历史环境条件下形成而沿袭至今的,每一个村落的每一个历史阶段,都蕴藏着丰富的社会、经济、文化意涵,影响着村落的空间结构、功能布局、居住形态和建筑风貌。乡村人居环境景观规划设计应充分尊重村落历史文脉、保护历史遗存、弘扬传统文化和维护地方特色风貌,正确处理好经济社会发展和历史文化保护的关系,避免不顾实际、急于求成和大拆大建。

3. 体现时代特征

在尊重历史的基础上,乡村人居环境景观规划设计还要与时俱进,满足当前和未来的生产、生活和社会、文化发展的需求,体现时代特征。如交通、通讯、工业、农业技术的进步,带来乡村生产方式和经济发展模式的变革,也引致乡村生活方式和社会组织发生了重大的改变,乡村产业体系需要多元化、空间利用需要复合化、居住模式需要适当集聚化,以适应城乡一体化的产业优势互补、基础设施配置共享和公共服务设施完善的要求,做到经济、适用、效率、公平结合,既方便乡村居民生产和生活,也利于设施规模效应的发挥和效率的提高。同时,人居微观环境中的建筑空间使用功能、地方材料应用和建造技术手段等,也随着新技术、新材料、新需求而带有时代性,乡村聚落环境的整体布局、空间形式和建筑风格也随着时代在演变。

4. 突出乡村特色

乡村与城市的产业结构、功能定位、空间形态和生活方式明显不同,在尊重村落历史传统、体现时代特征和统筹城乡协调发展的同时,要根据城乡的功能不同、定位不同、人群需求不同和空间特点不同,坚持"城乡融合、和而不同,城要像城、乡要像乡"的理念,综合考虑聚落的地理位置、地貌类型、性质规模、民族习俗、传统风貌和环境条件等地域特点,突出乡村聚落景观的地方特色,突出乡村特色。

5. 远近规划结合

景观规划设计应根据乡村聚落所在的区域发展战略目标、开发方向、一定时期的社会经济发展水平和现状建设条件,并依据上位的总体规划和近期建设规划要求,对各项新建、改建、拟建项目在空间和时序上做出综合安排,注意远近结合,留出发展余地,利于分步实施,满足乡村建设过程中的不确定性和弹性要求。

第二节　乡村聚落的建筑景观规划设计

一、乡村聚落建筑类型和景观特征

我国地域辽阔,各地的资源禀赋、地理环境、气候条件悬殊,物质材料、风俗习惯、生产水平、生活方式、文化传统和审美观念差异较大,因而,民居呈现出千姿百态的样式、鲜明的民族特色和丰富的地方风格。了解我国民居的主要形式和特征,学习优秀传统民居的建筑技艺,汲取传统建筑文化精华,是当代乡村聚落景观规划设计的重要内容。

(一)我国传统民居的主要形式及特征

1. 我国传统民居的主要形式

我国传统民居的分类方法很多,从建造所用主要材料和结构上看,可分为纯木结构、石结构、土结构、竹结构和由木砖、木石、木土组合的复合结构;从居住方式上看,可以分为单个家庭(包括两代、三代乃至四代同堂的家庭居住)和众多同族家庭聚居(如广东、福建一带的围龙屋和土楼)两种形式;从建筑组成布局上看,可分为合院式和非合院式两大类(楼庆,2017)。家族聚居方式使得合院建筑成为我国传统民居的重要类型,建筑规模依居住人口的多少和等级来确定,可以是一进院落,也可以是多进院落,还可以在多进院落的基础上横向拓展形成跨院,具有很大的灵活性。非合院式民居包括的范围很广,凡是不用多座房屋围合成院,而是以单幢房屋形式居住的民居都属于此类,典型的非合院式民居如干阑式、碉房式、毡房式等。

(1)合院式民居。合院中的庭院可栽花种树,或者成为公共活动空间,在南方和西北一些民居院落中还设有望楼。不同地区的院落形式不同,典型的合院式住宅有北京四合院、山西四合院、江南地区(浙江、安徽、江西等)天井院、云南的"一颗印"式合院和大理白族的"三坊一照壁"或"四合五天井"式合院、四川的三合院和四合院、西北地区的合院式窑洞(陕西、河南西部、甘肃东部、山西中部和南部等地区)、新疆的"阿以旺"民居、南方集居型合院式的围龙屋(福建西部和广东的东部、北部一带)和土楼(福建永定、龙岩、漳州和江西南部一带),以及广东东莞由一正一厢或一正二厢组成的小型合院、江西新建区等地的大型集居型土屋等。

(2)干阑式民居。我国干阑式民居的历史极为悠久,早在7 000年前的浙江河姆渡文明就已记载有干阑式房屋,其后多见于我国南方多雨地区和广西、云南、贵州等少数民族地区。一般情况下,干阑式建筑第一层为架空(饲养牲畜和存放杂物),第二层住人,阁楼存放粮食,具有通风、防潮、防兽等优点,在平地或地势不平的坡地均可建造。这类民居单栋规模不大,一般3～5间,无院落,日常生活及生产活动皆在一幢房子内解决。因各地不同民族的生活习俗不同,在建筑材料使用、房屋内部布局、建筑局部装饰等方面存在一些差异。如西双版纳傣族大部分居住在坝区,主要是在平地上建设干阑房屋,经济条件好的人家以木材作为房屋的骨架和围护材料,屋顶覆瓦;少数经济条件差的百姓以少量木料做骨架,以本地盛产的竹材做围护材料,以茅草覆顶。而广西北部、云南东部和贵州西南、东南、南部的壮族、侗族、布依族、苗族、瑶族等生活在高山峻岭、天气潮热、耕地稀缺之地,为了少占或不占农田,多将房屋修建在坡脚或山坡上,为顺应山势地形,减少整地的土方量,多利用当地生产的杉木制作穿斗式屋架,建设坡地干阑式民居。

(3)碉房式民居。这种房屋一般采用当地盛产的石料筑墙,内部用木结构,多为 2～3 层,一层饲养牲畜、堆放饲料和杂物,二层住人,藏族式碉房的三层是经堂。所用的石料不同,西藏、青海和四川西部的藏族区多用块状石,四川的羌族区多用片状石;石材的颜色也不尽相同,加上民俗民风相异,使得藏族和羌族的碉房在外貌具有不同风格。如羌族为了自卫,其碉房是多房连片,巷道纵横,还有暗道相连,村中还建有用于瞭望和防御的高耸碉楼,形成羌族村落的特殊景观。在河北北部、山东沿海和贵州一些山区,也有用石料建筑的民居,有的地方甚至屋顶都用石片覆盖,走进村落,眼见的都是石头路、石头墙、石头桥和石头房,仿佛进入一个石头的世界。

(4)窑洞式民居。窑洞是穴居的发展,根据建造方式不同,窑洞式民居又可分为靠崖式、独立式和下沉式 3 种。靠崖式窑洞是在竖直崖面上开掘出单拱或多拱平列的洞穴,其顶部为半圆或者尖圆,使上部土层的荷载沿着抛物线方向由拱顶传至侧壁然后再传至地基,形成以土壤作为围护和支撑体系的一种民居建筑形式,可以节省建筑材料,关键是能保证冬暖夏凉,适宜于当地的气候环境和土壤条件。独立式窑洞是在地面上砌筑拱形房屋,前面是拱券门,带有前檐,后墙不开窗,室内空间呈拱券类似挖掘的窑洞一样,屋面是普通平屋顶,或者平屋顶覆土。下沉式窑洞则是在相对平坦的黄土塬向下挖出院落,在院落四周横着开挖窑洞,根据家庭生活需要和经济条件决定开挖窑洞的数量和深度,形成一种院落式窑洞住宅。

(5)毡包式民居。在内蒙古、青海牧区、新疆天山地区的人们均居住毡包,毡包平面呈圆形,用木条相互捆扎成为可以拆装的圆形拱顶和竖向骨架,四周和屋顶表面用毛毡覆盖;在四周围护墙上一侧开门,入门处挂以毡门帘;在包顶中央开设一圆形气孔,既能通风、又能采光,冬季还能成为排烟孔。毡房是适应游牧民族流动放牧、便于搬迁需要而形成的一种民居形式,内蒙古草原上较多,也称为蒙古包。在草原辽阔的蓝天下,一座座灰白色的毡包散布其中,形成独特的草原牧区景观。

(6)井干式民居。井干式木结构民居是以圆木或矩形、六角形木料平行向上层层叠置,在转角处木料端部交叉咬合,形成房屋四壁,形如古代井上的木围栏,再在左右两侧壁上立矮柱承托脊檩构成房屋。井干式木结构木材消耗量较大,在森林资源覆盖率较高地区或环境寒冷地区有较广的应用,如我国的云南西北部、吉林长白山地区、黑龙江北部林区以及新疆阿勒泰地区都建造有井干式民居。

2. 我国传统民居的主要特征

(1)有完整的格局。家族集居是影响我国民居平面布局和群体组合的主要因素,特别是合院式民居,以家族制度为依据,平面设计可大可小,在建筑中运用轴线贯穿,一般为一轴,人口多时可达到二轴至三轴,但无论怎样变化,均以院落来扩展,基本保持合院的风格。非合院式民居的平面布局,也是根据各地的民族习俗,突出中间的主要建筑,或在建筑的中央设置门厅、堂屋等主要空间,其他次要空间则布置在周围,也形成完整的格局。

(2)有明显的主体建筑。在合院式民居和多栋建筑组成的民居群中,往往将建筑组群中的一组或一栋作为重点处理,通常体量比其他建筑要高大一些,造型和装修更引人注目,位置也往往比较突出,使其成为建筑组群中的主体或核心部分。在非合院式民居中,也会将门厅、堂屋等具有家庭活动中心功能的重要空间,或建筑入口部分重点突出。

(3)有丰富多彩的装饰。各地民居都特别重视山墙、屋脊、檐口、窗户、大门等重点部位的装饰。如山墙形状有直线形、曲线形、阶梯形等;屋脊通常两端翘起,其细部装饰更是各民族和各地方民居建筑装饰纹样的精华和集中表现;墙面常运用适应地方气候环境条件和民族习俗的色彩,如江南地区和云南大理多用粉白墙,华北地区多用青灰色墙,西北地区则以黄土色调为主,西南各少数民族的民居建筑则用木材、石材或者夯土等材料的原色。

(4)有明确的方向性。为了冬季的采光、御寒、防沙等,我国北方民居大多以朝南为主,正如方言所说:"家居化日光天下,屋向南方福禄中"。而在南方河湖水网地区或者丘陵山地,民居虽然也尽量朝南,但各种朝向都有,一般根据地形地势、河流、道路的走向而定。

(5)有良好的适地性。我国各地各族人民根据自己的生活习俗、生产需要、经济能力、民族爱好和审美观念,结合本地的自然条件和建筑材料,因地制宜、因材致用,以村民自建、互相帮建和工匠代建为建设方式,居民既是民居的设计者、建造者,又是使用者,所建造的民居都较好地适应了各地方的气候条件、地理环境、地形地貌和经济社会发展水平。

(二)我国乡村聚落民居的发展趋势

建筑是时代的产物,是生产、生活、技术、材料、意识形态的结晶,因此,具有鲜明的时代属性。随着时代的发展,政治、经济、社会、文化以及人们的思想观念不断变化,各地各民族的乡村生产生活方式也发生了重大的改变,对民居的建筑功能与空间布局要求也越来越多;同时,建筑材料更新、建造技术发展和建设方式改变,要求民居建筑在继承传统的基础上要不断地创新,以适应时代的要求。乡村民居规划建设要注意以下几点发展趋势。

1. 生产生活空间功能复合仍然存在

在很多地区,乡村住宅不仅是村民居住的空间,同时还担负着部分种植、饲养、编织、小型来料加工、传统手工、商业等生产功能,即具有生活、生产双重功能。因此,乡村住宅空间既要考虑居民生活需求,还要考虑方便生产需要,如种养、小型农机具存放、粮食晾晒储藏、小型加工间、店铺及其仓库等空间。

2. 生产生活空间的分离也越趋明显

一些地区随着经济社会发展、村庄功能演变、居民职业改变和生活观念的变化,原来乡村住宅所具有的生产生活混合功能,变成只有居住和旅游休闲功能。如原来人畜混居的现象,现在已逐步向人畜分离发展;原来在庭院发展农副加工业,因噪声、污水等影响邻里生活,现在已逐步向产业集聚区集中;原来居民的居住和工作都在乡村地域,现在一些乡村居民就业范围扩大,就业方式灵活多样,已逐步发展成为居住在村庄、工作在城镇(或产业园区)的生活就业空间分离模式;在一些发展乡村旅游业的地区,旅游接待空间已经逐步成为民居的主导功能空间等,这些都直接影响乡村住宅的功能用途、空间大小和布局形式。

3. 空间功能需求增多和规模需求增大

随着乡村居民经济收入不断提高,现代家具、家电、汽车、有线电视、网络等已经进入普通百姓生活之中,燃气和电气逐步取代了煤和柴,冲水厕所取代了旱厕,太阳能等新能源广泛使用等,必然对乡村居住空间形态产生重大的影响。原来只要求住得下,人均建筑面积不足$10m^2$;现在则要求分得开,发展到人均几十平方米。除了原来的厅堂、卧室、储藏室等传统空间,现在的独立门厅、客厅、家庭活动室、书房、公用卫生间、独立卫生间、衣帽间、车库、设备间等新的空间需求不断增多,要求住宅的建设必须适应新的需求。同时,还需要住宅空间组合具有一定的灵活性,避免住宅的拆建、翻修周期太短,劳民伤财。如原来存放农机、农具的库房,要预留足够空间,可改造为小汽车库;建筑结构采用框架,或者在室内提前设置一些非承重隔墙,可根据用途需要改变住宅的空间布局。当然,原来的厅堂是乡村各种婚丧嫁娶、迎来送往、节日庆典、家族聚会和祭祀的核心空间,随着生活方式的改变,一些功能发生变化,但祭祀、节日庆典、家族聚会等功能依然存在,这与城市住宅中的客厅或起居室是完全不同的。

4. 人口数量的减少与结构的变化同时影响住宅的需求

乡村人口总数量和单个家庭的人口数量都在减少,生活方式和养老观念的变化使得多代共居的户型需求减少,年轻人与老年人分户生活、就近照顾的居住模式在增多,使乡村核心家庭的人口规模变小,人口结构随之变化,对住宅的建筑面积与户型需求发生相应变化。

5. 过去乡村的建设用地管理松散,住宅建设占地规模较大

随着国家国土空间规划管制和耕地保护法律法规的逐步完善,乡村住宅建设首先面临的一个约束条件就是严格的耕地保护与宅基地面积、功能、权属转让等方面的限制,需要加强节约用地、规范用地的意识。

6. 注意乡村住宅能源消耗

住宅的能源消耗是乡村居民的一个沉重负担,特别是北方的冬季采暖费用占乡村居民的消费支出比重很高。因此,在住宅建设和更新中应采用保温隔热的新型建材,降低冬季采暖费用;同时,尽量利用自然通风和遮阳等措施,降低夏季降温的费用。在住宅设计建造过程中,要考虑建筑功能的可变性和多功能性,尽量延长建筑寿命,减少不必要的翻新重建,减轻建筑废弃物对环境的压力。

总之,随着乡村振兴战略的全面实施,乡村建设实践不断深入。学习传统民居的营造智慧与实践经验,立足于当前和未来居民的物质和精神需求,系统分析乡村民居建筑空间的类型、构成、演化及建设组织方式,应用现代的乡村景观规划设计方法和建设技术,保护和发展我国乡村聚落景观是十分必要的。

二、乡村聚落的民居建筑选型与群体组合

(一)民居建筑选型及其影响因素

1. 基本户型

根据家庭人口结构、经济条件和宅基地面积等因素合理选择住宅的基本户型,是乡村民居建筑布置的基础。一般的基本户型有:一堂一室(这里的堂是指公共活动的客厅、堂屋,室是指卧室,下同),仅供1人居住;一堂二室,可供4口人以下的两代人居住;一堂三室,可供4~6口人的两代或三代人居住;一堂四室,可供7口人及以上的多代人居住,或能提供客房等备用空间和书房等独立的空间。基本户型中除了公共活动、居住空间外,还要配套厨房、餐厅、卫生间、储藏室等辅助用房。

2. 建筑面积

根据各地的乡村住宅设计竞赛方案和部分地区的乡村居住实态调查研究表明,人均住房面

积达到 30～35 m²,可保证具有良好的居住功能。在满足基本居住功能的基础上,如考虑家庭活动室、独立餐厅、主卧卫生间、书房、车库和设备间等空间需求,需要人均住房面积 40～45 m²。

基于基本户型,根据乡村不同区位条件、资源环境和各地居民的生产生活方式的不同需求而增加一些辅助建筑空间,如种养农户需要更多的库房来存放农机具及农产品,需要一定的晾晒场地;兼业户则需要一些生产场所;经商户需要临街的店面和更多的库房等。

3. 宅基地条件

根据各省(直辖市、自治区)的自然资源和规划建设管理部门颁布的相关标准,目前我国大部分地区新建的乡村宅基地的面积限定在 67～200 m²(即 1～3 分地);东北、西北地区人口稀少、土地面积较多的地方,且有农业生产功能的户型,宅基地面积可以放宽到 300～333 m²(半亩地);而南方一些少数土地紧缺地区,宅基地面积仅有 48～60 m²。

在没有规划约束情况下,乡村宅基地的开间数量和尺寸都是根据住户原有老宅地块或者自留地的范围来确定,并多数选择单数开间,如三、五开间或七开间;为了采光和通风需要,进深方向一般是一或两间。有规划引导的条件下,为了减少道路和管线的长度以节约基础设施投资,沿着主要道路方向布置的住宅开间数量和面宽一般是会限制的,以两三开间为宜;在两开间的情况下,宅基地面宽 7～11 m;在三开间情况下,宅基地面宽 12～15 m。在南方一些土地紧缺的村镇中心区,沿街住宅也仅设一开间,宅基地面宽仅有 4～6 m,但进深可达 15～20 m及以上。

4. 院落布局

乡村民居采用院落式布局使建筑尽量与自然巧妙地结合,接地通天,自成天然之趣,方便乡村的生产需要,更是中国乡村居住建筑和乡村生活的精华所在。就民居院落布局而言,北方地区宅基地相对宽裕,为御寒和争取日照,住宅面宽大、进深小,院落尺度宽大;南方地区宅基地狭窄,住宅面宽小、进深大,为求遮阳、避雨和防潮,多以小天井式院落来组织空间;自然条件介于两者之间的云南大理白族民居、丽江纳西族民居,其院落尺度则处于两者之间。即使因宅基地约束而没有院落的民居,一般也会结合房前屋后的零星地块和周边道路绿化进行微菜园、微花园的布局,以突出乡村特色景观。

5. 地域建筑风格

乡村民居建筑量大面广,其建筑风格基本就代表了村落甚至一定区域的建筑风格。乡村民居建筑风格应当体现当地的生产生活习惯与文化特征,与当地的自然环境相协调,并反映出不同地区在不同阶段的经济社会发展和科技水平。规划设计时应注意:一是建筑风格的传承与创新,传承优良的传统文化和建筑精髓才能保持地方特色,创新发展才能适应乡村居民日益丰富的生产生活需求,满足人民对美好生活的向往。二是应当体现当代建筑设计理念和科技进步,每一个时代的建筑设计理念是某一特定时期人们对生活需求、审美观念、科技水平、政策要求等多方面的集中反映,规划中要在一定条件约束下因地、因时地采用适合的材料和技术,形成特定时期的建筑风格。三是保持多样化与协调的统一,在较大的范围内,根据不同地方的环境条件和文化传统,形成多样化的建筑风格,体现地区和民族文化的多样性;但在较小一定范围内,要保持建筑风格的协调统一,体现村落自身的特色。

6. 建筑材料与技术

因受到经济条件和科技水平的限制,传统建筑大多都是选用当地的材料,如木材、黏土砖、石材、土、竹子和草等,就地取材,因地制宜,可以节约很多经费,也能满足一定历史时期的百姓需求,地方材料的使用也使得民居建筑与周围环境相适应。但是,社会在发展,科技在进步,强度更高、类型更多、色彩丰富、保温隔热等性能更优越的新材料不断出现,新的施工工艺、技术和新的建设方式也在不断采用。因此,民居建筑设计和营造也要适应科技的发展,根据不同地区、不同人群的经济条件和施工水平,通过新材料、新技术的合理使用,使民居的各项性能更加舒适、安全、环保、节能和美观。要避免因新材料的不当使用,给居民健康和乡村景观带来负面的影响。

(二)民居建筑群体组合的基本要求

民居建筑群体的组合既要考虑日照、通风、避寒、防沙等环境卫生条件,要研究居民的行为活动和居住心理需要,又要考虑地方特色和民族性、尊重乡村历史文脉、体现时代特征,同时要考虑经济和组织管理方面的问题,还要考虑建筑与其他物质要素的搭配,使乡村聚落建筑景观在满足功能、技术与经济要求的基础上,符合建筑艺术规律,产生美的感觉,促进乡村人居环境的各个部分组成一个美丽和谐的整体。

1. 功能要求

(1)日照。指保证每户住宅的主要居室获得国家规定的日照时间和日照质量,同时保证住宅户外活动场地、公共绿地有良好的日照条件。我国建筑设计相关标准规定,不同地区、不同的建筑类型,所需日照时长和质量要求不同。对于一般的平地型乡村聚落而言,日照间距计算,一般以冬至日正午太阳光能照射到后排住宅的底层窗台或者墙脚为宜。简单的计算公式如下:

$$D = \frac{H_1 - H_2}{\tan h} \text{ 或者 } D' = \frac{H}{\tan h}$$

式中:D 为太阳照到后排房屋底层窗台时的日照间距;H_1 为前排房屋檐口至室外地坪高度;H_2 为前排房屋地坪至后排房屋窗台的高度;H 为前排房屋檐口至室外地坪高度;D' 为太阳照到后排房屋墙角时的日照间距。h 为冬至日正午该地区的太阳高度角。

当建筑朝向不是正南向时,日照间距应按不同方位的间距折减系数相应折减。所处纬度不同,各地区日照间距系数也有所变化。

(2)朝向。应根据当地自然条件,尤其是太阳的辐射强度和主导风向,综合分析出较佳朝向,以满足居室获得较好的采光和通风。在高纬度寒冷地带,住宅布置应避免朝北;在中纬度炎热地带,既要争取冬季日照,又要避免西晒;在我国建筑设计气候区的Ⅱ、Ⅲ、Ⅳ区,住宅朝向应使夏季风向入射角大于15°;其他气候区,应避免夏季风向入射角为0°。

(3)通风。我国地域辽阔,南北气候差异大,各地对通风的要求不同,在住区规划时应根据当地不同季节的主导风向,通过住宅位置、形状、间距、群体组合的变化,保证住宅之间和住宅内部有良好的自然通风和夏季降温、冬季避风的要求。

(4)安静。居住区规划时,应与外部主要交通道路尤其是过境道路有一定的间距,避免外部交通的噪声影响,要避免住宅组群内有过多的人流、车流的穿越;同时,要与绿化围护结合,降低各种噪声的干扰,户内与户外环境要符合相关标准规定的住区噪声标准。

(5)舒适。指户外环境和服务设施的数量和质量舒适度高,如儿童游戏场地、老年人休闲场所、年轻人运动场地、公共绿地等,须考虑使用者的生理、心理、行为等。

(6)方便。要根据居民的活动规律(日常起居、通勤、集市、文娱等),合理组织交通,完善配套公共服务设施,保证出行便捷,使用方便。

(7)安全。包括防盗、防交通事故、防洪、防火、抗震等安全要求符合国家和地方标准,并符合乡村的现实经济、技术、管理条件。

(8)交往。注重邻里之间的相互联系、互相交流,提供居民交往的场所与活动空间,增加生活气氛,使居民产生强烈的邻里归属感,以建立良好的乡村社区环境。

2.经济要求

主要指土地利用和空间合理配置,根据地方资源环境、经济社会条件和政策,通过适宜的建筑面积、容积率、建筑密度和绿地率等主要技术经济指标来评价、衡量、控制土地使用的效率和合理性。要善于运用各种规划布局的手法和技巧,对各种地形、地貌进行合理改造,充分利用土地和空间,节约建设投资和运行管理费用。

3.美观要求

民居建筑群体的空间主要有基本空间和聚居空间两种基本类型:基本空间是住宅建筑的日照、通风、朝向、消防、道路交通、防震、市政设施配置以及生理、心理等方面的要求,在住宅建筑的前后、左右必须留有相应的不可或缺的空间;聚居空间是为住区内少年儿童游戏、老年人休闲、年轻人体育锻炼、邻里交往等活动而设置的空间。基本空间与聚居空间不是对立的、孤立的,而是相互融合、相互渗透;基本空间可通过空间的有序组织,转化为聚居空间;聚居空间的领域经常包含有基本空间的范围。在住区规划设计中,往往将这两种空间类型进行有机组合,并利用民居建筑的形体、色彩、高低、长短、方向与位置上的变化来组织院落空间、街巷空间和其他公共空间,营造富有变化和特点的空间形态,创造具有地方特色、环境优美、充满生活气息的乡村住区。

(三)民居建筑群体平面布局的基本形式

民居建筑群体平面布局的基本形式有行列式、周边式、点群式、院落式、混合式和自由式等:

1.行列式

行列式布置是指独立式住宅、联排式住宅或单元式住宅按一定的朝向和合理间距,成排成行规则布置的形式,建筑较为整齐,有较强的规律性(图7-1),主要优点是在我国大部分地区,这种布置形式能使每个住户都能获得良好的日照和通风条件;有利于道路与管线布置和方便施工。其最大的缺点是容易导致空间环境单调呆板。

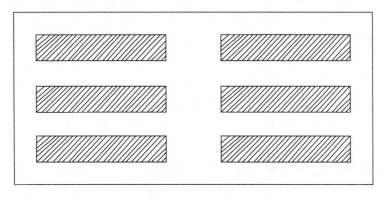

图7-1　行列式布置

因此,在住宅群体组合中,注意避免简单的"兵营式"的布置,多考虑住宅组群建筑空间的变化,通过在"原型"基础上的恰当变异,如通过在建筑形式、色彩、高度等组合上的变化,结合场地地形的有机布置,住宅周边的点状、线状公共绿地的合理安排和变化等,以达到良好的空间形态环境和景观效果。

2. 周边式

周边式布置是指住宅沿街巷或一个公共院落的周边布置(图 7-2),形成单周边、双周边、多周边等多种变化形式。主要优点是:组成的院落比较完整,院落内安静、安全、方便,可以结合绿化布置公共游憩等户外活动场地,空间的邻域性强,利于邻里交往;有利于节约用地和提高容积率;在寒冷及多风沙地区,可阻挡风沙及减少院内积雪,具有防风、防寒作用。缺点是东西向有一部分住宅的居室朝向较差,特别是在炎热地区,东西向住宅的日晒问题很严重,对地形的适应能力较弱。

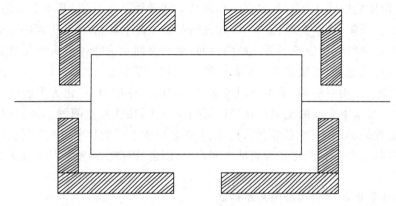

图 7-2　周边式布置

3. 点群式

点群式是指多栋低层庭院式住宅形成相对一个个独立组群的一种建筑群体组合形式,一般可围绕某一公共建筑、某一处活动场地或公共绿地来布置。优点是有利于建筑自然通风和获得更多的日照;可形成一定的邻域空间,增加居民的交往机会和心理归属感。

4. 院落式

院落在传统民居中既是利用阳光进行户外活动和交往的场所,也是进行部分农副业生产的场所,还是贴近自然、融于自然环境的所在。传统民居庭院有前院、后院、侧院和天井内庭等,形式多样、功能丰富。这些形式对于当代民居建筑的继承和发扬具有重要的参考和借鉴价值。因此,把尺度从独立的私家院落扩大到以一个公共庭院为中心组成更大尺度的公共院落,以公共院落为基本单元组成不同规模的住宅组群的组合方式,继承了我国传统民居院落式布局的优秀手法,适合于低层或多层乡村住宅规划布局。根据当地气候特征、社会环境和基地地形等因素综合考虑,该布局方式可分为开敞型、半开敞型和封闭型 3 种。

5. 混合式

混合式布置是指上述 2 种或以上布置形式的结合,常见的是以行列式为主,以少量住宅或公共服务设施沿道路或院落周边布置为辅的半开敞院落(图 7-3)。

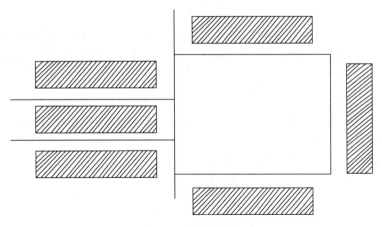

图 7-3　混合式布置

（四）民居建筑群体的户外空间形态构成与尺度

1. 民居建筑群体户外空间的构成

建筑群体外部空间的构成要素可分为主要元素和辅助元素。主体构成元素是指决定外部空间的类型、功能、形态、尺度、围合感等方面的实体和界面，如住宅建筑、公共建筑、高大乔木和其他尺度较大的构筑物或地形等。辅助构成要素是指用来强化或弱化空间特性的元素，处于陪衬烘托的地位，如建筑小品、景墙、台阶、灌木、铺装、材质等。

建筑群体的外部空间构成方式归纳起来基本有两种：①实体或界面从四周围合，形成内聚型空间，我国传统的合院住宅即是此例。这种空间使人产生内向、内聚的心理感受。②实体或界面居中，形成外向型空间，如高层低密度住宅即是此例。这种空间使人产生开敞、扩散、外向、放射的感受。围合程度根据空间比例可分为全封闭围合、半封闭围合、临界围合、无围合度4类。

2. 民居建筑群体户外空间的尺度

建筑群体空间的尺度，一般包括人与建筑及其所形成的空间的比例关系。尺度是否合适主要取决于：实体高度与观赏距离的比值和识别效应；人、实体、空间的比例与封闭、开敞效应；实体、空间的比例与情感效应。

（1）实体高度与观赏距离的比值和识别效应。实体的高度与距离的比例不同，会产生不同的视觉感受。如实体的高度为 H，观看者与实体的距离为 D，在 $D：H$ 值不同的情况下，可得到不同的视觉效应。

A. 当 $D：H$ 为 1：1 时，即垂直视角为 45°时，一般可以看清实体的细部；

B. 当 $D：H$ 为 2：1 时，即垂直视角为 27°时，一般可以看清实体的整体；

C. 当 $D：H$ 为 3：1 时，即垂直视角为 18°时，一般可以看清实体的整体和背景；

D. 当 $D：H$ 为 4：1 时，即垂直视角为 14°时，一般可以看清实体的姿态和背景轮廓。

（2）人、实体、空间的比例与封闭、开敞效应。空间感的产生一般由空间的使用者与建筑实体的距离以及实体高度的比例关系所决定，在比例不同的情况下，可得到不同的空间效应：

A. 当人的视距与建筑物高度的比值约为 1 时，空间处于封闭状态，空间呈"街""廊"的特性，属"街型空间"；

B. 当人的视距与建筑物高度的比值约为 2 时，空间处于封闭与开敞的临界状态，属"院落空间"；

C. 当人的视距与建筑物高度的比值约为 3 时，空间处于开敞状态，属"庭式空间"；

D. 当人的视距与建筑物高度的比值约为 4 时，空间的容积特性消失，处于无封闭状态。此时开敞度较高，通风、日照等自然条件优越，属"广场空间"。

（3）实体、空间的比例与情感效应。当人处于两个实体之间，由于两侧建筑物高度与空间宽度之间的尺度关系会引起相应的情感反应。如两个实体的高度为 H，其间距为 D，当 $D:H$ 不同会产生不同的心理效应：

A. 当 $D:H$ 约为 1 时，使用者有一种安定、内聚感；

B. 当 $D:H$ 约为 2 时，使用者有一种向心、舒畅感；

C. 当 $D:H$ 约为 3 时，使用者有一种渗透、奔放感；

D. 当 $D:H$ 约为 4 时，使用者有一种空旷、自由感。

（五）民居建筑组合的常用规划设计手法

运用建筑空间构图的规律和手段，将住宅、公共建筑、绿化、种植、道路和建筑小品等有机地组合成完整统一的建筑群体空间，一般常用的手段有以下几种。

1. 对比

对比是指同一性质物质的悬殊差别，如大与小、简单与复杂、高与低、长与短、横与竖、虚与实，色彩的冷与暖、明与暗等的对比。对比的手法是建筑群体间构图的一种重要的和常用的手段。通过对比可以达到使主体建筑或建筑群体空间富于变化，从而避免给人以单调、沉闷和呆板的感觉。如在住宅群体中运用条状和点状建筑、长短结合以形成长短对比，特别是在条状群体建筑的边缘，适当点缀几幢点状住宅，不仅有利于群体的通风日照效果，而且能使整个群体空间富于变化多样。

2. 韵律和节奏

韵律与节奏是指同一形体的有规律的重复和交替使用所产生的空间效果，按其形式特点可分为连续、渐变、起伏、交错 4 种。韵律与节奏具有明显的条理性、重复性和连续性特点，在住宅群体空间组合中可合理运用，既加强整体的统一性，又求得丰富的变化。该手法一般用在沿街或沿河等带状布置的建筑群的空间组合中。运用该手法时应避免过多使用简单的重复，简单重复的次数不宜太多，以免造成呆板、单调和枯燥的感觉。不同的建筑组合可以呈现出高低、起伏、大小、虚实的情趣和意境。屋顶的交错跌宕、屋顶与墙面色彩的对比、门窗洞口的跳跃般间隔排列给人以音乐般的节奏和韵律。

3. 比例和尺度

在建筑构图范畴内，比例是指建筑物的整体或局部在其长宽尺度、体量间的关系，以及建筑的整体与局部、局部与局部、整体与周围环境之间的相对尺度、体量的关系。尺度与建筑物的性质、使用对象密切相关。一个建筑物应有合适的比例和尺度，一组建筑相互之间应有合适的比例和尺度，同样，一组建筑相互之间也应有合适的比例和尺度关系。在组织居住院落的空间时，要考虑住宅高度与院落大小的比例关系和院落本身的长宽比例。一般认为，建筑高度与院落进深的比例为 1:3 左右为宜，而院落的长宽则不宜差距过大，特别应避免住宅之间的空间既长又窄。沿街的群体组合，应注意街道宽度与两侧建筑高度的比例关系。比例不当会使人有空旷或狭窄的感觉。一般认为，道路的宽度为两侧建筑物高度的 3 倍左右为宜（1:3 为基本垂直视角，也是看群体建筑时比较恰当的比例关系）。

4.造型

建筑的造型直接影响到居民对于居住环境的认可和喜爱。好的建筑造型不但可以愉悦居民的身心,也可以成为住区的主要特色,提升居民的归属感。民居建筑造型应借鉴地方传统建筑风格,彰显地域特色,与环境在整体上形成相互融合、相互协调的气氛,不应采用怪异的造型,不宜随意采用外来建筑造型。

5.色彩

在建筑艺术中,色彩是建筑物最重要的造型手段之一,是表现乡村的空间性格、环境气氛、创造良好的景观效果的重要手段,建筑色彩的规划可以使空间获得和谐、统一的效果。各地传统的民居建筑因其社会和自然条件的原因,形成了极具地方色彩的并为人们喜爱的色调。色彩最重要的是主导色相的选择,要考虑乡村所在地区的气候,民族习惯和与周围环境的协调性。民居建筑群体的色彩要从整体和组团层面考虑,色调应力求统一协调,在建筑的局部可作重点处理以达到统一中求变化。

第三节　乡村聚落的公共中心景观规划设计

一、乡村聚落公共中心的选址要求与布局形式

在通常情况下,在集镇或者规模较大的中心村,会选择一些地点集中规划布置公共建筑和公共服务设施,为乡村居民提供物质和精神生活服务,这些地点自然成为乡村居民的公共活动中心,故称为聚落公共中心。从景观营造的角度看,公共中心的作用:一是在空间上起联系作用,把周围的建筑和环境组成一个有机的"整体",成为一个连续而又变化丰富的空间环境;二是一个过渡空间,人们由以居住为主的中心空间到游憩、休闲、活动的过渡空间,很容易得到心理的缓冲和情绪的放松,可以更好地欣赏周围的建筑和环境;三是公共中心联系了在其间活动的不同人群,使人们在共享空间过程中,增加交流和互动,增强社群感情,凝聚社区力量。

(一)乡村聚落公共中心的类型和设施配置影响因素

集镇的公共建筑和公共设施较为齐全,包括公共管理、文化教育、医疗卫生、社会福利、商业金融、集贸市场、交通物流、宗教、文物古迹等公共建筑和农机、农资、农技等农业生产服务设施,以及配套建设的广场、绿地等用于村民休闲、游憩、健身活动的公共开放空间。根据功能不同设置不同类别的中心,如行政管理、文化体育、交通、商贸、旅游服务等中心和传统性中心(如历史街区和寺庙、祠堂、老民居等具有传统建筑和乡村空间特征的地段)。而村庄的公共建筑和服务设施的类型较少,一般都是以村委会为核心设置综合性的中心,以及需要相对安静的幼儿园、敬老院等设施。

影响公共中心规模和设施配置的主要因素有:①服务的人口规模越大,公共服务设施配置的类型更齐全,规模也越大。②距城市(镇)中心越远,公共服务设施配置的类型需要更多,规模相应也越大。③与当地的产业结构和经济发展水平相关,第二、第三产业比重越大,经济发展水平越高,除了要服务本地户籍人口外,还有大量的外来人口在此长期居住就业,需要同样的公共服务,设施配置的类型需要满足人口的结构特点,设施配置规模也要合理满足不同类型人口的需求。④与当地的一些生活习惯和社会传统有关。如四川、云南、贵州等地喜欢喝茶,茶馆等商业服务场所就成为乡村的主要公共中心之一;西藏、新疆等少数民族地区的信仰文化

传统,宗教场所就成为主要的公共中心;南方一些山区,因交通不便,定期的集贸市场还是乡村的重要活动中心。

(二)乡村聚落公共中心的选址要求

1. 公共中心选址的一般要求

(1)交通方便。公共中心的人流、车流相对较多,其内外交通必须顺畅便捷;住区的主干街道应通向公共中心,其他街道的组织也应与公共中心建立便捷的交通联系,使公共中心缩短服务半径,更好地发挥功能作用。

(2)位置适中。乡村居民在聚落内部最常用的交通方式是步行、自行车和电动车,公共中心的位置适中,可方便居民的使用。注重公共中心的艺术表现,突出公共中心的面貌,选择立面造型美观、体型较大的公共建筑物作为主要干道的对景。使得无论远近,公共中心中的建筑都能发挥其在聚落建筑群体中的艺术表现力,丰富聚落建筑景观的层次。

(3)文脉传承。公共中心及其建筑设施的规模、体量、形式等在乡村聚落景观中占据重要地位,选址应结合聚落历史发展和文化传统,新建公共中心的位置选择应与原有中心有方便的联系,使其建设具有鲜明的地方特性。

(4)设施配套。按照公共中心功能要求,相关设施要配套,以发挥综合效应,满足居民的各项要求。

(5)环境优美。为满足人们开展公共活动的需要,公共中心应有高质量的内外部环境,应选择在环境优美、地势高燥、安全卫生、宽敞开阔的地方。

2. 不同类型的公共中心选址要求

(1)集镇的行政中心功能较多,需要宁静和肃穆的氛围,要求交通方便,但为了创造良好的办公环境,不宜与商业、娱乐、市场等设施相邻,避免干扰。

(2)商业服务和集贸市场设施需要合理的服务半径,选址布局应以其自身发展规律为主导,以方便生活、利于经营为原则,集中和分散布局相结合。

(3)文化体育等设施建筑体量相对较大,有大量周期性人流的集散,需要较大的活动、停车等场地,较为便捷的交通疏散条件。

(4)学校等教育机构的建筑面积和占地面积较大,有上下学的瞬时集中人流,要求服务半径尽量均衡、交通方便,其位置直接影响乡村聚落的格局。同时,要求地处阳光充足、空气流通、场地干燥、卫生安全、环境安静的地段。距离铁路、高速公路等干线的距离应大于300 m,主出入口不应开向公路;远离有污染地段,不应与市场、娱乐场所、医院太平间等不利于学生学习和身心健康及危及学生安全的场所毗邻。学校可与文体、科技等设施统筹布局,共享运动、文化、科技设施的资源。

(5)医疗卫生设施需要安静、卫生、安全的环境,不应布置在交通繁忙、喧嚣热闹的地段,不宜靠近广场、交通干道、市场等,其周围应做好防护绿化等隔离隐蔽的措施。

(6)服务聚落内部居民和周边居民的集贸市场,其布置应以方便全部居民生活、有利于人流进出、方便商品物流运输集散为原则。易燃易爆商品市场应单独设置在聚落边缘,符合卫生、安全防护要求。产地的批发市场等农贸设施,物流、车流、人流规模大、交集多,不应布置在聚落内部,应该选址于聚落边缘,有足够的固定和临时货物存储、车辆停放和人员食宿的场所,并与对外交通道路联系便捷的地段。

(三)乡村聚落公共中心的布局形式

1.以公共广场的形式出现

公共广场适合于用地较宽裕、具有一定人口规模、层级相对较高集镇和重点中心村落,一般位于聚落的中心,在广场周围布置公共建筑,形成多种围合方式,可作为贸易、节日集会、露天表演、日常休闲和体育运动场所。

2.以相对独立的院落或者相对封闭区域的形式出现

这种形式一般适用于集镇的行政管理、医疗卫生、文化教育、农贸市场等中心。

3.通过加宽主要街道的某一部分来体现

沿这段加宽部分的道路两侧呈"一条街",或者沿道路一侧的形式布置公共建筑物。这种形式有利于沿街布置经营门店,有利于组织街景,方便居民使用和出行,综合效益较高;但在人流、车流较大的聚落或者地段,存在一定的交通和安全隐患。

4.集中布置公共建筑形成公共中心

利用聚落中某个区域的建筑底层,或者一个较大的院落,集中布置公共建筑形成公共中心。这种布置形式便于居民使用,利于乡村聚落景观组织,适用于中小型乡村聚落。

5.点状自由布局

根据地形地势、交通条件和用地状况,灵活布置公共建筑和服务设施。这种形式适应性较强,但布局分散,服务不便,难以形成聚落公共中心的格局和气氛。

二、乡村聚落广场的景观规划设计

广场一般作为聚落公共建筑的扩展,通过与道路空间的融合而存在,是聚落空间节点的一种,主要用来进行公共交往活动的场所,成为聚落的中心和标志。在传统聚落中,广场承担着宗教集会、商业贸易、日常生活聚会等功能。对于规模较大而又布局紧凑的聚落来讲,由于以街巷空间交织成的交通网络比较复杂,遇到几条路口汇集于一处时,便自然形成了一个广场,并以此作为交通枢纽,同时具有道路连接和人流集中的特点。

(一)乡村聚落广场的类型与特点

与城市相比,一般的乡村聚落有人口密度小、空间平缓疏朗、公共活动场所更趋于集中等特点,广场的主要功能还是为内部居民服务,提供公共活动、日常休闲、生活购物等场所,具有多功能、多用途的复合特征。但人口规模较大、层级较高和空间充裕的集镇聚落,根据功能和服务需要,也会分成行政、商业、休闲、交通、纪念、宗教等不同类型的广场。

从景观规划的视角看,空间围合是决定广场特点和空间质量的重要因素之一。适宜、有效的围合可以较好地塑造广场空间的形体,使人对该空间产生归属感,从而创造安定、舒适、宜人的环境。从二维层面(平面)上,广场围合可以分成:

1.四面围合的广场

以广场为中心,四面建筑围合。这种类型的中心围合感强,具有强烈的内聚力和向心性;广场可兼作公共集会场所。

2.三面围合的广场

广场三面布置建筑,另一面开敞。此类广场的围合感也较强,具有一定的方向性和向心性;当一面临河、临路或有较好的景观时,可形成开敞的广场景观。

3. 二面围合的广场

只有两面有建筑，另两面临街或者临河。这种形式的空间限定较弱，常常位于大型建筑之间或道路转角处。空间有一定的流动性，可起到聚落空间的延伸和枢纽作用。

4. 单面围合的广场

是指将广场一侧作为视觉底景布置建筑，其他三面开敞。如布置在湖畔、河边或者山前。如能把山、水、园等周围环境要素渗入广场，形成一个整体，效果更佳。但封闭性较差，当广场规模较大时，可以考虑通过景观设计组织二次空间。

总体而言，四面和三面围合的广场是最为传统的，也是乡村聚落出现较多的广场布局形式，这样的广场围合感较强，为乡村居民的公共生活提供了心理上相对安全隐蔽的空间。

(二)乡村聚落广场景观规划设计原则

1. 注重地域特色和历史文脉的挖掘

在乡村景观规划设计领域，场所是由自然环境和人工环境相结合、有意义的整体，这个整体反映了在某一特定空间地段中人们的生活方式及其自身的环境特征，因此，场所不仅具有实体空间的形式，还有精神上的意义。文脉是指局部与整体之间对话的内在联系，是人与建筑的关系；乡村文脉是乡村赖以生存的背景，包含着显性形态和隐形形态。显形形态可概括为人、地、物三者：人指人及其社会生活等活动；地指人活动的领域，也就是适于人的交谈、交往、散步、娱乐、活动等的公共空间；物就是广场将人、事粘接在一起，是乡村中最具特色和富有感染力的场所。隐形形态是指对广场形式与发展有潜在的、深刻影响的因素，如政治、经济、历史、文化以及社会习俗、心理行为等。一个有地方特色的广场往往被居民和来访者从心理上作为乡村聚落的象征与标志，因此，在广场景观规划中，首要原则是应深入挖掘并尊重乡村的地域特色、场地的场所精神和聚落的历史文脉。

2. 满足乡村聚落居民的日常使用需求

人是广场的使用主体，人的行为需求是广场景观规划设计中最重要的影响因素。在规划设计中，将广场使用者的行为与广场环境紧密结合，是人的各种需求能够得到满足的根本途径。要注重不同使用者的各种活动需求，避免过多的单一用途空间，能够满足居民和访问者舒适、认同和归属感，激发和增强场地的活力，使之进一步成为乡村的象征与标志。

3. 建造和运营经济及技术实用

经济实用是乡村聚落广场景观规划设计的重要原则。乡村能够吸引人之处在于反映民情风俗的建筑设施、优美的自然环境和舒适宜人的人文环境，而不是表面上的宏大壮观和奢华浮躁之气。因此，充分考虑当地的气候条件、发展水平和居民的切实需求，因地制宜地营造充满活力和生活情趣的乡村广场，配置实用经济的设施，避免因广场过大、表面元素过多、过于追求形式、华而不实所带来的土地、资源、投资和维护上的浪费。

4. 注重环境保护和生态景观营造

广场景观规划设计要充分发挥本土的、低影响、低成本、改善局部小气候的方法，创造高舒适度的公共空间。一方面是广场景观应通过融合、嵌入园林式的设计手法，引入乡村自然的山体、水面、地形等环境要素；另一方面要充分尊重生态环境，不贪大求全或过度雕饰。

(三)乡村聚落广场景观规划设计方法

1. 场地分析与容量估算

场地分析首先应了解基地周围建筑的状况，立足于村镇整体空间，对广场所处区域的周围环境进行分析,以确定广场位置是否合理;其次,确定广场的性质、容量和风格;再次,场地分析还应结合自然气候特征,对基地地形进行分析研究,确定可利用的要素和需要改造的地方。一般来说,乡村聚落广场容量估算标准是人流密度以 $1.0\sim1.2$ 人$/m^2$ 为宜,广场人均占地面积可为 $0.7\sim1\ m^2$。

2. 广场景观的尺度比例

广场的尺度应考虑多种因素的影响,包括广场类型、交通状况和广场周边建筑的性质以及布局等,但最终是由广场的功能需要决定。如游憩集会广场集会时容纳人数的多少及安全疏散要求,人流和车流的组织要求等;文化广场和纪念广场所提供的活动项目和服务人数;交通集散广场的交通量大小、车流运行规律和交通组织方式等。总的来讲,乡村聚落中心广场不宜规划太大,广场的面积以 $1\ hm^2$ 内为宜。除中心广场外,还可结合需要设置小型休闲广场、商业广场等其他不同类型的广场。

在满足基本功能要求后,广场尺度的确定还要考虑尺寸、尺度和比例。人类的五官感受和社交空间划分为以下 3 种景观规模尺度:$20\sim25\ m$ 的空间尺度、$110\ m$ 左右的空间尺度、$300\ m$ 左右的领域尺度,这也符合我国传统设计理论中"百尺为形,千尺为势"的经验。乡村聚落广场一般控制在前两种为宜。广场的围合程度则有下列的关系。

$D:H=1$,即垂直视角为 $45°$,可看清实体的细部,有一种内聚、安全感。

$D:H=2$,即垂直视角为 $27°$,可看清实体的整体,内聚向心不致产生排斥离散感。

$D:H=3$,即垂直视角为 $18°$,可看清实体与背景的关系,空间离散,围合感差。

3. 广场景观的空间组织

(1)整体性。包括两方面内容:一方面是广场的空间要与村镇大环境新旧协调、整体优化、有机共生;另一方面是重视安排空间秩序,使广场空间环境本身格局清晰,严谨中求变化。整体有序是产生美感的重要因素,在整体统一的大前提下,运用均衡、韵律、比例、尺度、对比等基本构图规律,处理空间环境。

(2)层次性。人的需求和行为特征应成为广场景观规划与设计的基本出发点。乡村聚落广场多是为居民提供集会活动、休闲、娱乐的综合场所,应注重空间的人性特征。由于使用者的性别、年龄、职业不同,以及不同个性人群心理和行为规律的差异性,广场空间组织应满足公共性、半公共性、半私密性、私密性的多层次的需要和要求。可以通过地面高程变化、植物围合与分隔、建(构)筑物形体、座椅设施的布置与变化来实现景观的层次划分。

(3)交通组织。广场具有休闲、娱乐、健身和文化等功能,在进行广场内部交通组织时,除了消防应急需要的车道外,广场内平时应不设车流,而是以步行环境为主,以保证场地的安全;广场内部人行道设计要注意与总体设计和谐统一,与周围的步行街、公园绿地、健身步道等有机地连接起来,从而形成一个完整的步行系统。

4. 广场景观的设计要点

(1)铺地。地面是广场两维空间的主要构成要素,尤其广场硬质地面所占比例较大,地面划分和处理与铺地形式有着密切的关系。设计中应挖掘地方传统历史文化和场所环境等元素,运用不同质地、色彩和形状的铺地,通过拼接、搭配、穿插组合,同时将水面、绿地、沙地等视为特殊的铺地,力求整体统一,在完整中求变化,起到象征、装饰、标志等表意作用,既丰富广场地面效果,还可以展现地方文化风貌和场地历史特征。

(2)理水。水是最活跃而神奇的因素,通过对水的处理,唤起人们对乡村景观中的溪流、泉水、瀑布等自然环境的联想。人们把手伸到一片水中,去触摸感知它,看它的波纹,观察水中的倒影和特别的运动,以及随光线变化而产生的光影变幻-太阳闪光,虚实对比,相映成趣。水是最灵动的因素,水在不同状态下的流动和发出的声音,使广场景观有了动感和活力。根据当地的气候环境、水系资源和地形地貌,利用不同形态的水流,水面本身的聚或散,或不同水体之间的连接处理,以及流曲柔美或规整闭合的水体边缘形状等景观设计手法,让人感受到广场景观的律动和灵性,感受到乡村人工景观与自然景观的深度融合。

(3)绿化。绿化具有自然生长的姿态,有四季的景相变化,不同树种拥有不同的造型和色彩,可以缓冲和消除人的紧张和疲劳。同时,绿化构成的景观,具有人情味和生态功能。乡村聚落的广场一般面积不大,不宜大量集中植树,可以保留一些具有历史记忆和精神象征的原有大树,配置适宜尺度和地方品种的草地和花坛,点缀一些经过人工修整的树形,或用花卉、灌木来装饰,增添广场绿化的生机和趣味。

(4)雕塑。作为广场空间的聚焦景观点,雕塑常作为广场的标志,极具视觉效果的造型,表达作品的创意,影响人的情绪,使人产生共鸣,形成广场的视觉中心,体现不同广场的特点和性格。在乡村聚落的广场中,雕塑的设计应该充分挖掘地方的历史文化元素、利用地方的乡土材料和塑造工艺、体现地方和民族文化特色以及广场本身的场所性格、精神与风貌。

(5)构架。构架广泛运用在中小型广场中,作为室外环境和建筑之间的过渡空间,即"灰空间",不仅起到了划分限定空间的作用,还给人们意识上某种隐喻和暗示,丰富了广场的景观。构架的设计要与广场的功能分区、人流动线、环境地形和游憩设施布局结合,其形体、材料、色彩、质感等设计语言与周围的建筑设施相呼应。构架也要与绿化景观结合,随着四季变化和日间光线的变化,构架的投影产生时长时短和角度的变化,使广场上的光影变幻更加生动起来。

(6)灯光。广场的灯光包括照明和夜景营造两部分功能。作为居民的活动场所,适宜的位置、足够的照度、良好的均匀度和丰富的光影变化是广场照明和夜景灯光设计的主要要求,是保障夜间广场的使用功能、人们的身心安全、场所的夜景艺术效果。而作为乡村聚落的广场,由于空间比较小,灯光设计要与人的尺度保持亲近,营造亲切的感受、适用的效果和温馨的氛围,还要与周围建筑、山体、河道、绿地等结合起来,形成层次性,共同构建聚落的整体灯光夜景。

当然,并不是广场都包含了上述的种种要素,可以根据不同的主题、功能、环境和要求,挖掘特色的文化元素,抓住一个或几个要素为主题进行创作。一块石头、一棵大树、一座古桥、几阶踏步都可被加工修饰后融进广场,使之成为富含个性的闪光点。

第四节　乡村聚落的道路景观规划设计

一、乡村道路与交通规划

(一)乡村居民出行特点与道路层级

1. 主要出行方式与特点

乡村生活范围相对较小,就近从业方便、人际关系密切、自然环境优美,路网结构相对简单,内部出行方式是以步行和速度不太快的、简单的运输工具为主。与城市居民相比,乡村居民出行特点具有鲜明的生活性、和谐的人文性、交通的可达性和方式的多样性等特点。

乡村居民的主要交通方式有步行、人力或电动自行车、电动或机动摩托车、三轮车、小汽车和公交车,村落内交通以步行、自行车、三轮车、电动或机动摩托车和小汽车为主。

2. 道路层级与形态

乡村道路是维持乡村地区自身运转以及同外界联系的动脉,是乡村生存发展的生命线,也是乡村景观的一个展现舞台。按照内外功能的不同,乡村道路一般分为外部的过境交通道路、聚落之间的联系道路、田间生产道路、聚落内部道路,具有交通、生产与生活多重的功能。

过境交通道路和聚落之间的联系道路统称为公路,各级公路是乡村对外交通的纽带,连接城乡或者不同村镇,满足乡村和城镇间的日常人流、货流空间转移的要求,道路红线宽度遵从公路和城乡总体规划,视实际情况而异。公路具有交通量大、速度快的特点,不能沿公路两侧布置住宅和吸引人流的商业、文化、娱乐设施,以避免人流对车行道的干扰,保证交通安全。历史上已经形成的一些公路穿越村镇的状况,应在条件允许的情况下,逐步通过改道等措施来避免住区与公路的矛盾。

田间生产道路一般是指各级公路以外,为了方便农业机械、运输车辆和人员通行的田地间生产道路。随着经济社会发展,一些地区还有专门的畜牧场或者产业集中区的运输生产道路。

聚落内部道路是指村镇内部的各级别道路,除承担交通运输职能外,也是购物、交往、休闲娱乐等社会生活的重要空间,还是布置各种基础设施的场所。

村镇内部主要道路(街道)的形态决定了整个乡村聚落的格局,其形态与乡村聚落所在地形、地貌、气候等因素密切相关,有条形、交叉形、并列形、环路形、格网形等。

(二)乡村聚落内部道路系统

1. 交通型道路

交通型道路连接着乡村聚落不同的功能区,满足不同功能区之间日常人流、货流空间转移的要求。通常与乡村的重要出入口相连,或是连接乡村内部的一些重要设施。

2. 生活型道路

可进一步分为居住型道路、商业型道路和其他类型道路。

(1)居住型道路。乡村聚落的大部分生活型道路多为居住型,由住区级道路、组群级道路和宅前道路构成,非机动车和行人的安全与便捷是该类型道路景观设计的主要目标。住区级道路的红线宽度为14～18 m,其中车行道宽6～8 m,多采用一块板的道路横断面形式,也可设专门的人行道,是连接乡村内部的主要道路。组群级道路是各组群之间相互联系的道路,断面一般为一块板,重点考虑消防车、救护车、家用小汽车以及行人通行,路面宽度为4～6 m。宅前道路是进入住宅或院落各住户的道路,以人行为主,考虑少量住户的私人机动车辆进入,路面宽度为2～4 m。

(2)商业型道路。一般处于集镇或者超大型村庄的中心,在一侧或两侧布置商店,有较大的步行人流,满足本地居民在闲暇时间逛街、购物、文化、娱乐和休憩的要求,还承担着接待外来游客展现乡村魅力的重要职能。商业型道路要有足够的宽度,适应商业街人行、车流和商业运营的空间需求,但过宽的街道,有可能将其他交通大量引入,对于购物空间来讲是一种不安全的环境。因此,商业型道路在满足自身交通需要的基础上,应便于行人在街道两侧往来穿行,利于增加街道的商业气氛。

(3)其他类型道路。一般指的是与主要道路平行而且具有一定宽度的绿带中的步行林荫路,有的布置在道路中间,有的布置在道路的一侧,或布置在滨水道路临水的一侧,主要用作步行和休闲游憩场所。

(三)乡村交通规划

乡村交通组织的目的是为确保居民安全、便捷地完成出行,并创造方便、安全、宁静、良好的交通和居住环境,包括动态交通组织和静态交通组织。动态交通组织是指机动车行、非机动车行和人行方式的组织;静态交通组织则指各种车辆存放的安排及停车管理。

1. 规划原则

(1)因地制宜。不同地区、不同类别、不同规模、不同地形条件、不同交通结构的交通组织方式不尽相同,要针对具体问题具体分析,因地制宜地选择最合适的交通组织方式。

(2)流线合理。交通流线合理关系到居民的出行、生活、活动的安全性、便捷性。

(3)环境融合。交通规划应注意道路形态与自然环境的有机结合,以利于创造乡村聚落良好的环境景观。

(4)减少干扰。农用车、摩托车、小汽车的噪声、废气给乡村居住环境带来较大影响,应通过合理交通组织减少上述干扰。

(5)出行方便。为不同人群、不同需求提供便捷的出行条件。

(6)便于管理。尽量避免因交通组织不利引起的交通事故和交通用车的停放。

(7)节约资源。通过科学合理规划,节约投资,确保土地资源高效利用,为乡村创造更多的绿地和休闲场地,满足居民休闲和文化娱乐生活的需要。

2. 动态交通规划

我国传统乡村聚落的道路体系由干道-街-巷(胡同)-弄 4 个层级,或者更少层级所形成,分工明确、结构清晰。动态交通组织应符合乡村车流与人行的特点,保证交通安全,创造舒适宜人的交通环境。通过合流与分流的不同处理,使道路等级清晰、线形流畅、通行便捷。动态交通组织方式主要有以下几种。

(1)无机动车交通。该方式主要采取在周边停车和主要出入口停车等方式,将机动车辆完全隔离在生活区域以外,同时通过贯穿的步行系统和自行车道将住区的各组成单元联系在一起。这是一种较为理想化的交通组织方式,其优点是容易创造具有归属感和安全感的邻里交往氛围,减少道路占地面积,有利于组织以步行为主的人性化空间。其缺点是,如果聚落或者单元太大,步行距离太长,则会影响居民生活的方便。规划需要注意形成适度规模的居住单元和分散合理的停车场地布局。

(2)人车分流。该方式强调将机动车与非机动车及行人在空间上完全分离,设置两个独立的道路系统,仅在局部位置允许交叉。人车分流可分为平面系统分流、内外分流、立体分流和时间分流。形成聚落的规模一般不太大,完全的机动车和非机动车及行人空间分流会浪费空间。适合乡村聚落交通组织的人车分流主要是根据行人和车流的特征,进行适当的时间分流。

(3)人车局部分流。这是最为常见的乡村聚落交通组织方式,具体有道路断面分流和局部分流两种。还可在重点地段禁止机动车通行,维持乡村应有的宁静生活氛围。道路断面分流是在道路横断面上对机动车、非机动车和行人进行分离而形成的一种人车适时分行的道路交通方式;局部分流是在人车混行道路系统的基础上,在住区、公共建筑、绿地等之间设置局部步行或非机动车专用道,减少机动车对行人的干扰。局部分流的主要优点是经济方便。

(4)人车混行。指非机动车、机动车和行人在同一道路断面中通行。一般在小规模的聚落采用。

我国不同地区乡村的自然条件、经济条件差异很大,规划建设要求也有很大差别。乡村聚落本身又因规模、类型、区位等不同,对交通组织有不同的需求。在道路景观规划时应充分利用各种方式来控制车速、减少噪声、保证安全,以达到较为理想的人车共存目的。

3.静态交通规划

随着我国经济发展和社会进步,近年来乡村各种车辆增长速度很快,小汽车已经开始进入较多家庭,电动自行车、摩托车、三轮车、代步车等在乡村中较为普及,加上农用机械、运输车辆的使用,不少地区乡村聚落中静态交通问题开始凸显。主要存在停车空间不足、停车无序、人流车流混乱,以及道路、公共活动场地和公共绿地被停车侵占等问题,导致乡村人居环境质量下降。乡村聚落停车主要包括居民自行车、三轮车、摩托车、小货车、拖拉机和小汽车的日常停放,也包括乡村公共服务设施运行本身所需要及所吸引车辆的停放。因此,在道路交通规划中要合理安排静态交通,要考虑停车类型、停车数量、停车组织等。

(1)停车指标。目前还没有乡村聚落机动车停车指标的相关标准和规范,需要在实际调查研究和科学合理的预测基础上加以选择。总的原则是:指标确定要近远期结合,有前瞻性和弹性;要按发展水平划分不同地区和不同层级、不同规模、不同类别聚落的停车标准;要按照不同聚落功能类型和空间结构划分不同的标准。对于满足居民日常的生活需求而言,应该以户均一个机动车位为基本标准预留空间;在近期有一些家庭虽然还没有车辆,但从公平性和前瞻性来讲应该预留。在非机动车停车指标上,目前乡村居民出行交通工具以电动自行车和摩托车(电动或机动)为主,其标准停车位可以电动自行车为空间需求标准。在指标测算方面,日常停放应是以自家庭院为主,各户根据自己的需求预留空间。在公共服务设施和场所,可根据不同设施日常运行期间的人流调查结果,规划不同设施所需的临时停车指标。

(2)停车规划。车辆停放需求有固定车位和临时车位,停车方式有停车场集中停放和在自家院落中分散停放两种。住区的非机动车以自家院落和建筑内部停车解决。根据前述的机动车、非机动和人流的分流方式,住区机动车辆集中停放有 3 种方式:一是在聚落或居住单元外部规划集中停车场,车辆不进入聚落或者一个居住单元;二是利用内部道路、广场和空地等规划停车位,车辆就近停放;三是前两种的混合方式。分散停车是指各户在自家院落或者住宅周围的自有空间内停车,不设公共停车场所。在人均住宅建设用地富裕的地区,应以自家院落或建筑内设置固定停车位为主,以集中停车场和路边临时停车位为辅,临时车位主要用于外来车辆临时停放。对于人均住宅建设用地紧张的地区和内部交通道路较为狭窄的聚落,可根据空间条件设置集中的停车场地为主,结合聚落出入口、道路与院落布局和建筑组群的空间组织,设置合理的路边停车空间为辅,确保居民身心安全和车辆有序的停放。在公共服务设施停车场方面,重点是医院、行政办公、集贸市场、学校等公共服务设施的周边;医院、行政办公场所的人流相对稳定,而学校、集贸市场则有典型的瞬时人流,需要按调查、测算所需的机动车和非机动车车位进行合理设置。

(3)静态交通与景观设计。静态交通应与道路、绿地景观相结合。路边停车位的景观设计宜结合道路类型和车位停放特点,采用大乔木结合植草砖等绿荫停车的方式。对面积较小的停车场,可沿周边种植树冠较大的乔木及绿篱,形成围合感;面积较大的停车场,可利用停车位之间的隔离带,种植高大乔木,形成树阵绿化模式。停车场要综合考虑规模、地坪处理、高差变化、绿视率和色彩变化等,还要考虑无车停放时,场地能开展其他活动,形成功能复合的公共空间。

二、乡村聚落道路景观及其影响因素

(一)乡村聚落道路景观及其空间构成

道路景观是展示在道路使用者视野中的道路线形、道路构造物和周围环境的组合体,即人们从道路上看到的山水、土地、植物等自然物和路面、车辆、建筑、桥梁等人工物等。道路是连接不同场所内外空间的线性单元,是一个动态三维空间景观,具有韵律感和美感;道路把不同的景点结成了连续的景观序列,使人产生一种累积的强化效果,同时道路本身又是景观的视线走廊。道路景观的变化随着乡村空间的发展而变化,特别是沿线的土地利用情况和建筑物风格的变化。

道路景观设计是将所有的道路景观要素巧妙和谐地组织起来的一种艺术。通常可以把道路景观要素划分为主要要素、辅助要素、背景要素、变动要素4种。主要要素是指道路主体、沿线建(构)筑物、绿化栽植、露天空间等;辅助要素是指许多起"填补"作用的各类装饰物,如用地范围内的道路占有物、路灯、树木、花坛、广告牌等;背景要素是指道路周边与沿线所有的山、河、湖、海等自然地形地貌,是乡村聚落道路景观塑造中不可忽视的、可形成地域特色的借景内容;变动要素主要指乡村聚落所在的气候条件,气象、季相、物相变化及乡村聚落形成的文化习俗的影响,如天气、季节、人的穿着、行为等。对道路景观设计的要求是与周围的环境相协调,并适应道路所在地的地形、地区特性、历史特点。路面整洁平整,弯道曲线柔和,绿化装饰适宜,路灯配合协调,人车有理有序通行,居民丰富的穿戴和善意的笑脸,都可构成乡村道路的景观美。

从空间构成角度讲,主要要素的景观空间是由底界面、侧界面和顶界面构成的,它们决定了空间的比例和形状。主要要素和辅助要素形成了道路景观空间的基本界面,背景要素和变动要素形成了乡村聚落道路景观的环境界面。

1. 底界面

即道路的路面,影响底界面的因素主要有道路宽度、道路板型、道路材质、与垂直界面的关系、与环境的关系等。除了具有各种不同的材质外,道路底界面的组成、底界面与侧界面的交接、底界面的高差变化等都会形成不同的道路感受。道路的性质、作用、交通流量及交通组成所决定了底界面采用的具体形式,底界面的组成内容会因为其形式的不同而不同,如纯车行道路、人行道路和混行道路,底界面各不相同。除了供通行的地面外,底界面往往还有一些地形地貌的因素存在,如底界面与侧界面的交接、水体及地面高差等。在规划设计中要充分利用这些条件,能创造出丰富多彩的道路和街巷空间。

2. 侧界面

侧界面也可称为垂直界面,由两侧的建筑或环境集合而成。垂直界面的连续感、封闭感是形成街道空间的重要因素,反映着乡村聚落的历史与文化,影响着街道空间的比例和空间的性格。垂直界面有两侧围合和一侧围合两种方式。两侧围合是道路两侧都由建筑的立面或山墙面围合而成;一侧围合则是道路一侧为建筑,另一侧为山体或较为开敞的水体、绿地;应从高度限定、材料运用、开窗比例、线脚处理和色彩选择等各个方面,充分考虑道路两侧建筑与相邻建筑及街道空间的整体视觉关系,有效保持街道垂直界面的连续性。道路的性质会影响垂直界面所围合的道路空间特征。对于生活型的街道来讲,两侧的垂直界面一般呈稳定的实体状态,街道空间相对固定;而在商业街道中,两侧的店面往往会随经营业态、营业时间而形成一种有规律的变动状态。

3. 顶界面

顶界面是两个侧界面顶部边线所确定的天空,是最富变化、最具自然特性的界面。顶界面受道路宽度、垂直界面围合形式、垂直界面高度以及乡村聚落所在区域的气候条件影响。路面较宽、建筑低,则顶界面开敞;晴天阳光明媚,阴天雨雾阴霾,则顶界面随之呈现不同的景观。

4. 环境界面

是指乡村聚落所在的自然地理环境和社会文化环境,如平原、山地、水网、湖泊、草原、森林、气候气象、文化民俗等。如辽阔平原上的笔直道路、丘陵坡地的起伏道路、崇山峻岭里的蜿蜒道路,其环境界面差异很大,也体现出各具特色的景观特征。规划设计中要善于利用。

(二)乡村聚落道路景观的影响因素

1. 运动心理感受

景观的优美与否是人们的心理和感情对景物要素产生的一种反映,景观的评价标准对不同时代、不同民族和不同群体的人而言是不相同的,甚至同一个人在不同年龄和不同的时刻,因心境和外界环境的变化,景观感受也有不同。不同的道路使用者因其使用目的的不同,而对景观有着不同的体验和要求。如旅游者会非常关注公路两旁的景观,想更多地了解一个地区的自然环境、特色风貌和民俗风情;驾驶员最关注的却是道路线形的流畅与否,行驶的舒适性和安全性。交通美感主要是通过视觉、运动和时间变化产生的,景观设计应针对人们的心理去发掘交通美感,在满足行车安全舒适的同时,给人以愉快的美感。这就要求在道路的设计中,一是避免使用长直线,过长的直线特别是在景观无变化时,容易造成行车过程的单调乏味,驾驶员易疲乏,乃至发生交通事故;二是要避免线路过度的弯曲起伏,给行车安全带来严重影响。

2. 色彩及视觉感受

四季的色彩变化对道路景观有相当大的影响,在景观设计中,考虑人们对色彩的心理反应是很必要的。人对色彩有着很明显的心理反应:红、黄、绿、白能引起人们的注意力,提高视觉辨识能力;绿色的植物常常可以让人感到安全;充足的路肩宽度和平缓的路边沟渠及其绿化使人产生开阔感,从而可以避免驾驶上的紧张。

道路景观与其他景观的一个很大的区别是动态且具有视觉连续性。只有使道路两侧景观(建筑组群、花草树木等)错落有致、线形本身有起伏弯曲,才会使人总保持一份新奇感和探求感,这是视觉连续性带给人们的一种愉快感。

从视觉角度出发,可以将景观分为已经显示的景观和正在浮现的景观。人的大脑容易对事物之间的对比和差异产生反应,当两种景观同时映入眼帘,人们就会感到一种生动的对比。显示景观和浮现景观一般是一连串事物的随机组合,景观由于并置产生的戏剧性而充满活力。景观设计的任务就是将这种相互联系的艺术进行编排,将无序的因素组织成能够激发情感的、层次清晰的环境。

3. 空间感受

道路是连接不同场所、内外空间的线性单元,具有与周围环境相联系的空间特点。道路空间设计应尽量和自然景观协调一致,融为一体,如把欣赏街景的行人、自由的道路、来往的车辆,安静而又亲近人体尺度的广场与休息场所,以及通过填方、挖方、栽植等形成的环境等融为一体。当地形及原有植被形成有吸引力的景观,在道路选线时应考虑予以保留;要充分考虑栽植构成的空间,处理好边坡、边沟、填挖等工程的景观设计工作。

4. 组织艺术

交通道路吸引人的景观取决于道路的几何线形设计和对道路两旁景物布置的设计。道路设计要把线型设计周围景观要素艺术组织进来,使之适合人们的节奏流动变化,从而体验到舒适愉快的美感。聚落内部的道路应在满足居民劳作、购物、上学等日常生活,清除垃圾、递送邮件等市政服务交通活动需要,以及救护、消防、搬运家具、婚丧嫁娶等非经常性的交通需要的基础上,要满足铺设各种工程管线的技术和安全要求,同时要满足观景、休闲散步、锻炼身体、认知定位和邻里交往等功能需求,充分考虑其在住区的景观、空间层次、形象特征的建构和塑造方面所起的作用,这是区别于乡村其他道路的重要内容,需要在住区的空间环境与道路景观规划设计中加以注意。

三、乡村聚落道路景观规划设计要点

(一)规划原则

1. 特色性

尊重自然条件与历史文化,突出乡村特色和地方风貌特征。不同的气候、地理、地形等自然条件下的乡村聚落,对道路线型、路网形式、路面材质和路旁绿化等选择不同;不同的历史地段、功能街区的文化要素对道路景观的形成具有不同的影响;乡村聚落的人口规模和人们的出行方式对道路的宽度、分隔和联结等要求不同。规划设计时,要尊重自然条件和历史文化,突出地方特色和地方风貌特征,形成诸如以椰林、香樟、桂花、银杏等地方特色树种为主的彩色景观路,与河道、溪流、沟渠相伴随行的生态健康步行道,与地方文化展示、饕餮美食品尝、手工艺品制作等特色的商业街区等。

2. 协调性

道路及设施的材质、色彩、尺寸要与周围环境整体协调,力求温馨自然。主要表现在以下3个方面。

(1)同一性质空间的铺地尽量统一。在一条街道上,根据各路段具有的特点和功能不同,在铺地的材质、图案、色彩上进行不同选择,但在整体上必须满足协调性、连续性。

(2)色彩的和谐统一,尺度的舒适宜人。色彩是反映街道空间特性和环境气氛、创造良好空间效果的重要手段。一个有良好色彩处理的街道,将给人带来无限欢快和愉悦;街道设施的色调杂乱无章,会让人眼花缭乱,心情烦躁。

(3)街道设施的尺寸需与空间相协调。设施装置过高,尺度过大,会过分突出,与街道整体景观系统不协调;反之,如果设施过分矮小,不具特征,则起不到装饰街景的作用。

(二)规划设计要点

在乡村道路景观规划设计中,在充分考虑和了解居民出行方式、特点与乡村道路交通规划的基础上,尊重乡村所在地的自然条件和场地文脉,考虑使用者的感受,精心组织,在整体构建和局部设计两个层面开展规划设计,使之成为乡村景观的一个展现舞台。

1. 乡村聚落道路景观的整体构建

乡村聚落的道路系统是由不同功能、等级的道路及不同形式的交叉口和停车场设施,以一定方式组成的有机整体,需要在整体层面将它们的大小、功能以及结构与乡村聚落社会组织、空间结构相对应。道路规模、布局、形态、线形、建筑高度的控制、绿化形式等都直接影响到道路景观。如乡村聚落规模决定了道路的规模、长度,乡村聚落的规模一般控制在步行可及的范围内,其主要道路的规模和长度也应控制在人行的尺度下;规则型、半规则型和不规则型等不同道路布局形式直接影响到道路之间的关系及其长度;建筑体量大小、高低变化、进退布置等影响道路景观的形态。因此,充分考虑乡村聚落所处自然环境的优势与特点,利用当地有特色的地形地貌,注重天际线和道路顶界面与自然环境的呼应,注重道路纵向延伸与聚落外部环境的借景和呼应等。

2. 乡村聚落道路景观的局部设计

局部设计是指道路的路面设计、线形设计、绿化环境设计要遵循"形式服从功能"的原则,必要的构造物,如小桥、涵洞、挡土墙、护栏等,在道路画面中应尽量使其不引人注目,并应在构造物允许的范围内做出满意的设计。

(1)线形的景观设计。线形是道路景观的主要控制因素。对道路景观规划设计起着决定性作用。道路的线形设计既要满足行驶的功能与安全要求,又要满足使用人视觉及心理的舒适性要求,要结合地形和周围环境,科学选线,合理组合线形。线形应该连贯、均匀、协调、舒畅,具有良好的视觉诱导性和优美的外观形态,同时要与自然环境协调一致,能给人一种统一、连续的整体感。如线形处理不好,就会破坏自然景观,将空间分割,给人以压迫感,或者妨碍日照等。

(2)路面的景观设计。路面材料的选择被认为是解决街道景观和突出街道个性的关键。除考虑其强度、耐磨性、施工容易性外,还应考虑其在景观美化方面的特性。除常用的沥青、混凝土之外,天然石料、砖瓦以及合成树脂等性质不同的路面材料组合使用,在美化景观方面具有独特的作用。如有时为了减轻黑色路面产生的视觉扩张,可用不同颜色的沥青或其他路面材料修筑路缘、车行道和分隔带,既加强了道路的装饰性,又具有较好的视觉诱导性。提倡使用具有地区代表性、使用经久耐磨以及使用历经时间越长越有景观特色的地方材料,如山区乡村道路使用的自然石路面等。

(3)沿途绿化的景观设计。沿途绿化是给无机的道路添上有机的自然色彩,形成舒适的环境景观的主要因素。沿途绿化的设计首先要考虑的是景观美化功能,通过有效的绿化设计改善沿线环境。如分隔带与行车道的视线通透或者避免遮蔽障碍设计;如树种选择要考虑外形、尺寸、生长的适应性,还要考虑道路景观的主题格调,要和路面、工程构造物及沿途原有植被相协调。好的绿化设计,不仅能调整工程中有些难以避免的景观损害,还能保持动、植物界有价值的生态平衡,使道路空间充满活力,如生态绿道和动物迁徙道的设计。另外,对道路坡角进行棱角整饰、对路肩采用草坪处理、行道树精心种植、采用设计精巧的防护栏等,能使道路的景观与沿线环境融为一体。

第五节　乡村聚落的水系景观规划设计

一、水系在乡村聚落景观中的独特作用

水不仅可以供人饮用,还是人类周围所有生物必需的物质要素;河流水道不仅可以给住区供水、排水,还具有改善和维持系统生物多样性等生态功能;聚落内外的水系还具有心理和美学的作用,给人居环境景观增加生机和活力。我们的祖先很早就认识到水系在人居环境建设中的重要作用,并将其比做大地的血脉。《管子·水地》篇中提出"地者,万物之本原,诸生之根

菀也","水者,地之血气,如筋脉之通流者也,故曰水具材也"。国内外一些水网密集区和江河流域,水系是当地居民对外交通的主要线路,聚落布局往往根据水系特点,形成周围临水而居、引水进村入城、沿着河流一侧或两侧线形布局等多种形式;聚落内部街道也往往与河流走向相伴而行,形成前朝街后枕河等特色的居住格局。

在乡村聚落选址时,不仅要考虑居民的安全卫生的饮用水,还要考虑方便足量的生产用水,此外,水系还有军事防卫、排水防洪、水源调蓄、防火等许多功能,因此村镇的选址和布局都与水系、水源有关。我国传统乡村聚落营造对水系景观非常重视,在顺应自然的基础上,根据聚落形式和环境、生活需求,采取顺应水势、夹溪建房、沿河而居等办法的案例比比皆是,人们还想出引水进村美化环境、开池蓄水活跃景观、筑坝拦水安全防护等办法,对乡村聚落外部和内部水系进行了积极利用、整理和景观营造,形成了独具特色的人与天调的水系景观。这些设计理念、思路和营造方法对当代乡村聚落水系景观规划设计具有重要的继承和借鉴作用。

由于气候、地理等自然环境条件和40多年来的工业化、城镇化、农业集约化和规模化等经济社会因素的共同作用,我国城乡面临着水资源短缺、水灾害频繁、水污染严重、水生态破坏、水文化服务功能缺失等问题(俞孔坚,2016)。当前,随着乡村振兴战略的实施和乡村建设工作的不断推进,乡村的水利工程设施、安全水源工程、水生态环境工程和防洪防灾工程等建设都得到了广泛的重视。在保障饮用水源安全、确保生产水源稳定和防洪排涝安全的前提下,以现状水系为基础进行水体净化、水环境整治和水系景观营造,一是能有效改善乡村聚落的小气候条件,二是能够提高居民的生活环境水平,三是可为各类生物提供栖息场所,四是为居民提供公共休闲娱乐场所,展现乡村聚落特色景观风貌。

二、传统乡村聚落的水系景观特征

(一)传统乡村聚落选址模式

我国古人赋予自然以高度的精神象征意义,认为自然环境的优劣会直接导致人命运的吉凶祸福。因此,在乡村选址上追求建筑、环境、天候、人事的对应的和谐关系,形成了枕山、水抱、面屏和背水、面街、人家两种理想的模式。枕山、水抱、面屏的模式中,对自然水流的形体要求是在聚落前要形成环抱的形态,这种模式常出现在山区和丘陵地带。在背水、面街、人家的模式中,住宅背水而建,水的作用更为突出,以江浙一带的水乡为典型。

(二)传统乡村聚落水系规划与营建

一般情况下,聚落外部环境并不都能达到山水形胜的要求,需要通过形胜增补以获得良好的环境。水在我国传统建筑文化中有着特别的含义,在风水中被看作"财富"的象征。"水之利大矣……古之智者因自然之势而导之,潴而蓄之曰塘,壅而积之曰陵,防而障之曰堤曰坝,引而通之曰圳。"即聚落水系规划与营建以人工为主,有引沟开圳、挖塘蓄水、开湖滞水、筑坝拦水等措施,成为增补形胜、营造良好聚落环境的重要途径:

(1)引沟开圳。为疏通聚落内的给水排水,具有鲜明的实用功能。

(2)挖塘蓄水。在满足防洪、储水、洗濯、饮用、灌溉等功能的基础上,充分考虑了乡村聚落与环境的关系,以及居民的心理感受,如"顺居宽旷,则取塘以凝聚之;来水躁急,则取塘以静注之"。

(3)开湖滞水。与挖塘相似,常常是在来水急躁为患时为之,达到防洪、抗旱的双重目的。

(4)筑坝拦水。水土保持的一种方法,在水口位置构筑堤坝、挖塘建库,可以使水的流速减缓、泥沙沉淀,还能达到雨天蓄水、旱时灌溉,水干挖泥肥田沃土等一举多得的效果。

(三)传统乡村聚落中的典型水景

1. 水口

水口是指一村(镇)之水流入或流出的地方,在我国传统聚落的空间结构中具有极为重要的作用。如丰富了村镇入口序列空间,提供了公共活动场所,平衡了自然景观的构图,满足了聚落的防卫需要,为聚落发展规模提供直观的具体依据,对聚落的盛衰和安危起到精神主宰作用。传统聚落营建对水口形式非常重视和要求严格,南方山水发达的聚落还形成了水口园林,在变化丰富的自然山水基础上,因地制宜、巧于因借、适当构景,使山水、村舍、田野有机地融为一体。

水口景观营建最常见做法是以桥为主作"关锁",用立塔、建亭、架桥、筑坝以及广植水口园林这些营建措施,来改善乡村聚落的人居环境。

(1)桥不但可以解决两岸交通问题,而且桥与堰坝结合是保护河床稳定的一种措施,桥本身还可以作为景观构筑,还具有保财的精神含义,成为聚落中某个特定区域地理空间的标志。

(2)水口忌直出,溪流讲究屈曲环抱,这就需要筑坝挖塘。池塘水坝扩大了溪流面积,使直冲的水流在此环流缓冲,气脉凝聚,顾盼生情。

(3)在没有自然标志物或山体形胜不足时,需要在水口设置建(构)筑物,作为领域标记,多以文昌阁、魁星楼、文峰塔、祠堂等比一般民居要高大的建筑物为主,辅以寺、庙、亭、堤、桥、树等。

2. 水塘

许多乡村聚落都力求借助于地形地势的起伏,灌水于低洼处而形成水塘(池)。根据水塘在聚落中所处位置以及与周围建筑物关系,可分为位于聚落中央和位于聚落周边两种情况(彭一刚,1994)。

(1)位于聚落中央。一些水塘位于聚落形态中心,四周以居住或公共建筑相环绕。这样的水塘一般是通过有意识的布局安排、有计划的修整构筑,水塘位置选择适中、形状规整,形成向心性很强的聚落中心。一些聚落把宗祠、寺庙、书院等公共建筑环列于其四周,更增加了水塘的社会活动公共性。如皖南黟县的宏村,以一个半圆形的"月塘"代替广场,月塘北面安排了宗祠、书院等体量高大的公共建筑作为背景,其他三面则以民居建筑围合,从而形成一个以月塘为中心,既开阔又宁静的公共空间环境,在空间形态和社会活动场所上都成为聚落中心。有的聚落将水塘设置在中轴线的端头,水池四面临空,在空间形态上成为一个节点,但不能形成公共活动中心。由于聚落建造过程的自发性,一些受特定地形影响的村落环绕水塘四周布置,从空间形态上看可能水塘不在中心位置,建筑布局也可能不够规整,但只要建筑物环绕着水面,并能成为居民的公共活动场所,往往也能够形成某种潜在的中心感。

(2)位于聚落周边。一些水塘位于聚落周边,建筑物沿着水塘的三面围合,但建筑与水塘的边界并不完全吻合,其间插入一条狭窄的滨水地带,起着缓冲和过渡的作用,这种靠近村边的水塘,除可以为周边居民提供某些方便的条件外,还有助于形成既优雅宁静又充满生活气息的空间环境气氛。有的水塘形状与建筑物周界紧密地嵌合,呈现规整的形式,建筑物与水的关系便十分亲和,若似航船飘浮于水面,这样的水塘除了有利于周边居民外,其公共性稍显不足。一些水塘是由穿过聚落的溪流局部扩面加深而形成的,如从聚落中心部位穿过,容易形成聚落社交中心和感官上的心理中心,如仅从聚落一角穿过,则由于位置较偏,其气氛则更加幽静。

三、乡村聚落水系景观规划设计

(一)规划目标与内容

1. 规划目标

水系治理应分为7个层次来考虑:一是水安全,就是防洪、排涝;二是水资源,即河流湖泊的供水功能;三是水环境,即水质的治理;四是水生态,需要构建和谐的水生态系统;五是水景致,打造水清岸美的风景;六是水文化,挖掘河湖的文化内涵;七是水经济,通过提升土地价值,整合资源回收前期投资,使水治理可持续发展(王浩,2016)。乡村水系包含河、湖、池、塘、浜、沟、渠等不同形态结构,是自然水体与人工水体相互结合,融入乡村的自然生态系统、经济生产系统和社会生活系统之中,是乡村地域特色景观风貌的基础要素之一。水系景观规划与建设要考虑水系的自然属性、经济属性和社会文化属性,站在乡村经济社会发展和水系生态环境健康相互协调的角度,满足聚落的人畜饮水、生产用水、防洪排涝、人居环境、生态景观等具体需求,具有保障水资源供给、确保居民生命安全、改善水环境质量、维系水域生态、保护水系历史人文资源和构建水系景观网络等一系列目标。

2. 规划内容

水系景观规划设计内容是以乡村聚落的总体规划和所在流域的水资源、水环境和水利工程规划为基础,重点在河道景观规划设计和聚落水景设计两个层面展开。河道景观规划具体内容包括河道平面处理、河道断面处理、河岸处理和河滩利用;聚落水景设计具体内容包括水口、泉水、水池(潭)、沟渠等。

(二)规划设计原则

1. 整体性

水系的形成是一个地理条件、自然循环和人工干预等多种力量综合作用的过程,涉及聚落、流域和区域多尺度的资源、生产、交通、环境、生态等多方面因素,这种过程构成了一个复杂的自然-社会-经济系统,当系统中某一因素的改变,都将影响到水系景观格局和过程的变化。所以,在进行水系景观规划设计时,需要从区域、流域景观的整体结构和系统功能综合发挥出发,以系统的方法处理好水系景观构成要素及其内部各要素之间的关系,以整体性的理念解决好水系景观规划建设与乡村聚落经济社会发展的关系。

2. 生态性

乡村水域-滨水-陆域及其周边环境具有空间层次的丰富变化和水陆交接带的物种多样性等特点,维持乡村水系的自然生态过程及功能的连续性、整体性,促进水体的自然循环,提高生物多样性,保护乡村生态走廊是水系景观建设的目标。水系景观设计应以师法自然、绿色生态、低碳节能的理念为宗旨,以顺应地势的河道线形、自然的驳岸、多样化的植物群落等生态设计为手法,避免过度人工改造,减少硬质构筑,增加景观异质性,营建多样的生物栖息地,实现生态景观的可持续发展。

3. 适应性

水位的涨落、水量的大小等自然的规律不能改变,这反而为水系景观增加了变化的多样性和趣味性。乡村水系面临着防洪泄洪的需求,水系景观设计中既要保留现有自然水系的水利功能,在不影响安全的前提下,充分利用水系两侧的地形地势变化,改造形成随季节、随水位变化的水岸景观,营建防洪、生态、游憩等多功能复合空间。如种植水陆两生的植物、采用耐水浸泡的栈道或平台、建设阶梯式看台和不同标高的步行道等,在水位较低时形成可进入、可亲近、可游玩水系景观,在水位较高时,这些设施、植物即使被暂时淹没,但等水位下降后,依然能恢复原来的景观功能。我国传统的"治河六柳"法就是这方面的总结。

4. 文化性

水系自然景观整治与人文景观保护利用相结合,强化水系及其控制范围内的"蓝线""黄线"和"绿线"管理,严格保护水系及周边的自然遗产和文化遗产,维护历史文脉的延续性。在条件允许情况下,可适当拓展水岸两侧的面积,依托现有的自然景观和文化景观形成水系景观节点,使水系的线性景观形成线状、节点、段落结合的变化,提高景观活力。

5. 乡土性

水系景观的人工部分建设尽量保持自然场地线形、采用乡土植物造景、运用天然材料构筑,创造自然生趣、平易质朴、丰富多样的乡村特色景观,达到"虽由人作,宛自天开"的艺术境界。

6. 经济性

乡村水系景观的经济性要体现在造价经济和管理维护经济两方面。多利用自然地形和自然的力量,尽量减少工程挖填方和人工构筑物,多就地取材使用地方材料和乡土植物营造,以降低维护费用。

(三)乡村河道景观规划设计要点

1. 河道平面处理

在河道平面设计时,一般认为拓宽断面、裁弯取直、硬化岸线、修筑高堤,就能解决防洪问题。事实上正相反,这些做法不仅改变了河流水动力学,还损害了河道的景观美学价值和破坏了河道的水生态环境。适宜做法应是:首先,在解除河道瓶颈基础上,尽量保持河道的自然弯曲和断面收放有致,不强求平直等宽;其次,尽可能多安排一些蓄水湖池,这种"袋囊状"结构不仅利于防洪,而且有利于景观和生态建设;最后,尽可能使大小河道、沟渠、坑塘等水系形成网络,构建乡村水系网络和水生态系统。

2. 河道断面处理

河道断面处理的关键是要设计一个能够保证常年有水的水道及能够应付不同水位、水量的河床。对于我国一些北方地区的季节性河流来说,由于流域的水资源短缺,平时河道水量很小,但雨季时形成洪流快、水量大、水位高,从防洪要求角度需要较宽的河道断面,但一年之内的大部分时间里河道无水,河床、河滩裸露,河道的生态环境和景观都受到严重威胁。为了解决这种矛盾,可以采取变截面、多台阶式的河道断面结构;在低水位时,可以保证河道有一个连续的蓝带空间,为水生生物提供基本生存条件,同时可至少满足3~5年的防洪标准要求;当发生不同水位的洪水时,允许淹没不同标高上的滩地;而平时这些滩地则是乡村中理想的开敞空间,具有较好的亲水性,适合居民自由的休闲游憩,甚至可以有计划的季节性种植。河底处理也是尽量保持自然状态,促进地下水补充。

3. 河岸处理

在河岸处理方式上,尽量采用软式稳定法代替钢筋混凝土和石砌挡土墙的硬式河岸。这样不仅能维护河岸的生态功能和景观美学价值,而且有利于降低工程造价和管理维护费用。对于坡度缓、腹地大的河段,可以尽量保持自然状态,种植水生植物群落来稳定河岸。对于较陡的坡岸或冲蚀较严重的地段,在使用块石和混凝土护岸时,应综合利用抛石、设置石笼、种植亲水植物等措施,尽量软化硬质护岸,打破单调的硬线条,增加河岸生机。如果地形高差很大,必须建造重力式挡水(土)墙时,应采取台阶式分层构筑,较高的层级用于人们的活动,较低的层级种植水生植物、亲水植物,同时留出弹性空间,在水位变化时产生不同的景观效果。

4. 河滩利用

在确保安全的前提下,河滩可为大众提供散步、慢跑、骑行、儿童游戏、日光浴、野餐、放风筝等多种游憩活动空间。滩地空间景观设计宜以开敞的草坪、草地为主,适当布置树丛、树群,简洁明快。如果滩地足够宽,可设置球场及其他休闲运动设施。通过对滩地的阶梯式断面设计,既要避免受经常性洪水威胁,又可根据需要在水系两侧建设滨水步道、滨水广场,并设置一些平台、台阶、栈桥、石矶等亲水设施,丰富滩地景观。

(四)乡村聚落水景设计要点

(1)水景设计应立足聚落本身现有资源条件。对于水资源富足的聚落,可在现状水系的基础上,适度加以改造,建设水口、水池、沟渠等水景,作为聚落的特色景观。对于水资源匮乏的地方,则尽量不要设计喷泉、水池等耗水设施,可以设计一些雨水、中水的收集、处理和利用的设施,形成季节性干、湿变化的水景。

(2)水景设计应根据不同聚落的自然条件、规模和建设现状,借鉴传统造园的理水方法,采用池、潭、渠、溪、泉等不同的水体景观形态,丰富乡村景观层次和观赏效果,并在视觉、听觉、嗅觉、触觉、味觉等方面加强亲水体验的设计。

(3)水景设计应与聚落生活需求结合,与道路、街巷、建筑等周边环境协调统一,营造可用、可观、可游、可玩的亲水景观。

(4)水景设计宜以浅水为主要模式,以保障居民安全。注意池底岸底面的艺术图案的处理,以满足视觉审美的需要。在我国北方地区,冬天气候寒冷,水面冰冻,要解决好水生植物的过冬问题。

(5)水景设计充分发挥自然条件,要处理好原有生态景观、自然水景线与局部环境水体的空间关系,利用借景、对景等手法,形成纵向、横向和鸟瞰景观。例如,将水景融合在聚落中心绿地景观系统中,既能改善局部环境小气候,还可以利用光面和水影的互相作用,丰富景物的空间层次,增加景观的视觉美感。

(6)根据水景的意象、主题内容、空间组织需求,结合周边环境,进行近水、浮水、挺水等湿生、水生植物配置,增加水景的层次和生物栖息地。

第六节 乡村聚落的绿地景观规划设计

一、植物在乡村景观营造中的作用

景观不仅是以三维空间为基础,随着时间和季相的变化也会有相应的改变,一旦介入了有生命的水、人、动物和植物等物体,空间景观便具有了四维性。植物随着它的生长期的变化而经常处于不断的变化之中,春华秋实,寒来暑往,不同的季相,显示出一种动态的美。植物景观与其他硬质景观的不同之处在于其主体是有生命的,它们在生长、发育、变化,随着植物有机体的新陈代谢,塑造了四维的空间景观。

（一）乡土地域和场所的标志

一定的地域都有一定的代表植物，即乡土植物。例如，日本的樱花、加拿大的枫叶、澳大利亚的桉树、香港的紫荆花……一些有名的乡土植物往往和一定的地域景观和风景名胜紧密相连，如在云南省，提到山茶花就自然使人想到云南的昆明、大理，说到千姿百态的杜鹃花自然就使人向往丽江、香格里拉等滇西北的崇山峻岭，提起贝叶棕、菩提树就使人联想到美丽富饶的西双版纳。在当今建筑日趋国际化的情况下，如何体现地方风貌、民族特色和人文历史，是景观设计的主要任务。选用当地的乡土树种、植物来塑造地域人居环境的植物景观，可以使外来游客感知到独特的地方风貌，可以引起外出居民对的家乡怀念，从而增强对故土的热爱。由于植物是具有生命的环境要素，其生长受到土壤肥力、水分、光照、风力及温度等因素影响。因此，植物一个显著特点是需要一定环境条件供其生存与生长。

（二）季相更替的作用

植物随季节生长而不停地改变其色彩、质地、疏密以及其他特征。这样的季相变更可以赋予人们很多的感情，如在明媚的春天，植物嫩绿的叶片和繁茂的花朵使人感到欢欣鼓舞；在炎热的夏季，浓密的树冠给地面留下片片绿荫，使人感到凉爽安宁；萧瑟的秋日里，金黄的果实可以唤起新的生机；在寒冷的冬天，叶落枝秃，但裸露的枝条柔和纤细般的冬态在蓝天的衬托下仍可使人赏心悦目。总之，一年四季，植物随季节的更替而产生的多姿多彩的变化丰富了人们的感情世界。植物这种动态变化在环境景观规划与设计中具有重要作用，要求不仅要注意单株或群体植物在某一季节的变化情况和功能作用，还要知道一年四季它们的演替规律，以及随年代推移发生的变化，利用这些特征合理配置植物，使景观四季常新，特点分明，可给环境带来生命力。

（三）柔化硬质景观的作用

作为软质景观，植物是硬质景观的柔化剂。植物的屏障作用可以减弱建筑给人的压迫感，可以适当地掩蔽建筑物与地面之间不容易处理好的部位，还可以通过软硬对比显示出建筑物的阳刚之美。

除了埋于地下的根部之外，植物的茎、叶、花、果都表现出多种多样的色彩美，其中最基本的色调乃是象征生命的绿色。然而，不同植物的绿色和同一种植物在不同生长发育阶段的绿色又有着千差万别，日常所谓的嫩绿、淡绿、深绿、青绿、翠绿、油绿、墨绿也只是描述绿色世界当中有限的一小部分色调，植物的色彩远非现有的文字所能描述清楚，其无限生动而丰富的色彩给人们提供了视觉感官上的享受。

（四）氛围创造的作用

植物以个体和群体的不同组合形式、千姿百态的形状、变幻无穷的色彩和诗画般的风韵，形成了不同的环境氛围，展现着一幅幅生动画面。这些如诗如画的景观能给人以心理安慰，调节、欣赏、鼓励人们更好地劳作、生活，鼓舞人们向往更加美好的未来。除了本身所具有的形式美之外，植物景观所具有的意境美是其他硬质景观所不能比拟的。

（五）丰富空间层次的作用

植物在组织空间、丰富空间层次方面有着不可忽视的作用。在住区的人工建筑群中，植物能带来赏心悦目的效果，使建筑空间及其环境活泼柔美、丰富多彩、充满生机，产生显著的绿色景观效应。植物可以结合地形地貌、自然条件和建筑设施，分隔空间、限定空间、填充空间和丰富空间层次，创造良好的景观环境。

植物可以用于空间中的任何一个平面,以不同高度和不同种类的地被植物,或低矮灌木来暗示空间的边界。在地平面上,植物虽未在垂直面上以实体来限制空间,但具有非直接性暗示空间的存在。在垂直面上,植物能通过树干、叶丛、品种和季相影响空间感;以树干为围合空间,其围合感随树干的大小、疏密及种植形式的不同而不同;植物叶丛以其疏密和分枝的高度影响空间围合感,并根据植物品种和季节的不同而不同。在顶平面上,植物的枝叶犹如室外空间的天花板,限制了伸向天空的视线,并影响垂直面上的尺度;一方面改变空间的顶平面的遮盖,一方面有选择地引导和阻止空间序列的视线。植物除了能营造出各种具有特色的空间外,也能利用植物构成相互联系的空间序列,也可以与地形相结合,强调或消除由于平面地形的变化所形成的空间。

(六)障景作用

植物如直立的障景,能控制人们的视线,障景效果取决于植物的通透性。使用不通透的植物,能完全障景;使用不同程度的通透植物,则能达到漏景的效果。植物也可用于私密空间营造,空间的私密程度受植物高度的影响;植物高于 2 m,则空间私密感最强;齐胸高的植物能提高部分私密性;而齐腰高的植物则几乎不能提供私密性。

植物可以将建筑物形状与周围环境联系在一起,协调环境中其他不和谐因素,突出景观中的焦点,减弱建筑物粗糙、呆板的外观,在需要避免互视影响时,可以限制视线。

二、乡村聚落的绿地景观类型

(一)乡村绿地空间层次与布局形式

1. 绿地空间层次

乡村聚落范围内的山、水、田、林、湖、草等构成的绿色空间,具有调节区域小气候、改善农业生产环境、提高聚落生活环境水平和乡村生态环境质量等功能,是乡村振兴战略中生态宜居建设的主要内容,空间层次可以分为以下 3 种。

(1)聚落外围绿色空间。在聚落外围的绿色空间营造包括生态公益林(山区村)、农田地埂造林(丘陵村)、农田防护林(平原村)和各种经济林。

(2)聚落内部绿地空间。包括公共绿地、宅旁绿地、街景绿地、内部道路绿地、水系绿地和村落防护绿地等,重点抓好河旁、路旁、宅旁、村旁这"四旁"绿地景观营造,是改善聚落生活环境质量的关键。

(3)乡村道路绿地空间。依托各级公路和村镇道路,形成线性化与网络化交织的绿化景观系统,使人们在乡村道路上行进时,可以体验到步移景异的景观效果。通过这些绿色"线"、"网"将整个乡村的各类绿地空间有机连接起来,形成完整的绿地景观体系。

外围的绿色空间属于自然生态空间和农林生产空间范畴。乡村聚落的绿地空间主要指的是连接不同层级聚落、与人居生活环境更为紧密相关的乡村道路绿地和聚落内部绿地两部分。

2. 绿地空间布局形式

(1)块状绿地。块状绿地布局可以均匀分布,方便居民使用,但布局较呆板。

(2)带状绿地。多利用河湖、水系、道路等,形成横向、纵向或环状的绿地网络,容易表现艺术风貌,体现设计特色。

(3)楔形绿地。是由宽到窄、由田间伸入村镇住区的一种绿地布局形式。一般是利用河流走向、起伏地形、放射干道,结合农田防护林布置。可以改善村镇住区小气候,有利于乡村生态环境特色的体现。

（4）混合式绿地。是前 3 种布局形式的综合运用,可以做到点、线、面结合,组成较完整的绿地体系。

(二)乡村聚落的绿地景观类型

1. 公共绿地

是指满足规定的日照和安全距离要求,适于安排游憩活动设施、供居民共享的绿地,包括河溪、水塘(池)、沟渠等水系绿地在内。公共绿地的主要功能有:①创造户外活动空间,为居民提供交往、娱乐、健身、儿童游戏及老年人活动等各种活动场地;②创造优美的生活居住环境,通过精心的场所、设施和植物景观的设计与营造,可以起到为居民提供观赏、遮阳、庇护功能和一定的生态功能。③成为聚落的安全疏散和避难场地。

2. 宅旁绿地

是指房前屋后的绿地,是建筑内部空间的延续,与居民日常生活起居息息相关。每个单元面积虽小,但在居住聚落内分布最广,总面积较大,居民可在此休憩、交流和运动,对聚落环境影响最为明显。

3. 道路绿地

是指在满足道路的交通运输功能需要基础上,在乡村各级道路红线或控制范围内的沿路两侧或中间隔离带,种植乔木、灌木和花草等景观植物,起到为行人遮阳护荫、道路空间分隔、创造优美的乡村景观、改善乡村的小气候环境和形成线状或网络状绿化景观廊道等功能。

4. 街景绿地

是指临街建筑控制范围边界和道路红线之间的绿化地带,又称街旁绿地。其主要功能是装饰街景、美化村镇、提高环境质量,为附近居民提供休闲场所,能有效增加聚落的绿化面积,提高绿地率及绿化覆盖率,形成美观、舒适的乡村聚落环境。

5. 防护绿地

是指处于聚落边缘,为涵养水土、防止风沙、隔离污染等为主要功能的绿地。在我国传统乡村聚落中,村落选址时一般都考虑风水上的因素,通常会在村落边缘种植防护林带,形成挡风林、龙座林、下垫林等形式,成为村落绿带屏障。

三、乡村聚落的绿地景观规划原则和基本方法

(一)规划原则

1. 统筹兼顾

绿地景观规划应与乡村聚落用地规划、建筑布局、基础设施等规划结合,根据绿地的功能组织、居民对绿地的使用要求和当地的经济发展水平,采取集中与分散、重点与一般、点、线、面相结合的原则,综合考虑、统筹安排,形成统一的绿地系统。例如,防护绿地设计时,应结合聚落的生产、生活功能分区来统一考虑,利用防护绿地把生活区和畜禽养殖集中小区、乡村企业生产区等隔离开;道路与街景绿地设计时,应根据道路的层级、性质和宽度,以及地上、地下管线工程的布置,统筹兼顾,合理布局。

2. 乡土特色

乡村的生产功能和生活模式决定了城乡绿地景观的最大差异。乡村绿地规划要结合生产功能、生活功能和生态功能的需要,如把生态绿化与经济林、防护林结合,把观赏性植物与中药

材、瓜果和蔬菜等种植结合,把聚落内部绿化与外围山林绿地、道路绿地、水系绿地结合,形成一个具有乡村特色、网络状的多功能绿地系统。

3.经济节约

禁止占用耕地,尽可能利用劣地、坡地、洼地进行绿化,以节约用地;尽量保留和充分利用聚落原有的空地、绿地、河塘、沟渠等,以节省投资;利用乡土植物和地方材料营造景观,适应地方的经济实力水平,也便于后期的日常维护。

(二)规划设计基本方法

1.点、线、面结合

以防护绿地、公共绿地为面,路旁绿地及沿河绿地为线,宅旁和庭院绿地为点,形成完整的绿化系统。

2.平面与立体结合

注重场地平面绿化的同时,可选用爬藤类及垂挂植物,加强院墙、屋顶平台、阳台、棚架、篱笆、栅栏等立体绿化。

3.绿地与水系结合

应尽量保留、整治、利用原有的河、渠、塘、池等水体,利用水源便利条件,在水体边种植树木花草,修建小型游乐园或绿化带;利用园林造景手法,处理好岸形;在确保安全防护的前提下,在水边设置让人可以接近水面的小路、台阶、平台,将绿化与水体结合布置,营造亲水环境。

4.绿化与设施结合

绿地建设应与各种用途的室外空间场地、建筑及小品结合布置。例如,结合建筑基座、墙面,可布置藤架、花坛等,丰富建筑立面,柔化硬质景观,将绿化与小品融合设计,坐凳与树池结合;用乔木、灌木带分隔停车位,用植草砖铺设停车地面,以丰富绿化形式,增加绿地面积和利于雨水下渗;利用花架、瓜果棚架与停车位结合,既可以生产,也能遮阳防晒;利用植物间隙布置游戏空间等。

四、乡村聚落不同类型绿地景观规划设计

(一)公共绿地景观

1.公共绿地的基本形式

(1)规则式。平面布局采用几何形式,有明显的中轴线,前后左右对称或基本对称,地块划分成几何形体,植物、小品及铺地广场等呈几何形状、有规律地分布在绿地中,给人一种规整、庄重的感觉,但形式不够活泼。

(2)自然式。平面布局较灵活,道路布置曲折迂回,植物、小品等自由地布置在绿地中;植物配植一般以孤植、丛植、群植、密林为主要形式,结合自然的地形、水体等丰富景观空间。自然式的特点是自由活泼,创造出自然别致的环境。

(3)混合式。混合式是规则式与自然式的融合,没有控制整体的轴线。可以根据地形或功能的具体要求来灵活布置,最终既能与建筑相协调又能产生丰富的景观效果。主要特点是可在整体上产生韵律感和节奏感。

2.公共绿地景观规划设计要点

(1)规划布局。公共绿地具有重要的生态、景观和供居民游憩的功能,可以为居民提供休息、观赏、交往及文娱的活动场地,是乡村邻里交往的重要场所之一。公共绿地的位置主要有

两种:①布置在乡村聚落的内部中心地带。其主要特征一是公共绿地至各方向的服务距离比较均匀,服务半径小,便于居民使用和绿地的功能效应、生态效应的发挥;二是公共绿地四周由住宅组群所环绕,形成的空间环境比较安静和完整,受住区外界的人流、车流交通影响小,绿地的领域感和安全感较强,同时住区整体空间上有疏有密,有虚有实,层次丰富。②布置在乡村聚落的外圈层位置。其主要特征是绿地一般结合乡村聚落的出入口,或沿街布置,或者是利用河流、山坡、现有小树林等现状自然环境条件布置。沿街布置时绿地利用率较高;而利用自然环境条件设置的公共绿地与人的亲水性、亲自然性的心理相适应,有鲜明的环境特色和个性。

(2)设计要点。①与乡村聚落总体布局相协调。要统筹公共活动的热闹与居民休息空间的安静不同要求;特别要注重公共绿地与道路绿地的衔接。②位置适当。应首先考虑方便居民使用,同时最好与公共中心相结合,形成一个完整的居民生活中心。③规模合理。用地面积应根据其功能要求来确定,采用集中与分散相结合的方式,一般住区级绿地面积宜占住区全部公共绿地面积的1/2左右。④布局紧凑。应根据使用者不同年龄特点、需求来划分活动场地、确定活动内容;场地之间既要分隔,又要紧凑,将功能相近的活动、设施布置在一起。⑤充分利用原自然环境。对于基地原有的自然地形、植物及水体等要予以保留并充分利用,设计应结合原有环境,创造丰富的景观效果。

(二)宅旁绿地景观

1. 宅旁绿地的特点

根据不同领域属性及其使用情况,宅旁绿地可分为近宅空间、庭院空间、余留空间三部分。近宅空间包括宅前的公共领域和底层住宅小院、楼层住户阳台、屋顶花园等住户领域;庭院空间包括各户内部庭院或住宅组群围合而成的公共庭院、活动场地及宅旁小路等,属宅群或楼栋领域;余留空间是上述两项用地领域外的边角余地,多是住宅群体组合中领域模糊的消极空间。宅旁绿地的空间特点有3个方面。

(1)功能的复合性。宅旁绿地与日常生活联系密切,居民在这里开展各种活动,老人休憩、儿童游戏、邻里交流等。庭院内部空间还有家务活动、衣物晾晒、停车存物等必需设施。还可防风、防晒、降尘、减噪,改善小气候环境,提高居住舒适度。

(2)领域的差异性。领域性是宅旁绿地的占有与被使用的特性,也是宅旁绿地维护管理中的关键和难点,领域性强弱取决于使用者的占有程度和使用时间的长短。不同的领域形态,使居民的领域意识不同。离家门越近的绿地,其领域意识越强;反之,其领域意识越弱,公共领域性则增强。要使绿地维护管理得好,在设计上则要加强领域意识,使居民明确行为规范,建立居住的正常生活秩序。宅间绿地可分为以下三种形态:①私人领域。一般在多层建筑底层、庭院内部或宅基地分界线以内,用绿篱、花墙、栏杆等围隔成私有绿地,领域界限清楚,由一户专用,防卫功能较强。②集体领域。如宅旁小路外侧的绿地,多为各住户集体所有,无专用性,使用时间不连续,不允许私人长期占用或设置固定物。如是多层单元式住宅,将建筑前后的绿地完整地布置,组成公共活动的绿化空间。③公共领域。指住区单元的活动地带,居民可自由进出,都有使用权,但是使用者常变更,具有短暂性。

(3)空间的多元性。宅旁绿地的面积、形体、空间性质受地形、住宅间距、住宅组群形式等因素的制约。当住宅以行列式布局时,绿地为线型空间;当住宅为周边式布置时,绿地为围合空间;当住宅为散点式布置时,绿地为松散空间;当住宅为自由式布置时,庭院绿地为舒展空间;

当住宅为混合式布置时,绿地为多样化空间。随着一些乡村聚落多层建筑的兴建,绿化也向立体、空中发展,如台阶式、平台式和连廊式住宅建筑的绿地等,绿地的形式越来越丰富多彩,大大增强了宅旁绿地的空间多元性。

2.宅旁绿地的形态

(1)草坪型。以草坪绿化为主,在草坪边缘配置一些乔木、灌木和花卉,其特点是空间开阔,通透性高,景观效果好。常用于独院式、联立式或多层建筑的住区。

(2)花园型。在宅间布置树木、花草和园林设施,色彩层次较为丰富,有一定的私密性,可为居民提供游憩场地。

(3)树林型。以乔木为主,此类型的特点是简单、粗放,多为开放式绿地,对防风、防晒、防尘等调节住区小气候环境有明显的作用。

(4)庭院型。空间有一定围合度,在一般绿化基础上,配置花架、山石等园林小品和设施,形成层次丰富、亲切宜人的环境。一般可在宅旁的聚集空间内结合活动场地设置。

(5)园艺型。根据当地的土壤、气候以及居民的喜好等,种植果树、蔬菜和花卉,在绿化美化的基础上兼有实用性,体现田园乐趣。一般可在宅旁的基本空间或聚集空间内设置。

(6)混合型。以上形式的组合和综合。

3.宅旁绿地规划设计要点

(1)结合乡村聚落类型、规划布局特点、居住模式、建筑群体组合形式、宅前屋后道路规划等因素进行设计,关键是要区分好公共与私人空间领域,使居民既要有领域感,还要有认同感和归属感,这是关键要点,关系到以后的维护管理。

(2)宅旁绿地的功能首先是满足居民日常生活的需要,同时适度兼顾生产。如尽量不设置围墙,开放宅前南向用地,以绿篱、栅栏或矮墙划分成领域空间,种植一些不同季节开花结籽的花卉、果木、药材、蔬菜、观赏树、特种经济树等,在不同季节均获得绿、美、果、香之效,还能使住户有经济效益。宅旁的东西向绿地,南方地区多植主干高、枝叶茂密的常绿树,用以防止西晒;而北方地区采用落叶树,夏季可使建筑物得到树荫遮挡,冬天又能得到阳光照射。

(3)宅旁绿化要考虑到植物的生长速度、树木分枝高低、树冠开展程度、树叶大小与茂密程度、地下管线埋设位置,以及住宅的高低、朝向等因素。如树木离住宅太近,等树木长大后,绿树成荫,枝叶茂盛,从外面看效果很好,但屋内使用空间却被遮挡得又黑又暗,很不舒适。在一般情况下,距离建筑物有窗墙面,乔木为 3~5 m,灌木为 1.5 m;距离无窗墙面,乔木为 2 m,灌木为 1 m;距离地下给排水管线,乔木为 1~2 m,灌木可以不限。

(4)植物的配置应考虑地区的土壤和气候条件、居民的爱好以及景观的变化。绿化应与建筑空间相互依存,注重空间的尺度,植物形态、大小、高低、色彩等与建筑及环境相协调。在南方炎热地区,东西墙面多利用攀缘植物垂直绿化,防晒降温;在东南、西南面搭设棚架,种植藤本花木及瓜果等,作为遮阳和户外活动的场所。

(三)乡村聚落街景绿地景观

1.街景绿地基本特征

(1)以见缝插针形式,分布在临街路角、公共建筑旁、中心广场附近及交通绿岛等地,分布面广,绿化量大,形式多样,内容丰富。

(2)作为离人们最近的公共空间,往往成为最受欢迎的场所。

2. 街景绿地景观设计要点

(1)丰富街景绿地的草地、花径、喷泉、雕塑、假山、廊架、小品等要素,增加街头绿地的感召力与自然的活力。

(2)充分利用地形,现状的微地形常常可以作为遮挡视线景物,来围合私密空间,形成自然的边界;保留现有树木等自然要素,减少建设投资和日常维护费用。

(3)街旁绿地面积一般较小,可在场地、植物、铺装材料、小品等方面进行整合,形成统一风格,与乡村聚落风貌相协调;注重小中见大的设计方法,不能搞一刀切和单一模式的绿化形式。

(4)丰富绿化植物种类,花草、灌木、落叶与常绿乔木、彩色叶树和常绿树种等合理搭配,增加季相变化。

(四)防护绿地景观

1. 防护绿地基本功能

(1)卫生隔离。指在住区与工业生产区、饲养区、农产加工区之间,按卫生、防疫等要求设计一定的宽度和长度的隔离地带,进行植树绿化,使之成为防护屏障,以消除或减轻相互干扰。

(2)安全防护。如村落旁边的防风、防沙、防噪声等林带。

(3)文化保护。主要是指一些有重要价值的树木,这些树木是历史的见证,是活的文物,是有很高文化价值的历史遗产,具有重要的研究价值和科普价值。

(4)生态维持。指体现村镇文化、民风习俗、生态意识和精神依托的聚落周边生态林。

2. 防护绿地景观设计要点

(1)卫生防护林。保护住区免受生产区的有害气体、烟尘、灰土的污染。一般布置在住区和生产区之间或某些有碍卫生的建筑设施之间。林带宽度可根据污染源对空气污染程度和范围来定。在污染区内不宜种植瓜果、蔬菜、粮食等食用作物。在距污染源或噪声大的一面,应布置半透风式林带,以利于有害物质缓慢地透过树林被过滤吸收,在另一面布置不透风式林带,以利于阻滞有害物质,使其不向外扩散。

(2)护村林。主要作用是防风。应与盛行的风向垂直,或有 30°的偏角,每条林带宽度不小于 10 m。此外,聚落沿山沟或河流布置时,可布置水土保持林。

(3)古树名木。保护对象包括:树龄在百年以上树木;具有科研、历史价值和纪念意义的树木;珍稀树种;一些树形奇特、国内外罕见的树木;在乡村景观中起重要点缀作用的其他树木。禁止"大树迁居、古树进城",把植物与场所精神的"根"留住。

(4)生态林。保护对象是:在村庄一定范围内,当地村民为了保持良好生态而特意保留或自发种植的树林,有村落生态林、宅基生态林、寺院生态林和坟园墓地生态林等类型。

(五)道路绿地景观

1. 对外交通道路绿地及其景观设计要点

对外交通的绿地应尽可能与农田防护林、护堤林和卫生防护林相结合,做到一林多用,少占耕地,有益于生产。

(1)道路旁绿化。断面形式有路堤式、路堑式、平地式和不对称式。根据公路的等级、宽度、路面材料等因素来确定树木的种植位置及绿带的宽度。在路基窄,不足 9 m,交通繁忙路段,为保证有效的路基宽度,便于行车,行道树应种在边沟之外,距边沟外缘不小于 0.5 m;路基足够宽,达 9 m 以上时,行道树可以种在路肩上,距边沟外缘不小于 0.5 m。在公路的交叉口处,应留有足够的视距;距桥梁,涵洞等构筑物 5 m 以内不允许种树。在长距离的公路上,直线长度不可过长,过长则景物单调,容易引起司机思想不集中、疲劳、反应迟钝等;行道树的树种也应有所变化,可以避免病虫害互相感染,也可丰富景观,缓解司机的视觉疲劳和紧张心理状况。在下坡转弯地带,外侧种植乔木,可增加驾驶者的安全感,还可起到诱导视觉的作用;转弯内侧则只能种低矮灌木,以利司机察看来车。

(2)分隔带绿化。分隔带的功能是将人流与车流分开,机动车与非机动车分开。分隔带的绿化设计注意:分隔带中的植物高度不宜超过 0.7 m。分隔带中的绿化配植内容要不断变化,形成不同植物造型,打破了道路绿化的呆板单调;针对分隔带狭长的特性,可用不同色彩的小灌木组成模纹图案,通过色彩和植物材料的统一,创造出独具特色的绿化形式。

2.住区级道路绿地及其景观设计要点

住区级道路绿化有分车绿带、行道树绿带和路侧绿带 3 种形式。

(1)分车绿带绿化。分车绿带的景观设计以不影响司机的视线通透为总原则。分车绿带应封闭,植物高度(包括植床高度)不得高于路面 0.7 m,一般种植低矮的灌木、绿篱、花卉、草坪等。在人行横道和道路出入口处要断开分车绿带,断开处的视距三角形内植物的配置应采用通透式。中央分车绿带应密植常绿植物,这样可以降低反方向车流之间的相互干扰,还可避免夜间行车时对向车流之间车灯的眩目照射。在分车绿带上栽植乔木,应选用分支点高、分支角度小的树种,不能选用分支角度大于 90° 或垂枝形的树种;所选乔木留取的主干高度控制在2~3.5 m,不能低于 2 m;且乔木的株距应大于相邻两乔木成龄树冠直径之和。分车绿带内基本不设计地形,很小的微地形起伏高度不能超过路面 0.7 m;山石、建筑小品、雕塑等都不宜过于宽大。

(2)行道树绿带。是设置在人行道与车行道之间以种植行道树为主的绿带,主要功能是为行人和非机动车遮阳,其宽度由道路的性质、类型及其对绿地的功能要求等综合因素来决定,一般不宜小于 1.5 m。如果绿带较宽则可采用乔-灌-草相结合的配置方式,丰富景观效果。行道树应该选择主干挺直、枝下较高且遮阳效果好的乔木,树种应尽量与城镇主要干道绿化树种相区别,以体现自身特色。种植方式主要有树带式和树池式。树带式是指在人行道与车行道之间留出一条大于 1.5 m 宽的种植带,根据种植带的宽度进行植物配置。

3.组群(团)级道路绿地及其景观设计要点

组群级道路是指联系各住宅组群(团)之间的道路,主要以人行为主,常是居民的散步之地,其绿化的目的在于丰富道路的线性变化,树木的配置活泼多样,应根据建筑的布置、道路走向、所处的位置和周围环境综合考虑,提高组团住宅的可识别性。树种应以小乔木和花灌木为主,特别是一些开花繁密或者有叶色变化的树种。种植形式多采用断面式,使每条路都有各自的特点,增强道路的识别性。在两侧建筑有窗的情况下,乔木与窗的距离在 5 m 以上,灌木 3 m以上。同时,要注意地下管线埋设情况,适当采用浅根性或须根较发达的植物,减少对设施的影响。

4.宅前小路绿地及其景观设计要点

宅前小路是指联系各住宅入口的道路,一般宽度 2 m 左右,主要供人行走。宅前小路绿化是用来分割道路与住宅之间的用地,明确各种近宅空间的归属感和界限,并满足宅前绿化美化的要求。绿化树种以观赏性强的花灌木为主,路边缘植物要适当后退 0.5~1 m,以便急救车和临时搬运车出入。绿化不能影响室内采光和通风,如小路距离住宅在 2 m 以内,应以种植低矮的花灌木或整型修剪植物为主。对于行列式布置的住宅,宅前小路的绿化树种选择和配置方式上多样化,以形成不同景观,避免单调。

5. 道路绿地的树种选择及植物配置总体要求

(1)选择具有浓郁的地域特色的乡土植物为主,达到适地适树要求,代表了地域风情和植被文化。外来树种应选择对本地适应性强的树种。总体要求选择抗性强、易于管理、病虫害少的树种,减少后期维护费用。

(2)植物配置要以符合司机行车及行人行走的安全为最优先原则。

(3)植物群落配置符合自然变化规律,季相变化、复合群落、花草共荣、形色兼具(树形、枝、花色、叶色、果色等)、速生与慢生搭配、近期与远期效果兼顾。

(4)根据草木花卉的习性、形态、花色、叶状等特点,因地制宜栽种不同高度的植物,配合其他环境设施布局,起到遮挡、隐蔽、庇荫、分隔、观赏、衬托、点缀等作用,组成层次丰富的乡村道路绿地景观,发挥植物最大景观和功能效益。

(5)不同的道路绿化要各有特色,选用不同断面组织和不同叶色、花色、树型、树种;运用草坪、花坛、修剪树篱、整型灌木、垂直绿化和大、小乔木的搭配等方式,使绿化丰富多彩。

(6)为了保障交通安全,在交叉路口,或道路拐弯的内侧,一般要留 10 m 以上的空隙不栽乔木或高大的灌木,以保证行车与会车的视距,避免阻挡司机或行人的视线。

五、乡村绿地植物配置总体要求

(1)总体应选择易管理、易生长、省修剪、少病虫害和具有地方特色的优良树种,一般以绿化乔木为主,也可考虑一些有经济价值的植物。在一些重点绿化地段,可先种一些观赏性的乔木、灌木或少量花卉。

(2)要考虑不同的功能需要。街道上的行道树要求主干挺直,树大荫浓,能抗道路上烟尘的危害。在硬铺地为主的广场主要布置高大常绿乔木,形成绿荫蔽天、开阔清爽的休憩场所;在开放空间,引入大树,可以成为公共活动时的景观场所。行道树宜选用遮阳力强的阔叶乔木,儿童游戏场和青少年活动场地忌用有毒或带刺植物,体育运动场地避免采用大量扬花、落果、落花的树木等。

(3)绿化树种配置应考虑四季景色的变化,采用乔木与灌木、常绿与落叶、速生和慢生,以及不同树姿和色彩变化的树种,搭配组合,以丰富住区的环境。如沿街的花坛或树种的选择上,通过不同颜色、不同形态的花草组合,形成一个花团锦簇、青翠宜人的街区环境。

(4)注意种植环境的限制条件。各类绿化种植与建筑物、管线和构筑物的间距见表(表 7-1、表 7-2、表 7-3)。

表 7-1 乡村道路行道树栽植方式

栽植方式	栽植带宽度/m	行距/m	株距/m	采用的场合
单行乔木	>1.5		3~6	街旁建筑物与车行道距离较近
二行乔木("品"字形)	>3.0	>2.0	4~6	街旁建筑物与车行道间距不小于 8 m

表 7-2　行道树与街道上各工程设施的最小距离

设施	最小间距/m	
	至乔木中心	至灌木中心
有窗建筑物外墙	3.0	1.5
无窗建筑物外墙	2.0	1.51
道路侧石外缘、挡土墙脚、陡坡	1.0	0.5
人行道边	0.75	0.5
高 2 m 以下的围墙	1.0	0.75
排水用明沟边缘	1.0	0.5
给水管	1.5	不限
污水管	1.0	不限
路灯电杆	2.0	

表 7-3　树木种植与架空电线间距

电线电压/kV	树木至电线的水平距离/m	树冠至电线的垂直距离/m
1 以下	1.0	1.0
1～20	3.0	3.0
35～110	4.0	4.0
154～220	5.0	5.0

第八章　农业景观规划

农业景观是在自然景观的基础上经过人们长期的农业生产活动改造而成,主要功能是向人类提供粮食、蔬菜、瓜果、油料、茶叶和棉、麻、烟叶等农产品及轻工业原料,保证人类生存、生活和生产需要。农业景观的演变过程通常分为前农业景观、原始农业景观、传统农业景观和现代农业景观4个阶段。原始农业、传统农业及乡村系统是一个自给自足、自我维持的内稳定系统。而在传统农业及其农田建设的初级阶段,农业景观格局明显表现出对自然环境的适应性特征,但人们尚未真正意识到土地利用与农业景观规划的全局性问题。随着生产技术进步、经济社会发展和人类与自然相处的经验与智慧不断积累,农业景观格局更多体现在人与自然的和谐相处,如我国各地的梯田系统、桑基鱼塘系统、稻渔共生系统等优秀的农业文化遗产。从传统农业景观到现代农业景观的转变过程中,因受到人类经济社会活动强烈干扰,农业景观发生了巨大的改变:如化肥、农药、除草剂等农业化学品的广泛应用,水利、温室、畜牧场等现代农业工程设施的建造和机械化、自动化、智能化技术运用,以及因乡村第二、三产业的兴起和产业融合发展,新兴业态、新型生产模式、新的生产方式不断涌现,使土地生产率、劳动生产率和科技贡献率得以大幅度提高;同时,也使乡村的土地利用方式向多样化(农业内部的生产组织方式、生产模式多样化与农业、非农业生产的多样化并存)、匀质化(单一品种的大规模种养、密集连片的大规模温室群建设等)方向发展。此外,面源污染、水土流失、有机质减少、土壤板结及盐碱化等日益突出的农业资源与环境问题对农业景观变化也产生较大影响。

因此,如何运用景观生态学、景观美学等原理,对农业景观进行科学合理的规划,促进农业景观资源的合理利用,在保障农业景观的生产功能与经济效益的基础上,恢复农业景观的生态环境功能,维护生物多样性,最大限度发挥农业景观的经济、社会、生态、文化的综合功能与整体价值,提升农业景观的可持续生产能力,具有十分重要的意义。

第一节　农业景观的分类及其规划内容

一、农业景观的范畴及其分类

(一)农业景观的范畴

由于研究的尺度、目标或视角不同,对农业景观的理解和阐释也有所差别。有的根据狭义的农业概念把农业景观理解为农田景观,或者是耕地、园地、林地、牧草地等种植生产形成的景观。有的则把农业景观与乡村景观概念等同使用,即认为农业景观是在城市(镇)建设用地范围以外的地域,为农业生产服务的多种景观斑块的镶嵌体,包括耕地、林地、园地、草地、树篱、田间道路、农业设施、农村聚落等生态系统。在本书前面章节对乡村景观的概念界定和类型划分中,认为乡村景观包括具有人工景观属性的农业景观、乡村聚落景观、乡村设施景观(指主要交通道路、水利工程、生态绿廊等,不包括田间道路和小型设施、水面等)和乡村自然景观。其中农业景观是由各种环境特征(植物、动物、栖息地和生态系统)、土地利用方式(作物种类、农作系统)和人造物(树篱、农业建筑、基础设施等)之间相互作用而形成的景观。从组分上看,农业景观重点研究的是生产性农田和设施以及周围环境,是耕地、园地、林地、草地、水域、树篱、水塘、沟渠、田间道路、农业生产设施等镶嵌体的集合。或者说,农业景观是以耕地为基质,以园地、林地、草地、水塘、农业生产设施等为镶嵌体,以农田防护林、田间道路、沟渠、河流等为廊道的网格化景观体系。农业景观属于乡村景观中的经营景观和人工景观,是乡村景观最核心、最典型的成分。农业景观具有多种同时存在且不互相排斥的功能和价值,包括生产、生态服务、科学和教育、美学、休闲娱乐和文化标识等价值。

(二)农业景观形成的影响因素

农业景观是人地相互作用的直接界面,既有一般景观的基本特征,又突出地表现为人类和自然共同作用的结果。影响农业景观的形成与发展的因素很多,归纳为以下4个方面。

1. 自然环境条件

农业生产的自然属性决定了区域的气候、生物、水文、地形、地貌等自然环境条件是影响农业景观形成与发展的主要因素。总体来看,呈现出东、西、南、北不同气候条件下大区域的不同农业景观特色;或者在同一小范围地域上的平坝、缓丘、坡地等地形地貌,或者山谷、山脚、山腰、山顶不同海拔高度上丰富的农业景观类型,即民谚中的一山分四季、十里不同天;以及大范围的山地、丘陵、平原、高原等不同地带上的典型农业景观特征,如我国长江中下游河湖地区的稻田和菜田、华北平原的玉米地和麦地、东北平原的稻田和玉米地、南方群山中的坝区农田、丘陵地区的果园与茶园、西南陡坡山地的水稻梯田(图8-1)、西北高原的旱地梯田、农牧结合带的大规模马铃薯生产基地等丰富的农业景观。

图8-1 (左)广西桂林市龙胜县壮族梯田秋日景观(潘志祥摄)
(右)云南红河州元阳县哈尼族梯田冬季景观(卢维前摄)

2. 经济社会发展

现代农业生产的经济属性决定了经济社会的快速发展对农业景观带来的巨大影响。如在我国经济发达的长江三角洲、珠江三角洲,原来常见的传统稻渔、稻虾、稻蟹、桑基鱼塘等共生农业景观已经逐步消失,仅存在于局部的农业文化遗产地和少量的观光休闲农业基地;柑橘、桑蚕等农业产业景观也逐步从江苏、浙江、广东的平原地区向江西、湖南、广西等丘陵地区及云南、贵州等高原转移,从而形成丘陵、山地、高原的果园、桑园等新的农业景观;原来全国各地都有种植的棉花绝大部分已经向新疆转移,棉田及其季节性的人工采棉活动等景观在内地逐渐消失,而机械化生产的大规模棉田在新疆呈现出另一番恢宏壮丽的农业景观。

3. 生产组织形式

普通小农户、种植大户、中小型家庭农场、大型国有农场、各类农业园区及农业企业等不同的农业生产组织形式,其生产规模和生产方式有较大的差异,这些差异直接影响到农田景观特征。在北美地区以及我国东北、内蒙古的一些大中型农场,生产单元的土地经营规模大、生产机械化与专业化程度高以及追求规模经济效益等,促使一个区域常年种植单一或几个作物品种,而每种作物所构成一个镶嵌体的面积可以达到几十公顷、几百公顷,甚至上千公顷,呈现出大规模而相对单一的农业景观。而在实行家庭联产承包责任制的平原地区,或者山地丘陵地区,由于土地承包时考虑到耕作远近、土壤肥力、地形地貌、水利设施等因素均衡搭配,大块土地被分割为较小地块分到各户,每个农户都拥有数块大小不等、形状不一、位置不同的土地,农户根据自己的生活需求、生产意愿、市场预期等因素,综合决定种植不同作物和各种作物的不同种植规模,以及生产中采用不同的轮作、间作、连作等技术措施,其结果是使农田景观中单一镶嵌体的面积小,但镶嵌体的种类多、数量多、色彩多、形状多,加上小型地块之间随地势变化的田埂、田间道路等分隔与连接,呈现出更为复杂、丰富的景观特征(图 8-2)。

图 8-2　农户生产组织方式下形成的农田景观(卢维前摄)

4. 生产技术应用

技术是促进人类经济社会发展的动力源泉,也是影响农业景观形成和发展的重要因素。如我国广大农业地区以生态学原理为基础,有实行作物间种、套种、轮作等传统耕种技术模式,这些耕作技术对于提升农田生产潜力、改善生态系统功能、增加作物抵抗病虫害能力、提高农田整体经济效益等方面产生重要作用,形成了具有不同区域特色的不同季节、不同地块、不同地形地貌而构成的丰富多彩的农业景观。又如我国北方地区大规模建设的日光温室、塑料大棚等农业设施及其集约化生产技术,在提供高产、丰富的反季节蔬菜、瓜果等农副产品的同时,其用地规模连片、生产设施建造、配套设施建设、化肥农药集中施用、废弃塑料薄膜等,更是对区域农业景观和整个乡村景观带来巨大的影响。对此,无论是乡村景观研究、建设或是管理上,都应当予以足够的重视。

(三)农业景观的分类

农业景观类型多样,受区域特色、土地利用、耕作管理等因素影响,可以从不同视角进行分类。例如,按照土地利用类型,农业景观可分为水田景观、旱地景观、果园景观、茶园景观、田间道路景观、水利设施景观、农业设施景观、人工经济林/生态林景观、草地景观等;也可依据景观构成要素中的坡度和土壤因素组合,划分出不同的农业景观类型单元,如平地水稻土水田景观、缓坡红壤土旱地景观、中坡红壤土果园景观、陡坡黄壤土景观等。本章论述的农业景观是根据广义的农业范畴和独立的景观形态特征而划分为农田景观、园地景观、林地景观（主要指农区中的人工经济林和生态林）、农业设施景观（园艺设施、渔业养殖场、畜禽养殖场）等单一类型农业景观，及综合农场（种养或种养加结合）、现代农业园区（基地）和庭院农业景观等综合类型景观，具体包含了耕地、园地、林地、田间道路、生态和防护林带、沟渠、溪流、农业生产设施等景观要素（表 8-1）。

表 8-1　农业景观的类型与要素

景观类	主要功能	要素	
农田景观	以粮食（三大主粮、杂粮）和油料（油菜、花生等草本植物）、糖料、烟叶等作物生产为主要功能	包括耕地、田间道路、田间防护林、水塘沟渠、灌排设施、晾晒场、储藏设施、管护设施等要素	单一型
园地景观	以水果、茶叶、苗木等生产为主要功能	包括果园、茶园、苗圃生产基地及田间道路、田间防护林、水塘沟渠、灌排设施、产品初加工设施、储藏设施、管护设施等要素	单一型
农田生态林地景观	以增加生物多样性、生物栖息地和保护地等功能为主的田间小块林地、人工经济林或生态林	包括田间小块林地、人工经济林或生态林、管护设施等要素（除果园、茶园、苗圃之外）	单一型
畜禽养殖场景观	以集中规模化家禽、家畜养殖，获取肉、蛋、奶等食物为主要功能	包括畜禽舍、饲料加工设施、产品储藏设施、管理设施、配套生活设施等要素	单一型
牧场景观	利用人工或天然草场，以放牧、半放牧形式，进行畜牧生产为主要功能	包括天然草场、人工草地、畜栏、围栏、管护设施等要素	单一型
渔场景观	利用人工或天然水面，以散放或网箱设施等形式，进行渔业水产养殖为主要功能	包括天然水面、人工库塘、网箱设施、围栏、管护设施等要素	单一型
农场景观	是指与分散的农户土地经营不同，以适度规模化、集约化、专业化为主要特征的现代农业生产景观。包括种植、养殖、种养结合或种、养、加结合等多种类型农场	除了一般的耕地、园地、林地、生产设施等景观要素外，农场中会配套建设生活居住、特色食品或产品加工、农机库房、储运物流设施等生活与辅助生产景观要素，形成更为综合性的景观	综合型
庭院生态农业景观	指充分利用乡村聚落中的庭院、街巷、道路、边角空地等空间进行农业生产，种植蔬菜、水果、花卉和进行少量畜禽、渔业养殖，以及开展休闲旅游观光接待等活动	除了一般的农业生产及其配套设施等要素外，庭院农业景观充分利用有限空间进行平面或立体的种养模式，并更多地增加休闲、运动、接待、展示等景观要素而形成综合型景观	综合型
现代农业园区景观	是在一定地域范围内，集中投入土地、农资、资金、科技、信息、设施、人力等各种生产要素，形成区域集聚、企业集群发展，目标是获得农业及其衍生产业的高产出、高效率和高效益。包括农业产业园区、农业科技园区、休闲观光农业园、田园综合体，及其他现代农业示范园或基地等	除具有耕地、园地等景观要素之外，现代农业园区集中建设有大量的温室大棚、畜禽舍、鱼池网箱、农产品加工厂房、农副产品储藏库与晾晒场等农业生产及辅助设施，以及为农业生产配套的田间道路、给水排水、电力通信等基础设施和生活、管理、服务建筑等景观要素，形成复杂的综合型景观	综合型

二、我国农业景观面临的主要问题与发展态势

(一)主要问题

长期以来,在人口压力、资源约束、经济发展等多重因素共同作用下,我国人地矛盾十分突出。目前,我国经济社会还处于快速发展变化阶段,经济结构调整转型、人民生活需求升级、社会需求多元化、多种生产组织形式并存、农业高新技术不断应用,以及高标准农田、农业水利工程、现代设施农业工程等农业基础设施建设投入增多,都对农田景观变化带来较大的影响,具体表现在以下 4 个方面。

(1)农业的高度集约化发展,化肥、农药、除草剂等农业投入品过量使用或者不合理施用,畜禽粪污、农作物秸秆和农田残膜等废弃物的不合理处置等,在农业经济效益提升的同时,导致的农业面源污染相当严重。另外,在乡村工业化、城镇化过程中,由于乡村基础设施薄弱,工业废弃物、生活垃圾、生活污水没有得到有效处置,导致农田、乡村的水土污染十分严重。农业景观的生产、生态、生活功能都受到损害。

(2)一些地方占用耕地或生态用地进行大量、无序建设果园、茶园,北方一些平原农区造林占用了优质耕地,南方一些丘陵地区大量种植速生人工经济林(以一般木材和造纸原料供应为主)等。各种乡土树种和杂木、杂草、灌木丛等全被清除干净,所建果园、茶园、林地的树种和景观结构单一,导致景观植物丰富度不足,自然生境减少,生物多样性降低,农业景观生态系统能力受损。

(3)长期实行土地过度开发和不合理使用,如一些城市建设占用优质农田之后,为了追求耕地占补平衡,将一些未利用土地和生态用地转化为耕地;一些地区建设温室大棚时,为了提升保温能力,常常利用工程机械深挖耕地,把耕作层的土堆积起来作为日光温室的后墙体,严重破坏耕地的耕作层;一些农业园区集中大规模连片建设温室大棚,场地过度平整、设施密度过高、薄膜覆盖、沟渠和道路过度硬化、化肥农药长期集中使用等,导致生产区及其周围的水土严重污染,自然生境减少,生物栖地萎缩,生物多样性下降。

(4)在进行土地整理及一些农业工程项目建设时,由于忽视充分调查和分析当地的地形地貌、水系、生物等景观生态系统的要素和结构特征,生硬理解、追求和套用"田成方、路成网、渠相通、树成行"的标准建设,利用工程力量对地形进行过度改造,利用混凝土等材料对沟渠、道路过度硬化,田野中的一些小型林地斑块被清理、一些小水塘被填埋、一些河流被裁弯取直,导致自然生态斑块所剩无几,隔断农田、道路、河流水系、树林等景观要素之间的功能联系,景观的生态系统服务功能和美学价值降低。

(二)发展变化趋势

针对各种日趋严重的土地利用和农业景观时空格局改变问题,小尺度农业生态系统研究已经不能满足农业持续发展的需要。农业、环境、地理等领域研究人员在考虑土地利用与土地覆盖的结构调整;农业经济领域研究学者侧重从市场效益和农业技术角度出发,依靠农业科技成果运用,发展各种新型农业模式;环境和地理等领域学者的反应主要是规划设计一些富有特色的有机农业、生态农业、精细农业等新型农业模式;土地整治、农业水利、农业设施装备等工程专家也在高标准农田建设、农业规模化机械化生产、基础设施建设领域,研究、开发和应用一些生态景观工程技术。任何农业结构调整、模式变化及相应技术应用,在很大程度上均可表现为一定的土地利用方式及其组合,即农业景观空间结构调整过程。

在乡村振兴成为我国未来30年甚至更长时间的国家战略之后,乡村第二、三产业的蓬勃兴起,各产业不断融合促使新兴业态出现,在有限的自然资源和经济资源条件下,各行业、产业相互竞争,物质、能量、信息在各景观要素间快速流动和传递,大量人工辅助能流的导入,使人类活动过程和自然生态过程更为复杂地交织在一起,不断改变区域内农业景观格局。

在经济转型升级、供给侧结构改革以及城市化、人口老龄化、青壮年农业劳动力短缺等因素共同推动下,我国农业的规模化快速发展,家庭农场、种养大户、农业企业等新型经营主体受到政府鼓励和重视,由此带来新一轮土地使用的兼并和集中。规模化、集约化的农业生产方式,以及农业种植品种专业化、耕作模式机械化和追求目标单一化,需要大块、规则、平整的土地配套;高标准农田、乡村道路、农业水利、温室、畜舍等工程设施的建设规模还在不断加大,速度不断加快,但相应的生态景观工程技术没有得到应有的重视,地形被过度改造、覆盖过度硬化、河道沟渠随意拉直等影响农业景观的生态、美学功能的现象依然层出不穷;上述种种因素必然会对农业景观的生态格局和生态过程带来更为深远的影响。

三、农业景观规划的内容与过程

(一)规划目标

理想的农业景观系统既要满足人类的基本需求,又应能维持环境的持续动态稳定,实现人地和谐、经济充满活力、社会稳定和生态环境优美的整体效益最大化,即生产者要有适当稳定的经济收入、自然资源能够永续利用、农业化学物质投入减量、环境负面效应冲击最小,并满足人类对食物和其他产品的需求,同时又拥有宜居的乡村社会环境。

农业景观规划是运用景观生态学原理,解决景观格局与生态过程耦合协调问题的实践活动,涉及农业景观结构和景观功能两方面,需要综合考虑生态、社会过程以及二者之间的时空耦合关系。规划的目标是协调景观内部结构和生态过程及人与自然的关系,处理好生产与生态、资源开发与保护、经济发展与环境质量的关系,提高景观生态系统的生产力、稳定性和抗干扰能力,发挥景观的综合生态系统服务功能,提升景观的生产、生态、文化、美学等综合价值。

(二)规划原则

1. 以景观的生产功能为核心

农业景观规划建设应与区域经济社会发展、生态环境保护结合,通过产业结构优化、种养结构调整、土壤地力培肥等措施,促进农业景观的持续生产能力提升。

2. 以景观的生态功能为基础

农业景观规划要控制建设斑块盲目扩张,严格保护农田斑块,因地制宜重建植被斑块,增加绿色廊道和自然斑块,形成合理的景观结构和完善畅通的物质与能量循环,促进农业景观的多样性和异质性,保护生物多样性,恢复和补偿景观的生态功能。同时还要修复损毁景观,重塑环境优美、与自然系统相协调的景观。

3. 以景观的综合价值提升为导向

农业景观建设不仅关注景观的"土地利用、土地生产力"以及人类的短期需求,更强调景观的美学价值、生态价值、社会价值及其带给人类的长期效益,发挥农业景观的生产、生态(具体包含生物生境、生物多样性、气候和水文调节、废弃物处理与污染控制等)、社会和文化等综合功能,提升景观的综合价值。

(三)规划内容

农业景观规划涉及水平生态过程(景观格局优化)与垂直生态过程(单元景观的土地利用系统设计)两个层面,包含区域农业经济社会发展、农田景观、园地景观、农田生态林地景观、农林复合系统景观、庭院生态农业景观等不同空间尺度和系统层级的规划。具体内容包括如下几点(图 8-3)。

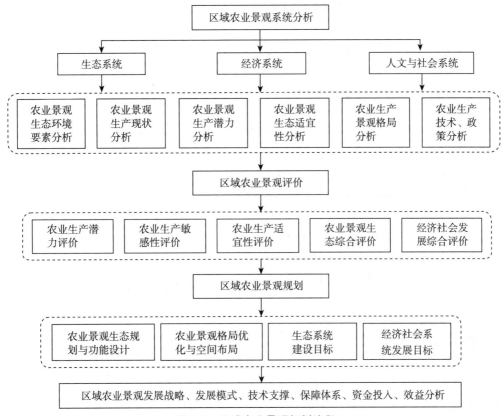

图 8-3　区域农业景观规划流程

1. 农业景观系统分析与评价

包括农业景观分类和生态系统、经济社会系统分析与评价;农业景观格局分析(景观镶嵌体格局、景观斑块、景观廊道、单一景观要素分析等)。

2. 农业景观系统发展趋势预测

包括规划区人口发展、农业土地资源与作物种植面积、农业投入品预测、农业生产废弃物资源量,以及区域经济、社会、生态效益发展潜力等。

3. 农业景观结构调整和格局优化

包括基于市场需求的产业结构调整和农作物种植结构、畜牧养殖结构优化等规划;基于资源永续利用的土地资源利用格局、水资源平衡、能源利用方式规划等;基于维护生产功能、恢复生态功能、保护生物多样性和发挥景观综合价值,对景观功能单元进行调整和重新建构,包括引进新的景观组分等,建立可持续的农业景观生态格局。

4. 农业景观的生态规划与功能设计

基于农业可持续发展和区域生态安全目标,进行农田土地利用模式、生态林网、灌溉渠网、缓冲带等各农业景观单元的生态规划与设计。景观生态规划层面具体内容涉及防风固沙、盐碱控制、水土保持、水源植被保护、防洪排涝、护林防火规划;为保护生物多样性的林地、湿地、水源、水体等生态用地规划;基于景观美学(或景观建筑学)的农田、道路、设施、建筑、河岸、沟渠等人工景观设施美化和休闲观光农业旅游规划等内容。景观功能设计层面包括农田种养模式及结构设计、作物套作(间作、轮作等)模式设计、种养加结合的模式/规模/结构设计、农林牧复合系统设计,以及秸秆综合利用、立体共养、设施高效立体种植等模式设计。

第二节　农田景观规划

一、农田景观的基本特征

农田景观是指区域内成片的以耕地为主的景观类型,通常由几种不同作物群体生态系统形成的大小不一的镶嵌体以及河流沟渠、防护林带、田间路网等廊道构成。农田景观是生物化学过程与人类活动相互作用的结果,在不同的经济社会制度、不同发展阶段及不同的土地利用方式下呈现不同的景观格局特征。

影响农田景观基本特征的主要因素包括:①不同区域的气候、地形、地貌、土壤、水体等自然环境要素。②小农户、农场、园区等不同的生产主体,所面对的消费市场不同,所采用的技术不同,从而会采取不同的生产方式,影响农田景观。③农业耕作制度,亦称"农作制度",是种植农作物的土地利用方式以及有关的技术措施的总称。主要包括作物种植制度和与种植制度相适应的技术措施,如在种植制度中确定作物的结构与布局、耕种与休闲、种植方式(如间作、套作、单作、混作)、种植顺序(如轮作、连作),以及在技术措施中进行的农田基本建设、土壤培肥、水分管理、保护性耕作、防止和消除病虫害与杂草等。如轮作制是我国传统的耕作制度之一,合理轮作对于保持地力,防治农业病虫和杂草危害及维持作物系统稳定性极为重要。在我国北方旱地农业景观中,通常在一种农田景观中有少数几种作物群体按一定的比例配置,既可以增加农产品的种类和产量,也可以方便于轮作,这种按比例配置就会影响农田景观格局的形成。④经济社会条件变化与生产技术运用。各种农业生产技术的应用对农田景观的格局、生态过程和效应的影响很大。如高产、高效作物新品种的出现,在市场需求强烈、降低成本和提升效益的多种因素作用下,该品种种植规模迅速扩大,使得单一品种的作物种植在一个阶段、一个区域呈现规模化、标准化和集约化生产,农田景观斑块呈现出同一性和基质相对单一性。又如,在区域经济社会发展和城镇化的影响下,农业劳动力成本不断上升,需要农业生产的全程机械化、自动化、智能化等技术来替代劳动,如机械化耕种与收获、免耕与少耕、节水灌溉和机器人种植、采摘等技术;而这些生产技术需要农田耕作条件、工程设施和作物栽培模式发生相应的改变,还需要专门化的品种来适应新的农艺和农机生产要求,即农艺、农机、品种都要发生协同改变,由此农田景观的格局、生态过程和综合效应都与新技术采用之前产生巨大改变。

二、农田景观规划目标与原则

(一)规划目标

1. 提升农田生产效能

耕地数量保护、质量提升和生产能力是国家粮食安全、食品安全和社会稳定的保障,是农田建设和整治的最终目的。因此,无论是符合宏观的区域农业产业结构调整需要、适应中观的农业生产方式和种养模式改变,或者满足微观的种植结构设计需求和具体的生产技术应用,农田景观规划设计的首要目标始终是提升农田的生产能力、生产效率和综合效益。

2. 改善农田生态环境

农田景观规划是将自然生态系统、农田生态系统融为一体,并根据景观生态学的等级原理,逐步解决不同尺度上的土地利用问题,全面、统一考虑能量和物质的流动,实现景观多样性和生态系统稳定性的保护。面对耕地土壤酸化、盐渍化、养分失衡、耕层变浅、面源污染等问题,除了"改、培、保、控"等耕地质量保护和提升的具体技术路径外,农田整治和建设应高度重视景观格局和生态过程,农田规划应从田块尺度提升到景观尺度,再优化具体的作物结构和配比,并采用生态景观技术和进行景观综合管理,减少农田环境污染,建立稳定的生态环境,促进农业可持续发展。

3. 恢复和保护农田生物多样性

农田及其周围沟路林渠、荒草地、小片林地、灌木丛等半自然生境构成农业景观镶嵌体,维系了全球约 50% 的野生濒危物种,是陆地生物多样性的重要组成部分。农田景观生物多样性提供了农业可持续发展所必需的遗传资源、授粉、天敌和害虫调控、土壤肥力保持、水土涵养、文化传承和休闲游憩等生态服务功能。恢复和保护农田生物多样性,实施农田景观综合管理,提高农田生态系统生态服务功能,这是农田景观规划的重要目标。

4. 提升农田景观的综合价值

农田景观在提供粮食等物质产品的同时还为人类提供文化、美学、休闲等精神产品。不同的种植方式、耕作制度、作物搭配是一个区域的民族文化、传统习惯和地区风俗等的具体体现,具有观赏、游憩、休闲、体验、研学等多元价值和对外部游客强大吸引力。在对区域自然环境和社会经济条件进行充分调查、分析和评价的基础上,对原有景观要素的优化组合或引入新的组分,调整或构建新的景观格局,优化作物结构和配比,采取适宜的生产技术和生态景观建设技术,增加景观的异质性,创造出优于原有景观生态系统的经济、生态和社会效益,提升景观的综合价值。如我国各地根据不同气候条件进行大规模的油菜种植,从头年12月到次年8月,由南到北形成了不同地区、不同地貌、不同形态的油菜花农田景观;近年来各地采用不同的水稻新品种,根据预定的设计图案进行搭配种植和管理调控,呈现出各种丰富、新颖和吸引人的农田景观效果;在满足农业生产的基础上,形成了新的特色旅游观光资源,这是未来农田景观规划需要重点实现的目标之一。

(二)规划原则

1. 整体性原则

农田景观是由相互作用的景观要素组合而成,在进行规划设计时,应该将其视作一个整体,这样有助于实现景观的生态性、生产性和美学性的统一。

2. 保护性原则

农田最基本的作用在于为人们提供粮食等生活物资。在面临人口众多但土地资源不足的矛盾时,农田景观规划首先需要坚持保护性原则,对农田进行优化整合,使农田能够真正地满足人们生活需要。

3. 生态性原则

农田景观规划应坚持生态性原则,对农业生产模式进行改变,发展精细农业、生态农业与有机农业等,构建稳定的农田生态系统。通过构建防护林、生态林、隔离缓冲林带等农田生态林网,增加分散的自然斑块与绿色廊道,对景观的生态功能进行补偿与恢复。

4. 地域性原则

不同地域自然条件不同,农田景观规划应该凸显地域特色。如我国东北地区的玉米—高粱—大豆农田景观,华北平原的小麦—玉米农田景观,长江中下游的水稻—油菜农田景观等。

5. 美学原则

农田景观不仅是生产的载体,还是审美的对象。因此规划需要注重合理开发农田景观的美学价值,提升其综合价值和多元效益。例如,江西婺源、云南罗平、青海湖等地的油菜花景观成为带动当地旅游发展的重要吸引物,是生产和文化景观融合的典范。

三、农田景观规划的主要内容

(一)农田景观格局调整与优化

根据区域农业发展目标和产业结构优化的需要,农田景观空间格局的调整主要是种植结构和种植模式优化两个层面。种植结构的调整主要基于国家粮食安全保障、产品市场需求、生产效率提高和综合效益提升等目标,进行粮食和蔬菜、瓜果、油料等经济作物之间的种植规模、结构比例和空间位置的确定。而种植模式优化则包括生产方式、耕作制度、品种选择、茬口安排等一系列的组合变化,如顺应地形的条带状种植、不同作物的间作套种、农地的轮作或休耕、保护性耕作等。最终的体现是土地利用结构和利用方式的变化,还涉及土地使用权属变更和土地整治带来的地块形状、大小、高低的变化,以及田块、生产设施、基础设施、服务设施斑块的增减变化、空间位移和结构布局等具体内容。

(二)农田景观生态功能恢复与修复

集约化生产方式下的农田生产能力高,但是以减弱其他生态系统服务功能为代价,是不可持续的。农田景观规划的主要内容之一就是要通过环境友好型生产,构建树篱、农田边界、田间生态林、生态沟渠等生态网络,增加或修复受损的景观基质、斑块和廊道,恢复和保护农田中的多样性景观要素及其生态服务功能。

(三)农田景观生态单元规划与设计

农田景观的要素包括耕地、河流沟渠、湖泽湿地、生态防护林带、田间路网等,这些景观要素单元小的不到一公顷、大的有几十公顷甚至更大,在农田景观中发挥着不同的生态系统服务功能。在农田景观格局规划的基础上,需要进行景观生态单元的规划与设计。如进行农田生态林的规划设计,使之能提供维护农田生产环境、保护生物多样性、提升景观生态服务以及部分经济生产功能;再如设计适当的生态沟渠、田间湿地及植被缓冲带等,可以减少农田地表和地下径流带来的面源污染物。

(四)农田景观多功能开发与利用

随着区域经济社会发展,以各地特色自然资源为基础,寻求农业与休闲旅游业、农产品加工业、文化教育产业等的耦合点,延长农业产业链,融合创新链,提升价值链,实现农田景观的多功能开发和多元价值利用,是农田景观规划设计的重要内容。

四、农田景观规划设计案例

(一)河北省涿鹿盆地农田景观规划设计

1. 项目背景

涿鹿盆地位于河北省涿鹿县北部,为新生代断陷盆地,其西北部为中低山地,南部为低山、丘陵,从北向东南以洋河为界,大体上呈三角形(其中西南部向南延伸较多),境内有中低山、丘陵、盆地、河漫滩、阶地等多种地貌类型。基本属于温带半干旱大陆性季风气候,四季分明,光照充足,热量较少。降水少而集中于夏季,大风多而集中于冬春;水资源比较丰富,自西向东横穿盆地南部的桑干河是其主要水系,土层深厚,土壤肥沃,以灌淤土和水稻土为主,植被类型多样,以玉米、春小麦、杂粮等粮食作物,葡萄、杏、苹果、梨等林果,以及蔬菜、中药材为主,天然植被仅分布在盆地的西北中低山地、南部低山、丘陵。本区农田建设水平高,水利设施完善,农业机械化水平较高,灌溉、耕翻、运输、脱粒及加工大部分实现了机械化;粮食、林果等农业新品种普及率高,地膜覆盖、日光温室、节水灌溉等农业新技术推广较快。

2. 农田景观建设目标

根据自然环境、区位交通、经济社会等条件综合分析,本区域农田景观的定位为区域性商品粮生产和面向京津冀都市圈的各大城市的副食品生产基地,以高产、高质、高效农业为发展目标,具体实现途径为:①合理安排农林牧副业结构,以粮食、蔬菜、林果(葡萄、杏扁为特色)生产为主,适当增加杂粮、中草药等比重,合理控制奶牛、肉鸡、蛋鸡等养殖规模(以提高养殖效率为主);在葡萄、杏扁两个特色优势产业上实现提质增效,在食用菌和中药材两大朝阳产业上同时重视扩大规模和提升效益,打造葡萄、蔬菜、杂粮、杏扁、食用菌、中药材六大产业集群;②建设农业科技示范园,选择、引进、推广适于区域环境条件和市场需求的高产优质品种;强化龙头企业带动,推广先进的生产和经营管理技术,提高产业集约化水平、高端精品产品质量和综合生产效率;③充分利用景观的空间镶嵌种植原理,合理组合作物的空间结构,适当安排轮作顺序,逐步扩大间作、套作面积,如在果园中套种中草药、牧草等,提高复种指数和充分利用种植空间;④加强秸秆、林果修剪枝、畜禽粪污等农业废弃物资源化综合利用,发展生态绿色农业;⑤严格控制非农建设滥占耕地,在保证基本农田不减少的前提下,完善区域防护林、农田生态林和灌溉管网建设,促进农田生态系统功能恢复、增加农田生物多样性、推广节水灌溉以节约水资源,加强基本农田的生物和工程改造措施,提高土壤肥力;⑥充分利用地处京津冀大都市圈人口密集、经济发达、交通便捷等优越条件和本区域春秋舒适、夏季凉爽、冬季冰雪等气候条件,利用葡萄、杏扁、中草药等产业优势和特色文化资源,开展休闲观光农业、度假民宿、民俗节庆等乡村旅游。

3. 农田景观结构优化

本区农田景观以作物生产为主,具有较大的一致性,可视为一个整体单元。对这一整体单元,本区的景观基本结构设计是以水浇地为基质,城乡建设用地、灌溉农田、林果园地等为斑块,灌渠、树篱、道路、河流等为廊道的斑、廊、基空间镶嵌格局。本区冬季以西北大风居多,营造防护林带应以东北-西南方向为主,完善3条林带:即惠民东渠林带、沿单家堡—上太府—赤脚寺—尹文屯—苑庄一线的林带、沿大姚庄—南庄—辛兴堡一线的林带。

在保证基本农田不减少的前提下,适当扩大林果面积,控制城乡建设用地尤其是农村居民点用地扩张;完善村镇道路(尤其是较大居民点之间的交通联系)、灌溉沟渠和区域生态防护林建设,改善景观之间的空间联系;结合生态防护林和果园建设,完善农田树篱体系,形成生态网络,充分发挥其阻挡风沙和增加生物多样性的功能。

4. 农田景观典型设计

本区景观应以农业生产为主,生态环境保护为辅。在保持农业资源与生态环境不致退化的前提下,最大化地提高农业产量、质量、效益是本区景观利用的基本目标。在保证基本农田和粮食生产任务的前提下,大力发展蔬菜、水果、中草药等产业。将生态环境治理和高效特色农业开发相结合,以高效开发养治理,以生态环境治理保高品质生产。限制本区农业生产的主要限制因素是水分,因此将本区典型农业景观即基质设计为以果粮、水旱间作的立体农业模式,在地势较高、灌溉沟渠不能覆盖的地方,栽种果树以利用其强大的根系吸取深层水分;在地势较低有充足水分保证的地方,以蔬菜和粮食轮作为主;在两者之间有灌溉沟渠支撑的地方,种植玉米、小麦和杂粮作物,以充分利用农业资源,提高农业生产效益。

(二)东北平原"林—草—田沙地利用模式"景观规划

在我国东北平原的西部存在着大片固定沙地,这里属于温带半湿润地区,年降雨量400~500 mm;沙地中沙平地多,土壤水分条件比较好;自然植被为黄榆-山杏群落,与平地上的草原植被一起构成森林草原景观。由于沙地的过度开垦和不合理土地利用,农林争地、农牧争地的矛盾愈演愈烈,土地荒漠化日渐严重。对这种沙地退化生态系统进行重建,关键是要改变景观格局,建立林带、林网以控制沙化,同时在已经沙化的土地上种植豆科牧草沙打旺,形成一个使干扰不断减弱的负反馈环。按照这种林—草—田体系进行的景观规划包括以下几种形式:①网状复合生态系统,即主林带间距200 m,副林带间距300 m为适宜(图8-4)。②在外缘有沙地围绕,中间为碟形洼地的地段,可建立环状的林—草—田格局。③在多丘状沙地上建立林网与草斑相结合的镶嵌结构,为固沙需要,林带网格大小以200 m×100 m为宜(图8-5)。在沙丘上种植人工杨树林和沙打旺,沙打旺经过粉碎加工是良好的畜禽饲料,因而这种复合体系有利于农业和畜牧业共同发展。对于长垄间的长洼地,采取水利工程控制和生物控制相结合,节节修筑沙坝,拦蓄夏季的暴雨径流。沙坝一般长2 000m即可连接两旁的沙垅,每隔5~6 km修筑一座沙坝,改变了原来长洼地均质的特点,增加景观的异质性,可因地制宜种植不同作物,如红麻、芦苇等喜湿耐盐且有经济价值的植物。

图8-4 平顶沙地上的网格状结构林—草—田景观设计模式(景贵和,1991)

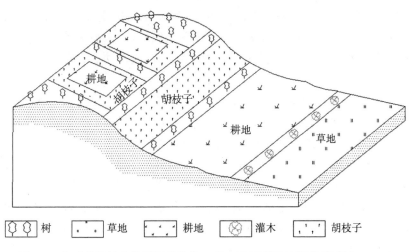

图 8-5　多丘状沙地上的平行结构林—草—田景观设计模式(景贵和,1991)

（三）农田生态林网的景观规划设计

1. 农田生态林景观的范畴及其作用

农业景观中的生态林景观不是指大面积的森林,而是指处于农田间的小片林地、生态涵养与水土保持林、农田防护林、农田边界植物篱、村庄边缘的围合林带、道路绿化景观林带、河岸沟渠防护林带,以及村庄之间的绿色廊道、景观生态林带和一些开放空间林地等。

农田生态林的主要功能是可以维护农田生产环境、保护生物多样性和提升景观生态服务功能,一些林地还兼有经济生产功能,一些林地或是一棵或几棵大树还具有地方历史文化记忆等人文景观功能。具体来说,农田生态林景观可以为农田防风减灾,也可保护村镇建筑物的安全;可以遮掩不美观的建筑群或活动,也可减少道路交通带来的噪声污染和车灯光照强度;可以涵养水源、减少土壤风蚀、控制污染源扩散,也可以加固河床和边坡地、覆盖保护田间路、防止水土流失;可以为一个乡村区域提供发展背景和保护,也可指引公共入口、创造更丰富的景观特征;可以提供油料或香辛木本植物生产,也可为林下散养的畜禽提供保护、为可食用的植物或真菌提供生存环境,从而为人类提供食物。在集约化农业景观中,农田生态林斑块植被组成结构多样、物种丰富,是一些农田动物赖以生存的食物来源、繁殖地和越冬场所,对于景观水平的生物多样性保护具有重要意义,特别对一些稀有乡土物种保护尤为重要。作为重要的非农生境和庇护所,农田生态林为农业生态系统中多种生物提供活动和栖息地,为食虫鸟类、瓢虫等提供替代生境,增加害虫天敌的多样性,具有生物防治功能;作为生物迁徙的"跳岛",农田生态林在农业景观的生物多样性保护中具有关键节点作用;作为农田基质中的异质性斑块,具有涵养水源作用,为农业景观的生产、调节、支持和文化服务功能等提供连接作用,发挥多功能生态系统服务价值。一些处于田间村旁的生态林还是乡村中重要的文化和历史遗产地(如乡村风水林、宗族坟地等),是生态价值和文化价值密集交汇的场所,即无论是成片的生态涵养林、道路林荫带或河岸的防护林带,还是树篱、小树丛甚至单株树木,都具有重要的生态学意义、美学效果和一定的经济价值。

2. 农田生态林网的景观规划设计目标

农田生态林网络规划建设要维系和强化农田的整体空间格局和视觉特征,使之能反映出地形上的细微差异,并与其他林地、绿化廊道和景观生态斑块连接起来,形成一个生态网络;依

243

托主要道路、水系、片林形成生态网络体系骨架,结合水、林、田、路综合整治,沿规划范围内农田格局以及相关沟渠道路,营造农田生态林带;在突出农田防护、生态维系等主导功能的前提下,与发展农村经济和形成多样化的田园风光相结合,形成多功能、多层次、高观赏性的农田林网。

3. 农田生态林网的景观规划设计原则

目前我国农田生态林景观存在的主要问题是树种和结构单一、缺乏层次性和群落化、一些生态林还没有形成网络化。其规划设计应遵循以下原则。

(1)生态网络化。保护原有林地,特别是具有一定年代和乔灌草结合的群落式林地,尽量避免对原有生态植被的破坏;生态林地种植与农田边界相协调,强化农田空间格局和视觉特征;防护林与田间小片林地、河岸带林地、湿地、树丛等统筹建设,通过林带、植物篱等联通不同林地、未耕地、物种丰富的草地、水体等斑块,把非生产性植被覆盖连接成一个生态网络结构,为生物提供最大限度的栖息地。

(2)植物乡土化。以乡土树种为主,适当选用少量经过长期考验的外来树种;满足不同空间、不同立地条件下的建设要求,实现地带性景观特色与多样化和谐统一。

(3)植被群落化。按照地域植物群落结构,以乔木树种为主,构建生态植被骨架,乔木、灌木、草地搭配,落叶、常绿树种结合,形成复层混交、相对稳定的人工植被群落,解决植被结构和树种单一问题;林地边缘可种植植物篱,为野生动物提供一个较为亲切的边界。

(4)景观多样化。在休闲观光农业、乡村旅游和多种产业融合发展的背景下,规划应综合考虑生态林地的复合功能、综合效益和多元价值,按照地域群落原理,通过乔灌草结合,形状、排列、树种多样化设计,构建生态经济型、生态景观型、生态园林型等多种林地建设模式,提升农田整体景观生态效果,展示乡村景观风貌。

4. 农田生态林网的结构规划

农田生态林中的防护林网,可视为农田景观中的廊道网格系统,影响和决定着整个农田生态林的结构。从景观尺度上评价生态林网的空间结构布局,主要由其数量、分布均匀程度与空间构型来表征,用林带与被防护农田斑块的面积比(林网带斑比)、林网的优势度、连接度和环度等指标建立数量界限标准(表 8-2)。如何以最小的造林面积达到最大的防护效果乃是平原农田防护林区景观生态建设所要解决的问题。林网布局的理想状态是在最小重合度下,以较少占地面积,使被防护的农田斑块全部处于林带的有效防护距离之内,即林带使景观基质处于抗风害干扰的正边缘效应带之内。区域的水量平衡是林网覆盖率的限制因子,半湿润平原区以 18%~24% 为宜,半干旱平原区为 20%,干旱区的绿洲可为 10%~16%。林带配置在半湿润区多采用宽带,干旱区宜采用窄带和小网格。以吉林省农安县前岗乡农田防护林网为例,对林网在景观中的布局进行量度和评价表明,该乡林带面积占耕地面积的 5.87%,林带形式以林路结合型为主占 65%,纯农田只占 35%,林带网络为 534 m×569 m。

表 8-2　典型农田防护林网的景观格局指标(周新华等 1994)

项目	林网面积/hm²	林带/条	网格数	带斑比	优势度/%	连接度	环度
实际值	694.9	757	206	0.067	40.2	0.606	0.370
合理值	617.3	1 112	497	0.060	37.6	0.926	0.780

5.农田生态林网的边缘设计

以防护农田为主要功能的防护林网设计需要综合考虑风速、风向、土壤条件和小气候要求,主林带分布要以垂直于地区常年主导风向为主,林带迎风面的断面形状以形成椭圆形和梯形为好,即中间种植1~2行高大乔木,两侧是灌木构成的植物篱,并配置乡土地被植物,通过不同冠层的树种选择和乔木行距大小,使林地具有疏透性或半透性,防止湍流效应,增加防风效果,如图8-6所示。农田生态林边缘设计时,农田小片林地边缘的树篱通常呈“A”字形,可以为野生动物提供一个亲切的边界;树篱与喜荫的灌木相间种植在林地边缘,其与第一棵乔木之间要留有足够的空间以供树冠蔓延,如图8-7所示。在林地边界,种植低密度的树木,以强化林地的半自然化外观;种植灌木,可以创造一个更为舒适、自然的边界。同时,在果园、草地围栏、农业设施周围、道路两侧,可种植观赏性植物篱,增加景观多样性和视觉效果。

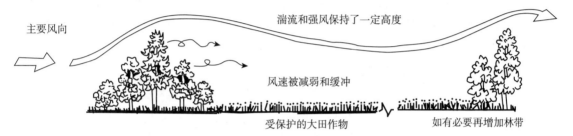

风防护林的生态效应,椭圆形防风效果好,可以防止湍流

图8-6　防止湍流形成的椭圆形防护林断面示意图

(宇振荣,郑渝,张晓彤,等.乡村生态景观建设理论与方法.北京:中国林业出版社,2011)

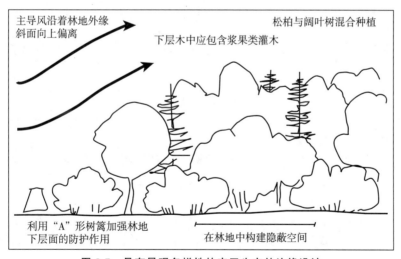

图8-7　具有景观多样性的农田生态林边缘设计

(宇振荣,郑渝,张晓彤,等.乡村生态景观建设理论与方法.北京:中国林业出版社,2011)

6.农田生态林的树种选择

根据地域植物群落和乡土植物种类,确定主栽基调树种、骨干树种、配置树种。基于不同功能型农田生态林,适生、适地选择植物种类:①在新规划的片区,选择速生品种,快速形成林网,同时要注意林层结构和灌草搭配。②在平原集约化生产区,树冠要求紧抱或窄小,减少遮

阳面积;应适当考虑适生经济树种,注意生产、防护和景观功能协调。③在村镇周边,树种选择需与当地景观联系在一起,注意选择根系发达、抗风能力强、具有乡土景观特色的树种,使景观趋于多样化。④道路两侧的生态林,则要求种植乔木树种,干形通直,树形宜观赏,兼具防护和行道树功效。⑤在河道沟渠两侧的防护林,适宜种耐水能力强的树种,并且具有防汛和护坡功能。⑥注意不要选择入侵物种,以防止生物入侵的蔓延。

(四)控制农田面源污染的景观规划设计

影响农田面源污染的因素复杂多样,化肥、农药的使用量、使用方式和使用季节,不同农田耕作、灌溉方式等在面源污染的形成中起着不同作用。为了减少农业面源污染的影响,除了控制污染物来源外,在农田景观尺度,还可以通过景观生态设计的方法来防止污染扩散。主要原理是利用不同植被对土壤养分吸收能力的互补效应,对面源污染物进行截留和过滤。主要措施是:利用农田缓冲带、生态沟渠对污染物进行阻截、吸收和转化;利用自然或人工湿地使污染物在其中沉淀、降解或被水生生物吸收,即形成源头控制—过程受阻—受体保护和净化的面源污染控制模式(图 8-8)。

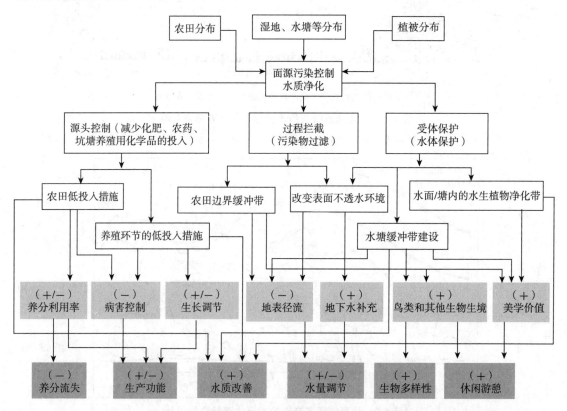

注:(+/-)表示措施对生态功能或生态系统服务的增加/强化或降低/减弱作用;浅色框表示直接作用,深色框表示积累作用。

图 8-8 农田景观尺度下的源头控制—过程受阻—受体保护和净化的面源污染控制模式
(宇振荣,郑渝,张晓彤,等. 乡村生态景观建设理论与方法. 北京:中国林业出版社,2011)

1.农田缓冲带景观设计

在农业景观尺度上进行缓冲带的综合规划和管理,能够提供多样化的生态服务功能。如在调节服务方面,沟渠、河道缓冲带能够提供水土涵养、污染防控等功能,防护林缓冲带具有调节农田小气候、防风防尘的功能;在支持服务方面,田埂和农田边界缓冲带能够提供授粉、害虫控制、生物多样性保护等功能,如农田和果园周边的植物缓冲带能够显著提升野生蜜蜂等传粉昆虫和鸟类的多样性;在生产和文化服务方面,利用牧草、苗木、经济作物等物种构建农田缓冲带,能够提供额外、丰富的农产品,多样化的缓冲带还对提高农田景观的复杂性、开阔性、自然性、历史性等美学指标有重要作用;在景观服务功能方面,沟渠、道路、防护林及其缓冲带的空间分布对景观多样性、破碎化和生境分布等空间格局指标都存在影响。因此,缓冲带建设在欧美发达国家的生态农业景观建设与管护中占据着十分重要的地位。如英国的农场环境管理措施(environmental stewardship,ES)为农户提供了针对耕地、草场、水域等景观要素的各类缓冲带建设指南;美国农业局(USDA)下属的自然资源保护服务局(NRCS)在全国范围内广泛开展了自然资源保护项目(Natural Resources Conservation Practices),制定了包括河岸缓冲带、农田边界、植物篱等多种缓冲带建设的工程技术标准,有效提升了土壤固碳、改善水质等多种生态服务功能。我国在各类农业景观缓冲带的功能验证和机理探究方面也进行了较多的研究,如对林-草、灌-草等不同结构配置的河岸,及湖泊缓冲带在泥沙、氮磷拦截等功能方面的定量化研究,以及田埂、植物篱、农田边界等其他农田缓冲带对水土保持、害虫-天敌调控、生物多样性保护等生态服务功能的影响分析,探讨各类农田缓冲带的应用价值和建设模式。但现有研究多以理论研究为主,还没有转化为系统的建设方法体系。因此,在一定尺度内综合考虑多种农田缓冲带及其生态服务功能类型的规划、设计和建设等工作亟待加强。

农田缓冲带可以定义为镶嵌在农业景观中耕地与其他景观要素之间,自然或人为改造形成的条带状植被覆盖,主要位于田块边缘区域,包括农田与其他土地利用之间难以并入田块进行耕作的交错地带,或是占补平衡等土地整理过程中产生的边角地带。农田缓冲带的效果决定于其规模、位置、植被、水文条件和土壤类型等因素,可依据其属性和功能对农田缓冲带进行分类。如根据位置和相邻土地利用类型,可将农田缓冲带分为河流缓冲带、渠道缓冲带、道路缓冲带、农田/果园边界缓冲带、防护林或生态林地边缘缓冲带、村庄周围缓冲带等;根据植物组成和结构配置,可分为林地缓冲带、灌木植物篱、草本缓冲带、蜜源野花带等;根据主要生态服务功能类型,可分为水土保持、面源污染控制、授粉功能提升、害虫控制、护坡护岸缓冲带等。

以控制面源污染为主要功能的农田缓冲带是指设立于潜在污染源区(即农田与受纳水体之间),由林、草或湿地植物覆盖的条带状区域,包括农田地块中间的过滤带、草本水道、地块之间的植物篱缓冲带、田间道或生产道两侧缓冲带,以及紧邻河道、坑塘或湖泽等水体一侧的缓冲带等,主要作用是去除过境的养分、农药和泥沙等污染物。当地表水或地下水从农田流向水体时,缓冲带起到 3 种生态效应:①对地表径流起到调蓄作用,滞缓入河洪峰流量;②有效地减少地表水土流失,涵养水源;③降低地下径流中固体颗粒和养分含量。在考虑区域农田景观特征的基础上,设计合理的缓冲带将有利于农业面源污染的控制。

植物篱缓冲带间距需要考虑植物种类、土壤状况、气候条件及坡度、坡向等因素。植物篱的布设要既能有效拦截污染物,又能尽量减少对带间作物的不利影响。带间距太小,会占据大量的作物种植面积,加剧植物与作物之间的养分和水分竞争;而带间距过大,则其拦截水土的能力降低。所以,植物篱缓冲带间距确定的基本前提是需要可拦截全部带间泥沙并最终形成水平梯田。

田间道、生产道两侧的缓冲带应结合道路绿化一起统筹考虑,道路两侧缓冲带的宽度不小于 500 mm,选用乡土灌木和草本地被植物栽植。

河道、坑塘和湖泽等水面周围的农田缓冲带一般都是沿水体呈带状分布,具体形状则应根据地形、水面形状、地表和地下径流的运移途径而定。实验室模拟降雨发现,缓冲带的宽度在减沙效果方面比高度上的变化更为显著。国外的研究和建设实践表明,一般河流的缓冲带宽度需要 5～10 m 才能取得效果,但实践过程中应根据河流断面宽度、流量、流速等综合考虑。

缓冲带植被选择应尽可能保留所在地的原有植被,乔、灌、草结合,同时考虑草本植被的地表覆盖度、地下根系、乔木对林下植被的影响等。缓冲带建设要与防洪排涝、水源保护、提供绿地、生态环境维持保护和乡村田园文化等功能结合。

2. 田间生态沟渠景观设计

进行农田沟渠建设过程中,在干旱区采用混凝土等材料硬化灌溉渠道,防止渗漏和提高灌溉水利用率是必要的。但是,在一些降雨量较多、水资源相对丰富的地方,一味追求渠道硬化就不可取。特别是对于所有的排水沟渠,都应尽量减少硬化,采用生态化护坡,提高沟渠渗透性。根据地形、水系和灌溉工程布局情况,在农田中建设生态沟渠,有利于水土保持、净化防污、排水防涝及沿沟渠的植被修复,协调地势、土壤、水流的平衡。田间生态沟渠景观设计总体要求是:

(1)服务生产需要,构建水系生态网络。在满足服务生产的前提下,注意在特殊地段保留小水面、小池塘等水体,使沟渠、坑塘和各级河道形成水系生态网络,构建多功能和多层级的给排水服务系统,维系多级生态廊道的连通性,保护生物栖息地和景观多样性。

(2)因势利导建设,灌木与地被植物结合。沿沟渠的林地应是线形的,林地外缘离水道距离应是多变的,以形成更为自然的形状,与河边开放空间的相间区域形成重要的缘带景观。护坡植被宜采用灌木与地被植物结合,坡面不宜裸露土壤。平直斜坡的护坡地被植物宜重点布置在斜坡中部,凹型斜坡的护坡地被植物宜重点布置在斜坡中上部,凸型斜坡的护坡地被植物宜重点布置在斜坡中下部;阶梯形斜坡的护坡地被植物宜重点布置在斜坡陡而较长的地段。

(3)选择乡土物种,维系生物多样性。沿沟渠的树林应尽量选择当地的阔叶树种,并适宜在湿润之地生长,树木间距应有利于地面植被成长;树林种植应与永久湿地、季节性湿地和开放空间相间分布,以创造一个多样化的滨水栖息地。

(4)采用自然环保材料,体现乡村风貌。在地势较陡地段设置编织箱、树枝等生态防护型断隔板桩,保障沟渠的蓄、排、缓、净功能;因地制宜进行植被营建,在堤坡中上部设置绿色环保方格抗冲,并以乡土水生植被覆盖;沿坡栽种柳树等耐水乡土植物,利用根系发达植物物种,营建护坡植被群落;按照河流的丰枯变化规律,在沟渠两侧栽植乡土植被形成绿色缓冲区,控制面源污染和水土流失,营造美化廊道景观。

3. 田间湿地景观设计

在大片农田景观中,结合微地形,设置适当面积的田间湿地景观(如池塘、洼地、人工河等)对农田生态环境建设具有重要意义。可以有效地截留来自农田地表和地下径流中的固体颗粒物、氮、磷和其他化学污染物,降低农业面源污染。湿地及其维持的植物具有多种功能,如储存淡水和过滤作用,为鱼类和野生生物提供了繁殖的场所,调节昆虫的数量,为鸟类提供巢穴。

田间湿地的布局与设计主要考虑地形、土壤、土地利用、降雨强度和径流等因素。适当的面积和容量是湿地净化能力的重要保证,也是湿地设计必须考虑的首要因素。不同尺度、不同水质的污染控制要求,对湿地面积占流域面积比例不同。湿地的布局对其净化能力有着很大的影响,如水流经过湿地系统时由于流速降低和水生植物的阻截、过滤,泥沙和颗粒污染物易于沉淀,但如过分利用湿地沉淀泥沙,会降低湿地的其他功能,并大大缩短湿地系统的使用寿命。因此,在水流入口处设立以去除泥沙为主要目的沉淀塘(池),并配合以一定规模的缓冲区,可以降低湿地系统的维护成本,保持湿地对污染物的去除能力。

(五)基于景观多元价值实现的区域农田景观综合规划——日本北海道农田景观规划模式

1. 项目背景

北海道位于日本最北端,总面积 8.34 万 km²,约占日本全国面积的 22.1%,耕地面积约占日本的 1/4。因自然资源丰富、气候条件优渥,成为日本最大的农作物种植基地和旅游胜地。北海道农田景观的发展也是随着时代背景、区域发展和人们需求的转变,经历了生产性、生活性和观赏性(多元价值开发)3 个不同阶段。主要原因是整体农业发展面临着劳动力不足、耕地面积减少、生产成本增加等问题,其根源也在于人口老龄化严重、兼业化现象普遍,从事农业总人数逐年减少。随着生态旅游、观光农业等蓬勃发展,北海道在国家政策协同支持下,以特色花卉为产业融合主体打造观赏性农田景观,重视对多元价值的开发,用完善的花卉作物选种原则和农业经营管理策略构建了多元价值基础,而多元价值的成功开发提升了北海道观赏性农田景观整体品质,同时促进了地区产业融合,带动区域经济整体发展。

2. 多元景观价值的内容

(1)经济价值。观赏性农田景观的直接经济价值体现在旅游观光和加工产品的二次消费之中,通过打造高品质景观对游客形成吸引力,累积到地消费群体数量后售卖加工产品以获得额外收益,利用特色景观的品牌效应奠定市场基础,外销花卉、苗木以拓宽经济收入渠道。其间接经济价值体现在观光旅游为相关行业带来的消费行为之上,以第一产业为基础,寻找其与二、三产业的耦合点,整合地区资源、融合地区产业并协同相关产业构成产业链,带动整体区域经济发展。

(2)生态价值。生态价值主要体现在对北海道土地和原有农作物物种的整体保全,在满足自身日益增长需求的同时,兼顾生态环境的稳定和安全。因此,北海道观赏性农田景观在以水田转化为契机发展时,虽将观赏作物作为收益性高的复合作物引入道内,但引入后并未对道内已有水田作物形成威胁,保全了区域内整体物种的生态价值。通过完善的经营管理体制,对农药、化肥采取严格管控制度,经营者对农作物培育技术以高效节能、绿色生态为原则,有机结合人、地、物三方,保证了土地和农作物的生态性和可循环发展。

(3)文化价值。北海道在保留当地特色农业文化的同时,整合地区自然资源、农业资源、旅游资源,创造"花文化"观光旅游品牌,以实现其丰富地区文化的文化价值。《北海道花卉振兴计划》(2016 年)提出推行和强化"花文化"品牌效应,一边利用原有道产花,谋求与花有关的传统文化继承和振兴,一边促进民间花卉活动的扩大,以调动社会关注度,努力创造新的地区文化,衍生出具有地域特色的农业文化、旅游文化,从精神层面和物质层面都使当地居民和社会团体受益。

(4)社会价值。从观赏性农田景观引发的社会价值,包括完善的经营管理制度为农业发展带来的良好发展环境,增加农业人员就业机会、稳定社会秩序,以及相关社会团体的建立、社会活动的丰富和教育意义对和谐社会氛围形成的有益输出。如富良野绿峰高中园艺科学生组成课题研究团体,充分利用富良野地区的可食作物举办食育活动,社会各界围绕观赏性农田景观纷纷成立相关团体,对其生产技术、相关产品开发开展学术研究和教育活动,为促进良好社氛围的形成起到有益作用,实现了其社会价值。

（5）美学价值。北海道观赏性农田景观的高品质不但在精神层面愉悦了游观者,也使北海道完成从农业地区到旅游胜地的形象转变,以美学价值丰富农业品牌形象和文化审美内涵,拓宽观光旅游发展思路、促进产业整合。同时,还通过自主创新开发了具有特色的观赏性作物配置形式、色彩搭配模式和平面布局样式,引来各地区纷纷效仿,带动国内外观赏性农田景观的整体美学品质提高。

3. 多元价值景观规划内容

北海道观赏性农田景观多元价值的生成,主要从农业产业布局和农田景观规划布局两个层面采取措施。

（1）产业布局。从产业发展格局来看,以丰富的自然资源为基础,以观赏性农田景观为突破口,寻求农业与旅游业、产品加工业、运输业、教育产业的耦合点,整合成为成熟产业链,衍生区域价值链以转化农业基础价值,完成对观赏性农田景观的多元价值布局。

（2）景观布局。从景观布局来看,最初是一些地区农场仅用种植农田外的闲置土地种植花卉,形成散点布局;后来在政策支持下,逐步形成十胜地区、富良野地区至大雪地区的"北海道花园街道",将"点"状的分散农场由"线"状旅游路线进行开发,推动区域形成"面"状的规模化观赏性农田景观布局;再扩大为以道南和道央为中心的全道水田地带,为多元价值开发提供基础。

4. 观赏性农作物的选择原则

北海道农作物分为水稻、旱田作物、园艺作物 3 类,观赏性农田景观以园艺作物中的花卉为主要培育和开发对象,观赏性作物的景观品质是北海道观光旅游业发展的重要保证,也是观赏性农田景观多元价值的主要实物载体。通过对观赏性作物严格选种,降低生产者在种植流程、生产流程的生产成本,以提升生产力,优化观赏性农田景观多元价值的主要实物载体品质,选种应遵循以下原则。

（1）经济性原则。即优选抗逆性强、养护成本低的品种,以减少养护成本、保证产物质量;选择自身经济价值高的品种,除满足观光需求外,还可以鲜切花或香水、食品等加工产品的形式销往外地,在完善产业链的同时,扩大当地观赏性作物的规模和影响,以完成对其附加价值的经济转化。

（2）特色性原则。即倾力打造北海道特色"花文化"主题,形成品牌化、特色化发展路径;如富良野地区富田农场的薰衣草花田,在 1970 年已初具规模,至今发展成为 13 个主题的观赏性农田景观,带动了其他农场发展,使薰衣草成为北海道的特色观光名片;除满足观光需求,勿忘我（薰衣草）的出产数量占 2017 年日本出产总量的 31％。

（3）多样性原则。观赏性作物的经济效益转化途径主要是收取观光农场入园费用、花卉产品加工销售和鲜切花及苗木种外销,市场对作物种类、数量、品质要求较高,生产者需选择多种观赏性作物类型,以避免各地景观、产品、外销品种的同质化,以保持市场竞争力。挑选多个不同花期的观赏性作物进行植物配置,保证春、夏、秋三季有景可观,多样的鲜切花、苗木种类也会帮助生产者提升外销渠道的经济收益,以保证观赏性农田和景观的可持续发展。

（4）观赏性原则。因观赏性作物营造的高品质景观是吸引游客到地观光、带动相关产业协同发展的重要吸引力,所以对作物的挑选必须以观赏性原则为重要前提,结合景观设计方法打造不同主题的农田景观,以保持对市场的持续吸引力。以色彩构成原理为基础,基于四季环境基调,运用冷暖对比色、邻近为不同色形的观赏性作物进行色彩搭配;运用形式美法则中的调和与对比、节奏与韵律、比例与尺度、多样与统一等方法,在各主体景观区以长条式、拼贴式、方格式、散点式等多种形式的布局,以保证观赏品质。

(5)生态性原则。一是不同花卉作物所需肥料和维护方式不同,选择易养护的各类品种作物搭配种植,可防止土地被某类化肥、农药过度污染;二是北海道注重对本地植物的原有生态环境进行保护,引进的观赏性作物也并未对原有本地作物的生长形成阻碍。遵循生态性原则可对土地和自然环境进行保护,为多元价值提供可持续发展的基础。

5. 多元价值农田景观的规划管理

(1)土地管理。在土地管理上,政府通过严格界定土地属性和用途、限制土地流转条件,保证现有农地被有效耕作。同时,积极新造农地以弥补耕地的非农占用,为观赏性农田景观提供土地资源保障。在人员管理方面,建立了中央到地方权力、职责的正金字塔模型,下放 2 hm² 以下的农地转用审批权给管理体制基层的农业委员会,助力培养农户自发性参与农地管理建设的意识。劳动力和土地资源是观赏性农田景观的产生基础,也是多元价值的重要实现载体,通过管理体制对农地用途严格规范、对各级职权进行清晰界定,有助于带动农地所有者、农业从业人员对多元价值的积极开发。

(2)经营体系与产业链。在政策协同支持下,以观赏性农田景观为基点建立产业链,促进花卉产业与旅游业、交通运输业、产品加工业等相关产业的产业链融合,形成产业协同带动区域经济发展的良好局面。主要从 4 个方面开展:①确立可持续发展的经营制度,合理匹配资源。通过经营相关政策对规范农地、农户经营提出进一步要求;提倡建设环境保全型农业并扩大社会认同度,对引进的施肥设备进行科学的比例、数量设定以保护土壤肥力,保证农地的可持续经营;通过推行农地保有合理化法人、建设"生态农户"对农户进行分类筛选,以匹配符合条件的土地,提高农地生产效率。②完善产业化经营策略,构建价值转化基础,提出产业化技术经营策略。如引入先进的高节能栽培技术、高度设备化的开花调节技术、生态动植物病虫害技术以实现观赏性作物的高效种养;推广机械化设备,覆盖选种、播种、定植、田间管理、收获和作物品质分级的整个生产过程,以解决由劳动力日趋减少带来的景观品质难以进一步提升、市场需求难以满足等一系列问题;建立高效流通体制,基于旅游观光发展,联合社会各界对产品外销交通路线进行大力开发,提高人员、花卉流通速度,以加快多元价值的经济效益转化速度。③多方开拓市场,转化经济效益。除依靠观赏性农田景观的观光效用吸引客源外,道内政策还鼓励各农场将产业化技术设备与特色农产品开发相结合的做法,探索出依靠附加经济收益反哺景观发展的独特经营路径。如富田农场依靠景观品质吸引消费者前往,提供园内观赏性农田景观的免费观光,通过自主研发制造出"蒸馏之舍"的薰衣草精油、"薰衣草干花之舍"的薰衣草干花等相关产品的售卖获得经济收益,不断创新的产品和技术吸引了更多客源、丰富了观赏性农田景观的多元价值内容、拓宽了农场收益渠道,为进一步的产品及多元价值开发提供有力的资金保障。④整合社会资源,产业协同发展。中央及地方政府以花卉景观产业为基础,带领民间农业组织,鼓励农业结合旅游业、零售业、交通运输业、教育业进行产业融合,以整体提升特色农产品市场竞争力;同时动员社会各界为农户持续提供资金、政策保障,培养年轻一代农业接班人的多元化价值开发意识,为从业者的全面发展提供可能,实现观赏性农田景观的多元化价值(米满宁,2019)。

第三节　园地景观规划

一、园地景观的基本特征及其影响因素

(一)园地景观的基本特征

广义的园地景观是指以林果、花卉、苗圃、茶叶及其他经济林为主的一种农业生产性景观。包含各种林果、作物、生产道路、生态林、水塘沟渠、灌排设施、加工设施、储藏设施、管护设施，以及园地周围的自然与人文环境等景观要素。在经济社会发展、人们生活水平提升和对美好生活的需求不断多元化的背景下，现代园地景观已经成为生产园区和生活园林景观的集合体，更是乡村一二三产业融合发展的一种有效载体，具有功能复合性、景观多样性、收益多元化和效益综合性等特征。

1. 功能复合性

现代园地首先是一个农业生产系统，其首要功能是提供具有经济价值的农产品，同时又具有观光旅游、文化展示等服务功能，是生产性与服务性的有机结合；产品选择、生产过程安排都要以生产需要为主，兼顾观光旅游需求；产品品质和生产过程设计影响旅游产品开发，旅游活动的高质量开展又有利于农业生产活动及其产品的宣传。与其他生活性园林景观相比，现代园地景观具有游赏性、娱乐性、体验性与教育性结合等特点，让游客在观赏优美风光的同时，参与到农事活动、趣味活动、美食餐饮活动之中，还可为游客提供农业生产知识、地方特色文化、现代农业科技等学习教育机会。

2. 景观多样性

现代园地拥有生态的环境条件、丰富的农业资源、绿色的农产品、地域的民俗文化、特色的村落空间、传统的农艺生产和现代的农业新技术等景观要素，农业作物生产各阶段对光、热、水、土等不同条件的要求而呈现出明显的多样性、季节性、周期性，呈现出春种、夏耘、秋收、冬藏等不断变化的农业生产与文化景观。此外，林果、花卉、苗圃、茶叶等不同类型的园地还具有自身的特点。如一般花卉、苗圃生产基地选址主要位于城镇周边、地势平坦、土地肥沃和水源丰裕的地方，品种多样、色彩丰富，但植株不高、生长期短，更多地呈现出开阔、平面、块状的景观形态。而由于我国耕地资源有限，粮食安全压力大，果园和茶园则一般选址于丘陵、坡地甚至山地，植株高、长年生长，但每一个园区的品种相对少，园地景观随地形高低起伏呈现出条带为主、常绿或四季色彩变化兼具、乔木灌木草地立体结合的丰富的空间形态特点。

3. 收益多元化

基于功能复合性和景观多样性，现代园地可以开展观光旅游、特色产品加工、科研示范、展览展销、教育培训等活动，不断融合创新出新的经营业态，使得其收入多元化。除了经济效益外，还具有增加就业岗位、传承地方文化等社会功能，及增加生物多样性等生态系统服务功能。

(二)园地景观的影响因素

影响园地景观的主要因素也是地理、气候、生物等自然环境条件和政策、市场、科技、生产方式、生产组织形式等经济社会条件。不同的地理区位和气候条件下，园地景观的资源禀赋、生产条件、季节特征不同，如我国南方的杧果、荔枝、柑橘等热带、亚热带果园和茶园，北方的苹果、梨、枣等温带果园。当然，在不同的经济、政策、交通和科技条件下，园地景观也呈现出一些

阶段性特征,如原来江浙一带平原湖泊区域的桑蚕生产园地景观随着劳动力成本提升而转移到西南地区;过去四十多年,华北一些区域基于粮食生产收益低而进行农业结构调整,利用平原优质耕地进行大面积果树种植和苗圃生产,而今因为国际政治经济环境复杂、国内粮食安全压力大增的严峻形势下,面临着粮食生产和大量耕地非粮化的矛盾冲突。

二、园地景观规划目标与原则

(一)规划目标

园地景观规划应以区域的特色优势资源为基础,以确保国家粮食安全为前提,以市场需求为导向,以综合效益为中心,以科技为支撑,运用景观生态学原理,协调人与环境、经济发展与资源、生物与非生物、生物与生物、景观尺度与生态系统之间的关系等。具体规划目标有以下几点。

(1)在考虑经济效益的同时,要兼顾生态效益,园地设计要保证产品高产高效,还要考虑优质、绿色和可持续发展。

(2)构建园地生态系统,调整系统内部各生物种群的组分关系,使之与环境条件相适应,与环境之间能进行良好的物质循环和能量转换,实现园地整体功能的优化和产出最大化。

(3)利用生态位与自然资源多级利用原理,将园地建设成为具有种群多样性、稳定、高效的生态系统,合理利用光、热、水、肥、气等资源。

(4)利用生物间的相生、相补、相克、相促等相互作用原理,在园地中合理进行物种组合搭配,形成园地病害生物防治、作物营养互补等效果。

(二)规划原则

1. 整体协调原则

现代园地生产是一个多产业融合的载体,其发展有赖于城乡经济、社会、产业、科技等各个系统的协调共进。需要根据当地的资源条件、社会经济发展水平、产业发展阶段、科技支撑能力和市场需求变化来整体谋划,构建一个结构稳定、功能协调的综合性景观。

2. 因地制宜原则

园地景观与城市园林的最大不同是其自然之美、乡土气息、地方文化和生产与休闲娱乐结合。规划时应以自然生态系统为基础,在满足生产农艺要求、便于实现自动化与智能化生产、降低人工劳动成本的前提下,师法自然,综合设计,尽量减少人工过度建设。如充分利用原有地形地貌,合理进行功能分区,减少大规模的土地平整;生态设施建设尽量使用乡土植物、地方建材和适宜的建造技术,节约投资、体现特色,并与周围环境协调。

3. 突出特色原则

园地景观规划要立意新颖,营造鲜明主题,培植生态精品,突出自身优势特色,展现地方文化,增强客源吸引能力。

4. 丰富多样原则

园地景观建设要将专业生产与游客参与性结合、长期休闲与短暂观光结合、现代科技与传统技术结合、品种专业化与多样化结合,生产区突出专业化、经济性、高效性,观光区突出多样化、观赏性和趣味性,形成功能丰富、分区合理、空间变化、生物多样的景观系统。

三、园地景观规划内容与设计要点

(一)规划内容

完整的园地景观规划内容应该包括：①园地景观评价与发展条件分析；②园地景观功能定位与发展目标；③园地景观生态格局规划与空间结构；④园地景观功能分区(如生产区、示范区、观光区、管理服务区、休闲配套区等)与种植模式设计；⑤园地景观种植设计与生产技术；⑥园地景观基础设施规划(道路、地形、灌溉、排水、供电等)；⑦园地景观环境与服务设施规划(建筑、设施、环境小品等)⑧园地景观建设与管理措施；⑨项目投资估算与综合效益评价分析。

(二)景观生态设计要点(以果园为例)

1. 果园种群的选择和配置

果园中的种群是多样性的,由主要种群和次要种群构成。种群选择是指对果树种类和品种的选择,按果树区域化的要求和适地适树的原则,确定适宜种植的果树种类和品种作为果园中的主要种群。其中,生产区果树种类要专业化,满足生产规模化和标准化要求;休闲区果树品种要多样化,以满足旅游观光需求;所有果树品种要良种化,使其在较长时期内具有竞争力。种群配置是指品种间、主要种群和次要种群间的合理配置,在宏观上应注意成熟期的时间搭配,在果园中安排好授粉组合;次要种群主要是指蔬菜、瓜果、粮食等作物,按互利共生的原则在果园中合理间作。

2. 果园间作

为了充分利用地力和生产空间,增加经济收益,在果树定植后的1～4年,可利用行间间种矮秆作物、瓜菜等,设计合理的适当间作,可增加果农收入。间作的主要方式有以下3种。

(1)果树和农作物间作。如枣-粮间作是以多年生高大的枣树与农作物长年间作的立体农作制度,比一般间作能更好地利用光照和土地资源,提高生产效益,并兼起农田防护林的生态作用,其产值高于纯粮田;而果园间作豆科作物,则可培育地力又可增加收益。

(2)果树和瓜菜间作。如葡萄园间作黄瓜,黄瓜苗会分泌葫芦素C、九链碳等化学物质,有助于葡萄生长发育,葡萄产量明显提高。苹果园可间作辣椒、西红柿、茄子等,可以增产增收。在幼龄果园采用地膜覆盖,间作西瓜,早春覆盖地膜增温保墒,有利于幼树成活旺长,地膜西瓜还可提早上市10～15 d,一膜两用,壮树早瓜,效益理想。

(3)果树和牧草间作。在果树行间未完全遮阳前可间作牧草,选用矮生、匍匐、青草期长、生长势强、耐割、没有不定根和不定芽、不影响果树株间翻耕的品种,以达到果园以果为主,不妨碍果园田间管理、耐踩踏,兼有果园生草覆盖和保持水土等作用。果园间作紫花苜蓿,在各地都已取得良好效果。

3. 立体复合栽培

在果树树冠下和葡萄架下栽培食用菌、中药材、耐阴作物等,是一种立体复合栽培模式。成龄果园树下或架下是一个弱光、高湿和低温的生态环境,很适应平菇的生长发育,平菇的废基料是优质有机肥,可以改善土壤结构,培肥地力。平菇在生长过程中所释放的二氧化碳,可补充果树光合作用的需要,从而形成了一个互利互补的复合群体。在葡萄架下种植草莓、人参也可获得较好的效益。

4. 果园覆盖

果园(尤其是幼龄果园)覆盖是一项良好的土壤管理措施,覆草覆膜可保持水土、减少蒸发和径流;能调节地温,有利于根系生长和休眠;灭草免耕,可改善土壤理化性质,培肥地力,提高果品产量和质量。

5. 果园病虫害的生物综合防治

幼龄苹果园行间选择适宜的间作物,如早熟、矮秆作物或本树种苗木,可减轻大青叶蝉对苹果幼树的危害。葡萄园间作黄瓜,其生育期分泌物,对葡萄常见病虫害有抑制作用。果园覆盖改变了果树生境,可影响某些病虫害的发生,避免和减轻其危害,达到防治的目的。如覆盖紫外线吸收膜,可以防治草莓的菌核病、灰霉病和轮斑病;覆盖银色膜可驱避蚜虫,并阻止蚜虫传播病毒。覆膜还可阻止树下害虫出土危害。果园适度规模的养鸡可有效地消灭土壤表面的害虫。

第四节 农林复合系统景观规划

一、农林复合系统及其特征

作为一种土地利用活动,农林复合(agroforestry)系统是世界各地农业实践中一种传统的生产经营模式,已经历了成百上千年的历史,目前依然发挥着重要的作用。1982 年国际农林复合系统委员会(the International Council for Research in Agroforestry,ICRAF)将农林复合系统定义为"通过时空布局安排,在家畜和(或)农作物利用的土地经营单元内,种植多年生的木本植物,在生态和经济上各组分之间具有相互作用系统"。为更好地适应资源与环境持续管理的复杂性,ICRAF 主任 Leakey 于 1996 年对农林复合系统又做了如下解释:Agroforestry 是一种动态的、以生态学为基础的自然资源管理系统,通过在农地及牧地上种植树木达到生产的多样性和持续发展,从而使不同层次的土地利用者获得更高的社会、经济和环境方面的效益(Leakey,1997)。新千年生态系统评估(Millennium Ecosystem Assessment,MA,2005)以及农业科技发展国际评估(International Assessment of Agriculture Science and Technology for Development,2008)均强调了农林生态系统的多功能性。即通过将林木、农作物或动物在空间和时间布局上的优化组合,具有固碳、改善土壤、水土保持、防灾减灾、改善空气和水质、增强生物多样性和景观多样化等多种生态系统服务功能和环境效益,同时有助于改善农业生产的自然环境条件,在提高光能、水分、养分、土地等资源利用率方面具有独特功能。

因为传统农林复合系统具有重要的经济、生态和社会文化效益,在全球变化和粮食安全危机的时代背景下,传统农林复合系统受到越来越多政府和非政府组织的重视,已经有 5 个国家4 个典型的传统农林复合系统被列为全球重要农业文化遗产。无论在区域还是全球水平上,这些传统农林复合系统具有丰富的农业生物多样性、多重的生态系统服务功能和重要的社会文化价值。当然,传统农林复合系统也面临一些如人口迁移、市场冲击、气候变化等威胁和挑战。

农林复合系统是一个多组分、多层次、多生物种群和多功能、多目标的综合性、开放式人工生态经济系统,具备农业和林业的综合优势,集合土壤、田野和景观的特性,具有复合性、整体性、多样性、系统性、稳定性、集约性以及高效性等特点。与其他土地利用系统相比,农林复合系统具有以下几方面突出的特征。

1. 复合性

农林复合系统改变了常规农业对象单一的特点,至少包括两个以上的成分。"农"包括粮食、经济作物、蔬菜、药用植物、栽培食用菌等第一性生物产品,也包括家畜、家禽、水生生物饲养和其他养殖业等第二性产品。"林"包括各种乔木、灌木和竹类组成的用材林、薪炭林、防护林、经济林和果树等。农林复合经营利用不同生物间共生互补和相辅相成的作用,提高系统的多层次、多时序发展,取得较高的生物产量和转化效率。

2. 系统性

农林复合系统是区域环境、生物和人文、经济属性的有机统一体,是一种由相互作用着的子系统所组成的复杂的土地利用系统,有其整体的结构和功能,在其组成成分之间有物质与能量的交流和经济效益上的联系。不同于单一对象的农业生产,农林复合系统经营目标不仅要注意其组成的某一成分变化,更要注意成分之间的动态联系,把取得系统的整体效益作为系统管理的重要目标。

3. 集约性

农林复合系统是一种人工生态系统,在管理上要求比单一组分的人工生态系统有更高的技术,同时为了取得较多的品种和较高的产量,在投入上也有较高要求。

4. 等级性

农林复合系统具有不同等级和层次。小到可以庭院作为一个结构单元,逐步扩展到田间和小流域,大到一个区域的农林复合系统。

二、农林复合系统景观规划原则

1. 系统性原则

农林复合系统是一个以自然环境为基础,以生物过程为主线,以人类活动为主导的人工生态系统,将传统农业与现代农业相结合、自然生态与人工生态相结合,充分利用不同类型的生态系统间的边缘效应和因子互补原理,创造一种生态结构完整,功能协调、过程平稳、生产效率高,系统自我调节能力强、持续稳定的复合生态系统。农林复合系统的规划设计必须采取系统论的原则和方法。

2. 因地制宜原则

因为各地自然条件不同,树木与作物品种的生态学和生物学特性差别很大,某一地区适宜于发展何种类型的农林复合系统模式,要根据该地区的光、热、水、气、土、肥、植被状况以及地形、地貌等具体因素而定,为了能够真正体现"因地制宜"的原则,规划应根据所在区域内自然条件的分异规律划分农林复合系统类型区,制定各类型区相应的规划设计方案。如农田防护林网建设过程中,水量平衡是森林覆盖率的限制因子,考虑不同水分和风速等影响,半湿润平原区可采用宽带大网络,而干旱区宜采用窄带和小网络。

3. 可持续性原则

可持续性原则要求景观规划与建设必须考虑生态、经济和社会效益的协调。保证人类向自然获取的物质与能量的总量不超过资源与环境的承载能力,资源损耗速度不超过资源的更新速度,人类的干扰强度不能超过环境的自我维持与恢复能力,当前利益与长远利益相结合。

4. 科学性原则

一个合理优化的农林复合生态系统必须遵循生态学原理(包括生态位原理、生物间共栖互惠与相生相克原理、种群动态原理等)和系统学、农学、环境学、经济学等科学理论。系统规划要求对研究对象进行深入细致的调查研究与试验,以获取准确的基础数据与技术参数,再采用定性与定量相结合的方法,对各个环节进行系统模拟、分析、综合评价和规划方案选优。

5. 可行性原则

农林复合系统规划需要根据当地经济发展水平、投入能力、劳动力资源及其受教育水平、技术先进性与成熟性、市场需求和主体经营能力等因素综合考量。在品种选择、资源配置上,以市场为导向,建立以短养长、长短结合、优势互补的多样化农林复合系统模式,同时要求模式要有一定弹性、应变性和韧性,避免模式单一化和一种模式在同一地区的简单重复。

三、农林复合系统景观规划内容与方法

(一)农林复合系统景观规划内容

由于系统组成与结构的复杂性、循环周期的长期性,以及效益的多样性与整体性,使得农林复合系统景观规划设计比一般的造林设计或农业设计具有更大的难度。其规划是一个多层次、多水平的生态规划设计问题,要注意系统组分间的相互作用和整体效益的协调,遵循生态学原则、经济性原则和产出安全等社会性原则。需要考虑的规划内容包括:系统总体目标制定、系统类型划分、系统模式设计、系统物种结构设计(含系统的组分选择、组分间配比关系等)、系统空间结构设计、系统时间结构设计、系统管理措施及系统效益预测、分析与评价等。规划可分为总体规划和单元(地块)景观设计两个层次。

1. 总体规划

可按大的地域(县、地区或省)为单元,也可按基层单位(乡、村、农场或林场)作为单元,目的是进行系统建设全面布局,确定总体发展方向,包括确立系统目标、划分系统类型、构建系统模式、设计系统结构(农、牧、渔、林的比例)与建设规模、提出主要技术措施、安排项目实施进度、建构组织管理模式、进行投资概算与效益分析等。

2. 单元(地块)景观设计

在总体规划的指导与控制下,对一个小流域、一个功能区或一个景观单元进行具体的景观设计,确定各单元建立农林复合生态系统的类型与技术措施,测算种苗、劳动力和物资等需求量,制定项目建设计划,估算项目投资和分析系统效益等,是项目实施单位制订生产计划、申请资金与指导施工的依据。

(二)农林复合系统景观规划方法

1. 农林复合系统景观资源调查

(1)自然环境条件调查。包括:①气候。均温与极端低温、高温及积温,蒸发量,风向与风速及其频率,灾害风(大风、干热风等)出现的时期与次数及其对农作物、树木的危害情况等。这些资料将为农林复合生态系统类型的选择,最佳配置方案,最优结构参数提供基本依据。②水文。规划地区的水系分布,常年流量及变化规律,流量极值,水利工程的配置及使用情况。③植被。规划地区的植被类型、组成和结构特征、盖度和生长状况等。④地形。规划地区地表状况、丘陵的分布与面积、相对高差、坡向与坡高状况等。⑤土壤。规划地区的土壤类型分布、肥力状况,水土流失状况,地下水位等。

(2)产业发展状况调查。包括:①农业。规划区土地利用现状、经营强度,农业耕种方式、垄向、作物栽培方式与主要种类、产量,农业与天气的关系等。②林业。规划区林业发展历史、育苗及造林经验、区内树木(天然或栽培)的种类、林学与生物学特性、生长状况、冠形与根系等形态特征以及对土壤气候的适应性,病虫害情况等。③牧业。规划区饲养牲畜种类、数量、草

场面积、质量、载畜量、饲养方式等。④副业。规划区各种经济作物,经济树种以及果树的种类、特性、种植规模、相应的市场或加工工业的状况等。⑤渔业。如有渔业,则需要了解规划区的渔业经营方式,家养鱼的种类、鱼塘的分布、起源、养鱼的经验、市场状况等。

(3)经济社会发展状况调查。包括规划区的行政区划、区位条件、交通状况、人口数量与结构、劳动力数量与素质、地方财政和居民收入状况、区域产业发展和产品市场情况、人民生活习俗、宗教信仰及其与地方经济的关系等。

2. 农林复合系统景观分析

(1)区域发展环境条件分析。基于调查结果,根据诸多因素综合评估当地自然环境条件和经济发展优势,找出在自然资源开发利用中存在的问题和评估其发展潜力,综合当地农民发展需求和市场对产品的需求,以及区域社会经济发展状况,探讨当地建立农林复合系统的现实需要性、可行性等。

(2)系统模式和结构分析。从区域景观系统、田间生态系统、园区(场区、庭院)经营系统3个层次和系统、类型组、类型和结构4个等级,进行系统模式构建、类型划分和结构设计分析,提出系统规划设计的指导思想、总体发展目标、具体经济和技术指标,以及模式构建、结构设计的总体要求等内容。

(3)景观单元分析。在总体模式和结构设计分析的基础上,进行景观单元建设条件、建设目标、结构设计、技术措施、物质投入、效益测算等分析。

3. 农林复合系统景观模式和结构设计

农林复合生态系统模式和结构设计涉及生态、经济、社会和技术体系等各方面内容,主要包括:总体目标设计、产业结构设计、时空结构设计、食物链网设计、生态与环境系统设计、物质与资金投放和输入输出设计、技术体系设计及系统集成与优化等。其中,结构决定功能,结构合理与否决定复合系统的稳定性和最佳综合效益能否实现。因此,系统结构设计也是农林复合系统景观规划的关键环节,物种、空间、时间、营养和产品这5种结构的合理性和协调性,是优化农林复合模式,提高生态、经济、社会功能及效应的关键。

(1)物种结构设计。物种结构是指农林复合生态系统中生物物种的组成、数量及彼此间的关系。适合于农林复合系统的主要物种包括乔灌木、农作物、牧草、食用菌、昆虫、家畜禽等。组成成分、比例及排列状况的不同,构成不同的种群结构。物种结构是群落产品结构的基础,深入认识物种生态、物种间关系、生物与环境关系等是物种结构设计的基础。选择物种时应以生态原则为基础,重点考虑所选物种的生态适应性及各物种间的种间关系、物种生态位,考虑物种间的共生互利作用、化感作用(抑制或毒害)影响,考虑组分的搭配,以提高物质利用率和能量转化率为目标,提高土地的总生产力等。兼顾经济效益、产出安全性等,满足稳定性、多样性和互补性要求,充分考虑因地制宜、适地适树(农/牧/渔等)原则,优先考虑本土物种。

(2)空间结构设计。包括垂直结构设计和水平结构设计。垂直结构设计指农林复合系统模式的立体层次结构设计,一般为人工种养的植物、微生物、饲养动物的组合设计,包括地上、地下和水域水体空间结构;一般而言,垂直高度越大,空间层次越多,资源利用效率越高,但也受生物因素、环境因素和社会因素的制约。水平结构设计指农林复合系统中各物种的平面布局,各主要组分的水平排列方式和比例;应依据各物种在系统中的地位及主次关系确定系统组分间的配比关系。

(3)时间结构设计。时间结构设计就是根据各种资源的时间节律,设计出能有效利用资源的合理格局或功能节律,使资源转化率提高。要充分利用资源因素(气候、光、热、水、土、肥等)的日循环、季循环、年循环特点和农林时令节律与生物生长发育的周期性关系,使外部投入的物质和能量密切配合生物的生长发育,使农林复合生态系统的物质生产持续、稳定、高效地进行。

(4)营养结构设计。营养结构即食物链设计,就是根据物种间的捕食、寄生和相生相克等相互作用关系,人为地引入、增加物种,以建立生物间合理的食物链结构或关系。生态系统中的营养结构是物质循环和能量转化的基础。

(5)产品结构设计。农林复合系统输出产品包括农、林、牧、渔、旅游、清洁能源等多种多样产品。进行产品结构设计应考虑经济价值及市场需求,确定产品的种类和用途,用多产业结构模式替代林业或农业的单一生产结构,调整区域农村产业结构,使农林复合生态经济系统的主产品由原来的单一品类(木材或粮食)扩大成为多品类(饲料、燃料、肥料、药材、食用菌、蔬菜、水果等),使系统的功能和效益最大化。

四、小流域农林复合系统景观规划案例

(一)项目概况

千烟洲位于江西省吉安市泰和县灌溪镇境内,是一个面积约 2 km² 的典型南方红壤丘陵区的小山村,属温带湿润的亚热带气候,年平均气温 18.6℃,≥0℃ 的活动积温 6 811℃,无霜期290 d;年日照量 1 785 h,日照率为 44%,年太阳辐射量为 449 J/cm²;年平均降水量1 370.5 mm,多集中于 3—6 月,每年 7—10 月为高温干旱季节,雨热不同步。海拔在 100 m 以下,相对高度 50 m 左右,坡度在 10°～30°。植被属中亚热带常绿阔叶林带,由于长期不合理开发,其原生植被已消失殆尽,红壤低丘绝大部分都是次生的草丛和灌丛。

1983 年中国科学院南方考察队建立了千烟洲试验点,1985 年江西省建立"山江湖"综合开发治理试验示范基地,1989 年中国科学院—江西省成立千烟洲红壤丘陵综合开发试验站,1990 年试验站列为国家区域农业综合发展试验示范区,1991 年成为中国科学院生态系统研究网络(CERN)站,2002 年成立江西省区域生态过程与信息重点实验室[原"中国科学院－江西省红壤丘陵综合开发试验站",以下简称"千烟洲站",位于江西省泰和县灌溪镇(26°44′48″N,115°04′13″E),隶属于中国科学院地理科学与资源研究所,现为中国科学院千烟洲亚热带森林生态系统观测研究站]。千烟洲实验站在荒丘草坡上打造了著名的立体生态农业模式——"千烟洲模式",即"丘上林草丘间塘,河谷滩地果渔粮";在生态恢复的同时实现了经济、社会协调发展,为我国南方红壤丘陵区资源综合开发和生态经济可持续发展探索了一条成功之路,其红壤开发模式被联合国授予全球生态修复"百佳"。研究成果还荣获多项国家和省部级奖项,并作为南方红壤丘陵区生态环境与经济综合发展的典型范例,写入人教版的高中地理教科书。

(二)景观总体规划

根据千烟洲红壤低丘的特点,制定了多层次、立体的土地利用规划和景观生态设计,规划发展林果、牧、农、副、渔各业,形成"以林果为主,林农结合、林牧结合、农林牧副渔综合发展"的南方红壤丘陵区农林复合系统开发模式。

规划将千烟洲分为 5 个治理与开发生产区和 1 个生活区。5 个治理与开发生产区是:Ⅰ为针阔混交林区;Ⅱ为木本油料林区;Ⅲ为平坑垅果农混合区;Ⅳ为林牧渔混合区;Ⅴ为果农混

合区;Ⅵ为生活区。

总体规划中具体实施措施包括:①将较高的丘陵、陡坡和土层较薄的地段全部造林(用材林、防护林、水源涵养林、水土保持林等),对一些土层极薄、植被稀少的地段加以封育,采取人工措施种草、植树,逐渐恢复其植被;②在丘陵高度略低、坡度平缓、土层有一定厚度的地方,种植果树和经济林木(包括柑橘、板栗、油桐、用材林等),及优质牧草来发展畜牧业;③在河流阶地、高河漫滩及平缓地、丘谷,坡度<39°、土层厚度>1 m的地段,建设柑橘等高产果园;④在水利条件较好的高、低河漫滩种植水稻;⑤利用地形、地貌条件,建设山塘蓄积降水,为种植水稻、水果和发展养鱼提供水源。从而形成了"丘上林草丘间塘,河谷滩地果渔粮"的立体生态农业发展模式,如图8-9所示。

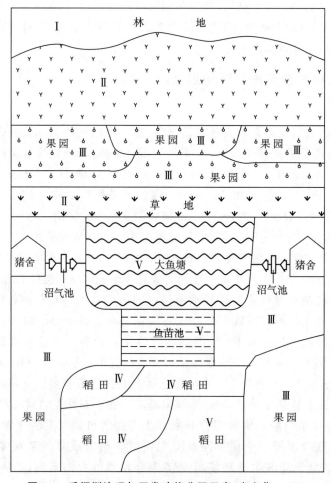

图 8-9 千烟洲治理与开发功能分区示意(李文华,1994)

在这种开发治理模式下,千烟洲的土地利用结构发生了根本性变化,改变了过去单一经营的格局,林、果、牧、农、副、渔各业土地结构为:①林果业用地占78.3%,其中果园地占18.6%;②耕地占8.3%,包括水田、旱地;③牧草地占1.3%;④封育及未利用地占6.2%;⑤其他用地占5.9%。土地利用结构趋于合理,如图8-10所示。

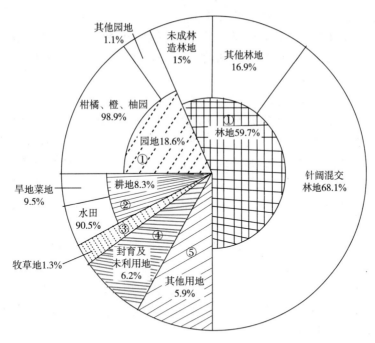

图8-10 千烟洲土地利用结构示意

(三)景观单元(地块)设计

1. 红壤丘陵"林—牧—粮"生态景观模式

在千烟洲实验站核心试验区西南的西角塘南岸,选定14.2 hm²红壤丘陵作为"林—牧—粮"模式的实验小区,对红壤丘陵区发展草食畜牧业的适应性,以及农牧结合的程度和可行途径进行实践探索。规划后小区用地结构是林地9.32 hm²、牧地(含旱地、草甸、人工草地)2.98 hm²、水田0.44 hm²、水面1.45 hm²,如表8-3所示。

表8-3 "林—牧—粮"试验区规划面积表(李文华等,1994)

地类	面积/hm²	比例/%
水田	0.44	3.1
旱地	0.64	4.5
草甸	1.04	7.3
人工草地	1.30	9.2
人工灌木	1.60	11.3
针叶林	1.96	13.8
针阔混交林	5.77	40.6
山塘	1.45	10.2
总计	14.20	100.0

在实验区内,造林、种草、种粮食和饲料,养殖牛、羊、鹅、兔等草食家畜。造林为涵养水源、保持水土和作为生态屏障;种草和饲料生产为草食家畜提供放牧地及精饲料;种粮以解决开发经营者的口粮,并为市场提供商品粮,形成"林—牧—粮"三位一体有机结合的复合生产景观系

统,取得良好的经济、生态和社会综合开发效益。

在实验区外建立2个牧草新品种观察区,进行了数十种牧草品种的生态适应性观察,目的是为建设畜牧永久草地提供产量高、营养价值高及适应性强的牧草品种,保证永久草地的迅速建成,投入生产。

2. 红壤丘陵"塘库水体+周围陆地"生态景观模式

试验站有7个可养殖的小水库或小水塘,由大气降水蓄积而成,主要为附近农田和柑橘园提供灌溉用水。其中松塘水库水面约2 hm²,处于松塘小流域中部,可养鱼面积约1.33 hm²;小流域上部有一小水塘,面积约0.133 hm²,其余为林地和果园;小流域下部为水稻田和柑橘园,塘坝下有鱼苗池约0.1 hm²。塘坝以上小流域积水面积24.87 hm²,松塘水库可将塘坝以上小流域地径流全部蓄于塘库内,仅有一个出水口,常年流水不断;水库四周陆地有草地、森林、果园和2个养殖场。

建立以种草养鱼为主,鱼、畜、禽、草、果、林相互促进、综合发展的模式,主要措施为:①对水体和陆地生态环境进行动态监测,植树造林和种草,防止水土流失,控制农药用量和氮、磷、钾等营养物质的投入量,建设一个良好的生态环境;②实施水体、陆地立体养殖,不断提高小水域的综合生产力;③种养结合,在草地上种果树,提高牧草产量和质量,开发饲料资源,提高综合经济效益。如图8-11所示。

系统以塘库水体为中心,把农、林、牧、副、渔各业生产连接在一起,形成水陆综合生产系统,用食物链把水体生产与陆地生产有效结合到一个系统中,有效地利用了土地资源。

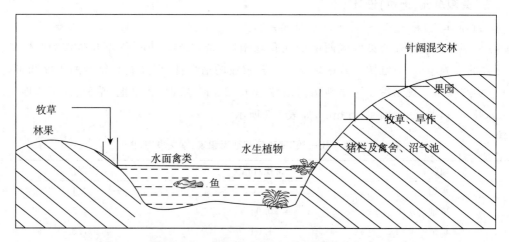

图 8-11　"塘库水体+周围陆地"复合生态模式(李文华,1994)

3. 红壤丘陵"林—果—经"生态景观模式

综合分析影响红壤丘陵区的生产条件,建立人工径流场以及对比试验样地,分析、评估其经济流、物流与能流;筛选优良树种、果树与经济作物,使"林—果—经"(含经济树种及作物)三者互为补充,形成长、中、短期经济效益目标兼顾,稳定而良性循环的生态系统,获得经济、生态、社会综合效益。如图8-12所示。

(1)运用群落学与系统分析技术,研究适宜于红壤丘陵丰产的综合技术措施,合理配置用材林、果树与经济林,充分利用地力,比较研究"湿地松—板栗—经济作物(如花生)""湿地松—阔叶树—药材""湿地松—山苍子—经济作物(如花生)"3种模式的经济、生态效益。

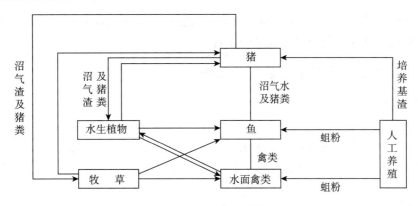

图 8-12 "林—果—经"生态景观模式(李文华,1994)

(2)建立马尾松林与湿地松林的数据采集系统,分析其生物生产力、光合作用速率、叶面积指数、水文、经济、生态效益等,综合评价起源相同的马尾松林与湿地松林生态适应性与经济性状,为南方红壤丘陵人工造林提供科学依据。

(3)利用人工径流与化学分析技术研究不同模式的经济流、能流与物流状况以及矿物质元素的运转规律,评估其效益,寻找优化组合模式。

以往在红壤丘陵区搞治理与开发很重视长期的绿化效果,种植单一的杉木、马尾松或湿地松等纯林,忽视了中短期的经济效益,并造成松毛虫为害严重。"林—果—经"生态景观模式有效地把治山、治水与治穷结合起来,为振兴丘陵地区经济和农业可持续发展提供依据。

第五节 庭院生态农业景观规划

一、庭院生态农业景观的组成要素

从空间范围的视角看,庭院景观是指由建筑空间及其周围院落空间构成的景观系统。而如果在院落空间里进行种植、养殖等微小规模的农业生产活动,则生产过程及其种养的生物、棚舍架构、院落地面、分隔维护设施等要素就构成了庭院农业景观。无论是城市(镇)或者乡村,只要庭院有足够的空间,都可以利用起来进行农业、食物的生产,形成乡村型庭院农业景观和城市型庭院农业景观。如利用城市(镇)建筑周围空间、建筑立面、建筑屋顶,及街边空地、绿化隔离带、城乡边缘区等各种空间开展农业生产活动,形成丰富城市景观要素、维系城市生态系统和解决城市部分低收入群体食物来源问题的都市(城市)农业系统。

乡村庭院景观要素通常包括:①菜(果)园。是指用于种植各种蔬菜、瓜果的空间与辅助设施及其生产活动。②养殖圈舍或水面。指家畜家禽、渔业的饲养空间与设施及其饲养活动。③家庭副业场所。指农副产品、特色食品及手工产品等的加工场所及加工过程。④储藏间。通常是用来存放农具、粮食或其他杂物的地方。⑤晾晒场(架)。一般指用于晾晒粮食、食物、土特产品及举行户外活动的硬质铺装场地,以及粮食、食物、土特产品的晾晒棚架及其晾晒活动,如我国各地独具特色、体现传统习俗的各种晒秋活动。

在传统乡村庭院中,一般都是充分利用庭院有限的空间,把菜园、果园、圈舍、储藏、晾晒、加工等以平面或立体的形式结合在一起,并建构种养加结合、物质与能量多重循环利用的生态农业系统,形成具有生产、生态、生活和文化等多功能的复合型农业景观。种植林果和其他作物或养殖的庭院就是典型的农林复合系统景观。

二、庭院生态农业景观规划目标与原则

(一)规划目标

1. 满足生活功能需要

现代庭院景观的首要功能是人的居住,是建筑空间的自然延伸,因此庭院所营造的空间及其活动,首先要满足居民休憩、交流、运动、聚会等生活功能。

2. 兼顾生产经济功能

在满足生活需求的基础上,充分利用庭院空间,发展生产与休闲景观结合的生态农业,满足自己日常生活需要,同时增加一定的经济收入,这是乡村庭院农业景观特色所在。

3. 发挥生态服务功能

庭院空间具有人工与自然的过渡属性及农业生产、绿化美化和水土融合等特征,要充分发挥其调节乡村小气候、涵养地方水土、保护生态环境等功能。

4. 彰显地域乡土文化

城乡融合是未来人类聚落发展的总体趋势,但城乡各自保持自己的优势特色、功能定位、文化精髓是融合的基础,应根据不同的自然地理、人文环境和经济技术条件建设乡村庭院景观,以此彰显地域乡土文化。

(二)规划原则

1. 注重实用性原则

随着经济发展和科技进步,乡村居民的交流活动范围不断扩大,受到各种流行文化的影响,乡村庭院景观建设也呈现出各种杂糅、混乱、无序的状态,过度设计、建设和投入,不仅造成浪费,还失去了地域、民族的文化特色。因此,未来乡村庭院景观规划首先要注重功能的实用性、空间高效利用和管理维护的方便性。

2. 重视乡土文化原则

过去 40 年间,我国的城市化推动了经济社会快速发展,但同时也使许多乡土自然景观、文化景观遭到严重破坏,有的面临着消失的危险。因此重视乡土文化是乡村庭院生态景观规划建设必须遵循的原则。

3. 景观多样性原则

乡村庭院景观具有空间多样性、生物多样性和功能多样性特点。乡村院落的形状、地形、地势、土壤、水等条件千差万别,基于自然地理、民族习俗、社会条件建设的各地民居建筑的形式、规则、材料等各不相同,使得庭院景观空间丰富多样。而乡土动植物更具有适应地域气候、水土等自然环境和抗病虫害能力,具有品种多样、生命力强、管护成本低等优势。规划中应因地制宜,创造、维持、管护好景观的多样性。

4. 整体协调性原则

乡村庭院生态农业景观规划要注意与建筑、院落、街巷、道路等乡村聚落内部环境设施协调,同时要与聚落外部的田园、山林、河流等自然环境条件相协调,以取得整体效益的最大化。

三、庭院生态农业景观规划设计要点

庭院生态农业景观规划主要内容应该包括以下几个方面:庭院环境条件分析与评价,庭院生态农业景观发展定位与空间布局,庭院生态农业生产模式设计,种养品种选择与生产技术,生产、生活、生态、文化功能融合途径。

1. 空间布局

庭院的空间布局一般分为前院式、后院式、侧院式、前后院式、合院式。

(1)前院式。庭院在住宅的南面,一般在北方地区常用,优点是避风向阳,适宜于种养生产,缺点是当有养殖时,庭院环境卫生不佳,影响居民生活(图8-13)。

(2)后院式。庭院在住宅北侧,建筑在前,可以临街布局,院落阴凉,适宜炎热地区进行家庭副业生产;缺点是临街住房容易受到街巷交通的干扰(图8-14)。

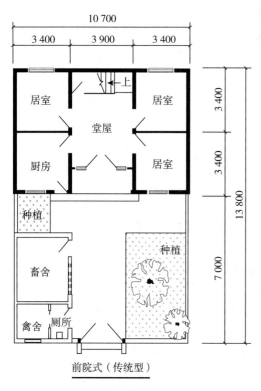

图 8-13　前院式庭院空间布局

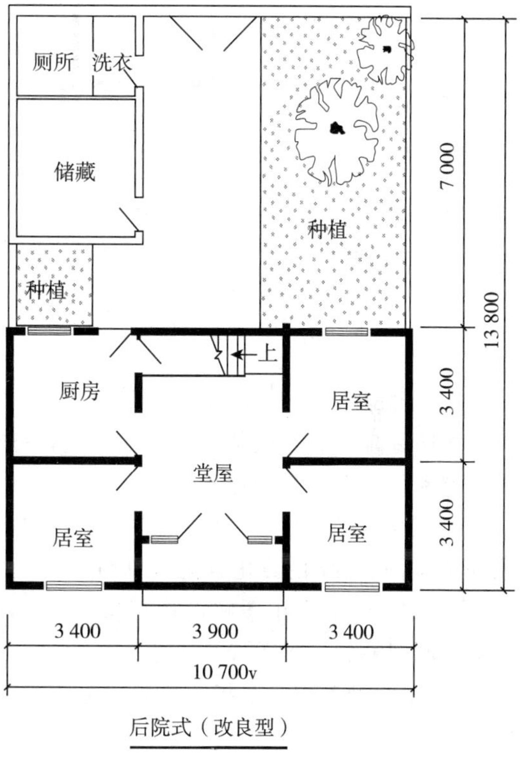

图 8-14　后院式庭院空间布局

(3)侧院式。将院落布置在住宅的一侧,形成一字形侧院;也可以把院落设置在建筑的前面和一侧,形成 L 形院落。院落平面分为生活区和杂物区,功能分区明确,净污分明(图8-15)。

(4)前后院式。住宅把院落分隔为前后两部分,形成生活庭院和生产杂务庭院分开。优点是功能分区明确,生活环境卫生整洁。一般适宜于宅基地宽度较窄、进深较大的院落(图8-16)。

(5)合院式。建筑沿着院落的三边或者四边布置,形成三合院或四合院,生活、生产空间混合,优点也是避风向阳,适宜种植生产。

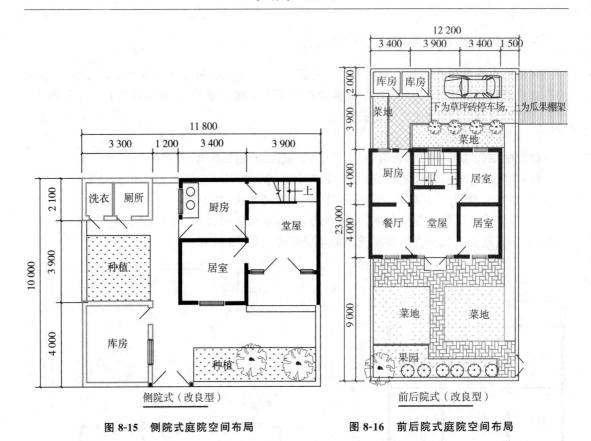

图 8-15　侧院式庭院空间布局　　　　图 8-16　前后院式庭院空间布局

2. 功能类型

按照庭院农业景观的生产功能分类,一般分为自给自足型、生态种养型、旅游接待型、园林观赏型和复合型庭院农业景观。

(1)自给自足型。住户利用自家的房前屋后空间来生产满足自身生存需要的食物,提升土地利用率,同时绿化美化庭院。部分家庭还能将富余的食物拿出去进行交换,在一些贫困国家,这样的交换有利于缓解食物短缺的矛盾,一些社会学家甚至将庭院经济作为缓解贫困地区食物资源短缺的一种手段来推广。

(2)生态种养型。是指在庭院中采用生态种养方式,实行绿色/有机农业生产,立体高效利用空间,形成"种养结合""四位一体""立体综合经营"等模式,以获得较高经济效益和生态效益,具体包括畜禽养殖型、鱼塘养殖型、果树种植型、蔬菜种植型和复合型等。

(3)旅游接待型。在乡村旅游的背景下,乡村庭院中除了设置停车、健身、休闲小品等空间和设施外,结合果园、菜园、花园设计更多开放活动空间,开发各种休闲活动,提高游客的参与性,让游客接近自然、了解生产、增加乐趣和体验文化,取得经济、文化、生态的多重效益。

(4)园林观赏型。住户经济条件较好,庭院中没有生产活动,主要功能是休闲娱乐、生态营造和景观展示等,景观要素包括亭廊花架、休闲座椅、水景石景、名贵花木等。

(5)复合型。由以上两种及以上庭院形式组合而成,庭院景观空间、色彩、材料等较为丰富多样。

3. 现代乡村庭院生态农业景观规划要点

从发展角度上看,乡村型庭院农业景观可分为传统型和现代型。随着经济社会发展、科技快速进步、农业生产方式改变、人民生活水平提高和居住环境观念变化,乡村庭院景观的要素日益多样化、功能不断复杂化,传统乡村庭院景观逐步向具有更多生活功能的现代型乡村庭院景观转化。总的变化趋势是休闲、观赏的花草绿化、园林小品、休息座椅、运动场所、景观菜(果)园、停车场所等要素增多,而生产用菜园、果园、晒场等功能空间减少,养殖生产逐步退出庭院。规划设计要点有以下4点。

(1)庭院的养殖活动虽然具有提供食物和构建种养循环生态农业系统所需物质养分的功能,但养殖过程中产生的粪污对人居环境带来的影响比较大,特别是难闻气味一时难以清除,人畜在狭小的庭院空间里混居所带来的人畜共患病等风险则更大;一些产品加工过程中带来的噪音、废弃物等对人居环境的影响也很大。因此,畜禽养殖环节和产生较大噪音、较多废弃物的加工环节及活动已经逐渐退出乡村庭院,一般在村庄外围设立独立的养殖和加工区域。

(2)乡村居民获得生活物资的能力、方式和途径变得多样化,一般不再以庭院种养为主来满足日常生活需求,庭院生产是作为应时调节、丰富生活、美化庭院等功能来发挥。随着乡村居民进城务工、创业,生活重心逐渐向城市倾斜,导致乡村劳动力不足,无暇顾及更多的生产活动,因此庭院生态农业景观也逐步转向容易管理的一些多年生的水果和方便日常生活的时令瓜果蔬菜种植为主。

(3)居民思想观念发生了转变,认为人居环境应以人为本,庭院中应有更多供人们享用的休憩、运动、聚会等活动空间。而且随着经济条件的改善,乡村居民对停车场地、仓储空间具有更为迫切的需求,庭院农业景观规划设计要主动应对新的需求,如将停车场地、生态绿化地面、遮阳避雨棚架与藤蔓瓜果生产结合起来,形成新的庭院立体农业模式,如图8-16所示。

(4)随着乡村经济社会的发展,乡村庭院农业景观类型日益增多、功能不断完善、质量逐步提升,但不变的是乡村庭院农业景观的乡土化、生态化和个性化,这也是乡村景观不同于城市景观的优势与魅力所在。

第六节　现代农业园区景观规划

一、现代农业园区及其景观特征

(一)现代农业园区的范畴

现代农业园区是一种具有中国特色的农业发展载体。一般认为我国现代农业园区建设始于20世纪80年代末,以1989年筹建的山东禹城科技农业园为标志。此后,全国各地都在探索建设农业综合开发基地、农业科技园区、农业示范园区、农业产业园、农村产业融合示范园、农业休闲观光园等不同类型、不同形态和不同层级的现代农业园区。1997年国务院创建杨凌农业高新技术产业示范区,2001年科技部等开始创建国家农业科技园区,2009年中国村社发展促进会开始创建农业公园,2010年农业部开始创建国家现代农业示范区,2017年财政部开展了田园综合体的试点工作。2017年中共中央一号文件提出建设现代农业产业园,正式把农业产业园、农业科技园区、国家农业高新技术产业示意区、田园综合体、农村产业融合发展示范园、农村改革试验区、国家现代农业示范区,以及农业主产区、优势产区等与农业园区相关的政策措施汇集于一体,标志着我国的现代农业园区规划、建设与发展进入了一个新阶段。2017年3月农业部、财政部提出创建国家现代农业产业园,规划在全国范围内批准建设300个国家级现代农业产业园;截至2020年底,已经批复建设138个。历经30多年的建设和发展,不同层级、各种类型和不同建设模式的现代农业园区,在不同发展阶段,为解决我国"三农问题"做了大量的实践探索和一定的历史贡献。

从严格意义上来说,在国外没有专门的农业园区概念和发展模式,德国、法国、美国和日本一些以新品种、新技术示范为主的示范农场和以休闲度假、都市农业为主的观光农场等,与我国早期建设的一些以新品种、新技术示范、休闲观光、生态旅游等农业园区有些类似。但是,此后我国陆续规划建设的农业高新技术产业示范区、农业科技园区、农业产业园、现代农业示范区等类型的园区与前述的以新品种、新技术示范、休闲观光为主的园区差异较大。后者所面临的资源环境、所需解决的核心问题、所该承载的综合功能、所应追求的发展目标和所要建设的项目内容等并不是一般的技术示范农场、休闲观光农场能相类比的。

无论是科技园区、工业园区、农业园区或者其他类型的产业园区,从园区的发展本质上看就是在一定范围的空间区域内,通过产业发展政策和空间规划等管理手段,使各种要素逐渐聚集,并不断产生出新技术、新产品、新业态、新经济、新效应的过程。园区完善的研究、开发、生产设施和投资环境,高质、高效、高速的科技创新能力与管理服务的体制机制创新,以及由此带来的高产出、高效率和高收益,不断吸引周边的资源、资本、技术和人才等要素更快速地进入园区,再经过复杂的交互作用,产生企业集群效应、协同创新效应和园区内生发展动力,不断促进、带动和影响区域经济快速发展。园区可以分为传统产业型(农业、工业、服务业等各种产业园区)、高新技术产业型(高新技术开发区、科技园区、创新园区等)和产业融合型(产业、科技、服务的综合体)3类。

我国农业科技园、农业产业园、休闲农业园、田园综合体等各类农业园区是园区经济发展过程中的产物,是以农业、科技及其相关产业为载体,以乡村一定范围的地域为空间的一种园区类型。本节将要论述的现代农业园区分为3个基本类型,即以农业高新技术产业和区域优势特色产业发展为主的农业科技/产业园区、以服务城乡人民休闲生活需要的休闲观光农业园区和融合生产、生态、生活多功能为一体的综合性农业园区(如田园综合体等)。

(二)现代农业园区景观的基本特征

从乡村产业发展的视角看,各种现代农业园区与其他乡村地域空间的不同之处就是要素集聚水平的差异。在乡村其他地域的农业发展形式主要表现为土地利用粗放,以小规模种植和分散养殖业为主,资金、技术、设施、农资等要素投入主要表现为分散和小规模;而在现代农业园区内,集中建设有一定规模的农业生产设施、农产品储藏/加工/物流设施、农业科研开发设施、园区管理设施、生产基础设施和配套的服务设施等,土地利用相对集约化,投资规模较大,单位土地的要素投入高。

而从乡村景观的视角看,在一定的地域范围内,种养品种的专门化、集约化、规模化生产改变了景观的基质;土地整治与规模化生产改变了斑块的大小和形状,各种生产设施、科研管理设施和配套服务设施的集中建设,增加了更多的建设性斑块和生产设施斑块;生产道路、水利设施的建设改变了景观空间格局;设施种养生产方式、规模化生产及其产品加工集中产生的农业废物,园区休闲观光农业快速发展所带来的废弃物增多和环境影响压力等,也都在影响着园区范围内及周围的各种景观生态过程。

因此,与其他土地利用系统相比,现代农业园区景观是一种复合系统景观,具有复合性、集约性、多样性、系统性和高效性等特征。

1. 复合性

现代农业园区改变了常规农业对象单一的特点,从产业的角度看至少包括一、二、三产业中的 2 个以上。其中,"农业"包括粮食、经济作物、蔬菜、药用植物、栽培食用菌等,也包括各种乔木、灌木和竹类组成的用材林、薪炭林、防护林、经济林和果树等,以及家畜、家禽、水生生物饲养等其他养殖业。而农产品加工、储藏、物流等产业是现代农业园区建设的重点内容,农业科技研究开发、试验示范和推广转化及涉农的金融、信息、物资等更是现代农业园区应有的服务功能,多产业复合和融合发展是现代农业园区有别于常规农业生产基地的主要特征。

2. 集约性

现代农业园区的生产需要基于市场需求,技术研发、生产设施、基础设施、服务设施以及人力等要素,需要在很短时间和一定范围的地域空间内集中、集约投入,快速形成规模化、标准化生产。

3. 多样性

现代农业园区景观的多样性体现在产业多样、产品多样和景观要素的多样,特别是温室、畜禽舍、产品加工等农业生产设施和道路、水利等基础设施建设增加了景观的异质性,也改变了局部的景观格局,影响着一定范围的景观生态过程。

4. 系统性

现代农业园区是一个复杂的人工景观系统,是包括基于产业链、创新链、服务链、供应链、价值链等交叉融合而形成的多要素、多组分、多环节、多层次的复杂系统,是区域资源、环境、人文、经济属性的有机统一体,有其整体的结构和功能,取得系统的整体效益是园区管理的重要目标。

5. 高效性

各种现代农业园区建设的最终目的,就是提高区域的资源利用率、农业生产效率、农业科技水平、农业社会化服务水平和综合效益,同时带动周边广大乡村经济的发展,取得经济、社会、生态多方面的高效性。

二、现代农业科技/产业园区景观规划

(一)现代农业科技/产业园区景观规划内容

1. 园区资源与环境条件调查与评价

包括园区所在区域的各种上位规划和政策文件,区域优势特色资源、农业发展现状(产业基础、生产力水平、科技水平、产业主体等)、产品市场需求状况、地方自然条件和经济社会条件的调查,以及资源、环境、条件与发展潜力等评价。

2. 园区发展定位

包括园区的性质、建设规模、功能定位、规划指导思想和原则、发展目标(总体目标、阶段目标)等。

3. 园区发展策略

基于特色资源、优势条件、功能定位、规划原则和发展目标,分析优势、劣势、问题、挑战和

关键制约因素,选择实现目标的可能途径,制定园区发展战略。

4. 园区产业选择和项目规划

产业规划是产业/科技园区的核心,需要先进行产业选择、分类和发展定位(区分主导产业与关联产业、优势产业与特色产业、基础产业与新兴产业,以及对每一类项目进行发展定位),然后分别从主要产品市场分析与预测、产业发展规模、主要产业项目、项目建设内容和农艺(工艺)流程、主要设施设备与关键技术选择、环境影响和风险评估、投资估算和运行费用、综合效益分析评价等,对每一产业进行规划。

5. 园区空间布局和土地利用规划

基于资源优势、环境条件、产业特点、项目类型、土地利用现状等,进行产业和项目的功能、关联度分析,园区整体景观结构、格局、过程的分析,并提出园区空间结构、土地利用、项目布局、景观系统等空间规划部署。

6. 园区基础设施规划和景观设计

包括道路系统、给水排水(农业水利)、电力电讯(信息化、智能化)、环境保护、生态景观工程和管理服务设施与环境景观等。

7. 园区组织管理模式与保障体系

包括园区组织管理体系、运行模式与机制以及组织、政策、资金、人才、服务等保障体系。

(二)山东东营中以农业科技生态城规划案例

1. 项目概况

黄河三角洲农业高新技术产业示范区是国务院 2015 年 10 月批复建设的全国第 2 个国家级农业高新技术产业示范区,规划面积 350 km²。国务院要求,黄河三角洲农业高新技术产业示范区要深入实施创新驱动发展战略,按照布局集中、产业集聚、用地集约、特色鲜明、规模适度、配套完善的要求,在盐碱地综合治理、探索土地经营管理新机制、发展现代农业方面走在前列,在建立现代农业新型科研平台、促进国际科技交流与合作方面做出示范,在知识产权制度改革、科技金融结合等体制机制和政策创新方面先行先试,在新型工业化、信息化、城镇化、农业现代化同步推进和绿色发展方面当好排头兵,建立可复制、可推广的创新驱动城乡一体化发展新模式,努力成为促进农业科技进步和增强自主创新能力的重要载体,成为带动东部沿海地区农业经济结构调整和发展方式转变的强大引擎动力。

2. 区位条件

山东东营"中以农业科技生态城"(以下简称"中以生态城")是 2016 年山东省政府与以色列农村发展部在特拉维夫进行签约开展合作的重要项目之一。项目位于黄河三角洲国家农业高新技术产业示范区的国营广北农场境内,规划面积约 10.3 km²(15 400 亩),北界距东营机场约 30 km,距中心城区南二路约 11 km;西南角距荣乌高速公路出入口约 3 km,东南距广北农场场部直线距离约 4 km。

中以生态城北侧紧邻黄河三角洲农业高新技术产业示范区管委会所在地—生态科技城,这是未来黄河三角洲农业高新技术产业示范区以行政管理、经济服务、科技金融、创业孵化、知识产权交易、电子商务与保税物流、检验检测认证、职业人才培训、信息化服务等功能为主导的公共服务中心。西北侧紧邻的"国际农业创新园"是以高新农业科研开发、成果转化、试验示范、人才培养、科普观光为目标,构建项目、人才、设施与中以生态城一体化发展的现代农业科研开发示范体系,主要建设黄河三角洲现代农业研究院综合试验中心、生物技术中试孵化中心、绿色增产模式和生产规程试验示范中心、现代种业创新示范中心、盐碱地综合改良示范中心。东侧隔铁路相对是广饶滨海新区，重点打造山东半岛北部沿海高效生态产业中心，以循环经济发展为基础、具有"水城交融"特色的滨海科技生态新城。

3. 规划指导思想

基于园区定位、市场需求、以方优势和地方基础条件综合分析，以科技研发与孵化为核心，构建"前后延伸、纵横发展、特色突出、功能融合、区域带动"的产业链，培育链核龙头企业和创新创业企业，创立区域、企业、产品多层次的品牌，形成文化、科技、产业、生态融合的现代农业综合体系。

4. 规划原则

(1)前瞻性。产业/业态选择既要满足当下市场需求，又要具有长远发展前景与潜力。

(2)创新性。产业/业态选择要充分发挥中以双方在技术创新、服务体系、运行机制、发展模式、经营管理方面的各自优势。

(3)特色性。在产业/业态选择、产品市场定位、发展服务模式上需要紧密结合地方的资源环境和经济社会条件，突出地方特色。

(4)关联性。所选择的产业/业态，需要在发挥自身优势的基础上，能带动区域其他关联产业的发展。

(5)适应性。产业/业态要与黄河三角洲农业高新技术产业示范区及环渤海区域的气候条件、资源环境、市场需求结合。

(6)生态性。在生态文明理念引领下，产业发展要与区域、园区的生态环境保护、生态景观维护、生态文化弘扬相协调。

5. 发展目标

中以农业科技生态城需要在综合国内外市场需求、地方环境条件、园区发展战略的基础上，重点在盐碱地综合治理利用、耐盐碱农业品种研发、高端绿色农产品和健康食品生产、智能农业装备(设施/设备/新材料)的研发制造方面，引进国内外相关的企业、科研院所及其先进理念、技术、模式，进行科技、模式、机制的创新，强化科技创新驱动，进行产业、技术、经营等方面的生产示范，形成专利、技术、标准、模式的输出，孵化出一批创新创业型企业，打造区域、企业、产品品牌，带动区域农业优化产品结构，推行绿色生产方式，发展和壮大新产业、新业态，推进农业提质增效、拓展产业价值链、增强区域农业的可持续发展。

6. 规划思路

以科技研发与孵化为核心，选择现代种业、特色种养(新品种、新技术、新业态)、智能装备制造业、农业加工业(功能食品、健康食品、生物资源开发)、科技研发与服务(教育培训、科技服务、金融保险、农业文化创意与旅游)等产业与业态，根据区域气候、环境条件、市场定位的不同进行多种业态、环节、产品组合，构建1+2+3产业融合的全产业链，孵化和培育链核龙头企业和创新创业企业，创建中以农业科技生态城品牌，发展智慧农业、循环农业、绿色农业和品牌农业，形成文化、科技、生态融合的现代农业科技产业集群(图8-17)。

7. 产业/业态选择

(1)现代种业。包括：①特色水果、蔬菜/中草药的种子研发与工厂化繁育。耐盐碱、耐储运、高品质的蔬菜、水果品种，如番茄、辣椒、黄瓜、葡萄、草莓、西瓜、甜瓜等；耐盐碱与盐碱地生态治理结合的中草药品种；耐盐碱的功能性农业产品(如降糖、降压保健功能)品种。②特色畜

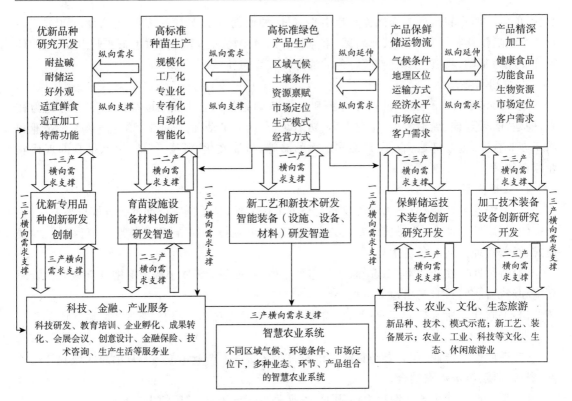

图 8-17 中以农业科技生态城三产融合全产业链示意图

牧/水产品种与智慧管理系统研发与生产示范。高产奶牛、奶山羊种畜的品种引进、改良与智慧管理系统;特色观赏鱼品种引进、改良与智慧管理系统;地方特色名贵鱼品种资源保护、研究、利用和智慧管理系统。

(2)特色种养业。包括:①国际双标准蔬菜生产技术研发与示范。以西红柿、辣椒、黄瓜等耐储藏、好运输的果菜为重点,引进以色列的品种、技术、标准、设施,利用智能化生产技术和智慧化管理系统,生产达到犹太人洁食标准或欧盟标准的高端蔬菜。满足京津冀都市圈、长三角都市圈、山东半岛都市圈的中高端消费人群需求,并开拓国外市场。②高端水果生产技术研发与示范。引进或中以共同研发耐储藏、耐盐碱、高品质的鲜食水果品种(葡萄、草莓、小西瓜、甜瓜及黄三角地方冬枣)为主,利用智能设施和智慧化生产管理系统,达到洁食标准或欧盟标准,定位国外市场和国内高端市场的水果生产技术研发与生产示范。③特色畜牧循环生产技术研发与生产示范。高效、高产、功能性(如针对特种疾病)牛奶和山羊奶养殖和循环生产技术的研发与示范;高品质无抗肉鸡养殖技术和循环生产技术研发与示范。④特色水产/渔业循环生产技术研发与生产示范。高附加值、高密度、零排放、循环生产的特色观赏鱼养殖技术研发与示范;地方特色名贵鱼的智慧化、循环生产技术研发与示范。

(3)农业智能装备制造业。包括:①以各类农业信息感知与获取为重点的农用感知工业化产品开发及其标准化技术研究。②根据地区自然气候、水土资源、经济水平等环境条件,研发适应地方环境及各种复杂条件的智能农业设施/装备/设备/新材料,进行设计制造和提供生产模式、技术标准、整套设备一体化输出。③水肥一体化灌溉、机器人(嫁接、采摘、挤奶、运输)、温室/畜舍环境智能控制系统、智能无土栽培生产等智能装备/设备;智慧型温室、智能型畜舍等智能农业设施;温室覆盖、遮阳、保温、补光、防虫、栽培基质等新型设施材料。④种子种苗生产、产品采后储运、食品保鲜包装等其他新型材料。

(4)现代农业加工业。包括:①利用盐碱地综合治理与苦咸水处理技术研发及项目成果,研发耐盐碱的专用作物品种,在区外进行高效集约化、标准化、规模化生产,为健康/功能食品生产提供原料,引进和研发健康/功能食品生产装备,并开展生物资源开发与农业废弃物的资源化利用,建设循环农业技术体系。②健康/功能食品生产技术研发与示范,引进国际大型食品企业,培育地方特色食品企业,利用区域内种植的耐盐碱、具有食药等功能的作物和中草药品类,研究开发各种健康/功能性健康食品生产技术、设备和生产线,打造健康/功能食品生产基地。③生物资源开发/农业废弃物资源化利用技术研发与示范。以地方特色农副产品和农业废弃物为主要原料,进行化学品替代的生物资源综合利用技术、农业废弃物资源化利用技术的研发与生产示范。如烟叶抗癌物的提取技术,微藻、巨藻的生产、加工技术,微藻的环境增值能源转化与利用技术。

(5)科技研发与服务产业。包括:①农业特色的科技研发产业。以科技研发和技术/企业孵化为核心,汇聚政府、企业、金融等资源,聚焦优势和特色产业与业态,形成要素投入、科技研发孵化、知识产权、成果转化、技术输出、标准输出、模式输出的科技研发产业。研发重点领域:智慧农业生产与管理系统研发、农业信息感知获取设备与技术研发、智能农业装备/设施/设备/新材料研发;以水果、蔬菜、中草药为重点的农业新品种研发,如耐盐碱、耐储藏、具有特殊功能的品种;智慧农业系统管理下的品种、种养、加工、物流、销售结合的产业链和循环系统集成,水、土、生物、能源等农业资源的高效循环利用,地方特色生物资源开发,农业废弃物资源化利用,环境增值能源技术;国际双标准蔬菜水果、绿色畜牧/水产、健康/功能食品、农副产品精深加工。②农业特色的科技服务产业。引进和建立技术/企业孵化器、风投基金、知识产权交易所等机构,策划以智慧农业、循环农业、绿色农业等为重点的国际现代农业科技会展。开展技术咨询、产业规划、文化创意设计等,形成农业特色的科技服务产业。③农业特色的金融保险服务产业。以现代家庭农(牧)场、新型农业合作社、农业高新技术企业、中小微型科技企业、创新创业型企业为重点服务对象,吸引国内外政府、企业、社会的资金,发展农业科技基金、农业产业基金、农民合作社内部资金互助等,完善开发性金融、政策性金融支持农业和农村基础设施建设机制;建立农业政策性信贷担保体系;完善农业保险制度,试点"保险+期货",扩大保险覆盖面,提高保障水平,完善农业保险大灾风险分散机制,发展农业特色的金融保险服务产业。

(6)教育与培训产业。在科技研发与服务产业发展基础上,建设中以科技类大学和国际农业技术教育培训中心等教育培训机构,开展中外合作办学、国际研究生培养、专项技术培训、现代企业经营与创新创业教育等计划,吸引国内各地、第三世界国家、特别是一带一路沿线国家的农业技术人员来到中以城进行教育培训,结合科技成果转移转化,形成输出人才、输出技术、输出模式、输出成果的教育培训产业。

(7)文化创意与旅游产业。包括:以创新文化、生态文化、农业文化、乡村文化、民族文化等为重点的现代文化创意产业。以农耕文化为主线,打造以农业生产过程体验、现代设施装备展示、科技研发过程(新品种、新技术、新业态)、工厂化生产、生态产业发展、生态城镇建设、乡村田园景观等为元素的农业、科技、生态、文化旅游产业。以中国家庭农场、以色列莫沙夫、中以风情小镇、国际文化交融等为特色的休闲娱乐、酒店餐饮、观光度假等生活服务产业。

8. 空间布局

中以农业科技生态城主要功能是技术研发、技术/企业孵化、模式创新与技术示范及输出，大规模的生产、制造等产业环节都放在城外的农业高新技术开发区其他板块中。大规模健康食品/农产品精深加工业布置在健康食品加工物流园；大规模智能农业设施/装备/设备/资料研发制造业布置在农业智能装备制造与生物产业园。

根据拟建场地的地形地势、生态环境、交通条件和周围现有园区建设及总体规划等因素综合分析，本次规划形成"三团、两轴、七支撑"的空间结构（图8-18）。

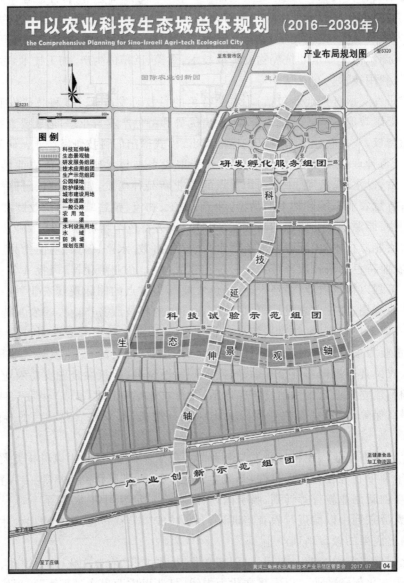

图 8-18　中以农业科技生态城空间规划图

（1）三个产业组团。包括：①研发孵化服务组团。以科技研发、技术和企业孵化、科技服务、教育培训、金融服务、文化创意、生态旅游、国际交流、会议会展等为主要功能。②科技试验示范组团。以科技试验(小试、中试)与技术示范、新型农业生产组织方式示范(以色列莫沙夫示范、中国特色家庭农场示范)为主要功能。③产业创新示范组团。以引进、孵化、培训创新型企业,进行产业创新、技术创新、品牌建设等示范为主要功能。

(2)两条发展主轴。包括:①科技文化轴。以农业科技研发中心、农业技术孵化器、农业技术培训教育基地等重点项目带动,形成贯穿基地南北的发展轴。②生态景观轴。以支脉河优良的自然景观为依托,充分结合旅游产业,打造生态景观轴。

(3)七大类支撑产业创新与技术示范。包括:①科技研发孵化(技术、品种、装备、系统)与服务(金融、科技、生活),主要布置在研发服务组团,规划用地面积 30 hm^2。②科技教育与培训(大学与国际农业技术培训中心),布置在研发与服务组团,规划用地面积 22 hm^2。③文化创意与生态旅游,文化创意产业布局在研发服务组团,旅游产业在整个园区布局。④智能农业装备技术创新示范,布置在产业创新示范园,规划用地面积 10 hm^2。⑤现代农业加工产业类项目。包括:健康食品/功能食品生产技术创新示范,布置在产业创新示范园,规划用地面积 10 hm^2;生物资源开发/农业废弃物资源化利用技术创新示范布置在产业创新示范园,规划用地面积 25 hm^2;特色水产循环生产技术示范,布置在产业创新示范园,规划用地面积 10 hm^2。⑥现代种业类项目。种子种苗繁育技术创新示范,布置在产业创新示范组团,规划用地面积 20 公顷;种苗繁育生产示范区,布置在科技试验示范组团,规划用地面积 180 hm^2。⑦特色种养技术示范类项目。国际双标准蔬菜和水果生产技术创新示范,布置在产业创新示范组团(规划用地面积 42 hm^2)和科技试验示范组团(规划用地面积 130 hm^2),主要是中国家庭农场建设示范。

三、休闲观光农业园景观规划

(一) 休闲观光农业园景观规划过程

1. 资源与环境条件调查

休闲观光农业园的资源和环境条件调查重点与一般的农业产业和农业科技园区不同,主要包括:

(1)景观资源调查。根据项目区的先期文献资料和景观资源分类,进行文献资料调查,然后进行现场踏勘、观察、核验,以及对项目管理机构、涉及企业和机构、农户和地方等相关人员访谈等。

(2)景观资源分类。包括:农业生产景观资源,如作物品种资源、生产季节安排、耕作模式和生产技术,畜禽品种资源、生产模式、生产设施和技术等;乡村生活景观资源,如语言、信仰、性格等乡村居民特质,乡村日常生活习俗,乡村文化与庆典活动等;乡村生态环境景观资源,如气象条件、地理环境、生物资源和景观风貌等。

2. 资源开发条件分析与评价

包括农业景观资源、自然环境条件、社会经济条件、区位与交通条件、休闲旅游产业发展潜力的分析与评价,及最重要的客源市场分析与精准定位。

3. 发展定位

园区发展定位应根据上述的区域资源特色、区位交通条件、不同的市场需求等综合分析和确定,突出地方文化特色,生产和休闲经营兼顾,开发与生态保护并重。如产业资源丰富而且种类繁多,可以定位为"乡村生产生活全方位体验";如某项产业资源特别突出的,可以定位为

"主题产业体验";如具有民族、族群文化或者地方特色餐饮、文化活动等资源的,可以定位为"民俗文化体验";如具有乡野气息、传统村落和民居建筑等资源的,可以定位为"乡野民宿体验";如处于城市近郊且具有创意设计人力资源的,可以定位为"主题游憩活动"等。

4. 项目策划

休闲观光农业园的项目分类可以按照产业、经营类型和项目功能类型进行划分(表 8-4),具体到每个园区规划,以园区的资源优势、环境条件、市场定位、发展目标、投资规模和经营管理能力等选择项目类型,并开展项目策划。

表 8-4　休闲观光农业项目分类(刘慧平,1995)

产业类型	经营类型	功能类型
休闲观光种植业	优质蔬菜、瓜果、花卉和绿色食品等	百菜园、百花园、瓜果采摘园、野菜品尝园、玫瑰园、葡萄园等项目
休闲观光林业	天然林场、人工生态/景观林、生态林果园、精品绿化苗木园等	森林野营地、森林浴场、森林避暑营地、森林科学考察等项目
休闲观光牧业	奶牛场、赛马场、牧羊场、珍禽场等	赛马、斗牛、斗鸡、马文化博览馆、挤奶体验厅、奶品制作与品尝中心等项目
休闲观光渔业	淡水渔场、垂钓渔场、海洋牧场等	垂钓、捕捞、游艇、竹排、水族馆、海鲜品尝馆等项目
休闲观光副业	竹艺、草编、陶艺、烘焙及特色食品制作等	各种工艺产品的观赏中心、体验中心、博览中心、展示展览销售中心等项目
休闲观光复合生态农业	农林、农牧、林牧、农林牧及农林牧副渔等各种复合生态农业系统,如桑基鱼塘、茶林养殖等	生态农业观赏、体验、疗养、研究、科普等项目

随着经济社会发展、人民生活水平的提升和不同人群需求的多元化、多样化和健康化,休闲观光农业项目逐步从观赏、品尝、体验、购物、娱乐、科普等阶段向深度体验、专业学习、休闲度假、健康疗养、养生养老等方向发展。项目策划要因时、因地、因势而精心研究,坚持保护与开发并重、园区与社区共融、因地制宜与体现特色、以农为基和旅游驱动等理念,遵循生态、经济、特色、多样等规划设计原则。

5. 功能分区与空间布局

不同发展定位的休闲农业园的产业选择、功能定位、建设项目和经营管理模式不同,相应的功能区划分和空间布局也不同。但从主要功能角度划分,具有生产功能的园区一般要与产业布局结合,为农业生产区(种植、养殖、种苗生产等)、产品加工区、新品种示范区、观光休闲区、科普教育区、展示展览区和管理服务区;而以休闲功能为主导的园区,生产区一般仅进行小规模精品生产和示范,产品加工区也主要是小规模的特色产品和手工艺品生产,更多的空间运用于农业体验、自然生态教育和休闲娱乐等。如北京海淀区四季青观光采摘园在现有果园景观的基础上,点缀种植观赏树种、灌木和花草,增加林木的观赏性、色彩的丰富性和层次性,营造三季有花、四季常青的特色;全园分为休闲娱乐区、园艺示范区、认养区、采摘区、园林景观区5 个功能区;重点建设办公接待区、果艺馆、春夏秋冬四季园、纪念广场、四季广场等项目。如台湾苗栗县飞牛牧场规划占地 45 hm²,规划建设乳牛、蝴蝶、可爱动物、水域、自然农园、丛林六大主题生态区;在休闲、游憩和服务设施层面,则进一步规划了烤肉区、露营区、住宿区、餐厅、会议区和青青草原活动区、水域生态区、乳牛生态区、黑肚绵羊生态区、蝴蝶生态区、森林浴步道区、有机农园和儿童游乐区等功能区。

6. 休闲活动设计

在资源调查、研究分析、发展定位等基础上进行休闲活动设计是休闲农业园规划的核心工作,是决定休闲农业园建设与运营能否成功的关键。

7. 基础和服务设施规划

包括:停车场地、道路系统、给水排水、电力电讯(信息化、智能化)、环境保护等基础设施规划;管理、餐饮、卫生等服务设施规划;园区景观系统、游览线路、标识系统等环境景观设计。

8. 发展保障措施

包括组织管理体系、经营模式、运行机制和政策、资金、人才、服务等保障体系等。

(二)台湾花莲县马太鞍休闲农业园四季活动设计

1. 马太鞍休闲农业园发展定位

根据前期调查研究,本区域农业生产方面的资源主要是水生作物,农民生活方面主要是马太鞍阿美族人拥有的丰富多样的传统原住民文化资源,农村生态方面是原住民一向有与自然共存的天性,保留有传统生态渔法等。综合分析其人文、自然、生态等资源均具有浓厚的原住民及其生产、生活居住环境特色,故休闲资源发展定位以"原住民农事文化体验"为主,并从资源、人力、客源对象、主要设施等进行详细分析(表 8-5)。

表 8-5　以"原住民农事文化体验"为主题的发展定位(叶秀美,2009)

资源开发主题		原住民农事文化体验
资源条件		以原住民文化为主,相关自然资源、文化设施丰富
人力资源		原住民年轻人有亲自参与意愿
特色 休闲 资源	食	表现原住民传统食物及其烹煮调味方式等特色
	衣	自然织品的原料生产,图案设计和原住民特色服饰
	住	原住民传统住屋民宿,原住民现有住宅的民宿
	行	休闲步行,乘坐原住民传统交通工具
	育	了解原住民居住环境、农事活动、生活文化等
	乐	开展祭典、传统舞蹈、田野捕鱼、野外求生等活动
主要客源对象		家庭同游;对原住民文化有兴趣的个人体验游或团体游
所需主要设施		原住民住屋、传统食品和织品制作工场、艺术品制作工坊等
主要解说人员		由原住民担任参与

2. 马太鞍休闲农业园休闲活动设计

全年的活动中,以四季都可以获得、容易欣赏到的资源为最基础的体验项目素材,让游客无论在哪一个季节来都可以体验,如表 8-6 示例。根据气候条件、农事节令和季节变化而呈现出不同景观的资源,则是春、夏、秋、冬四季休闲活动设计的特色所在,如表 8-7 示例的春季活动。其他季节略。

表 8-6　马太鞍休闲农业园(全年)休闲活动设计项目表(叶秀美,2009)

项目	农业生产	农民生活	农村生态
活动导入	黄藤、槟榔、小米(贮藏的)、各式农具	家常菜、茅草屋、工艺品、打击乐器与歌谣舞蹈	树豆、水芥菜、水芹菜、水牛与白鹭鸶、布袋莲
食	野外烤食、煮排骨汤、小米(糯米团、爆小米香、小米粽、小米酒)、黄藤心、槟榔心	以水煮鱼、青菜为主的传统食物	树豆与鸟共同烹煮、炒水芥菜
衣	农耕用雨具:蓑衣、伞	穿马太鞍传统背心	穿传统染布衣、树皮衣、背树皮背包
住	黄藤心为家具材料或捆绑用、使用传统餐具、屋内装饰、干燥小米	仿茅草屋之活动中心、主题展示馆、农宅展示、旅社、餐厅	田中小屋、临时小屋
行	步行、巡田	坐牛车	步行至山上赏全区景观、骑自行车赏景
育	黄藤心刺的功能、种小米的原因、农具的使用方法	农宅之各项机能介绍、服饰之织法简介、各项工艺品介绍	树豆的传说(做香包或沙包)、染布教学、水菜之生态环境、水牛与白鹭鸶、布袋莲生态解说、雾的生成、沼泽生态
乐	使用农具、渔具之操作与拍照	打击乐器、唱歌、搭茅草屋、生活故事讲说、捣糯米团比赛、面具与风筝制作操作	捡田螺、喂牛、植物染布、树皮布之制作(男)、做香包
视	小米田	欣赏茅草屋	景观欣赏、拍照
听	农事操作进行中的敲击声、歌声	听乐器、歌谣声音、爆小米声、捣小米声	蛙鸣、大自然的其他声音
嗅	小米香味、槟榔花	木头的香味、茅草屋的味道	水芹菜的味道、水芥菜的味道、水牛的味道
味	品尝各种小米做法、烤藤心的滋味	乡村食物的品尝	品尝田螺、水芹菜、水芥菜、青蛙、树豆、各项原味(水煮鱼)
触	藤心之刺、寻田除草的触感、操作农具的触感	服饰、工艺品、茅草屋之触感(触摸与居住)与马太鞍人共同跳舞的触感	田螺、青蛙的触感,大自然间泥土与水接触的感觉、与雾接触的感觉
纪念品	小米产品、黄藤心、农具之模型、装饰品	工艺品、服饰、马太鞍歌谣录音(影)带、蒸桶	野菜、植物染布、树皮背包、树豆

表 8-7 马太鞍休闲农业园(春季)休闲活动设计项目表(叶美秀, 2009)

项目	活动导入					
	有机农业	沼泽生态	鸟类观察	萤火虫	牛蛙	观雾
食	有机食品	水生蔬菜、蛤仔、田螺	鸟的食物	萤火虫幼虫的食物	吃牛蛙大餐	雾中早餐
衣	自然棉衣	中央挡布	鸟类图案服饰	萤火虫图案服饰	牛蛙图案服饰	薄外套
住	符合生态的住家环境	垫高的房屋(防潮、防腐)	鸟类图案日常用品	萤火虫图案日常用品	牛蛙图案日常用品	蒙上薄雾的玻璃
行	步行、骑自行车	水牛拉车	鸟的飞行路线	萤火虫飞行方式	学蛙跳、牛蛙鞋	雾中巡田
育	有机农业的意义	沼泽生态解说	鸟类生态观察	萤火虫辨认、生态解说	牛蛙辨认、生态解说	雾之生成与消散原理
乐	亲采现尝	打泥巴仗、摸蛤仔等	赏鸟、喂鸟	在萤火虫群中散步	钓牛蛙、青蛙王子故事	雾中游戏拍照
视	有机农田景观	水牛泡澡	观察鸟类生态，欣赏鸟飞翔之姿	黑暗中点萤火	观看牛蛙活动	观雾
听	听解说	虫鸟的声音	鸟鸣、啼、啭	夜晚的静谧	牛蛙叫	靠听觉辨识
嗅	有机肥料	沼泽的泥泞味道	鸟的味道	栖地的味道	田中的味道	湿润的味道
味	品尝有机食品	品尝沼泽动植物风味	于鸟鸣之中品尝美食	于荧光点点中品尝美食	品尝牛蛙	伸舌头尝雾滋味
触	直接摘取	摸蛤仔、采水菜	鸟的触感	捧萤火虫在手心上	碰触牛蛙软软肚子	整个人在雾中的感觉
纪念品	有机蔬菜、有机小米	留念照片	乡土鸟类相关产品	萤火虫相关产品	牛蛙造型相关产品	雾景照片

第九章　生物多样性保护和景观生态网络规划

根据联合国《生物多样性公约》中的定义,生物多样性是指:"所有来源的形形色色的生物体,这些来源包括陆地、海洋和其他水生生态系统及其所构成的生态综合体;这包括物种内部、物种之间和生态系统的多样性。"也就是说,生物多样性就是所有生物种类、种内遗传变异和它们的生存环境的总称,包括所有不同种类的动物、植物和微生物,它们所拥有的基因,以及它们与生存环境所组成的生态系统"(陈灵芝,2001)。

狭义的生物多样性包括遗传多样性、物种多样性和生态系统多样性3个水平。但是许多国内外学者将"景观多样性"也纳入了生物多样性中,这个观点得到了美国生态学家Odum的重视,在他列出的生态学20个最重要的观点中,就有如下论述"在对生物多样性进行扩展性研究时,应该包括遗传多样性和景观多样性,而不仅仅是物种多样性"。因此,生物多样性广义来讲包括4个水平,即遗传多样性、物种多样性、生态系统多样性和景观多样性。遗传多样性指生物体内决定性状的遗传因子及其组成的多样性,它决定了物种和生态系统的多样性。物种多样性是生物多样性在物种水平上的表现形式:一是指一定区域内物种的总和,可称为区域物种多样性;二是指生态学方面的物种分布的均匀程度,常常是从群落组织水平上进行研究,有时称生态多样性或群落多样性。生态系统多样性是指生物圈内生境、生物群落和生态过程的多样性以及生态系统内生境、生物群落和生态过程变化的多样性。

景观是一个具有高度异质性的、由相互关联的生态系统组成的镶嵌体,是人类活动与自然过程相互作用的结果。地球上存在着各种各样的自然或非自然景观,如农业景观、城市景观、森林景观、草地景观、荒漠景观、湿地景观、河流景观、海洋景观等。景观多样性就是指由不同类型的景观要素或生态系统构成的景观在空间结构、功能机制和时间动态方面的多样性和变异性,它反映了景观复杂性,是景观水平上生物组成多样化程度的表征。在更大的时空尺度上,景观多样性构成了其他层次生物多样性的背景,并制约着这些层次的生物多样性的时空格局及其变化过程。以往的生物多样性保护大多以保护物种为核心,而随着研究的深入,学者们发现生物多样性的保护主要取决于生境多样性的保护,即景观多样性的保护。问题(物种的稀有或濒危)的发生和研究在一个层次(种群)上,而问题的解决(保护和管理)需要在更高的层次(整个景观)上。也就是说生物多样性的保护应该由单一的物种多样性保护转向生存环境即生态系统和景观多样性的保护,这样才能达到生物多样性保护的目的。

第一节　景观生态网络对生物多样性保护的意义

生物多样性及其所提供的生态系统服务功能是人类赖以生存和发展的物质基础。人口的快速增长以及人类活动对生态环境的肆意破坏,使得在向大自然索取物质财富的同时也极大地改变了生物的生存环境,许多物种栖息地被污染、破坏,自然保护区被随意侵占,导致生物多样性以惊人的速度在减少,这种变化直接或间接地威胁到人类的生存基础。因此,生物多样性的保护是当前国际社会瞩目的重大环境问题之一,是人类社会可持续发展的基础。景观生态网络作为物种的栖息地,它的格局和动态对生物多样性保护有重要意义。景观生态网络的空间格局主要包括两个方面的特征:一是景观生态网络组成单元的类型和数目;二是景观组成单元的分布与配置。景观的结构单元包括斑块、廊道和基质。本节将重点论述景观生态网络的格局与生物多样性保护的关系,包括景观中斑块的类型、大小、形状对生物多样性的意义;廊道对生物多样性的意义;基质对生物多样性的意义;景观异质性对生物多样性的意义;边缘效应对生物多样性的意义;干扰对生物多样性的影响。

一、斑块对生物多样性的意义

斑块是内部均一的、构成景观生态网络的组成部分。斑块是物种的集聚地,是景观生态网络中物质和能量迁移与交换的场所,它的类型、大小、形状对生物多样性都会产生影响。

(一)斑块类型对生物多样性的意义

根据斑块产生机制和起源可将斑块分为干扰斑块、残存斑块、环境资源斑块、引进斑块4种类型。斑块类型对物种动态的影响是非常明显的。它通过影响某一特定的物种从斑块中的迁入或消失,来影响该物种在该斑块中的种群数量和丰富度,进而影响物种的多样性。例如,在永久沼泽地(环境资源斑块),物种动态变化相对不明显。然而,在小的火烧斑块中(干扰斑块),演替的快速发生使得物种动态变化非常迅速。这样,前者的生物多样性的改变就较小,而后者的生物多样性变化则较大。物种数量的增加还是下降,则要看演替的类型和方向。另外,人类活动如毁林开荒,形成引进斑块,在引进斑块中农作物的高度单一性,必然造成生物多样性的下降。

(二)斑块面积大小对生物多样性的意义

人们在论述斑块面积大小对生物多样性的关系时,往往把某一斑块想象成一岛屿,应用岛屿生物地理学理论来建立斑块大小与斑块中物种数目间的关系。该理论认为,由于新物种的迁入和原来物种的灭绝,物种的组成随时间不断变化,岛屿物种的多样性取决于物种的迁入率和灭绝率。岛屿面积、隔离程度及年龄等因素都会影响岛屿的生物多样性,并根据这些因素对生物多样性的影响概括出一条经验函数:

$$s = f(+生物多样性-干扰+面积-隔离程度+年龄)$$

式中:+表示正相关,-表示负相关,这些因素是按照它们对生物多样性的重要性来排列的。在考虑到陆地景观斑块与岛屿存在一些差异时,把上述公式稍加修改:

$$s = f(+生物多样性-干扰+面积-年龄+基质异质性-隔离程度-边界不连续性)$$

从上述公式中可见,物种多样性与景观斑块面积显著相关。斑块面积越大,物种多样性越高,它们之间存在着正相关。因而,在自然保护区规划设计时,对保护稀有种和强危种以及维持稳定的生态系统而言,保护区面积是主要因素,而斑块的隔离程度、年龄和形状等其他因素则是次要因素。

一些学者认为面积大的斑块可能会提供更高的结构异质性和植被多样性,这样的斑块可以提供更多的生境生态位,而这些生态位可以支持更高的物种多样性。例如,Bastian 和 Haase 通过研究发现斑块中植被物种的数目与斑块面积的关系可以用对数函数来描述。随着灌木林面积的增大,典型的林地树种的种类也在增加。但也有许多研究得出了不一样的结论,认为斑块大小与生物多样性的关系并不仅是简单正相关,还有可能呈现出负相关或者无显著相关性。例如,Stefan Schindler 等选择了地中海林地景观中的希腊迪亚国家公园(Dadia

National Park），研究其植被、昆虫和脊椎动物在不同尺度上的物种丰富度与景观格局的关系，并从斑块大小、斑块密度、斑块边界和形状、均匀度等方面选取了52个景观格局指数，研究其对物种丰富度的指示作用。结果表明研究区内的两栖动物和兰科植物的物种多样性与斑块大小无显著相关性。兰科植物是狭生性的生物，它的物种多样性似乎只取决于适度干扰下的营养需求和小生境。J. Mohd-Azlan 和 Michael J. Lawes 在研究景观基质对红树林中的鸟类物种群落集合的影响时，发现大的红树林斑块所拥有的鸟的种类比小斑块少。一些组合在一起的小红树林斑块的鸟类物种丰度比一个大的斑块要高。虽然基于红树林的鸟类（MDS，Mangrove dependent species）物种丰富度受红树林斑块面积影响很大，因为这些鸟类更依赖于红树林中的资源。但是红树林中的总鸟类多样性与红树林周围的景观基质的复杂性和多样性成正比，而不是红树林斑块的大小。因为红树林中45%鸟类都是来自周围的景观基质，所以景观基质的复杂性和多样性对红树林总的鸟类物种多样性的影响更大。研究者认为若要更有效地保护红树林中的鸟类物种，应该设计很多小的镶嵌在不同基质中的红树林斑块，形成红树林镶嵌生境，这样的措施比建立一个大的红树林保护区域更有效。

（三）斑块的形状对生物多样性的意义

斑块的形状在影响生物多样性方面与面积同等重要。斑块形状主要通过影响斑块与基质或其他斑块间的物质和能量交换而影响斑块内的物种多样性。斑块的形状对生物的扩散和动物的觅食，以及物质和能量的迁移具有重要的意义。例如，通过林地迁移的昆虫或脊椎动物，或飞越林地的鸟类，更容易发现垂直于它们迁移的方向的狭长采伐迹地，而遗漏那些圆形采伐迹地和平行于迁移方向的狭长采伐迹地。不同的斑块形状对径流的过程和营养物质的截留都有不同的影响。例如，湖泊作为一种环境资源斑块，其形状直接影响着湖泊的生产率和水体中有机体的存在，从而对湖泊水体中的生物多样性产生影响。所以斑块形状对生物多样性保护有重要意义。

目前，斑块形状对生物多样性影响的相关研究很多都是与边缘效应联系在一起的。不同形状的相邻斑块间的组合，产生的交错带的长度、宽度、形状都不一样，交错带的环境条件和物种组成不同于周围的斑块，所以斑块形状通过边缘效应的形成间接地对生物多样性产生很大影响。例如在《景观设计学和土地利用规划中的景观生态原理》一书中，作者就提出一个具有高度复杂边界的斑块具有面积更大的边缘生境，这种边缘物种的数量有了稍微的增长，但却大量地减少了内部种的数量，包括那些需要重点保护的内部物种，见图9-1。在此基础上，他提出了生态"最优"的斑块形状，如图9-2所示，生态上最优的斑块具有一些生态优点，它一般是呈"太空船形状"，其核心区是圆形的，这有利于对资源的保护，它的部分边界是曲线形的，还有一些供物种扩散的指状延伸。Honnay 等对比利时的森林斑块的大小、形状及多样性对植物物种多样性的影响进行研究时发现，形状不规则的生境之间的环境过渡带拥有更丰富的植被物种。Moser 等研究表明，在澳大利亚东部的农业景观中，景观斑块形状的复杂性是度量维管束植物多样性和苔藓植物多样性的有效指示指标，两者呈正相关关系，对于维管束植物相关系数可达0.85，苔藓植物相关系数可达0.74。此外，斑块形状与动物多样性的关系同斑块面积一样，依赖于研究的景观尺度。Fearer 和 Stauffer 对美国弗吉尼亚州西南部的克林奇山野生动物保护区中披肩鸡（Ruffed Grouse）的生境进行研究。结果表明，狭长的、不规则的斑块，其植被物种丰富度比结构紧实的、规则的斑块低，所以在不规则斑块中可以提供的食物来源降低，而且狭长不规则斑块中镶嵌的披肩鸡喜欢的生境数量较少。所以，设计并维持规则的生境斑块（如正方形），对保护披肩鸡的物种多样性有帮助。从以上的各种论述可以看出，斑块形状与物种之间的关系与所研究的物种类型、观测尺度密切相关。

图 9-1　圆形斑块与具有复杂边界的斑块（摘自朱强等，2010）

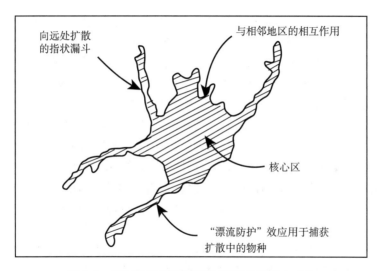

图 9-2　生态最优的斑块形状（摘自朱强等，2010）

二、廊道对生物多样性的意义

廊道是具有通道或屏障功能的线状或带状的景观要素，是联系斑块的重要桥梁和纽带，常可分为线状廊道、带状廊道、河流廊道 3 类。廊道在很大程度上影响着斑块间的连通性，也在很大程度上影响着斑块间物种、营养物质和能量的交流。廊道最显著的作用是运输，同时它还可以起到保护作用。廊道在生物多样性的保护中有重要意义，最常见的廊道如树篱，通常是连接一条邻界牧场或耕地的线状廊道。树篱可以招引鸟类撒下树木种子，使树篱的生物群落得到发展；树篱对动物区系尤其重要，在农业景观中动物区系大部分可以在树篱中看到。由于树篱内小生境的异质性，许多树篱中的物种多样性比开阔地高得多。

廊道能够减少甚至抵消由于景观破碎化对生物多样性的负面影响。廊道的设计和应用具有鲜明的景观生态学基础，它可以调节景观生态网络结构，使之有利于物种在斑块间及斑块与基质间的流动。廊道能够提高斑块间物种的迁移率，方便不同斑块中同一物种中个体间的交配,从而使小种群免于近亲繁殖而遗传退化。通过促进斑块间物种的扩散,廊道能够促进种群的增长和斑块中某一种群灭绝后外来种群的侵入,从而对维持物种数目发挥积极作用,而且在更大的尺度上,增强异质种群(Meta-population)的生存。另外,由于廊道便于物种的迁移,某一斑块或景观中气候的改变对物种威胁就大大降低。

但是,应该注意,廊道有时并不能起到联系斑块的作用,相反,有时可能给物种带来危害。在大尺度空间上的一个例子是,南北美大陆连接的形成在过去几百万年内导致生物多样性的灾难性的损失。在小尺度上的观察也证明,廊道对物种的危害性。对某些生态过程有促进作用的廊道,恰恰对某些物种的运动有阻碍作用。联结孤立栖息地之间的廊道往往会导致天敌的进入,或外来物种的侵入而威胁到斑块内物种的生存。美国佛罗里达州的开发就有许多这样的问题,外来物种沿着交通廊道侵入景观深处,威胁斑块内物种的生存。因此,在景观生态网络中正确的设计和运用廊道对生物多样性保护具有重要的意义。

三、基质对生物多样性的意义

生物多样性保护的研究多数聚焦于被农业或城市化基质包围的天然斑块对生物多样性保护的意义,而对基质的研究较少。基质在景观中面积最大、连通性最好,因此在功能上起着重要作用,能够影响能流、物流和物种流。基质可以看作围绕着"岛"周围的"海",因此它既有对斑块的隔离作用,又有一定的缓冲作用,斑块周围的基质对于物种的发生和空间变化都有很强烈的影响,可能比斑块的大小及空间布局对生物多样性的影响更大。基质的类型、质量及其改变都会对物种多样性产生影响。随着对基质的研究逐步深入,研究者们意识到基质对于生物多样性的保护具有深远的意义。对基质的管理可以缓解或者加剧生境流失或破碎化的影响,而生境消失或破碎化是全球范围内对生物多样性的最大威胁。虽然基质中的土地覆被不足以为基于斑块的物种提供可持续的赖以生存的环境,但有学者发现基质会直接或间接地影响和驱动基于斑块的物种(patch-dependent species)的时空分布,并对此影响机制进行了分析。基质对依赖斑块的物种的影响机制如下:基质的质量影响物种在斑块间的移动,影响物种的迁入和迁出;基质可以作为入侵物种的资源基础,或者为斑块物种提供食物补充来源;基质会影响小气候和斑块的干扰机制,基质的物理结构与斑块生境不同,会影响斑块内部的环境条件,干扰机制的变化也会影响依赖于斑块的物种。对基质做出调整是未来景观变化的主要形式,所以将会是影响生物多样性保护的主要过程。

基质类型对景观中物种多样性会产生影响,但物种对不同类型基质的敏感程度不同。在热带,相对于人工橡胶林基质的景观而言,陆生哺乳动物更喜欢天然次生林基质的景观。对步甲的研究表明,不同的景观基质对步甲群落的组成会有很大影响,城市化程度高的基质特有种少,而泛化种多;但在森林基质中则相反。对于红树林中的鸟类而言,景观基质的类型是决定其物种多样性的重要因素,以热带疏林为基质的红树林斑块鸟类物种丰富度低,而以季风雨林为基质的红树林斑块鸟类物种丰度相对较高。蝴蝶在被林地基质包围的草地中的物种丰富度高,而食蚜蝇更喜欢被耕地基质包围的草地斑块。

基质的质量也是影响景观中物种多样性的重要因素。在墨西哥山地景观中,与森林中的蚂蚁丰富度相比,以有机方式经营的咖啡林为基质(高质量基质)的景观中蚂蚁丰富度并无显著差异,而以传统方式经营的咖啡林为基质(低质量基质)的景观中蚂蚁丰富度与前两者相比则呈现出显著的降低。在农业景观中,农业基质的质量同样会对残存其中的半自然斑块的物种的传粉产生影响,主要是影响传粉者的扩散。但基质质量对不同类群的影响是不同的,取决于其生活史特性,如蜜蜂的物种丰富度会随基质质量的降低而显著下降,而其多度则不受影响;而食蚜蝇的物种丰富度则不受基质质量的影响,但其多度则随质量的下降而明显降低。

基质的改变会对不同的物种产生不同的影响,这主要取决于物种的特性。在以松林为基质的景观中的控制试验研究表明,与对照相比,进行截阀的松林中,鸟类的丰富度会明显下降,而对负鼠的丰富度则没有影响。农田基质的变化研究也是基质研究的热点。陆地上30%的土地都由农业系统组成,而在热带陆地有70%由草地、农田或者混合斑块组成。随着农业科技的进步,农田基质发生了巨大的变化。很多学者着重研究农田基质的重要性。例如,集约化的农田基质如何影响鸟类种群动态。研究表明农业集约化可能会导致扰动的发生和物种的消亡(因为会减少食物来源)。所以,从生物多样性保护角度出发,研究者推荐采用非集约化的农业措施(例如农林式、自给式农业和庭院式农业)。目前已有的非集约农田基质应该保存下来,这会为以农田基质作为食物来源的鸟类提供更多的可用食物。

基质对物种多样性的影响还表现在其影响廊道的有效性上。高抵抗力的基质将大大降低廊道的有效性,因此基质作为景观的有机组成部分,应该与廊道结合起来考虑。另外,对基质的恢复将会进一步提升景观的生态系统服务功能。

四、景观异质性对生物多样性的意义

斑块、廊道和基质等景观要素在景观中不是独立存在的,而是呈镶嵌式分布在景观中,不同类型的斑块相互镶嵌,不同类型的廊道相互镶嵌,以及斑块、廊道和基质在景观中镶嵌分布,构成了异质性的景观。景观异质性就是景观要素及其属性在空间上的变异性,或者说是景观要素及其属性在空间分布上的不均匀性和复杂程度。

景观异质性与生物多样性之间存在着复杂的关系,景观异质性对生物多样性的影响是多方面、多层次、多方向的。在该领域的研究成果中具有普遍意义的结论至今还很有限,许多研究还需要进一步深入,但多数学者认为景观异质性与物种多样性的变化呈正相关关系,即景观异质性越高,生物多样性也越高。首先,景观异质性意味着景观中景观要素类型的多样性,也就意味着生境类型的多样性。异质性高的景观可以提供多种生境,维持更高的生物多样性;其次,随着景观异质性的增加,边缘生境和边缘种的丰富度也会增加,需要多种景观要素的物种丰富度也会增加,可以为多种生物共存提供生境基础;景观异质性大,大规模斑块减少,完整的大面积内部生境面积缩小,稀有内部种的丰富度减少,但边缘生境和边缘物种的丰富度增加,多生境物种的丰富度增加,提高了总的物种生存潜力。此外,景观的异质性有利于促进景观生态系统的能量流动和物质循环,从而使生物的生命活动更加旺盛,具有高度异质性的景观与外界的物质、能量、信息等生态交换过程强烈。

五、边缘效应对生物多样性的意义

边缘是指斑块的外围部分,这个部分的环境特征与斑块内部有着显著的不同。斑块的边缘部分有不同于斑块内部的垂直与水平结构、宽度、物种组成和丰富程度,这些不同点构成了所谓的边缘效应。由于斑块边缘的环境状况与斑块内部相差很大,造成了边缘与内部物种组成和丰度的差异。某一景观要素内,边缘物种主要指仅仅或主要利用景观边界的物种,而内部物种基本上是指远离景观边界的物种。

边缘效应对生物多样性的影响有正效应和负效应,这与边缘的类型、宽度、形状都有关系。例如在芬兰的农业景观中,外来杂草的物种多样性在经常受干扰的牧场和道路的交界边缘最高,在草地和林地交界边缘最低。在农业生态系统里,斑块边界可以被分为两种类型:农作物斑块之间的边界和农田与其他非作物土地利用覆盖的边界,例如农田和林地、农田和水体以及农田和草地。边界两边具有鲜明对比的土地利用的边缘生境,可以产生一个环境梯度,有不同的物理环境,有利于维持物种多样性。也有人认为,许多物种只能在边缘环境中生存,如果没有了边缘环境,这些物种将会灭绝。在现实中,确实有许多边缘地区,生物多样性显著地高于斑块内部,从这方面来看,边缘效应对生物多样性的维持和保护是非常有利的。但有的学者认为,森林物种消失的主要原因是森林片段化后产生的"边缘效应"。实践表明,森林边缘对于森林植物和动物区系成分有不良影响。小片林地中心的种子雨是以林缘植物的种子为主,这样最终将改变森林的成分。内部的耐荫植物将被来自林缘的不耐荫的种类所替代。野生生物管理人员传统上支持边缘生境物种丰富度高的观点。然而,随着多年管理实践的经验积累,森林边缘作为野生生物生境的价值受到人们的质疑。许多研究人员开始反对林缘在物种丰富度增长方面的重要性,指出适宜于边缘生境的植物物种都是典型杂草类,也就是在破碎化生境中不值得保护的次生物种。

近年来,在景观生态学的研究中,人们已经突破边缘效应的定义限制,开始监测森林边缘在景观功能中的作用。研究人员尤其关心破碎化景观中的边界动态,特别是林缘影响能量、物质、物种在各景观元素内或元素间流动的重要性,把边缘看作动态的、同森林斑块形成一个相互联系的整体功能生境,这是对于"边缘效应"传统观点的一个大的转变。有学者建议在进行生物多样性保护时应该重视区域边缘网络设计和建立,但不能简单地用总体的边缘密度指标来衡量物种多样性,因为不同的边缘类型对生物多样性影响不同,在设计边缘网络时要考虑设计具有明显对比的斑块边缘,例如要设计农田与非农田交界的生境,最好是林地与草地的过渡。

六、干扰对生物多样性的影响

干扰是指发生在一定地理位置上,对生态系统结构造成直接损伤的、非连续性的物理作用或事件。它是景观的一种重要的生态过程,按其产生的来源可以分为人为干扰和自然干扰。干扰是时间和空间上环境和资源异质性的主要来源之一,它可以改变资源和环境的质与量以及所占据空间的大小、形状和分布。干扰通过产生环境异质性,从而改变景观格局,进而改变生境中的生物多样性。如一片森林中由于火烧形成火烧的干扰斑块,有一片被火烧漏过的植被片段就形成残存斑块,这样由于干扰所造成的干扰斑块和残存斑块中的生物多样性相差非常大。被火烧过的地方生物多样性大大降低,斑块中仅剩一些耐火的草本,该斑块在不受其他干扰的情况下接着发生次级演替,在演替的过程中,该斑块中物种组成及各物种的丰富度与火烧前的残存斑块明显不同,演替等级决定于该斑块所处的位置、气候环境状况、周围基质及残存的斑块的生物区系、演替过程的干扰情况。一般来说在顶级阶段,该干扰斑块的生物多样性与干扰前及周围残存斑块不可能完全相同。通过这种方式,干扰就改变了斑块的生物多样性。另外,气候的变化,如地球变暖、寒流入侵等对森林、土壤均产生重要影响;引进的物种,有时会严重地威胁原有物种的生存;而人类对生物资源进行的不合理的过度开发,更是降低景观异质性与生物多样性的重要原因。

干扰对物种的影响有利有弊。在研究干扰对生物多样性的影响时,一方面要考虑干扰本身的性质,例如干扰的类型、程度和规模等;另一方面也要考虑物种对干扰的敏感性。不同的干扰程度对生物多样性的影响是完全不同的,当一个景观生态网络受到干扰后能够迅速恢复,此为轻度干扰;干扰后引起异质化加强,为适度干扰;干扰后使异质性大幅度降低,且长时间不能恢复,则构成"重度创伤",称为重度干扰。许多研究表明,适度干扰作用下的生态系统具有较高的物种多样性;在轻度或重度干扰作用下,生态系统中的物种多样性均趋于下降。因为在适度干扰下,生境受到不断干扰,一些新的物种或外来物种尚未完成发育就又受到干扰,这样在群落中的新的优势种始终不能形成,从而保持了较高的生物多样性。在频率低的较强干扰下,由于生态系统的长期稳定发展,某些优势种会逐渐形成,而导致一些劣势种逐渐淘汰,从而造成物种生物多样性下降。

Sufflin 指出,中度干扰有利于提高物种多样性,因为低度干扰会使群落为竞争型物种(K型增长物种)所占据,高度干扰使群落为机会型物种(S型增长的物种)所占据,只有中度干扰才会使这两种类型的物种共存。同样的干扰条件下,反应敏感的物种在较小的干扰作用时,即会发生明显变化,而反应不敏感的物种可能受到较小的影响,只有在较强的干扰时,反应不敏感的生物群落才会受到影响。

第二节　自然保护区的景观规划

一、自然保护区对生物多样性保护的作用

(一)生境破碎化对生物多样性的影响

当一大范围连续的生境被其他与原来的生境类型不同的生境(如公路、铁路、农田等)分割成若干个相互不连续的小块时,这种现象在保护生物学中被称之为生境片段化。若破碎的生境片段的周围生境均不能满足原来生存于该生境中的物种的需要,又限制了物种在生境片段间扩散的话,那么这类生境片段就与外界隔绝,成为生境岛。生境片段化不仅使生境的总面积减少,而且使原有的某些生境类型从连续生境中完全消失,减少了生境的异质性,导致生境质量的降低。

生境片段化给物种带来的直接后果之一是物种灭绝的可能性增加,因为生境片段化后减少了物种的栖息地。一般来说,首先灭绝的物种是那些对生境专一性要求高的生境特化种;其次是那些活动范围大的物种,生境片段的面积无法满足这类物种对生境资源的需要而使之灭绝。例如,雄美洲狮所需要的活动范围超过 400 km^2 ;苍鹰的活动范围为 $30\sim50\ km^2$ 。那些需要多种生境的物种也会因生境的异质性降低,或因无法穿越栖息地之间人为环境的障碍而很快消失。

生境片段化给物种带来的另一个直接后果是改变了物种的栖息环境。以前连续的生境由于人为环境而隔开,原来位于连续生境内部的栖息地也成为栖息地的边缘。生活在连续生境内部的植物多是耐荫种,栖息地边缘接受的直照光线会使这些耐荫植物被喜阳植物替代。例如,森林片段化后,在森林边缘 $10\sim30\ m$ 的植被组成发生了改变,进而会影响该边缘地带动物种类的组成和生存。首先,边缘面积增加,原来生活在连续生境内部的物种被暴露,增加了被捕食的概率。其次,生境边缘面积的增加,还会使原来不能生存于该类生境的物种得以侵入。如在巴西因采伐造成的热带森林片段化后一年内,森林边缘蝴蝶的物种组成就发生了变化,一

些仅见于次生群落中的蝴蝶侵入森林内 300 m 左右;鸟类的群落也发生相应的变化,在森林边缘捕到了两种以前仅见于次生植被上的鸟类。

(二)自然保护区对生物多样性保护的作用

自然保护区是指对有代表性的自然生态系统、珍稀濒危野生动植物物种的天然集中分布区、有特殊意义的自然遗迹等保护对象所在的陆地、陆地水体或者海域,依法划定出一定面积予以特殊保护和管理的区域。

物种多样性是生物多样性的重要组成部分,作为生态系统多样性的组成部分和遗传多样性的载体,物种多样性在生物多样性保护与研究中占有重要的地位。在生物多样性丧失的过程中,尤以物种的丧失最易被察觉。因此,对特定地区或栖息地,生态系统的生物多样性的测量经常被简化为直接测量物种的丰富度。在世界的大多数地区,物种丰富度的数据是目前唯一能够得到的信息类型。这样的数据对确定优先保护策略很重要,因为它们可以辨别世界上生物多样性非常丰富或十分贫瘠的地理区域。保护区正是起源于对物种的保护,它是保护、利用、改造和监测自然环境和自然资源的战略基地,是自然生态系统和生物种源的贮存地。综合起来看,自然保护区在以下几个方面发挥了保护生物多样性的作用。

(1)自然保护区使生活在保护区境内的物种拥有了免受人类经济活动干扰的生存空间。在这个空间中,被保护的物种保持了生存活力和应对环境、气候等自然条件变化的挑战的能力,保持了继续进化的潜力。

(2)自然保护区保护了生物群落的完整性,保护了生物群落结构和功能的稳定,使它们可以对环境变化做出反应。

(3)通过在保护区之间建立保护走廊,自然保护区为物种的异质种群结构提供了适宜的生境,使物种间的基因得以交流,进而达到了保存物种遗传多样性的目的。这一点对物种的保存十分重要。

(4)自然保护区杜绝了人类引种对当地物种的威胁。在造成物种灭绝的众多因素中,引入外来种常常是造成当地种灭绝的主要原因。其中最著名的例证就是当人们将哺乳类动物引入澳洲大陆时众多后兽亚纲(有袋类)物种的灭绝。

二、自然保护区规划的景观生态学原理

早在 100 多年前,人们就开始了建立自然保护区保护具有重要价值的人文景观和珍稀动植物的实践。今天,在全球范围内保护区已成为保护生物多样性的最主要的手段。科学合理的自然保护区规划设计是决定其保护能否成功的重要因素,在保护区规划设计时,有 6 个问题必须认真考虑:①保护区面积;②所包含的时间和空间的异质性以及动态性;③理想的地理背景;④不同保护区之间的联系;⑤自然景观因素;⑥保护区内建立不同用途的区域。应用传统的保护生物学进行保护区的规划设计引起了很多争论,而景观生态学为自然保护区的规划设计提供了新的理论基础。景观生态学在自然保护区规划设计方面具有非常显著的优势,其相关理论可以很好地解决上面所提出的 6 个问题,可以将这些理论和学说直接应用于自然保护区的规划设计实践之中。

(一)岛屿生物地理学理论

自然保护区建设和管理所依据的理论基础是麦克阿瑟(MacArthur)和威尔森(Wilson)等在 1967 年创立的岛屿生物地理学理论。其中面积和物种数间的关系,即 $S = cA^z$(S 为物种

数，A 为岛屿面积，c 和 z 为常数）。在这个理论的指导下，建设大面积的保护区，为物种提供足够的进化空间成为保护区建设和管理中的重要原则。根据该理论，自然保护区的面积越大越好，一个大的保护区比具有相同总面积的几个小保护区更好。自 20 世纪 70 年代以来成为自然保护区设计的主要理论依据。

（二）格局过程关系原理

结构和功能、格局与过程之间的联系与反馈是景观生态学的基本命题。景观格局可以有规律地影响干扰的扩散、生物种的运动和分布，营养成分的水平流动以及净初级生产力的形成等。一个自然保护区即是一个由生态系统组成的景观。在该景观中存在着狭长的廊道，如山岭、河流；斑块，如森林、农田、草地；以及基质。这些景观要素在大小、形状、数目、类型和空间分布上的变化，直接影响着自然保护区的景观格局。格局的差异性导致了生态过程的改变，进而影响景观的功能。例如，通过在一个镶嵌体中加入树篱、池塘、房屋、林地、道路或其他要素都将改变景观的功能。动物将可能会改变它们的行进路线；水流将改变流向；土壤受侵蚀程度会发生变化；人们也将改变移动的方向。从景观中去掉一个元素也会改变其中生态流的方向。同时，对现有景观要素的重新布局也会对景观功能产生重要影响。

（三）景观异质性原理

景观异质性是景观要素及其属性在空间上的变异性，自然保护区的景观异质性是自然保护区中的景观要素的变异程度。景观异质性对自然保护区的功能和过程有重要的影响。自然保护区的景观空间异质性包括 3 个方面：空间组成（生态系统的类型、数量及面积比）、空间构型（生态系统的空间分布）和空间相关（生态系统及参数的空间关联程度及尺度等）。开展上述 3 个方面的研究，将会使自然保护区理论走向定量化。

为达到自然保护的目的，在生态学上，自然保护区的最佳形状为一个大的核心区加上弯曲的边界和狭窄的裂开形延伸，其延伸方向与周围生态流方向一致。紧凑或圆形斑块有利于保护内部生物；弯曲的边界有利于多生境的物种生存和动物逃避被捕食；狭窄的裂开形延伸有利于斑块内物种灭绝后的再定居过程，或物种向其他斑块的扩散过程等。图 9-3 所示的是丹霞山风景名胜区雉类保护格局，包括残遗自然斑块、缓冲区、战略点、源间连接和辐射道。

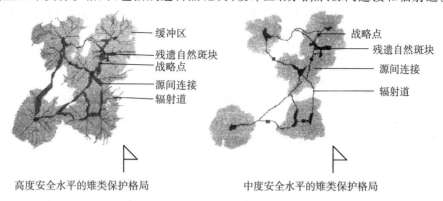

高度安全水平的雉类保护格局　　　　　中度安全水平的雉类保护格局

图 9-3　丹霞山风景名胜区雉类保护格局（俞孔坚，1999）

（四）等级结构原理

自然保护区的景观系统具有等级结构。自然保护区景观是各种组分（如生态系统、历史文化建筑等）的空间镶嵌体，具有等级性。某一等级的组分既受其高一级水平上整体的环境约束,又受下一级水平组分的生物约束。研究濒危植物的约束体系可了解其生存与发展机制,从而制定相应的保护措施。

时间和空间尺度包含在自然保护区的任何生态过程中。在自然保护区理论中,景观的空间尺度是指景观面积的大小;时间尺度是指景观动态的时间间隔。自然保护区的景观格局、景观异质性、生态过程、约束体系及其他景观特征都因尺度而变化。例如,自然保护区的景观系统在小尺度上可能是异质的,在较大尺度上却可能视为同质的。

按照等级尺度理论,自然保护区也只是更大时空尺度体系中的一个组成部分。因而,在对自然保护区内景观的研究和管理中,不仅要加强自然保护区景观内的研究,而且应该注重研究保护区与周围其他生态系统或影响因素(尤其是人为影响因素)的关系,以及保护区和保护区之间的关系。例如,保护区设计时考虑过渡带的相似性可提高保护区的有效性和连续性等。

三、自然保护区规划的基本方法

(一)自然保护区选址

在选择保护区的地址时,应该考虑以下因素。

1. 针对性

建立保护区的目的主要有 3 个:一是为了保护生态系统的功能,确保生态过程的顺利进行;二是为了保护生态多样性不受破坏;三是为了保护那些濒危、珍稀、特有的动植物种类。这3 个目的是相互关联的,因为生态系统功能丧失,生态过程遭到破坏,生物多样性将随之降低。明确了建立自然保护区的目的之后,在选址时就应依据生态学和生物地理学原理,将保护区建立在生态系统尚未遭到破坏、物种丰富度高、特有种类多的区域。

2. 多样性

在一给定地区,自然保护区应设在物种多样性或群落多样性较高的地区,这样可以在保护较多物种的同时保持群落和生态系统的稳定。

3. 有效性

自然保护区的面积应该能满足被保护物种生存繁衍的需要,满足生态系统中能量和物质流动及各种生态过程圆满实现的需要。应能对保护区周围的人类活动加以控制,以确保建立保护区的终极目标得以实现。

4. 自然性

自然性是指自然生态系统未受到人类活动干扰的程度,但实际上很少有未受到人类干扰的生物群落和生态系统。受到人类干扰较少的生态系统其生物群落的结构较为完整,其生态功能较少受到破坏,在这类地区建立保护区可以收到事半功倍的效果。自然性对于建立以科学研究为目的的保护区或保护区的核心区的选择具有特别的意义。

5. 空间的连续性和完整性

保护区应建在包括非生物因子的各种梯度变化的连续生境内,如应尽可能包括从低海拔到高海拔的各种高度或从干旱到湿润的各种水分梯度变化的地区,在这类地区生存的物种,可以采用迁徙的方法来适应环境的变化。

6. 典型性

在不同自然地理区域中选择有代表性生物群落的地区建立保护区,以保护其自然资源和自然环境,探索生物发展演化的自然规律。保护区所代表的自然地理区域的范畴对确定该保护区的类型和级别有着至关重要的意义。

7. 潜在保护价值

有些地域一度有很好的自然环境,但由于各种原因遭到了干扰和破坏,如森林采伐和火烧,草原开垦、放牧等。在这种情况下,如果能进行适当的人工管理或减少人类干扰,通过自然的演替,原有的生态系统可以得到恢复,有可能发展成比现在价值更大的保护区。当我们找不到原有的高质量的保护区时,这种有潜在价值的地域,也可以被选作自然保护区。

8. 科研潜力

包括一个地区的科研历史、科研基础和进行科研的潜在价值。

上述选择自然保护区的原则,有时可能是互相交叉、互为补充的,如一个具有代表性的保护区同时可能具有多样性、有效性、自然性。有些标准则可能相互矛盾,相互排斥,如一个稀有的保护对象往往很难具有典型性或代表性等。保护区的选址必须和建立自然保护区的目的结合起来,以保护物种多样性最丰富的地区。

(二)自然保护区的面积

保护区的面积究竟应该多大呢? 一般而言,自然保护区面积越大,则保护的生态系统越稳定,其中的生物种群越安全。但自然保护区的建设必须与经济发展相协调,自然保护区面积越大,可供生产和资源开发的区域越小,这与人口众多和土地资源贫乏的国家经济发展是不相适应的,因此自然保护区只能限于一定的适宜面积。

1. 岛屿生物地理学理论在保护区面积规划上的应用

前面所述的岛屿生物地理学对面积和物种的关系进行了经典性的描述,自然保护区在很大程度上可看作被人类栖息地包围着的陆地"生境岛",所以这一理论对自然保护区面积设计具有指导意义。面积大的保护区和面积小的保护区相比,大的保护区能较好地保护物种和生态系统,因为一些物种(特别是大型脊椎动物)在小的保护区内容易灭绝,大的保护区则能保护更多的物种。保护区的大小也是生境质量的函数,保护区的大小可能部分地代表关键资源的数量和类型。就维持某一物种有效种群而言,低质量的资源比高质量的资源需要更大的面积。通常物种数量与其生存空间存在明显关系,在一个区域内,随着面积的增加,物种数量增加,但面积增加到一定程度,物种数目并不一定无限增加。

2. 种群生存分析在保护区面积规划上的应用

保护区的面积应根据保护对象和目的而定。如果是为了保护一个区域的天然生态系统及其组成的物种,就要依据种群生存分析来确定保护区最小面积,要确定目标种或关键种,确定这些种的最小可存活种群(MVP),根据种群密度和最小可存活种群确定最小面积。但是几乎所有估计保护区面积大小的数据都是依据动物进行的,特别是大型肉食动物。实际上根据植物的 MVP 来估计保护区的面积大小也是必需的。保护区的面积太小,不能维持一个最小可存活种群,会使种群内遗传多样性因遗传漂变和建群者效应以及近交等原因而降低。此外,保护区面积过小,在流行病爆发时也极易造成种群的灭绝。

3. 其他相关理论在保护区面积规划上的应用

保护区的大小也关系到生态系统能否维持正常功能,物种的多样性与保护区面积都与维持生态系统的稳定性有关。面积小的生境斑块,维持的物种相对较少,容易受到外来生物的干扰。只有在保护区面积达到一定大小后才能维持正常功能,因此在考虑保护区面积时,尽可能包括有代表性的生态系统类型及其演替序列。

(三)自然保护区内部功能分区

保护区的内部功能分区区划是生物多样性保护区的一个全新的观点。联合国教科文组织实施的"人与生物圈"(MAB)计划中对生物圈保护区制定了分区标准,即一个生物圈保护区应有核心区、缓冲区和实验区 3 个功能区构成,相互之间构成圈层结构(图 9-4)。我国的自然保护分区也分为核心区、缓冲区和实验区。

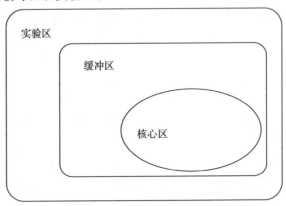

图 9-4　自然保护区的功能分区示意图(Noss 等,1994)

1. 核心区

核心区是原生生态系统和物种保存最好的地段,位于保护区的中心,这个区域严禁任何采伐和狩猎,只允许从事非干扰活动,如生态监测、拍照、摄像、观鸟、徒步旅行等,其主要任务是保护基因和物种多样性,并可进行生态系统基本规律的研究。

2. 缓冲区

一般应位于核心区的周围,可以包括一部分原生性的生态系统类型和由演替系列所占据的受过干扰的地段。在这一地区允许从事与保护区的目的相一致的活动,如科学实验、公众教育、生态旅游、采摘果实等非破坏性生产活动。缓冲区一方面可防止对核心区的影响,另一方面可用于某些实验性和生产性的科学研究。但在该区进行科学实验不应破坏其群落生态环境,可进行植被演替和合理采伐与更新实验,以及野生经济生物的栽培或驯养等。

3. 实验区

缓冲区之外一般设定为实验区,用来发展本地特有生物资源,也可作为野生动植物的就地繁育基地,还可根据当地经济的发展需要,建立各种类型的人工生态系统,为本区域的生物多样性恢复进行示范。

四、自然保护区规划的一般步骤

(一)自然保护区及其周围地区的资源与环境的调查评价

1. 自然资源与环境条件调查分析与评价

内容主要包括:地质地貌背景、水文地质环境、气候资源、河流水系、土壤和植被类型及其分布、植被森林覆盖率、植物和动物保护情况,以及大气、水体等环境质量状况、污染源的分布情况、各种自然和人为灾害等。在调查分析上述各种因素的基础上,最后要对自然保护区及其周围的自然资源与环境状况做出综合的分析和评价。

2. 经济社会环境条件调查分析与评价

(1)经济社会概况:周围地区经济、工农业及其他生产各业的情况;人口的组成;土地利用状况等。

（2）交通条件：对外交通条件和设施，临近自然保护区的居民点、城镇的距离和交通条件，自然保护区内交通联系的条件和设施情况等。

（3）人文景观：历史古迹、古典园林、宗教文化、民俗风情等。

3．自然保护区规划的基础资料准备

（1）图件资料：包括政区图、地形图、地质地貌图、水系图、土壤图、植被类型图、土地利用图等。

（2）资源与环境的专题报告：如环境评价报告、资源状况报告、土地利用报告、其他各种规划报告等。

（二）自然保护区景观规划设计流程

景观规划是在景观尺度上针对一定的目的对各种景观要素（单元）或环境资源的再分配，它通过研究景观格局对生态过程的影响，在景观分析和综合评价的基础上，提出景观资源合理利用和布局的方案。景观结构设计是自然保护区景观规划的核心内容。如何从物种保护角度，研究核心区、缓冲区、实验区以及廊道的设计具有实际意义。

影响生物生存的景观要素十分复杂，在自然保护区景观结构设计时不能仅仅考虑某一个或某几个景观要素，不同景观要素的空间组合将直接影响景观中物种的生存。因此，在进行景观结构设计时，要考虑所有影响物种生存的景观要素，在景观适宜性评价的基础上，设计合理的核心区、缓冲区和生境廊道。自然保护区景观结构设计的流程可以用图9-5表示。

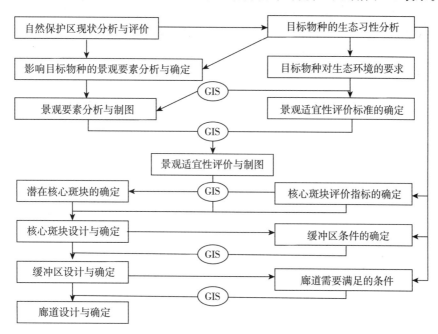

图9-5　自然保护区景观规划设计流程

五、崇明东滩鸟类国家级自然保护区规划简介

（一）崇明东滩鸟类国家级自然保护区概况

上海崇明东滩鸟类国家级自然保护区位于低位冲积岛屿——崇明岛东端崇明东滩核心部

分,主要保护水鸟和湿地生态系统。保护区范围在东经 121°50′～122°05′,北纬 31°25′～31°38′之间,南起奚家港,北至北八滧港,西以 1998 年和 2002 年建成的围堤为界限,东至吴淞标高 1998 年零米线外侧 3 000 m 水域为界,呈仿半椭圆形,总面积 241.55 km²。保护区为长江口地区规模最大、发育最完善的河口型潮汐滩涂湿地。保护区地处海洋、河流、陆地、岛屿交汇处,生物种类复杂独特。区内有众多农田、鱼蟹塘和芦苇塘,底栖动物丰富,是亚太地区春秋季节候鸟迁徙的停歇地,也是候鸟越冬地,是世界野生鸟类聚集、栖息地之一。

(二)功能分区规划

崇明东滩鸟类国家级自然保护区的功能分区包括核心区、缓冲区和实验区。依据保护对象的动态变化划分动态功能区是该自然保护区的主要特征之一。上海崇明东滩动态场景包括滩涂淤涨、植被更替以及受保护物种的季节性迁徙等动态变化。综合考虑保护区生态结构与功能特征,定期根据实时信息更新功能区规划方案,提出动态保护湿地生态系统和迁徙鸟类的"季节性管理"模式,见图 9-6。

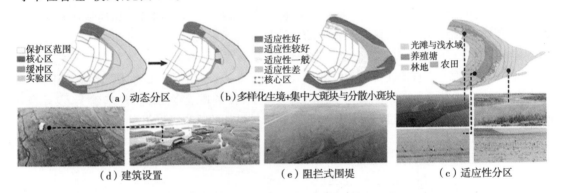

图 9-6　崇明东滩自然保护区生态规划设计(岳邦瑞等,2019)

1. 核心区

核心区面积 148.42 km²,占保护区总面积的 61.44%。将保护对象适应性较好的觅食、栖息生境设置为核心区。东滩鸟类国家级自然保护区将其中几类优势水鸟,如雁鸭类、鸻鹬类、鹭类、鸥类重叠交叉分布和集中分布的觅食、栖息生境作为核心区。该区为海三棱藨草植被集中分布区域,为保护区内目前保存较为完好的自然生态系统。对该区实现全年的严格保护措施,限制人类活动,进行集中保护,减少人类对保护对象的干扰,有利于系统内各种生物物种的生长、栖息和繁衍。一般情况下,该区禁止任何单位和个人进入,但因科学研究的需要,经上海市以及国务院有关自然保护区行政主管部门批准后,可以进入核心区从事科学研究观测、调查活动。

2. 缓冲区

缓冲区面积 39.01 km²,占保护区总面积的 16.15%,分为南、北两个部分,该区为核心区以外主要保护对象相对集中分布的区域,为核心区外划定的严格保护区域。该区经保护区管理处批准后,可以从事非破坏性的科学研究、教学实习和标本采集活动。

3. 实验区

实验区面积 54.12 km²,占保护区总面积的 22.41%,该区可以从事科学试验、教学实习、参观考察、旅游以及驯化、繁殖珍稀、濒危野生动植物等活动。一方面,在保护区边缘地带设置了建筑及服务设施。崇明东滩鸟类国家级自然保护区将几处建筑服务设施设置在保护区边缘地带,可以减少人类活动对核心区域动植物的干扰。另一方面,东滩鸟类国家级自然保护区在垂直于入侵物种生长方向设置围堤。入侵物种互花米草在保护区内部的快速扩散,严重影响了保护区内植物群落的稳定性及生态系统的平衡,故在保护区的实验区建设了长达25 km的永久性围堤,构成一个外边界,在空间上阻断互花米草继续向外扩张,并兼具防浪抗风的作用。

(三)景观格局规划

1. 建设多样化鸟类栖息地

根据不同鸟类习性设置多样化鸟类栖息地。为使不同鸟类均有较为适宜的栖息地,保护区进行了鸟类栖息地优化建设,栖息地涵盖了多样化人工景观与自然景观,营造了生境岛屿、漫滩、开阔水域、沙洲、水稻田、潮沟等多样化生态环境,增加了鸟类生境多样性,利于鸟类群落稳定。

2. 集中大斑块与分散小斑块结合

保护区内部有大面积的湿地、林地等自然斑块,有利于涵养水源,维持物种的生存进而维持和保护基因的多样性,并且在人工景观群中设置了数个小型自然植被斑块,使得斑块之间能够紧密联系,利于物种的扩散与迁移。

第三节　景观生态网络和生境走廊的规划设计

一、景观生态网络和生境走廊概述

景观生态网络是由区域内多个自然保护区或单元通过纵横交错的生境走廊相互连接而成的。Noss 等认为,自然保护区的设计与研究集中在单个保护区是不可取的,因为:①单个的保护区不能有效地处理保护区内连续的生物变化;②只重视在单个保护区内的内容而忽略了整个景观的背景,不可能进行真正的保护;③单个保护区只是强调种群和物种,而不是强调它们相互作用的生态系统;④在策略上应趋于保护高生物多样性的地区,而不是保持地区的生物多样性的自然性与特征。因此,Noss 等提出在区域的自然保护区网络设计的节点—网络—模块—廊道(node-network-modules-corridors)景观生态网络模式。节点是指具有特别高的保护价值、高的物种多样性、高濒危性或包括关键资源的地区。节点也可能在空间上对环境变化表现出动态的特征。但是节点很少有足够大的面积来维持和保护所有的生物多样性。所以,必须发展景观生态网络来连接各种节点,通过合适的生境走廊将这些节点连接成为大的网络,允许物种基因、能量、物质在走廊中流动。一个区域的景观生态网包括核心保护区、生境走廊带和缓冲带(多用途区)。图9-7中仅显示了2个保护区,但一个真正的景观生态网应包括多个保护区。缓冲带应严格保护,而外缓冲带允许有各种人类活动。

人类活动所导致的生境破碎化是生物多样性面临的最大威胁。生境的重新连接是解决问题的主要步骤,通过生境走廊可将保护区之间或与其他隔离生境相连。建设生境走廊的费用很高,同时生境走廊的利益可能也很大,只要有可能,就应当将必要的生境相连。生境走廊作为适应于生物移动的通道,把不同地方的保护区构成保护区网,形成景观生态网络。

Noss 根据不同时空尺度和生物的不同组织水平,不同的生境连接问题提出了3种不同时

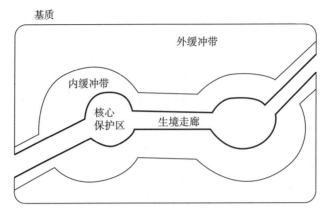

图 9-7 自然保护区生态网络模型（Noss et al. ,1994）

空尺度上的野生动物走廊类型：①小尺度相邻生境斑块的连接,如篱笆墙的设计适应于特定的边界生境,两片树林之间可以利用狭窄的乔木、灌丛条带来帮助小脊椎动物(如啮齿类,鸟等)移动。但这样的走廊仅仅适宜于边缘种的特点,而不利于内部种的移动。②在景观尺度上建立比第一类更长、更宽的连接廊道,它们作为保护区景观水平上的廊道,为内部种和边缘种成季节性的或永久的昼夜移动提供通道,要求有大片带状的森林将各自分离的保护区沿河边森林、自然梯度或地形(如山脊等)连接起来。③连接区域内的自然保护区生态网。

二、生境走廊对生物多样性保护的作用

建立动物迁徙走廊的目的就是为一种动物提供生存空间,保持物种安全的迁徙机会。生态学家们普遍认为,通过迁徙走廊将孤立的栖息地斑块与大型的种源栖息地相连接有利于物种的持续性和增加生物的多样性。脊椎动物(特别是一些有蹄类动物)在领域之间的迁徙路线是相对固定的。高速公路的建设则阻止了动物的迁徙,因为一般的动物只会通过路面而不会利用专门为野生动物修建的地下通道。于是,在高速公路上许多动物因车祸而死亡。例如,美国加利福尼亚州的研究人员曾经给 35 只美洲狮带了无线电项圈,在开始研究的两年里,就有 7 只美洲狮在高速公路上被汽车撞死。

生境走廊对生物多样性保护的作用是：①给野生动物提供居住的生境；②作为移动的廊道。对一些特殊的生境类型而言,即使是很小的生境走廊也是应该保护的。如河岸林有丰富的冲积土壤和较高的生物生产力,生存着丰富的昆虫及脊椎动物和许多以树洞和基质作为领域的鸟兽,因此像河岸林这样很小的移动走廊也应当保护。大保护区间的走廊是核心区的扩展,生境走廊的宽度包含了适宜生境,因此能将边缘效应减少到最小。保护区或其他适宜生境斑块间的动物廊道是生境走廊最重要的功能之一。建立生境走廊的目的是为一种动物提供生存空间,保持物种安全的迁徙机会。扩散是动物远离他们原来栖息地的迁移,生境破碎化可产生地理隔离,不利于物种个体扩散,因此只有保持那些动物的扩散生境走廊时,动物才能安全扩散。而人类活动改变了土地利用类型,相当于在景观尺度上设置了许多屏障,这将对物种的长距离移动产生致命的影响,在生境走廊设计时应该充分考虑其后果。

虽然,大多数人认为动物迁徙走廊在动物多样性保护中有诸多的好处,也有人认为它对物种的生存带来不利的方面。Simberloff 和 Corx 认为动物迁徙走廊同样也能够加速一些疾病、

外来捕食者和其他一些干扰的扩散,从而给目标种的生存或迁徙带来不利。当狭窄的河溪边岸森林走廊不能为高地种或内部种提供合适的生境或不能提供高地斑块间合适的通道时,这种情况确实会发生。

三、生境走廊的规划设计

动物迁徙走廊可分为线性迁徙走廊和带状迁徙走廊。带状走廊包含更宽的内部生境,具有完整的群落功能;且带状走廊具有很大面积,具有自己的斑块动态。动物迁徙走廊设计的有效性依赖于许多因素,包括迁徙走廊内生境的结构、迁徙走廊的宽度和长度、目标种的生物习性等。

(一)动物迁徙走廊内的生境结构

1. 生境结构

生境结构被定义为物种需要的景观要素在空间的分布。生境结构通过转变、转换、调节资源性因素、物种间相互作用等而影响该物种。因此,生境结构是物种所占据的环境及资源变量实际值及范围。生境结构可以分为水平结构、垂直结构、时间结构。

(1)水平结构。水平结构是指生境的空间异质性。由于种群的扩散特征、环境差异及种间相互作用等,自然群落形成了明显的水平分化。动物迁徙对生境的水平结构有不同的要求。

(2)垂直结构。垂直结构是指生境复杂性的一种测度。多数群落有垂直分化或分层现象,这种垂直结构主要是由植物的高度及海拔高度所决定的,植物地上部分的空间分布提供了一种类型的垂直结构的轮廓。由于这种垂直结构的存在,动物对不同层次的生境垂直结构的利用程度也有所不同。垂直结构最简单的表达是以植物的高度来说明生境的空间分布,也可根据植被的生长型来划分层次。

(3)时间结构。生物要素中非生物因素有着极强的时间节律,如光周期的变化,温湿度的变化,以及群落外貌、结构和功能出现的周期性变化规律。动物对周期性的变化具有很强的适应能力,但非正常的变化可能导致动物的死亡,如生境的质量退化、全球变暖、极端的低温或缺水等。所以在进行生境结构分析时,要特别考虑生境的时间结构对动物迁徙的影响,尤其是非周期性的环境变化。

2. 动物迁徙生境的基本要素

动物迁徙生境的3大基本要素——食物、水和隐蔽条件,及这些要素在空间的排列方式也直接影响到生境的适宜度。

(1)食物。食物是连接动物与环境的纽带,是建立动物群落中各种种间关系的基础,因此在动物迁徙走廊的规划中应予以重点考虑。动物对食物的需求包括对食物质和量两个方面。这种需求因物种、性别、年龄、生理功能、季节变化、天气条件及不同的地理分布而有所差别。不同种间的食性差异是由动物物种身体结构的特异性及在长期进化中对环境的适应性决定的。食性的分析可粗略地判断出适宜生境,根据食物组成及其喜食性程度可确定生境的适宜度。研究食物与生境关系的主要目的是弄清迁徙的动物利用哪些食物,怎样、何时、在什么地方取得这些食物,以了解迁徙动物的需求并对其进行有效的规划管理。

(2)水。动物体内所有生理代谢过程均依赖于水,并通过主动地饮用水来满足对水的需求。一些大型有蹄类动物选择生境的某些特点表明了它们对水存在一定的依赖性,且这种依赖性存在季节和年度的变化,如生活在美国爱达荷州的北美马鹿,其夏季的生境多在距水源

536 m 范围内。动物获取水分行为的适应性表现在日常活动规律和主动选择微环境方面。降水对动物有直接和间接两方面的影响,但降水在大多数情况下是通过环境温度对动物施加影响的,湿度以及食物资源的状况对动物产生间接影响,特别是在干旱草原上,降水量对植被状况影响极大。从年际变化来说,年降水量的多少会直接影响动物种群的数量。

(3)隐蔽条件。隐蔽条件是指生境中能提高动物繁殖力或生存力,或两者都能得到提高的所有结构资源,这里的结构资源包括除营养因子外的一切生境因子。植被是动物隐蔽物最主要的组成成分。然而,植被并非生境中动物的唯一结构性资源。动物常常依赖于非植被性的生境结构资源。例如,大片开阔水面在水禽生境中是至关重要的结构资源。在大角羊生境中,岩石是必需的结构资源(崎岖的路径和陡峭山崖有利于逃避天敌捕食)。因此,隐蔽条件的组成包括:①植被(植被类型、植被密度、植被种类组成及植被结构等);②地形地貌(坡向、坡位、坡度、海拔、峭崖、岩洞、砾石、沙漠等);③水面、湖面(水深、水温);④雪被;⑤土壤结构;⑥小气候。

在动物迁徙走廊中,动物需要不同的隐蔽场所:①逃遁隐蔽场所,主要指被捕食者借以逃脱捕食者或人类猎杀的结构性资源。逃遁隐蔽场所是在天敌存在条件下动物所必需的生存条件,小的动物往往借助于稠密、带刺的灌丛或林木等隐蔽物以逃遁天敌的追杀;一些较复杂的沟壑和崖壁也是有蹄类动物的隐蔽场所。②睡眠隐蔽场所,指动物睡眠时所需的结构资源,它不仅要求能防御天敌的侵害,也要求能抵御恶劣气候的侵袭。如鸟类利用树洞和高大的树木枝丫筑巢,羚类栖息在铺满碎石的通道上方较陡峭的岩石上,当天敌接近时可被碎石发出的声响惊醒。③休息隐蔽场所,指能为野生动物进行安静休息的结构资源。一般要求在通风庇荫和高坡处,使动物可以利用嗅觉和视觉很快发现天敌,以便迅速逃跑。

(二)走廊的规划要点

在规划设计走廊时,首先必须明确其功能,然后进行细致的生态学分析。影响生境走廊功能的限制因子很多,有关的研究主要集中在具体生境和特定的廊道功能上,即允许目标个体从一个地方到达另一个地方。但一个真实景观上的生境廊道对很多物种会产生影响,所以在廊道的计划阶段,以一个特定的物种为主要目标时,还应当考虑景观变化和对生态过程的影响。保护区间的生境走廊应该以每一个保护区为基础来考虑,然后根据经验方法与生物地理学知识来确定。应注意下列因素:要保护的目标生物的类型和迁移特性,保护区间的距离,在生境走廊会发生怎样的人为干扰,以及生境走廊的有效性等。

为了保证生境走廊的有效性,应以保护区之间间隔越大则生境走廊越宽的要求设置生境走廊。因为大型的、分布范围广的动物(如肉食性的哺乳动物)为了进行长距离的迁移需要有内部生境的走廊。如在 50 m 宽的生境走廊中黑熊不可能移动多远距离。动物领域的平均大小可以帮助我们估计生境走廊的最小宽度(表 9-1)。研究表明使用生境走廊时除考虑领域与走廊宽度外,其他因素如更大的景观背景、生境结构、目标种群的结构、食物、取食型也影响生境走廊的功能。因此,设计生境走廊需要详细了解目标物种的生态学特性。

表 9-1　几种哺乳动物最小迁徙走廊宽度估计(Meffe 等,1994)

物种	位置	最小宽度/km	来源
狼	美国明尼苏达州	12.0	Nowak,Paradiso,1983
狼	美国阿拉斯加州	22.0	Ballard,Spraker,1979

续表 9-1

物种	位置	最小宽度/km	来源
黑熊	美国明尼苏达州	2.0	Rogers，1987
美洲狮	美国加州	5.0	Hopkins，1982
短尾猫	美国南卡罗来纳州	2.5	Giffith，Fendly，1982
白尾鹿	美国明尼苏达州	0.6	Nelson，Mech，1987
矮獴	坦桑尼亚	0.6	Rood，1987

注：本表数据基于平均雌性大小计算。

四、景观生态网络实例分析——加拿大埃德蒙顿市的生态网络规划

(一)生态网络保护的背景

埃德蒙顿市(Edmonton)是加拿大阿尔伯特(Alberta)省的省会城市，也是加拿大发展最快的城市之一。它拥有大量的自然区，包括森林、草地、湿地、湖泊和水域，而且绵长的北萨斯喀彻温河流域(North Saskatchewan River)从市区穿过。此外，在新开发地区以及城市边缘的农村区域也有很多小面积的栖息地斑块。

埃德蒙顿市广阔的自然和半自然景观共同构成了一个结构性和功能性的生态网络，具体由核心自然区、栖息地、生态廊道以及半自然景观共同构成，从而增加了当地植物和野生动物的多样性。该生态网络不仅对埃德蒙顿市非常重要，同时也是阿尔伯特省及整个北美生态网络的一部分，具有非常重要的意义。例如，北萨斯喀彻温河流域是埃德蒙顿主要核心区的野生动物廊道，也是从落基山脉到达草原的一个区域生物廊道；大湖不仅是埃德蒙顿区域生物多样性的核心地区，也是北美洲生物的一个重要栖息地。

早在 100 年前，加拿大政府已认识到自然区的重要性并开始进行保护，保存下来大量的自然区，不过由于经济发展迅速，导致很多自然区的丧失。虽然自然区间存在着明显的生态联系，但过去一直根据不同的政策和规划分别进行管理。最近几年来，专家和政府意识到在城市和城市化的背景下生态网络保护自然的方法比单个自然区的保护更具有优势，因此，埃德蒙顿市正在使用生态网络的方法，大大提高了保护的有效性。该方法是将自然区整合为一个系统进行保护和管理，并且通过自然、半自然的景观将各个自然区连接起来或者在自然区周围采用与其协调的土地利用模式。而且 2006 年政府自然保护区报告表明埃德蒙顿市包含生态网络的功能要素，在适当的土地利用和管理模式下，能够实现经济增长和自然区保护的双赢。

(二)生态网络的结构要素

埃德蒙顿市的生态网络结构如图 9-8 所示，主要的结构要素有以下几个方面。

1. 生物多样性核心区

核心区可以分为两种类型，区域生物多样性核心区和生物多样性核心区。区域生物多样性核心区指非常大的自然区，不仅只是在市区范围内；而生物多样性核心区指的是完全在市区范围内的大型自然区。图 9-8 显示了埃德蒙顿市的 3 个区域生物多样性核心区和 10 个生物多样性核心区。例如，磨溪(Mill Greek)是通往北萨斯喀彻温河流域的一条廊道，同时也是当地生物多样性的核心区。规模较小或质量稍低的核心区的确认是保护规划的前提，而且有利于保护更大规模的自然区。

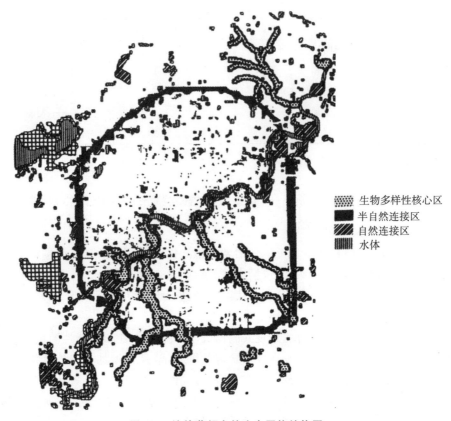

图 9-8　埃德蒙顿市的生态网络结构图

注:该图中所有的区划边界并非行政边界,而是根据包含的生物核心区和连接区而确定的自然边界

2.区域生物廊道

区域生物廊道是北萨斯喀彻温河流域,它不仅是区域野生动物迁徙的重要廊道,也是其重要的栖息地,应该恢复和保护该流域的生态连通性。另外由于对大多数野生动物而言,河流本身就是其迁移的一个障碍,所以也应该保障河流两岸的纵向连通性。

3.连接区

连接区可以分为自然景观连接区和半自然景观连接区两类,包括踏脚石和廊道两种形式。自然景观连接区主要是天然植被区(如自然区、自然化的公园),而半自然景观连接区主要是人工绿地(如休闲公园、校园、墓地等)。两者都为生物多样性核心区和生物廊道之间建立了结构和功能的连接。

4.基质

基质主要由住宅区、商业区、工业区和农业用地组成,基质的通透性会影响整个连接的质量。例如,若生物核心区周围有理想的缓冲区,则有助于提高生态网络的连接性。

五、生境走廊实例分析

(一)美国佛罗里达州平霍克(Pinhook)湿地和苏宛尼河(Suwannee)的生境廊道

在美国佛罗里达州猞猁的城市化、城市蔓延和道路建设已逐渐引起了公众对物种丧失问题的关注。在此背景下产生了维护自然地区之间连接度的保护目标，并以此来保护关键物种的迁移路径。

两个联邦所有的大型生境——奥克弗诺基（Okefenokee）沼泽国家野生生物庇护所（约400 000英亩）和俄塞欧拉（Osceola）国家森林（约160 000英亩）仅仅相隔数英里。为了避免土地开发活动的负面影响，将这两个大型斑块连接起来被认为是首要选择。环绕平霍克湿地的面积约60 000英亩的一条宽阔的连接廊道建成了。这条5英里宽的野生生物迁移廊道创造了超过600 000英亩的连续的生境，成为众多稀有和濒危物种的栖息地。这个更大的保护地区的建立，使得大量内部物种能够在这两个大型的自然植被斑块之间自由迁移。同时，最终形成的哑铃状的保护区的面积，足以维持如黑豹和熊等生活范围较大的物种的最小可存活种群（图9-9）。

图9-9　美国佛罗里达州平霍克湿地和苏宛尼河的生境廊道

沿苏宛尼河建立的河流廊道，将奥克弗诺基-俄塞欧拉-平霍克系统与墨西哥湾联系起来，维护了这条河流的连续性。苏宛尼河是美国东南部最后几条自然流淌的河流之一，它同时也连接了沿线大量的生境和一个由小型保护地斑块组成的大型保护区。在全球变暖和海平面上升的背景下，这样一条廊道将起到联系海岸带和内陆生境的作用，从而增强了长期的物种迁移和存活。在整个河岸426英里的土地里，这个项目保护了152英里的土地用于生物迁移。虽然就像当前所构想的那样，在这些廊道中仍然还存在间隔，但是已有相关的预案用于减小或阻止沿河流廊道发生的破坏性的活动。

(二)西双版纳生物多样性保护廊道

1. 西双版纳自然保护区概况

西双版纳国家级自然保护区始建于 1958 年,是我国建立最早的保护区之一。由于历史原因,保护区并非是一个完整的区域,而是由分布在西双版纳两县一市的勐腊、尚勇、勐仑、曼搞、勐养 5 个互不相连的子保护区组成,总面积约 242 510 hm²。这种格局造成了保护区的相互分离,在各子保护区间有大量的村寨、农地和当地群众种植的橡胶、茶叶等经济作物,从而使各子保护区在地域上形成了相对独立的孤岛。由于各子保护区的相互分离,使各个动物种群间难以进行交流,同时也造成了日益突出的人与野生动物的矛盾冲突(图 9-10)。

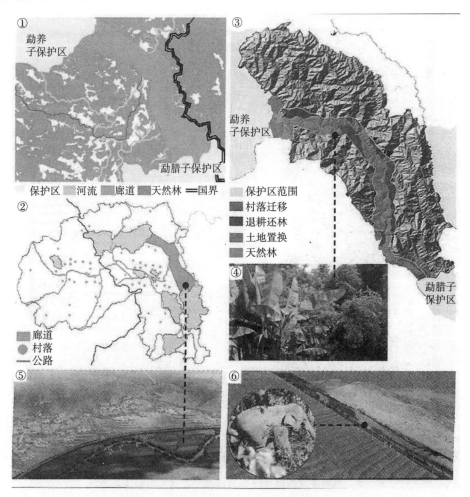

图 9-10　西双版纳自然保护区(岳邦瑞等,2019)

2. 廊道规划设计方案

(1)分散生境斑块之间依托连续的天然林设置廊道。勐腊和勐养两个子保护区,在中国-老挝交界一带,有大面积连续的天然林,利用天然林沿边界布置廊道,可以为野生动物提供良好的隐蔽和栖息环境,降低对群落的影响,也可增加物种群落稳定性。

（2）廊道避开人为活动密集的场所。廊道布置避免村寨、经济林种植区，以减少人为活动对野生动物的影响。

（3）连接较远斑块时，设置多样生境类型的乡土特性廊道。连接距离较远的勐养子保护区和勐腊子保护区的廊道被划分为4个小片区。廊道中涉及多种植被和生境，尤其是野生动物必需的草丛、灌丛和水域，满足了动物在迁徙过程中的取食、饮水、休息、隐蔽等需求。

（4）确定关键地段进行生态恢复。人员活动较为密集的区域，完全或基本切断廊道的村寨或几个相邻的村寨的土地，这些土地中的村民或集体所有的土地范围为关键地段。在关键地段一方面要进行人工造林，另一方面为保证野生动物能更好地利用所规划的廊道，有针对性地在部分区域种植野生动物的喜食植物，以达到对野生动物的招引作用。

（5）要有足够的隐蔽和栖息场所。大多数物种在迁徙过程中进行取食、饮水、休息、娱乐甚至繁殖行为，需要足够的隐蔽场所。因此在廊道规划中要尽可能涉及多种植被和生境，尤其是野生动物必需的草丛、灌丛和水域，不能只选择单纯的生境。

（6）廊道规划要有足够的宽度。在进行廊道规划设计的同时，要满足关键物种通过的最小宽度。在满足廊道宽度的同时，也需要选择尽可能短的路径，以确保野生动物在最短的时间内能快速通过廊道进入另一个保护区。

第十章 传统村落景观保护规划

传统村落景观是人与自然长期和谐共处的产物,拥有较丰富的自然与文化资源,承载着农耕文明与民族历史文化,具有历史、文化、科学、艺术、经济、社会等多种功能与价值,被视为宝贵的文化遗产。但是,城镇化与现代化给传统村落景观带来了前所未有的影响与冲击,致使传统村落景观退化,主要表现在:一方面,受城镇化影响,村落劳动力大量转移外迁,致使传统村落土地利用与景观布局趋于零散和无序,村落景观与文化正逐渐消逝,失去了原有的生命力;另一方面,当地政府、村民对各自传统村落景观的功能与特色缺乏认知,在村落建设过程中深受城市景观的影响,并把城市当成模板,致使传统村落景观丧失了固有乡村特色和功能,也使其与其周围的自然环境不相协调。故此,开展传统村落景观保护规划对于扭转传统村落景观退化趋势、实现传统村落景观可持续发展具有重要意义。

第一节 传统村落景观的范畴与特征

一、传统村落景观的范畴

(一)传统村落

"村落"一词在《辞海》中被定义为"村庄";在《国语辞典》中被定义为"乡人聚集之处"。而本章所涉及的"传统村落"在《住房城乡建设部、文化部、国家文物局、财政部关于开展传统村落调查的通知》中被界定为:村落形成较早,拥有较丰富的传统资源,具有一定历史、文化、科学、艺术、社会、经济价值,应予以保护的村落。同时,该文件将符合"传统建筑风貌完整""选址和格局保持传统特色""非物质文化遗产活态传承"等条件(至少满足其一)作为列入传统村落名录的前提条件。在中国,与"传统村落"相近的概念有"古村落""景观村落""历史文化村落""历史文化名村",但各自的范畴及侧重点有所不同(图10-1)。

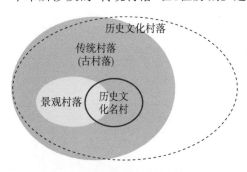

图 10-1 传统村落概念辨析

"古村落"在许多政策文件和研究文献中等同于传统村落,但用"传统"一词修饰村落,更能突出村落的历史传承延续与农业文明特性。基于此理念,传统村落保护和发展专家委员会第一次会议于2012年9月决定,将"古村落"的称谓改为"传统村落"。"景观村落"特指"古村落(传统村落)群体中的佼佼者"。中国古村落保护与发展专业委员会发布的《中国景观村落保护公约》中将其定义为:中国境内具有数百年以上历史、现存物质和非物质文化遗产较为丰富和集中,传统风貌、地方特色、民俗风情基本保存完好,人文景观及地貌、植被和水体等自然生态环境具有较高的视觉审美价值的村落。

"历史文化村落"与古村落的定义类似,在许多文献中可以与传统村落相互替代。略微不同的是:传统村落与古村落一般指现存的村落,而历史文化村落除了指现存村落外,也可指历史存在过但现已消失的村落;此外,历史文化村落在部分文献中更强调村落显著的历史文化价值,而传统村落更强调文化的传承性与生命力。"历史文化名村"是由住建部与国家文物局联合组织评选,在《全国历史文化名镇(名村)评选和评价办法》中将其定义为:"建筑遗产、文物古迹和传统文化比较集中,能较完整地反映某一历史时期的传统风貌和地方特色、民族风情,具有较高的历史、文化、艺术和科学价值,辖区内存有清朝以前年代建造,或在中国革命历史中有重大影响的成片历史传统建筑群,总建筑面积在 2 500 m² 以上的村。"其与传统村落的最大差别在于历史文化名村更侧重其建筑遗产。

基于传统村落的定义,结合前面章节中景观及乡村景观的概念,本书将传统村落景观界定为:历时久远、富有文化传承与自身可持续性的乡村景观。其基本构成要素一般包括山水田园、乡土建筑与聚落等物质要素,以及民间技艺、农业民俗、宗教信仰等非物质要素。从地理学角度,传统村落景观是长期演化而形成的具有人地和谐共生景观行为、形态和内涵的景观类型;从景观生态学角度,传统村落景观是乡村地域范围内不同土地利用单元长期相互作用形成、具有文化传承与自然维系突出功能的复合镶嵌体。

(二)传统村落景观的主要特征

1. 真实性

即传统村落景观各构成要素的历史真实性,具体包括村落景观要素(如乡土建筑)的位置、材料、工艺、设计、形态、用途、利用方式与管理体系等是真实历史存在的,其所反映出来的历史文化信息是真实可信的,能够见证某一特定历史。

2. 传承性

指以传统生产生活方式为载体的村落文化延续。村落文化是指人与自然长期相互作用而形成的特有思想观念、文艺技艺、民风民俗、建筑风格、土地利用方式等。其中,优秀的传统村落文化不仅仅记载着当地村民久远悠长的历史,更是凝结着人与自然和谐共处的智慧与文明。

3. 活态性

所谓"活态性",是指传统村落景观具有一种能够在悠久历史中传承与发展的独特生命力。该生命力一方面体现了传统村落景观在社会发展过程中的动态稳定特征,在现代社会仍然存留,且能够满足人类生存与发展需求;另一方面展现了传统村落景观中人与自然和谐共生的可持续性。

4. 完整性

指传统村落景观的构成要素、结构、功能及反映的历史文化信息等都得到较好的保存,具有一定的规模,能够相对完整地展现传统村落景观的历史文化特征及演进过程。传统村落景观的完整性特征是其传承性与活态性的外在表征。

5. 系统性

传统村落景观是由传统聚落、林草、农田、水体、畜牧等组成的自然-经济-社会复合生态系统的视觉表现。该系统内各组分相互联系,经历长期的相互作用,形成文化传承与自然维系功能突出、兼具美学、经济、社会等多种功能的有机整体。

6. 地域性

传统村落景观是由村民与当地自然环境长期和谐共处的产物。不同的地域具有不同的气候、地质地貌、土壤、水文,决定了传统村落景观在不同区域具有不同的结构格局特征。在中国,辽阔的幅员疆界、悠久的农耕文明、多彩的民族文化、多样的地势地貌造就了其丰富的传统村落景观资源,传统村落景观的地域性特征突出。有学者根据地域性,将中国的传统村落景观划分为西部的民族片区、华南的民系片区、东部的文化地理片区及其他的混合区。

7. 脆弱性

现代社会经济的快速发展与城镇化的迅速推进,给传统村落景观造成了前所未有的冲击,部分区域甚至超过了传统村落景观生态系统的可持续阈值,造成部分不可逆的变化,如传统文化与知识技术丧失、生物多样性减少、生态环境恶化等严重的景观功能退化现象。这也是开展传统村落景观保护规划的重要急迫性所在。

(三)传统村落景观保护价值的评判依据

1. 历史价值

传统村落景观是反映我国传统社会和农耕文明的活标本,其科学的村落选址与布局、合理的乡土建筑形态与朝向、精美的住宅结构与设计、传统的农业生产工具与方式、特有的民风礼俗等均有鲜明的历史印记,共同作为我国"三农"文明史的实物见证。

2. 文化价值

传统村落景观的文化价值包括有形与无形两个方面。有形文化价值体现在传统村落景观中的历史文物、乡土建筑等物质文化遗产,而无形文化价值则体现在民俗活动、民间文学、生产节气等非物质文化遗产,以及传统村落景观所特有的美学价值。其美学价值蕴含在悠闲恬静的田园风光、与自然环境和谐统一的传统村落选址和布局、自然优美的乡土建筑及其景观环境、淳厚质朴的风俗习惯之中。

3. 科学价值

传统村落景观凝聚着先辈的智慧,既体现在因地制宜的村落选址布局、充分利用地形的完整水系,又表现在生态友好型的传统农业生产系统、冬暖夏凉的传统民居构造等,这一系列人与自然和谐共处的营造理论、设计方法、技术手段都具有极高的科学研究价值,对今天景观营造、社区和建筑设计有着很高的参考价值。

4. 艺术价值

传统村落景观蕴含着丰富的传统技艺与艺术,既体现在乡土建筑物上特有的精美雕刻与装饰,又体现在戏剧、民间文学、诗歌、摄影、绘画、传统服饰等文艺创作,以及年画、剪纸、皮影、口技、陶艺、彩绣、舞龙等民间技艺。

5. 经济价值

传统村落景观的经济价值与村落景观独特的历史、文化、科学、艺术价值紧密相连,可以形成其特有的生态农业生产模式、具有地理标志商标的农副产品产出、文化创意与文化商品输出、自然与人文旅游产业等,具有较大的经济发展潜力。

6. 社会价值

传统村落景观承载着以亲情、友情关系为纽带的社会关系与社会结构,及其所衍生的家庭伦理与社会道德,这些均构成了社会和谐稳定的基础。同时,传统村落景观的社会价值还体现在精神寄托层面,包括人们的乡土情结以及对恬静世外桃源生活的向往。

二、我国传统村落景观保护面临的主要问题

1. 乡土建筑得不到有效保护

尽管近年来我国加大对传统村落景观的保护力度,但不少村落仍面临资金技术缺乏、村民保护意识薄弱、保护措施不到位等问题,不少乡土建筑得不到有效维修,有的被作为杂物仓库,有的被闲置,有的甚至被遗弃,存在破旧倒塌等情况。

2. 村落内部土地利用率低

随着城镇化的快速推进,外加部分传统村落内部建筑破旧,旧有的街巷空间难以满足现代生产生活需求,村民纷纷外迁,很多老宅子弃之不用,也没有进行更新,造成村落内空宅率较高,土地利用率较低。

3. 传统空间格局被破坏

随着各地经济的发展,特别是地处城市边缘地区的传统村落,形式上的城镇化和高强度的土地利用致使其大量农田被占用,传统村落景观中特有的自然风光、乡土风貌和文化遗产正在逐渐消失。不少地区受城市景观影响,拆除乡土建筑,取而代之的是快速建造的钢筋混凝土式建筑,破坏村落传统格局,致使传统村落景观所特有的价值与功能丧失。

4. 公共环境质量有待提升

传统村落内部基础设施和公共服务设施有待进一步完善,包括道路适宜的硬化、消防设施的健全、绿化空间的优化、市政环卫设施的完备,以及为村民日常生活服务的娱乐健身设施配套等,进而减少环境污染,提升传统村落景观的总体环境质量。

第二节　传统村落景观保护规划的理论框架

一、传统村落景观保护规划的目标、任务和原则

(一)传统村落景观保护的目标

"保护"一词在《现代汉语词典》中被定义为"爱护使免受可能遇到的伤害、破坏或有害的影响"。不同学科领域对保护的概念也有不同的定义。在社会与文化地理学中,保护是指对具有特殊价值(如历史文化价值)的人文景观或其遗迹的保护,特别强调建筑环境的保护。在生态学中,保护(conservation)有狭义和广义之分:狭义的保护是指针对生物物种与栖息地的监测维护(preservation);广义的保护除了涵盖狭义的保护之外,还多了复育(restoration)的内涵,即针对濒危生物的育种繁殖与对受破坏生态系统的重建。在乡村管理学中,保护的概念被分为三类:一是保持内部固有特征;二是控制污染及外部破坏;三是通过科学规划利用来保障资源的可持续供给,内容范围上包含了前两类的保护。因此,基于保护的概念,针对传统村落景观本身的特性,本书将传统村落景观保护的概念界定为:为确保传统村落景观资源可持续供给、景观功能可持续性发挥而采取的一系列行动总称。

传统村落景观保护的根本目的在于实现传统村落景观资源的可持续供给与景观功能的可持续发挥,从而保障传统村落景观的真实完整性与活态传承性。其中,传统村落景观资源包括了构成传统村落景观的基本景观要素,如水系、土壤、植被、乡土建筑、艺术品等;传统村落景观功能是指传统村落景观能够提供的景观服务能力,用人类从传统村落景观所获得的惠益(即景

观服务)来描述与衡量,如文化功能、生态功能、生产功能等。传统村落景观功能的发挥既受制于其自身景观资源要素的特征、结构布局,又受限于各资源要素与外界环境(如人类活动)之间的相互作用过程。

(二)传统村落景观保护规划的任务

"规划(planning)"被定义为:运用科学、技术以及其他系统性的知识,为决策提供待选方案,同时它也是一个对众多选择进行综合考虑并达成一致意见的过程。"保护规划(conservation planning)"是实现保护的重要途径,其概念被界定为:一个定位、配置、实施和维护区域的过程,包括科学系统地确定保护重点、制定和实施实现实地保护结果(或衡量保护行动有效性)等两层内涵。传统村落景观保护规划是指基于景观生态原理及其他相关理论,运用科学、技术以及其他系统性的知识,对传统村落景观进行定位、确定保护重点、制定实施保护决策、开展景观资源配置、保障保护行动有效性的一系列行动过程总称,旨在确保传统村落景观资源可持续供给及其景观功能可持续性发挥。传统村落景观保护规划的主要任务包括:

1. 景观调查分析

即对传统村落景观要素及其景观利用主体的特征开展全面调查,收集资料,构建数据库,分析识别传统村落景观保护对象及关键过程,建立传统村落景观保护档案。

2. 保护规划制定

基于所识别的传统村落景观保护对象及关键过程,提出景观保护要求,确定景观的目标及思路,划定景观保护区划,制定景观保护方法,开展景观保护详细规划与设计,引导景观利用主体的景观保护行动。

3. 规划实施保障

即保障规划实施的一系列配套政策与措施,包括传统村落景观保护规划监督管理制度的构建,保护项目经费测算与管理,以及对规划实施过程中的问题给予及时反馈并提出解决方案等。

(三)传统村落景观保护规划的基本原则

1. 以人为本原则

原住村民是指世代居住在传统村落中的村民,他们对村落有着较为浓烈的乡土情结,具有保护传统村落景观的热情,因此传统村落景观的保护不仅要依靠政府的引导、规划,更要调动和提升广大群众(尤其是原住村民)的支持力度和参与程度。从本质上来说,原住村民是传统村落景观保护的主体,是决定传统村落景观特色和生命力的原动力。故此,为切实有效地保护传统村落景观,保护规划应坚守以人为本的原则,以原住村民为主体,充分尊重原住村民意愿,调动原住村民参与景观保护的主观能动性,在保护历史文脉和人文元素的同时,注重提升原住村民的生活质量,保障规划的可实施性。

2. 可持续发展原则

传统村落景观的可持续发展需要处理好开发与保护两者之间的关系。村落景观与城市景观的最重要差别就在于其独特的自然生态景观和纯朴的人文景观。因此,传统村落景观保护在考虑旅游开发的同时,更应遵循"保护第一、开发第二"的原则,以自然生态景观为依托,积极探索乡土建筑遗产保护的良性循环模式,保护生态环境和乡村风貌,凸显乡村意象,确保农村经济、社会和环境的协调发展,避免商业化倾向,从而使传统村落景观实现可持续发展。

3. 系统性保护原则

传统村落景观是一个由自然生态环境、乡土建筑、聚落空间、乡土文化等诸多要素构成的统一体,具有综合性、系统性。因此,传统村落景观的保护离不开系统论的理论指导。在传统村落景观保护过程中,除了要保护它的乡土建筑遗产、确保传统村落文化内涵的延续性外,也要关注其自然生态环境的保护工作,同时顾及基础设施(包括生活设施、生产设施和其他公用设施)与自然生态环境之间的相互作用关系,对传统村落景观进行整体性保护。

4. 因地制宜原则

传统村落景观是原住村民与当地自然环境长期和谐共处而形成的具有地域文化特性的动态有机体。我国幅员辽阔、地势地貌多样、景观类型各异的客观自然环境条件决定了其传统村落景观类型的多样性。因此,在传统村落保护规划过程中,应秉持科学发展的理念,根据当地特定的自然、经济、文化属性,把精心策划、打造精品作为村落景观保护和开发的目标,因地制宜地开展传统村落景观保护。

二、传统村落景观保护的宏-微观集成理论模型与路径

(一)科尔曼社会理论与"科尔曼船"概念模型

科尔曼的社会理论是由美国著名社会学家詹姆斯·塞缪尔·科尔曼(James Samuel Coleman,1926—1995)于20世纪90年代左右提出来的,以其论著《社会理论的基础》(*Foundation of Social Theory*)为标志。该理论把经济学的理性人和理性选择原则与方法引入到社会学研究当中,从个体行动者与法人行动者出发,试图对社会学理论微观主义与宏观主义进行整合,为解决社会学中个人与社会、宏观与微观的矛盾提供了新思路,在社会学发展中占有重要地位。

该理论运用"科尔曼船"概念模型(图10-2)将宏微观分析进行整合,解释宏观社会学的现象和个人行为之间的联系,解决微观与宏观连接的问题。

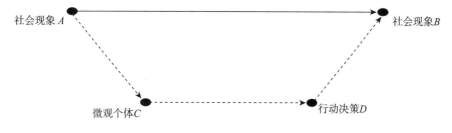

图10-2 "科尔曼船"概念模型

"科尔曼船"模型最早出现在科尔曼1986年《社会理论,社会研究与行为理论》一文中,并延续运用在其之后的相关论著中。该模型揭示如何从宏观社会现象 A 演变成宏观社会现象 B 的宏-微观机制。其中,实线路径 AB 揭示宏观机制,虚线路径 AC → CD → DB 揭示微观机制及宏微观间的联系。

如图10-2所示,节点 A 和 B 分别代表了两种宏观社会现象,其中 A 作为解释变量,B 作为被解释变量。宏观社会现象 A 与 B 依研究对象而定,在科尔曼的论著中所列举的社会现象就包括了革命、经济结构、不平等、恐慌、选举结果和解体、家庭等。实线路径 AB 代表这两种宏观现象之间的抽象或实质性的关联。

对于微观机制,节点 C 代表微观个体的属性,用来解释人类行为决策的产生机制,如价值

观、信仰、愿望、目标、偏好、动机、情感、习惯、认知、身份地位等。节点 D 代表具体的行为决策（束），这些决策会导致宏观社会现象 B 的出现。虚线路径 $AC \to CD \to DB$ 揭示了宏微观的联系，并表征进行微观机制研究所需的 3 个步骤：①路径 AC 表示宏观与微观的关系，即社会现象 A 所特有的结构是如何授权或限制微观个体 C。不同的社会体系结构会产生不同的规则体系。这一步骤把宏观的社会问题转到微观的行为决策个体层面。②路径 CD 表示微观与微观的关系，即微观个体如何进行自己的行为决策。③路径 DB 表示微观与宏观的关系，即各决策是如何相互作用并最终整合成社会成果（社会现象 B）。

在微观机制中，科尔曼所界定的微观个体是社会理性人，该理性人的行动具有 3 个基本特征：①目标性；②合理性；③利益最大化追求。这里的利益最大化不仅仅是追求经济利益的最大化，同时会受到伦理道德、风俗习惯、文化传统、社会制度和社会关系的制约，即社会理性人在行为决策过程中还会顾及声望、权利、地位、信任和评价等"非经济因素"，科尔曼将这些"非经济因素"也归为理性人追求利益最大化的目标和内容。

（二）宏-微观保护集成理论模型与路径

基于上述理论，构建传统村落景观保护宏-微观集成理论模型（图 10-3），用于指导传统村落景观保护规划，旨在扭转传统村落景观功能衰退趋势的不可持续现状（即图 10-3 中 A），进而实现传统村落景观的可持续性（即图 10-3 中 B）。

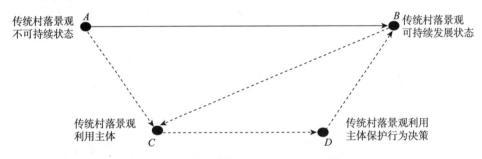

图 10-3　传统村落景观保护宏-微观集成理论模型

由图 10-3 可知，要实现从传统村落景观的不可持续现状（A）到可持续的保护状态（B），需要两条路径互相耦合：一条是宏观保护路径（即 $A \to B$）；另一条是微观保护路径（即 $A \to C \to D \to B$）。

（1）在宏观保护路径（图 10-3 实线部分）中，保护的作用对象是传统村落景观本身，即通过对传统村落景观本身开展调查分析、识别保护对象及保护重点等相关措施进行传统村落景观的直接保护。

（2）在微观保护路径（图 10-3 虚线部分）中，保护的作用对象是传统村落景观利用主体，即通过对传统村落景观利用主体的行为决策引导来实现对传统村落景观的间接保护。传统村落景观利用主体主要有中央政府、地方政府、村民，还可能包括乡镇企业、科研教育机构（科学工作者）、非政府组织（NGO，如绿色环保组织）、旅游参与者等。宏观保护路径与微观保护路径的对比详见表 10-1。

表 10-1　传统村落景观宏-微观保护路径

传统村落景观宏-微观集成保护	宏观保护路径	微观保护路径
保护作用对象	传统村落景观	传统村落景观利用主体
保护关键举措	保护对象及保护重点识别	保护行为决策引导

第三节　传统村落景观保护规划的方法

一、传统村落景观保护规划的主要内容

基于传统村落景观保护宏-微观集成理论模型与路径,传统村落景观保护规划框架构建应包含两部分核心内容:一是对传统村落景观的要素与形态格局进行研究规划,识别保护对象与保护重点(宏观保护路径);二是在规划过程与规划实施环节对传统村落景观利用主体的景观保护行为决策进行引导(微观保护路径)。而在规划实践中,主要包括以下几个方面的具体内容。

(一)收集基础资料

要收集的基础资料包含两部分内容:一是景观要素特征资料,二是景观利用主体特征的调查资料。具体如表 10-2 所列。

表 10-2　基础资料归类表

基础资料类别		收集内容
景观要素	自然景观要素	包括气候、地质、地貌、水文、土壤、植被、动物、土地利用、水资源利用、种植结构、自然灾害、环境污染、自然保护区等
	人文景观要素	包括人口、历史、产业、生产方式、乡土建筑(区位、年代、面积、权属、规模、用途、用材、特征)、聚落形态、公共设施、建设工程、发展需求、民风习俗、传统工艺、农业民俗等
景观利用主体	保护认知方面	包括景观保护意识、对保护对象及保护重要性的认知度、对景观保护活动的支持程度等
	保护意愿方面	包括影响景观保护的意愿及伦理道德、风俗习惯、文化传统、价值信念和社会关系等因素
	保护能力方面	包括景观保护的资金保障、家庭可支配收入、对景观保护技术的掌握、相关保护政策和制度的制定等

(二)确认价值特色

传统村落景观的特色源于其地缘范围内独特的自然人文景观要素,其价值体现在历史、文化、科学、艺术、经济、社会等各个方面。其中,历史价值体现在其乡土建筑、传统农业生产方式等景观要素,它们均见证我国农业、农村、农民发展的文明史;文化价值是指乡土建筑、民风习俗、传统工艺等人文景观要素所反映出的深层次文化内涵;科学价值体现在村落选址布局、水系、农业生产系统、乡土建筑构造等人与自然和谐共处的营造理论、设计方法与技术手段;艺术价值表现在乡土建筑物的雕刻与装饰、文艺创作、民间技艺等人文景观要素;经济价值是指其特有的自然人文景观要素所带来的经济发展潜力;社会价值体现在和谐的社会关系、稳定的社会结构及人文精神寄托等方面。

(三)划定保护界线

保护级别的确定和保护界线的划分,是保护传统村落景观的有效方法。我国现阶段尚未有传统村落景观保护区划分的规范标准,但与之相关的政策文件有《传统村落保护发展规划编

制基本要求(试行)》及《历史文化名城名镇名村保护规划编制要求(试行)》。前一个试行文件提出划分各类保护区和控制界线,要求对保护范围内文物保护单位、历史建筑、传统风貌建筑、其他建筑开展分类保护。后一个试行文件指出划定核心保护范围、建设控制地带、环境协调区的建议,指出核心保护范围应按照建筑物保护分类提出建筑高度、体量、外观形象及色彩、材料等控制要求,建设控制地带应当按照与历史风貌相协调的要求控制建筑高度、体量、色彩等。基于此,传统村落景观保护界限划定的具体内容如表10-3。

表10-3 传统村落景观保护区划分及保护措施表

序号	保护空间名称	定义及保护措施
1	核心保护区	核心保护区是传统村落景观内景观功能最大、价值最高的地段,如具有重要历史文化价值的典型传统民居、田园山水以及聚落布局、街巷空间网络等。核心保护区内建筑拆建、改建、景观格局改变都应受到严格控制。乡土建筑的修复参照"整旧如旧"的保护思想和原则,完整保护其传统风貌
2	保护缓冲区Ⅰ (建设控制地带)	该区域主要考虑村落传统风貌的延续性及景观功能的完整性。对区域内重要景观功能进行系统保护(如涵养水源、保持水土、保护水系、保护生物多样性等),对影响景观功能发挥的开发利用行为进行限制(如限制土地利用性质变更)
3	保护缓冲区Ⅱ (环境协调区)	该区域为规划范围内除核心保护区、保护缓冲区Ⅰ(建设控制地带)外的其他区域。在该区域内,主要保护措施涉及控制大型项目设施建设、控制建筑高度、规范宅基地建造、规范小型农副产品加工业入驻、规范林地砍伐等景观开发利用行为,促进生态环境友好型的景观利用方式

(四)优化保护设计

优化保护设计是指在划定传统村落景观保护界线、构建景观保护区划的基础上,对传统村落景观进行详细场地优化设计,借此检验景观保护规划理念及景观保护区划的合理性,提升景观保护规划的实际可操作性。具体优化保护设计对象涉及保护区划范围内的植被、土壤、水体、生物栖息地、乡土建筑、地面铺设、公共设施、构筑物、传统公共艺术装饰等。

(五)配套保障措施

传统村落景观保护规划的实施离不开相关的保障措施,涉及制度、资金、技术等各个方面。在制度保障方面,包括专门规划管理委员会的设立、民主科学决策机制的构建、监督管理体系的完善等;在资金保障方面,包括财政的支持、民间的募捐、专门保护基金的设立与管理等;在技术保障方面,可借助遥感技术、地理信息技术等构建动态监测技术体系,提升保障监督管理的时效性,确保传统村落景观保护的有效实施。

二、传统村落景观保护规划的框架与步骤

传统村落景观保护规划框架由明确传统村落景观保护问题(或机遇)与规划目标、多尺度景观要素与景观利用主体调查分析、规划景观情景分析与保护方案选择、传统村落景观保护规划、传统村落景观保护设计、传统村落景观保护规划的实施与管理、规划公众参与等7个部分构成(图10-4)。

该规划框架是从景观规划演变而来,并针对传统村落景观保护的要求做一定的修改。图10-4中的方框表示传统景观保护规划的步骤;箭头表示传统村落景观保护规划的路径流程;

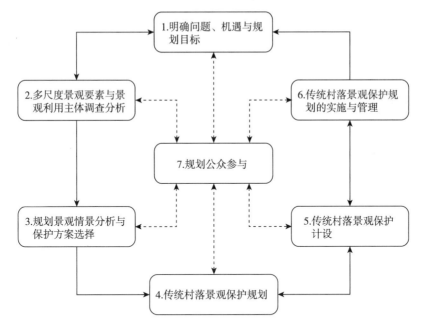

图 10-4 传统景观保护规划框架

双箭头表示各步骤之间的相互反馈作用关系；实线箭头表示宏观保护规划路径；虚线箭头表示微观保护规划路径。上述 7 个环节的详细内容介绍如下：

（一）规划目标确定

在该阶段，根据传统村落景观现状、保护需求草拟可持续发展的战略规划目标，用于指导规划过程。在整个规划过程中对该战略目标进行提炼、细化，最终形成正式的传统村落景观保护规划目标。

规划目标的确定是以对多尺度景观要素详细调查分析、景观利用主体特征调查分析以及景观利用主体的规划参与等方法为支撑。这些方法将在后面的步骤中详细阐述。

（二）详细调查分析

该步骤主要包含两部分内容：一是对传统村落景观进行多尺度景观要素特征的详细调查分析，二是对传统村落景观利用主体特征的详细调查分析。后者也是规划公众参与的一种方式。

1. 多尺度景观要素特征的详细调查分析

指对区域尺度（传统村落景观所在的区域）及地方尺度（传统村落景观本身）的自然-经济-社会复合生态系统组成元素进行相关资料收集、田野调查、数据清理、分析，以识别景观保护对象。自然-经济-社会复合生态系统组成元素包括气候、地质、地貌、水文、土壤、植被、动物、土地利用、建筑、人口、历史、经济等方面。具体的分析方法包括资源关联方法、生态系统服务方法、土地利用变化模拟与空间分析、景观特征评价、适宜性分析、景观格局分析、跨尺度分析等。其中，区域尺度的分析有助于对地方尺度（传统村落景观本身）的潜在问题及机遇有宏观把握，便于进一步修正提炼第一步骤中的传统村落景观保护规划目标。

2. 景观利用主体特征的详细调查分析

指对影响景观利用主体保护行为决策的经济因素及伦理道德、风俗习惯、文化传统、价值信念和社会关系等非经济因素进行详细的调查分析，从传统村落景观保护认知、保护意愿及保护能力3个方面探讨各类相关景观利用主体的保护行为决策特征,识别影响景观利用主体保护行为决策的关键因素。其涉及的调查分析方法有问卷调查、田野调查、半结构性访谈、描述性分析、计量经济模型、多智能体模拟等。

(三)规划情景分析

情景分析方法在第五章中已有详细论述。这里主要运用该方法对传统村落景观在不同保护决策情景下的景观变化进行分析,形成不同景观保护策略方案(待选方案)下的景观变化及社会、经济、自然效应结果,并将该分析结果反馈展现给景观利用主体(即规划公众参与),景观利用主体对待选方案进行综合考虑、共同协商并达成一致意见,确定传统村落景观保护决策的最优方案。

(四)规划方案制定

基于上一步骤已选定的传统村落景观保护决策方案,进一步凝练第一步骤中的传统村落景观保护规划目标,因地制宜地确定景观保护规划原则,对传统村落景观进行保护重要性综合评价,构建景观保护区划,确定景观保护重点,并在此基础上进一步制定生产用地、生活用地、生态用地的详细规划,绘制传统村落景观保护规划图。这期间,每一阶段性成果都可借助公众参与的反馈机制来对规划结果进行及时优化。

(五)景观保护设计

传统村落景观保护设计是指在传统村落景观保护规划的基础上,按照景观保护规划的要求对传统村落景观进行详细场地设计。通过景观保护设计,一方面可以借助设计实践来检验规划理念,另一方面有助于规划目标与规划方案的进一步优化。景观保护设计的对象包括水体、植被、土壤、生物栖息地等软质元素,也包括传统村落建筑、地面铺设、构筑物、休闲旅游空间、传统公共艺术品等硬质要素。具体涉及的方法有水质与土壤监测、雨洪设计、污水循环利用技术、植物保护技术、生命周期评价、三维模型、四维计算机模拟等。传统村落景观保护设计过程中的概念性设计制定、材料选择等过程均需景观利用主体的参与。

(六)规划实施管理

传统村落景观保护规划的实施管理是指对传统村落景观保护规划实施全程动态监控与评价,进而对规划进行及时的修正或调整,确保规划的有效性。具体方法包括设立专门的规划管理委员会,借助遥感技术、地理信息技术等先进技术,以及灵活的抽/检查方式来对所保护的传统村落景观进行动态监测,以保障监督管理的时效性,完善科学民主决策机制,提高政策执行的透明度,保障各传统村落景观利用主体对景观保护规划的知情权、参与权,提升公众的监督管理意识,调动其参与监督管理的积极性,构建全方位的监督管理体系。

(七)规划公众参与

规划公众参与是指让与传统村落景观相关的景观利用主体参与到景观保护规划中来,进而影响景观利用主体的景观利用与保护行为决策,以实现传统村落景观保护的目的。公众参与涉及传统村落景观保护规划的每一步,但对于不同区域、不同步骤,公众参与均没有一个固定模式,需因地制宜进行确定。规划公共参与技术方法具体包括:信息传播技术方法(如电视播放、村落教育信息公开栏、公共聚会、无线电广播、报纸、短信息、公众号推送等)、信息收集技术方法(如田野调查、访谈、民意调查、公众听证会、德尔菲法等)、制定决策技术方法(如公众投票、公共监督委员会等)、参与过程支持技术方法(如绩效考核、赏罚制度等)。科学利用上述规划公共参与技术方法,不仅有助于构建高效反馈机制,更是提升规划公众参与积极性、实现传统村落景观保护目标的关键。

三、传统村落景观保护规划的案例

基于传统村落景观保护规划框架,下面选取马路溪传统村落景观、白川乡荻町传统村落景观 2 个案例进行论述;前者侧重保护规划的宏观路径,后者侧重保护规划的微观路径。

(一)马路溪传统村落景观

1. 村落景观特征

马路溪村位于中国湖南省安化县西北部马路镇,距离安化县城 35 km,于 2012 年入选第一批中国传统村落。其属亚热带季风湿润气候,四季分明,年平均气温在 17℃左右,年平均降水 1 706 mm,年平均日照 1 336 h,无霜期 275 d。在地质地貌方面,马路溪村各个村民小组分别位于钟形山、栗树坳、边山湾、北斗冲等山前盆地,其山体为沙砾岩。村内土壤以山地黄棕壤为主,该土壤类型土层深厚,结构疏松,保水保肥性好,有机质含量较高。在水文方面,马路溪是村内最主要的水流,贯穿南北。在土地利用方面,村域内约 90% 的面积为林地,有灌木也有乔木,具体种类为松树、油茶、杉树、竹子等;紧接着为耕地,种植的主要农作物有水稻、玉米和红薯。在社会经济方面,截至 2013 年底,全村共有 11 个小组 205 户、829 人,村内人均纯收入为 2 500 元。

该村历史悠久,可以追溯到清代中后期,邓氏族人自清代中后期迁到马路溪村一带的河滩地垦荒,并依靠农业耕种繁衍至今,村内至今仍成规模地保有清末民初建筑(图 10-5)。传统木屋、农田、四周环绕的山林和村前的马路溪水,构成了马路溪村特有的文化景观要素。但是,随着城镇化的推进和社会经济发展,马路溪村特有文化景观要素正在逐渐消逝,其中较为典型的现象是农田抛荒、传统木屋被拆除换成现代砖房。

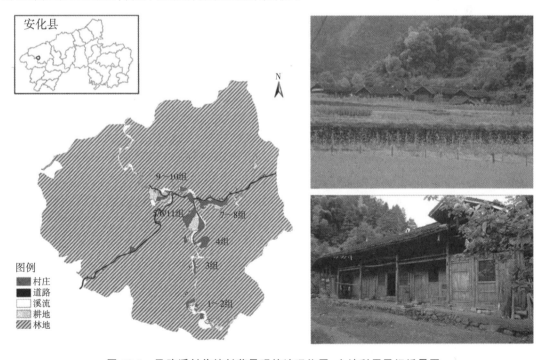

图例
- 村庄
- 道路
- 溪流
- 耕地
- 林地

图 10-5　马路溪村传统村落景观的地理位置、土地利用及远近景图

2.景观跨尺度协调与保护区划

按图 10-6 的流程,首先对马路溪村(村落尺度)及其所在区域尺度(安化县)的气候、地质、地貌、水文、土壤、植被、动物、土地利用、建筑、人口、经济等开展详细调查分析;然后按照客观性、主导性、简明性、可比性、空间可视化性、数据可获取性原则,选取耕地生产力、文化遗产、水源涵养、土壤保持和生物多样性 5 个景观功能表征指标,来衡量两个尺度的农业生产、文化传承、生态维系等功能。

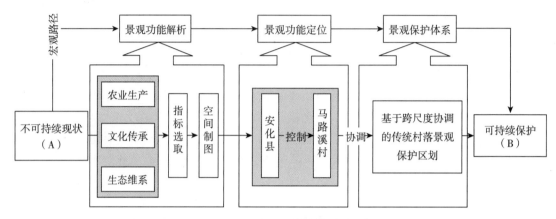

图 10-6 马路溪传统村落景观跨尺度协调与保护区划流程

其中:耕地生产力指标的空间制图是基于野外调查的实际产量数据,运用克里金内插法进行空间差值而得;文化遗产指标用传统村落和农业文化遗产所在地的具体行政边界进行空间制图;水源涵养指标采用的是基于降水和蒸散的水量分解模型法进行空间量化;土壤保持的空间制图采用修正通用水土流失方程(RUSLE);生物多样性采用基于景观自然性的生物多样性重要区识别方法进行空间制图。

在此基础上,运用比例控制法进行景观跨尺度协调与功能定位,结果如图 10-7 所示。基于跨尺度协调的景观功能定位结果,结合马路溪传统村落景观利用主体的客观需求,划定景观保护区划。

(1)村落景观保护核心区。空间范围为图 10-7 中马路溪村景观的文化功能Ⅱ级区、生产功能Ⅲ级区、生态功能区(含Ⅰ、Ⅱ级)的空间叠加区域。核心区内的景观利用受到严格控制,区域范围内不得进行新建、扩建活动;耕地不可占用;不得改变街巷宽度和走向;铺装维修需报批;维修需使用传统材料等。

(2)村落景观保护缓冲区Ⅰ。空间范围为图 10-7 中马路溪村景观的文化功能Ⅱ级区与生态功能Ⅰ-i 级区的叠加区域。缓冲区Ⅰ内以涵养水源、保持水土、保护水系与水质以及保护生物多样性为主,对山林的砍伐等对景观生态功能有影响的开发利用行为进行限制。

(3)村落景观保护缓冲区Ⅱ。空间范围为村落范围内除保护核心区、保护缓冲区Ⅰ外的其他区域。缓冲区Ⅱ内对宅基地的建造、小型农副产品加工业入驻、林地砍伐等景观开发利用行为进行规范,控制污染,促进生态环境友好型的景观利用方式。

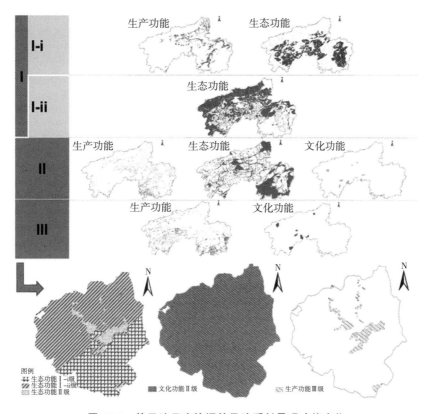

图 10-7　基于跨尺度协调的马路溪村景观功能定位

(二)白川乡荻町传统村落景观①

日本岐阜县白川乡荻町(Ogimachi)传统村落坐落于日本中部山区的庄川河(Sho River)流域,于 1995 年与富山县五屺山地区的相仓(Ainokura)传统村落和菅沼(Suganuma)传统村落一并作为"白川乡和五屺山历史村落(Historic Villages of Shirakawa-go and Gokayama)"入选世界遗产名录(文化遗产)。其中,荻町村落是这 3 个传统村落中规模最大的 1 个村落,其景观保护规划与实践具有一定的典型性。

1. 村落景观特征与规划

该村落景观位于北纬 36°15′、东经 136°54′的日本深山区庄川河的东岸。在气候方面,据该村落 2017 年数据显示,月平均气温为 10.3℃,最高气温为 28.9℃(8 月),最低气温为−5.1℃(2 月),冬季常发暴雪,最高积雪纪录达 4.5 m。独特的气候条件造就村域内多样的植被类型,有桦木林、七叶树、卧藤松、玉兰树等。在人口方面,据最新统计全村 574 户、1 790 人。在土地利用方面,全村土地面积的 90％以上为山林,耕地面积不足 1％,旧时以栽培桑树为主,现以种植水稻、蔬菜、豆类等为主。农舍没有围墙和树篱,以传统茅草屋顶木造建筑合掌造为主要特征。据统计现阶段全村合掌造建筑 180 栋,其中用于住宅 80 栋,附属房屋 100 栋。

① 　本案例的素材主要来自世界遗产名录官方网站(http://whc. unesco. org/en/list/734/)、白川乡官方网站(http://shirakawa-go. org/)、白川乡荻町村落自然环境保护协会网站(http://shirakawa-go. com/～ogimachi)和日本合掌造村落世界遗产纪念事业实行委员会。

合掌造(Gassho-style houses)起源于江户时代(1700 年左右),房屋的构造与当地的自然生产环境相适应:屋顶两端如同书本打开立着、呈现人字形,建筑屋顶陡峭倾斜(角度约 60°)以适应当地暴雪天气;屋顶内的空间被充分利用于养蚕等农业生产;整个建筑的方向依据当地风向而建,将风的阻力降到最低;屋顶茅草定期更换,需要大量人力协力合作完成,促进了当地形成"结"(居民相互扶助的心与行动)的传统,往往由相邻的几户组成互助组,合作或轮班完成山道除草、扫雪、消防、夜巡等活动。

基于村落景观调查分析,荻町传统村落景观保护规划将其划分为荻町聚落区、缓冲地带Ⅰ、缓冲地带Ⅱ 3 个保护区。

(1)荻町聚落区。即依据日本《文化财产保护法》划定的"重要传统建筑群保护区"范围,占地面积 45.6 hm²;

(2)缓冲地带Ⅰ。即依据白川乡《关于确保自然环境的条例》(该条例于 2003 年被《景观条例》替代)所指定的历史文化景观保护地区(土地利用变更受到严格限制),占地面积 471.5 hm²。

(3)缓冲地带Ⅱ。荻町村域范围内除荻町聚落区、缓冲地带Ⅰ外的区域(住宅用地建造和森林砍伐等景观开发利用行为受限),占地面积 35.7 hm²。

此外,荻町传统村落景观还配套相应的防灾减灾详细设计,特别是针对茅草屋的易燃性,全村配置了 59 台带消防栓的喷水枪和 62 座消防栓,另有 600 t 蓄水槽设置在缓冲地带的高地上,以防备火灾。

2. 村落景观保护行动

荻町传统村落景观的保护行动对其景观保护起到至关重要的作用,按时间顺序总结如下(图 10-8):

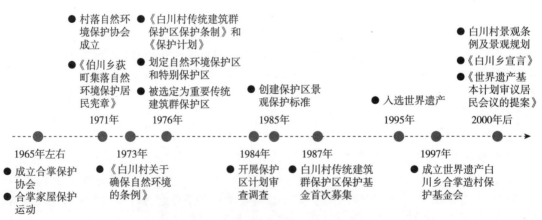

图 10-8 白川乡荻町传统村落景观的主要保护行动

注:白川乡为自古以来就被使用的传统地名,"白川村"是现在的行政单位名城,二者的空间范围等同。

(1)背景。20 世纪 50～70 年代,日本经济快速发展对白川乡的传统村落景观带来巨大冲击:除了乡村劳动力大量往城市迁移、传统建筑老旧、火灾破坏、现代建筑潮流入侵外,电力开发与御母衣水坝建造,引发大量征地以及外来务工人员的临时入住,使得传统村落景观及生活生产方式逐渐丧失,传统村落景观急剧衰退。以合掌造传统建筑为例,仅 1953—1965 年这 12 年间,荻町村的合掌造建筑从 264 栋减少至 166 栋。

（2）村落景观保护行动

①萌芽阶段。在上述的背景下,1965年村内的一场火灾直接触发了当地景观保护运动的兴起。合掌保护协会的成立和合掌家屋保护运动的开展,唤醒了全村村民保护传统村落景观的意识,也引发了外界对合掌造的关注。

②发展阶段。1971年,在合掌保护协会的基础上,荻町村成立了"白川乡荻町村落自然环境保护协会",将村落保护对象由合掌造扩展到整个村落景观。该协会的成员为荻町村全体村民,由委员会负责协会工作。委员会的构成包含各村小组代表、妇女会代表、青年会代表及住宿业、餐饮业、特产销售业、零售业的商业代表。同年,《白川乡荻町集落自然环境保护居民宪章》经全体村民同意后颁布,提出"村资源(合掌屋、屋敷、农耕地、山林、树木等)要遵守'不卖''不出租''不破坏'三原则",对村落自然环境、合掌建筑及风俗习惯保护提出了具体的要求。1973年当地政府颁布了《白川村关于确保自然环境的条例》,规定了荻町村保护区划的管理要求。1976年荻町村落被日本文化厅指定为"重要传统建筑群保护区",其传统村落景观保护获得了国家的政策支持与财政补助。《白川村传统建筑群保护区保护条例》和《保护计划》也相应出台。按照保护计划,该阶段主要开展防火设施建设、创建保护区景观保护标准等保护行动。此外,荻町村于1987年制定《荻町传统建造物群保护区保护基金条例》,开始向社会募捐保护资金,成立"白川乡合掌集落保护基金"。

③完善阶段。1995年,荻町传统村落景观入选世界遗产名录之后,其传统村落景观保护步入完善阶段:一方面完善现有的保护规划与法规条例;另一方扩展国际影响力,扩大村落景观保护主体范围。2000年后,交通对策基本计划、《世界遗产基本计划审议居民会议的提案》《白川村景观条例》《白川乡宣言》白川村景观规划等文件先后发布,现已形成相对完备的传统村落景观保护支撑法规体系(表10-4)。此外,在2018年,白川乡与日本柏树文化协会、文化厅、岐府县、运输和旅游部、环境部、林业局等共同承办了国际茅草协会(ITS)的国际茅草会议,就茅草的技术和文化,与来自世界7个国家(日本、英国、荷兰、瑞典、丹麦、德国和南非)的茅草工匠交流,借以提升当地合掌造保护技术,并扩大村落景观保护主体范围。

表 10-4 白川乡荻町传统村落景观保护支撑法规

层级	传统村落景观保护相关法规条文
国家政府	景观法、森林法、农地法、农振法、自然公园法、河流法、鸟兽保护法、砂防法、文化财产保护法、保护传统建筑区条例等
地方政府	岐府县自然环境保护条例、白川村传统建筑群保护区保护条例、白川村景观条例及实行规则、白川村景观规划、白川乡宣言等
村落	荻町集落自然环境保护居民宪章、世界遗产基本计划审议居民会议的提案、荻町传统建造物群保护区保护基金条例等

第四节　传统村落景观保护模式

一、国际传统村落景观保护历程

联合国教科文组织是国际上保护传统村落景观最具权威与影响力的组织,其制定的《保护世界文化与自然遗产公约》(下称《公约》)和《实施〈世界遗产公约〉的操作指南》(下称《操作指南》)对传统村落景观保护至关重要。依据《操作指南》,传统村落景观隶属于文化景观,保护行动受文化遗产标准约束。因此,从文化遗产的保护进程和《操作指南》的修订过程可以反映国际传统村落景观保护方式的演变。

(一)1964 年之前

早在 19 世纪,传统村落景观的保护已经受到国际社会的关注,保护的焦点主要集中在村落景观中的历史建筑物与历史文物:国际红十字会创办人亨利·杜兰(Henry Dunant)1874 年在比利时召开的布鲁塞尔会议就积极呼吁各国开展文化遗产保护以减少战争破坏;1899 年和1907 年国际和平大会促成的《海牙第九号公约》将历史纪念物纳入保护范围,明确提出海军攻击时应避开这些历史建筑物;1931 年第一届国际历史文化纪念物建筑师和技师会议通过《关于历史性纪念物修复的雅典宪章》,针对历史场所与文物的维修达成决议;泛美联盟 1936 年于华盛顿通过"罗里奇协定",这是由多数美洲国家达成的保护艺术、科学机构和历史纪念物的一项区域合作协定;1954 年联合国教科文组织促成各会员国通过《武装冲突情况下保护文化财产公约》来防备武装冲突对文化遗产的破坏。

(二)1964—1986 年

此阶段的标志事件是 1964 年第二届国际历史文化纪念物建筑师与技师会议上通过的《威尼斯宪章》,其将传统村落景观的保护范畴从历史建筑物扩大到具有历史意义的田园环境。1972 年联合国教科文组织大会第 17 届会议在巴黎通过了《公约》,其界定了文化遗产与自然遗产的范围,指明传统村落景观属于文化遗产的范畴,同时规定了国际与各国家保护措施等条款,要求遗产所在国家应对世界文化和自然遗产依法予以严格保护。1976 年成立的联合国教科文组织世界遗产委员会负责对世界遗产进行管理,并为遗产保护提供相应的世界遗产基金援助。同时,于 1977 年起开始颁布《操作指南》,以便更好地执行《公约》。从这个阶段的入选世界遗产名录可以看出(表 10-5),此阶段涉及传统村落景观的世界遗产只有 2 项,分别是1978 年入选的埃塞俄比亚拉利贝拉岩石教堂(教堂周围有由圆石屋构成的传统村落)和 1979年入选的法国圣米歇尔山及其海湾(圣米歇尔山修道院旁的传统村落)。在这两项世界遗产中,历史标志性建筑(岩石教堂与修道院)依然是保护的重点,而传统村落景观往往是作为其标志性历史建筑的附属环境而受到保护。

表 10-5　涉及传统村落景观的世界文化遗产

入选年份	国家	传统村落景观相关的世界遗产名称
1978	埃塞俄比亚	拉利贝拉岩石教堂(Rock-Hewn Churches,Lalibela)
1979	法国	圣米歇尔山及其海湾(Mont-Saint-Michel and its Bay)
1987	匈牙利	霍洛克古村落及其周边(Old Village of Hollókö and its Surroundings)

续表 10-5

入选年份	国家	传统村落景观相关的世界遗产名称
1995	日本	白川乡和五屹山历史村落（Historic Villages of Shirakawa-go and Gokayama）
1996	高加索	上斯瓦涅季（Upper Svaneti）
1998	捷克	霍拉索维采古村保护区（Holašovice Historic Village）
1999	古巴	比尼亚莱斯山谷（Viñales Valley）
	法国	圣艾米伦区（Jurisdiction of Saint-Emilion）
	荷兰	比姆斯特迂田（Droogmakerij de Beemster/ Beemster Polder）
2000	奥地利	瓦豪文化景观（Wachau Cultural Landscape）
	中国	皖南古村落——西递村、宏村（Ancient Villages in Southern Anhui－Xidi and Hongcun）
	法国	卢瓦尔河畔叙利与沙洛纳间的卢瓦尔河谷（The Loire Valley between Sully-sur-Loire and Chalonnes）
2002	匈牙利	托卡伊葡萄酒产地历史文化景观（Tokaj Wine Region Historic Cultural Landscape）
2004	意大利	瓦尔·迪奥西亚公园文化景观（Val d'Orcia）
	挪威	维嘎群岛文化景观（Vegaøyan －The Vega Archipelago）
2007	中国	开平碉楼与村落（KaipingDiaolou and Villages）
2008	中国	福建土楼（Fujian Tulou）
2011	法国	喀斯和塞文——地中海农牧文化景观（The Causses and the Cévennes，Mediterranean agro-pastoral Cultural Landscape）
2012	法国	北部加莱海峡采矿盆地（Nord-Pas de Calais Mining Basin）
2013	中国	红河哈尼梯田文化景观（Cultural Landscape of Honghe Hani Rice Terraces）
2015	法国	勃艮第风土和气候（The Climats，terroirs of Burgundy）
	伊朗	梅满德（Cultural Landscape of Maymand）
2019	意大利	科内利亚诺和瓦尔多比亚德内的普罗赛柯产地（Le Colline del Prosecco di Conegliano e Valdobbiadene）

（三）1987—2014 年

该阶段的标志性事件是匈牙利的霍洛克古村落及其周边入选世界遗产名录。这是世界上第一个被专门列为世界文化遗产的传统村落。此后，世界遗产委员会加大了对传统村落景观保护的重视。1994 年《操作指南》修订，增加了文化景观类型的申报导则，对文化景观进行界定和分类，明确指出文化景观属于文化遗产，代表"人与自然相结合的工程"，体现出人类与自然环境交融的多样性。其中，传统村落景观属于文化景观分类第二类"发生了有机演变的景观"中的第二种"继续演变的景观"。文化遗产评选标准也相应进行修改，增加了"文化传统"（标准 iii）、"多种文化"（标准 v）、"活的传统"（标准 vi）等条件。1999 年国际文物建筑最具权威组织国际古迹遗址理事会（ICOMOS）通过《关于乡土建筑遗产的宪章》进一步确立乡土建筑价值。由此可见，此阶段的传统村落景观保护更加注重文化多样性与活态传承性，强调对自然与多种文化进行有机整体的保护。

(四)2015 年至今

该阶段的标志性事件是 2015 年 11 月第 20 届世界遗产公约缔约国大会通过的《将可持续发展愿景融入世界遗产公约进程的政策》。该政策阐述了世界遗产保护与管理在促进可持续发展方面可发挥积极作用,旨在协助缔约国、从业者、相关机构、社区和网络利用世界遗产及其遗产潜力来为可持续发展做出贡献。文件强调将可持续发展的环境、社会、经济 3 个维度要求(环境可持续性、包容性社会发展和包容性经济发展)融入世界遗产保护与管理中的重要性,鼓励通过加强跨学科与跨部门的协力合作、跨尺度研究、教育与能力培养、创新与地方创业、促进文化与创意产业等措施,从社会-生态耦合系统角度对世界遗产进行整体保护,从而实现可持续发展以及促进世界的和平与安全。此项政策的通过标志着《公约》实施的重大转变,是《公约》实施历史上的一个重要决策。按照此政策与联合国《2030 年可持续发展议程》的要求,2019 年新修订的《操作指南》有数十处有关可持续发展的修订,将土著居民、社区参与、性别平等、文化多样性等可持续发展问题积极纳入世界遗产工作中。

二、传统村落景观保护的发展阶段

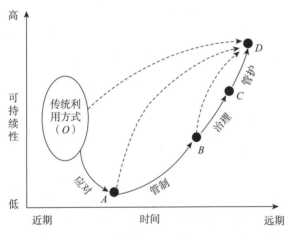

图 10-9　传统村落景观保护的发展阶段与模式

注:基于对 Chapin 等观点的改进。坐标象限中实线表示历史进程中传统村落景观保护的实际演化阶段历程,虚线表示为实现可持续发展而针对每个阶段所设计的保护模式。

综合上述的文化遗产保护进程和《操作指南》修订,并结合获町村落景观保护行动的案例,可以将传统村落景观保护的发展进程概括如下(图 10-9):

(一)应对保护阶段

传统村落景观的应对保护阶段对应图 10-9 中的 OA 段,此阶段又可以细分为两个分阶段:

(1)传统利用方式阶段。即开发保护阶段的起点 O,此阶段主要依靠人与自然长期共处所积累下来的经验及非正式制度达到稳定的景观利用,其可持续性维持在一定水平不变。

(2)应对保护阶段。此阶段传统村落景观受到外力的冲击(如城镇化、战争等),原有和谐稳定的传统景观利用方式遭到破坏,原本维系传统利用方式的非正式制度逐渐消失,传统村落景观资源丧失、景观功能衰退。部分村民、非政府组织等在守护家园、守护人类共有遗产等观念的指引下,自下而上地自发开展保护。但此阶段的保护对象往往是单一的文物、历史建筑物或历史场所,保护的方式缺乏法律保障。这种单一、局部、缺乏保障的保护方式难以应对强力的外力冲击,传统村落景观的可持续性下降。

(二)管制保护阶段

传统村落景观的管制保护阶段对应图 10-9 中的 AB 段。此阶段的背景是 OA 阶段的景观退化导致了大量的负外部性,应对性的保护措施已无法有效地制止负外部性的产生,并且严重威胁到人类福祉,引起了政府部门及官方组织的重视。因此,此阶段的首要目标是针对受威胁的景观要素及功能进行单独的保护,具体表现为专门的部门或机构对受威胁的历史文物或建筑进行单独保护,减少不确定性的威胁,使其免受负外部性的影响。在此阶段的保护大多数是由追求社会效益最大化的中央政府来主导,由某一部门专门负责,通过法规条文和适当的技术保护方式来达到管制目标。这种对各景观功能单独保护的方式,有效地制止了负外部性的影响,使得传统村落景观的可持续性持续增加。

(三)治理保护阶段

传统村落景观的治理保护阶段对应图 10-9 中的 *BC* 段。"治理"与"管制"的主要区别在于前者更强调整体的保护、主体的多元化和参与式合作,注重政府与村民及其他景观利用主体之间的协调合作,而后者往往是局部保护且由政府向村民及其他景观利用主体发出单向指令。此阶段的背景是源于管制保护阶段因局部、单独、强制保护所带来的政策低效性,同时单一景观对象的孤立管制保护措施会阻断了整个生态系统的联系,长期带来不可持续性。因此,本阶段更多地强调对整个村落景观进行多功能多主体协同保护。政府通过金融、法规、技术扶持等系列措施来引导规范村民的保护行动,并激励其他相关景观利用主体(如企业等)参与到景观保护当中,借助广泛合作、减少不确定的方式来达到治理保护目标,使得传统村落景观的可持续性继续上升。

(四)管护保护阶段

传统村落景观的管制保护阶段对应图 10-9 中的 *CD* 段。此阶段相对于治理保护阶段最大的不同在于管护(stewardship)是以长期可持续性为保护目标,更强调各景观利用主体对村落景观保护的责任感(responsibility)、关注度(care)及协作性(collaboration)。治理保护阶段通过协商的方式追求多功能协同效益的最大化,其结果可能会造成弱势群体的利益受损以及代与代之间的不可持续性。因此,管护保护阶段将可持续发展作为首要目标,积极关注景观利用主体(尤其是弱势群体),通过鼓励引导景观利用主体开展创新实践等方式来提升景观韧性和应对风险的能力。如世界遗产保护的《将可持续发展愿景融入世界遗产公约进程的政策》与2019 年版《操作指南》,将土著居民、社区参与、性别平等、文化多样性等可持续发展问题积极纳入世界遗产工作中,并借助鼓励创新、地区创业、文创产业等一系列措施,激发景观利用主体(如村民、企业等)的景观保护责任心,促使其积极参与保护,成为景观保护的主导者,而此时政府的角色转换为辅助合作者。因此,管护保护可使传统村落景观的可持续性再续上升并达到预期的高点。

三、基于可持续发展目标的传统村落景观保护模式

不同区域的传统村落景观处于不同的发展阶段,以下针对各发展阶段特点提出相应的保护模式,以实现可持续发展目标。

(一)应对保护阶段的传统村落景观保护模式

1. 传统-管护引导保护模式

该保护模式对应图 10-9 中的 *OD* 线,是指在系统评估的基础上,摒弃与现代科学不符的传统村落景观利用方式和非正式制度(如迷信),通过宣传、教育等多种方式存留和强化利用可持续发展的非正式制度,必要时将非正式制度转化为正式制度,建立激励机制,鼓励景观利用主体对其特有的景观功能与要素进行持续管护,从而进一步地提升传统村落景观的可持续性,逐步实现由传统保护向管护的转化。

2. 应对-管护转变保护模式

该保护模式对应图 10-9 中的 *AD* 线。具体行动包括借助法令的措施来制止对传统村落景观的破坏行为,借助教育及奖惩等系列措施来提升村落景观利用相关主体对传统村落景观保护重要性的认知与认同,在全社会营造传统村落景观保护的氛围,激励各景观利用主体积极参与到传统村落景观保护当中,识别传统村落景观的重点保护对象并确定优先序,在现有应对保护措施的基础上进一步扩充保护范围,进而逐步实现传统村落景观的整体保护,并利用各种创新措施激发各景观利用主体开展景观管护的主动性和责任心,从而遏制并扭转传统村落景观可持续性急剧下降的趋势,实现从应对保护到管护保护的趋近。

(二)管制保护阶段的传统村落景观保护模式

该模式即管制-管护转型保护模式,该保护模式对应图 10-9 中的 *BD* 线。针对原有保护界线和单一部门管制的局限,当在识别确定传统村落景观保护功能和要素对象优先序的基础上,进一步按序扩充传统村落景观保护的地理范围和功能范畴,转变现有以法令为主导的政府管制行为,增加政策弹性,提供多样选择,积极促进自下而上的保护行为,借助激励及创新机制来鼓舞景观利用主体积极主动地参与景观保护,利用教育等系列措施培育景观利用主体的责任心,引入竞争机制,提升其景观利用的创新能力,并借助各种激励措施来发挥景观利用主体的自主可持续创新行为,转变政府职能,进而实现政府内部多部门协作辅助、多景观利用主体协作的整体传统村落景观保护局面,届时传统村落景观的可持续性将得到加速提升并最终抵达景观管护的高点。

(三)治理及管护初期阶段的传统村落景观保护模式

即治理-管护增进保护模式,该保护模式对应图 10-9 中的 *CD* 线。此阶段应当对政府与景观利用主体之间的关系进行优化,进一步发挥村民、当地企业等景观利用主体在传统村落景观保护中的主导作用,转变政府角色为辅助合作,设立长远可持续发展目标,注重同代人及代际间的公平,培育各景观利用主体对这长远目标的认同,并促使其转化为景观保护的责任心和积极的实际保护行动。进一步激励各景观利用主体的创新,加大科技和研究投入,积极促进可持续的创新成果转化为实地保护。扩充政策措施途径,增加政策的弹性,积极应对风险挑战,并借助创新提升景观可持续性,推动传统村落景观保护的可持续性攀向高点。

第十一章　乡村景观规划案例

第一节　大都市边缘区乡村景观规划——上海市青浦区

一、大都市边缘区的乡村景观特点

城市边缘区是产业结构、人口结构和空间结构逐步从城市特征向乡村特征过渡的地带,同时具有城市和乡村的地域景观特征。其发展既受到城市中心辐射作用的影响,又受到远郊乡村向城市集聚作用的冲击,同时还有自身城市化发展的潜力,具有独特的发展优势。该区域的人类活动较其他地区更为复杂,景观格局和生态过程更具特殊性,景观生态问题和生态安全问题也更为突出,是乡村和城市景观生态建设的"焦点"。因此,运用景观生态学的原理和方法对城市边缘区乡村景观特征和景观生态建设进行研究,对城市的科学布局和可持续发展,解决城乡二元结构,实现城乡经济发展、空间融合和社会和谐都具有重要的意义。

(一)景观类型的多样性和复杂性

不同于以人工景观为主的城市景观,城市边缘区乡村景观融合了自然景观、半自然景观和人工景观 3 种景观类型,既有商业金融、居民点、工矿和道路等人工景观,又有森林、河流、农田、果园和草地等自然和田园风光,具有丰富的景观类型。在景观系统中,表现为斑块数量、大小和形状的复杂程度以及景观组分的丰富度,决定了物种和生境类型的多样性。同时,由于不同乡村的历史、文化及建筑风格不同,其建筑景观也各不相同。

(二)景观功能的多样化

理想的乡村景观在功能上有 4 个层次,首先应该体现出乡村景观资源提供农产品的第一性生产功能,其次是保护及维护生态环境功能,再则是文化支持功能,最后是作为一种特殊的旅游观光资源。过去单纯强调乡村景观的生产功能,而忽略了其他功能,导致乡村景观资源的过度开发和利用;未来乡村景观的发展应当发挥乡村景观的多功能协调,提升其社会价值、文化价值、生态价值和经济价值。由于其地理区位的特殊性,城市边缘区乡村景观在功能上具有城市景观和乡村景观的双重功能,既有城市景观的文化支持功能,也有乡村景观的生产和生态功能。现代城市的发展对其边缘区乡村景观的文化和生态景观功能越来越重视,尤其强调其对城市环境的保护、净化和生态维系的作用。此外,随着城乡一体化发展和乡村建设的加速,为休闲观光农业景观的发展提供了机遇,城市边缘区往往成为发展休闲农业、科技创新农业、生态农业的主要区域。

(三)景观空间结构变化剧烈,稳定性相对较低

乡村景观与城市景观相比具有较高的自然属性,也具有比城市景观更高的稳定性。但是,城市边缘区的乡村是城市景观向乡村景观变化的过渡地带,受到城市发展的强烈影响,农地被大量吞噬,建设用地急剧膨胀,土地利用方式和景观斑块之间转化较快,从而引起景观格局的剧烈变化,是景观最富变化、最复杂的地区之一,景观的稳定性比城市景观内部还要低。其发

展必然导致乡村景观有序度增高,景观稳定性下降,所以必须有效处理乡村发展与自然环境保护和资源开发与保护之间的关系,达到人工与自然、建筑与风景、已塑造与未塑造之间的和谐与美。

(四)景观单元之间错综复杂的边缘效应

城市边缘区内部不同系统之间的相互联系和相互作用,其结果主要体现在产业结构、人口结构和土地利用结构等方面,例如工业景观和建筑景观系统与乡村的农田和自然景观系统之间的冲突,城乡居民之间的混居,农业人口向非农人口的转化等。因此,城市边缘区是城市景观、乡村景观、自然景观之间物质和能量流动频繁交换的地区,表现出很强的边缘效应,是景观研究的重点和难点区域。正如麦基(McGee T G)对亚洲城市化现象研究的结论一样,在东南亚一些国家的大都市周边和大都市之间形成的一些特殊区域(被称为 Kesakota)是当地及第三世界乡村城市化的主要形式,该区域城乡之间的相互作用十分频繁和高强度,农业和非农活动高度混合,是介于农业人口稠密的乡村类型地区和具有城市雏形的准城市类型地区之间的一种区域类型,其形成是由原城市中心的工业再配置或分散布局以及农村地区本身的非农业产业增长而逐步形成的。

(五)景观生态问题加剧,乡土特色风貌破坏严重

近些年,由于各地盲目求快推进乡村城市化,占用了大量的耕地,没有顾及乡村资源的合理利用和生态环境保护,使得地方的特色景观和传统文化快速消失,资源环境问题日益突出。主要表现为:自然、半自然景观破坏严重,缺乏连续性,生态平衡遭到破坏;乡村景观缺乏合理规划,景观破碎化严重,通达性降低;乡村景观资源粗放利用,土地浪费现象严重;农田面源污染严重,生物多样性遭受破坏,生态安全受到威胁和审美价值降低等。

中国是一个幅员辽阔和文化多样的多民族国家,不同地区的自然条件和文化差异较大,经过几千年的文化积淀,形成了多样化的地方风貌和建筑风格。但是,随着城市工业和经济发展以及城市化进程的加快,城市边缘区乡村景观受到强烈的冲击,很多乡村地区缺乏合理规划、有效管理和生态建设,经常为了经济发展需要把一些古文物、古建筑拆除破坏,或在古文物、古建筑周围盖起了高楼,甚至是盲目跟风建设所谓的欧式风格建筑(其实欧洲本身就没有这些式样糅杂怪异的建筑),这些建筑和地方特色景观、乡土风貌极不协调,严重损害了乡村景观的整体风貌和传统文化特色。

二、上海市青浦区乡村景观分析

(一)青浦区乡村景观现状

青浦区位于上海市西南部,地处江、浙、沪交界,黄浦江上游,总面积 668.52 km²,约占上海市域总面积的 1/10;地形东西两翼宽阔,中心区域狭窄。下辖 8 个镇和 3 个街道,分别是赵巷镇、徐泾镇、华新镇、重固镇、白鹤镇、朱家角镇、练塘镇、金泽镇、夏阳街道、盈浦街道、香花桥街道,184 个行政村。

该区属北亚热带季风气候,温和湿润、四季分明、日照充足、雨水充沛、无霜期长。全区年均气温 16.8℃左右,年均降雨日数 137 d,年平均降水量 1 123 mm,年均日照总时数 1 909.2 h,年均无霜期 326 d。辖区内有全市最大的淡水湖泊——淀山湖,横跨青浦区和江苏省的昆山市,水面面积 62 km²。境内河道湖泊水面积 148.97 km²,水面率 22.24%;地势平坦,为东北向西南逐渐下降的低洼平原,海拔高度在 2.8～3.5 m,西部地下水位较高。

2015 年,青浦区的农业景观面积为 23 637.46 hm²,占景观类型总面积的 35.36%;水域景

观面积为 14 509.52 hm²，占景观类型总面积的 21.70％；聚落景观面积为 19 398.03 hm²，占总面积的 29.02％；3 种主要景观类型占该区总面积的 86.08％。乡村聚落景观特征为典型的江南水乡，呈现一派古朴、明洁的幽静，别具淳朴、敦厚的乡土气息，是江南典型的"小桥、流水、人家"景观意境。如图 11-1、图 11-2 所示。

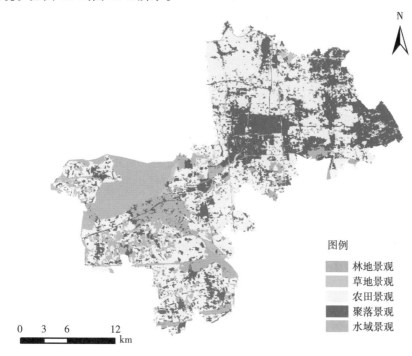

图 11-1　2015 年青浦区乡村景观类型分布

图 11-2　青浦区乡村景观现状

(二)青浦区乡村景观总体评价

特殊的地理区位和快速的城镇化给青浦区乡村景观带来了深刻的影响,打破了该区域乡村景观供需平衡的基础,产生了各种形式的景观功能冲突,主要体现在 4 个方面:①不同利益主体在对青浦区乡村景观资源利用过程中过度追求经济效益,注重经济成本,加上相关管理制度缺失,造成景观资源失配,出现景观结构无序化趋势。②景观主体需求在快速城镇化进程中层次参差不齐,部分落后地区急功近利,缺乏对乡村景观空间开发时序的统筹安排与有效引导,盲目跟从大搞开发建设,造成乡村景观空间开发失序,导致景观空间破碎化。③景观主体需求在快速城镇化进程中无限放大,加大了对乡村景观资源的利用强度,土地开发和城镇建设用地扩张等空间开发利用活动改变了景观生态系统的结构与功能,导致自然生态过程的改变和生物多样性的损失,影响青浦区景观生态安全。④受现有土地制度的制约,乡村景观利用类型选择在一定程度上体现了社会优势群体的意志,其景观利用行为在需求偏好的影响下,乡村景观格局和乡村经济社会发展不协调,造成乡村景观功能失调和发展失稳,形成乡村空心化。

三、青浦区乡村景观规划理念、思路与原则

(一)基于乡村景观质量与空间耦合共生的规划理念

这里的"质量"是指乡村景观所能提供的"生活质量"。根据美国经济学家加尔布雷斯的定义,可表达为:"生活质量就是人们生活的舒适便利程度以及精神上所得到的享受和乐趣"。而景观质量是一个用于衡量景观空间内的发展水平与状态的多维综合概念,涉及经济、社会、文化、政治和生态等各方面,既包含物质方面内容,也包含非物质方面内容。随着社会主义新农村建设、美丽乡村建设和乡村振兴战略的先后持续推进,我国乡村景观风貌发生了很大的改变,但也存在如资源配置不合理、生态环境恶化和结构功能不协调等问题,直接影响着乡村景观的可持续发展。乡村景观作为乡村经济发展与产业结构的空间载体,二者相互促进,相互影响。乡村景观空间的有机更新可以实现经济增长质量、生态环境质量和民生发展质量的提升,从而整体实现乡村景观的质量提升和乡村景观空间优化的良性循环互动。相反,乡村景观空间的混乱无序,则导致资源配置效率低下、功能混乱和生态失调,从而导致经济增长质量下降、生态环境质量恶化和民生发展质量降低,最终进入乡村景观空间无序与质量不断下降之间的恶性循环。因此,要从根本上实现质量情景下未来乡村发展趋势,就必须先构建一个科学合理的乡村景观空间结构体系(图 11-3)。

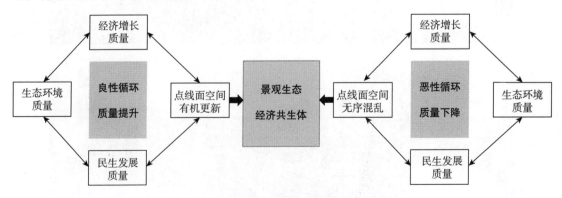

图 11-3 乡村发展质量与乡村景观空间关系

(二)乡村景观"胞—链—形"共生的空间布局思路

景观空间的形成和发展不仅是物质生产资料和人口的简单汇聚,更是各行为主体根据区域自然环境、社会经济环境和人文习俗等多方博弈后,其需求和意愿在景观空间上的一种表达。"胞—链—形"的空间层级体系是生物学和植物形态学中研究复杂生物种群之间由于物质交换、遗传信息传递和能量传导产生种群之间个体差异的形状表达的理论,有些学者将此理论应用到古城镇景观基因的图示表达研究(刘沛林,2011)。根据景观空间演化的基本特征,也可尝试将"胞—链—形"的设计思路引入青浦区的景观空间规划和发展模式中。

"胞"是指在特定的地理区域内,为取得优势发展条件形成的共同利益和目标单元(Jerzy,2010);行政村作为承载乡村景观空间发展的载体,其地形地貌、自然资源、区位条件等自然和环境要素构成景观空间发展的自然本底和空间载体,是其发展的基本支撑条件,而产业结构、发展基础等经济要素通过路径依赖决定着空间潜力,故将行政村主导产业作为景观空间发展模式的单元。

"链"是指单元之间物质、能量和信息传导的界面。景观空间系统是由各要素相互作用构成的开放系统,其内外不断发生物质和能量的交换,并通过行为主体活动使其结构和功能不断优化,产生空间发展的驱动力,故将核心行政村空间发展模式的辐射范围作为传导界面。

"形"是指景观空间发展模式的格局,是指地方行为主体根据本地资源状况、产业等发展条件的评价和判断,整合村域的土地、人力等物质和非物质要素,以产业培育和重塑、农民就业能力提升、文化习俗传承和乡村生态价值保护为目标,而形成的各村域特定的经济发展运行方式,以及由此产生的相对稳定关系、结构和态势,故将差异化的驱动力产生差异化的发展模式的空间集合作为驱动形。如图11-4。

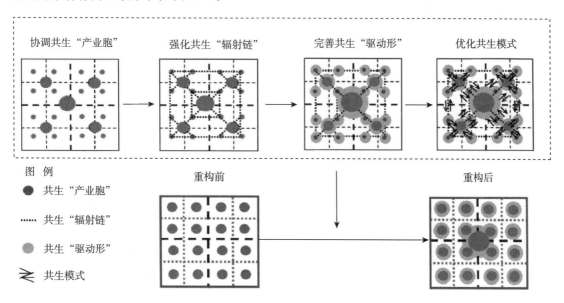

图11-4　乡村景观空间"胞—链—形"共生关系

(三)大都市边缘区乡村景观可持续发展模式的规划原则

综合考虑空间发展模式和区域特点,在对大都市边缘区景观空间发展模式进行划分时,遵循以下原则。

1. 环境约束性原则

各种模式根植于区域的社会和自然环境中,受环境的影响和制约,各模式之间存在需求性和互补性,考虑模式发展应扬长避短,促进同类模式资源共享和差异模式资源互补,提高各模式之间的共生性。

2. 文化认同性原则

不同区域的地方文化与风俗存在较大的差异性,如历史上长期积淀形成的开放意识、创新意识、竞争意识、进取精神等社会文化特质,该特性对区域空间发展模式产生明显的影响。

3. 层次体系性原则

为体现空间发展模式严密的科学性和价值实用性,对各层次采用不同的划分标准,根据胞—链—形理论,结合空间力学原理,可大致将研究区划分为原动力类、传导界面亚类和产业动力类。

4. 相对一致性原则

各空间发展模式虽存在差异,但其间必定存在若干相似度较大而差异较小的共性,因此对于其共性的提取和识别构成相对一致性的基本要求,增强区域一致性。

5. 地域完整性原则

空间发展模式的形成和发展受社会、经济和自然条件影响,空间上具有地域性,对其推广和政策制定在我国现行的行政管理体制下,应尽量保持其原行政区划的完整性。

6. 全区覆盖性原则

空间发展模式在地域上应具有连续性和完整性,对其划分应覆盖研究区全境,避免出现重叠和遗漏。

7. 综合协调性原则

区域空间发展模式实质是人类合理利用各类资源条件而形成的经济发展普适道路,对其划分应依据其自然和社会经济条件,协调其发展目标。

四、青浦区乡村景观规划过程

景观空间作为乡村经济发展水平与产业结构的空间载体,其经济发展水平在差异化的本底条件和社会经济因素驱动下,各子系统之间以及要素之间,随着能量、物质和信息的流动而呈现出不同的发展状态,是空间发展模式差异的最直接和客观的反映。因此,准确地识别和划分乡村景观空间发展模式,不仅可以从本源上辨识景观空间发展的优势条件、空间潜力和空间格局重构核心要素;也可为政府指导乡村社会和谐进步、经济稳定增长、环境不断改善、文化持续传承的良性演进提供决策依据。

乡村景观空间整体发展的动态演变性、空间内部各组成要素的非整合性、城乡区位的相对性以及城乡连续体存在的客观性,使得景观空间内外部产生强烈的能量流动和碰撞,造成景观空间发展的方向和方式错综复杂和发展水平参差不齐,加大了对乡村发展模式评判的难度。因此,针对青浦区乡村景观特点,运用复杂生物种群之间由于物质交换、遗传信息传递和能量传导产生种群之间个体差异的形状表达的"胞—链—形"结构和"引力模型"相结合的方法开展乡村景观规划。

(一)规划方法和模型

1. 规划方法

针对青浦区乡村景观可持续发展模式的定位和布局,具体的规划方法和过程如下:①构建以基础要素、发展要素和辅助要素为基础的区域乡村景观核心竞争力指标体系;②采用区域竞争力衡量区域发展模式的综合实力,应用引力模型测算区域间的联系,定量反映出区域空间发展模式的需求性和互补性相对程度;③运用因子分析法对其评价指标进行降维处理,从发展原动力角度划分各乡镇或街道的空间发展模式格局,实现"驱动形"的识别与划分;④采用引力模型测算上海市青浦区行政村空间发展模式引力,根据行政村空间发展模式竞争力、吸引力总量和行政村最大引力线数量确定核心行政村,运用因子分析法对各核心行政村的评价指标进行降维处理,实现对核心行政村模式传导界面的"辐射链"识别与划分;⑤采用频度统计法对行政村的行业和企业进行统计、合并和重组归纳,实现对行政村主导产业的"产业胞"识别与划分;⑥综合所识别的"胞—链—形"结构,按照分层提取和逐级归纳方式,实现对上海市青浦区乡村景观可持续发展模式的识别。

2. 规划模型

(1)引力模型。区域之间联系强弱主要在于区域间的互补性和需求性,主要表现为区域的优劣程度;区域空间发展模式联系在内外力作用下其互补性和需求性产生同化、弱化、异化和极化的发展趋势;因此,可采用竞争力评价来反映区域空间发展模式的优劣。基于此,采用区域竞争力衡量区域发展模式的综合实力,应用引力模型测算区域间的联系,定量反映出区域空间发展模式的需求性和互补性相对程度。

(2)断裂点模型。核心行政村模式能流传导界面主要通过断裂点反映空间发展模式,人流、物流和信息流在传导链上的辐射范围边界。核心行政村不同空间发展模式之间存在的,使之吸引力相等的点即断裂点,通常是通过行政村本体的影响力实现的。基于此,运用核心行政村空间发展模式竞争力概念,采用康弗斯断裂点予以表达。

(二)规划指标与数据

乡村景观规划是一种全域型的空间规划,对各类景观空间发展指标要求较高且细。因此,青浦区乡村景观规划思路是以发展模式的竞争力为导向,以核心竞争力3大要素即基础要素、发展要素和辅助要素为基础开展指标筛选。空间发展模式核心竞争力要素对空间发展模式影响巨大,基础要素中的基础设施力、区位优势力、环境资源力和人力资源力是基础竞争优势,该要素的提高能促进产业发展和产业集聚进而提升空间发展要素水平;发展要素的提升能促进辅助要素如科技创新能力;反之,辅助要素的提高对于基础要素和发展要素具有促进作用,如降低劳动成本、提高居民福利和生活水平质量、促进企业形成和产业聚集快速发展等。因此,基于核心竞争力要素,结合前人的研究成果,按照数据的可获取性、精简性和科学性的原则,构建指标体系(表11-1)。

(1)主要数据来源。2015年青浦区1∶5 000土地利用现状图;青浦区土地利用总体规划数据库(2006—2020年);2015年《青浦区统计年鉴》《青浦区乡镇统计年鉴》《青浦区农业统计年鉴》《青浦区乡镇工业发展报告》《青浦区村社会经济报告》《中国统计年鉴》《中国农业统计年鉴》。

(2)规划数据处理。①采用归一标准化法将各层级指标标准化;②采用均方差决策方法对标准化后的数据进行权重分配;③距最近城镇中心距离通过将青浦区矢量数据转化为0.3 km×0.3 km的栅格网数据,利用GIS空间邻域分析方法获取。

表 11-1　青浦区乡村景观规划指标体系

目标层	指标层	计算方法或指标意义	单位	指标属性
基础要素	路网密度 X_1	道路总长度/总面积	m/hm^2	正
	人均道路里程 X_2	道路总长度/总人口	m/人	正
	年公共财政支出 X_3	反映政府管理力	亿元	正
	20～60 岁人口总量 X_4	反映人力资源力的人口结构	万人	正
	人均耕地面积 X_5	耕地总面积/总人口	hm^2/人	负
	非农业人口比例 X_6	非农人口/总人口	%	正
	教育投资经费占 GDP 比例 X_7	教育投入总额/GDP	%	正
	人均 GDP X_8	反映区域经济发展状况	元	正
	人均农业劳动时间 X_9	反映个体农户生产农产品消耗的劳动时间	天/人	正
	专业农户比例 X_{10}	区域专业农户人口/总人口	%	正
	人均文化事业费 X_{11}	区域文化投入总额/总人口	元/人	正
	工业园占地面积 X_{12}	反映区域产业状况	hm^2	正
	网络用户占比 X_{13}	反映基础设施状况	%	正
	区域旅游景点数量 X_{14}	反映区域旅游资源状况	个	正
发展要素	外商投资比例 X_{15}	外商投资量/区域投资总量	%	正
	高新技术企业数量 X_{16}	反映科技创新力	个	正
	个体经营户数量 X_{17}	反映产业发展力	户	正
	银行、证券和保险服务机构数量 X_{18}	反映区位优势力	个	正
	地均农业机械总动力 X_{19}	农业动力机械动力总和/总面积	kW/hm^2	正
	第二产业总产值 X_{20}	反映产业状况	亿元	正
	农业总产值 X_{21}	反映产业状况	亿元	正
	外商投资总额 X_{22}	反映区位优势力	亿元	正
	文化产业增加值 X_{23}	反映文化激励力	亿元	正
	旅游总产值 X_{24}	反映资源环境力	亿元	正
	工业园总产值 X_{25}	反映产业集群化程度	亿元	正
	市场中介服务组织数量 X_{26}	反映产业发展力	个	正
辅助要素	政府雇员数量 X_{27}	反映政府管理力	人	负
	行政管理费 X_{28}	年政府部门"三公经费"总和	万元	负
	就业率 X_{29}	反映区域就业状况	%	正
	企业年科研经费投入总量 X_{30}	反映区域企业的创新能力	亿元	正
	农业现代化程度 X_{31}	农业高新技术投入量/农业投入总量	%	正
	专利申请授权数量 X_{32}	反映科技创新力	件	正
	外来人口数量 X_{33}	反映人力资源力	万人	正
	文化产业园数量 X_{34}	反映产业状况	个	正
	年国内外旅游总人数 X_{35}	反映资源环境力	万人	正
	工业园数量 X_{36}	反映区位优势力	个	正
	产业联系市场数量 X_{37}	反映产业集群化程度	个	正

五、青浦区乡村景观规划布局模式

针对上海市青浦区乡村景观特征,采用"共生"的规划理念和"胞—链—形"设计方法,提取青浦区乡村景观规划布局模式8种(图11-5)。规划结果可为政府指导乡村向工农业生产发展、社会和谐进步、经济稳定增长、环境不断改善、文化持续传承的良性演进提供规划决策依据。

图11-5　上海市青浦区乡村景观布局模式

(一)社区模式

1. 布局依据

社区模式主要依据乡镇企业驱动;依托较好的区位、经济和资源条件,通过整合人力和土地资源发展乡镇工业,推动村域经济由农业向工业主导转型。该模式布局区域为重固镇(图11-6)。

2. 规划要点

随着该区域对"农村土地经营权有序流转""发展农业适度规模经营"的支持,社区模式将成为具备发展规模农业条件地区的主导村镇建设模式与聚落体系空间组织方式。在聚落体系格局上要结合多种形式的农业规模经营,引导农业人口的集中居住,促进新型农村社区体系建设;聚落建设要结合空心村整治,构建完善的社区公共服务和基础设施体系,构建符合新生代农民特点、符合现代高效农业要求的生产生活空间体系,增强村庄发展的软实力。

图 11-6　上海市青浦区乡村景观社区布局模式(重固镇福龙苑小区)

(二)极化模式

1. 布局依据

极化模式主要依据劳务聚集驱动,分别通过资本输出、人力资源聚集和技术输出带动核心行政村发展。该模式布局区域为赵巷镇(图 11-7)。

图 11-7　上海市青浦区乡村景观极化布局模式(赵巷镇金汇村)

2. 规划要点

该区域工业化、城镇化发展水平较高,在政策上重点培育的城镇化地区的村镇建设模式及聚落体系空间组织方式。由于该类地域依然对经济发展类指标赋予高值,城市发展潜力较大,也是下一个阶段城镇化人口集聚的平台和广大农区人口城镇化转移的重要承载地区。应积极引导农村居民点向城市、小城镇、中心村分级集中,进一步促进中心城市的功能升级、引导重点小城镇复合职能的发展和吸纳农业转移人口能力的增强,完善中心村职能,分级配置各项基础设施和公共服务设施,使小城镇和中心村嵌入区域城镇体系组织而获得发展机会,促进形成网络化、流动高效的城乡地域格局。培育发展的中心城市其城乡结合部,尤其是在中心城市的主要发展方向或对外联系轴带沿线,将是城乡要素交互、土地用途转换、聚落空间调整最为激烈的地区,应积极探索盘活农村建设用地、显化其资产价值,加快城区基础设施和公共服务设施等要素向这些地区延伸。由于城郊型农村自身的经济基础较好,农民具备较好的就业机会和专业技能,在公正的利益引导和分配下,城乡一体化的集体建设用地流转将有利于乡村转型以及城镇化的双重发展。对于远郊区的村镇而言,应在非农业相对发达的中心村镇推进集中居住,构建一定区域农村经济的集聚地和农村公共产品的供给中心,探索改革农村家庭"一户一宅"批地建房为一定区域(如乡镇)内中心村(社区)建设集中供地新模式,让绝大多数农民走就地城镇化道路。

(三)疏解模式

1. 布局依据

疏解模式主要依据城镇化扩张驱动;该模式受城市扩张和城镇化推进离散力驱动,城镇周边区域受城区经济辐射或直接被纳入城镇建设区进而转变为城市区域。该模式的布局区域包括盈浦街道、香花桥街道和夏阳街道(图11-8)。

图11-8　上海市青浦区乡村景观疏解布局模式(夏阳街道塔湾村)

2. 规划要点

该区域出于生态保护、控制和恢复的考虑,对生态敏感地区的聚落及其人口、产业进行渐进"疏解",避免人工活动进一步的生态干扰,引导其向生态评估安全的选址点迁并。村镇建设主要是结合迁并点的发展,在新村迁建的过程中要尊重住区居民原乡土文化传统和社会网络,注重社区空间的再造。

(四)整治模式

1. 布局依据

整治模式主要依据农业专业化驱动,依托本地土地资源优势,开展水稻、蔬菜、茭白和草莓等规模化或特色化种植,围绕特色产品进行农产品加工,推进农业产业化经营。该模式布局的区域包括金泽镇和练塘镇(图11-9)。

图 11-9   上海市青浦区乡村景观整治布局模式(金泽镇东兴村)

2．规划要点

该区域为一般农业区的村镇建设模式与聚落体系空间组织方式。以传统农业为主导的远郊型，尤其是山区农村居民点，基本处于稳定的农业生产状态，要加强农村农田保护和生态保护、培育特色精致农业为主，注重维系乡村的地域特色和聚落空间体系的传统脉络，适度引导农村居民点向中心村镇集中，推动美丽乡村建设，完善相应的乡村基础设施和公共服务设施。

（五）示范模式

1．布局依据

示范模式主要依据专业化市场驱动，依托区位优势，完善基础设施和发展商业流通服务，通过市场促进产业发展，带动区域建设。该模式布局区域为白鹤镇(图 11-10)。

图 11-10   上海市青浦区乡村景观示范布局模式(白鹤镇白鹤村)

2．规划要点

该区域为农林等生态资源区的村镇建设模式和聚落体系空间组织方式。鼓励和支持乡村走具有特色的、生态环境友好的经济发展道路，引导生态资源合理开发利用。依托生态资源发展生态产业和循环经济，建设可示范、可推广的新农村生态住宅示范点。结合生态资源利用发展各类示范村，以"线"串"点"，可尝试构建以"生态文明"为主题的乡村综合示范线建设，形成土地、资源、能源等要素集约高效利用的空间体系。

（六）对偶模式

1. 布局依据

对偶模式主要依据休闲旅游驱动,利用风景名胜或都市郊区优势,以田园风光、农耕活动和农事庆典开展娱乐、休闲和度假的旅游,带动区域发展。该模式布局区域为华新镇(图 11-11)。

图 11-11　上海市青浦区乡村景观对偶布局模式(华新镇周浜村)

2. 规划要点

农区旅游区为村镇建设模式及聚落体系空间组织方式。乡村聚落的传统特征随乡村旅游经济的发展而受到削弱,与旅游空间相呼应,其空间功能将由过去单一的农业生产和村民居住逐步转为集生产、商贸、农耕体验、生态涵养、观光休闲、疗养度假、市民第二住所等多元的旅游服务功能,取而代之的是一批民俗度假村、旅游接待村和特色产业村产生,吸引城镇居民前来体验乡村生活和感受乡土文化。村镇发展要注重与景区的功能对偶互补,完善为旅游服务的公共性设施,提高村镇建设标准。

（七）植入模式

1. 布局依据

植入模式主要依据民俗文化产业化驱动,依托历史形成的独特的民俗文化、风俗习惯和民间艺术,通过对该种文化产品的生产、营销等市场化过程而带动区域发展。该模式布局区域为朱家角镇(图 11-12)。

2. 规划要点

优化开发区基本属于城镇化水平的高值地区,该类地区城乡关系呈现"大马拉小车"的状态,城市建设用地占图形主导地位,乡村聚落多毗邻大规模城市建成区或被城市斑块分割,呈现零星分布于城市区的空间形态。位于城市建设区或扩展区的村镇聚落应取消行政建制,并统一纳入城市规划及其旧城改造规划,使村镇经济、社会、文化、居住风貌等真正植入城乡协同共生、一体化发展,真正实现农民的就地市民化。

图 11-12　上海市青浦区乡村景观植入布局模式（朱家角镇新华村）

（八）修复模式

1.布局依据

修复模式主要依据技术投入驱动，依托相应的平台和条件，吸引物资、资金、人才、技术、信息等资源要素向区内集聚，通过各种生态修复技术和手段改善区域生态环境带动区域发展。该模式布局区域为徐泾镇（图 11-13）。

湖泊

湿地

沼泽森林

果园

图 11-13　上海市青浦区乡村景观修复模式（徐泾镇郊野公园）

农田

村庄

续图 11-13

2.规划要点

开展以郊野公园为载体的生态修复和整治。郊野地区承担着保护城市生态资源、锚固城市生态网络、保障城市生态安全的重要责任;郊野公园是改善区域景观生态质量、优化城市空间结构、提升城市空间品质、满足市民活动需求的重要载体;土地综合整治是郊野公园规划的核心;通过土地综合整治平台注重生态优先、尊重自然风貌、有机整合农田林网、河湖水系自然机理,改善该区整体面貌。同时,以"节点保护"和"排污处理"为抓手,对于工业园区的水环境治理通过规划水网生态节点,加强水廊道的生态功能,满足水生态系统服务效能总体提升;增加滨水绿化带宽度及植被覆盖率,提高水体的自净能力。

第二节　洞庭湖区乡村景观规划——湖南省长沙县金井镇

一、洞庭湖区乡村景观的特点

(一)景观生态环境破坏严重,乡土特色逐渐消失

在新农村建设推进过程中,洞庭湖区由于缺乏科学的乡村景观规划体系,忽略了农业资源的合理利用和生态环境的保护,农村居民把城市的建设当成模板。尤其是城市边缘区的农业景观受到巨大的威胁,各地政府为了追求的经济发展,经常非法占用基本农田或拆除地方古建筑,使得传统的地方特色消失,随之而来的资源与环境问题日益突出。这一时期乡村景观的发展是建立在快速城市化社会的基础之上,对于乡村景观的冲击是巨大的。例如农民为了追求短期经济利益,抛弃过去传统精耕细作的生产方式,大量使用农药、化肥、除草剂和建设农业工程设施,使农业面源污染严重、土壤流失等,这些都造成了乡村景观的恶化。集约化农业经营方式的出现,使得农业景观异质性和土地利用不断向均匀化方向发展,以至于传统农业景观中生物栖息地多样性降低,自然景观破碎。乡村景观结构设计不合理、功能不完善,导致大面积自然、半自然景观消失严重,生态平衡遭到严重破坏。

(二)土地利用布局零散,耕地质量下降

洞庭湖区农村居民点占建设用地比重虽然不断降低,但比重仍然较大,与城镇化率变化不成比例;受地形等因素影响,农村居民点用地布局分散。因工业发展和城镇建设的速度加快,土地开发占用的耕地大多是城镇周围和交通沿线质量高、设施好的良田,而补充的耕地却是一

些耕层浅薄、土壤养分含量低、排灌设施不配套的劣质田,造成耕地隐形流失,高产田面积严重下降,相反,中低产田面积增加。工业、城镇排放的废水、废气、废渣和畜禽粪便污染源增多,加上农药、化肥、农膜的不合理使用,部分地区耕地污染越来越严重,耕地质量日趋下降。

(三)乡村建设发展过程中,乡村景观亟须重新塑造

洞庭湖区乡村环境污染和资源浪费问题日益突出,乡村环境脏乱差现象十分普遍,主要表现在:一是化肥、农药和农膜等农业投入品不合理使用,随意丢弃造成了面源污染突出;二是农村生活垃圾随意堆积和丢弃,生活污水未经任何处理随意排放;三是规模化畜禽养殖所带来的农村环境污染加剧;四是农村聚落用地占建设用地比重较高,空心村普遍存在,布局零散。上述问题直接导致农业面源污染日益加剧,农村人居环境局部恶化,不但给农业生产和人民群众生活造成很大危害,而且已成为发展农村经济,构建农村和谐社会的重要障碍。针对洞庭湖区乡村景观中普遍存在的问题,未来的挑战是如何在乡村建设的进程中保护和重塑不同特色的乡村景观风貌。

二、洞庭湖区乡村景观规划的内容与方法

(一)规划目标

按照新农村建设的需求,在尊重地域乡土文化特征和区域实际情况的基础上,对农业生产景观、农业服务设施景观、农村聚落景观和农业生态景观进行科学分区规划,并对其内部乡村景观单元进行结构调整;改变不合理的景观基质和格局,改善乡村景观斑块的形状、大小和镶嵌方式,营造观光休闲廊道、道路和河流生态廊道等。以达到方便农户生产、生活的目的,进而形成稳定、健康、和谐发展的乡村景观格局。

(二)规划内容

规划内容主要从农业生产景观、农业服务设施景观、农村聚落景观和农业生态景观等4大类分别统筹规划,调整不合理的景观单元。其中,对农业生产景观进行农业生产自然适宜性评价,根据适宜性评价结果和地域分布特征,进行农业生产景观分区规划;在对农业服务设施景观进行实地勘察和评价的基础上,分别对交通道路景观、水利设施景观和农业旅游休闲景观进行具体规划;从自然环境因素、生产生活条件因素等方面,对农村聚落景观进行适宜性评价,针对评价结果划分出不同的农村聚落景观类型,分别对其内部进行布局规划和总体调整;农业生态景观根据生态环境建设要求,分别从生态保护区、河流生态廊道和交通生态廊道景观进行科学规划。总之,规划要坚持"农业生态优先、农业旅游休闲次之、农业服务设施再次和农业生产景观最后"的基本原则(顺序可调整),运用景观生态学中基质、斑块和廊道等基本原理,对研究区乡村景观进行总体规划布局。

(三)规划方法

乡村景观规划包括以下步骤:①根据乡村景观分类结果并结合调查与分析;②研究区域乡村景观的特点和存在的主要问题;③确定乡村景观规划建设的各专项规划目标;④提出农业生产景观、农业服务设施景观、农村聚落景观和农业生态景观专项规划方法;⑤乡镇乡村景观规划总体布局。规划流程如图11-14。

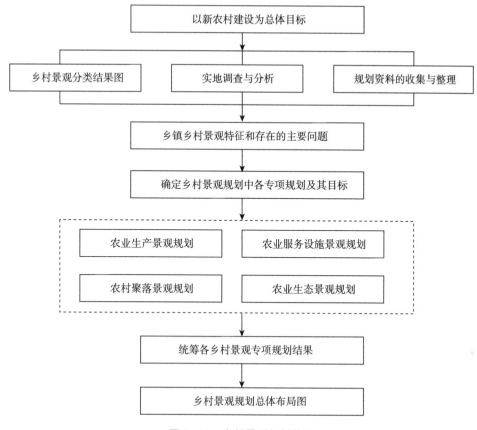

图 11-14　乡村景观规划流程

三、金井镇乡村景观系统的基础研究

(一)研究区概况

1. 地理位置

金井镇位于湖南省长沙县东北角,北接平江县,东北接双江乡,东南毗邻浏阳市,西邻白沙乡,南靠高桥镇,素有"小长沙"美称,是长沙县的边关重镇、国家建设部小城镇建设试点镇、长沙市 10 个重点镇之一。距省城 65 km,距县城 50 km,距黄花机场 40 km,地理位置优越,交通便捷,处于湖南、湖北两省的黄金通道上。金井镇到省城、县城不过 40 min 车程,已经融入长沙市、长沙县"半小时经济圈"。

2. 自然环境概况

金井镇地貌类型主要是丘陵、平原和山地,镇域北部、西北部为山地、丘陵,东部和南部为平原。全镇海拔高度为 51.46～440.01 m,地势北高南低。气候类型属于亚热带季风湿润气候区,热量丰富,日照较足,气候温和,降水充沛,四季分明,年平均气温为 17.20℃,全年无霜期平均为 275 d,积雪日为 6 d。雨量充沛,年平均降水量 1 360 mm,3—5 月平均降雨日数52.80 d,约占全年总降雨日数的 35％;夏季降水不均,旱涝无定,秋冬雨水明显减少。土壤类型主要为水稻土、红壤和紫色土等类型。主要的粮食作物为水稻,种植制度一年两熟,也有部分山区为一年一熟,经济作物主要为茶园。

金井镇山清水秀,风景宜人,兼具城镇的繁华与山村的秀美;历史悠久,文化底蕴深厚,尤其茶文化源远流长;田原广阔,物产丰饶。金井镇利用得天独厚的区位优势、丰富的自然资源与良好的人文环境,形成了以铸造、汽车电器、制革服装及农副产品加工为主导的产业体系,是湖南省茶业生产专业乡镇和生态镇。

3. 社会经济发展概况

截至 2010 年末,金井镇居民小组数 389 个,农户数 11 158 户,人口数 39 918 人。全镇实现工业总产值 23.62 亿元,其中工业总产值 19.72 亿元,同比增长 18%。农业总产值 3.90 亿元,同比增长 17%。全镇完成社会固定资产投资 4.10 亿元,同比增长 15%。实现财政总收入 2 732 万元,同比增长 21.48%,地方一般预算收入 650 万元。农民人均可支配收入达到 8 200 元,同比增长 37.12%。

4. 土地利用现状

金井镇镇域辖金龙村、九溪源村、沙田村、惠农村、涧山村、脱甲村、西山村、东山村、新沙村、拔茅田村、观佳村、龙泉村、蒲塘村、王梓园村、金井社区 15 个村(社区)和 1 个居委会(脱甲社区)。镇辖区土地利用类型主要为水田、旱地、林地、茶园等,其中耕地面积为 1 916.80 hm²,林地 6 730.33 hm²,菜地 118.8 hm²,园地 69.93 hm²。

5. 乡村景观的特点及其代表性

金井镇乡村景观分布特点为中南部平原地区大片水田,水田地块较小,景观破碎化程度较高,以水稻田景观类型为主,其次是旱地景观以茶园、蔬菜为主。山体景观分布着大片林地,河流水系和水库等分布相对较多,农业生态景观类型丰富,生态环境和生物多样性水平较高。农村聚落景观分布呈现出明显的分散性,大多数是沿山麓、公路、河流等展开的呈分散的线状,指向性明显。金井镇乡村景观分布特点代表着洞庭湖区域乡村景观总体特征。

(二)乡村景观现状分析

1. 农业生产景观和农业生态景观所占比例高,农业旅游休闲景观相对落后

金井镇乡村景观类以农业生产景观和农业生态景观为主,两者面积相差不大,且分布极其不平衡。其中农业生产景观面积 6 759.51 hm²,占乡村景观类的 50.69%;农业生态景观面积 6 058.85 hm²,占乡村景观类的 45.43%。农业生产景观类型面积分布最多的行政村是惠农村、脱甲村和九溪源村,分别占镇域农业生产景观类型总面积比例是 14.95%、11.31% 和 11.07%;而金井社区、龙泉村和沙田村分布面积最少,分别占 3.02%、2.68 和 2.11%。农业生态景观主要分布在金井镇的北部,其中观佳村、蒲塘村、西山村和龙泉村面积分布最多,分别占金井镇农业生态景观总面积的比例为 20.06%、17.80%、15.34% 和 13.33%,累计约占 66% 以上;而脱甲村、王梓园村、九溪源村和沙田村分布面积最少,分别所占比例均低于 1%。农业生产景观和农业生态景观类内,存在不合理的农业景观单元布局,如存在陡坡和微陡坡水田景观、平地生态林景观等农业景观单元,不合理的农业景观单元布局造成水土流失和土壤贫瘠化,不利于农业景观综合价值的发挥。调查中发现,金井镇农业旅游休闲景观开发力度不大,旅游服务设施相对落后,没有充分利用金井镇的区位优势和独特的农业旅游资源,如生态有机茶等。未来金井镇在新农村建设乡村景观规划中,优化乡村景观单元格局、加强农业旅游休闲景观建设,是乡村景观规划的重点内容,应充分发挥乡村景观的经济价值和美学价值。

2. 农村聚落用地规模小且分布较为分散,内部基础与服务设施水平差别大

金井镇全镇农村聚落有 15 个,农村聚落数量多,建设用地规模普遍较小,且在分布上集中连片性较低,并沿着新建道路呈蔓延状态,部分老聚落存在"空心村"等低效用地现象。农田内部有较多违法住宅,聚落内部较分散,土地集约利用程度有待提高。农村聚落之间其内部服务设施水平存在较大差别,部分农村聚落如脱甲村、金龙村和惠农村等,城镇化过程较快,内部基础服务设施较完善,设有大型超市、文化活动中心,农民生活水平和生活方式与城市居民差别不大。而部分农村聚落如观佳村、拨茅田村等,分布在相对封闭落后的山内,交通和基础设施条件落后,依然是天然的山间小路,农民与外界联系较少,信息闭塞,农业生产仍然靠天吃饭,不能满足农户生产生活的需要;且部分农村宅基地分布在陡坡上,较易发生泥石流和滑坡等地质灾害,生态环境恶劣。金井镇在乡村景观规划建设中要严格按照新农村建设的要求,对部分农村聚落重新进行选址和归并,以满足现代农业生产的要求,提高农民的生产和生活质量。

3. 农业生态景观建设整体较好,部分农业生态环境有待改善

分析乡村景观分类结果发现,金井镇农业生态景观类型占绝对优势,农业生态环境整体质量较高。但实地调研中发现,金井镇城镇化过程较快,存在部分厂矿企业污水未经处理,排放到河流中,河流水体有恶化趋势。河流沿岸分布有大量水田和茶园等农业景观,导致河流两岸生态缓冲带被侵占为农用地,这种土地利用结构不利于水土保持与水源涵养,破坏了控制农业区面源污染的防线,引发了河流水质下降问题。在长沙市创建生态文明城市背景下,农村环境质量有了较大的改善,如惠农村、金龙村等示范村。村内建设了农村生活垃圾和生活污水处理设备,农村环境脏乱差问题得到有效的遏制。但农田环境污染和资源浪费现象依然普遍存在,主要是由于农民的生产习惯没有改变,农业科技知识没有得到普遍推广,具体体现在化肥、农药和农膜等农业投入品的不合理使用及随意丢弃造成的面源污染突出。上述问题直接导致农业面源污染日益加剧,农村人居环境局部恶化,不但给农业生产和人民群众生活造成很大危害,而且是新农村建设中改变村容村貌的主要障碍因素。

针对金井镇乡村景观中存在的以上实际问题,进行科学合理的乡村景观规划建设,是实现"生产发展、生活宽裕、乡风文明、村容整洁、管理民主"新农村建设目标的重要途径。

四、金井镇乡村景观规划与设计

在乡村景观分类与制图的基础上,综合分类结果,将金井镇乡村景观单元进行按类型区规划,每一类型区域执行特定的景观功能。金井镇乡村景观主导功能类型分为农业生产景观、农业服务设施景观、农村聚落景观和农业生态景观,运用景观生态规划、乡镇规划和土地利用规划相结合的方法,分别对每个乡村景观类进行具体的功能和结构的专项规划。

(一)农业生产景观规划

在对金井镇乡村景观分类的基础上,提取农业生产景观类型地块,进行农业生产自然适宜性评价,根据适宜性评价结果和地域分布特征,进行农业生产景观的专项规划。

1. 自然适宜性评价

以提取的农业生产景观地块为评定对象,考虑大宗作物生长对自然条件的基本要求比较相似,所以对不同地类的土地性质没有做详细考虑;按照反映农用地质量的全面性和主导性原则,以农用地分等理论与方法为依据,利用耕地自然等指数评价模型(式 11-1),进行农业生产

自然适宜性评价。

(1)评价指标体系。金井镇农业生产自然适宜性评价指标体系是以长沙县耕地利用等级评价指标体系的自然质量指标为依据,其中自然质量指标是参考《农用地分等规程》,划分为平原区和山地区2个指标区。其中,金井镇属于山地区,评价指标选取灌溉保证率、土层厚度、土壤质地、土地构造、地形坡度和土壤有机质含量(表11-2)。

农业生产自然适宜性评价分值是用来判断农业生产地块的各项自然质量指标综合作用情况,是对光温(气候)生产潜力的自然修正系数,其计算公式如下:

$$C_{Li} = \frac{\sum_{k=1}^{m} w_k \cdot f_{ik}}{100} \tag{11-1}$$

式中,C_{Li} 为 i 地块区的自然质量分值;k 为评价因素编号;m 为评价因素的数目;w_k 为第 k 个评价因素的权重;f_{ik} 为第 k 个评价因素的质量分值。参考《农用地分等规程》,确定金井镇农业生产自然适宜性评价指标体系如表11-2。

表 11-2　金井镇农用地自然适宜性等别评价因素分值与权重

分值	土壤质地	土体构型	土壤有机质含量	灌溉保证率	地形坡度	土层厚度	砾石含量
100	中壤土	1 级	≥4.0%	充分满足	< 2°	无限制	1 级
90	重壤土	2 级	4.0%~3.0%	基本满足	2°~5°	厚层	2 级
80	黏土	3 级	3.0%~2.0%	一般满足	5°~8°		
70	轻壤土	4 级	2.0%~1.0%				3 级
60	沙壤土	5 级	1.0%~0.6%		8°~15°	中层	
50	沙土	6 级	<0.6%				
40	砾质土	7 级		无灌溉			4 级
30					15°~25°	薄层	
20							
10					≥25°		
权重	0.15	0.12	0.11	0.20	0.12	0.20	0.10

注:表中土体构型和砾石含量分级参考《农用地分等规程》确定。

(2)自然适宜性综合评价。运用 ArcGIS 空间分析的栅格技术,按照式 11-1 和表 11-2 的计算法则和评价因素的分值和权重,对各评价地块单元的影响因素分值图层进行空间叠加加权求和;并对研究区域评价单元综合分值进行频率直方图统计,以频率突变点作为等级划分的主要依据。结合实地调查资料的验证,进行农业生产自然适宜性等级划分,划分为高度适宜、中度适宜和低度适宜3类,得到金井镇自然适宜性评价结果(表11-3)。根据评价结果,把高度适宜性地块划分为高度适宜农业生产景观,中度适宜性地块划分为中度适宜农业生产景观,低度适宜性地块划分为低度适宜农业生产景观。

表 11-3　金井镇农用地自然适宜性评价结果

适宜性等级	高度适宜	中度适宜	低度适宜
综合分值	(0.79,1]	(0.63,0.79]	[0,0.63]
面积/10^3 hm²	4.3862	2.0117	0.3615
面积比例/%	64.89	29.76	5.35

2. 农业生产景观分类规划

(1)高度适宜农业生产景观。本类农业生产景观主要分布在金井镇中南部地势平坦、土地肥沃、区位优势较好的区域。主要种植水稻、玉米、油菜和蔬菜等,以生产粮食和蔬菜为该区域的发展目标。对高适宜类农业生产景观,在乡村景观建设规划时,应优先划分为基本农田或高产、稳产农田以及设施蔬菜生产基地。应切实加强对该农业景观的保护,严格控制建设用地非法占用,同时加强对农业科学技术的投入,做到高效可持续利用。本区农业生产景观类型主要是水稻田和蔬菜地,在农作物种植时,实行轮作制度和湖南丘陵水田特有的耕作方式,如水稻和油菜的轮作种植,这样既保持了地力又防治了病虫害,使农田景观形成一个稳定的农业生态系统。田块大小根据丘陵地形变化进行合理规划,为农作物的生长提供良好的光温水条件,同时便于机械作业。具体乡村景观规划实施中,对不合理的农业景观格局,需要对乡村景观型进行结构调整,根据乡村景观单元分布,综合考虑地貌和土壤条件,优先安排粮食生产作物,可考虑将部分经济林农业景观型调整为农田景观型。

(2)中度适宜农业生产景观。本类农业生产景观主要分布在金井镇丘陵和山地底部、地形起伏、有一定灌溉条件,其农业生产适宜性相对较弱。该区主要执行茶叶、果品生产功能,同时兼顾农业景观旅游休闲和生态功能。对中度适宜类农业生产景观,在乡村景观规划时应优先划分为茶叶生产基地,以发展金井镇生态有机茶树集中优势区为主。在交通便利、基础设施较好的区域,适当发展农业旅游休闲景观,以增加农户经济收入。本区乡村景观结构调整的方向是以本地生态有机茶为重点,扩大茶树生产,以持续的方式提高茶园生产力与经济效益,提高湘丰茶厂和金井茶厂的生产规模。在进行具体乡村景观结构调整时,依照本区域内的乡村景观单元,考虑茶树对土壤条件的需求,在适宜土壤类型上优先安排茶树,对不适宜茶树生产地块上的园地农业景观型,可适当调整为农田景观型或经济林景观型。

(3)低度适宜农业生产景观。本类农业生产景观主要分布在金井镇山地和丘陵上、地形相对较陡、土层厚度较薄,土壤贫瘠,砾石含量高,灌溉条件较差的区域。该区域未来主要执行生态环境保护功能,在乡村景观规划时,应优先划分为生态林、经济林或荒草地等,以生态林为主,在土壤和地形适宜条件下适当进行果树生产,形成林果草一体化生产体系。本区乡村景观结构调整的方向是以发展人工经济林和生态林为主,提高当地农民林副业收入。在具体乡村景观结构调整时,依照本区内的乡村景观单元,对较陡坡或以上的农田景观单元,考虑有步骤地进行退耕还林还草,对较陡坡以下的农业景观单元,可适当对土壤进行改良,在适宜土壤类型上优先安排果树林。

(二)农业服务设施景观规划

在对金井镇乡村景观分类结果的基础上,提取农业服务设施景观类型,作为农业服务设施景观规划的基础底图,根据实地勘察和未来金井镇新农村建设发展的战略目标,对金井镇农业服务设施景观进行规划。

1. 交通廊道规划

根据交通便捷度和金井镇实际交通条件,金井镇道路服务设施发展不平衡,大部分区域道路服务设施发展较快,基本满足了区域经济发展的需要。但部分偏僻落后地区的道路服务设施发展相对滞后,成为阻碍经济发展的因素。因此,通过计算已有交通道路的服务半径,实地勘察和农户意愿调查,规划两条主干道路和两条次干道路满足金井镇农业生产生活的需要(图 11-15)。

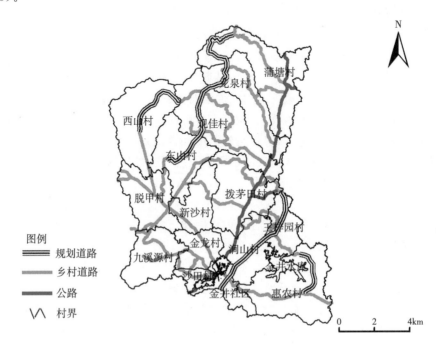

图 11-15　金井镇道路景观规划

金井镇属于典型的丘陵地区,新农村建设规划中道路规划布局建设分为 3 个层级:①主干道路,是连接农村聚落和城镇的主要交通要道,也是农村聚落之间往来的道路,供日常交通和农产品或农资的运输,地面都要做硬化处理。②田间道路,连接农村聚落到片区田块的交通道路,担负起田块货物运输的作用,路宽根据实际需求一般为 3~4 m;在道路规划时应做到农业生产的方便和机械耕作需要,根据农民的要求进行设计布置;使劳动者从农村聚落到每一个耕作田块具有方便的交通路线;③田埂小路,是划分田块与田块之间的小路,二级水渠设置的主要方向以及生物迁移的通道,一般不做硬化处理。

2. 水利设施景观规划

金井镇水利设施景观规划,应以灌溉水渠建设为重点,对田块灌溉水系合理规划布局。金井镇农田一般位于低洼平地且靠近水源的地方,灌溉水源一般是水库和河流,通过水渠同农田连接,形成特有的灌溉水系。水渠规划时应结合水源位置和地形条件,水渠建设分两级规划:一级灌渠一般沿道路进行布置,宽度约 1 m,运输水量较大,能输送到较远的农区,二级水渠一般位于田埂的一侧,宽度约为 0.40 m,能输送到每一田块。

3. 农业旅游休闲景观规划

金井镇农业旅游休闲景观建设尚处于起步阶段,为了更好地发挥金井镇农业景观的经济价值、文化价值和美学价值,乡村景观规划中应对农业进行结构调整,因地制宜地发展旅游观光休闲农业。借鉴已有的研究方法和研究区实际情况,主要考虑主干公路和城镇对周围的辐射作用,确定公路对两侧的影响范围为 500 m,城镇对周围的强辐射半径约为 1 000 m,分别以城镇为中心,在半径 1 000 m 范围和公路两侧 500 m 范围建立缓冲区。充分利用毗邻城镇的地理位置优势,在城镇边缘区结合发展都市型现代农业,建成集设施农业和观光休闲农业为一体的设施农业园区,以旅游、观光和科普为主的乡村旅游区等。在脱甲村和西山村茶叶种植基地,宏扬茶文化,以赏茶、采茶、制茶、品茶为主要内容,打造休闲、娱乐、购物于一体的体验式、观光型生态旅游休闲区。同时利用金井水库特有的自然生态环境和丰富的水文资源,通过建立滨湖度假村、水上运动区、商务休闲会所,打造一个湖南独一无二的内陆湖水上运动休闲中心,吸引城市消费人群前来休闲度假、观光旅游。

结合农业生产景观适宜性评价结果和交通便捷度,在缓冲区域范围内,农业生产景观中度适宜类型可因地制宜地发展农业观光园区、采摘园和农家乐等乡村旅游区,同时充分发挥金井镇特色农业景观的经济价值和美学价值,建设茶文化观光型生态旅游休闲区和滨湖商务休闲中心等。

(三)乡村聚落景观规划

1.乡村聚落类型划分

针对金井镇农村聚落分布分散,集中连片性较低,并存在沿着新建道路呈蔓延状态,部分老聚落存在"空心村"等低效用地现象,需要从自然环境因素、生产生活条件因素等方面对现实的乡村聚落景观进行适宜性评价,针对评价结果划分出不同的乡村聚落景观类型,分别对其进行总体布局规划。

(1)乡村聚落适宜性评价指标体系。乡村聚落的适宜性评价是按照"生产发展、生活宽裕和生态文明"的社会主义新农村建设要求,揭示系统条件对乡村聚落景观"生存"的适宜程度与限制性因素,进而确定金井镇乡村聚落景观未来发展类型。根据影响洞庭湖区乡村聚落景观分布和发展的因素的特征,遵循安全性、经济性、方便性和可持续性等原则,建立金井镇乡村聚落景观用地适宜性评价指标体系(表 11-4)。其中,自然环境因素是从乡村聚落建设的地形限制性、水土资源和人类居住的适宜性等角度来评价农村聚落的生态安全状况,评价指标选择高程、坡度和地质灾害,金井镇饮用水以水库水为主,水质量基本不存在地域差异。生产生活条件因素是从乡村聚落的区位条件和自身发展水平等方面,反应农户生产发展和生活质量水平状况,指标选择聚落内农民人均收入、城镇中心可达性、乡村聚落内部服务设施用地比例、人均农村居民点用地面积。考虑各因素对乡村聚落景观适宜性的影响程度不同,本研究采用层次分析法确定其权重,请专家对各指标的重要性进行打分排序,再用 Matlab 7.0 软件计算各级判断矩阵的一致性比例 CR,所得结果均小于 0.15,最后得到各指标的权重。其中量化分值中高程、坡度和坡向参考中国地貌划分标准进行量化,地质灾害分别参考城市规划中的地质灾害分区进行量化,农民人均收入参考本镇农民人均收入水平进行量化,距主镇区距离和服务设施用地比例,考虑城镇规划路网密度和相关研究确定其临界值,服务设施用地比例和人均农村居民点用地面积参考《村镇规划标准》(GB 50188—2007)进行量化。

表 11-4　金井镇乡村聚落适宜性评价指标体系

目标层	指标层	权重	因素层	指标量化分值					权重
				8	6	4	2	0	
农村聚落适宜性评价	自然环境因素	0.45	高程/m	0～100	＞100～200	＞200～500	＞500～1 000	＞1 000	0.074
			坡度/°	0～3	＞3～8	＞8～15	＞15～25	＞25	0.119
			坡向	水平/南	西南/东南	东/西	西北/东北	北	0.085
			地质灾害	非易发区	低易发区	中易发区	高易发区	极易发区	0.122
	生产生活条件因素	0.55	农民人均收入/元	＞12 000	9 000～12 000	6 000～9 000	4 000～6 000	0～4 000	0.147
			距主镇区距离/m	200～500	500～1 000	1 500～2 000	＞2 000	＜200	0.167
			服务设施用地面积比/%	＞15	10～15	5～10	＜5		0.144
			人均农村居民点用地面积/m²	＜150	150～240	240～290	＞290		0.142

（2）乡村聚落适宜性综合评价与乡村聚落类型划分。借助 ArcGIS 空间分析功能,提取金井镇农业景观分类结果中的 15 个农村聚落,基于以上评价指标体系,利用式（11-2）计算出各乡村聚落景观的综合适宜性指数,得到金井镇乡村聚落景观适宜性评价结果,并进行频率直方图统计,根据突变点分布将乡村聚落景观适宜性条件分为高度适宜、中度适宜和低度适宜 3 个等级。

$$Y_i = \sum_{j=1}^{n} w_j x_{ij} \tag{11-2}$$

式中,Y_i 为第 i 个乡村聚落景观的适宜性指数,w_j 为指标层第 j 个指标权重值,n 为指标个数。

高度适宜乡村聚落景观划分为重点发展型乡村聚落景观、中度适宜乡村聚落景观划分为内部改造型乡村聚落景观、低度适宜乡村聚落景观划分为迁村并点型乡村聚落景观,划分结果见表 11-5 和图 11-16。根据以上划分的不同乡村聚落景观类型,采取不同的规划措施。

表 11-5　金井镇乡村聚落规划类型

乡村聚落规划类型	适宜性等级	适宜评价分值	乡村聚落分布
重点发展型	高度适宜	[6,8]	惠农村、金龙村、九溪源村、拨茅田村、脱甲村和金井社区
内部改造型	中度适宜	[2.5,6)	新沙村、沙田村、涧山村、西山村和王梓园村
迁村并点型	低度适宜	[0,2.5)	观佳村、龙泉村、蒲塘村和东山村

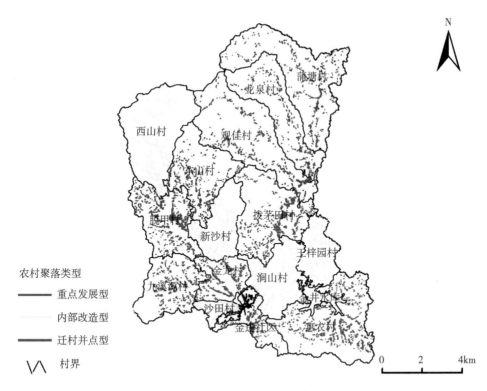

图 11-16 农村聚落类型分布

2. 乡村聚落景观分类型规划

(1)重点发展型乡村聚落景观。金井镇重点发展型乡村聚落景观,主要分布在惠农村、金龙村、九溪源村、拨茅田村、脱甲村和金井社区 6 个行政村(社区)。该区域农村聚落用地处于高度适宜等级,交通便捷,区位优越,人口密集,农村经济水平相对较高,基础设施较完善,是未来金井镇农村聚落发展的重点。对于重点发展型农村聚落景观,在规划时,应以政府为主导,以农户为依托,对重点农村聚落景观规划建设采取相对集中的原则,统一规划其功能结构和外部风格,利用现代建筑技术,又不失乡土文化特色,方便农民的生产生活,反映新农村建设中农村生活新风貌,发挥对周围农村聚落景观的辐射、带动和示范作用。在结构规划中,居住建筑区要反映江南丘陵居住建筑总体特征,布局结构上形成组团分散、依山傍水的布局方式,适当提高楼层高度以及楼体之间的紧凑感,提高土地利用效率,形成江南水乡独有的人居环境。基础设施规划中,既保留江南丘陵农村聚落特有的生活情趣的活动空间,如井台打水、晒谷坪扬场等,又满足了农村居民生活高质量需求,如健身设施、文化活动中心、社区服务中心、休憩场所等。重点发展型农村聚落在建筑规划、行为活动和场所空间规划、聚落景观整体布局规划和农村聚落绿化 4 个方面,充分体现金井镇在新农村建设规划中,提出的绿色生态乡村、现代风情小镇的要求。

(2)内部改造型乡村聚落景观。金井镇内部改造型农村聚落景观,主要分布在新沙村、沙田村、涧山村、西山村和王梓园村 5 个行政村。该区域农村聚落景观用地处于中度适宜等级,地势相对平坦,基本上不存在自然灾害风险。对内部改造型农村聚落景观进行规划时,主要走内部挖潜的道路,对旧建筑,可采取改建为主,保护为辅,避免大拆大建。引导和规划新建住房尽量利用原来的老宅基地,将原有的农村住宅"只建一层两层的住房模式"逐渐向"三层四层楼房模式"引导,并限制非法扩展建设占用农田,进行合理的农业景观规划设计以提高土地利用率,控制外延扩展,功能分区上要逐步引导,合理布局。基础设施规划中要实现村村通公路,改善不便利的交通条件,有条件的情况下适当配置公共服务设施如文化广场、超市、健身设施、文化活动中心等,丰富农民的业余文化生活。

(3)迁村并点型乡村聚落景观。金井镇迁村并点型农村聚落景观,主要分布在观佳村、龙泉村、蒲塘村和东山村4个行政村。该区域农村聚落用地处于低适宜等级,地形较高,容易发生地质灾害的生态脆弱地区,交通闭塞,人口密度小,农村经济水平较差,基础设施较落后,农村聚落景观呈原始破败状态。对这些农村聚落景观的规划,要以政府财政支持为主,农户积极配合的原则,有计划有步骤地进行移民,迁村并点方式视不同情况,可有整体搬迁和逐步搬迁两种形式,搬迁至重点发展型农村聚落。对搬迁后的地块进行多用途适宜性评价,根据评价结果和未来金井镇发展需要,进行因地制宜的开发利用。

(四)农业生态景观规划

在金井镇乡村景观分类结果的基础上,提取农业生态景观类型地块,作为本研究的地块对象,根据农业生态景观类型分布状况和未来金井镇建设绿色生态乡村现代风情小镇目标的总体要求,金井镇农业生态景观规划,以镇域北部山区为农业生态保护区主体,以主要河流和交通道路建立生态缓冲廊道,实现稳定协调的农业生态景观格局。

1. 农业生态保护区

金井镇农业生态景观类型,主要分布在海拔高度和坡度较大、交通条件较差的北部山地区域和东南带状区域,不适宜规模化农业生产,主要植被类型为生态林和荒草地,其间零星分布着天然水域和水库。大片区域的农业生态景观和低度适宜农业生产景观,可考虑优先划分为农业生态保护区。该区主要执行水源涵养、水源地保护、水土保持、生物多样性保护和自然保护区方面的生态环境保护功能。对农业生态保护区景观,应切实加强对该区农业生态景观型的保护,严格控制滥砍滥伐或开垦放牧,一些地方要实施封山育林,治理水土流失,建设水源涵养林。加强自然保护区的建设,加强生物物种保护,禁止进行有损自然生态的开发建设活动,对域内工业用地和集中村落应慎重布置,注重自然生态环境建设和修复。严格限制自然保护区核心区内的人类活动,非核心区和其他生态保育区可适当进行生态旅游、生态农业、休闲度假开发,实施积极的建设性保护方针。水库上游要继续营造水源涵养林,保持水土,加强水库上游地区在水资源建设、保护及统筹调配等方面的协作。本区内乡村景观单元在具体规划时,应以金井镇乡村景观单元分类结果为基础进行适当的调整,立地条件在陡坡以下的地方,乡村景观型以调整种植生态林为主,陡坡处以种草为主。

2. 河流生态廊道

河流生态缓冲带作为陆地生态系统和水生生态系统的交错地带,具有生态、经济和景观多重功能。在河流缓冲带内进行农地开垦,不但破坏了其生态系统,使其丧失过滤污染径流的作用,而且在耕种过程中所施用的化肥、农药,更成为水体的直接污染源之一(图11-17)。因此,河流景观生态廊道建设的要求是在河流两岸,形成以农田为中心,外围由灌木丛或森林景观环绕的景观模式,并在河流和农田之间建设具有生态环保意义的生态缓冲带。构建缓冲带时,应增加植被种类,严格控制河流两岸污染排放,提高生态稳定性,使沿河缓冲带具有更强的截污分解效率,有效保护河流水质。在金井镇,以脱甲河和捞刀河上游两条主流和几条支流为主体的两侧 50 m 建设了河流生态缓冲带,形成水体绿色生态系统廊道。

图 11-17　河岸生态缓冲带被侵占为农田

3. 主交通道路廊道

交通沿线周围绿色生态廊道的设计,有利于净化空气质量,维护农业景观的生物多样性和稳定性。交通道路周围绿色廊道的设计,应充分发挥绿色空间的生态功能,因此对乡村道路和过境公路要采取不同的规划方式。乡村道路是农民生产作业的生产路,通常有端点、拐点和交叉点,人流时间长,所以要精心构思,重点规划,使之符合农村统一风貌。过境公路基本上是供匆匆过路行人使用,为使单调的旅途令人愉快,要抛开"一条路,两行树"呆板传统的设计方式,要用高低错落的绿化树木和丰富多彩的花木品种,增加道路两侧生态廊道的色彩和层次。因此要对乡村道路和过境公路采取不同的规划方式。应重点在两条主干道两侧建设的绿色生态廊道,设置 30 m 宽(非建设区)的防护绿地,乡村道路两侧可设置 10~15 m 的绿色生态廊道,是镇域内主要的农业生态绿化带景观。

(五)金井镇乡村景观规划总体布局

通过以上对金井镇乡村景观进行专项规划的结果发现,部分乡村景观地块在规划布局上存在冲突,需要统筹协调,合理布局。本研究针对金井镇新农村建设乡村景观规划的总体目标和区域位置综合特征,坚持"农业生态优先、农业旅游休闲次之、农业服务设施再次和农业生产景观最后"的基本原则,在对零星乡村景观类型小地块进行区划时,采取分区原则,把小面积乡村景观类型,归并到相邻相同区域内。运用景观生态学中基质、斑块和廊道等基本原理,对金井镇乡村景观进行总体规划布局。金井镇乡村景观总体规划布局结果中乡村景观基质为:农业生产景观区(细分为粮菜生产区-高适宜类农业生产景观、经济园林生产区-未被划分为农业旅游休闲区的中度适宜类农业生产景观)、农业生态保护区等;斑块为农业旅游休闲区和农村聚落景观等;廊道为道路、河流、生态缓冲带等。金井镇乡村景观规划总体布局结果如图11-18所示。

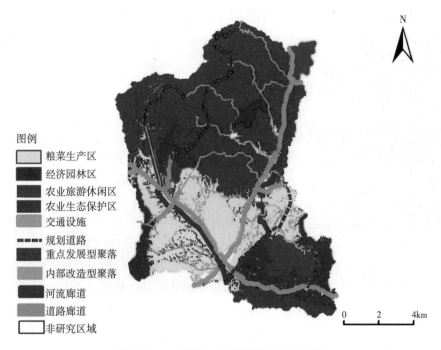

图例
粮菜生产区
经济园林区
农业旅游休闲区
农业生态保护区
交通设施
规划道路
重点发展型聚落
内部改造型聚落
河流廊道
道路廊道
非研究区域

0   2   4km

图 11-18　金井镇乡村景观总体规划布局

第三节　黄土高原小流域农林复合景观的规划
——宁夏彭阳县中庄村

一、中庄小流域景观系统的基础研究

（一）研究区域概况

1. 研究区域——宁南黄土丘陵区概况

宁夏回族自治区地处我国西北内陆地区、黄河中上游。宁南黄土丘陵区位于宁夏回族自治区南部，包括宁夏回族自治区固原地区六盘山以北的固原、彭阳、同心、海原、西吉及隆德六县，属于黄土高原的一部分，是黄土高原向西部沙漠的过渡地带，地貌类型属于黄土缓坡丘陵间台塬地。土壤母质为黄土，颗粒组成以粗粉沙（粒径 0.01～0.05 mm）为主，疏松、垂直节理发育，土壤团聚力和胶结力较弱，抗风蚀、水蚀性能差。本区气候属于半干旱区，多年平均降水量在 250～450 mm，由南向北递减，60%～70%的降水量集中于 7—9 月，多以暴雨形式出现，加之地形较为复杂，地形起伏大，水土流失极为严重。宁夏回族自治区全区水土流失面积为 1.78 万 km²，80%集中分布在宁南黄土丘陵区，较严重及严重流失面积约占 52%，年侵蚀模数为 3 000～7 000 t/km²，最高可达 10 000 t/km²。

水土流失是宁南黄土丘陵区最大的生态问题，也是区域生态环境退化、失调的突出表现。宁南黄土丘陵区水土流失面积占土地总面积的 80%，严重的水土流失导致植树成活率低，保存率更低,草场严重退化,土地破碎,沟壑纵横。另外,严重的水土流失还使大量的泥沙输入水库,造成水库严重淤积,使库容不断缩小,降低了防洪能力和水库效益。据有关资料统计,宁南黄土丘陵区 190 余座水库,每年淤积泥沙 1 600 万～2 000 万 t,其中近 80％水库低于防洪标准,致使大多数水库汛期有水不敢蓄,汛后又因蓄水不足而减少灌溉面积,造成库水不足,难以保证作物生长期需水,导致作物减产。

2. 研究试区——中庄小流域基本情况

中庄村小流域位于宁夏南部黄土丘陵区的彭阳县中部区域白阳镇中庄村,是茹河流域中段支流的一部分,属于黄土高原腹部梁峁丘陵地,地面破碎,地表倾斜度大。地理位置在东经 106°73′～106°69′,北纬 35°91′～35°93′,土地总面积为 4.17 km²。

中庄小流域属于暖温带半干旱区,为典型的温带大陆性气候,光热资源丰富,区域性气温差异明显,昼夜温差较大,四季分明,春迟夏短,秋早冬长。海拔 1 505～1 750 m。该区域年平均气温 7.6℃,≥10℃的年积温为 2 200～2 750℃,区域内年蒸发量较大,干燥度为 3.58,无霜期 140～160 d。研究区年平均降水量为 420～500 mm,降水量集中,年内分配不均,主要集中在 7—9 月。流域内土壤类型为非耕种侵蚀性黑垆土和耕种侵蚀性黑垆土。

(二)中庄小流域景观生态系统分析

1. 中庄小流域主要生态问题分析

通过对宁南黄土丘陵的概况分析可知水土流失是该区的主要生态问题。水土流失包括水的流失和土壤流失两方面。土壤的流失是由水力引起的水力土壤侵蚀。在流域侵蚀产沙过程中,侵蚀的方式和形态取决于水动力条件。水力土壤侵蚀是我国普遍存在的一种侵蚀形式,特别在黄土地区的流域侵蚀产沙过程中发挥着主要作用。中庄小流域是宁南黄土丘陵区的典型流域,其主要的生态问题就是以水力土壤侵蚀为主的水土流失问题。水力土壤侵蚀是降雨、径流对地表土壤的剥蚀、分散输移和堆积的过程。在本研究中将水力土壤侵蚀简称为土壤侵蚀。

2. 土壤侵蚀因素分析

土壤侵蚀因素是由所有影响地表侵蚀的因素构成的景观综合体,是一个开放的系统,也是一个由自然环境因素和人文环境因素组成的复合系统。

(1)自然环境因素分析。影响土壤侵蚀的气象因素包括降水的形成、总量、季节分配、降水过程和降水强度。以降水强度关系最密切,影响最大。在流域中,坡面上部的侵蚀以雨滴击溅侵蚀为主,侵蚀强度受降水特性的影响。研究区多年平均降水量为 420～500 mm,降水量集中,年内分配不均,主要集中在 7—9 月,而且降水的年季变差系数较大,雨量集中月份降雨常以暴雨形式出现,降水强度大,易发局地暴雨洪水,造成土壤侵蚀。

土壤是侵蚀的基础以及产沙的源地。土壤的理化性质、结构、有机质含量和透水性能等均影响着侵蚀的过程和强度。流域内土壤类型为非耕种侵蚀性黑垆土和耕种侵蚀性黑垆土。耕种侵蚀黑垆土是一种侵蚀严重的耕地土壤类型,土壤质地以粉沙粒为主,通体质地均匀,结构松散,遇水易分散,加上耕作粗放等原因,易遭侵蚀。土壤有机质含量很低,为 1.2％～1.4％之间。该类土壤分布地区是防止水土流失重点区域。非耕种侵蚀黑垆土主要分布在坡度较陡的丘陵区,地表冲沟明显,侵蚀严重。土壤表层有机质含量较高,平均为 1.41％,表层以下至 60 cm 处只有 0.56％。

地形因素是影响侵蚀泥沙输送和淤积的主要因素。沟道集中径流决定了泥沙输移的方式、输移量、固体物质比。中庄小流域属于黄土高原腹部梁峁丘陵地,地面破碎,地表倾斜度大。流域内沟壑密度大,且有明显且狭长的侵蚀沟存在。这些地形特征都是径流和泥沙输送的基础。

地表植被的类型及其覆盖度与土壤侵蚀关系密切。研究区域的植被类型以草原植被为基础,属于半干旱干草原区,生长有长茅草、角蒿、铁杆蒿、白羊草、赖草、星毛萎陵菜等;其次还有中生和旱中生的落叶阔叶灌丛、落叶阔叶林、草甸。人工植被以紫花苜蓿、山杏、山桃为主。

(2)人文环境因素分析。人类活动在流域侵蚀产沙过程中发挥着重要作用。一方面,现代人类的生产活动扰动了土壤结构;另一方面,人类不合理的活动对地表植被产生影响。在研究区域,生态退耕工程实施之前,农户陡坡开荒、过度放牧破坏了地表植被状况,在暴雨径流的冲刷下,加剧了土壤侵蚀的发生。

从以上影响土壤侵蚀的因素来看,气候因素、土壤因素与地形因素是不可控因素,而植被因素与人文环境因素是可控因素。土壤侵蚀的治理可以从调整植被类型与空间配置以及引导和调控人类活动两方面着手。

3. 中庄小流域的生态退耕概况

中庄小流域从2000年开始成为生态退耕工程的试点区域,2002年由试点转为全面启动,同时,生态退耕的辅助配套工程如集水窖建设工程、沼气池建设工程、坡耕地改造等项目也同步启动。工程实施的主要目标是治理水土流失,提高农民经济收入,降低农民对于水土流失和旱灾的脆弱性。生态退耕实施后该区域的景观格局发生了显著的变化。首先,生态退耕改变了该区域的景观类型结构,流域内出现了大面积的紫花苜蓿。其次,景观的空间格局也发生了变化。生态退耕是以梁峁为基本单元进行的,上部坡度大的耕地进行生态退耕,中部坡度大的耕地整理为机修梯田,下部的耕地保留。从以上分析可以看出生态退耕工程试图从调整土地覆被类型及其空间配置入手治理土壤侵蚀。此外,人文环境因素也是治理土壤侵蚀的可控因素,通过引导和调控人类活动来减轻农户活动对土壤与地表植被的负面影响也是生态恢复的关键途径。

二、中庄小流域景观生态规划思路

(一)景观生态规划基本原则

基于景观生态规划的"格局—过程"和"自然-人类"关系原理,本研究提出中庄小流域景观生态规划的原则为:

(1)基于"格局—过程"关系原理,在已有的退耕还林工程基础上,继续深入开展并加强退耕还林工程生态效应的巩固,具体包括:①加强已退耕还林区域的保护,力争在原有的退耕还林模式的基础上,探索出更高效的生态可持续发展模式。②加强生态敏感区和脆弱区的辨别和保护,对土壤侵蚀和土地利用强度较大的区域加强土地利用治理。

(2)基于"自然-人类"关系原理,在已有退耕还林的基础上,既考虑自然生态环境的改善,又保证农民生产、生活水平的可持续发展,力争促进"自然-人类"关系进一步协调发展。具体包括:①保持或加强国家生态补偿力度。确定适度的生态补偿量和补偿期限,鼓励农民生态移民,为农民的生产和生活提供充足的保障。②设定耕地重点开发区域,加强投入,注重对现有耕地潜力的开发,提高耕地生产力。③在保证退耕林草地生态效益的前提下,加强退耕地的综合利用,如提高林草地的产草量,适度发展畜牧业,或是适度发展生态旅游等产业。

(二)景观生态规划思路

根据前述的基本原则,本研究针对两个方面的因素进行重点考虑:一为充分考虑坡度对"格局—过程"关系的影响,主要针对坡度对土壤侵蚀存在着巨大的影响;二为考虑土地利用类型,既考虑"格局—过程"关系,又兼顾景观生态系统的"自然-人类"关系。基于"格局—过程"关系对土地利用格局进行优化,保障景观生态系统的生态过程可持续发展;基于"自然-人类"关系原理对土地利用格局、强度等方面进行调整和规划,实现土地利用潜力的充分开发,种植模式和产业结构的完善或优化,增加农户的经济收益,从而建立更为和谐的"自然-人类"关系。

（三）景观生态规划方案

经过综合考虑,确定的流域景观规划的具体方案按照规划的重要程度进行如下排序。

（1）设定居民区周围50 m以内为居民生活生态保障区,重点保障林地发展,以维持生活环境的高质量;

（2）确定坡度25°以上、侵蚀沟以及100 m以内区域以及未利用地等区域为生态敏感区,采用造林、种草等绿化方法控制土壤侵蚀,或者发展未利用地的治理工程,实行重点治理(保护);

（3）确定坡度15°以下、侵蚀沟100 m以外的耕地区域为耕地重点开发区域,加强农业机械和化肥投入、加强灌溉条件的建设;

（4）确定其他林地区域为一般林地治理区,适度发展新的造林模式;

（5）其他区域,不作为特别开发和治理的区域。

综合以上过程,中庄小流域景观生态规划的技术流程如图11-19所示。

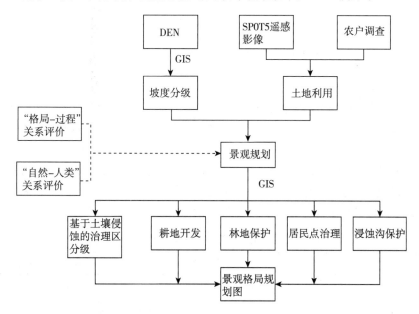

图11-19　中庄小流域景观生态规划流程

三、中庄小流域景观特征分析与评价

（一）基于坡度分异的景观空间格局分析

流域内的景观类型空间分布格局与土壤侵蚀效应具有密切关系。坡度与土壤侵蚀密切相关,景观类型在不同坡度的分布特征将影响到土壤侵蚀发生的敏感性,使不同坡度的土壤侵蚀呈现一定的空间分异。因此,只有分析不同景观类型在不同坡度的分布情况,才能找到景观类型空间配置的不合理之处,为景观格局的调整优化提供依据。

对中庄小流域景观坡度分异情况进行分析,结果表明 8°～15°坡度带的面积最大,占整个流域面积的 64%;其次为 15°～25°坡度带。确定了 8°～25°是研究区的主要坡度带,而且林地、小麦地和玉米地是该流域的主要景观类型。在坡度图基础上计算得到各坡度等级比例结构,如图 11-20 所示。

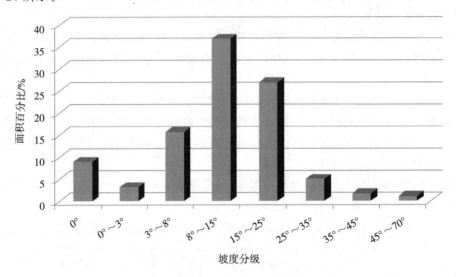

图 11-20 中庄小流域各坡度等级比例结构

将小流域的景观类型图与坡度图叠加,得到不同坡度景观类型所占比例(表 11-6)。从表 11-6 可以看出小流域景观类型坡度分布的 3 个特征:第一,在所有坡度带中,林地、小麦地和玉米地都是主要景观类型。第二,玉米的种植条件好于小麦。虽然玉米种植面积较大,在各坡度所占比例都相对较高,但是在 8°～25°的研究区主要坡度带上,玉米分布面积低于小麦。这反映了玉米的总体耕作条件好于小麦。在农户调查中,多数农户反映在 2003 年种植结构调整以后,将部分坡度较小的小麦地都调整为玉米地,导致 0°～8°小坡度带的小麦种植面积减少。第三,在 0°以及 0°～8°坡度带均分布了一定数量的紫花苜蓿。

表 11-6 中庄小流域不同坡度景观类型结构比例 %

坡度分级	林地	玉米地	小麦地	马铃薯地	胡麻地	撂荒地	居民点	侵蚀沟
0°	17.53	29.76	25.65	13.40	9.48	2.76	0.78	0.64
0°～3°	16.43	36.24	27.49	9.21	5.85	2.90	0.63	1.26
3°～8°	19.03	32.24	27.93	7.77	7.18	3.79	0.95	1.11
8°～15°	31.26	19.45	25.11	6.36	6.58	8.31	1.87	1.04
15°～25°	48.17	16.45	17.30	4.46	2.70	4.70	2.94	3.29
25°～35°	49.57	9.80	7.17	3.24	1.28	2.26	3.20	23.49
35°～45°	21.01	6.10	2.10	2.25	0.54	0.96	0.61	66.43
45°～70°	6.73	3.29	0.37	1.22	0.00	0.05	0.00	88.34

(二)基于景观指数的景观空间格局分析

1. 斑块多样性分析

斑块是景观构成的基本空间单元,斑块之间通过不同组合构成景观空间格局,是决定景观功能的主要因素。采用景观指数描述斑块的组合结构特征,可对景观格局进行分析和量化,进而推绎其与生态过程的联系,揭示"格局—过程"之间相互作用的机理。

通过计算,中庄村小流域不同时点景观类型的斑块多样性特征见表 11-7。

表 11-7 不同时期景观类型斑块特征

景观类型	斑块数	占总斑块数百分比/%	平均斑块面积/hm²	平均斑块周长/m	最大斑块指数	平均分维度
1993 年						
耕地	14	25.0	20.72	1 803.9	65.9	1.136
林地	20	35.7	2.81	1 184.3	2.5	1.141
草地	8	14.3	4.58	1 401.9	2.5	1.112
未利用地	2	3.6	12.84	3 337.5	5.6	1.143
建设用地	12	21.4	0.74	649.2	0.5	1.137
总计或平均	56	100.0	7.46	666.3	—	1.135
2000 年						
耕地	22	51.2	13.52	1 418.2	63.2	1.124
林地	17	39.5	3.89	1 633.8	5.4	1.138
草地	2	4.6	9.06	2 855.0	3.0	1.155
未利用地	2	4.7	13.33	3 295.0	6.3	1.116
建设用地	13	30.2	0.70	627.3	0.5	1.141
总计或平均	56	100.0	7.46	1 965.9	—	1.133
2005 年						
耕地	12	27.3	17.53	2 831.7	49.0	1.142
林地	17	38.6	10.48	2 277.9	18.1	1.138
草地	—	—	—	—	—	—
未利用地	2	4.6	9.93	2 632.5	4.7	1.107
建设用地	13	29.6	0.70	623.9	0.5	1.139
总计或平均	44	100.0	9.49	2 091.5	—	1.138

注:标号"—"为没有统计。

(1)斑块总数和平均面积的时间变化反映景观格局的总体特征,前一个阶段(1993—2000年)呈现的景观破碎度基本一致;2000—2005 年景观斑块呈现团聚化的趋势。表 11-7 显示,研究区 1993 年、2000 年和 2005 年 3 个不同时点景观斑块总数分别为 56、56 和 44,而平均斑块面积分别为 7.46 hm²、7.46 hm² 和 9.49 hm²。前一个阶段(1993—2000 年)斑块总数保持不变,平均面积不变,这表明 1993—2000 年期间呈现的景观破碎度基本一致。后一阶段(2000—2005 年)斑块总数减少,斑块平均面积则呈现上升趋势,表明 2000—2005 年景观斑块呈现团聚化的趋势。

（2）1993—2005 年中庄村小流域景观的主体均是耕地和林地。分析表 11-7 结果可知，1993 年耕地斑块数为 14 个，占据总斑块数的 25％，平均斑块面积为 20.72 hm²；2000 年耕地斑块数增加到 22，占总斑块数的 51.2％，耕地的平均面积降至 13.52 hm²，这表明，在 1993—2000 年，耕地呈现破碎化的趋势。与此对比，2005 年耕地的斑块数减少到 12，占总斑块数的 27.3％，斑块数相对于 2000 年显著减少，平均斑块面积继续略升至 17.53 hm²，这表明 2000—2005 年景观体现出团聚化的趋势。

（3）1993—2000 年林地平均斑块面积略有增加；2000—2005 年林地的斑块数和平均斑块面积均有明显增加，体现了退耕还林的效果。表 11-7 显示，1993 年林地斑块数为 20，平均面积为 2.81 hm²；2000 年林地斑块数则减少至 17，平均面积达到 3.89 hm²，略有增加。而 2005 年林地斑块数保持在 17，平均斑块面积则显著提高到 10.48 hm²，林地在这个阶段呈急剧扩展状态。1993—2000 年林地斑块数稍有减少，平均斑块面积略有增加。与此对比，2000—2005 年林地的斑块数和平均斑块面积、斑块周长均有明显增加，体现了退耕还林的效果。

（4）景观形状复杂性较低，且变化幅度小。研究区 1993 年、2000 年和 2005 年平均斑块分维数分别为 1.135、1.133、1.138，整体上均不大，且变化程度较小，这表明研究区景观形状复杂性较低，且变化幅度小。对 1993—2000 年与 2000—2005 年两个阶段进行比较，研究区斑块平均分维数先减小后增加，表明研究区的景观形状复杂性在前一阶段趋于简单，后一阶段趋于复杂化。与此对应的是景观的平均斑块周长 3 个时点分别为 666.3、1 965.9、2 091.5，表现出逐渐增加的趋势，表明各斑块边界整体上呈复杂化趋势。

2. 景观异质性分析

（1）耕地和林地是景观的主体，是占有优势的景观类型；随着时间推移，耕地占优势的程度在逐渐减小，而林地逐渐增加。分析表 11-8 和图 11-21 可知，1993 年的主要土地利用类型依次为耕地（69.46％），林地（13.47％）、草地（8.78％）。2000 年依次为耕地（71.25％）和林地（15.85％）。2005 年主要为耕地（50.38％）和林地（42.69％）。在各景观类型当中（表 11-7），耕地在 3 个时点的最大斑块指数分别为 65.9、63.2、49.0，呈现递减的趋势，但始终是各景观类型中的最大值。林地在 3 个时点的最大斑块指数分别为 2.5、5.4、18.1，景观优势度呈现明显的增加趋势。未利用地 3 个时点的最大斑块指数分别为 5.6、6.3、4.7，前一阶段优势度稍有增加，可是变化不明显，而后一阶段则明显减小。

（2）不同景观类型斑块之间的相邻分布整体上呈现非均匀化的趋势。按时间先后排序，3 个时点的景观混布并列指数分别为 76.083、65.760、55.637，随时间变化，混布并列指数呈现减小的趋势，表明研究区内不同景观类型斑块之间的相邻分布整体上呈现非均匀化的趋势。与此对应，3 个时点的景观多样性分别为 0.990、0.929、0.937，反映景观的复杂性先减小后稍有回升。

（3）景观破碎度是衡量景观受到人为干扰程度的指标，中庄村小流域景观呈团聚的大斑块分布，由于受到人为因素的影响稍小。表 11-8 显示，1993—2000 年景观斑块密度稳定在 13.4，而 2005 年景观斑块密度降至 10.5。研究区 3 个时点的景观破碎度均较低，这表明整体而言，中庄村小流域景观呈团聚的大斑块分布，由于受到人为因素的影响稍小，1993—2000 年景观破碎度基本没有变化，而 2000—2005 年期间，景观破碎度的变化则反映了整体上景观小斑块聚合成为大斑块的趋势。

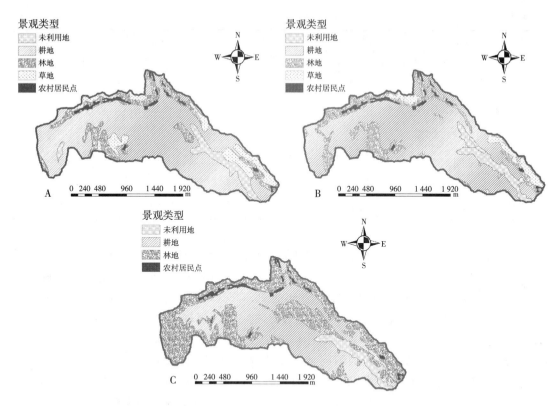

图 11-21 研究区 1993 年(A)、2000 年(B)和 2005 年(C)土地利用现状

表 11-8 1993—2005 年不同土地利用类型面积百分比 ％

年份	耕地	林地	草地	建设用地	未利用地	总计
1993	69.46	13.47	8.78	2.13	6.16	100
2000	71.25	15.85	4.35	2.17	6.38	100
2005	50.38	42.69	—	2.18	4.76	100

注:标号"—"为没有统计。

(三)退耕还林对土地利用合理性的影响分析

(1)1993—2000 年中庄村小流域的土地利用变化幅度很小。分析 1993 年和 2000 年不同景观类型的比例(表 11-8)可知,主要的耕地、林地、草地、未利用地、建设用地分别为 69.46％、13.47％、8.78％、6.16％、2.13％(1993 年)和 71.25％、15.85％、4.35％、6.38％、2.17％(2000年),1993—2000 期间各种景观类型的比例均比较接近。对不同坡度下不同景观类型(表 11-9)进行具体分析依然显示,各景观类型在 1993—2000 年的面积百分比变化较小。这表明,1993—2000 年中庄村小流域的土地利用变化幅度很小。

表 11-9 1993—2005 年不同坡段土地利用占总面积的百分比 ％

坡度分级	耕地			林地			草地			未利用地			农村居民点		
	1993年	2000年	2005年	1993年	2000年	2005年	1993年	2000年	2005年	1993年	2000年	2005年	1993年	2000年	2005年
0°	7.87	8.03	6.98	0.27	0.78	1.90	0.65	0.04	—	0.16	0.10	0.07	0.01	0.01	0.01

续表 11-9

坡度分级	耕地			林地			草地			未利用地			农村居民点		
	1993年	2000年	2005年	1993年	2000年	2005年	1993年	2000年	2005年	1993年	2000年	2005年	1993年	2000年	2005年
0°~3°	2.45	2.53	2.08	0.13	0.29	0.78	0.26	0.03	—	0.08	0.06	0.05	0.01	0.01	0.01
3°~8°	13.06	13.48	11.20	0.60	1.12	3.76	1.10	0.09	—	0.35	0.41	0.15	0.14	0.14	0.14
8°~15°	29.64	30.45	21.92	4.45	5.35	14.72	2.06	0.47	—	1.01	0.87	0.51	0.92	0.92	0.92
15°~25°	15.27	15.71	7.84	6.54	6.80	17.63	3.48	2.76	—	1.22	1.15	0.95	0.92	0.92	0.92
>25°	1.15	1.06	0.42	1.47	1.48	3.83	1.25	0.96	—	3.35	3.79	3.04	0.13	0.17	0.18
总计	69.45	71.27	50.44	13.47	15.83	42.63	8.79	4.35	—	6.17	6.39	4.77	2.13	2.17	2.18

注:标号"一"为没有统计。

(2)2000—2005年退耕还林是主要的土地利用变化方式,土地利用的合理性得到了显著的提升。对2000年和2005年的土地利用(表11-9)情况进行比较,耕地面积占比从2000年的71.27%(占总面积的百分比,下同)降为2005年的50.44%,降低了20.83%;林地面积占比则从15.83%增加到了42.63%,增加了26.80%,这表明,这一阶段退耕还林是主要的土地利用变化方式。此外,未利用地面积占比由6.39%降至4.77%,主要也转化为林地,这表明当地对未利用地的治理颇有成效。综合这一阶段的不同坡度的情况(表11-9),>25°的耕地从1.06%减少至0.42%;15°~25°的耕地从15.71%减少至7.84%;8°~15°的耕地从30.45%减少至21.92%;3°~8°的耕地从13.48%减少至11.20%。综上所述,25°以上地域的耕地基本退耕;8°~15°和15°~25°两个坡度级是退耕的主要区域,退耕面积之和达到区域总面积的16.4%。与此对应,>25°、15°~25°、8°~15°3个坡度段的林地面积分别增加了2.35%、10.83%、9.37%。在此阶段,2000年与2005年的土地利用合理性值分别为0.664和0.712,土地利用的合理性在此期间得到了显著的提升。

(四)中庄小流域景观格局总体评价

从整体上看,1993—2005年,研究区景观斑块的团聚性较好,景观多样性基本保持稳定,平均景观分维数的变化较小。在退耕前的1993—2000年,景观格局变化的程度较小,具体表现为斑块多样性和景观异质性指数的变化均比较小。与此对照,"退耕还林"工程开始实施之后,退耕还林(耕地向林地转化)和未利用地综合治理(未利用地向林地转化)是研究区主要的土地利用变化过程,2000—2005年小流域景观格局发生了的剧烈演变。研究区小流域景观斑块总数减小,平均斑块面积增加,景观形状趋于复杂,斑块边界复杂性有所增加,景观斑块呈现团聚化的趋势。其中,耕地斑块数下降,平均斑块面积略有提升,而耕地总面积则表现为显著下降的趋势,面积减少量达到研究区总面积的20.83%,耕地的景观优势度因此有所降低。林地斑块数保持稳定,平均斑块面积显著提升,总面积显著增加,面积增加量达到研究区总面积的26.80%,林地的景观优势度显著增加。草地通常以林草结合的方式出现。未利用地斑块数保持稳定,可是平均斑块面积减少。建设用地的变化很小。

四、中庄小流域景观规划

(一)"退耕还林"实施过程是景观格局优化的过程

"退耕还林"工程符合景观生态系统的"格局—过程"关系,又体现了对"自然—人类"和谐关系的重视。"退耕还林"施行期间,当地对土地利用布局的调整和优化有利于加强对土壤侵蚀过程的控制,并且保持了"自然—人类"关系的和谐,从而促进景观生态系统的可持续发展。

1."格局—过程"关系分析

景观格局的分区优化是景观生态规划的重要思想,景观生态敏感性和脆弱性分析可以作为分区的依据。从2000年开始实施退耕还林工程,中庄村小流域在当地政府的组织下进行景观生态规划。针对坡度、土壤质地、水分供应等主要因素,对>15°坡耕地进行退耕,重点保证对坡度>25°坡耕地的退耕还林,在此基础上,对部分位于坡度<15°范围的,土壤质地和水分供给(土壤水分、灌溉条件)存在不足的耕地进行适度退耕。通过对坡度>25°的高坡度区域进行退耕,然后种树种草,逐步地发展到坡度>15°,再兼顾其他的土壤较低、坡度较大的不适宜耕作区域。退耕还林工程的实施是针对坡度为核心的分步景观格局优化过程。

一方面,"退耕还林"工程实施后,景观格局得到了优化。中庄村小流域的景观格局分析表明,作为宁南黄土丘陵区的典型小流域,其2000—2005年主要表现为"退耕还林"政策推动下的剧烈的土地利用变化,2000—2005年期间中庄村小流域景观演变的主要土地利用转化主要是耕地退耕。退耕还林实施过程中,耕地面积减少,林地面积显著增加,植被覆盖率大大增加,景观格局发生了变化,土地合理性得到显著增加;"退耕还林"政策通过对土地利用格局进行调整和规划,促进了景观格局的演变。

另一方面,退耕还林的景观生态规划基于土壤侵蚀的重要约束因子——坡度因子进行分区规划,将坡度的临界阈值(25°和15°)区域作为生态治理决策的依据,首先保证25°以上坡度区的退耕还林,其次对15°以上区域进行重点治理。退耕还林之后,林地分布在相对较高的海拔和较大的坡度范围上,耕地整体分布在海拔较低、坡度较小的范围,未利用地和草地均分布在较大的坡度范围上,景观格局整体表现出对土壤侵蚀控制得更好状态当中。"退耕还林"工程启动之后,退耕还林、适度种草等措施能够减少降雨对土壤的冲刷,从而降低土壤侵蚀;较高的坡度上林草面积的增加提高了森林覆盖率,有助于提高土壤质地,保证高坡度区域植物在涵养水源、固定水土上发挥功效,从而有效控制或降低较小坡度和低海拔区域土地的土壤侵蚀,为提高耕地质量、增强土地质量奠定基础。

2."自然—人类"关系分析

黄土丘陵区小流域作为半自然半人工景观生态系统,"自然—人类"的和谐关系是退耕还林工程成功与否的重要保障。在中庄村小流域的"退耕还林"工程实施过程初期,当地政府因地制宜,采取多种措施调整"自然—人类"关系,对工程的推动起到的主导作用。

国家通过宣传、任务落实、组织实施、检查验收、补偿兑现、发放林权证等一系列管理措施,使得小流域内"自然—人类"关系相对协调,一方面,退耕还林占用了农民大量的耕地,因此大大地降低了农民对自然资源的索取;相应的,农民主要的生产资源和农户的收入随之显著减少,"自然—人类"关系出现不均衡。鉴于此,政府采取了生态补偿的方式,配套了相关政策、法规对农民权益进行保障,并配以相应的富民项目,引导农民增强生活和生产能力,保证农民的基本生活和生产需求。另一方面,退耕还林工程实施中配套的相关政策、法规和相应的富民项目引导农民增强了生活和生产能力,这些有效措施弥补了短期内农民对自然已有的依赖性造成的经济效益损失,使得小流域内"自然—人类"关系保持在相对平衡的阶段,为退耕还林的长期生态效应的发挥提供保障。

(二)中庄小流域景观生态规划

根据景观生态重建的"格局—过程"和"自然—人类"关系原理,在 ArcGIS 的支持下,采用空间叠加分析和缓冲区分析等方法,利用以上景观生态规划思路与方案进行景观格局优化,实现黄土丘陵区小流域尺度上的景观生态规划。采用 ArcGIS 9.2 对土壤侵蚀图以及土地利用现状图进行空间分析,实现景观生态规划区域的工程制图,得到该方案下的生态分区图。

假设坡度是影响土壤侵蚀的主要因素,地面坡度越大,其土壤侵蚀的可能性越大,因此需要得到的土壤侵蚀的治理级别越高。另假设侵蚀沟为土壤侵蚀的重点治理区域。因此,根据 DEM 通过计算得到坡度分级图,再综合此因素,利用 ArcGIS 9.2 的 update 功能将侵蚀沟区域在图上叠加,并执行缓冲分析,得到侵蚀沟及其 100 m 内区域设定为土壤侵蚀重点治理区,最终可以得到土壤侵蚀治理区等级图(图 11-22)。对土地利用现状图(图 11-23)的建设用地施行缓冲分析得到居民生活保障区。随后,对坡度分级图与土地利用现状图进行叠加分析,确定耕地重点开发区和一般林地治理区。最后,综合以上各个区域,最终得到景观生态规划图(图 11-24)。

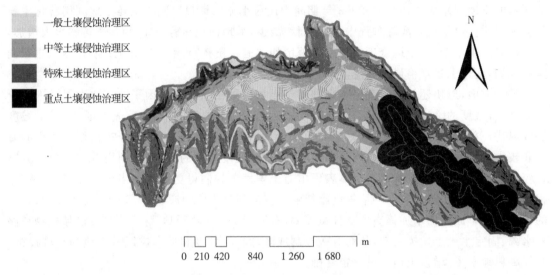

图 11-22　土壤侵蚀治理区分级规划

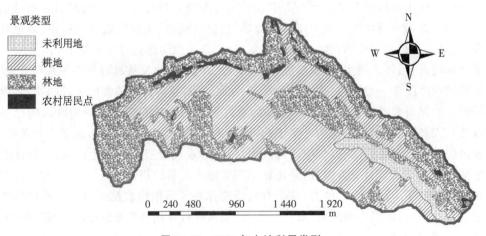

图 11-23　2005 年土地利用类型

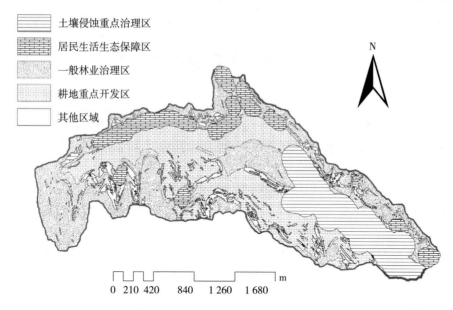

土壤侵蚀重点治理区

居民生活生态保障区

一般林业治理区

耕地重点开发区

其他区域

N

0　210　420　　840　　1 260　　1 680　　m

图 11-24　小流域景观生态规划分区

参考文献

埃比尼泽·霍华德. 明日的田园城市. 金经元,译. 北京:商务印书馆,2000.

鲍梓婷,周剑云. 当代乡村景观衰退的现象、动因及应对策略. 城市规划,2014,38(10):75-83.

北京市地方标准:村庄规划用地分类标准. 2018.

曹宇,莫利江,李艳,等. 湿地景观生态分类研究进展. 应用生态学报,2009,20(12):3084-3092.

车生泉. 城乡一体化过程中的景观生态格局分析. 农业现代化研究,1999(3):13-16.

陈波,包志毅. 景观生态规划途径在生物多样性保护中的综合应用. 中国园林,2003,19(5):51-53.

陈灵芝,马克平. 生物多样性科学:原理与实践. 上海:上海科学技术出版社,2001.

陈卫平,朱清科,薛智德,等. 农林复合系统规划设计的研究进展. 西北林学院学报,2008,23(4):127-131.

陈延艺. 基于低影响开发理念的西安市村庄道路景观规划策略研究. 长安大学,2019.

陈雁飞,汤臣栋,马强. 崇明东滩自然保护区景观格局动态分析. 南京林业大学学报,2017,41(1):1-8.

陈幺,赵振斌,张铖,等. 遗址保护区乡村居民景观价值感知与态度评价——以汉长安城遗址保护区为例. 地理研究,2015,34(10):1971-1980.

陈志华,李秋香. 乡土建筑遗产保护. 合肥:黄山书社,2008.

成玉宁,袁旸洋,成实. 基于耦合法的风景园林减量设计策略. 中国园林,2013,29(8):9-12.

城乡规划学名词审定委员会. 城乡规划学名词(2021). 北京:科学出版社,2021.

城乡用地分类与规划建设用地标准(征求意见稿),2018.

程维明. 景观生态分类与制图浅议. 地球信息科学,2002(2):61-65.

程占红,牛莉芹. 芦芽山旅游干扰下不同植被景观区物种多样性的比较. 干旱区资源与环境,2009(5):138-142.

迟德富. 保护生物学. 哈尔滨:东北林业大学出版社,2005.

戴尔阜,傅泽强,祁黄雄,等. 县域农业生态景观规划与设计——以北京市密云县为例. 地理学与国土研究,2002,18(1):59-62.

迪静. 乡村振兴背景下的乡村景观规划设计研究. 浙江大学,2020.

樊丽. 乡村景观规划与田园综合体设计研究. 北京:中国水利水电出版社. 2019.

方国华,黄显峰. 多目标决策理论、方法及其应用. 北京:科学出版社. 2011.

菲克列特·伯克斯,伊恩·J. 戴维森-亨特. 生物多样性、传统管理制度与文化景观:以加拿大的泰加林为例. 国际社会科学(中文版),2007,1:39-52.

福尔曼 R T T,等. 景观生态学. 肖笃宁,等译. 北京:科学出版社,1990.

付军. 乡村景观规划设计. 北京:中国农业出版社,2017.

傅伯杰,陈利顶,马克明,等. 景观生态学原理及应用(第2版). 北京:科学出版社,2011.

傅伯杰,陈利顶. 景观多样性的类型及其生态意义. 地理学报,1996,51(5):454-462.

甘宏协. 西双版纳生物多样性保护廊道设计案例研究. 中国科学院研究生院(西双版纳热带植物园),2008.

高辉巧,张俊华. 城市人工湿地景观建设与生物多样性保护研究——以郑州市郑东新区龙子湖湿地景观规划为例. 中国水土保持,2008(7):46-48.

高凌霄,刘黎明. 乡村景观保护的利益相关关系辨析. 农业现代化研究,2017,38(6):1036-1043.

高新才,张燕. 西北区域经济发展蓝皮书,宁夏卷. 北京:人民出版社,2007.

顾朝林,张晓明,张悦,等. 新时代乡村规划. 北京:科学出版社,2018.

郭崇慧. 大数据与中国古村落保护. 广州:华南理工大学出版社,2017.

郭焕成,吕明伟,任国柱. 休闲农业园区规划设计. 北京:中国建筑工业出版社,2007.

郭晋平,周志翔. 景观生态学. 北京:中国林业出版社,2007.

郭丽英,刘彦随,任志远. 生态脆弱区土地利用格局变化及其驱动机制分析——以陕西榆林市为例. 资源科学,2005,27(2):128-133.

国家林业部. 林业部、国家土地管理局关于加强林地保护和管理的通知,1988.

郝卫国. "沽上乡韵"—天津地区乡村景观规划建设中文化特色保护研究. 天津大学,2017.

郝延群. 日本"美丽的乡村景观竞赛"及"舒适农村建设活动"介绍与思考. 小城镇建设,1996(8):40-42.

合掌造り集落世界遗产记念事业实行委员会. 世界遗产白川乡·五箇山の合掌造り集落白川村荻町·平村相倉·上平村菅沼. 岐阜:合掌造り集落世界遗产记念事业实行委员会,1996.

贺勇,孙佩文,柴舟跃. 基于"产、村、景"一体化的乡村规划实践. 城市规划,2012,36(10):58-62.

贺勇. 作为整体系统的景观的含义与实践策略. 华中建筑,2008(9):178-181.

胡彬彬. 中国传统村落文化概论. 北京:中国社会科学出版社,2018.

黄铮. 乡村景观设计. 北京:化学工业出版社,2020.

霍尔登,利沃塞吉. 景观设计学. 朱丽敏,译. 北京:中国青年出版社,2015.

季翔. 城镇化背景下乡村景观格局演变与布局模式. 中国农业大学,2014.

季翔,刘黎明,李洪庆. 基于生命周期的乡村景观格局演变的预测方法——以湖南省金井镇为例. 应用生态学报,2014,25(11):3270-3278.

贾竞波. 保护生物学. 北京:高等教育出版社,2011.

蒋定生. 黄土高原水土流失与治理模式. 北京:中国水利水电出版社,1997.

蒋志刚,马克平,韩兴国. 保护生物学. 杭州:浙江科学技术出版社,1997.

金兆森,陆伟刚,李晓琴,等. 村镇规划. 南京:东南大学出版社,2000.

景贵和. 我国东北地区某些荒芜土地的景观生态建设. 地理学报,1991,46(1):8-15.

景贵和. 土地生态评价与土地生态设计. 地理学报,1986,41(1):1-7.

卡尔金斯 M. 可持续景观设计:场地设计方法、策略与实践. 北京:中国建筑工业出版社,2016.

亢亮. 易学堪舆与建筑. 北京:中国书社,1999.

孔杨勇,夏宜平. 西溪湿地公园生物多样性保护与生态景观形成. 现代园林,2006(2):11-13.

李洪庆,刘黎明. 标准景观情景方法及其在新农村建设规划中的应用. 农业工程学报,2016(z1):305-311.

李洪远,马春. 国外多途径生态恢复 40 案例解析. 北京:化学工业出版社,2010.

李京生. 乡村规划原理. 北京:中国建筑工业出版社,2018.

李俊融. 中国参与世界遗产建制之研究. 北京:中国社会科学出版社,2015.

李生宝,蒋齐,李壁成,等. 2006 宁夏南部山区生态农业建设技术研究. 银川:宁夏人民出版社,2006.

李微. 景观含义多视角探析. 艺术教育,2019(2):57-59.

李文华. 中国重要农业文化遗产保护与发展战略研究. 北京:科学出版社,2016.

李秀珍,冷文芳,解伏菊,等. 景观与恢复生态学——跨学科的挑战. 北京:高等教育出版社,2010.

梁发超,刘黎明,曲衍波. 乡村尺度农业景观分类方法及其在新农村建设规划中的应用. 农业工程学报,2011,27(11):330-336.

梁发超,刘黎明. 景观分类的研究进展与发展趋势. 应用生态学报,2011,22(6):1632-1638.

梁发超,刘诗苑,刘黎明. 基于用地竞争力的闽南地区乡村景观功能冲突的识别. 农业工程学报,2017,33(9):260-267.

梁发超,刘黎明. 景观分类的研究进展与发展趋势. 应用生态学报,2011,22(6):1632-1638.

梁发超,刘黎明. 农业景观分类方法与应用研究. 北京:经济日报出版社,2017.

梁发超. 农业景观分类与应用研究. 北京:中国农业大学,2014.

廖建军,但新球. 南方行列式住宅宅旁绿地景观设计. 中南林业调查规划,2001(2):33-36.

刘滨谊,王云才. 论中国乡村景观评价的理论基础与指标体系. 中国园林,2002(5):73-79.

刘滨谊. 现代景观规划设计. 南京:东南大学出版社,1999.

刘滨谊. 风景园林科学研究刍议——1986—2016 年国家自然科学基金风景园林课题研究的体会. 中国园林,2016,32(11):32-38.

刘滨谊. 风景园林三元论. 中国园林,2013,29(11):37-45.

刘滨谊. 景观学学科发展战略研究. 风景园林,2005(2):50-52.

刘滨谊. 现代景观规划设计. 南京:东南大学出版社,2000.

刘闯,高丽,单桂荣,等. 乡村园林式村庄的建立. 辽宁林业科技,2000(3):27-28.

刘惠清,许嘉巍,刘凤梅. 景观生态建设与生物多样性保护. 地理科学,1998(2):156-162.

刘纪远,张增祥,庄大方,等. 20 世纪 90 年代中国土地利用变化时空特征及其成因分析.

地理研究,2003,22(3):1-12.

刘家明. 生态旅游及其规划的研究进展. 应用生态学报,1998(3):104-108.

刘黎明,RIM SANG KY. 韩国的土地利用规划体系和农村综合开发规划. 经济地理, 2004,24(3):383-386.

刘黎明,曾磊,郭文华. 北京市近郊区乡村景观规划方法初探. 农村生态环境,2001,17 (3):55-58.

刘黎明. 韩国的土地利用制度及其城市化问题. 中国土地科学,2000,14(5):45-47.

刘黎明,李宪文,严力蛟,等. 乡村景观规划. 北京:中国农业大学出版社,2003.

刘黎明,李振鹏,张虹波. 试论我国乡村景观的特点及乡村景观规划的目标和内容. 生态环境,2004(3):15-36.

刘黎明,杨琳,李振鹏. 中国乡村城市化过程中的景观生态学问题与对策研究. 生态环境,2006(1):202-206.

刘黎明,李振鹏. 城市边缘区乡村景观生态特征与景观生态建设探讨,中国人口、资源与环境,2006,16(3):76-81

刘黎明. 乡村景观规划的发展历史及其在我国的发展前景. 农村生态环境,2001,17(1): 52-55.

刘沛林,刘春腊,邓运员,等. 我国古城镇景观基因"胞—链—形"的图示表达与区域差异研究. 人文地理,2011,26(1):95-99.

刘沛林. 中国历史文化村落的空间构成及其地域文化特点. 衡阳师专学报(社会科学), 1996(2):83-87.

刘云慧,李良涛,宇振荣. 农业生物多样性保护的景观规划途径. 应用生态学报,2008,19 (11):2538-2543.

刘云慧,张鑫,张旭珠,等. 生态农业景观与生物多样性保护及生态服务维持. 中国生态农业学报,2012.20(7):819-824.

娄伟. 情景分析理论与方法. 北京:社会科学文献出版社,2012.

罗德胤. 传统村落:从观念到实践. 北京:清华大学出版社,2017.

骆世明. 生态农业的景观规划、循环设计及生物关系重建. 中国生态农业学报,2008,16 (4):805-809.

骆中钊. 城镇住区规划. 北京:中国林业出版社,2020.

骆中钊. 城镇街道与广场. 北京:中国林业出版社,2020.

吕吉尔. 景观走廊与生物多样性. 世界科学,2007(1):12.

麦琪·罗.《欧洲风景公约》:关于"文化景观"的一场思想革命. 韩锋,徐青编译. 中国园林,2007(11),10-15.

毛志香. 国内外乡村景观规划设计研究现状及发展动态分析. 现代园艺,2020,43(15), 44-46.

米满宁,陶懿. 北海道观赏性农田景观的多元价值. 西南大学学报(自然科学版),2019, 41(7):158-163.

欧阳志云,朱春全,杨广斌,等. 生态系统生产总值核算:概念、核算方法与案例研究. 生态学报,2013,33(21):6747-6761.

裴娜. 城乡规划领域公共参与机制研究. 北京:中国检察出版社,2013.

彭程. 公众参与在乡村景观规划中的实践与意义——以贵州省铜仁市木黄镇凤仪村村庄规划为例. 小城镇建设,2020,38(1):50-56.

彭一刚. 传统村镇聚落景观分析.2 版. 北京:中国建筑工业出版社,2018.

秦向红. 景观异质性与生物多样性关系探讨. 哈尔滨师范大学自然科学学报,1997,13(4):98-102.

秦元伟,赵庚星,董超,等. 乡镇级耕地质量综合评价及其时空演变分析. 自然资源学报,2010,25(3):454-464.

任国平,刘黎明,孙锦,等. 基于"胞—链—形"分析的都市郊区村域空间发展模式识别与划分. 地理学报,2017,72(12):2147-2165.

任亚萍,周勃,王梓. 乡村振兴背景下乡村景观发展研究. 北京:中国水利水电出版社,2019.

任志远,黄青,李晶. 陕西省生态安全及空间差异定量分析. 地理学报,2005(4):597-606.

单霁翔. 乡村类文化景观遗产保护的探索与实践. 中国名城,2010(4):4-11.

申明锐,沈建法,张京祥,等. 比较视野下中国乡村认知的再辨析:当代价值与乡村复兴. 人文地理,2015,30(6):53-59.

沈妍. 弗雷德里克·斯坦纳景观规划的人文生态理念研究. 哈尔滨工业大学,2017.

史晨暄. 世界遗产四十年:文化遗产"突出普变价值"评价标准的演变. 北京:科学出版社,2015.

斯坦纳 F R. 生命的景观:景观规划的生态学途径. 北京:中国建筑工业出版社,2004.

宋延龄,杨亲二,黄永清,等. 物种多样性研究与保护. 杭州:浙江科学技术出版社,1998.

苏永明. 简明社会调查方法. 北京:科学出版社,2015.

田兴军. 生物多样性及其保护生物学. 北京:化学工业出版社,2005.

童成程,吴冬蕾. 浅析"三生整合"理念下乡村景观空间设计策略. 美术教育研究,2018(21):90-91.

王丹丹,王慎敏,刘文琦,等. 交互式多目标土地利用规划模型研究. 地理与地理信息科学,2015,31(3):92-97.

王浩,谷康,赵岩,等. 城市道路绿地景观设计. 南京:东南大学出版社,1999.

王豁然. 桉树人工林发展与景观生态和生物多样性—StoraEnso 桉树人工林对广西南部地理景观影响的例证研究. 广西林业科学,2006(4):192-194.

王景升,李文华,任青山,等. 西藏森林生态系统服务价值. 自然资源学报,2007(5):831-841.

王路. 农村建筑传统村落的保护与更新——德国村落更新规划的启示. 建筑学报,1999(11):16-21.

王万茂. 土地利用规划学. 北京:中国大地出版社,1996:569.

王晓峰. 景观生态学理论在城市生物多样性保护中的应用. 环境研究与监测,2012,25(4):4.

王晓军,李新平. 参与式土地利用规划:理论、方法与实践. 北京:中国林业出版社,2007:292.

王仰麟. 农业景观格局与过程研究进展. 环境科学进展,1998(2):30-35.

王仰麟. 景观生态分类的理论方法. 应用生态学报,1996(S1):121-126.

王仰麟,陈传康. 论景观生态学在观光农业规划设计中的应用. 地理学报,1998(S1):21-27.

王云才,申佳可. 乡村景观格局特征及演变中的多尺度空间过程探索——以乌镇为例. 风景园林,2020,27(4):62-68.

王云才. 景观生态规划设计案例评析. 上海:同济大学出版社,2013.

王云才. 景观生态规划原理(第2版). 北京:中国建筑工业出版社,2014.

王云才. 论中国乡村景观评价的理论基础与评价体系. 华中师范大学学报(自然科学版),2002(3):389-393.

邬建国. 景观生态学——格局、过程、尺度与等级. 北京:高等教育出版社,2007.

邬建国. 景观生态学中的十大研究论题. 生态学报,2004(9):2074-2076.

吴必虎,刘筱娟. 中华文化通志·艺文典·景观志,上海:上海人民出版社,1998.

吴春燕,郝建锋. 景观破碎化与生物多样性的相关性. 安徽农业科学,2011,39(15):9245-9247.

吴家骅,景观形态学—景观美学比较研究,北京:中国建筑工业出版社,1999.

吴健生,冯喆,高阳,等. CLUE-S模型应用进展与改进研究. 地理科学进展,2012,31(1):3-10.

吴良镛. 人居环境科学概论. 北京:科学出版社,2001.

吴良镛. 中国人居史. 北京:中国建筑工业出版社,2014.

吴培琦. 论公众参与社区发展规划的理论与实践. 同济大学,2007.

尹君,刘文菊. 多目标土地利用总体规划方法研究. 农业工程学报,2001,17(4):160-164.

尹赛,邰杰,赵玉凤. 景观设计原理. 北京:中国建筑工业出版社,2018.

英国皇家人类学会. 田野调查技术手册. 上海:复旦大学出版社,2016.

于娇,纪凤伟. 生物多样性保护的景观生态规划研究. 安徽农业科学,2012,40(28):13879-13880.

余慧容,杜鹏飞. 农业景观保护路径历史回顾及启示. 地理研究,2021,40(1):152-171.

余慧容,刘黎明. 城镇化进程中乡村景观保护机制的构建——基于政府行为视角. 城市规划,2018(12):25-32.

余慧容. 快速城镇化背景下的乡村景观保护机制与模式. 中国农业大学,2017.

余新晓,秦永胜,陈丽华,等. 北京山地森林生态系统服务功能及其价值初步研究. 生态学报,2002(5):783-786.

俞孔坚,李迪华. 景观设计专业、学科与教育. 北京:中国建筑工业出版社,2003.

俞孔坚,李迪华,段铁武. 生物多样性保护的景观规划途径. 生物多样性,1998,6(3):205-212.

俞孔坚. 景观:文化、生态与感知. 北京:科学出版社,1998.

俞孔坚. 理想景观资源——风水的文化意义. 北京:商务出版社,1998.

宇振荣,谷卫彬,胡敦孝,等. 江汉平原农业景观格局及生物多样性研究——以两个村为例. 资源科学,2000,22(2):19-23.

宇振荣. 乡村生态景观建设理论与方法. 北京:中国林业出版社,2011.

袁敬,林箐. 乡村景观特征的保护与更新. 风景园林,2018,25(5):12-20.

苑严伟,张小超,张银桥,等. 农田粮食产量分布信息数字化研究. 农业工程学报,2006(9):133-137.

约翰·罗伯特·斯蒂戈尔. 景观探索. 赖文波,罗丹,译. 上海:上海科学技术出版社,2017.

岳邦瑞. 图解景观生态规划设计手法. 北京:中国建筑工业出版社,2019.

张德昭,徐小钦. 重建人和自然界的价值论地位——霍尔姆斯·罗尔斯顿的自然价值范畴. 自然辩证法研究,2004(3):14-18.

张军英. "空心村"改造的规划设计探索——以安徽省巢湖地区空心村改造为例. 建筑学报,1999(11):12-15.

张坤民. 可持续发展论. 北京:中国环境科学出版社,1997.

张明举,李敏,王燕林,等. 主成分分析在小城镇经济辐射区研究中的应用——以重庆市大足县为例. 经济地理,2003,23(3):384-387.

张姗. 世界文化遗产日本白川乡合掌造聚落的保存发展之道. 云南民族大学学报(哲学社会科学版),2012.29(1):29-35.

赵丛霞,朱海玄,周鹏光. 英国规划许可中的公众参与——以英国谢菲尔德市为例. 国际城市规划.2020,35(3):113-118.

赵东娟,齐伟,赵胜亭,等. 基于 GIS 的山区县域土地利用格局优化研究. 农业工程学报,2008,24(2):101-106.

赵和生. 城市规划与城市发展. 南京:东南大学出版社,2000.

赵凯茜,吴桐,姚朋. 风景园林学助推乡村振兴的途径与策略. 规划师,2019,35(11):32-37.

赵万民,赵民,毛其智. 关于"城乡规划学"作为一级学科建设的学术思考. 城市规划,2010,34(6):46-52.

伍尔德里奇 J M. 计量经济学导论:现代观点. 北京:中国人民大学出版社,2015.

项缨,张建国. 基于产业发展导向的浙北乡村景观规划探究. 浙江农林大学学报,2020,37(3):587-592.

肖笃宁,钟林生. 景观分类与评价的生态原则. 应用生态学报,1998,9(2):217-221.

肖笃宁,李秀珍,高峻,等. 景观生态学. 北京:科学出版社,2010.

肖笃宁. 景观生态学——理论、方法及应用. 北京:中国林业出版社,1991.

肖笃宁. 景观生态学研究进展. 长沙:湖南科学技术出版社,1999.

肖敦余. 小城镇规划与景观构成. 天津:天津科学技术出版社,1989.

肖寒,欧阳志云,赵景柱,等. 海南岛景观空间结构分析. 生态学报,2001(1):20-27.

肖寒,欧阳志云,赵景柱,等. 森林生态系统服务功能及其生态经济价值评估初探——以海南岛尖峰岭热带森林为例. 应用生态学报,2000(4):481-484.

肖禾,王晓军,张晓彤,等. 参与式方法支持下的河北王庄村乡村景观规划修编. 中国土地科学,2013,27(8):87-92.

小城镇土地使用与管理体制改革课题组. 中国小城镇发展与用地管理. 北京:中国大地出版社,1998.

谢高地,鲁春霞,冷允法,等. 青藏高原生态资产的价值评估. 自然资源学报,2003(2):189-196.

谢花林,李秀彬. 基于GIS的农村住区生态重要性空间评价及其分区管制——以兴国县长冈乡为例. 生态学报,2011,31(1):230-238.

谢花林,刘黎明,龚丹. 乡村景观美感效果评价指标体系及其模糊综合评判——以北京市海淀区温泉镇白家疃村为例. 中国园林,2003(1):60-62.

谢花林,刘黎明,李蕾. 开发乡村生态旅游探析. 生态经济,2002(12):69-71.

谢花林,刘黎明,李蕾. 乡村景观规划设计的相关问题探讨. 中国园林,2003,19(3):39-41.

谢花林,刘黎明,李振鹏. 城市边缘区乡村景观评价方法研究. 地理与地理信息科学,2003,19(3):101-104.

谢花林,刘黎明,徐为. 乡村景观美感评价研究. 经济地理,2003,23(3):421-425.

谢花林,刘黎明. 乡村景观评价研究进展及其指标体系初探. 生态学杂志,2003(6):97-101.

谢花林. 区域土地利用变化的生态效应研究. 北京:中国环境科学出版社,2011.

谢花林. 乡村景观功能评价. 生态学报,2004,24(9):1988-1993.

熊英伟,刘弘泰,杨剑. 乡村规划与设计. 南京:东南大学出版社,2017.

徐高福. 千岛湖区景观破碎化对生物多样性影响初探. 林业调查规划,2004,29(S1):159-162.

徐化成. 景观生态学. 北京:中国林业出版社,1996.

杨贵庆. 城乡规划学基本概念辨析及学科建设的思考. 城市规划,2013(10):53-59.

杨贵庆. 我国传统聚落空间整体性特征及其社会学意义. 同济大学学报(社会科学版),2014,25(3):60-68.

杨锐. 风景园林学科建设中的9个关键问题. 中国园林,2017,33(1):13-16.

杨锐. 论"境"与"境其地". 中国园林,2014,30(6):5-11.

姚雪艳. 从美国小型住宅区开发建设看景观规划设计之价值. 国外城市规划,1999(2):15-17,43.

叶秀美. 休闲活动设计与规划:农业资源的应用. 北京:中国建筑工业出版社,2009.

赵羿,李月辉. 实用景观生态学. 北京:科学出版社,2001.

赵永琪,田银生,陶伟. 1994—2014年西方乡村研究:从乡村景观到乡村社会. 国际城市规划,2017,32(1):74-81.

赵之枫. 传统村镇聚落空间解析. 北京:中国建筑工业出版社,2015.

中国国土经济学会古村落保护与发展专业委员会. 中国景观村落. 上海:上海世界图书出版公司,2009.

中国建筑设计研究院有限公司,北京东方畅想建筑设计有限公司,等. 中以农业科技生态城总体规划(报告),2017.

中华人民共和国住房和城乡建设部. 村庄规划用地分类指南,2014.

中外小住宅设计图典. 北京:中国水利水电出版社,1998.

周虎成. 道路绿化美化工程的设计原则. 山西林业,2001.

周华锋,傅伯杰. 景观生态结构与生物多样性保护. 地理科学,1998,18(5):472-478.

周华荣. 新疆北疆地区景观生态类型分类初探—以新疆沙湾县为例. 生态学杂志,1999,18(4):69-72.

周立三. 中国农业区划的理论与实践. 合肥:中国科学技术大学出版社,1993.

周志翔. 景观生态学基础. 北京:中国农业出版社,2007.

朱建达. 小城镇住宅区规划与居住环境设计. 南京:东南大学出版社,2001.

朱育帆,郭湧. 设计介质论——风景园林学研究方法论的新进路. 中国园林,2014,30(7):5-10.

朱战强,刘黎明,张军连. 退耕还林对宁南黄土丘陵区景观格局的影响——以中庄村典型小流域为例. 生态学报,2010,30(1):146-154.

庄大方,刘纪远. 中国土地利用程度的区域分异模型研究. 自然资源学报,1997(2):10-16.

宗跃光. 城市景观生态规划中的廊道效应研究——以北京市区为例. 生态学报,1999,19(2):3-8.

Ackermann O, Zhevelev H M, Svoray T. Sarcopoterium spinosum from mosaic structure to matrix structure: Impact of calcrete (Nari) on vegetation in a Mediterranean semi-arid landscape. Catena, 2013,101:79-91.

Antrop M. Background concepts for integrated landscape analysis. Agriculture, Ecosystems & Environment, 2000,77(1-2):17-28.

Arriaza M, Canas-Ortega J F, Canas-Madueno J A, et al. Assessing the visual quality of rural landscapes. Landscape and Urban Planning, 2004,69(1):115-125.

Balestrieri A, Remonti L, Ruiz-González A, et al. Range expansion of the pine marten (Martes martes) in an agricultural landscape matrix (NW Italy). Mammalian Biology - Zeitschrift fur Saugetierkunde, 2013,75:412-419.

Banks-Leite C, Ewers R M, Metzger J P. The confounded effects of habitat disturbance at the local, patch and landscape scale on understorey birds of the Atlantic Forest: Implications for the development of landscape-based indicators. Ecological Indicators, 2013,31:82-88.

Bański J, Wesołowska M. Transformations in housing construction in rural areas of Poland's Lublin region—Influence on the spatial settlement structure and landscape aesthetics. Landscape and Urban Planning, 2010,94(2):116-126.

Bastian O, Haase G. Zur Kennzeichnung des biotischen Regulationspotentials im Rahmen von Landschaftsdiagnosen (Assessment of the biotic regulation potential in the framework of landscape diagnoses). Zeitschrift fü Okologie und Naturschutz, 1992,1:23-34.

Bender D J, Fahrig L. Matrix Structure Obscures the Relationship between Interpatch Movement and Patch Size and Isolation. Ecology (Durham), 2005,86(4):1023-1033.

Bishop K, Phillips A. (ed) Countryside Planning: New Approaches to Management and

Conservation. London: Earth-scan, 2003.

Bleischwitz R, Hoff H, Spataru C, et al. Routledge Handbook of the Resource Nexus. New York: Routledge, 2018.

Brown D G, Lusch D P, Duda K A. Supervised classification of types of glaciated landscapes using digital elevation data. Geomorphology, 1998,21(3):233-250.

Brown G. The relationship between social values for ecosystem services and global land cover: An empirical analysis. Ecosystem Services, 2013,5:58-68.

Brown G. Mapping spatial attributes in survey research for natural resource management: methods and applications. Society & Natural Resources, 2004,18(1):17-39.

Brown G, Brabyn L. An analysis of the relationships between multiple values and physical landscapes at a regional scale using public participation GIS and landscape character classification. Landscape and Urban Planning, 2012,107(3):317-331.

Chapin III F S, Sommerkorn M, Robards M D, et al. Ecosystem stewardship: A resilience framework for arctic conservation. Global Environmental Change, 2015,34:207-217.

Cheng X, Van Damme S, Li L, et al. Evaluation of cultural ecosystem services: A review of methods. Ecosystem Services, 2019,37:100925.

Coleman J S. Reply to Blau, Tuomela, Diekmann and Baurmann. Analyse & Kritik, 1993,15(1).

Coleman J S. Social Theory, Social Research, and a Theory of Action. American Journal of Sociology, 1986,91(6):1309-1335.

Coleman J S. The Vision of Foundations of Social Theory. Analyse & Kritik,1992,14 (2):117-128.

Coleman J S. Weber and the Protestant Ethic. Rationality & Society,1989.

Connor E F, McCoy E D. The Statistics and Biology of the Species-Area Relationship. The American Naturalist, 1979,113(6):791-833.

Convertino M. Neutral metacommunity clustering and SAR: River basin vs. 2-D landscape biodiversity patterns. Ecological Modelling, 2011,222(11):1863-1879.

Craighead F L, Convis C L. Conservation planning: shaping the future. Redlands, California: Esri Press, 2013.

Daniel T C, Muhar A, Arnberger A, et al. Contributions of cultural services to the ecosystem services agenda. Proceedings of the National Academy of Sciences, 2012,109(23): 8812-8819.

De Groot R S, Wilson M A, Boumans R M J. A typology for the classification, description and valuation of ecosystem functions, goods and services. Ecological Economics, 2002, 41(3):393-408.

Didham R K, Kapos V, Ewers R M. Rethinking the conceptual foundations of habitat fragmentation research. Oikos, 2012,121(2):161-170.

Dramstad W, Olson J D, Forman R T T. Landscape Ecology Principles in Landscape Architecture and Land-Use Planning. Cambridge: Harvard University Graduate School of

Design，Island Press，1996.

Driscoll D A，Banks S C，Barton P S，et al. Conceptual domain of the matrix in fragmented landscapes. Trends in Ecology & Evolution，2013，28(10)：605-613.

Dumas E，Jappiot M，Tatoni T. Mediterranean urban-forest interface classification (MUFIC)：A quantitative method combining SPOT5 imagery and landscape ecology indices. Landscape and Urban Planning，2008，84(3)：183-190.

Fagerholm N，Käyhkö N，Ndumbaro F，et al. Community stakeholders' knowledge in landscape assessments – Mapping indicators for landscape services. Ecological Indicators，2012，18：421-433.

Fearer T M，Stauffer D F. Relationship of ruffed grouse (*Bonasa umbellus*) home range size to landscape characteristics. American Midland Naturalist，2003，150(1)：104-114.

Ferreira P A，Boscolo D，Viana B F. What do we know about the effects of landscape changes on plant-pollinator interaction networks? Ecological Indicators，2013，31(SI)：35-40.

Forman R T T，Godron M. Patches and Structural Components for a landscape ecology. BioScience，1981，31(10)：733-740.

Forman R T T，Some general principals of landscape ecology. Landscape Ecology，1996 (3)：133-142 .

Forman R，Godron M. 景观生态学. 肖笃宁，张启德，赵弈，等译. 北京：科学出版社，1990.

Fowler P. Cultural Landscape：Great Concept，Pity about the Phrase//The cultural landscapes：Planning for sustainable partnership between people and place. London：ICOMOS-UK，2001.

Franklin J. Preserving Biodiversity：Species，Ecosystems，or Landscapes?. Ecological Applications，1993，3：202-205.

García-Muñoz E，Gilbert J D，Parra G，et al. Wetlands classification for amphibian conservation in Mediterranean landscapes. Biodiversity and Conservation，2010，19(3)：901-911.

Given D R. Principles and Practice of Plants Conservation. Portland，OR：Timber Press Inc，1994.

Gobattoni F，Pelorosso R，Leone A，et al. Sustainable rural development：The role of traditional activities in Central Italy. Land Use Policy，2015，48：412-427.

Goulart F F，Salles P，Machado R B. How may agricultural matrix intensification affect understory birds in an Atlantic Forest landscape? A qualitative model on stochasticity and immigration. Ecological Informatics，2013，18：93-106.

Gorelick R. Measures of diversity should include both matrix and vector inputs. Ecological Economics，2013，86：211-212.

Green B. Countryside conservation：landscape ecology，planning，and management. E & FN Spon，1996.

Honnay O，Hermy M，Coppin P. Effects of area，age and diversity of forest patches in Belgium on plant species richness，and implications for conservation and reforestation. Biological Conservation，1999，87(1)：73-84.

Honnay O，Piessens K，Van Landuyt W，et al. Satellite based land use and landscape complexity indices as predictors for regional plant species diversity. Landscape and Urban Planning，2003，63(4)：241-250.

Hou W，Walz U. Enhanced analysis of landscape structure：Inclusion of transition zones and small-scale landscape elements. Ecological Indicators，2013，31(SI)：15-24.

ICOMOS. ICOMOS-IFLA Principles concerning rural landscapes as heritage，2017.

Ives C D，Kendal D. The role of social values in the management of ecological systems. Journal of Environmental Management，2014，144：67-72.

Ives C D，Kendal D. Values and attitudes of the urban public towards peri-urban agricultural land. Land Use Policy，2013，34：80-90.

Jauni M，Hyvönen T. Invasion level of alien plants in semi-natural agricultural habitats in boreal region. Agriculture，Ecosystems & Environment，2010，138(1)：109-115.

Jenkins M. Species Diversity：An Introduction. In：Groombridge，B(Ed). Global Biodiversity，Status of the Earth's Living Resources. Chapman & Hall，London，1992.

Kelly R，Macinnes L，Thackray D，et al. The Cultural Landscape：Planning for a sustainable partnership between people and place. London：ICOMOS-UK，2001.

Kennedy C M，Marra P P. Matrix mediates avian movements in tropical forested landscapes：Inference from experimental translocations. Biological Conservation，2010，143(9)：2136-2145.

Krishnamurthy K V. 生物多样性教程. 张正旺，译. 北京：化学工业出版社，2006.

Kupfer J A，Malanson G P，Franklin S B. Not Seeing the Ocean for the Islands：The Mediating Influence of Matrix-Based Processes on Forest Fragmentation Effects. Global Ecology and Biogeography，2006，15(1)：8-20.

Kurowska K，Kietlinska E. Spatial planning as a tool for rural area management. 2017：221-227.

Kuttner M，Hainz-Renetzeder C，Hermann A，et al. Borders without barriers - Structural functionality and green infrastructure in the Austrian-Hungarian transboundary region of Lake Neusiedl. Ecological Indicators，2013，31(SI)：59-72.

Lausch A，Heurich M，Fahse L. Spatio-temporal infestation patterns of Ips typographus (L.) in the Bavarian Forest National Park，Germany. Ecological Indicators，2013，31：73-81.

Li H，Zhao Y，Zheng F. The framework of an agricultural land-use decision support system based on ecological environmental constraints. Science of The Total Environment，2020，717：137-149.

Ma M，Hietala R，Kuussaari M，et al. Impacts of edge density of field patches on plant species richness and community turnover among margin habitats in agricultural landscapes. Ecological Indicators，2013，31(SI)：25-34.

Makki T，Fakheran S，Moradi H，et al. Landscape-scale impacts of transportation infrastructure on spatial dynamics of two vulnerable ungulate species in Ghamishloo Wildlife Refuge, Iran. Ecological Indicators, 2013,31(SI):6-14.

McGee T G. The Emergence of Desakota Regions in Asia - Expanding a Hypothesis. Extended Metropolis: Settlement Transition in Asia, 1991:3-25.

Mohd-Azlan J, Lawes M J. The effect of the surrounding landscape matrix on mangrove bird community assembly in north Australia. Biological Conservation, 2011, 144 (9): 2134-2141.

Moser D, Zechmeister H G, Plutzar C, et al. Landscape patch shape complexity as an effective measure for plant species richness in rural landscapes. Landscape Ecology, 2002,17 (7):657-669.

Mücher C A, Klijn J A, Wascher D M, et al. A new European Landscape Classification (LANMAP): A transparent, flexible and user-oriented methodology to distinguish landscapes. Ecological Indicators, 2010,10(1):87-103.

Musacchio L R. The world's matrix of vegetation: Hunting the hidden dimension of landscape sustainability. Landscape and Urban Planning, 2011,100(4):356-360.

Neumayer E. Weak versus Strong Sustainability: Exploring the Limits of Two Opposing Paradigms, 4th Edition//2013.

Nijkamp P, Vindigni G, Nunes P A L D. Economic valuation of biodiversity: A comparative study. Ecological Economics, 2008,67(2):217-231.

Noss R F, Harris L D. Nodes, networks, and MUMS - preserving diversity at all scales. Environmental Management, 1986,10(3):299-309.

O'Neill R V, Johnson A R, King A W. A hierarchical framework for the analysis of scale. Landscape Ecology, 1989,3(3-4):193-205.

Ockinger E, Lindborg R, Sjodin N E, et al. Landscape matrix modifies richness of plants and insects in grassland fragments. Ecography, 2012,35(3):259-267.

Pita R, Beja P, Mira A. Spatial population structure of the Cabrera vole in Mediterranean farmland: The relative role of patch and matrix effects. Biological Conservation, 2007, 134(3):383-392.

Plieninger T, Dijks S, Oteros-Rozas E, et al. Assessing, mapping, and quantifying cultural ecosystem services at community level. Land Use Policy, 2013,33:118-129.

Prevedello J A, Vieira M V. Does the type of matrix matter? A quantitative review of the evidence. Biodiversity and Conesrvation, 2010,19(5):1205-1223.

Syrbe R, Michel E, Walz U. Structural indicators for the assessment of biodiversity and their connection to the richness of avifauna. Ecological Indicators, 2013,31(SI):89-98.

Saunders D A, Hobbs R J, Margules C R. Biological Consequences of Ecosystem Fragmentation - a Review. Conservation Biology, 1991,5(1):18-32.

Schindler S, von Wehrden H, Poirazidis K, et al. Multiscale performance of landscape metrics as indicators of species richness of plants, insects and vertebrates. Ecological Indicators, 2013,31(SI):41-48.

Sherrouse B C, Clement J M, Semmens D J. A GIS application for assessing, mapping, and quantifying the social values of ecosystem services. Applied Geography, 2011,31(2): 748-760.

Simonds J O. Landscape Architecture: A Manual of Site Planning and Design. McGraw-Hill Professional, 1997.

Styers D M, Chappelka A H, Marzen L J, et al. Developing a land-cover classification to select indicators of forest ecosystem health in a rapidly urbanizing landscape. Landscape and Urban Planning, 2010,94(3-4):158-165.

Sundar K G, Kittur S. Can wetlands maintained for human use also help conserve biodiversity? Landscape-scale patterns of bird use of wetlands in an agricultural landscape in north India. Biological Conservation, 2013,168:49-56.

Taki H, Maeto K, Okabe K, et al. Influences of the seminatural and natural matrix surrounding crop fields on aphid presence and aphid predator abundance within a complex landscape. Agriculture, Ecosystems & Environment, 2013,179:87-93.

Termorshuizen J W, Opdam P. Landscape services as a bridge between landscape ecology and sustainable development. Landscape Ecology, 2009,24(8):1037-1052.

Theobald D M, Reed S E, Fields K, et al. Connecting natural landscapes using a landscape permeability model to prioritize conservation activities in the United States. Conservation Letters, 2012,5(2):123-133.

Tscharntke T, Batary P, Dormann C F. Set-aside management: How do succession, sowing patterns and landscape context affect biodiversity?. Agriculture Ecosystems & Environment, 2011,143(1SI):37-44.

Turner M G. Landscape ecology - The effect of pattern on process. Annual Review of Ecology and systematics, 1989,20:171-197.

Walz U, Syrbe R. Linking landscape structure and biodiversity. Ecological Indicators, 2013,31(SI):1-5.

Warren R J I, Reed K, Olejnizcak M, et al. Rural land use bifurcation in the urban-rural gradient. Urban Ecosystems, 2018,21(3):577-583.

Willemen L, Verburg P H, Hein L, et al. Spatial characterization of landscape functions. Landscape and Urban Planning, 2008,88(1):34-43.

Wu C, Lin Y, Lin S. A hybrid scheme for comparing the effects of bird diversity conservation approaches on landscape patterns and biodiversity in the Shangan sub-watershed in Taiwan. Journal of Environmental Management, 2011,92(7):1809-1820.

Wu J. Landscape sustainability science: ecosystem services and human well-being in changing landscapes. Landscape Ecology, 2013,28(6):999-1023.

Xu Y, Luo D, Peng J. Land use change and soil erosion in the Maotiao River watershed of Guizhou Province. Journal of Geographical Sciences, 2011,21(6):1138-1152.

Yu H, Du P. Agent-Based Modelling of Food Production for Water Stewardship: an Overview. Human Ecology, 2020,48(6):757-763.

Yu H, Verburg P H, Liu L, et al. Spatial Analysis of Cultural Heritage Landscapes in Rural China: Land Use Change and Its Risks for Conservation. Environmental Management, 2016,57(6):1304-1318.

Zhang L, Fu B, Lu Y, et al. Balancing multiple ecosystem services in conservation priority setting. Landscape Ecology, 2015,30(3):535-546.

Zhang Z, Van Coillie F, De Clercq E M, et al. Mountain vegetation change quantification using surface landscape metrics in Lancang watershed, China. Ecological Indicators, 2013,31(SI):49-58.

Zhou T, Kennedy E, Koomen E, et al. Valuing the effect of land use change on landscape services on the urban-rural fringe. Journal of Environmental Planning and Management, 2020,63(13):2425-2445.

Zimmermann P, Tasser E, Leitinger G, et al. Effects of land-use and land-cover pattern on landscape-scale biodiversity in the European Alps. Agriculture Ecosystems & Environment, 2010,139(1-2):13-22.